Was Sokrates nicht wissen konnte

Siegfried Wendt

Was Sokrates nicht wissen konnte

Eine Bildungsreise zu den Grundlagen
unserer technischen Zivilisation

Prof. Dr.-Ing. Siegfried Wendt
Albertstr. 1
67655 Kaiserslautern
Email: Siegfried.Wendt@hpi.uni-potsdam.de

Wichtiger Hinweis für den Benutzer

Bibliografische Information der Deutschen Nationalbibliothek
Die Deutsche Nationalbibliothek verzeichnet diese Publikation in der Deutschen Nationalbibliografie; detaillierte bibliografische Daten sind im Internet über http://dnb.d-nb.de abrufbar.

Springer ist ein Unternehmen von Springer Science+Business Media
springer.de

© Spektrum Akademischer Verlag Heidelberg 2008
Spektrum Akademischer Verlag ist ein Imprint von Springer

08 09 10 11 12   5 4 3 2 1

Planung und Lektorat: Frank Wigger, Stefanie Adam
Herstellung: Katrin Frohberg
Umschlaggestaltung: wsp design Werbeagentur GmbH, Heidelberg,
    unter Verwendung einer Aufnahme von Photodisc
Satz: TypoDesign Hecker GmbH, Leimen
Druck und Bindung: Krips b.v., Meppel

Printed in The Netherlands

ISBN 978-3-8274-1953-8

In Memoriam

Dr. Maria Lucia Reiss (1913–1989),
meiner Tante, die von 1974 bis 1989 Äbtissin der Zistersienserinnen-Abtei Lichtenthal in Baden-Baden war und die mir immer noch als Verkörperung von Güte und Toleranz vor Augen steht;

Dr. Erwin Chargaff (1905–2002),
Professor für Biochemie an der Columbia-University in New York von 1935 bis 1975, Autor vieler bedenkenswerter Texte, den ich als alten weisen Mann persönlich kennenlernen durfte und der mir in vielerlei Hinsicht zum Vorbild wurde.

Inhaltsverzeichnis

Prolog: Was dieses Buch mit Sokrates zu tun hat

1

Um das Jahr 1970 herum entstanden unabhängig voneinander die französische Filmkomödie „Onkel Paul, die große Pflaume" mit Louis de Funès und der Roman „Pachmayr" von Alexander Spoerl. In beiden Werken wurden die Komplikationen dargestellt, die entstünden, wenn ein Mensch, der vor langer Zeit gestorben ist, plötzlich in unserer Zeit wieder quicklebendig auftauchte und noch alles wüsste, was er zu seiner Zeit erlebt hat. Im Film wurde eine Zeitspanne von rund hundert Jahren überbrückt, im Roman waren es fast fünfhundert Jahre. Nun will ich mit Ihnen eine Zeitspanne von 2 400 Jahren überbrücken, denn ich will der Frage nachgehen, wie ich dem griechischen Philosophen Sokrates (469–399 v. Chr.) helfen könnte, unsere heutige Welt zu verstehen. Warum habe ich gerade Sokrates gewählt und nicht irgendeinen anderen Menschen aus der Antike? Er ist für mich das Musterbeispiel des kritischen Fragers, der geradezu penetrant so lange weiterfragt, bis er entweder zum letzten Grund einer Sache vorgedrungen ist oder aber erkannt hat, dass die Wissensgrenzen des Befragten erreicht wurden.

Was Sokrates uns fragen würde

Worüber würde er mich denn befragen wollen, wenn er plötzlich mit einer Welt konfrontiert wäre, in der es elektrische Beleuchtung, Kopfwehtabletten, Gefriertruhen, Mikrowellenherde, Flugzeuge, Fernsehgeräte, Autos, Mobiltelefone und Computer gibt?

Er wäre nicht völlig, aber doch teilweise in der Rolle eines Kindes, das gerade geboren wurde und nun lernen muss, wie die Welt funktioniert. Im Unterschied zum Neugeborenen hat Sokrates natürlich schon ein erfahrungsreiches Leben hinter sich und muss nur noch lernen, worin sich unsere heutige Welt von seiner damaligen unterscheidet. Damit ich ihm dabei helfen kann, müssen wir eine gemeinsame Sprache sprechen, und deshalb nehme ich einfach an, er beherrsche die deutsche Sprache. Außerdem nehme ich an, man habe mir diese bevorstehende Begegnung früh genug angekündigt, sodass ich die Zeit bis dahin nutzen konnte, mich vorzubereiten. Sie dürfen dieses Buch so betrachten, als wäre es das Ergebnis meiner Vorbereitung.

Eine wichtige Leitlinie meiner Lehrbemühungen an der Universität war immer der Grundsatz: Ein Bild sagt mehr als tausend Worte. Und deshalb werden Sie bald feststellen, dass große Teile des Buchtextes nichts anderes sind als Kommentare zu beschrifteten Zeichnungen. Hier kommt er schon, der erste Kommentar. Die Rechtecke in Abbildung 1.1 repräsentieren sechs gegeneinander abgrenzbare Wissensgebiete, und ich habe sie übereinander geschichtet wie die Stockwerke eines Gebäudes. Der Erwerb der verschiedenen Wissensgebiete muss von unten nach oben erfolgen, und deshalb muss sich ein Kleinkind zuerst das ganz unten liegende Wissen erwerben. Zur Kennzeichnung dieses Wissensgebietes habe ich die Bezeichnungen *Bedienwissen* und *Know-how* verwendet, als ginge es hier um das Wissen, welches man benötigt, um ein technisches Gerät angemessen bedienen zu können.

Ingenieurwissenschaftliche Erkenntnisse	Kulturwissenschaftliche Erkenntnisse
Naturwissenschaftliche Erkenntnisse	
Mathematisch-logische Erkenntnisse	Traditionelles Bildungswissen
Alltägliches "Bedienwissen" = Zivilisatorisches Know-how	

1.1 Geschichtete Wissensgebiete.

Und tatsächlich erlebt unser Sokrates ebenso wie jedes neugeborene Kind die unbekannte Welt wie ein neues Gerät, dessen Bedienung erlernt werden muss. Bei diesem Lernen braucht man noch nichts zu verstehen, sondern man muss sich nur sehr viele kausale Abhängigkeiten merken können. So lernt ein Kleinkind nicht nur, was geschieht, wenn es auf bestimmte Knöpfe drückt – beispielsweise erklingt die Haustürklingel oder das Licht geht an oder das Garagentor öffnet sich – sondern es weiß auch sehr bald, in welcher Schublade die Oma die Schokolade aufbewahrt. Auch das Erlernen der Muttersprache entspricht dem Erwerb von Bedienwissen, denn auch hier geht es zuerst einmal um das Erlernen des Zusammenhangs zwischen bestimmten akustischen Mustern und den menschlichen Verhaltensweisen, die damit verbunden sind. Es gehört zum Wesen des Bedienwissens, dass es seinen Wert verliert, wenn man in eine andere Umgebung versetzt wird. Als ich noch häufige Dienstreisen ins Ausland machen musste, erlebte ich immer wieder, dass ich mit den Mietwagen, die mir am Flughafen übergeben wurden, nicht gleich losfahren konnte, weil die Schalter für Licht und Scheibenwischer nicht dort waren, wo ich sie erwartete. Ich musste jedes Mal neues Bedienwissen erwerben, welches für mich aber nur von Wert war, solange ich ein Auto dieses Typs fuhr. Fragen Sie sich selbst einmal, wie viel von dem, was Sie aktuell wissen, für Sie nur einen Wert hat, wenn Sie sich in einer bestimmten Umgebung befinden. Dazu gehört auch das Wissen, wo in dieser Umgebung die nächste Toilette ist. Insbesondere im Umgang mit Computern ist der Umfang des Bedienwissens so groß, dass der Einzelne immer nur einen sehr kleinen Teil davon präsent haben kann.

Trotz der Fülle des Bedienwissens, welches Sokrates bräuchte, um in unserer Welt zu überleben, ist es doch mit Sicherheit nicht das, wonach er mich fragen würde. Ebenso wenig würden sich seine Fragen auf die beiden Gebiete beziehen, die in Bild 1.1 rechts oberhalb des Bedienwissens repräsentiert sind. Hier handelt es sich um die Fortsetzung dessen, was Sokrates aus seinem früheren Leben schon kennt, nämlich insbesondere um Politik, Soziologie, Wirtschaft und Kunst. Er hat bereits Kriege erlebt und wundert sich nicht, dass in der Zwischenzeit weitere Kriege stattgefunden haben, dass ganze Völker in andere Gebiete gewandert sind und dass Imperien entstanden und wieder verschwunden sind. Er hat auch Bildhauer, Maler und Dichter erlebt, sodass er es als ganz selbstverständlich betrachten wird, dass nach seiner Zeit viele weitere Künstler neue Werke geschaffen haben und dass dabei die ästhetischen Kriterien nicht konstant geblieben sind. Sicher würde es Sokrates mit Interesse zur Kenntnis nehmen, dass sich im Vergleich zu seinem Athen die Welt gewaltig vergrößert hat, weil unter anderem Marco Polo bis nach China gereist ist und Columbus Amerika entdeckt hat, aber wirkliche Verständnisprobleme hätte er damit vermutlich nicht. Auch die Tatsache, dass inzwischen der Buchdruck erfunden wurde und unsere Kinder bereits in der Grundschule das Lesen und Schreiben lernen, könnte er zweifellos zur Kenntnis nehmen, ohne die Machbarkeit als Zauberei zu erleben. Von ihm wird zwar überliefert, dass er keinen einzigen schriftlichen Text verfasst habe, aber er wäre vermutlich doch dankbar für den Hinweis, dass man sich heute einen guten Überblick über das traditionelle Bildungswissen verschaffen kann, indem man einfach ein oder zwei entsprechende Bücher liest. Ein solches Buch, welches in jüngster Zeit auf den Markt kam, hat sogar den Titel: „Bildung – Alles, was man wissen muss." Aber selbst nachdem sich Sokrates all dieses traditionelle Bildungswissen angeeignet hat, wird er immer noch Anlass haben, zu mir zu kommen und mich um Hilfe zu bitten. Er wird nämlich sagen: „All dieses Wissen hilft mir nicht im Geringsten, die seltsamen Erscheinungen zu verstehen, denen ich in Eurem Alltag auf Schritt und Tritt begegne. Ihr drückt auf einen Knopf und ein großer Saal wird hell, anschließend drückt Ihr auf den gleichen Knopf und der Saal wird wieder dunkel. Ihr drückt auf andere Knöpfe und die Glocken im Kirchturm beginnen zu läuten, oder große Türen öffnen sich völlig automatisch. Gebilde, die aussehen wie extrem langgezogene Häuser auf Rädern, in denen viele hundert Leute sitzen, bewegen sich mit großer Geschwindigkeit über Schienen, obwohl man nirgendwo eine Ursache für diese Bewegung findet. Auch wie das gemacht werden kann, was Ihr Fernsehen und Mobilfunk nennt, ist mir immer noch ein völliges Rätsel. Andererseits habe ich Euch nun lange genug in Euren menschlichen Eigenschaften erlebt, sodass ich keinen Anlass habe, Euch für Halbgötter zu halten. Also hoffe ich nun, jemanden zu finden, der bereit und in der Lage ist, mir möglichst effizient die grundlegenden Erkenntnisse zu vermitteln, auf denen die Machbarkeit all dieser Zaubersysteme beruht."

Eine größere Freude könnte mir Sokrates gar nicht machen als zu wünschen, dass ich seine Verständnisbedürfnisse befriedige. Erwin Chargaff, der mir in vielerlei Hinsicht ein Vorbild wurde, hat einmal geschrieben: „Zum wirklichen Erklären gehören zwei: Einer, der erklärt, und einer, der versteht." Aus meiner langen Erfahrung als Hochschullehrer muss ich hinzufügen: Zum Verstehen gehört einer, der verstehen will. Bei Sokrates könnte ich mir sicher sein, dass er verstehen will und dass er auch nicht behaupten würde, der zum Erwerb dieses Verständnisses erforderliche Aufwand sei unzumutbar hoch. Ich mute ihm nämlich nur zu, die rund 620 Seiten dieses Buches aufmerksam zu lesen. Dass ich das angepeilte Ziel nicht mit einem wesentlich kürzeren Text erreichen könnte, ist darin begründet, dass ich Herrn Sokrates und meine anderen Leser nacheinander über die links in Abbildung 1.1 geschichtet übereinander liegenden, grau unterlegten drei Erkenntnisbereiche führen muss. Die Schichtungsbeziehungen sagen aus, dass man ingenieurwissenschaftliche Erkenntnisse erst erwerben kann, nachdem man bestimmte naturwissenschaftliche Erkenntnisse erworben hat, und diese wiederum setzen voraus, dass man zuvor bestimmte mathematisch-logische Erkenntnisse gewonnen hat. Deshalb ist dieses Buch in drei Kapitelgruppen gegliedert, wobei jede Kapitelgruppe genau einem der drei grauen Erkenntnisbereiche der Abbildung 1.1 zugeordnet ist.

In diesem Buch wird nirgends das konkrete Innenleben technischer Produkte beschrieben; es geht immer nur darum, ihre Machbarkeit plausibel zu machen. Diejenigen, die als erste die Entwicklung eines solchen Produkts in Angriff nahmen, hätten ihre Arbeit garantiert nicht begonnen, wenn sie nicht von der Machbarkeit überzeugt gewesen wären. Und diese Überzeugung beruhte immer darauf, dass sie eine ausreichende Erkenntnishöhe erklommen hatten. Von dort aus konnten sie nämlich bereits alle Erkenntnisplateaus überblicken, auf denen die Lösungen der im Laufe der Produktentwicklung auftretenden Probleme gefunden werden konnten. Genau diesen Erkenntniszustand meine ich, wenn ich sage, die Machbarkeit eines technischen Produkts solle plausibel geworden sein. Die konkrete Lösungssuche war meist noch eine anstrengende Knochenarbeit und manchmal brauchte man für das Finden einer brauchbaren Lösung auch ein wenig Glück, aber Zauberei musste nicht mehr ins Spiel kommen. Mein Ziel ist es also, die Leser auf eine überschaubare Zahl von Erkenntnisplateaus zu führen, auf denen sich heute die Lösungssuche bei Produktentwicklungen abspielt. Es geht nicht darum, die Leser auf diesen Plateaus spazieren zu führen, denn auf den ausgedehnten Plateaus herumwandern müssen immer nur die Experten. Es geht ausschließlich darum, den Lesern zu helfen, die Steilwände hochzuklettern, über die man auf diese Plateaus kommt. Jede dieser Steilwände wurde im Laufe der Menschheitsgeschichte irgendwann einmal erstmalig bezwungen. Inzwischen aber sind viele Haken in den Fels geschlagen worden, die den Aufstieg erleichtern. Zwar gibt es im Erkenntnisgebirge keine Seilbahnen, die einen mühelos nach oben bringen, aber ein erfahrener Bergführer kann auch ungeübten Kletterern den Aufstieg so leicht wie möglich machen.

Die Kunst besteht im Weglassen

Als dem Physiker Richard Feynman (1918–1988) der Nobelpreis zuerkannt wurde, bat ihn ein Journalist, er möge doch in drei Sätzen sagen, wofür er den Nobelpreis erhalten habe. Damit war die Grenze der möglichen Kürze weit unterschritten und Feynmans Antwort lautete sinngemäß: „Wenn ich das in drei Sätzen darstellen könnte, wäre es wohl kaum einen Nobelpreis wert. Ich könnte aber Ihren gebildeten Lesern auf zwei Seiten erklären, was das Wesentliche meiner Arbeit war."

Entsprechendes gilt auch für mich: Was ich weglassen konnte, ohne die Darstellung unverständlich oder zu oberflächlich werden zu lassen, habe ich weggelassen. Da es hier nur um Erkenntnisse geht, auf denen die heutigen technischen Systeme beruhen, konnte ich sämtliche naturwissenschaftlichen und mathematischen Erkenntnisse weglassen, die bisher keinen Niederschlag in der Technik gefunden haben. Hierzu gehören beispielsweise die Theorie vom Urknall, die Stringtheorie und die Evolutionstheorie.

Es gibt aber auch Themenbereiche, die ich weggelassen habe, obwohl sie technisch relevant geworden sind; ich nenne hier insbesondere die Akustik und die Strahlenoptik. Meine Entscheidung, sie nicht zu behandeln, beruht auf meiner Einschätzung, dass die zu erklimmenden Erkenntnisplateaus in diesen Fällen nicht so hoch liegen, dass Sokrates oder meine Leser hier einen Bergführer bräuchten. Auch die geschichtlichen Details der Erkenntnisgewinnung werden nicht dargestellt; der Weg über die jeweilige Steilwand führt immer möglichst direkt zum angestrebten Erkenntnisplateau. Insbesondere kann ich die im Laufe der Geschichte durchaus gegangenen Irrwege nicht darstellen, obwohl dies interessant und teilweise sogar amüsant wäre. So hat beispielsweise ein Student des Philosophen Georg Wilhelm Friedrich Hegel (1770–1831) die folgenden „Erkenntnisse" über die Elektrizität niedergeschrieben:

> Die Elektrizität ist der reine Zweck der Gestalt, die sich von ihr befreit; die ihre Gleichgültigkeit aufzuheben anfängt, denn die Elektrizität ist das unmittelbare Hervortreten oder das noch nicht von der Gestalt hervorkommende, noch durch sie bedingte Dasein, oder noch nicht die Auflösung der Gestalt selbst, sondern der oberflächliche Prozess, worin die Differenzen ihre Gestalt verlassen, aber sie zu ihrer Bedingung haben und noch nicht an ihr selbständig sind.

Hierüber können wir uns heute nur noch wundern, und es bleibt uns völlig rätselhaft, wie man diesen Text interpretieren soll. Es ist allerdings auch denkbar, dass der Herr Professor Hegel in seiner Vorlesung durchaus etwas Sinnvolles über die Elektrizität sagte, der mitschreibende Student aber in der Eile einiges durcheinander gebracht hat. Jedenfalls können wir diese Aussage über die Elektrizität als einen Hinweis dafür ansehen, wie schwer es damals war, die Erkenntnisgrundlage zu schaffen, auf der die heutige Elektrotechnik beruht.

Als ich mit Freunden und Verwandten über meine Absicht sprach, dieses Buch zu schreiben, äußerten einige spontan ihre Zweifel, ob denn mein Ziel überhaupt erreichbar sei, „wo sich doch alle paar Jahre das gesamte Wissen der Menschheit verdoppelt". Wieso brauche ich diese Verdopplung nicht zu fürchten?

Ganz einfach deshalb nicht, weil sich nicht unser Wissen verdoppelt, sondern nur die verfügbare Information, also das, was man sich durch Suchen und Nachlesen verschaffen kann.

Es wird zwar häufig vom sogenannten „Wissen der Menschheit" geredet oder geschrieben, aber genau genommen ist Wissen immer nur das, was ein einzelner Mensch weiß. Damit ein Mensch sich die Fülle der in Bibliotheken und im Internet gespeicherten Information nutzbar machen kann, muss er bereits über ein bestimmtes Wissen verfügen, denn wer nichts weiß, kann auch nichts fragen. Und die Erweiterung unseres Verständnisses kann nur gelingen, wenn wir bereits über ein angemessenes Vorverständnis verfügen. Wissen Sie beispielsweise, weshalb der wolkenlose Tageshimmel blau ist? Ich weiß dies aktuell nicht, aber ich weiß genau, wo ich im Bedarfsfalle nachschauen oder nachfragen müsste, um eine verständliche Antwort zu bekommen.

Im Frühjahr 2007 las ich in der Zeitschrift „Forschung und Lehre" die folgende Behauptung des Wiener Philosophen Konrad Paul Liessmann: „Was ein Mensch heute wissen kann oder wissen soll, wird längst nicht mehr durch irgendwelche Bildungstheorien bestimmt, sondern vor allem durch den sich permanent wandelnden Markt. Rasch herstellbar, lässt sich dieses Wissen schnell aneignen, aber auch schnell wieder vergessen." Nichts von dem, was er hier sagt, trifft auf die Erkenntnisgrundlagen zu, die ich Ihnen in diesem Buch vermitteln will: Weder die Erkenntnisse selbst noch ihre Darstellung – beispielsweise das vorliegende Buch – waren rasch herstellbar, sondern wurden in einem äußerst anspruchsvollen und mühsamen Prozess erarbeitet. Sie lassen sich nicht schnell aneignen, denn trotz aller Unterstützung durch den erfahrenen Bergführer muss man sich anstrengen, die Verständnissteilwände hoch zu klettern. Aber wer die Mühe einmal auf sich genommen und die Erkenntnisse erworben hat, wird ihre wesentliche Substanz nie mehr vergessen, sondern froh sein, immer wieder darauf zurückgreifen zu können. Eine Abhängigkeit von einem sich permanent wandelnden Markt gibt es hier garantiert nicht.

Vor Formeln braucht man keine Angst zu haben

Im Jahre 1905 stieg Albert Einstein auf den Berg Sinai. Als er oben ankam, umhüllte ihn eine Wolke, und es erklang eine Stimme, die zu ihm sagte: „Albert, ich übergebe Dir hier eine Steintafel; trage sie hinunter, lies, was ich darauf geschrieben habe, und erkläre es Deinem Volke." Als Albert Einstein wieder unten ankam, las er die Formel $E=m*c^2$, und er erklärte sie seinem Volke. War es so? Wir alle wissen, dass es nicht so war; dennoch wird diese Formel in fast allen populärwissenschaftlichen Büchern so eingeführt, als wäre sie vom Himmel gefallen. Den Grund hierfür findet man im Vorwort des Buches „Eine kurze Geschichte der Zeit" des englischen Physikers Stephen Hawking. Dort schreibt er nämlich:

> Man hat mir gesagt, dass jede Gleichung im Buch die Verkaufszahlen halbiert. Ich beschloss also, auf mathematische Formeln ganz zu verzichten. Schließlich habe ich doch eine Ausnahme gemacht: $E = m*c^2$.

Woher kommt die Meinung der Verleger, Sachbücher, die mathematische Formeln enthalten, ließen sich einem größeren Publikum nicht verkaufen? Die Mathematik steht leider in dem Ruf, nur für eine äußerst kleine Minderheit von Menschen mit einer exotischen Begabung verständlich zu sein und dem großen Rest der Menschheit verschlossen zu bleiben. So schrieb bereits Arthur Schopenhauer: „Die Anlage zur Mathematik ist eine ganz spezielle und eigene, die mit den übrigen Fähigkeiten eines Kopfes gar nicht parallel geht, ja, nichts mit ihnen gemein hat." Und in dem Buch „Die Bildungslüge" von Werner Fuld findet man die Sätze: „Weckt Schopenhauers Bemerkung nicht trübe Erinnerungen an unsere eigene Schulzeit, an jene Mitschüler, von denen wir zwar dankbar jede Mathearbeit abgeschrieben haben, die wir aber für doof hielten? ... Mit etwas Glück hatten wir immer ein Genie in der Klasse, das wir zwar für schwachsinnig hielten, von dem wir aber profitierten." Der Autor Fuld hatte offensichtlich Probleme mit seinem damaligen Mathematikunterricht, und er glaubt vermutlich, von vielen seiner Leser Beifall zu bekommen, denen es ähnlich erging wie ihm. Durch seine Aussagen verfestigt er aber ein leicht widerlegbares Vorurteil. Natürlich kenne auch ich ein paar äußerst weltfremde Mathematiker, die Herr Fuld vermutlich als schwachsinnig bezeichnen würde, während ich das Attribut „kommunikationsgestört" für zutreffender halte. Aber von solchen pathologischen Fällen auf eine Gesetzmäßigkeit zu schließen, ist eine schlimme logische Sünde. Insbesondere unter Ingenieuren, die sich ja durchaus recht souverän in der Mathematik bewegen, findet man nur ganz selten einen solchen pathologischen Fall, wie er von Herrn Fuld beschrieben wird.

Wie steht es nun mit der Meinung, man brauche eine ganz seltene exotische Begabung, um Mathematik zu verstehen und Freude daran zu haben? Es ist hier wie in allen Künsten: Man braucht immer eine besonders ausgeprägte und seltene Begabung, ein Kunstwerk zu schaffen, aber fast jedermann bringt die Fähigkeit mit, ein solches Werk zu verstehen oder sich daran zu erfreuen. Nur wenige können gute Schriftsteller oder Komponisten sein, aber viele können die Bücher mit Freude lesen und die Musikstücke mit Genuss hören. Und wenn der Komponist nicht begabt ist, werden Ihnen seine Werke auch keine Freude machen! Wenn Sie meinen, Mathematik sei extrem schwer und bedürfe einer ganz seltenen Begabung, die Ihnen fehlt, dann trifft das nur auf die Aufgabe zu, mathematische Werke zu schaffen. Wenn Sie aber eine mathematische Darstellung nicht verstehen, muss das nicht unbedingt an Ihnen liegen; recht häufig liegt es einfach daran, dass der „Komponist" oder die „darbietenden Künstler" nicht gut genug waren.

Der spanische Philosoph Ortega y Gasset (1883–1955) schrieb einmal:

> Die Mathematiker übertreiben gerne die Schwierigkeiten ihrer Wissenschaft. Dass sie heute so schwierig erscheint, kommt nur von dem nicht genügend bedachten Unterricht.

Obwohl Ortega mit dieser Einschätzung sicher Recht hat, darf man nicht über die Tatsache hinweg sehen, dass es bei der Befassung mit mathematischen Erkenntnissen nicht primär um ein gutes Gedächtnis geht, sondern um ein Ringen um Verständnis. Im Bild des Erkenntnisgebirges, das Sie über alle Kapitel dieses Buches hinweg begleiten wird, entspricht der Erwerb mathematischer Erkenntnisse dem Erklimmen einer Steilwand, wogegen man sich bei der Aneignung von Inhalten aus den Bereichen Geschichte, Literatur oder Kunst nur in der Ebene bewegt. Es ist zwar auch mühsam, in der Ebene große Strecken zurückzulegen, aber der Wanderer kann dabei nie das Erfolgserlebnis haben, welches den Bergsteiger „Juhu" rufen lässt, wenn er oben angekommen ist.

Naturwissenschaftlich-technische Bildung ohne Mathematik vermitteln zu wollen, ist wie der Versuch, einen Blinden in die Stilentwicklung der Malerei einzuführen. Da ich nun aber weiß, welche Vorurteile gegen die Mathematik verbreitet sind, habe ich mich von Anfang an bemüht, meinen Lesern zu zeigen, dass man vor Formeln keine Scheu haben muss. Die Formelsprache benötigt jeder, der einen klaren strukturellen Sachverhalt möglichst knapp und präzise festhalten will. Wollte man die gleichen Inhalte ausschließlich in natürlicher Sprache ausdrücken, ergäben sich völlig unübersichtliche und äußerst schwer verständliche Umschreibungen oder Aussagen. Außerdem kann man höhere abstrakte Begriffe gar nicht definieren, ohne eine Formel zu benutzen. Beispielsweise gäbe es keine Relativitätstheorie, wenn die damaligen Physiker nicht bereit gewesen wären, mit einem vierdimensionalen Raum und einer imaginäre Zeit zu rechnen Um was es sich dabei handelt, ist aber nur mit Formeln zu beschreiben, denn eine Anschauung gibt es in diesen Bereichen überhaupt nicht mehr. Viele Leute meinen, hinter einer Formel stecke mehr als das, was die Lehrer dazu sagen. Die Leute glauben, die Mathematiker hätten einen sechsten Sinn für Formelinhalte, der den normalen Menschen fehle. In diesem Buch werden Sie sehen, dass das nicht der Fall ist.

Der bereits erwähnte spanische Philosoph Ortega y Gasset schrieb vor rund 75 Jahren in seinem Essay „Schuld und Schuldigkeit der Universität":

Aber wenn der Herr, der sich Arzt, Beamter, General, Philologe oder Bischof nennt, also ein Mann der führenden Gesellschaftsschicht, nicht weiß, was der physikalische Kosmos heute für den europäischen Menschen bedeutet, dann ist er ein ausgesprochener Barbar, selbst wenn er in seinen Paragraphen, seinen Mixturen, seinen Kirchenvätern noch so gut Bescheid wüsste. Sicher aber ist, dass er sich in allen übrigen

Betätigungen seines Lebens als unzulänglich erweisen wird, sowie er aus seinen strikten Berufsfunktionen heraustritt. Seine politischen Vorstellungen und sein Gebaren auf diesem Gebiet werden untauglich sein. In seinen Familienkreis wird er etwas Zeitfremdes, Manisches, Unglückliches tragen, das seine Kinder auf immer vergiftet, und am Stammtisch ungeheuerliche Ansichten und einen wahren Wasserfall von Gemeinplätzen verzapfen.

Wenn Sie in den folgenden Kapiteln mit mir durch das Erkenntnisgebirge klettern, werden Sie am Ende garantiert nicht zu den Leuten gehören, von denen Ortega hier spricht. Machen Sie sich nun bereit, mit mir in die erste Steilwand einzusteigen. Auf geht's!

Teil I:
Mathematisch-logische Erkenntnisse

Mathematiker sind Menschen wie du und ich – sie zählen und ordnen

2

„Mathe – nein danke!" sagte nicht nur meine Tochter, sondern diese ablehnende Haltung fand ich auch bei vielen anderen Leuten, die ich im Laufe meines Lebens näher kennengelernt habe. Und wie steht es mit Ihnen? Gehören Sie auch zu denen, die Mathematik noch nie gemocht haben? Nehmen wir einmal an, Sie hätten das nicht von der Mathematik gesagt, sondern von Lammfleisch: „Ich habe Lammfleisch noch nie gemocht." Glauben Sie, das würde ein guter Koch einfach so hinnehmen? Nein, er würde vermuten, Ihre Abneigung gegen Lammfleisch komme daher, dass Ihnen noch nie ein optimal zubereitetes Gericht mit Lammfleisch vorgesetzt worden sei. Lassen Sie sich also von mir überreden, mein ganz speziell für Sie zubereitetes Mathematikgericht zu probieren.

In diesem Kapitel will ich Ihnen eine Sicht „von ganz oben" auf die Mathematik zeigen, als wäre die Mathematik ein Kontinent, den man in einem Raumschiff überfliegen könnte – so wie man ja tatsächlich aus einem Raumschiff auf Europa hinunterschauen kann. Dass wir dabei keine Details, sondern nur die groben Umrisse des Mathematikkontinents sehen können, ist selbstverständlich. Manchmal werden wir aber auch etwas näher hinschauen, was in unserer Analogie heißt, dass wir ein Fernglas zu Hilfe nehmen.

Die Lehrbücher für den Mathematikunterricht aus meiner neunjährigen Gymnasialzeit sind längst irgendwohin verschwunden, aber ich weiß noch genau, dass vorne auf dem Einband Fremdwörter standen, die mir damals niemand erklärt hat: Arithmetik,

Algebra und Analysis. Nur mit der Aufschrift Geometrie konnte ich gleich etwas verbinden. Auf den entsprechenden Büchern meiner in der damaligen Volksschule gebliebenen Mitschüler stand stattdessen das Wort „Raumlehre". In unserer Analogie entsprechen diese Bezeichnungen den Ländernamen in Europa. Wenn wir uns die Landkarte von Europa ansehen, interessieren wir uns dafür, wie dieser Kontinent aufgebaut ist, also wo die Küsten verlaufen, welche Länder aneinandergrenzen, wie die Flussverläufe aussehen und wo die Gebirge liegen. Wir stellen uns dabei nicht die Frage, wozu dieses Europa gut sein soll, das heißt, was wir damit anfangen könnten. Entsprechend wollen wir nun hier den Aufbau der Mathematik kennen lernen, und wir fragen uns noch nicht, wozu man sie gebrauchen könnte. Wir sind uns dabei jedoch im Klaren, dass wir uns für die Struktur der Mathematik im Rahmen dieses Buches nur deshalb interessieren, weil sie in der Physik und der Technik ein breites Anwendungsfeld gefunden hat.

Was eine Zahl „sieht", wenn sie in einen Spiegel schaut

Der Mathematiker Leopold Kronecker (1823–1891) soll gesagt haben: „Die natürlichen Zahlen hat der liebe Gott gemacht, alles andere ist Menschenwerk." Im Folgenden werden wir diesen menschlichen Schöpfungsakt nachvollziehen, und sehen, wie wunderbar konsequent eins aus dem anderen folgt.

Die natürlichen Zahlen sind so natürlich, dass sie schon ganz selbstverständlich von den kleinen Kindern erfasst werden. Der Enkel geht an der Hand seiner Oma die Treppe hinauf und zählt: „ei, wei, dei." Die natürlichen Zahlen dienen zum Zählen, und das bedeutet, dass einerseits einzelnen Dingen eine Ordnungsposition innerhalb einer Menge gleichartiger Dinge zugewiesen wird, und dass andererseits gleichzeitig der Umfang der Menge gleichartiger Dinge erfasst wird. Die einzelnen Treppenstufen haben ihre jeweilige Ordnungsposition in der Treppe selbstverständlich auch, ohne dass wir zählen. Durch das Zählen werden lediglich die einzelnen Ordnungspositionen benannt, denn nun gibt es eine sechste Stufe und eine siebente usw. Der Name, den wir der Stufe in der letzten Position geben, ist gleichzeitig der Name für die Anzahl der Stufen in der Treppe. Beim Zählen werden nacheinander die Ordnungspositionen durchlaufen, und deshalb ist die natürlichste Form des Zählens das Aufzählen der Zahlwörter. Der Mensch kann sich die Folge der Zahlwörter merken wie die Wörter eines rhythmischen Liedes: „Eins, zwei, drei, vier, fünf, sechs, sieben – wo ist meine Frau geblieben?" Wir zählen allerdings auch Dinge, die nicht in einer natürlichen Ordnung liegen. Denken Sie an die Äpfel in einem Korb. Hier stellen wir beim Zählen eine künstliche Ordnung her, die wir anschließend wieder zerstören. Wir schütten beispielsweise die Äpfel aus dem Korb auf den Tisch und anschließend legen wir sie wieder einzeln nacheinander in den Korb zurück und „singen" dabei unser Zahlenlied.

Die natürlichen Zahlen und ihre Verwendung zum Zählen bilden zwar die Keimzelle der Mathematik, aber wirklich geboren wurde die Mathematik erst dadurch, dass die Addition, die Subtraktion, die Multiplikation und die Division hinzukamen. Man spricht hier von den vier arithmetischen Grundoperationen, wobei die Bezeichnung vom altgriechischen Wort *arithmos* für „Zahl" stammt. Man hat sich diese Operationen immer schon veranschaulicht, indem man an Behälter dachte, worin sich zählbare gleichartige Dinge befinden, beispielsweise Äpfel in Körben. Bei der Addition schüttet man die Äpfel eines Korbes zu den Äpfeln eines anderen Korbes. Die Subtraktion bezeichnet man als die Umkehrung der Addition. Man verbindet damit die Vorstellung, dass man einen Teil oder alle Äpfel aus einem Korb herausnimmt. Dabei kann man aus einem Korb höchstens so viele Äpfel herausnehmen, wie ursprünglich darin liegen. Nur Zauberkünstler im Zirkus können uns vorführen, dass sie aus einem Sack, der anscheinend nur fünf Kugeln enthält, acht herausnehmen können. Die Subtraktion legt uns bereits den ersten Schöpfungsakt nahe: Wir schaffen die Zahl „Null", die angibt, wie viele Äpfel noch im Korb verblieben sind, nachdem wir alle herausgenommen haben. Die Null ergibt sich nur als Rechenergebnis und nicht beim Zählen. Deshalb gehört sie nicht zu den natürlichen Zahlen, sondern zu denen, von denen Kronecker meint, dass sie nicht vom lieben Gott stammen.

Während wir bei der Addition und der Subtraktion immer nur Dinge der gleichen Art zählen müssen, also beispielsweise Äpfel,

muss man bei der Multiplikation und der Division zwei unterschiedliche Arten von Dingen zählen, beispielsweise zum einen
die Behälter und zum anderen ihren Inhalt. Mit der Multiplikation verbinden wir die Anschauung, wir hätten anfänglich eine
bestimmte Anzahl von Behältern, wobei in jedem Behälter die
gleiche Anzahl von Dingen gleicher Art liege. Beispielsweise denken wir uns fünf Körbe, wobei in jedem Korb acht Äpfel liegen.
Wenn wir nun die Inhalte all dieser Behälter in einen einzigen
Behälter zusammenschütten, erhalten wir als Ergebnis das sogenannte Produkt. Man kann sich ein Produkt auch als die Anzahl
rechteckiger Kacheln vorstellen, die man benötigt, um ein gegebenes Rechteck abzudecken. Hier wird zum einen gezählt, wie viele
Kacheln horizontal nebeneinander passen, und zum anderen, wie
viele Kacheln vertikal übereinander passen.

Bei der Division hat man die Vorstellung, dass man alle Äpfel
aus einem Korb gleichmäßig auf eine gegebene Anzahl ursprünglich leerer Körbe verteilen soll. Wenn man die Äpfel nicht zerschneiden darf, wird es häufig vorkommen, dass eine Gleichvertei-
lung der Äpfel über die gegebenen Körbe gar nicht möglich ist. So
können wir zwar 15 Äpfel gleichmäßig auf drei Körbe verteilen,
aber nicht 17 Äpfel. Während wir bei der Addition und der Multiplikation keine Zahlenpaare gefunden haben, bei denen die Operationen nicht durchführbar waren, fanden wir solche Zahlenpaare schon bei der Subtraktion und nun auch bei der Division.

Jetzt heben wir für die Division das Verbot des Zerschneidens
auf. Allerdings werden wir dabei in der Anschauung nicht mehr
Äpfel betrachten, sondern Marzipanstangen einheitlicher Länge.
Wir wählen Marzipan, weil sich das so gut und glatt in Stücke
exakt definierter Länge zerschneiden lässt. So ist es beispielsweise
möglich, eine Marzipanstange in drei gleichlange Abschnitte zu
zerschneiden. Wir bezeichnen einen solchen Abschnitt als ein
Drittel der Stange und schreiben als Formel den Bruch 1/3. Das
Wort „Bruch" erinnert uns an den Sachverhalt, dass es sich nicht
mehr um die ganze Stange, sondern um einen Teil davon handelt.
Wir haben den Teil zwar nicht von der ganzen Stange abgebro-
chen, sondern abgeschnitten, dennoch können wir mit dem Wort
Bruch die Anschauung eines Teilstückes verbinden. Wenn wir nun
von 17 Stangen ausgehen und diese auf drei Behälter verteilen sol-

len, können wir zuerst einmal 15 dieser 17 Stangen auf die drei Behälter verteilen, sodass nun in jedem Behälter fünf Stangen liegen. Wir müssen nun noch die verbliebenen zwei Stangen auf die drei Behälter verteilen, und da kommen wir um das Zerschneiden nicht mehr herum. Wir schneiden jede dieser zwei Stangen in drei Teile, sodass wir nun sechs gleichlange Teilstücke haben, und diese können wir gleichmäßig auf die drei Körbe verteilen. Am Schluss liegen in jedem Korb jeweils fünf ganze und zwei Drittel Stangen.

Anstelle der früheren Aussage, dass sich 17 nicht durch drei teilen lässt, haben wir nun das Ergebnis, dass die Teilung zwar möglich ist, dass dabei aber ein Ergebnis herauskommt, welches keine der uns bekannten Zahlen ist. Wir legen nun einfach fest, dass alles, was bei einer Division zweier natürlicher Zahlen als Ergebnis herauskommen kann, eine Zahl ist, ganz egal, ob diese Zahl natürlich ist oder nicht. Zusätzlich zu den natürlichen Zahlen und der Null haben wir nun also noch eine ganze Menge neuer Zahlen geschaffen. Wir schreiben diese Zahlen als Bruch, wobei oberhalb des Bruchstrichs der sogenannte Zähler steht und unterhalb des Bruchstrichs der sogenannte Nenner, wobei beides natürliche Zahlen sind. Der Zähler gibt die Anzahl der gleichartigen Dinge an, die wir verteilen sollen, und der Nenner gibt an, auf wie viele Behälter oder Empfänger zu verteilen ist. Eine wirklich neue Zahl haben wir nur dann gewonnen, wenn bei dieser Teilung zerschnitten werden muss, denn wenn die Teilung ohne Zerschneiden möglich ist, erhalten wir ja als Ergebnis eine bereits bekannte natürliche Zahl.

Die Menge der Zahlen, über die wir nun verfügen, ist also die Vereinigung der natürlichen Zahlen, der Null und derjenigen Brüche, die keine natürliche Zahl zum Ergebnis haben.

Bei der Division haben wir die Fälle, die ursprünglich wegen des Verbots der Zerschneidung nicht möglich waren, durch das Zulassen der Zerschneidung möglich gemacht. Nun wollen wir auch den Zaubertrick, dass man aus einem Behälter mehr herausnimmt, als ursprünglich darin liegt, möglich machen. Allerdings müssen wir dabei den Bereich der natürlichen Anschauung verlassen. Das Zerschneiden spielte sich noch im Bereich der Anschauung ab, aber nun machen wir einen willkürlichen Kunstgriff. Wir gehen einfach hin und stellen die Zahlen, die wir schon haben, vor einen Spiegel. Unsere bisherigen Zahlen haben eine natürliche Ordnungsbeziehung zueinander, denn von je zwei ungleichen Zahlen können wir sagen, welche davon die größere ist. Deshalb können wir uns diese Zahlen als Punkte auf einer einseitig begrenzten Geraden angeordnet vorstellen. Die Gerade beginnt bei der Null, und in jeweils gleichen Abständen voneinander liegen die 1, die 2, die 3 usw. In den Intervallen zwischen den ganzen Zahlen liegen die Brüche. Wenn wir nun diese sogenannte Zahlengerade so vor einen Spiegel halten, dass die Null den Spiegel berührt und die Gerade senkrecht aus dem Spiegel herauskommt, dann sehen wir im Spiegel die gleiche Gerade nach hinten weglaufen. Jedem Punkt auf der Zahlengeraden vor dem Spiegel entspricht genau ein Punkt im Spiegelbild. Wir haben nun unsere ursprüngliche Punktemenge fast verdoppelt; eine vollkommene Verdopplung liegt nur deswegen nicht vor, weil die Null kein Spiegelbild hat. Nun müssen wir die Zahlen hinter dem Spiegel, also die Spiegelzahlen, von den Zahlen vor dem Spiegel unterscheiden. Wir könnten sie einfach Spiegelzahlen nennen und dann von einer Spiegelfünf und dem Spiegelbruch 3/5 sprechen. Beim Schreiben könnten wir die Zahlen vor dem Spiegel schwarz und die Zahlen hinter dem Spiegel rot schreiben. Diese Farbzuordnung ist tatsächlich gemeint, wenn gesagt wird, ein Unternehmen schreibe rote Zahlen. Damit wird ausgedrückt, dass das Unternehmen mehr ausgegeben als eingenommen hat. In der Mathematik nimmt man allerdings zur Unterscheidung der Zahlen vor und hinter dem Spiegel nicht die Farbe, sondern man setzt vor die Zahlen hinter dem Spiegel einen waagerechten Strich, das sogenannte Minuszeichen. Durch diese Bezeichnung wird zum Ausdruck gebracht, dass diese Zahlen nur als Ergebnis einer Subtraktion auftreten können, bei der aus einem Korb mehr herausgenommen wurde als ursprünglich darin war.

Häufig habe ich schon die Aussage gehört: „Ich kann mir unter einer negativen Zahl nichts vorstellen." Die Leute sagen das mit einer Art des Bedauerns, wie sie auch sagen könnten: „Ich kann leider nicht gut zeichnen." Sie nehmen an, bei ihnen läge eine Minderbegabung vor und andere Leute könnten sich sehr wohl unter negativen Zahlen etwas vorstellen. Ich habe Ihnen nun gesagt, was Sie sich unter negativen Zahlen vorstellen sollten, und mehr stellen sich auch die Mathematiker nicht darunter vor. Auf die Frage: „Was ist eine negative Zahl?" heißt also die einzig korrekte Antwort: „Eine negative Zahl ist eine gespiegelte positive Zahl." Nur die positiven Zahlen und die Null gehören in den Bereich der unmittelbaren Anschauung. Wir können Körbe erleben, die leer sind oder in denen fünf Äpfel liegen, aber wir können keinen Korb finden, in dem ‚minus sieben' Äpfel liegen und der dadurch leer wird, dass man sieben Äpfel hineintut. Wer sich einmal zu der Erkenntnis durchgerungen hat, dass mit den negativen Zahlen nur die Spiegelvorstellung zu verbinden ist, und dass es darüber hinaus nichts zu verstehen gibt, der kann sich innerhalb der Zahlenwelt souverän bewegen. Denn wer einmal eine solche Spiegelung als menschlichen Schöpfungsakt akzeptieren konnte, der wird auch die zweite Spiegelung, die weiter unten erforderlich werden wird, problemlos akzeptieren können.

Anlass zur Schaffung der Brüche und der negativen Zahlen war jeweils die Erkenntnis, dass eine bestimmte arithmetische Operation aus dem bisher bekannten Zahlenbereich hinausführte. Die Subtraktion zweier natürlicher Zahlen ergab nicht notwendigerweise eine natürliche Zahl, und die Division zweier natürlicher Zahlen ergab ebenfalls nicht immer eine natürliche Zahl. Durch unsere großzügige Schaffung neuer Zahlen haben wir nun erreicht, dass die bisher nicht durchführbaren Operationen durchführbar wurden. Was wir aber noch nicht überprüft haben, ist die Frage, ob es nun unter Einbeziehung der neuen Zahlen Zahlenpaare gibt, für die bestimmte arithmetische Operationen nicht durchführbar sind, denn dann hätten wir ja mit der Schaffung der neuen Zahlenarten unser Ziel nicht erreicht, welches darin bestand, dass keine Zahlenpaare bezüglich bestimmter arithmetischer Operationen ausgeschlossen sein sollten. Wenn wir hier die Zeit hätten und dieser Frage im Einzelnen nachgehen würden, kämen wir erfreulicherweise zu dem Ergebnis, dass wir unser angestrebtes Ziel tatsächlich erreicht haben bis auf eine einzige Ausnahme, deren Notwendigkeit wir ohne weiteres einsehen können. Diese Ausnahme besteht darin, dass eine Division durch Null nicht durchführbar ist. Das Ergebnis unseres Schöpfungsaktes ist in Abbildung 2.1 veranschaulicht. Zu den ursprünglich gegebenen natürlichen Zahlen haben wir drei weitere Zahlenarten

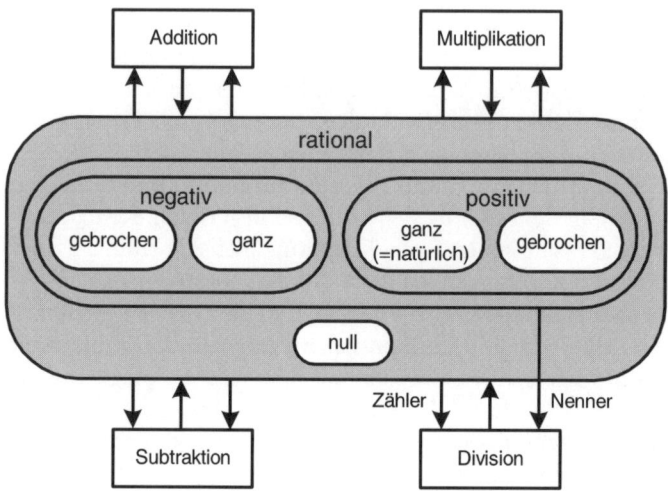

2.1 Die rationalen Zahlen und die vier arithmetischen Operationen.

geschaffen: die Null, die positiven gebrochenen Zahlen und die negativen Zahlen als Spiegelung der positiven.

Alle diese Zahlen zusammengenommen werden als *rationale Zahlen* bezeichnet, was auf das lateinische Wort *ratio* zurückgeht, welches u. a. mit Berechnung, Verhältnis oder Vernunft übersetzt werden kann. Die vier arithmetischen Operationen sind in der Abbildung durch Rechtecke veranschaulicht, zu denen jeweils zwei Pfeile hinführen und von denen einer wegführt. Der wegführende Pfeil zeigt auf die Zahlenart, die sich als Ergebnis einer solchen Operation ergibt, und wir sehen, dass diese Ergebnisse in jedem Falle rationale Zahlen sind. Die zu den Rechtecken hinführenden zwei Pfeile veranschaulichen die jeweiligen beiden an der Operation beteiligten Zahlen, die man als Operanden bezeichnet. Bis auf eine einzige Ausnahme dürfen beide Operanden beliebige rationale Zahlen sein. Nur im Falle der Division scheidet die Null als Nenner aus, was man daran sieht, dass der zur Division hinführende Nennerpfeil nicht von der alle rationalen Zahlen umschließenden Außenlinie kommt, sondern von der weiter innen liegenden Linie, welche nur die positiven und die negativen Zahlen umschließt.

Mit der Schaffung der rationalen Zahlen war der Schöpfungsakt der Mathematiker allerdings noch nicht vollendet. Bei der Betrachtung geometrischer Figuren fanden die Mathematiker sehr früh heraus, dass es bestimmte figurentypische Längenverhältnisse gibt, die nicht als rationale Zahlen ausgedrückt werden können. Es gibt hierfür zwei besonders bekannte Beispiele, nämlich einerseits das Verhältnis zwischen der Diagonalen und der Kante eines Quadrates und zum anderen das Verhältnis zwischen dem Umfang und dem Durchmesser eines Kreises. Diese beiden Verhältnisse lassen sich nicht exakt durch Brüche ausdrücken, aber sie lassen sich jeweils durch Brüche beliebig genau annähern. Solche Zahlen nennt man *irrationale Zahlen*. Recht gute Näherungen sind beispielsweise die Brüche 707/500 für das Diagonalenverhältnis und 3927/1250 für das Umfangsverhältnis. Das Verhältnis zwischen Umfang und Durchmesser eines Kreises wurde schon vor langer Zeit mit dem griechischen Buchstaben π benannt. Die Zahlenmenge, die wir erhalten, indem wir die rationalen Zahlen und die irrationalen Zahlen zusammen „in einen Topf werfen", nennt man die *reellen Zahlen*.

Zwischen dem Diagonalenverhältnis und der Zahl π gibt es einen grundsätzlichen strukturellen Unterschied. Im Falle des Diagonalenverhältnisses gilt die Beziehung $d * d - 2 = 0$, worin der Buchstabe d für die Zahl steht, die dem Diagonalenverhältnis entspricht. Links vom Gleichheitszeichen steht ein sogenannter arithmetischer Ausdruck, d. h. eine Rechenvorschrift, und wenn man die Rechnung ausführt, kommt tatsächlich null heraus, denn – nach dem Satz des Pythagoras, den ich Ihnen im Abschnitt über Geometrie vorstellen werde – ergibt das Diagonalenverhältnis mit sich selbst multipliziert den Wert 2. Dagegen existiert für das Umfangsverhältnis π kein arithmetischer Ausdruck, der außer π nur rationale Zahlen enthält und null als Ergebnis liefert. Derartige Zahlen, für die es keine definierenden null-liefernden arithmetischen Ausdrücke gibt, hat man als *transzendente Zahlen* bezeichnet. Die Vorsilbe „trans" weist darauf hin, dass es um etwas geht, was jenseits einer bestimmten Grenze liegt. Im betrachteten Fall liegen die transzendenten Zahlen jenseits aller Überlegungen, durch die man ausgehend von den natürlichen Zahlen und den vier arithmetischen Grundoperationen zu neuen

Zahlen kommen kann. In späteren Abschnitten werden wir dieser Art von Zahlen wieder begegnen.

Bevor ich Ihnen den letzten Schöpfungsakt schildere, bei dem wir noch einmal zu einer neuen Art von Zahlen kommen werden, verweilen wir noch ein wenig auf der Spielwiese der reellen Zahlen. Ich habe das Wort Spielwiese ganz bewusst benutzt, um Ihnen deutlich zu machen, dass viele mathematische Erkenntnisse nicht dadurch gewonnen wurden, dass man Lösungen für ernsthafte Probleme suchte, sondern weil die Mathematiker ihrem Spieltrieb nachgingen und als Spielmaterial die Zahlen benutzten. Kinder fangen auch nicht erst an zu spielen, nachdem sie eine akzeptable Antwort auf die Frage gefunden haben, zu was das nutzen soll. Auf die Mathematik darf man durchaus den bekannten Bibelspruch (Matth. 18, 3) übertragen: „Wenn ihr nicht werdet wie die Kinder, werdet ihr nicht in das Himmelreich kommen." Also fangen wir nun einmal an zu spielen.

In der Tabelle in Abbildung 2.2 habe ich von oben nach unten die Schritte unseres Spiels zusammengefasst. Bei diesem Spiel erkennen wir, dass die Division die Umkehrung der Multiplikation ist, und dass uns die Multiplikation die Anregung für die Einführung des Potenzierens gibt. Anstelle des Pluszeichens in der Mehrfachaddition setzten wir das Malzeichen und erhalten eine sogenannte Potenz. Die in der abgekürzten Schreibweise untenstehende 2 wird als Basis bezeichnet und die oben stehende 5 als der Exponent. Diese Bezeichnungen sind in Anlehnung an die umgangssprachliche Bedeutung der Wörter gewählt. Denken Sie an einen Parteitag: Unten im Saal sitzt die sogenannte Basis und oben auf der Bühne sitzen die Exponenten. Das Bild des Parteitages können wir sogar zur Assoziation des Wortes Potenz heranziehen, denn Potenz ist ein Fremdwort für Macht, und ein Parteitag versucht immer, Macht auszuüben.

Während es zur Multiplikation nur eine Umkehrung gibt, finden wir zum Potenzieren zwei Umkehrungen. Dies ist eine Folge des Sachverhaltes, dass die beiden Faktoren einer Multiplikation vertauscht werden können, ohne dass sich das Ergebnis ändert, wogegen in einer Potenz ein Vertauschen von Basis und Exponent im Allgemeinen zu einer Veränderung des Wertes führt. So hat beispielsweise die Potenz 2^5 den Wert 32, wogegen 5^2 den Wert 25 hat.

Bezeichnung der Operation	Rückführung auf bekannte Operationen	Schreibweise
Multiplikation	Addition mehrerer gleicher Summanden: $Produkt = 2 + 2 + 2 + 2 + 2$	$Produkt = 10 = 5 * 2$
Division (Umkehrung der Multiplikation)	Suche eines Faktors Q für die Multiplikation: $10 = 5 * Q$	$Quotient = 2 = 10{:}5 = \dfrac{10}{5}$
Potenz	Multiplikation mehrerer gleicher Faktoren: $Potenz = 2 * 2 * 2 * 2 * 2$	$Potenz = 32 = 2^5$
Wurzel (Erste Umkehrung der Potenz)	Suche der Basis W für die Potenz: $32 = W^5$	Fünfte Wurzel aus 32 $= 2 = \sqrt[5]{32} = 32^{\frac{1}{5}}$
Logarithmus (Zweite Umkehrung der Potenz)	Suche des Exponenten L für die Potenz: $32 = 2^L$	Logarithmus von 32 zur Basis 2 $= 5 = \log_2 32$

2.2 Einführung von Potenzen, Wurzeln und Logarithmen.

Das Zeichen in der Wurzelschreibweise wurde übrigens aus dem lateinischen Wort *radix* für Wurzel abgeleitet; es soll an den Anfangsbuchstaben r erinnern. Das Wort Logarithmus ist eine Komposition aus den beiden altgriechischen Wörtern *logos* und *arithmos*, und es bedeutet in direkter Übersetzung „Verhältniszahl". Da man zu diesem deutschen Wort aber nicht das assoziieren würde, was hier gemeint ist, hat man einfach das Fremdwort stehen lassen.

Nachdem wir nun am Ende unserer Tabelle angekommen sind, stellt sich die Frage, wie das Spiel weitergehen könnte. Geübte Spieler sehen selbstverständlich sofort eine grandiose Möglichkeit: Bei unserem Spiel in der Tabelle haben wir uns ja darauf beschränkt, als Spielsteine nur die positiven reellen Zahlen zu betrachten. Wir haben aber noch die Null und die negativen reellen Zahlen, die wir nun auch für das Potenzieren, das Wurzelziehen und das Logarithmieren benutzen könnten. So könnten wir uns doch beispielsweise auch für die Potenz 2^{-5} interessieren oder für die (–4/3)te Wurzel von 13 oder für den Logarithmus der Zahl –4 zur Basis 25/2. Ich will Ihnen allerdings nicht alle diese Spielchen vorführen, denn zum Teil müsste ich dabei Details heranziehen, die wir beim Blick aus unserem Raumschiff hinunter auf den Mathematikkontinent nicht erkennen können. Ich bin aber überzeugt, dass Sie keine Mühe hätten, diese Spielchen zu verstehen, wenn ich Sie Ihnen präsentieren würde. In einem Teil der Fälle müssten wir den Bereich der reellen Zahlen nicht verlassen, aber es gibt darüber hinaus doch auch Fälle, die uns noch einmal zu einer neuen Zahlenart führen.

So finden wir keine reelle Zahl, die mit sich selbst multipliziert den Wert –1 liefert. Wenn wir also die Quadratwurzel aus –1 haben wollen, dann müssen wir sie als nicht reelle Zahl schaffen. In einem Lehrbuch, welches der geniale Mathematiker Leonhard Euler (1707–1783) im Jahre 1768 schrieb, fand ich zum Problem der Wurzel aus –1 den köstlichen Satz: „Wenn daher aus einer negativen Zahl die Quadratwurzel gezogen werden soll, so ist man allerdings in einer großen Verlegenheit, weil sich unter den uns bekannten Zahlen keine angeben lässt, deren Quadrat eine negative Zahl wäre."

Wir erinnern uns nun an den Schöpfungsakt, bei dem wir die negativen Zahlen geschaffen haben. Damals haben wir einen Spiegel benutzt, und eine Methode, die sich einmal bewährt hat, könnte sich ja auch ein zweites Mal bewähren. Wir spiegeln also sämtliche Zahlen, die wir bisher haben, außer der Null. Zur Unterscheidung dieser neuen Spiegelung von der früheren Spiegelung, die zu den negativen Zahlen führte, darf der Spiegel nun allerdings nicht mehr senkrecht auf der Geraden der rellen Zahlen stehen; man wählt einen Winkel von 45 Grad. Damit gibt es zu den positiven und negativen reellen Zahlen jeweils noch ihr Spiegelbild. Da die Zahlen vor dem Spiegel die Bezeichnung reelle Zahlen haben, hätte man ihr Spiegelbild als irreelle Zahlen bezeichnen können. Das hat man aber nicht getan, sondern man hat diese gespiegelten reellen Zahlen *imaginäre Zahlen* genannt, und man unterscheidet sie von den reellen Zahlen in der Schreibweise durch das Hinzusetzen des Buchstabens i. Wie schon bei der Schaffung der negativen Zahlen durch Spiegelung der positiven Zahlen gilt auch hier wieder, dass es außer der Tatsache, dass gespiegelt wurde, absolut nichts zu verstehen gibt. Wenn jemand sagt, er könne sich eine imaginäre Zahl nicht vorstellen, dann bringt er damit nur zum Ausdruck, dass es ihm geht wie jedem anderen Menschen auch, denn überhaupt niemand, auch der genialste Mathematiker nicht, kann sich unter einer imaginären Zahl etwas vorstellen. Das einzige, was es hier zu wissen gibt, ist der Sachverhalt, dass jede imaginäre Zahl das Spiegelbild einer reellen Zahl ist und dass das Quadrat einer imaginären Zahl eine negative reelle Zahl liefert.

Mit der Schaffung der imaginären Zahlen haben wir das Ende des Zahlenschöpfungsaktes immer noch nicht erreicht. Wir müssen nun wieder prüfen, ob die arithmetischen Verknüpfungen in den Fällen, wo mindestens einer der beiden Operanden eine imaginäre Zahl ist, immer durchführbar sind. Die möglichen Fälle sind in Abbildung 2.3 zusammengestellt. Durch fette Umrandung ist der Fall hervorgehoben, bei dem eine imaginäre und eine reelle Zahl durch Addition oder Subtraktion miteinander verknüpft werden. Hier ist das Ergebnis weder reell noch imaginär, sodass wir wieder eine neue Art von Zahlen schaffen müssen. Diese Zahlen nennt man *komplexe Zahlen* und man schreibt sie einfach als Additionsausdruck einer reellen Zahl und einer imaginären Zahl. Dass der reelle und der imaginäre Summand in einer komplexen Zahl nebeneinander stehen bleiben müssen und nicht „irgendwie verschmolzen" werden können, ist ein Hinweis darauf, dass ihr

	Addition oder Subtraktion	Multiplikation oder Division
Beide Operanden sind imaginär.	Imaginäres Ergebnis: 5i + 2i = 7i 5i - 7i = -2i	Reelles Ergebnis: 5i * 2i = -10 10i : 5i = 2
Ein Operand ist reell, der andere ist imaginär.	Komplexes Ergebnis: 5 + 2i = 5 + 2i 5 - 7i = 5 - 7i	Imaginäres Ergebnis: 5i * 2 = 10i 10i : 5 = 2i 10 : 5i = -2i

2.3 Einführung der komplexen Zahlen.

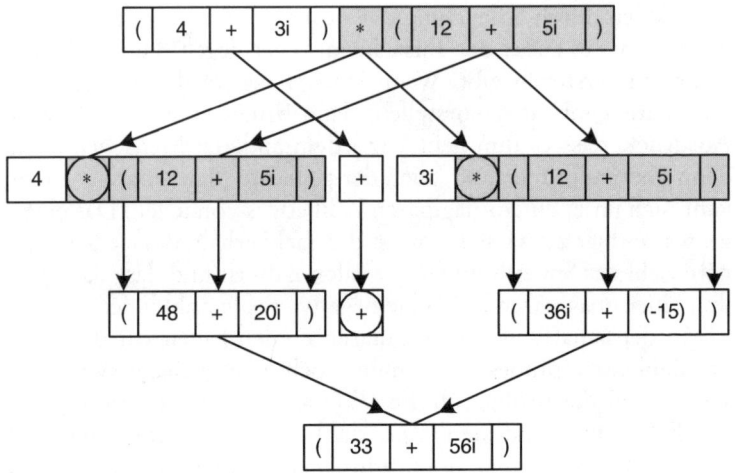

2.4 Multiplikation zweier komplexer Zahlen.

Unterschied grundsätzlicher ist als der zwischen positiven und negativen Zahlen. Denn diese werden ja bei der Addition tatsächlich „verschmolzen": Die beiden Summanden +7 und –3 verschwinden im Ergebnis +4, wogegen die beiden Summanden 7 und 3i bei der Addition erhalten bleiben und nur nebeneinander gestellt werden. Der reelle Summand und der imaginäre Summand sind wie Mann und Frau, und die Addition entspricht einer Eheschließung, bei der die Partner ja auch nicht verschwinden.

Zur Klärung der Frage, ob wir nun tatsächlich am Ende unserer Zahlenschöpfungsgeschichte angelangt sind, müssen wir noch die Fälle untersuchen, bei denen wir komplexe Zahlen als Operanden in unseren Rechnungen verwenden. Addition und Subtraktion sind dabei am einfachsten, denn die Operationen dürfen für die Realteile und die Imaginärteile jeweils getrennt ausgeführt werden: $(4+3i)+(12+5i)=(16+8i)$. Bei der Multiplikation müssen wir die Klammern „ausmultiplizieren", wie dies in Abbildung 2.4 gezeigt ist. Die Pfeile zeigen, wie die Rechenzeichen durch unser Spiel fließen: Im ersten Schritt von oben nach unten wird nicht gerechnet, sondern es werden nur Kopien erzeugt. Gerechnet wird immer nur mit den Rechenzeichen, um die ich einen Kreis

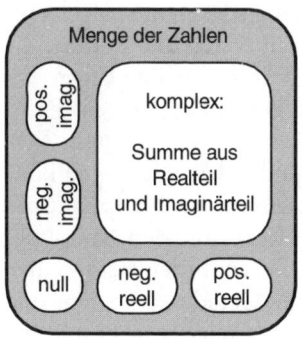

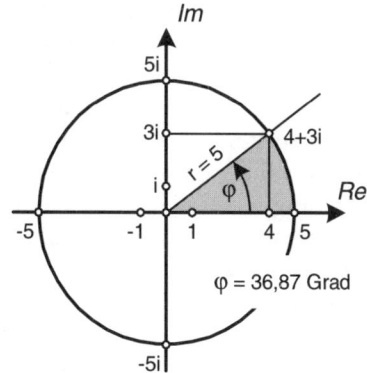

$\varphi = 36{,}87$ Grad

2.5 Aufbau der „Zahlenwelt".

gezeichnet habe; deshalb führen von dort keine Pfeile mehr weiter. Wir sehen, dass die Multiplikation zweier komplexer Zahlen wieder eine komplexe Zahl liefert.

Jetzt ist der Augenblick gekommen, wo ich Ihnen zeigen kann, dass in den Schöpfungsakten der Mathematiker unbemerkt manchmal noch ein anderer Schöpfer mitmischt. Wir schauen uns hierzu die Abbildung 2.5 an. Links im Bild ist die Menge aller Zahlen, die wir inzwischen kennen, in einer Behälterdarstellung gezeigt. Hier müssen Sie sich vorstellen, Sie schauten von oben in einen großen Behälter hinein, worin mehrere kleinere Behälter stehen. Sie würden eine solche Behälterdarstellung sicher ganz natürlich finden, wenn es hier nicht um Zahlen ginge, sondern um Lebensmittel. Dann könnten die kleineren Behälter beispielsweise beschriftet sein mit Mehl, Zucker oder Haferflocken. Bei uns sind sie beschriftet mit „Null", „positive reelle Zahlen" und „komplexe Zahlen". Rechts daneben ist die gleiche Zahlenmenge in einer Punktedarstellung gezeigt. In der Mitte verläuft waagerecht die Gerade der reellen Zahlen; die positiven und die negativen reellen Zahlen liegen gespiegelt um den Null-Punkt. Ebenfalls durch den Null-Punkt, aber nun senkrecht verlaufend, sehen wir die Gerade der imaginären Zahlen. Auch hier sind die positiven und die negativen imaginären Zahlen gespiegelt um den Null-Punkt. Man erkennt leicht, dass die Gerade der imaginären Zahlen eine um

90 Grad gedrehte Kopie der Geraden der reellen Zahlen ist, wie es der Spiegelung mit einem um 45 Grad gedrehten Spiegel entspricht. Den komplexen Zahlen entsprechen nun alle Punkte, die weder auf der reellen noch auf der imaginären Geraden liegen. Ich habe den Punkt für die komplexe Zahl 4 + 3i eingetragen. Es ist offensichtlich, dass man diesen Punkt auch anders als unter Verwendung seiner beiden Bestandteile 4 und 3i hätte festlegen können, nämlich als Schnittpunkt des Kreises um den Nullpunkt mit dem Radius 5 und einem geraden Strahl, der durch den Nullpunkt verläuft und mit der reellen Achse im Gegenuhrzeigersinn einen Winkel von 36,87 Grad bildet. Die reelle Gerade, der Strahl und der Kreis bilden den Rand des grauschattierten „Kuchenstücks". Ob man eine komplexe Zahl durch Angabe ihres Realteils und ihres Imaginärteils oder durch die Angabe ihres Radius und ihres Winkels darstellt, ist eine reine Zweckmäßigkeitsfrage. Beachten Sie, dass eine komplexe Zahl kein Punkt in der Zahlenebene ist, sondern nur als Punkt in der Zahlenebene dargestellt werden kann.

Nun übertragen wir die neue Darstellungsart auf die beiden Faktoren und das Produkt aus Abbildung 2.4 und erhalten die in Abbildung 2.6 dargestellten Ergebnisse. Auch wenn ich es nicht fett umrandet hätte, wäre Ihnen vermutlich sofort aufgefallen, dass der Radius des Produktes gleich dem Produkt der Radien der Faktoren ist, und dass der Winkel des Produktes gleich der Summe der Winkel der Faktoren ist. Wer hätte das erwartet? Als wir die komplexen Zahlen als Additionsergebnis eines Realteils und eines Imaginärteils geschaffen haben, haben wir doch mit keinem Gedanken an Radien oder Winkel gedacht. Wir waren also in der Lage, etwas zu schaffen, worin es Gesetzmäßigkeiten gibt, an die

	Re + Im	Radius	Winkel
1. Faktor	4 + 3i	5	36,87 Grad
2. Faktor	12 + 5i	13	22,62 Grad
Produkt	33 + 56i	65 = 5*13	59,49 Grad = (36,87+22,62) Grad

2.6 Radius und Winkel bei der Multiplikation in Abbildung 2.4.

wir bei unserem Schöpfungsakt überhaupt nicht gedacht haben. Genau dies habe ich gemeint, als ich vorhin behauptete, dass in den Schöpfungsakten der Mathematiker unbemerkt manchmal noch ein anderer Schöpfer mitmischt.

Mit unserer neuen Erkenntnis fällt es uns nun auch leicht, die Division zweier komplexer Zahlen zu realisieren. Denn auch hier muss ja die Division wieder die Umkehrung der Multiplikation sein. Wenn also bei der Multiplikation Radien multipliziert und Winkel addiert werden, dann brauchen wir bei der Division nur Radien zu dividieren und Winkel zu subtrahieren. Auch für das Potenzieren und das Wurzelziehen zeigt uns die neue Erkenntnis den Weg: Wir müssen Radien potenzieren oder aus ihnen die Wurzel ziehen und Winkel vervielfachen oder teilen. Das gilt jedoch nur für reelle Exponenten. Wir können zwar leicht 2^i hinschreiben, aber ob wir damit eine existierende Zahl oder etwas nicht Existierendes umschrieben haben, müssen wir erst noch herausfinden. Durch die Mächtigkeit unserer Sprachmittel sind wir ja immer in der Lage, auch Umschreibungen anzugeben, die nichts Existierendes umschreiben. So können wir beispielsweise von einer natürlichen Zahl sprechen, die zwischen 17 und 18 liegt, obwohl wir wissen, dass es eine solche natürliche Zahl nicht gibt. Wir möchten also gerne wissen, ob es 2^i gibt oder nicht. Diese Frage hat uns unter einen Überhang in unserer Steilwand gebracht, den wir jetzt noch nicht bezwingen können. Erst am Ende des dritten Kapitels kann ich Ihnen den Weg zeigen, der hier weiterführt. Dennoch möchte ich an dieser Stelle schon festhalten, dass wir tatsächlich mit unserer Zahlenschöpfungsgeschichte ans Ende gekommen sind. Wir werden auch im Folgenden keine Erkenntnisse mehr bekommen, die uns die Schaffung neuer Zahlen ermöglichen würden. So werden wir beispielsweise später feststellen können, dass 2^i eine Umschreibung für die komplexe Zahl 0,769 + 0,639 i ist. Meinen Sie nicht auch, dass wir jetzt von den Ergebnissen unserer Schöpfungsakte sagen können: „Es ist verblüffend, wie konsequent eins aus dem anderen folgt."?

Jede Menge Mengen

Ich erinnere mich noch sehr gut an die Zeit, als die sogenannte Mengenlehre in den Unterricht der Grundschulen eingeführt wurde. Plötzlich stellten die Eltern fest, dass sie ihren Kindern in den ersten Klassen nicht mehr bei den Hausaufgaben helfen konnten. Die Volkshochschulen reagierten darauf, indem sie Abendkurse für Eltern anboten, worin diese auf den neuesten Stand der Pädagogik für den mathematischen Unterricht gebracht werden sollten. Eine meiner Mitschülerinnen aus der Abitursklasse war Grundschullehrerin geworden, und ab und zu trafen wir uns noch. Bei einem solchen Treffen brachte ich auch einmal das Thema Mengenlehre zur Sprache und bat sie, mir ihre Sicht auf dieses Themenfeld darzustellen. Ich erinnerte mich nämlich noch gut daran, dass sie im Gymnasium der Mathematik ziemlich fern gestanden hatte. Außerdem wusste ich aber auch, dass man gar keine mathematische Leuchte sein muss, um die Grundzüge der Mengenlehre zu verstehen, falls man sie gut erklärt bekommt. Offensichtlich jedoch hatte meine Klassenkameradin nicht das Glück gehabt, im Weiterbildungsseminar auf einen fähigen Lehrer zu treffen, denn aus dem, was sie mir mit großer Begeisterung über die Mengenlehre erzählte, konnte ich sehr schnell erkennen, dass sie den Sinn und Zweck dieser Mengenlehre nicht wirklich verstanden hatte. Ich erzähle Ihnen also im Folgenden nun das, was man dieser Grundschullehrerin schon damals im Weiterbildungsseminar hätte erzählen sollen.

Das Wort „Menge" wird in der Umgangssprache recht häufig benutzt: „In unserem Semester gibt es eine Menge von Studenten aus der ehemaligen Sowjetunion. Der Politiker nahm ein Bad in der Menge. Durch das Loch im Dach ist schon eine ganze Menge Wasser eingedrungen. Durch Zugabe einer geringen Menge Mehl wird aus diesem harmlosen Pulver eine hochexplosive Mischung." Wenn man umgangssprachlich das Wort Menge verwendet, verbindet man damit immer die Vorstellung von etwas, das viel oder wenig sein kann, also beispielsweise viele Leute, viel Wasser oder wenig Mehl. Mit dem mathematischen Mengenbegriff kann man immer die Vorstellung eines Behälters verbinden, in dem sich nichts, wenig oder viel befindet. Mengen sind also immer mögliche Behälterinhalte. Als ich Ihnen im vorangegangenen Abschnitt die Schöpfungsgeschichte der Zahlen erzählte, habe ich schon mehrfach das Wort Menge im mathematischen Sinne benutzt. Blättern Sie noch einmal zurück und schauen Sie sich Abbildung 2.1 und Abbildung 2.5 an. Bei diesen Bildern können wir die Vorstellung haben, dass wir von oben in Behälter hineinschauen, in denen Zahlen liegen. So gibt es da beispielsweise einen Behälter für die Null, einen anderen Behälter für die positiven rationalen Zahlen usw. Selbstverständlich sind die Behälter für Zahlen nur Anschauungshilfen, denn konkrete Körbe, Kisten oder Wannen sind es natürlich nicht. Abstrakte Dinge können nur in abstrakten Behältern liegen, während konkrete Dinge in konkreten Behältern liegen, wie beispielsweise Äpfel in Körben. Von den Äpfeln in einem Korb sagen wir, es handle sich um die Menge der Äpfel in diesem Korb. Die meisten Mengen, die uns interessieren, sind Mengen gleichartiger Dinge, also Mengen von Äpfeln oder Mengen von komplexen Zahlen. Es macht wenig Sinn, sich einen Behälter vorzustellen, worin man zwei Äpfel, den Bruch 3/5 und den Mond liegen sieht. Eine Menge wird uns nur dann interessieren, wenn die zugehörigen Elemente bestimmte Merkmale haben, über die es sich zu reden lohnt. So haben wir beispielsweise ziemlich lange über die Merkmale der komplexen Zahlen gesprochen.

Die Dinge, die zu einer Menge gehören, d. h., die wir uns in dem gedachten Behälter liegend vorstellen, werden als Elemente der Menge bezeichnet. Wenn man also eine bestimmte Menge und ein bestimmtes Ding gegeben hat, macht die Frage einen Sinn, ob dieses Ding Element der Menge sei oder nicht. So können wir beispielsweise fragen, ob die Zahl π ein Element der Menge der rationalen Zahlen ist, und die Antwort ist nein. Das Formelsymbol $\in$ wird als Abkürzung für die Feststellung benutzt, dass ein Ding e Element einer Menge M ist; man schreibt dann $e \in M$. Das Symbol $\in$ erinnert an den Anfangsbuchstaben des Wortes „enthalten". Wenn man ausdrücken will, dass ein Ding d nicht in einer Menge enthalten ist, benutzt man das durchgestrichene Enthaltenseinszeichen $\notin$ und schreibt $d \notin M$.

Der Nutzen des Mengenbegriffs liegt auf zwei sehr unterschiedlichen Feldern, die ich durch die Bezeichnungen „Sprachfeld" und „Unendlichkeitsfeld" charakterisieren will. Im Sprachfeld geht es lediglich darum, eine kleine Anzahl von Wörtern so streng zu definieren, dass man unter Verwendung dieser Begriffe klarer und unmissverständlicher als bisher kommunizieren kann. Das Sprachfeld war der Grund für die Einführung der Mengenlehre in der Grundschule. Die Mathematiker dagegen sehen das Sprachfeld eher als trivial an; für sie ist das Unendlichkeitsfeld das eigentlich interessante an der Mengenlehre. Wir werden uns nun ein wenig auf dem Sprachfeld tummeln und erst anschließend noch einen Blick auf das Unendlichkeitsfeld werfen.

Es ist durchaus angemessen, dass wir uns dem Sprachfeld so nähern wie die Erstklässler auch. Zuerst müssen wir ein aktuelles „Universum" festlegen, was nichts anderes bedeutet, als dass wir uns auf die Elemente festlegen, über die wir jetzt reden wollen. Von anderen Dingen darf so lange nicht mehr die Rede sein, bis wir explizit das Universum wechseln. Unser Universum ist in Abbildung 2.7 dargestellt: Es umfasst 18 geometrische Figuren, die sich in Form, Farbe und Größe unterscheiden. Wenn wir nun nicht über alle Elemente des Universums reden wollen, sondern nur über bestimmte ausgewählte Elemente, dann können wir in das Universum Behältergrenzen eintragen, die nur noch die aktu-

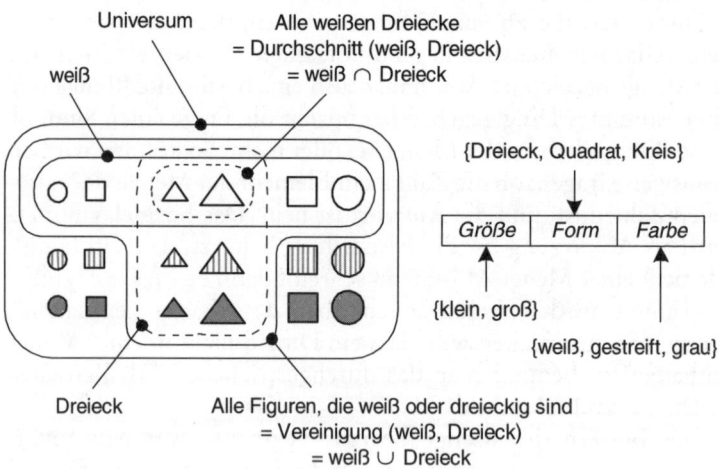

2.7 Veranschaulichung von Mengenbegriffen.

ell betrachteten Elemente enthalten. So habe ich beispielsweise in Abbildung 2.7 eine Grenze eingezeichnet, die alle weißen Figuren umschließt, und eine andere Grenze, die alle Dreiecke umschließt. Innerhalb einer solchen geschlossenen Grenzlinie liegt jeweils eine sogenannte Teilmenge aus dem Universum. Wenn wir zwei Teilmengen ausgewählt haben, können wir bezüglich dieser beiden Teilmengen zwei Fragen stellen. Einerseits können wir nach dem sogenannten Durchschnitt fragen, der nichts anderes ist als die Menge derjenigen Elemente, die in den beiden gegebenen Teilmengen enthalten sind. In unserem Beispiel enthält der Durchschnitt nur die beiden weißen Dreiecke. Wir können uns aber auch für die sogenannte Vereinigung der beiden Teilmengen interessieren; das ist die Menge derjenigen Elemente, die innerhalb der Grenzlinie liegen, die beide Teilmengen umschließt. Wenn der Durchschnitt zweier Mengen leer ist, sagt man, die beiden Mengen seien disjunkt zueinander. Das heißt, dass es kein Element gibt, welches sowohl in der einen als auch in der anderen Teilmenge enthalten ist.

Wenn man aus dem Universum eine Teilmenge ausgewählt hat, dann ist gleichzeitig eine zweite Teilmenge definiert, und zwar diejenige, die alle nicht ausgewählten Elemente enthält. Diese Restmenge bezeichnet man als Komplement der ausgewählten Menge. So besteht das Komplement unserer Dreiecksmenge aus allen Elementen, die keine Dreiecke sind, und das Komplement der weißen Menge enthält alle nicht weißen Figuren. Eine Menge und ihr Komplement sind per Definition disjunkt zueinander, d. h. sie enthalten garantiert keine gemeinsamen Elemente, und ihre Vereinigung ergibt das Universum.

Das Symbol der Durchschnittsbildung ∩ hat die Form eines Brückenbogens. Als Eselsbrücke kann man sich merken, dass die Brücke sowohl am linken als auch am rechten Ufer befestigt sein muss, was bedeutet, dass sowohl die Merkmale für die linke Menge als auch die Merkmale für die rechte Menge gleichzeitig erfüllt sein müssen. Das Symbol für die Vereinigung ∪ hat dagegen die Form eines offenen Behälters, sodass man sich als Eselsbrücke merken kann, dass sowohl die Elemente der linken Menge als auch die Elemente der rechten Menge in einen Topf geworfen werden.

Damit endet unser Besuch in der Grundschule, und wir kehren wieder in die Erwachsenenwelt zurück. Hier spielen wir nicht mehr mit geometrischen Figuren, sondern mit sogenannten „Tupeln". Möglicherweise empfinden Sie den Begriff Tupel als abschreckend und befürchten, dahinter verberge sich eine komplizierte mathematische Sache. Ihre Befürchtungen sind aber unbegründet, denn ein Tupel ist nichts anderes als die Belegung einer Reihe nebeneinanderliegender Positionen mit Elementen, die aus vorgegebenen Mengen zu wählen sind. Dass man eine schier unendliche Fülle von Situationen aus unserem Alltag als Tupel betrachten kann, erkennen Sie an dem folgenden Beispiel: Denken Sie an die Position des Dirigenten vor seinem Orchester und an das Notenpult, wo seine Partitur liegen kann. Jede Belegung dieser beiden Orte mit einem konkreten Dirigenten und einer bestimmten Partitur ist ein zweistelliges Tupel.

Immer wenn Sie endlich viele Positionen haben und die zugehörigen Mengen, aus denen die Positionsbelegungen zu wählen sind, kennen Sie auch die möglichen Tupel. In Abbildung 2.7 habe ich rechts die drei Positionen für eine Menge dreistelliger Tupel (*Größe, Form, Farbe*) dargestellt und zu jeder Tupelposition habe ich das Repertoire angegeben, also die Menge, aus der gewählt werden kann. Die Repertoireelemente sind innerhalb der sogenannten Mengenklammern { } aufgelistet. Es wurden hier ganz bewusst nicht die normalen „runden Klammern" ( ) benutzt, weil diese in der Mathematik für die Tupel reserviert sind. Die Positionen in runden Klammern tragen Bedeutung und dürfen deshalb nicht beliebig vertauscht werden, wogegen es innerhalb der Mengenklammern völlig egal ist, in welcher Reihenfolge man die Elemente hineinschreibt. Mengenklammern können als Grenzen eines Behälters betrachtet werden, in den man Elemente „hineinwerfen" kann. Deshalb meint man mit {a, b, c} genau das gleiche wie mit {b, c, a}. Runde Klammern dagegen sind als Grenzen eines Formulars zu betrachten, dessen Felder ausgefüllt werden müssen. So könnte beispielsweise die erste Position für das eigene Lebensalter und die zweite Position für das Lebensalter des Ehepartners vorgesehen sein; deshalb bedeutet (56, 53) nicht das gleiche wie (53, 56).

Repertoires der Attribute:	Größe = {klein, groß} Form = {Dreieck, Quadrat, Kreis} Farbe = {weiß, gestreift, grau}
Universum = Größe × Form × Farbe = { (klein, Dreieck, weiß), (klein, Dreieck, gestreift), . . . (groß, Kreis, grau) }	
weiß = { x | x hat die Farbe weiß. } **Dreieck** = { x | x ist ein Dreieck. }	
Durchschnitt: weiß ∩ Dreieck = { x | (x ∈ weiß) UND (x ∈ Dreieck) } **Vereinigung:** weiß ∪ Dreieck = { x | (x ∈ weiß) ODER (x ∈ Dreieck) }	

2.8 Die Mengen aus Abbildung 2.7 in Formeldarstellung.

Wir betrachten jetzt keine Elemente mehr, die wir auf den Tisch legen und gruppieren können wie in Abbildung 2.7. Deshalb können wir nun die Mengen, von denen wir aktuell reden wollen, nicht mehr hinzeichnen, sondern müssen sie hinschreiben. In Abbildung 2.8 sind die Mengen, die wir schon aus Abbildung 2.7 kennen, als Formeln dargestellt. Grundsätzlich braucht man vor Formeln keine Angst zu haben, denn sie sind ja nur abgekürzte Schreibweisen für Sachverhalte, die man auch in natürlicher Sprache ausdrücken könnte.

In den Formeln in Abbildung 2.8 kommen die beiden Symbole × und | vor, deren Bedeutung ich Ihnen noch erklären muss. Unser Beispieluniversum ist ein sogenanntes „kartesisches Produkt", wobei die Bezeichnung auf den französischen Philosophen René Descartes (1596–1650) hinweist. Das Symbol × wird als Multiplikationszeichen in kartesischen Produkten verwendet. „Wie bitte", werden Sie möglicherweise einwenden, „nun haben wir gerade erst gelernt, komplexe Zahlen zu multiplizieren, und jetzt sollen wir auch noch Mengen multiplizieren." Auch hier werden Sie aber wieder sehen, dass nur mit ganz einfachem Wasser gekocht wird. Das kartesische Produkt von n Mengen ist definiert als die Menge aller n-stelligen Tupel, die sich bilden lassen, wenn man die Faktoren des Produkts als Repertoires für die Tupelpositionen nimmt. In unserem Falle sind die Faktoren die Repertoires für Größe, Form und Farbe. Das Größenrepertoire hat zwei Elemente, das

Formenrepertoire umfasst drei Elemente und das Farbenrepertoire ebenfalls drei. Somit muss das kartesische Produkt $2*3*3=18$ Tupel enthalten. Schauen Sie in die Abbildung 2.7 und zählen Sie die Elemente des Universums; Sie werden 18 Elemente finden.

In den vier Formeln zur Definition der ausgewählten Teilmengen innerhalb des Universums kommt jeweils das Symbol „|" vor. Die Übersetzung der ersten Formel in natürliche Sprache lautet:

Die Menge „weiß" ist definiert als die Menge all derjenigen Elemente x aus dem Universum, welche die Farbe weiß haben.

Der senkrechte Strich steht also in der Übersetzung für das Textstück „aus dem Universum, welche".

Nun haben wir uns ausreichend lange über das Sprachfeld bewegt, sodass Sie erkennen konnten, wo Ihnen die Mengenbegriffe helfen können, sich klar und unmissverständlich auszudrücken. Und für etwas anderes sind diese Begriffe gar nicht geschaffen worden. Wir begeben uns also jetzt auf das andere Feld, auf dem die Mengenlehre ihren Nutzen entfaltet. Ich habe es als das Unendlichkeitsfeld bezeichnet. Es geht nämlich nun um den Begriff der Mächtigkeit von Mengen, und da können manche Mengen unendliche Mächtigkeit haben. Man spricht hier von Mächtigkeit und nicht von der Anzahl der in einer Menge enthaltenen Elemente, weil es eine solche Anzahl nur bei endlichen Mengen gibt. So hat beispielsweise die Mächtigkeit der Menge in Abbildung 2.7 den Wert 18. Alle Mengen, die wir im Laufe der Schöpfungsgeschichte der Zahlen kennen gelernt haben, hatten unendliche Mächtigkeit. Seit jeher kämpfen die Menschen mit ihrem Schicksal, das sie nötigt, das Unendliche zu denken, und das sie daran hindert, das Unendliche zu verstehen.

Mein Sohn war möglicherweise noch nicht einmal in der Schule, als er schon fragte: „Und was kommt hinter unendlich?". Der Mathematiker Georg Cantor (1845–1918), der als der Vater der Mengenlehre gilt, hat diese Begriffswelt hauptsächlich dazu benutzt zu zeigen, dass es mehrere unterschiedliche Mächtigkeiten des Unendlichen gibt. Als Ausgangspunkt der Überlegungen zum Thema Unendlichkeit wird die Unendlichkeit der natürlichen Zahlen genommen, die man als „natürliche Unendlichkeit" bezeichnen könnte. Denn dass man in der Folge der natürlichen

Zahlen immer weiter zählen kann und nie ans Ende kommt, gehört zum Grundverständnis des Begriffs des Zählens. Cantor hat sich nun die Frage gestellt, wie man Unendlichkeiten vergleichen könnte. Dabei hat er das Verfahren, wie man Mächtigkeiten endlicher Mengen vergleicht, einfach formal auf die Unendlichkeit übertragen. Nehmen Sie an, Sie könnten nicht zählen, sollten aber doch die Mächtigkeiten zweier endlicher Mengen vergleichen. Was würden Sie tun? Stellen Sie sich eine Menge von Kaffeetassen und eine Menge von Untertassen vor. Sie würden lauter Paare bilden, indem Sie jeweils eine Tasse auf eine Untertasse stellen. Sollten am Schluss weder Tassen noch Untertassen übrig bleiben, dann wissen Sie, dass die beiden Mengen gleich mächtig sind. Andernfalls bleiben entweder Tassen oder Untertassen übrig, und Sie können sagen, welche der beiden Mengen mächtiger war.

Dieses Verfahren übertragen wir nun einfach auf zwei unendliche Mengen: Die eine Menge sei die Menge der natürlichen Zahlen, und die andere Menge sei die Menge der positiven geraden Zahlen. Intuitiv würden Sie sagen, die Menge der geraden Zahlen sei nur halb so mächtig wie die Menge der natürlichen Zahlen, weil nur jede zweite natürliche Zahl eine gerade Zahl ist. Nach Cantors Definition stimmt dies aber nicht, denn Sie können ja anfangen, Paare zu bilden, die Sie als Tupel aufschreiben: (1,2), (2,4), (3,6), (4,8), usw. Sie sehen also, dass Sie jeder natürlichen Zahl eine zugehörige gerade Zahl zuordnen können und umgekehrt, so wie Sie vorher jeder Tasse eine Untertasse zuordnen konnten und umgekehrt. Dass Sie mit Ihrem Aufschreiben der Paare nicht zu Ende kommen, liegt eben daran, dass die Menge der natürlichen Zahlen unendlich ist. Nach Cantors Definition liegt hier Gleichmächtigkeit vor. Immer dann, wenn wir die Elemente einer Menge aufreihen können wie die Glieder einer einseitig begrenzten Kette, hat diese Menge die gleiche Mächtigkeit wie die Menge der natürlichen Zahlen. Betrachten Sie hierzu einmal die Abbildung 2.9. Jeder große Kringel steht für ein Paar zweier natürlicher Zahlen. Ich habe nun einen Weg eingetragen, wie man diese großen Kringel zu einer Kette zusammenhängen kann, und die Kettenglieder habe ich von 1 an durchnummeriert. Weil eine solche Kettenbildung möglich ist, hat also die Menge der Paare natürlicher Zahlen die gleiche Mächtigkeit wie die Menge der natürlichen Zahlen

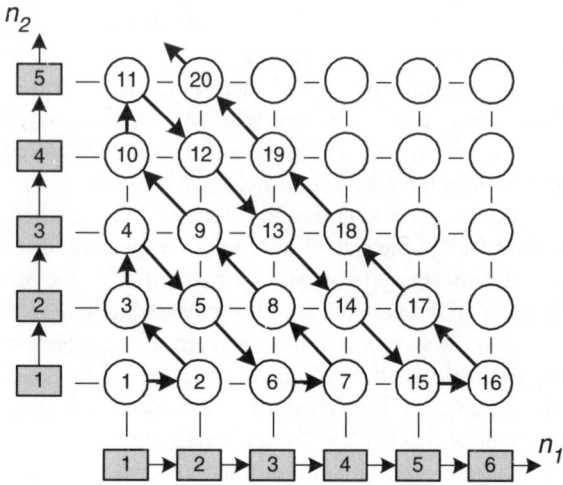

2.9   Nummerierung aller geordneten Paare natürlicher Zahlen.

selbst. Diese Gleichmächtigkeit gilt nicht nur für die Menge der Zahlenpaare, sondern für alle Mengen von Tupeln natürlicher Zahlen, bei denen die Anzahl der Positionen endlich ist.

Bisher haben wir also noch keine Menge gefunden, die mächtiger ist als die Menge der natürlichen Zahlen. Da die Menge der positiven rationalen Zahlen auch nichts anderes ist als eine Menge zweistelliger Tupel natürlicher Zahlen, bei denen Zähler und Nenner auf den beiden Positionen stehen, hat auch die Menge der rationalen Zahlen die gleiche Mächtigkeit wie die Menge der natürlichen Zahlen. Cantor konnte nun zeigen, dass die Menge der reellen Zahlen tatsächlich eine größere Mächtigkeit als die Menge der natürlichen Zahlen hat. Das bedeutet, dass er zeigen konnte, dass man die reellen Zahlen nicht in einer Kettenstruktur miteinander verbinden kann. Wie er das gemacht hat, erzähle ich Ihnen hier nicht; falls es Sie interessiert, können Sie einen Fachmann fragen. Cantor konnte sogar zeigen, dass es Mengen gibt, die mächtiger sind als die Menge der reellen Zahlen.

Bei Funktionen kommt es nur darauf an, was hinten herauskommt

Die Wörter „Funktion" und „funktionieren" werden in unserem Alltag recht häufig benutzt: „Unser Fernseher funktioniert nicht. Jetzt funktioniert das Telefon wieder. Wie funktioniert denn ein Computer? Ich habe keine Ahnung, was die Funktion dieses Apparates sein soll." Dabei geht es immer um den Zweck eines Gerätes, der möglicherweise nicht korrekt erfüllt wird oder bei dem man sich dafür interessiert, durch welche konstruktiven Maßnahmen dieser Zweck erreicht wurde. Aus dieser Alltagsbedeutung des Wortes lässt sich nicht auf die mathematische Bedeutung des Funktionsbegriffs schließen. Unter einer mathematischen Funktion versteht man die Festlegung einer eindeutigen Zuordnung, bei der jedem Element einer sogenannten Eingangsmenge ein Element aus der sogenannten Ausgangs- oder Ergebnismenge zugeordnet wird. Anstelle des Wortes „Eingangsmenge" verwenden die Mathematiker lieber das viel unanschaulichere Wort „Argumentmenge"; da kann man irrigerweise auf die Idee kommen, es ginge um irgendwelche Argumente, die in einer Diskussion vorgebracht werden könnten. So lange es geht, werde ich bei dem anschaulicheren Wort Eingangsmenge bleiben. Eingangsmenge und Ergebnismenge müssen nicht notwendigerweise zwei verschiedene Mengen sein. Als einfaches Beispiel betrachten wir die Funktion des Verdoppelns, die jeder natürlichen Zahl wieder eine natürliche Zahl zuordnet. Die Ergebnismenge ist hier die Menge der geraden natürlichen Zahlen; sie ist also nicht identisch mit der Eingangsmenge, aber sie ist in der Eingangsmenge als Teilmenge enthalten. Die Funktion des Verdoppelns ist eine umkehrbare Funktion, das heißt, aus dem Ergebnis kann man eindeutig auf das jeweilige Eingangselement zurückschließen. Denn man kann ja jede gerade Zahl halbieren und erhält wieder die natürliche Zahl, die zuvor verdoppelt worden war. Als Beispiel einer nicht umkehrbaren Funktion betrachten wir „das Weglassen des Vorzeichens", wo die reellen Zahlen die Eingangsmenge bilden. Die Ergebnismenge ist die Menge der nicht negativen reellen Zahlen. Das Ergebnis 5 wird sowohl der Eingangszahl 5 als auch der Eingangszahl −5 zugeordnet, sodass uns das Ergebnis keinen ein-

deutigen Hinweis darauf geben kann, welches das Eingangselement war.

Wer zum ersten Mal mit dem mathematischen Funktionsbegriff
konfrontiert wird, dem werden üblicherweise am Anfang viele
Beispiele vorgestellt, bei denen sowohl die Eingangsmenge als
auch die Ergebnismenge Zahlenmengen sind. Dies hat zur Folge,
dass die meisten Leute glauben, bei mathematischen Funktionen
gehe es ausschließlich darum, aus gegebenen Eingangszahlen
Ergebniszahlen zu berechnen. Deshalb weise ich Sie jetzt hier ausdrücklich darauf hin, dass der Begriff der mathematischen Funktion mit dem Zahlenbegriff überhaupt nichts zu tun hat. Weder die
Eingangsmenge noch die Ergebnismenge müssen Zahlen sein. Es
ist zwar richtig, dass sie in vielen Fällen tatsächlich Zahlenmengen
sind, aber dies bindet den Funktionsbegriff noch lange nicht an
den Zahlenbegriff – so wenig wie aus der Tatsache, dass viele Menschen eine Brille tragen, geschlossen werden darf, man sei nur ein
Mensch, wenn man eine Brille trägt. Beliebige konkrete oder abstrakte Dinge, von denen eindeutig auf etwas geschlossen werden
kann, dürfen als Elemente einer Eingangsmenge angesehen werden. Denken Sie beispielsweise an die Kinder in einer bestimmten
Grundschulklasse. Diesen Kindern sind viele Dinge eindeutig
zugeordnet, beispielsweise ihr Geburtsdatum, ihr Geburtsort, ihre
Eltern, usw. Deshalb können wir beispielsweise sagen, zwischen
den Kindern und ihren Eltern bestehe ein funktionaler Zusammenhang. Falls alle Kinder in der Klasse bezüglich ihrer Eltern
unterscheidbar sind, handelt es sich um eine umkehrbare Funktion, denn in diesem Fall kann man ausgehend vom Elternpaar eindeutig das zugehörige Kind finden.

In unseren bisher betrachteten Funktionsbeispielen haben wir
immer nur eine einzige Eingangsmenge betrachten müssen. Eine
Funktion kann aber mehrere Eingangspositionen haben, wobei
für jede Position eine Menge möglicher Belegungen definiert sein
muss. Als Beispiel betrachten wir die Funktion

Vorstandsvorsitzender (*Aktiengesellschaft*, *Zeitpunkt*).

Diese Schreibweise ist allgemein üblich: Auf die Funktionsbe-
zeichnung folgt in Klammern die Liste der Eingangspositionen.
Als Repertoire für die Position *Aktiengesellschaft* denken wir uns

eine vorgegebene Firmenmenge, und als Repertoire für die Position *Zeitpunkt* denken wir uns eine Menge von Datumsangaben. Wenn die beiden Eingangselemente bekannt sind, ist auch bekannt, wer in dieser Firma zu diesem Zeitpunkt der Vorstandsvorsitzende war oder ist. Wenn eine Funktion zwei Eingangspositionen hat, spricht man von einer zweistelligen Funktion, bei drei Positionen von einer dreistelligen Funktion usw. Eine konkrete Belegung aller Eingangspositionen einer Funktion ist ein Tupel.

Von besonderem Interesse sind diejenigen Funktionen, bei denen es nur ein einziges gemeinsames Repertoire für alle Eingangspositionen gibt, wobei dieses Repertoire gleichzeitig auch noch die Ergebnismenge ist. Ein sehr einfaches Beispiel für eine solche Funktion ist die Addition:

Summe (*1. Summand, 2. Summand*)

Nun wollen wir aber wieder aus der Zahlenwelt ausbrechen und schauen uns deshalb die Abbildung 2.10 an. Wir sehen einen runden Tisch mit drei Stühlen, von denen wir annehmen, dass sie ihre Stellung nicht verändern können. Denken Sie an den Speisesaal eines Kreuzfahrtschiffes, wo Tische und Stühle festgeschraubt

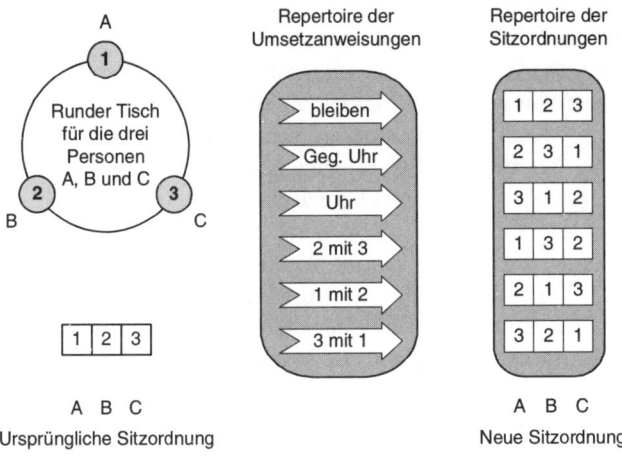

2.10 Beispiel zum Thema „Sitzordnung".

sind, um Unfälle bei hohem Seegang zu vermeiden. Es gibt sechs Möglichkeiten, wie drei Personen A, B und C den drei Stühlen zugeordnet werden können. Wir nehmen nun auch noch an, der Kapitän habe das Recht, die drei bereits sitzenden Leute anzuweisen, sich umzusetzen. Er hat insgesamt sechs unterschiedliche Möglichkeiten, den Leuten bezüglich ihrer Sitzordnung eine Anweisung zu geben. Darin ist die Anweisung „Bleiben Sie sitzen!", mit enthalten. Unter Verwendung dieser beiden Repertoires mit jeweils sechs Elementen lassen sich mehrere unterschiedliche Funktionen definieren, die ich in Abbildung 2.11 zusammengestellt habe.

Wir wollen uns nun auf die Funktion in der untersten Zeile konzentrieren, weil diese eine formale Ähnlichkeit mit der zuletzt betrachteten Additionsfunktion hat. Auch hier ist die Funktion zweistellig, und für beide Eingangspositionen und das Ergebnis gilt das gleiche Repertoire. Diese Funktion ist unten in Abbildung 2.11 in Form einer sogenannten Funktionstabelle beschrieben. Grau unterlegt sind darin die Ergebnisfelder, deren Wert sich nicht ändert, wenn die beiden Eingangspositionen vertauscht werden. Wenn der Kapitän beispielsweise zuerst sagt: „Rücken Sie eine Position im Uhrzeigersinn weiter" und anschließend „Rücken Sie eine Position im Gegenuhrzeigersinn weiter", dann besteht anschließend die gleiche Sitzordnung, wie wenn er seine Anweisungen in umgekehrter Reihenfolge gegeben hätte. In beiden Fällen hätte er seine beiden Anweisungen zusammenfassen können zu der einzigen Anweisung: „Bleiben Sie sitzen". Nicht alle Felder in Abbildung 2.11 sind grau unterlegt, weil nicht in jedem Fall eine Vertauschung der beiden Positionsbelegungen im Eingangstupel zum gleichen Ergebnis führt. Diese Reihenfolgeabhängigkeit ist nichts besonders Auffälliges, denn wir fanden sie auch schon bei der Subtraktion und der Division. Wenn bei einer zweistelligen Funktion das Ergebnis in jedem Fall unabhängig von der Reihenfolge im Eingangstupel ist – wie beispielsweise bei der Addition oder der Multiplikation –, sagen die Mathematiker in ihrer Fachsprache, für diese Funktion gelte das Kommutativgesetz.

Beim Spiel mit Funktionen fragt man auch nach der Möglichkeit der Verkettung. Darunter versteht man die Nutzung des Ergebnisses einer Funktion zur Belegung einer Eingangsposition

Sechs einstellige "Umsetzfunktionen":
neue Sitzordnung = sitzen bleiben (*ursprüngl. Sitzordnung*)
neue Sitzordnung = im Geg.uhrzeigersinn weiterrücken (*ursprüngl. Sitzordnung*)
⋮
⋮
neue Sitzordnung = Plätze 3 und 1 tauschen (*ursprüngliche Sitzordnung*)

Eine zweistellige "Umsetzfunktion":
neue Sitzordnung = ausführen (*Umsetzanweisung, ursprüngl. Sitzordnung*)

Eine zweistellige "Anweisungszusammenfassungsfunktion":
Gleichwertige Anweisung = nacheinander (*1. Anweisung, 2. Anweisung*)

Erste Anweisung \ Zweite Anweisung	bleib	Geg. Uhr	Uhr	2mit3	1mit2	3mit1
bleib	bleib	Geg. Uhr	Uhr	2mit3	1mit2	3mit1
Geg. Uhr	Geg. Uhr	Uhr	bleib	1mit2	3mit1	2mit3
Uhr	Uhr	bleib	Geg. Uhr	3mit1	2mit3	1mit2
2mit3	2mit3	3mit1	1mit2	bleib	Uhr	Geg. Uhr
1mit2	1mit2	2mit3	3mit1	Geg. Uhr	bleib	Uhr
3mit1	3mit1	1mit2	2mit3	Uhr	Geg. Uhr	bleib

2.11 Mögliche Funktionen zu Abbildung 2.10.

einer anderen Funktion. In unserem Beispiel aus Abbildung 2.11 haben wir die Verkettungsmöglichkeit schon als selbstverständlich angenommen. So können wir beispielsweise schreiben

3mit1 (*alteBelegung*) = 2mit3 (imUhrzeigersinn (*alteBelegung*))

Hier wird zuerst die alte Belegung durch Weiterrücken im Uhrzeigersinn verändert, und anschließend wird diese neue Belegung durch Vertauschen der Plätze 2 und 3 noch einmal verändert.

Dann ergibt sich die gleiche Sitzordnung, als hätte man gleich nur die alte Belegung durch Vertauschung der Plätze 3 und 1 verändert.

Als nächstes muss ich Sie schon wieder mit einem Fremdwort belästigen, das in der Welt der mathematischen Funktionen häufig vorkommt und für das es keine anschauliche Übersetzung ins Deutsche gibt; es handelt sich um die Funktionen, die als *Polynome* bezeichnet werden. Ein Polynom entsteht durch eine ganz spezielle Form der Verkettung von Multiplikationen und Additionen.

Ein Beispiel ist in Abbildung 2.12 dargestellt. Ein Polynom P(x) hat nur eine einzige Eingangsposition, die üblicherweise mit x bezeichnet wird. Den größten vorkommenden Exponenten von x bezeichnet man als den „Grad des Polynoms". Unser Beispiel ist also ein Polynom vierten Grades. Die Faktoren vor den x-Potenzen nennt man die Koeffizienten des Polynoms. Den Mathematikern sind sehr viele Fragen eingefallen, die sie bezüglich eines Polynoms stellen können. So haben sie beispielsweise herausgefunden, dass man ein Polynom immer alternativ in Summenform oder in Produktform schreiben kann. In den geklammerten Faktoren der Produktform (siehe Abbildung 2.12) stehen jeweils die sogenannten Nullstellen des Polynoms, die hier von x subtrahiert werden. Man sieht leicht ein, dass P(x) den Wert null liefert, wenn man anstelle von x einen der Nullstellenwerte (z. B. 3,5 oder (2+3i)) einsetzt, denn dann ergibt sich ja einer der Faktoren der Produktform zu null. Die Anzahl der Nullstellen eines Polynoms

Das Polynom in **Summenform** wird bestimmt
durch seine Koeffizienten:

$$P(x) = \boxed{2} * \boxed{x^3} + \boxed{(-15)} * \boxed{x^2} + \boxed{54} * \boxed{x^1} + \boxed{(-91)}$$

Das Polynom in **Produktform** wird bestimmt
durch seine Nullstellen und den Koeffizienten der höchsten Potenz:

$$P(x) = \boxed{2} * \boxed{(x - \boxed{3,5})} * \boxed{(x - \boxed{(2+3i)})} * \boxed{(x - \boxed{(2-3i)})}$$

2.12 Summen- und Produktdarstellung eines Polynoms.

ist immer gleich dem Grad des Polynoms. Es hängt von den Koeffizienten des Polynoms ab, ob es Nullstellen gibt, die komplexe Zahlen sind. Wenn alle Koeffizienten reell sind und das Polynom komplexe Nullstellen hat, dann treten diese Nullstellen immer paarweise auf, wobei im jeweiligen Paar die Realteile gleich sind und sich die Imaginärteile nur im Vorzeichen unterscheiden. Dies ist in unserem Beispiel in Abbildung 2.12 der Fall. Es ist auch möglich, dass eine Zahl als Nullstelle im Produkt mehrfach vorkommt. Mehr brauchen Sie über Polynome nicht zu wissen; es genügt, wenn Ihnen klar geworden ist, dass Polynome und ihre Nullstellen zusammen gehören wie Autos und ihre Räder.

Wir sitzen aber immer noch in unserem Raumschiff und schauen hinunter auf den mathematischen Kontinent, wo wir aktuell unseren Blick auf das Funktionenland gerichtet haben. Möglicherweise haben Sie auch schon einmal gelesen, dass man keine Mühe hätte, von einem Raumschiff aus die Chinesische Mauer zu sehen. Ähnlich bedeutend und unübersehbar ist die Funktion, die wir nun als Nächste betrachten. Bei der Behandlung der komplexen Zahlen habe ich gesagt, dass es eine reine Zweckmäßigkeitsfrage sei, ob man eine komplexe Zahl durch Angabe ihres Realteils und ihres Imaginärteils oder durch die Angabe ihres Radius und ihres Winkels darstellt (siehe Abbildung 2.5). Das bedeutet, dass es zwei Funktionenpaare geben muss, welche die eine Darstellung in die andere überführen und umgekehrt. Diese sind in Abbildung 2.13 zusammengestellt. Wenn der Realteil und der Imaginärteil bekannt sind, erhält man den Radius und den Winkel, und entsprechend erhält man den Realteil und den Imaginärteil, wenn der Radius und der Winkel bekannt sind.

Schauen Sie sich noch einmal die Abbildung 2.5 an. Die dort als Beispiel betrachtete komplexe Zahl $(4+3i)$ hat den Radius 5. Ein Fünftel dieser Zahl, also die Zahl $(0,8+0,6i)$ hat dann logischerweise den Radius 1. Der Winkel verändert sich bei dieser Division nicht. Wenn wir also für einen gegebenen Winkel den Realteil und den Imaginärteil für den Radius 1 haben, kommen wir zu jeder Zahl, die zwar noch den gleichen Winkel, aber nicht mehr den Radius 1 hat, indem wir Realteil und Imaginärteil mit dem Radius multiplizieren. Dies ist unten in Abbildung 2.13 durch Formeln ausgedrückt. Anstelle der zweistelligen Funktionen re und im

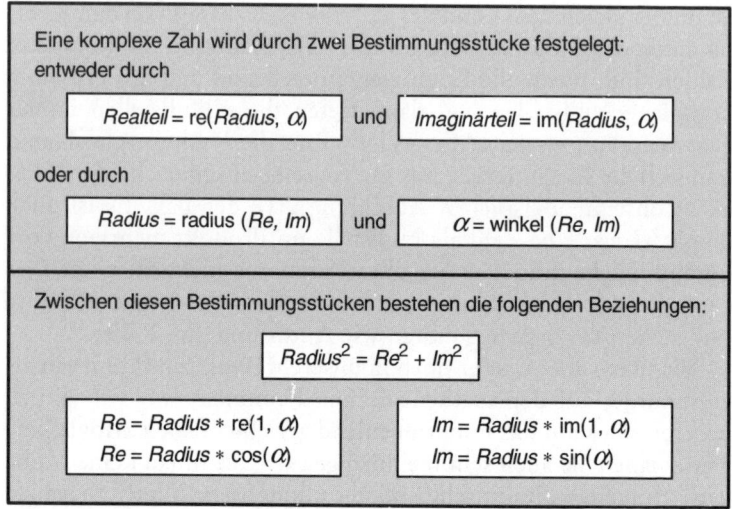

2.13 Funktionale Beziehungen zwischen den Bestimmungsstücken einer komplexen Zahl.

kann man einstellige Funktionen einführen, wenn man sich beim Radius auf den Wert 1 beschränkt. Diese einstelligen Funktionen erhielten die Bezeichnungen Kosinus und Sinus.

Es ist den Mathematikern gelungen zu beweisen, dass es sich bei diesen Funktionen um sogenannte „transzendente Funktionen" handelt, d. h. dass man das jeweilige Ergebnis nicht durch eine arithmetische Berechnung aus dem gegebenen Eingangswert gewinnen kann. Wir können die Funktionen aber immerhin anschaulich darstellen. In Abbildung 2.14 sehen Sie die Sinusfunktion. Der links gezeigte Kreis hat den Radius 1 und somit den Umfang 2π. Diese Umfangsstrecke kommt rechts im Bild noch einmal vor, aber dieses Mal nicht in Kreisform, sondern als gerade Strecke und maßstäblich verkürzt. Deshalb entspricht jedem Punkt auf dem Umfang des Kreises ein Punkt auf der geraden Strecke zwischen 0 und 2π. Wenn man nun jeweils in den Punkten der geraden Umfangsstrecke senkrecht nach oben bzw. unten den zugehörigen Imaginärteil einträgt, den man links am Kreis abgreifen kann, erhält man eine hübsche geschwungene Kurve. Die

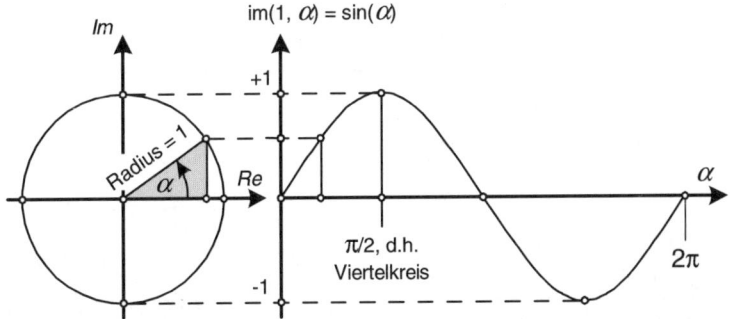

2.14 Die Funktion sin(α).

Kosinuskurve hat die gleiche Form, nur ist sie gegenüber der Sinuskurve um π/2 nach links verschoben, d. h. ihr Maximum liegt bei 0 und wiederholt sich bei 2π, während ihr Minimum bei π liegt.

Beim Aufstieg über die mathematische Steilwand muss man zwangsläufig auch einen Abschnitt überwinden, der „rekursive Funktionen" heißt. Vielleicht hat man Sie schon einmal darauf hingewiesen, dass Sie in der Definition eines Begriffes diesen Begriff selbst nicht verwenden dürfen, weil es sich sonst um eine sogenannte zyklische Definition handelt. Die Definition einer rekursiven Funktion sieht fast wie eine zyklische Definition aus, aber bei näherem Hinsehen erkennt man dann doch, dass hier kein echter Zyklus, sondern eine Spirale mit wohl definiertem Ende vorliegt. Das Prinzip der Rekursion kann man am besten anhand eines anschaulichen Beispiels vermitteln. Wir betrachten hierzu das Spiel mit dem Namen „Die Türme von Hanoi". Die Elemente des Spiels sind in Abbildung 2.15 dargestellt. Auf einer Grundplatte sind drei dünne zylindrische Stäbe montiert, auf die man runde Scheiben platzieren kann, die in der Mitte ein entsprechendes Loch haben. Links oben steht ein Turm aus vier Scheiben auf der linken Position.

Die Spielregeln lauten nun wie folgt: Anfangs sitzen alle Scheiben der Größe nach geordnet auf der linken Position wie gezeigt. Am Ende des Spiels soll der Turm der Scheiben nicht mehr auf der linken, sondern auf der rechten Position sitzen. Pro Spielschritt darf jeweils nur eine Scheibe bewegt werden und diese Scheibe

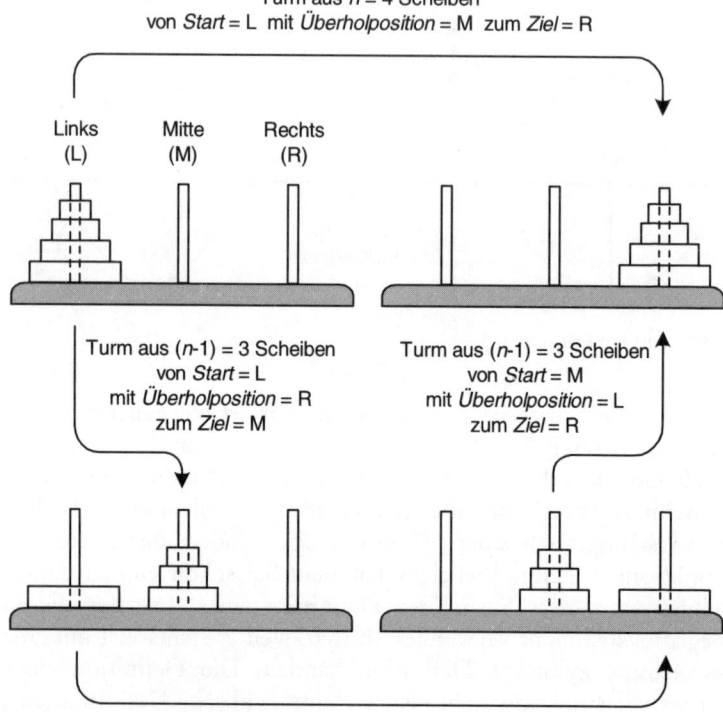

Turm aus $n = 4$ Scheiben
von *Start* = L mit *Überholposition* = M zum *Ziel* = R

Links Mitte Rechts
(L)   (M)   (R)

Turm aus $(n$-1$) = 3$ Scheiben
von *Start* = L
mit *Überholposition* = R
zum *Ziel* = M

Turm aus $(n$-1$) = 3$ Scheiben
von *Start* = M
mit *Überholposition* = L
zum *Ziel* = R

Eine Scheibe direkt von *Start* = L zum *Ziel* = R

2.15 Das Spiel „Die Türme von Hanoi".

darf nie auf eine kleinere Scheibe gesetzt werden. Üblicherweise wird das Spiel mit sieben Scheiben gespielt. Für jede Scheibenanzahl n gibt es eine einzige optimale Schrittfolge, mit der man zum Umsetzen des Turmes 2^n-1 Schritte benötigt. Deshalb kann man eine Funktion definieren, die als Ergebnis die jeweilige optimale Schrittfolge liefert (Abbildung 2.16). Bei der Funktionsdefinition wird nicht von vornherein angenommen, dass es in jedem Falle darum gehe, einen Turm vom Start „Links" unter Nutzung der Überholposition „Mitte" in das Ziel „Rechts" zu bringen. Die Startposition, die Überholposition und die Zielposition sind deshalb ebenfalls Eingangspositionen der Funktion. Dass dies zweck-

Die Funktion zur Bestimmung der optimalen Schrittfolge für das Spiel "Die Türme von Hanoi"		
Schrittfolge (*Scheibenanzahl n, Start S, Überholposition U, Ziel Z*)		
Beispiel: Schrittfolge (4 Scheiben, von Links, über Mitte, nach Rechts) = [L→M] [L→R] [M→R] [L→M] [R→L] [R→M] [L→M] [L→R] [M→R] [M→L] [R→L] [M→R] [L→M] [L→R] [M→R]		
Rekursive Definition: Das Funktionsergebnis für (*n, S, U, Z*) ist		
[S→Z]	gefolgt von gefolgt von	Funktionsergebnis für (*n*-1, *S, Z, U*) [S→Z] Funktionsergebnis für (*n*-1, *U, S, Z*)
falls *n* = 1	falls *n* > 1	

2.16 Rekursive Definition der Hanoi-Schrittfolgenfunktion.

mäßig ist, können Sie erkennen, wenn Sie sich die rekursive Funktionsbeschreibung ansehen, die ebenfalls in Abbildung 2.16 dargestellt ist. Diese Definition beruht auf der einfachen Überlegung, dass es uns leicht fiele, die Schrittfolge für n Scheiben anzugeben, falls uns die Schrittfolge für n-1 Scheiben schon bekannt wäre. Dann würden wir nämlich von dem Turm aus n Scheiben, der anfänglich auf der Position L sitzt, einen Turm aus n-1 Scheiben abtrennen. Diesen Turm würden wir unter Verwendung der Position R als Überholposition auf die Position M bringen. Dann läge die größte aller Scheiben alleine auf der Position L (s. Abbildung 2.15) und wir könnten sie direkt zur Position R bewegen. Anschließend würden wir den Restturm aus (n-1) Scheiben aus der Position M in die Position R bringen, wobei uns die Position S als Überholposition zur Verfügung steht.

Dass die in Abbildung 2.16 gegebene Funktionsdefinition keine zyklische Definition ist, liegt an der Unterscheidung der beiden Fälle n=1 und n>1. Wenn der Turm nur aus einer einzigen Scheibe besteht, ist das Funktionsergebnis direkt definiert, und dieser sogenannte „nichtrekursive Fall" wird nach endlich vielen Rekursionsschritten garantiert erreicht. Denn wir reduzieren ja die Scheibenanzahl im rekursiven Fall jedes Mal um eins, sodass wir von jeder natürlichen Zahl, die größer als 1 ist, nach endlich vielen Rekursionsschritten tatsächlich beim rekursionsfreien Fall $n = 1$ landen.

Mit den Bildern 2.10 und 2.15 habe ich Ihnen gezeigt, dass man im Alltag sehr viele Funktionen finden kann, wenn man mit der richtigen Brille hinschaut. Dennoch wollte ich nicht den Eindruck erwecken, als ob derartige Funktionen den Alltag der Mathematiker bestimmen. Dieser Alltag ist tatsächlich bestimmt durch Funktionen, bei denen die Eingangs- und Ergebnisrepertoires Zahlen sind. Es gibt sogar ein Arbeitsgebiet in der Mathematik, welches die Bezeichnung Funktionentheorie trägt. Hier betrachtet man Funktionen, bei denen die Eingangs- und Ergebnismengen komplexe Zahlen sind. Im Kapitel 3, wo ausgehend von der Abbildung 3.10 die Differenzial- und Integralrechnung vorgestellt wird, werden wir Funktionen betrachten, bei denen die Elemente der Eingangs- und Ergebnismengen selbst wieder Funktionen sind. Vielleicht ist Ihnen aufgefallen, dass dieser Fall schon in Abbildung 2.11 vorkam, denn die Elemente des dortigen Repertoires *Umsetzanweisungen* sind selbst Funktionen, die im oberen Teil der Tabelle benannt sind.

„Komm doch noch ein wenig näher ran!" sagen uns die Grenzwerte

Der Politiker sagt: „Ich möchte mich nicht äußern, bevor wir die Wahlergebnisse genau analysiert haben." Der Chemiker sagt: „Bevor man Verbindungen synthetisiert, muss man zuerst einmal lernen, sie zu analysieren." Und manche Psychotherapeuten bezeichnen sich als Psychoanalytiker. Wenn wir umgangssprachlich von Analyse reden, haben wir immer die Vorstellung, dass etwas auseinander genommen wird. In dem mit *Analysis* bezeichneten Gebiet der Mathematik wird versucht, das Unendliche auseinander zu nehmen. Dabei fragt man nicht wie Cantor nach den unendlichen Mächtigkeiten, sondern man fragt, wie man aus dem Unendlichen ins Endliche kommen könnte. Was ich mit dieser etwas saloppen Äußerung meine, kann ich Ihnen am besten verständlich machen, indem ich Ihnen das Problem des Wettlaufs zwischen dem Helden Achilles und einer Schildkröte schildere, das als ein sogenanntes Paradoxon von dem griechischen Philosophen Zenon von Elea (um 450 v. Chr.) ausgedacht wurde. Grundsätzlich gelten die Überlegungen für jeden Wettlauf; Zenon hat sich aber für Achilles und die Schildkröte entschieden, weil hier der Geschwindigkeitsunterschied so groß ist, dass es besonders absurd wirkt, wenn logisch gefolgert wird, dass Achilles die mit einem Vorsprung gestartete Schildkröte nie einholen könne. Die Überlegungen, die zu diesem absurden Schluss führen, sind die folgenden:

Wenn der Schildkröte ein Vorsprung eingeräumt wird, muss Achilles nach dem Start zuerst einmal zu dem Punkt laufen, von dem aus die Schildkröte gestartet ist. Wenn er dort ankommt, ist aber die Schildkröte schon ein Stückchen weiter gelaufen und dahin muss nun auch Achilles laufen. Wenn er aber dort wieder angekommen ist, ist die Schildkröte schon nicht mehr dort, sondern noch ein Stückchen weiter vorne. Grundsätzlich gilt immer die Situation, dass zu dem Zeitpunkt, zu dem Achilles irgendwohin kommt, wo die Schildkröte früher schon war, diese bereits ein Stückchen weiter vorne ist. Der Weg, den Achilles laufen muss, wird also in unendlich viele Stücke zerhackt, die allerdings immer kürzer werden. Aber da es unendlich viele Stücke sind, stellt sich die Frage, weshalb Achilles die Schildkröte überhaupt erreichen kann. Inzwischen weiß man, dass es unter bestimmten Bedingungen möglich ist, unendlich viele Glieder zu addieren und zu einem endlichen Ergebnis zu kommen. Wenn wir die Laufgeschwindigkeiten des Achilles und der Schildkröte mit v_A und v_S bezeichnen, erhalten wir für die Einholzeit die oben in Abbildung 2.17 dargestellte Formel. Jeder Summand in der Klammer steht für die Zeit, die Achilles für das jeweilige Aufholstreckenstück benötigt. Der erste Summand, also die Eins steht für die Zeit, die Achilles benötigt, um die Vorsprungstrecke zu laufen. Der zweite Summand steht für die Zeit, die Achilles benötigt, um dahin zu laufen, wo die Schildkröte war, als Achilles am Ende der Vorsprungstrecke angekommen war. Ich habe willkürlich angenommen, der Vorsprung betrage 50 m, Achilles laufe mit einer Geschwindigkeit von fünf

Meter pro Sekunde, was der halben Geschwindigkeit eines olympiareifen Hundertmeterläufers entspricht. Die Geschwindigkeit der Schildkröte betrage 1/100 davon.

In der Mitte von Abbildung 2.17 ist der Trick gezeigt, der es ermöglicht, solche Summen aus unendlich vielen Gliedern zu berechnen. Wir nehmen zuerst einmal an, wir müssten gar nicht eine Summe aus unendlich vielen Gliedern bilden, sondern nur die Summe aus den Gliedern eines endlichen Anfangsstücks unserer Summandenkette. Der letzte Summand habe den Exponenten n. Dann multiplizieren wir diesen Summenausdruck mit dem Basiswert q unserer Potenzen, also im Beispiel mit q = 1/100, und schreiben dieses Ergebnis positionsgerecht unter den ursprünglichen Summenausdruck Da sehen wir, dass diese beiden Summen ein langes gemeinsames Mittelstück haben und sich nur am Anfang

$$\text{Einholzeit} = \frac{\text{Vorsprung}}{v_A} * \left(1 + \left(\frac{v_S}{v_A}\right) + \left(\frac{v_S}{v_A}\right)^2 + \left(\frac{v_S}{v_A}\right)^3 + \left(\frac{v_S}{v_A}\right)^4 + \cdots\right)$$

$$\text{Einholzeit} = \frac{50 \text{ m}}{5 \text{ m/s}} * \left(1 + \left(\frac{1}{100}\right) + \left(\frac{1}{100}\right)^2 + \left(\frac{1}{100}\right)^3 + \left(\frac{1}{100}\right)^4 + \cdots\right)$$

$$\text{Summe}(q, n) = 1 + q + q^2 + q^3 + \ldots + q^n$$

$$q * \text{Summe}(q, n) = \quad q + q^2 + q^3 + \ldots + q^n + q^{n+1}$$

$$\text{Summe}(q, n) - q * \text{Summe}(q, n) = 1 \qquad\qquad\qquad - q^{n+1}$$

$$(1 - q) * \text{Summe}(q, n) = 1 \qquad\qquad\qquad - q^{n+1}$$

$$\text{Summe}(q, n) = \frac{1 - q^{n+1}}{1 - q}$$

$$\text{Falls } 0 < q < 1: \quad \text{Summe}(q, \infty) = \lim_{n \to \infty} \frac{1 - q^{n+1}}{1 - q} = \frac{1}{1 - q}$$

$$\text{Einholzeit} = 10 \text{ s} * \frac{1}{1 - 0{,}01} = \frac{10 \text{ s}}{0{,}99} = \left(10 + \frac{10}{99}\right) \text{s}$$

2.17 Vom Wettlauf zwischen Achilles und einer Schildkröte zur Summe aus unendlich vielen Summanden.

bzw. am Ende in einem Glied unterscheiden. Also ziehen wir den einen Summenausdruck vom anderen Summenausdruck ab und erhalten die Differenz der beiden links bzw. rechts überstehenden Glieder. Dadurch haben wir erreicht, dass die „unmathematischen Pünktchen" im Summenausdruck verschwunden sind. Wir können also den Summenausdruck als Funktion von q und n als leicht berechenbare Formel hinschreiben.

An dieser Stelle sagt meine Frau: „Siehst du wohl, genau das ist es, weshalb ich die Mathematik nicht mag. Ich kann zwar deine Argumentation verstehen, aber ich wäre nie im Leben auf diesen Trick gekommen. Ich mag keine Wissenschaft, wo man andauernd auf Tricks kommen muss und wo man auch noch für blöd erklärt wird, wenn einem solche Tricks nicht einfallen." Ich finde es prima, dass meine Frau ihre Abneigung mit so klaren Worten begründen kann. Ob mir der obige Trick eingefallen wäre, weiß ich nicht. Jedenfalls erkläre ich Sie nicht für blöd, wenn Ihnen solche Tricks nicht einfallen. Ich denke aber, dass es Ihnen keine große Mühe machen sollte, den Gedankengang nachzuvollziehen, wenn er Ihnen gut erklärt wird.

Nun haben wir also den Ausdruck für die Summe, worin n noch eine Eingangsposition ist. Jetzt überlegen wir uns, wie sich das Ergebnis verändert, wenn man n schrittweise immer größer macht. Mit wachsendem n wird q^{n+1} immer kleiner, falls $q<1$ ist. Denken Sie an unser Zahlenbeispiel, wo q ein Hunderstel ist, sodass q^{n+1} schon für $n=5$ nur noch ein Billionstel ist. Für endliche Werte von n ist q^{n+1} zwar stets größer als 0, aber der Wert kann beliebig dicht an 0 herangebracht werden; wir müssen dazu nur n groß genug machen. Es ist das grundsätzliche Kennzeichen eines Grenzwertes, dass man beliebig dicht an ihn herankommen kann, indem man n groß genug macht. Man sagt, dass q^{n+1} gegen 0 strebt, wenn n gegen unendlich strebt. Als Symbol für die Grenzwertbildung verwendet man in der Mathematik die ersten drei Buchstaben des lateinischen Wortes *limes*, das Sie vielleicht schon als den Namen des Grenzwalls kennen, der quer durch das heutige Deutschland verlief und damals das römische Reich von dem Gebiet der Germanen trennte.

Bei $q=1/100$ erhalten wir als Grenzwert für die Summe in der Klammer den Wert 100/99. Achilles braucht 10 Sekunden, bis er

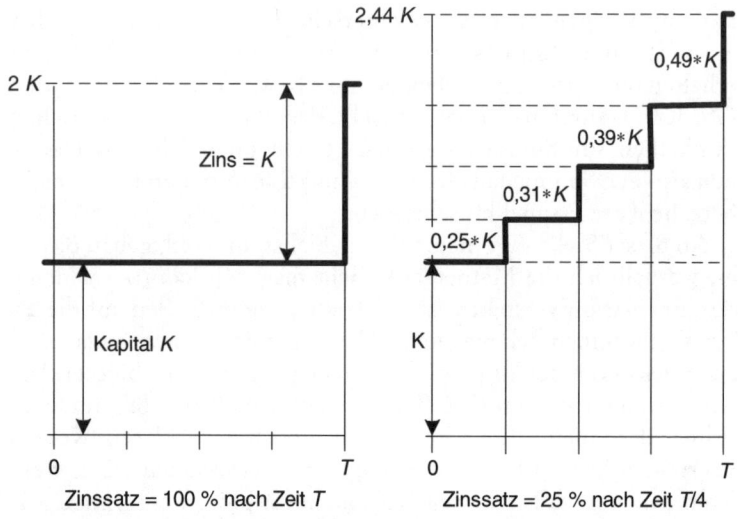

2.18 Übergang zum stetigen Wachstum.

die Vorsprungstrecke durchlaufen hat, und dann braucht er nur noch 1/99 dieser Zeit, bis er die Schildkröte eingeholt hat.

Nun müssen wir noch einen Grenzwert betrachten, der in der Mathematik eine so fundamentale Rolle spielt, dass man zu Recht von keinem Mathematiker ernst genommen wird, wenn man diesen Grenzwert nicht kennt. Es handelt sich um die Basis des sogenannten stetigen Wachstums. Wenn sie das Wort Wachstum hören, werden vermutlich nur wenige Leute spontan an das Wachstum von Kapital denken. Die meisten Leute werden wohl eher an das Wachsen von Bäumen oder das Heranwachsen ihrer Kinder denken. Das Wachsen von Kapital geschieht in Sprüngen, denn es gibt festgelegte Zeitpunkte für die Auszahlung der Zinsen. Beim natürlichen Wachstum dagegen gibt es solche Sprungzeitpunkte nicht, natürliches Wachstum ist also immer stetiges Wachstum.

Nun wollen wir den Übergang vom Wachstum in Sprüngen zum stetigen Wachstum vollziehen. Betrachten Sie hierzu die Abbildung 2.18. Links im Bild sehen Sie einen Wachstumssprung um 100 %. Vermutlich halten Sie einen so hohen Zinssatz für Wucher, aber dabei nehmen Sie gewohnheitsmäßig an, das Kapital sei Geld und die Laufzeit bis zur Zinsauszahlung betrage ein Jahr. Deshalb weise ich darauf hin, dass ich keine solchen Annahmen gemacht habe. Das ursprüngliche Kapital muss nicht unbedingt Geld sein, sondern kann auch die Körpergröße eines kleinen Kindes sein, die sich im Laufe von ein paar Jahren verdoppelt. Rechts im Bild ist gezeigt, wie das Kapital wächst, wenn man den Zinssatz auf ein Viertel reduziert, dafür aber jeweils nach einem Viertel der ursprünglichen Laufzeit die Zinsen auszahlt. Während bei einmaliger Auszahlung am Ende der Laufzeit das Kapital nur verdoppelt wurde, haben wir nun fast das Zweieinhalbfache, denn wir müssen ja nun nach der Zinseszinsformel rechnen:

$$(1 + 1/4)^4 = 2,4414$$

Weil sich das sogenannte stetige Wachstum nicht als Folge einzelner Zuwachssprünge, sondern als stetige Kurve über der Zeit äußert, müssen wir den Grenzwert des Betrages berechnen, auf den das ursprüngliche Kapital anwächst, wenn man die Anzahl n der Auszahlungsintervalle immer größer macht. Da der Zuwachsfaktor pro Auszahlungsintervall 1/n beträgt, wird dieser bei der Grenzwertbildung immer kleiner. Wir berechnen also den in Abbildung 2.19 stehenden Grenzwert. Dieser wurde zu Ehren des

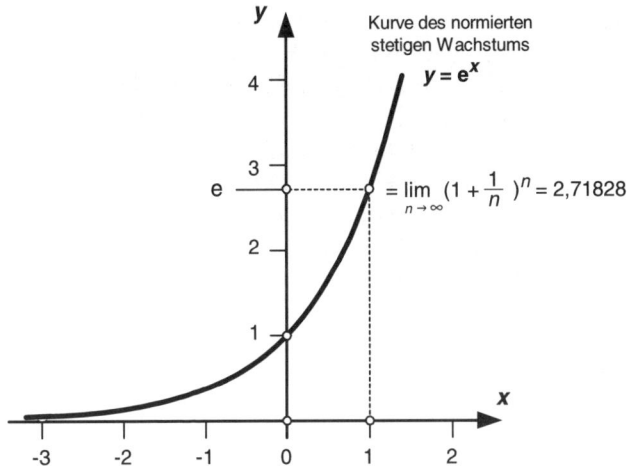

2.19 Verlauf der Exponentialfunktion e^x.

Mathematikers Leonhard Euler (1707–1783) die Eulersche Zahl genannt, und in Formeln wird sie mit dem kleinen Buchstaben e symbolisiert. Indem man das Anfangskapital auf 1 setzt und die Laufzeit bis zum Erreichen des Wertes e ebenfalls auf 1, erhält man die normierte Funktion des stetigen Wachstums $f(x)=e^x$, die in Abbildung 2.19 dargestellt ist.

Auge um Auge, Zahn um Zahn – das ist das Prinzip aller Gleichungen

Das Wort „Algebra" geht auf das arabische Wort *al-gabr* zurück, welches ergänzen, wiederherstellen oder einrenken bedeutet. Der arabische Gelehrte Al-Hwarizmi, der in Bagdad lebte, hat dieses Wort ungefähr 800 n. Chr. im Titel eines mathematischen Textes benutzt, der sich mit dem Lösen von Gleichungen befasste. Ich erinnere mich noch an meine Schulzeit, wo mir jemand, der eine grobe Ahnung davon hatte, sagte, Algebra bedeute Buchstaben-rechnen. Es war bestimmt kein Lehrer, der dieses sagte, denn der hätte es genauer und vollständiger formuliert. Die Aussage war nicht falsch, aber sie ließ etwas Wesentliches unerwähnt. Unter Verwendung von Symbolen werden Aussagen formuliert, und aus diesen Aussagen werden durch formal streng geregelte Umfor-mungen neue Aussagen gewonnen. Dabei werden Buchstaben als Symbole für noch nicht festgelegte Dinge verwendet, und die Aussagen haben in jedem Falle die Form von Gleichungen oder Ungleichungen. Durch eine Gleichung oder Ungleichung werden immer zwei Ausdrücke, die einzelne Dinge oder Mengen von Dingen identifizieren, miteinander verglichen. In einer Gleichung steht zwischen den beiden Ausdrücken ein Gleichheitszeichen, weil ausgesagt werden soll, dass links und rechts das Gleiche iden-tifiziert wird, auch wenn die Ausdrücke auf beiden Seiten unter-schiedlich aussehen.

Ein Beispiel einer Gleichung, die nicht von Zahlen handelt, sieht beispielsweise wie folgt aus:

Der Präsident der USA im Jahr 1864 = Abraham Lincoln

Hier sieht das, was links vom Gleichheitszeichen steht, völlig anders aus als das, was rechts steht, aber dennoch wird auf beiden Seiten die gleiche Person identifiziert. In einer Ungleichung steht zwischen den beiden Ausdrücken statt des Gleichheitszeichens ein anderes Zeichen, nämlich entweder das Ungleichheitszeichen ≠ oder ein Ordnungszeichen < oder >. Dadurch wird ausgedrückt, dass links und rechts des Zeichens unterschiedliche Dinge identifiziert werden, und wenn zwischen diesen eine Ordnungsreihenfolge besteht – wie beispielsweise bei zwei rellen Zahlen – , wird zusätzlich noch gesagt, auf welcher Seite der Ungleichung das nachgeordnete Ding identifiziert wird. Sie haben sicher schon bemerkt, dass ich hier das Wort „identifizieren" in einem ganz bestimmten Sinne benutze: Ich meine damit, dass durch einen sprachlichen Ausdruck aus der Menge aller Individuen des Universums ein Individuum oder eine Teilmenge davon ausgewählt wird.

Im Folgenden werden wir nur noch Gleichungen betrachten, denn diese kommen viel häufiger vor als Ungleichungen. In unserem ersten Gleichungsbeispiel haben wir die Buchstaben benutzt, um ein Individuum eindeutig zu identifizieren. Viel interessanter aber sind die Gleichungen, in denen Buchstaben als sogenannte *Variable* vorkommen. So können wir beispielsweise sagen: Für jede natürliche Zahl n gilt die Gleichung

(Summe der Summanden $(2k\text{-}1)$ für k von 1 bis n) = n^2

In dieser Gleichung wird der Buchstabe n nicht zur Identifikation eines bestimmten Individuums benutzt, sondern markiert nur den Platz, wo man noch ein Individuum identifizieren muss. Die Tatsache, dass die gegebene Gleichung immer stimmt, wenn wir anstelle von n eine beliebige natürliche Zahl einsetzen, bedeutet, dass wir hier ein mathematisches Gesetz formuliert haben. Wir hätten dieses Gesetz auch in natürlicher Sprache formulieren können: „Die Summe der ersten n ungeraden natürlichen Zahlen ergibt das Quadrat von n." So gilt beispielsweise $1+3+5+7+9=5^2$.

Gleichungen mit Variablen gibt es aber nicht nur als Ausdruck erkannter mathematischer Gesetze, sondern auch zur Formulierung von Aufgabenstellungen, bei denen bestimmte Individuen gesucht werden. So könnte man uns beispielsweise die folgende

Denksportaufgabe stellen: „Anna hat heute Geburtstag. Wenn sie doppelt so alt sein wird wie heute, wird sie 5mal so alt sein wie sie vor drei Jahren war. Wie alt ist sie heute?" Zur mathematischen Formulierung dieser Aufgabe führt man eine Variable für das heutige Alter von Anna ein. Es ist allgemein üblich, den Buchstaben x zur Symbolisierung des jeweiligen unbekannten Individuums zu benutzen. Den Aufgabentext können wir leicht als Gleichung mit x formulieren: In Abbildung 2.20 habe ich die Gleichung dem natürlichsprachlichen Text so gegenübergestellt, dass Sie erkennen können, wie ich ausgehend vom Text zu den Teilen der Formel gekommen bin.

Wenn Anna fünfmal so alt sein wird	wie sie heute	vor drei Jahren war		wird sie doppelt so alt sein	wie heute
5 *	(x	- 3)	=	2 *	x

2.20   Formulierung einer Denksportaufgabe als Gleichung.

Im Unterschied zu unserer zuvor betrachteten Gleichung mit der Variablen n handelt es sich bei der Gleichung in Abbildung 2.20 nicht um die Formulierung eines Gesetzes, sondern bloß um die Aussage, dass die beiden unterschiedlichen Arten von Identifikationen das gleiche Individuum identifizieren. Dabei ist dieses auf den beiden Seiten der Gleichung identifizierte Individuum nicht etwa das unbekannte Alter von Anna, sondern das doppelte Alter. Es gibt nur eine einzige Zahl, die man an die Stelle von x setzen kann, damit auf den beiden Seiten der Gleichung die gleiche Zahl identifiziert wird. Anna ist heute 5 Jahre alt, und damit wird auf den beiden Seiten der Gleichung die Zahl 10 identifiziert. Wie bin ich nun darauf gekommen, dass x den Wert 5 haben muss? Ich habe Ihnen bereits gesagt, dass es in der Algebra um Gleichungen geht und insbesondere um die formalen Regeln, wie Gleichungen umgeformt werden können, damit man sie in eine gewünschte Form bringen kann. Unsere gewünschte Form ist x = 5.

Die Grundregel zum Umformen von Gleichungen ist ganz einfach: Die Gleichheit der auf beiden Seiten identifizierten Individuen bleibt erhalten, wenn man auf beiden Seiten jeweils die gleichen arithmetischen Veränderungen vornimmt. Wenn man also beispielsweise die linke Seite und die rechte Seite halbiert, erhält man wieder eine gültige Gleichung. Oder man könnte auf beiden Seiten die Zahl 5 subtrahieren; auch dann wird auf beiden Seiten immer noch das gleiche Individuum identifiziert. Die jeweilige Veränderung, die wir gleichzeitig auf beiden Seiten der Gleichung vornehmen, verändert zwar das identifizierte Individuum, aber sie garantiert immer noch die Gleichheit dessen, was links identifiziert wird, mit dem was, rechts identifiziert wird. Wenn vorher links und rechts die Zahl 10 identifiziert wurde und wir halbieren die beiden Seiten, dann wird anschließend links und rechts die Zahl 5 identifiziert. Es ist sehr wichtig, dass Sie einsehen, dass es bei der Umformung von Gleichungen nicht auf den Erhalt des identifizierten Individuums ankommt, sondern ausschließlich darauf, dass die Gleichheit nicht verletzt wird. Ich weise Sie noch einmal darauf hin, dass eine Gleichung, in der ein unbekanntes Individuum x vorkommt, nicht notwendigerweise so formuliert sein muss, dass die beiden Ausdrücke links und rechts des Gleichheitszeichen dieses x identifizieren. So wird beispielsweise in der obersten Gleichung in Abbildung 2.21 links und rechts die Zahl 10 identifiziert, wogegen x den Wert 5 hat.

In Abbildung 2.21 habe ich Ihnen die einzelnen Schritte dargestellt, die mich von der ursprünglichen Gleichung zur Lösungsgleichung geführt haben. Das sogenannte Distributivgesetz gibt uns das Recht, Klammern „auszumultiplizieren". Da ich bei diesem Schritt nur die linke Seite der Gleichung verändert habe, musste zwangsläufig das identifizierte Individuum erhalten bleiben. Dies garantiert uns das Distributivgesetz. Die nachfolgenden drei Schritte haben jeweils das identifizierte Individuum verändert, denn es waren Schritte, die beide Seiten der Gleichung jeweils gleichzeitig verändert haben. Durch meine Schritte habe ich zielstrebig die unterste Form der Gleichung angestrebt, denn diese sagt mir unmittelbar, welchen Wert die Variable x haben muss. Nachdem wir diesen Wert kennen, können wir ihn an die Stelle von x in allen Gleichungen einsetzen, mit denen wir uns im Laufe unserer Rechnung befassen mussten. Ich habe Ihnen deshalb auf der rechten Seite durch die Pfeile angedeutet, dass wir die

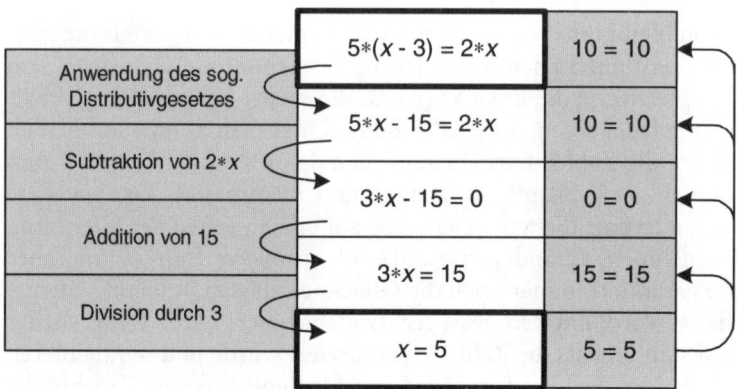

2.21   Schrittweise Gleichungsumformung.

jeweils identifizierten Individuen erst kennen, nachdem wir den Wert von x gefunden haben.

Hier ist wieder so eine Stelle, wo manche Leute, möglicherweise auch meine Frau, sagen werden: „Woher soll ich denn wissen, welche Schritte nacheinander die angemessenen sind, damit ich am Ende die gewünschte Gleichung bekomme?" Obwohl es auf diese Frage durchaus eine befriedigende Antwort gibt, weil nämlich unsere Gleichung von einer sehr einfachen Art ist, verzichte ich hier darauf, Ihnen diese Antwort zu geben; denn unser Raumschiff, von dem aus wir auf die Mathematik hinunter schauen, fliegt so hoch, dass uns diese Details nicht interessieren sollten. Außerdem müssen Sie wissen – und das wird Sie sicher beruhigen – dass es nur wenige Formen von Gleichungen mit x gibt, für die man einfache Umformungswege zur Lösung kennt.

In unserem Beispiel in Abbildung 2.21 gibt es nur eine Unbekannte x, für die wir einen Wert gesucht haben. Es gibt aber auch häufig den Fall, dass man mehr als eine Unbekannte hat, wobei dann auch mehrere Gleichungen gegeben sind, worin diese Unbekannten vorkommen. In Abbildung 2.22 stelle ich Ihnen zwei Beispiele von Gleichungssystemen mit zwei Unbekannten vor. Im linken Fall haben wir zwei Gleichungen, und diese Gleichungen sind erfüllbar durch die angegebenen Werte für die beiden Unbekannten. In der rechten Tabellenhälfte habe ich drei Gleichungen

$x_1 + 2*x_2 = 29$ $6*x_1 - x_2 = 18$	$x_1 - 4*x_2 = 1$ $3*x_1 + 2*x_2 = 17$ $2*x_1 - 3*x_2 = 10$
Lösung: x_1=5 und x_2=12	Es existiert keine Lösung.

2.22 Beispiele von Gleichungssystemen mit zwei Unbekannten.

für zwei Unbekannte angegeben, und in diesem Fall kann man feststellen, dass es gar kein Wertepaar für die beiden Unbekannten gibt, welches diese Gleichungen erfüllen würde, denn durch die Angabe der drei Gleichungen wurden einfach zu viele Aussagen gemacht als dass sie gleichzeitig erfüllt sein könnten.

Wenn wir etwas umschreiben, gibt es immer drei mögliche Fälle: Im einen Fall gibt es gar kein Individuum in unserem Universum, auf das die gegebene Umschreibung zutrifft. Im zweiten Fall gibt es genau ein Individuum, auf das die Umschreibung zutrifft. Und im dritten Fall gibt es mehr als ein Individuum, auf das die Umschreibung zutrifft. Wenn beispielsweise bei jemandem eingebrochen wurde und er der Polizei erzählt, er habe den Einbrecher flüchtig gesehen und dieser sei mindestens 2 m groß, würde aber weniger als 20 kg wiegen, dann hat er vermutlich eine Umschreibung gegeben, die auf keinen Menschen zutrifft. Wenn er dagegen berichtet, dass der Einbrecher mindestens 1,80 m groß sei und höchstens 80 kg wiege, dann trifft diese Umschreibung mit Sicherheit auf viele Menschen im Universum zu. Im günstigsten Fall kann er den Einbrecher so genau beschreiben, dass die Beschreibung tatsächlich nur auf einen einzigen aktuell lebenden Menschen passt. Unsere Gleichungen mit x sind grundsätzlich nichts anderes als solche mehr oder weniger hilfreichen Umschreibungen von gesuchten Individuen.

Bis vor ungefähr 200 Jahren befassten sich die Mathematiker nur mit Gleichungen, bei denen Zahlen identifiziert werden. Wir haben aber bereits mit den Abbildungen 2.10 und 2.15 Funktionen

kennengelernt, bei denen es überhaupt nicht mehr um die Verknüpfung von Zahlen ging. In der modernen Algebra gilt deshalb
auch längst nicht mehr die Beschränkung, dass in den Gleichungen Zahlen gleichgesetzt und verknüpft werden. In der modernen
Algebra fragt man gar nicht mehr nach dem Wesen der identifizierten Individuen, sondern man interessiert sich nur noch für
charakteristische Eigenschaften der Funktionen und der daraus
folgenden Konsequenzen.

Vielleicht erinnern Sie sich noch daran, dass ich gesagt habe,
diejenigen Funktionen seien von besonderem Interesse, bei denen
es nur ein einziges gemeinsames Repertoire für alle Eingangspositionen gibt, wobei dieses Repertoire gleichzeitig auch noch die
Ergebnismenge ist. Zweistellige Funktionen dieser Art bezeichnet
man als „innere Verknüpfungen". Diese Bezeichnung ist recht
plausibel, denn man nimmt jeweils zwei Elemente aus dem Repertoire, verknüpft diese und erhält wieder ein Element aus dem
Repertoire. Wenn man nun überlegt, welche charakteristischen
Eigenschaften solcher inneren Verknüpfungen man finden kann,
ohne dass man dabei auf das Wesen der Elemente im Repertoire
Rücksicht nehmen muss, dann findet man nur ganz wenige. Wir
betrachten hierzu die Abbildung 2.23. In den ersten beiden Zeilen
der Tabelle steht, dass es ein Repertoire geben muss, auf dem eine
innere Verknüpfung definiert ist, und durch welche konkreten
Beispiele die in den folgenden Tabellenzeilen eingeführten Strukturmerkmale veranschaulicht werden. Solange man keinen konkreten Fall betrachtet, nimmt man als Verknüpfungszeichen ein
Symbol, dem man intuitiv keine Bedeutung zuordnet. Ein solches
Symbol benötigen wir für die sogenannte Infix-Schreibweise,
damit wir anstelle der bisher benutzten Funktionsschreibweise f(a,
b) den Ausdruck a $\square$ b schreiben können. Solch eine Infix-
Schreibweise gibt es selbstverständlich nur deshalb, weil wir uns
auf zweistellige Funktionen beschränken.

In der untersten Zeile in Abbildung 2.23 wird das Kommutativgesetz vorgestellt. Hier wird gefragt, ob das Ergebnis stets gleich
bleibt, wenn die Elemente in den Eingangspositionen vertauscht
werden. Dass diese generelle Vertauschbarkeit für die Addition
und die Multiplikation gilt, haben Sie schon sehr früh in der Schule gelernt.

Das Werterepertoire, d.h. die Menge der möglichen Operanden	Die Menge aller ganzen Zahlen	Die Menge aller positiven rationalen Zahlen	Die Menge der sechs Umsetzanweisungen aus Abb. 2.10
Die Art der inneren Verknüpfung $\square$, d.h. die betrachtete zweistellige Funktion	Addition +	Multiplikation *	Nacheinander ⇨
Generelle Wählbarkeit der Berechnungsreihenfolge (Assoziativgesetz), d.h. $(a \square b) \square c = a \square (b \square c)$	ja	ja	ja
Existenz eines neutralen Operanden v, so dass für jeden Operanden a gilt: $(v \square a) = (a \square v) = a$	ja $v = 0$	ja $v = 1$	ja v = bleiben
Generelle Invertierbarkeit, d.h. für jeden Operanden a existiert ein Partner a_{inv}, so dass gilt: $(a \square a_{inv}) = (a_{inv} \square a) = v$	ja $a_{inv} = -a$	ja $a_{inv} = \dfrac{1}{a}$	ja s. Abb. 2.24
Generelle Vertauschbarkeit der beiden Operanden (Kommutativgesetz), d.h. $(a \square b) = (b \square a)$	ja	ja	nein

2.23 Definition und Beispiele der algebraischen Struktur „Gruppe".

In der dritten Zeile in Abbildung 2.23 wird das sogenannte Assoziativgesetz vorgestellt. Wenn der Wortbestandteil „sozi" irgendwo vorkommt, geht es stets um Gesellschaft, Gemeinschaft, Zusammenschluss oder Vereinigung. So ist es beispielsweise bei den Wörtern Sozialverhalten, Anwaltssozietät oder Sozialamt. Wie Sie sehen, befasst sich das Assoziativgesetz mit der Frage, welches Ergebnis man erhält, wenn man drei Elemente aus dem Repertoire in einer Kette verknüpft. In diesem Falle muss man sich ja für eine Berechnungsreihenfolge entscheiden, denn man kann zuerst das Ergebnis der vorderen Verknüpfung bestimmen und dieses anschließend mit dem dritten Element verknüpfen, oder aber man kann mit der Verknüpfung der hinteren beiden Elemente beginnen und das Ergebnis dann mit dem vorderen Element verknüpfen. Wenn in beiden Fällen immer das gleiche Ergebnis herauskommt, sagt man, es gelte das Assoziativgesetz.

Die Frage nach der Existenz eines neutralen Operanden lässt sich fast immer sehr leicht beantworten. Aber auf die Idee zu kommen, eine solche Frage überhaupt zu stellen, bedeutete in der Mathematik die Überwindung einer Steilwand. Der neutrale Operand hat die Eigenschaft, dass er bei der Verknüpfung mit irgendeinem Element a aus dem Repertoire als Ergebnis dieses Eingangselement a liefert. Die beiden anschaulichsten neutralen Operanden sind die Null bei der Addition und die Eins bei der Multiplikation. Jeder weiß, dass man bei der Addition einer Null zu irgendeiner Zahl a als Ergebnis wieder die Zahl a erhält bzw. dass man bei der Multiplikation irgendeiner Zahl a mit Eins als Ergebnis wieder a erhält. Als Symbol für den neutralen Operanden habe ich den griechischen Buchstaben ν gewählt, der im lateinischen Alphabet dem n, also dem Anfangsbuchstaben des Wortes „neutral" entspricht.

Das letzte Strukturmerkmal einer inneren Verknüpfung wird in der vorletzten Zeile in Abbildung 2.23 vorgestellt. Dieses setzt schon voraus, dass es ein neutrales Element ν gibt. Bezogen auf dieses neutrale Element wird nämlich nun gefragt, ob es zu jedem Element a im Repertoire ein sogenanntes inverses Element a_{inv} gibt, das in der Verknüpfung mit a als Ergebnis das neutrale Element ν liefert. Wir betrachten wieder die Addition, bei der wir ja den neutralen Wert 0 kennen und wir fragen nun, ob es zu jeder Zahl eine inverse Zahl gibt, die man zur ursprünglichen Zahl addieren kann, damit 0 herauskommt. Und wir wissen, dass man nur das Vorzeichen umdrehen muss, denn a+(−a) ergibt immer 0. Auch bei der Multiplikation auf dem Repertoire der positiven rationalen Zahlen existiert die generelle Invertierbarkeit, denn das Produkt einer Zahl a mit ihrem Kehrwert 1/a ergibt immer 1, und das ist das neutrale Element der Multiplikation.

In den ersten beiden Beispielen in Abbildung 2.23, also bei der Addition und der Multiplikation, ist das jeweilige Werterepertoire eine Menge von Zahlen. Im dritten Beispiel dagegen wird als inne-

a	bleiben	Geg.Uhr	Uhr	1 mit 2	2 mit 3	3 mit 1
a_{inv}	bleiben	Uhr	Geg.Uhr	1 mit 2	2 mit 3	3 mit 1

2.24 Inversion des Repertoires aus Abbildung 2.10.

re Verknüpfung die Hintereinanderausführung der Umsetzanweisungen betrachtet, die ich in Abbildung 2.11 eingeführt habe. Das Assoziativgesetz gilt hier auch, aber das Kommutativgesetz nicht. Der neutrale Wert ist die Anweisung „Bleiben Sie sitzen!" Aus der Tabellendarstellung der inneren Verknüpfung (s. Abbildung 2.11) können wir die Inversion entnehmen, die in Abbildung 2.24 dargestellt ist. So ändert sich beispielsweise die Sitzordnung nicht, wenn zweimal hintereinander die Anweisung gegeben wird, die Person auf Stuhl 2 solle mit der Person auf Stuhl 3 den Platz tauschen.

Die Mathematiker bezeichnen die Verbindung eines Repertoires mit einer inneren Verknüpfung, für die das Assoziativgesetz gilt und bei der ein neutraler Wert existiert und bei der alle Repertoirewerte invertiert werden können, als *algebraische Gruppe*. In Abbildung 2.23 habe ich die drei **Strukturmerkmale, welche eine** algebraische Gruppe kennzeichnen, fett umrandet. Als Eselsbrücke, die Ihnen hilft, sich zu merken, in welchen mathematischen Bereich das Wort Gruppe gehört, können Sie an die Gruppe der Leute denken, die um den runden Tisch herum sitzen und die jemand auffordert, sich umzusetzen.

Als ich zum ersten Mal gezeigt bekam, dass man ausschließlich unter der Voraussetzung der Gruppeneigenschaften interessante Gesetzmäßigkeiten herleiten kann, hat mich dies sehr erstaunt. Die gefundenen Gesetzmäßigkeiten müssen dann nämlich gleichermaßen für die Addition, die Multiplikation und unser Sitzordnungsbeispiel aus Abbildung 2.11 gelten. Und selbstverständlich auch noch für alle anderen Fälle, die uns oder anderen Leuten irgendwann einmal als Strukturen mit Gruppeneigenschaft einfallen. Anhand der Abbildungen 2.25 und 2.26 will ich Ihnen die Herleitung einer solchen Gesetzmäßigkeit vorführen. An der Form dieser Tabellen sieht man sofort, dass wir uns im Themenbereich Algebra befinden, denn hier stehen lauter Gleichungen

$a \,\square\, \text{inv}(a)$	=	v
$(a \,\square\, v) \,\square\, \text{inv}(a)$	=	v
$(a \,\square\, (b \,\square\, \text{inv}(b))) \,\square\, \text{inv}(a)$	=	v
$(a \,\square\, b) \,\square\, (\text{inv}(b) \,\square\, \text{inv}(a))$	=	v
$\text{inv}(a \,\square\, b) \,\square\, (a \,\square\, b) \,\square\, (\text{inv}(b) \,\square\, \text{inv}(a))$	=	$\text{inv}(a \,\square\, b) \,\square\, v$
$(\text{inv}(a \,\square\, b) \,\square\, (a \,\square\, b)) \,\square\, (\text{inv}(b) \,\square\, \text{inv}(a))$	=	$\text{inv}(a \,\square\, b)$
$v \,\square\, (\text{inv}(b) \,\square\, \text{inv}(a))$	=	$\text{inv}(a \,\square\, b)$
$\text{inv}(b) \,\square\, \text{inv}(a)$	=	$\text{inv}(a \,\square\, b)$

2.25   Herleitung des Inversionssatzes für Zweierketten.

untereinander. Wir beginnen jeweils mit der obersten Gleichung und transformieren die Gleichungen von oben nach unten, bis wir ein gewünschtes Ziel erreicht haben.

In Abbildung 2.25 wird der Inversionssatz für Zweierketten hergeleitet. Dieser besagt, dass die Inversion der inneren Verknüpfung zweier Werte den gleichen Wert liefert wie die innere Verknüpfung der inversen Werte, wenn man deren Reihenfolge umkehrt. Zur Herleitung dieses Satzes habe ich einfach mit der Definition der Inversion begonnen, die ja verlangt, dass die Verknüpfung eines Elements mit seinem inversen Partner das neutrale Element ergeben muss. Bei allen Schritten, die mich ausgehend von dieser Gleichung nach weiter unten führen, habe ich nur das Wissen um die Gültigkeit der Gruppeneigenschaften benutzt, also die Definition der Inversion, die Definition der Neutralität und die Gültigkeit des Assoziativgesetzes.

In Abbildung 2.26 habe ich den Inversionssatz für Zweierketten erweitert zum Inversionssatz für längere Ketten. Dabei durfte ich das Ergebnis aus Abbildung 2.25 bereits benutzen. Zusammen mit dem Inversionssatz für Zweierketten und der Gültigkeit des Assoziativgesetzes kommt man in Abbildung 2.26 zum Ergebnis. In dieser Tabelle wird jeweils nur die rechte Seite der Gleichung umgeformt, auf der linken Seite steht, abgesehen von der Klamme-

$\text{inv}((a_1 \square a_2 \square \ldots \square a_{m-1}) \square a_m)$	=	$\text{inv}(a_m) \square \text{inv}(a_1 \square a_2 \square \ldots \square a_{m-1})$
$\text{inv}(a_1 \square a_2 \square \ldots \square a_{m-1} \square a_m)$	=	$\text{inv}(a_m) \square \text{inv}(a_{m-1}) \square \text{inv}(a_1 \square \ldots \square a_{m-2})$
	$\vdots$	
$\text{inv}(a_1 \square a_2 \square \ldots \square a_{m-1} \square a_m)$	=	$\text{inv}(a_m) \square \text{inv}(a_{m-1}) \square \text{inv}(a_{m-2}) \square \ldots \square \text{inv}(a_1)$

2.26 Herleitung des Inversionssatzes für längere Ketten.

rung in der ersten Zeile, immer das Gleiche. Das letztendlich angestrebte Ergebnis meiner Herleitung steht in der grau unterlegten letzten Zeile. Hier wird gesagt, dass man das Inverse einer Verknüpfungskette nicht nur berechnen kann, indem man zuerst das Ergebnis der Verknüpfungskette bestimmt und dieses invertiert, sondern alternativ dadurch, dass man zuerst alle Glieder der Kette einzeln invertiert und aus diesen Inversen in umgekehrter Reihenfolge wieder eine Kette bildet.

Am Beispiel der Multiplikation bedeutet dies, dass man den Kehrwert eines Produkts als Produkt der Kehrwerte der einzelnen Faktoren bekommt. Im Falle des Produkts braucht man allerdings die Reihenfolge in der Kette nicht umzukehren, denn bei der Multiplikation gilt ja das Kommutativgesetz. Aber wir haben in Abbildung 2.23 ja auch noch das Beispiel der Sitzordnung, für welches das Kommutativgesetz nicht gilt, und für dieses Beispiel wird die Umkehrung der Reihenfolge relevant.

Ich konnte mir ursprünglich nicht vorstellen, welche Fülle von Gesetzmäßigkeiten man ausgehend von den Gruppeneigenschaften finden kann. Doch inzwischen ist mir klar, weshalb es innerhalb der Mathematik die sogenannte Gruppentheorie als einen eigenen Wissenschaftsbereich gibt.

Wenn man nicht nur eine einzige innere Verknüpfung betrachtet, sondern die Kombination zweier unterschiedlicher inneren Verknüpfungen – beispielsweise die Kombination von Addition und Multiplikation – dann kann man auch noch nach strukturellen Eigenschaften des Verknüpfungspaares fragen, wozu insbesondere das bereits von mir in Abbildung 2.21 benutzte Distributivgesetz gehört. Zwei wichtige algebraische Strukturen, die durch ein Wertrepertoire und zwei unterschiedlichen darauf definierten inneren Verknüpfungen gebildet werden, haben die Bezeichnungen *Körper* bzw. *Verband*. Ich will Ihnen diese algebraischen Strukturen keineswegs vorstellen. Sie sollten aber in diesem Abschnitt über Algebra die beiden Bezeichnungen wenigstens einmal gelesen haben, damit Sie sie einordnen können, wenn Sie sie zufällig einmal hören.

Mathematiker kochen auch nur mit Wasser – sie zeichnen und vergleichen 3

In der Überschrift des vorigen Kapitels habe ich die Mathematiker als Menschen charakterisiert, die zählen und ordnen. Nun ergänze ich dies durch die Aussage, dass sie auch noch zeichnen und vergleichen. Zwar habe ich schon im Kapitel 2 an einigen Stellen Zeichnungen benutzt, um Zahlenverhältnisse als Abstandsverhältnisse zwischen Punkten zu veranschaulichen, nun aber werden nicht mehr die Zahlen am Anfang unserer Überlegungen stehen, sondern die Punkte in einer Zeichnung oder in einem Raum.

Was aus Herrn Euklids Ideen geworden ist

Geometrie macht Spaß, denn hier ist alles anschaulich, und es gibt keine Formeln. Diese Aussage gilt zumindest für den Bereich der sogenannten ebenen Geometrie, wo man mit Zirkel und Lineal Figuren zeichnet. Diese ebene Geometrie hat bereits in der Antike eine große Reife erlangt. Sie werden sich aus der Schulzeit sicher an die Namen Euklid und Pythagoras erinnern. Heutzutage müssen wir keine Steilwand hochklettern, um auf das Plateau der ebenen Geometrie zu kommen; vielmehr werden wir schon in jungen Jahren per Seilbahn nach oben gebracht. Das ist aber nur möglich, weil in der Schule ein äußerst schwieriges Problem unerwähnt bleibt. Jeder glaubt nämlich zu wissen, was eine gerade Strecke oder eine ebene Fläche sei, und kommt deshalb gar nicht auf die Idee, dass es schwierig sein könnte, diese Gebilde mit mathematischer Strenge zu definieren. In Euklids berühmter

Schrift *Elemente* findet man ganz am Anfang einige grundlegende Erklärungen, die in der mir vorliegenden Übersetzung aus dem Griechischen wie folgt formuliert sind:

- Ein Punkt ist, was keine Teile hat.
- Eine Linie aber eine Länge ohne Breite.
- Das Äußerste einer Linie sind Punkte.
- Eine gerade Linie ist, welche zwischen den in ihr befindlichen Punkten auf einererlei Art liegt.
- Eine Ebene ist, welche zwischen den in ihr befindlichen geraden Linien auf einerlei Art liegt.

Hier wird angenommen, man wisse, was Länge und Breite seien und was es heißen soll, dass Punkte „auf einerlei Art liegen". Wir werden auf diese Fragen im vierten Kapitel, in dem wir die Welt des Formalen betrachten, noch einmal eingehen. In der Euklidschen Geometrie geht es immer um den Vergleich messbarer geometrischer Größen, und zwar von Winkeln, von Abständen zwischen Punkten, von Flächeninhalten und von Rauminhalten.

Ich habe hier großzügigerweise die Rauminhalte zur ebenen Geometrie gerechnet, weil man nur solche Körper betrachtet, bei denen man alle Schlussfolgerungen auf der Grundlage von Figuren in der Ebene begründen kann. Beim Herumwandern auf dem Plateau der ebenen Geometrie hat man eine große Fülle von Erkenntnissen gewonnen, die in den Geometriebüchern dargestellt sind. So hat man beispielsweise herausgefunden, dass die drei Winkel in jedem beliebigen ebenen Dreieck zusammen immer zwei rechte Winkel, also 180 Grad ergeben.

Die wohl weitreichendste Erkenntnis aus der ebenen Geometrie trägt die Bezeichnung „Satz des Pythagoras", obwohl sich die Historiker sicher sind, dass dieser Satz nicht erst von Pythagoras (um 540 v. Chr.) gefunden wurde. Links in Abbildung 3.1 ist die klassische Figur dargestellt, die den Satz veranschaulicht: Im Zentrum sitzt ein beliebiges sogenanntes rechtwinkliges Dreieck, also ein Dreieck mit einem rechten Winkel (90 Grad). Über jeder der drei Seiten des Dreiecks ist ein Quadrat gezeichnet. Beim Betrachten dieser Figur hat nun irgendwer als erster erkannt, dass der Flächeninhalt des großen Quadrates gleich der Summe der Flächen-

Eine Figur wird gebildet
aus dem großen Quadrat
und zwei Kopien des Dreiecks.

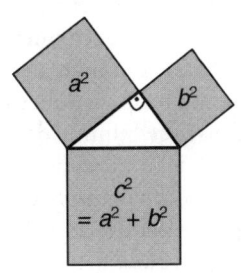

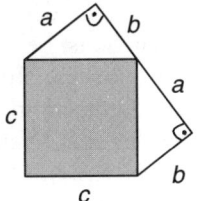

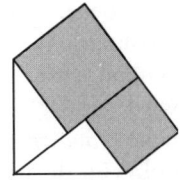

Die gleiche Figur kann gebildet werden aus den beiden
kleinen Quadraten und
zwei Kopien des Dreiecks.

3.1 Der Satz des Pythagoras.

inhalte der beiden kleinen Quadrate ist. Als ich diese Figur das
erste Mal sah, bin ich keineswegs auf die Idee gekommen, die Flächeninhalte der drei Quadrate könnten in einem einfachen
Zusammenhang stehen. Vielmehr musste mich der Mathematiklehrer auf diesen Zusammenhang hinweisen. Da das Eindringen in
die Mathematik jedoch nicht darin besteht, dass man einem
Mathematiklehrer glaubt, musste ich auch noch von der Richtigkeit dieses Satzes überzeugt werden. Argumentationsketten, die
uns von der Richtigkeit mathematischer Sätze überzeugen, nennt
man „Beweise". Es wurden inzwischen sehr viele Beweise des Satzes des Pythagoras gefunden. Rechts in Abbildung 3.1 habe ich
Ihnen den meines Erachtens anschaulichsten Beweis dargestellt.
Nehmen Sie an, wir würden fünf Figuren ausschneiden, und zwar
die drei schattieren Quadrate und zwei Exemplare unseres rechtwinkligen Dreiecks. Indem wir die beiden Dreiecke in der gezeigten Weise an die Kanten des großen Quadrats legen, erhalten wir
eine bestimmte Figur. Die gleiche Figur kann nun aber auch wie
gezeigt aus den beiden kleinen Quadraten und den beiden Dreiecken gebildet werden. Wir können also beim Ausfüllen der Figu-
renfläche das große Quadrat gegen die beiden kleinen Quadrate
austauschen, und dies wäre nicht möglich, wenn die ausgetausch-
ten Flächen nicht den gleichen Flächeninhalt hätten.

Weil die Erde eine Kugel ist, interessiert man sich auch für die Geometrie von Figuren, die auf eine Kugeloberfläche gezeichnet werden. Es kann nicht verwundern, dass viele Sätze, die man aus der ebenen Geometrie kennt, in der sogenannten sphärischen Geometrie nicht mehr gelten. So ist beispielsweise die Summe der Winkel eines Dreiecks, das auf eine Kugeloberfläche gezeichnet wird, größer als 180 Grad. Dies kann man sich leicht veranschaulichen: Stellen Sie sich vor, der eine Dreieckspunkt sei der Nordpol. Von dort geht eine Dreiecksseite genau nach Süden, bis sie den Äquator schneidet. Dieser Schnittpunkt soll der zweite Dreieckspunkt sein. Von dort aus führt die zweite Dreiecksseite längs des Äquators so lange nach Osten, bis ein Viertel des Erdumfangs durchlaufen ist. Damit ist der dritte Dreieckspunkt erreicht, und von dort führt die dritte Dreiecksseite genau nach Norden zurück zum Nordpol. An jedem Dreieckspunkt bilden die Dreiecksseiten einen rechten Winkel, sodass die Summe der Dreieckswinkel nicht zwei, sondern drei rechte Winkel ergibt.

Da man die Figuren auf unterschiedliche Formen von Flächen – Ebenen, Kugeloberflächen, Zylinderwände usw. – zeichnen kann, liegt es nahe, danach zu fragen, was mit einer Figur geschieht, wenn sie von einer Fläche auf eine andere Fläche projiziert wird. Damit befasst sich die sogenannte projektive Geometrie. Die geometrischen Sätze sind dort zwar ein wenig komplizierter als in der ebenen Geometrie, aber eine Steilwand zu überwinden gibt es für uns auch hier nicht.

Wenn man von Geometrie spricht, sollte man die sogenannte Topologie wenigstens erwähnen. Der Begriff Topologie ist vom griechischen Wort *topos* abgeleitet, das Ort oder Lage bedeutet. Während die klassische Geometrie durch das Messen von Strecken und Winkeln charakterisiert ist, geht es in der Topologie um Aufgabenstellungen, die man beantworten kann, ohne zu messen. Im Zentrum der Topologie steht die Frage, ob zwei gegebene räumliche Gebilde durch stetige Veränderungen ineinander überführbar sind oder nicht. Was diese Frage bedeutet, kann man sich leicht vorstellen, indem man annimmt, die Fläche, auf die wir zeichnen, sei eine dünne Folie, die man beliebig nach allen Richtungen dehnen oder stauchen kann, ohne dass sie zerreißt. In entsprechender Weise stellen wir uns auch die Körper als Gebilde aus einer Knetmasse vor, die man beliebig verformen kann, wobei sich auch der Rauminhalt ändern darf. Ein auf eine solche Folie gezeichneter Kreis kann durch entsprechendes Ziehen und Drücken der Folie in ein Dreieck überführt werden, und ein aus Knetmasse geformter Würfel kann durch entsprechendes Kneten in eine Kugel überführt werden. Aber zwei Quadrate, von denen das eine im Innern des anderen liegt, können durch Dehnen und Stauchen nicht in einen einzigen Kreis überführt werden.

Mit topologischen Fragen befasst man sich intensiv erst seit ungefähr 1850. Anlass zur Entstehung der Topologie ist allerdings eine Frage, die schon den alten Griechen Kopfzerbrechen bereitete: „Wodurch wird aus Punkten ein Raum?" Die geometrischen Gebilde haben Länge, Flächeninhalt oder Rauminhalt, die Punkte haben dies aber nicht. Wenn die geometrischen Gebilde nur aus Punkten bestehen, wie kann es dann sein, dass die Gebilde Ausdehnung haben, obwohl ihre Bestandteile dies nicht haben? Der Fehler in der Überlegung bestand darin, dass man annahm, der Abstand zwischen zwei Punkten werde durch die dazwischenliegenden Punkte geschaffen. Abstand kann jedoch nicht durch Punkte geschaffen werden, sondern ist eine neue Eigenschaft, die für Punktepaare gilt. Denken Sie einmal an die gegenseitige Wertschätzung von Menschen. Dies ist eine Angelegenheit von jeweils zwei Menschen und kann im Hinblick auf einen einzigen Menschen gar nicht existieren. Die heute gültige Definition des topologischen Raumes als einer bestimmten Struktur auf Punktmengen ist inzwischen so abstrakt und allgemein, dass es fragwürdig erscheint, ob die Topologie heute noch als ein Teil der Geometrie angesehen werden soll.

Wir verlassen nun aber den Bereich der Geometrie, der durch Zeichnen, Messen und Vergleichen gekennzeichnet ist. Die Brücke, über welche wir diesen Bereich verlassen, wurde ungefähr zur Zeit des 30jährigen Krieges gebaut, also grob um 1640. Sie führt uns in die Welt der Zahlen und des Rechnens zurück. Der Bau dieser Brücke bedeutete damals tatsächlich die Überwindung einer Steilwand, denn das Zeichnen von Figuren und das Messen von Strecken und Winkeln scheint doch etwas grundsätzlich Anderes zu sein als das arithmetische Verknüpfen von Zahlen.

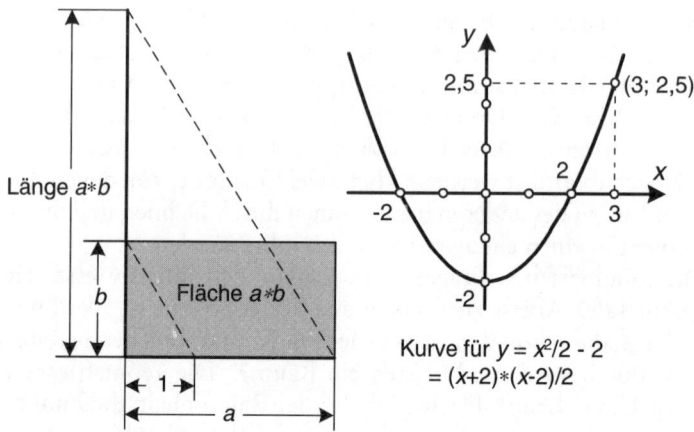

3.2   Geometrie und Zahlen: das Koordinatensystem.

Links in Abbildung 3.2 ist ein Problem veranschaulicht, das den früheren Mathematikern großes Kopfzerbrechen bereitete. Das Produkt a*b kommt in dieser Zeichnung zweimal vor, nämlich zum einen als Flächeninhalt des schattierten Rechtecks und zum anderen als Länge der großen vertikalen Strecke. Dass ein und derselbe Wert einmal als Flächeninhalt und einmal als Länge gedeutet werden kann, ist nur dadurch möglich, dass der Wert weder Fläche noch Länge ist, sondern nur Zahl. Nehmen wir an, a sei die Zahl 3 und b die Zahl 1,6. Das Produkt hat dann den Wert 4,8. Selbstverständlich sind 4,8 cm etwas anderes als 4,8 cm², aber in beiden Fällen gibt es nur die eine Zahl 4,8. Es war immer schon selbstverständlich, dass drei Äpfel etwas anderes sind als drei Birnen, und dass die Zahl 3 nur das ausdrückt, was der Menge von drei Äpfeln und der Menge von drei Birnen gemeinsam ist, nämlich dass man beim Zählen bis 3 kommt.

Genau so müssen wir denken, wenn wir die linke Zeichnung in Abbildung 3.2 betrachten. Bei der Anfertigung dieser Zeichnung musste ich mich nämlich für einen Maßstab entscheiden, das heißt, ich musste festlegen, wie lang die Strecke sein sollte, die ich der 1 zuordne. Diese Länge nennt man üblicherweise die Einheitslänge. Mit der Festlegung der Einheitslänge hat man auch bereits die Einheitsfläche festgelegt, denn das ist einfach die Fläche eines Quadrats, bei dem die Kantenlänge die Einheitslänge ist. Unter Berücksichtigung dieser Einheitslänge und der Einheitsfläche wird nun die ganze Argumentation recht einleuchtend. Die beiden gestrichelt gezeichneten Strecken sind parallel und schneiden die Schenkel des rechten Winkels, der durch die horizontale und die vertikale Linie gebildet wird. Aus der ebenen Geometrie stammt die Erkenntnis, dass in diesem Fall die auf den beiden Schenkeln definierten Strecken in gleichem Verhältnis zueinander stehen. In unserer Zeichnung ist auf der Horizontalen a dreimal so lang wie 1 und deshalb ist auf der Vertikalen a∗b dreimal so lang wie b. Wenn wir noch einmal unser Zahlenbeispiel von vorhin heranziehen, gilt für das horizontale Verhältnis 3:1 und für das vertikale Verhältnis 4,8:1,6. Wenn man also a∗b nur als Zahl deutet, ist es zulässig, in der Zeichnung a∗b sowohl an eine Strecke als auch in eine Fläche zu schreiben; die jeweiligen Einheiten ergeben sich unter Bezug auf die Einheitslänge.

Über die Brücke, welche die Zeichnungsgeometrie mit der Zahlenwelt verbindet, bin ich mit Ihnen in umgekehrter Richtung – also von der Zahlenwelt in die Zeichnungswelt – schon einmal gegangen, ohne Sie auf die Besonderheit dieser Brücke hinzuweisen. Dies geschah im Zusammenhang mit der Abbildung 2.5, in der die komplexen Zahlen als Punkte einer Zahlenebene veranschaulicht sind. Auch dort musste ich selbstverständlich eine Einheitslänge wählen. Nun werden die Punkte unserer Zeichenfläche nicht mehr als Veranschaulichung komplexer Zahlen gedeutet, sondern als Veranschaulichung zweistelliger Tupel (x, y), bei denen jede Stelle jeweils mit einer reellen Zahl belegt ist. In einem solchen Tupel schreibt man üblicherweise die Zahl der horizontalen Achse an die erste Position und die Zahl der vertikalen Achse an die zweite Position. Das Zahlenpaar (3; 2,5) entspricht somit dem Punkt rechts oben in Abbildung 3.2. Die beiden Zahlen x und y nennt man die Koordinaten des dadurch festgelegten Punktes, und die Zuordnung der Koordinatenpaare zu allen Punkten der Fläche nennt man das Koordinatensystem. Zur Erfassung von Punkten im Raum reichen zwei Koordinaten nicht aus, in diesem Fall benötigt man pro Punkt ein Zahlentripel (x, y, z), wobei die Achse für z auf den beiden anderen senkrecht steht.

Man kann nun in die xy-Ebene alle Figuren einzeichnen, mit denen man sich in der ebenen Geometrie befassen will. Wenn man sich beim Zeichnen der Figuren auf die Benutzung von Lineal und Zirkel beschränken muss, scheiden etliche Figuren von vornherein aus, selbst wenn sie möglicherweise interessant sind. Da die Ebene nun aber nicht nur eine Zeichenebene ist, sondern auch zur Darstellung von Zahlenpaaren genutzt werden kann, sind wir bei der Definition unserer Figuren nicht mehr auf Zirkel und Lineal oder andere technische Zeichenhilfsmittel angewiesen. Wir können Linien durch Formeln definieren. Deshalb habe ich Ihnen gleich einmal eine Kurve in die Ebene eingezeichnet. Sie ist durch den Zusammenhang $y = x^2/2 - 2$ definiert. Der jeweilige Wert von y ergibt sich eindeutig aus dem gegebenen Wert von x. Diese Beziehung gilt für unendlich viele, aber nicht für alle Zahlenpaare $(x; y)$. Die Kurve entspricht den sichtbar gemachten Zahlenpaaren $(x; y)$, für welche die gegebene Beziehung gilt. Diese Art der Bestimmung einer Linie in der Fläche durch eine Formel, welche die Beziehung zwischen x und y der Linienpunkte beschreibt, ist für uns heute so selbstverständlich, dass ich sie schon in den Abbildungen 2.14 und 2.19 zur Veranschaulichung der Sinusfunktion und der Exponentialfunktion benutzen konnte, ohne eine explizite Erklärung zu geben. Die Formeln, die wir bisher nur unter arithmetischen Gesichtspunkten betrachtet haben, lassen sich nun also auch unter geometrischen Gesichtspunkten betrachten. Um zu dieser Erkenntnis zu gelangen, müssen wir heute keine Steilwand mehr überwinden, aber für die Erstbesteiger war dies eine großartige Leistung.

Dass man mit den Zahlenpaaren in der Ebene tatsächlich echte ebene Geometrie betreiben kann, zeige ich Ihnen anhand des Dreiecks in Abbildung 3.3. Zu jedem Eckpunkt des Dreiecks gehört ein Zahlenpaar, das die Lage dieses Punktes im Koordinatensystem beschreibt. Auch den Seiten des Dreiecks können wir jeweils ein Zahlenpaar zuordnen. Wir gewinnen es dadurch, dass wir von dem Zahlenpaar des einen Streckenendpunktes das Zahlenpaar des anderen Streckenendpunktes abziehen. Da wir durch diese Subtraktion die beiden Streckenendpunkte in eine Ordnung bringen, beschreibt das Differenzpaar nicht nur den Abstand zwischen den beiden Endpunkten, sondern auch eine Richtung. In

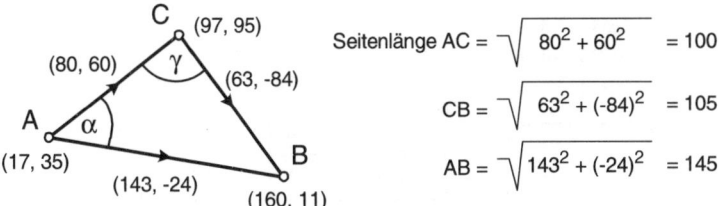

3.3 Rechnen mit Zahlenpaaren anstelle des Zeichnens und Messens.

Abbildung 3.3 ist dies durch Eintragung von Pfeilen zum Ausdruck gebracht. Die zu den Seiten gehörenden Differenzpaare sind nun Ausgangspunkt sowohl für die Berechnung der Seitenlängen als auch der Winkel zwischen den Seiten. Die Seitenlängen erhalten wir durch Anwendung des Satzes des Pythagoras, wie dies in Abbildung 3.3 gezeigt ist. Den Winkel zwischen zwei Seiten können wir allerdings nicht mittels arithmetischer Rechnungen direkt bekommen, aber immerhin können wir den Kosinus des Winkels ausrechnen. Die Kosinusfunktion haben wir ja gefunden, als wir mit Hilfe der Bilder 2.5, 2.13 und 2.14 den Zusammenhang zwischen Realteil und Imaginärteil einer komplexen Zahl einerseits und dem Radius und dem Winkel dieser komplexen Zahl andererseits untersucht haben. Das Verfahren, das uns ausgehend von den dreiecksbeschreibenden Zahlenpaaren in Abbildung 3.3 die Kosinuswerte der Dreieckswinkel liefert, ist formal recht einfach. Es handelt sich um eine spezielle Anwendung eines Rechenschemas, das unter der Bezeichnung *Vektor- und Matrizenrechnung* in vielen Bereichen der Mathematik genutzt wird.

Dass dieses Rechenverfahren nicht nur in der Geometrie, sondern auch in ganz anderen Bereichen der Mathematik nützlich ist, zeige ich Ihnen, indem ich es anhand einer Aufgabenstellung einführe, die mit Geometrie überhaupt nichts zu tun hat. Nehmen Sie an, Sie stünden vor der folgenden Aufgabe: Sie sollen möglichst schnell herausfinden, bei welchem Lieferanten ein Kunde eine bestimmte Kombination von Artikeln am billigsten einkaufen kann. Im Beispiel in Abbildung 3.4 werden 2 Lieferanten, 3 Artikel und 4 Kunden betrachtet. Jeder Kunde hat einen individuellen Bedarf, d. h. welche Stückzahl er von einem Artikel jeweils ein-

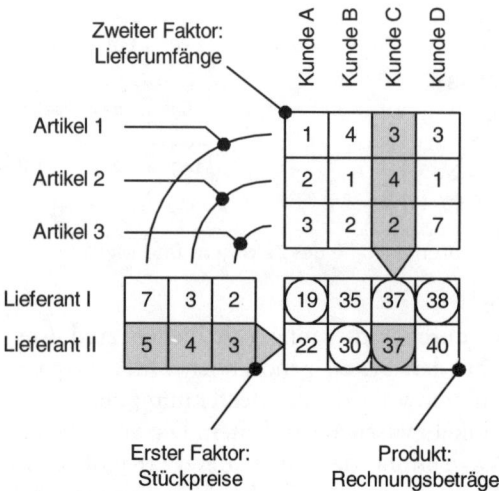

3.4 Das Schema der Matrizenmultiplikation.

kaufen will, muss explizit angegeben sein. So braucht beispielsweise der Kunde B vier Stück des Artikels 1. Jeder Lieferant hat seine
eigene Kalkulation, sodass der Stückpreis für einen Artikel bei den
verschiedenen Lieferanten nicht gleich sein muss. So verlangt beispielsweise der Lieferant I für den Artikel 1 einen Stückpreis von
7 Euro, wogegen der Lieferant II nur 5 Euro verlangt. In Abbildung 3.4 sind drei Rechtecke in einer bestimmten Anordnung dargestellt. Das Innere dieser Rechtecke ist in quadratische Felder
aufgeteilt, sodass sich bezüglich eines jeden Rechtecks eine
bestimmte Anzahl von Zeilen und eine bestimmte Anzahl von
Spalten ergibt. In die Felder des linken und des oberen Rechtecks
sind die Zahlen unserer Aufgabenstellung eingetragen, also die
Stückpreise und der jeweilige Kundenbedarf. Man nennt solche
zahlenbelegte Rechtecke *Matrizen*, wobei man den Sonderfall,
dass die Matrix nur eine Spalte oder eine Zeile hat, durch die
Bezeichnung *Vektor* hervorhebt. Wenn sowohl die Zeilen- als
auch die Spaltenzahl eins ist, handelt es sich nur noch um eine einzige Zahl; in diesem Fall spricht man von einem *Skalar*.

In den Feldern der rechts unten liegenden Matrix stehen die jeweiligen Rechnungsbeträge, die ein Kunde bezahlen muss, wenn er seinen Bedarf bei einem bestimmten Lieferanten deckt. Die jeweils billigsten Kaufsummen habe ich durch Kreise markiert. So ergibt sich beispielsweise der im grauen Feld stehende Wert 37 als Summe von drei Produkten: $5*3+4*4+3*2=37$. In dieser Rechnung werden die Werte verwendet, die in der linken grauen Zeile und in der oberen grauen Spalte stehen. Zu jedem der acht Ergebnisfelder gehört eine linke Zeile, die den Lieferanten kennzeichnet, und eine obere Spalte, die den Kunden festlegt.

Ich habe hier die drei Rechtecke als „erster Faktor", „zweiter Faktor" und „Produkt" gekennzeichnet, womit eine Analogie zum bekannten Vorgang der Multiplikation zweier Zahlen hergestellt wird. Es wird hier tatsächlich von einer Multiplikation zweier Matrizen gesprochen, bei der als Ergebnis wieder eine Matrix herauskommt. Die Zahl, die in irgendein Feld des Ergebnisrechtecks eingetragen werden muss, erhält man als Summe von Produkten aus den Zahlen, die in der auf gleicher Höhe mit dem Ergebnisfeld liegenden Zeile des ersten Faktors und in der über dem Ergebnisfeld stehenden Spalte des zweiten Faktors stehen. Die eingezeichneten Viertelkreisbögen sollen helfen, jeweils die Zahlenpaare zu finden, die miteinander multipliziert werden müssen. Die Anzahl der Produkte, die jeweils addiert werden müssen, damit man eine Zahl zur Eintragung in das Ergebnisrechteck erhält, ist also gleich der Zahl dieser Viertelbögen. Damit man zwei zahlenbelegte Rechtecke miteinander nach diesem Schema multiplizieren kann, muss also die Spaltenzahl des ersten Faktors gleich der Zeilenzahl des zweiten Faktors sein, denn sonst hätte nicht jeder Kreisbogen eindeutig zuordenbare Enden. Die Größe des Ergebnisrechtecks ergibt sich aus der Zeilenzahl des ersten Faktors und der Spaltenzahl des zweiten Faktors.

Dieses Beispiel aus dem kaufmännischen Bereich habe ich ganz bewusst gewählt, um Ihnen vor Augen zu führen, dass die Matrizenmultiplikation tatsächlich nur ein rein formales Rechenschema ist, welches seinen Sinn erst aus dem konkreten Anwendungsbereich bekommt. Der Anwendungsbereich, in dem wir die Matrizenmultiplikation brauchen, liegt weitab von jeder kaufmännischen Überlegung. Bei uns geht es um Punkte und Richtungen in einer Fläche oder im Raum und deren Erfassung durch Koordinatenangaben. Es ist selbstverständlich, dass die Zahlenpaare im Zweidimensionalen bzw. die Zahlentripel im Dreidimensionalen, mit denen ein bestimmter Punkt identifiziert wird, davon abhängen, wie wir unser Koordinatensystem in den zu erfassenden Raum gelegt haben. Wir haben hierfür ja die freie Wahl. Ausgehend von einem ursprünglich gewählten rechtwinkligen Koordinatensystem kann man zu einem anderen Koordinatensystem kommen, indem man erstens den Kreuzungspunkt der Koordinatenachsen verschiebt und zweitens das Achsenkreuz um den Achsenkreuzungspunkt dreht.

In Abbildung 3.5 habe ich eine solche Drehung für den zweidimensionalen Fall dargestellt. Hier sehen Sie das rechtwinklige Koordinatensystem $(x, y)_u$, dessen Index u auf das Wort „ursprünglich" hinweisen soll. Gegenüber diesem ursprünglichen Koordinatensystem ist ein zweites Koordinatensystem dargestellt, welches aus dem ursprünglichen durch Drehung im Gegenuhrzeigersinn um den Winkel φ gewonnen wurde. Der Index d für dieses Koordinatensystem soll auf das Wort „Drehung" hinweisen. Je

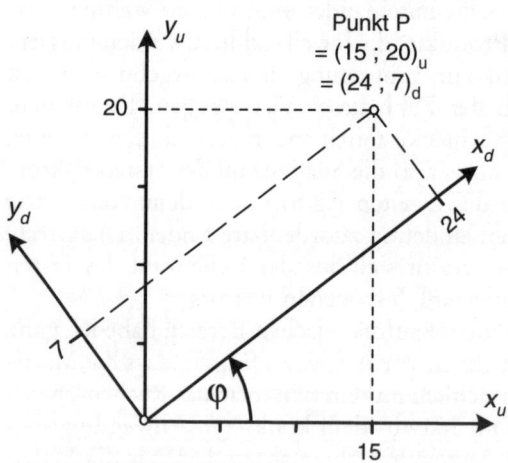

3.5 Erfassung eines Punktes in zwei gegeneinander gedrehten rechtwinkligen Koordinatensystemen.

nachdem, in welchem der beiden Koordinatensysteme wir den oben rechts liegenden Punkt P erfassen, lautet sein Koordinatenpaar $(15; 20)_u$ oder $(24; 7)_d$. Trotz des großen Unterschieds zwischen diesen beiden Koordinatenpaaren handelt es sich in beiden Fällen um denselben Punkt, denn es wurde zwar das Koordinatensystem gedreht, aber der Punkt wurde nicht mitbewegt.

Es liegt nahe, danach zu fragen, wie man die Koordinatenwerte aus dem einen Koordinatensystem in die Werte des anderen Koordinatensystems umrechnen kann. Nehmen Sie an, wir wüssten, dass unser Punkt P im Koordinatensystem u durch das Koordinatenpaar $(15; 20)_u$ beschrieben wird, und wir wüssten auch noch, wie groß der Winkel φ ist, der zwischen den beiden Achsen x_u und x_d liegt. Dann haben wir alle nötigen Informationen, die wir für die Berechnung des Koordinatenpaares $(24; 7)_d$ benötigen. Es ist selbstverständlich nicht nur möglich, ausgehend vom Koordinatenpaar in u das entsprechende Koordinatenpaar in d zu berechnen. Man kann auch vom Koordinatenpaar $(24; 7)_d$ ausgehen und das Koordinatenpaar $(15; 20)_u$ berechnen. Wie einfach diese Umrechnungsaufgabe erledigt werden kann, sehen Sie in Abbildung 3.6. Dabei erhält man die Werte in den Matrizen durch

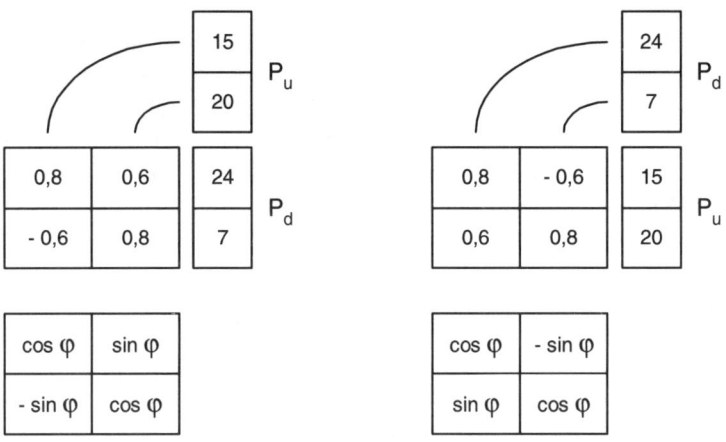

3.6 Anwendung der Matrizenmultiplikation auf das Beispiel in Abbildung 3.5.

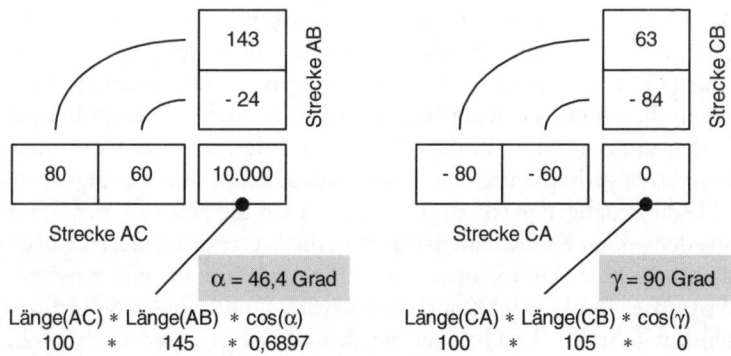

3.7 Bildung von Skalarprodukten der Dreieckskanten aus Abbildung 3.3.

Berechnung des Sinus und des Kosinus des gewählten Drehwinkels φ. Dass dies tatsächlich ein allgemeingültiges Verfahren ist, zeige ich Ihnen allerdings nicht; der Aufwand, den ich treiben müsste, erscheint mir angesichts des geringen Erkenntnisgewinns zu hoch.

Nun kann ich endlich das Verfahren zeigen, welches uns die Kosinuswerte der Winkel des Dreiecks in Abbildung 3.3 liefert. Dieses Verfahren ist in Abbildung 3.7 dargestellt. Hier werden jeweils die Vektoren zweier Kanten so miteinander multipliziert, dass sich als Ergebnis eine einzige Zahl, also ein Skalar ergibt. Deshalb nennt man das Ergebnis dieser Art der Multiplikation zweier Vektoren das Skalarprodukt. Dazu muss man den ersten Faktor als Zeilenvektor und den zweiten Faktor als Spaltenvektor darstellen. Vielleicht überrascht es Sie, aber das Skalarprodukt zweier Vektoren ist immer gleich dem Produkt der beiden Vektorlängen und dem Kosinus des eingeschlossenen Winkels.

Nachdem ich Ihnen nun gezeigt habe, wie man Matrizen miteinander multiplizieren kann, will ich Ihnen auch noch zeigen, dass auch die Umkehrung der Multiplikation, also die Division von Matrizen, definierbar ist. Sie wissen, dass anstelle von a/b auch a∗(1/b) geschrieben werden darf. Wenn nun a und b keine normalen Zahlen, sondern Matrizen sind, stellt sich die Frage, was denn die Eins sein soll, die man benötigt, um den Kehrwert

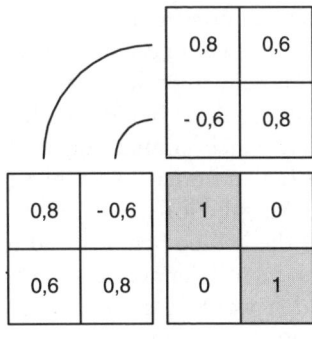

0,8	0,6
-0,6	0,8

0,8	-0,6	1	0
0,6	0,8	0	1

3.8 Prüfung der beiden Matrizen aus Abbildung 3.6 auf die Kehrwertbeziehung.

zu definieren. Wie eine Matrizen-Eins auszusehen hat, sehen Sie in Abbildung 3.8. Es muss eine quadratische Matrix sein, d. h. eine Matrix mit gleicher Zeilen- und Spaltenzahl. In der grau schattierten Diagonalen müssen ausschließlich Einsen stehen; alle anderen Felder müssen mit Null belegt sein. Sie können leicht selbst überprüfen, dass sich eine Matrix nicht verändert, wenn man sie mit der Eins-Matrix multipliziert. In Abbildung 3.8 habe ich die beiden Transformationsmatrizen aus Abbildung 3.6 miteinander multipliziert und dabei tatsächlich die Eins-Matrix als Ergebnis erhalten. Daraus darf man schließen, dass die beiden Transformationsmatrizen in Abbildung 3.6 tatsächlich gegenseitig ihre Kehrwerte sind.

Die Matrizenmultiplikation ist ein recht einfaches Verfahren, bei dem nach einem formalen Schema bestimmte Zahlen miteinander multipliziert und die jeweiligen Produkte anschließend addiert werden. Das Verfahren kann auch von jemandem ausgeführt werden, der gar nicht weiß, welchem Zweck das Ganze dienen soll. Sie aber wissen nun, wie nützlich dieses Verfahren in bestimmten Aufgabenbereichen ist; es handelt es sich um eine großartige Erfindung. Verfallen Sie nun aber bitte nicht in Depression, weil Ihnen so etwas selbst nie eingefallen wäre. Auch ich habe die Matrizenmultiplikation nicht erfunden. Es hat immerhin sehr lange gedauert, bis die Menschheit soweit gekommen ist. Es liegt auch hier wieder, wie schon bei anderen Themen, die Situation vor, dass es mancher Genies bedurfte, das Konzept zu finden, dass man aber durchaus als ganz normaler Mensch in der Lage sein kann, die Ergebnisse zu verstehen und zu nutzen.

Auch das letzte Thema, das im Zusammenhang mit der Matrizenmultiplikation behandelt werden muss, gehört in den Bereich der seltsamen Offenbarungen. Stellen Sie sich einmal vor, man würde von Ihnen verlangen, ein Verfahren zu finden, mit dem Sie die oben in Abbildung 3.9 dargestellte Aufgabe lösen können. Es seien die beiden Koordinatentripel für die beiden Seiten a und b gegeben, die den Winkel φ einschließen. Es soll der auf dem Dreieck senkrecht stehende Vektor gefunden werden, dessen Länge durch die doppelte Dreiecksfläche gegeben ist. Als man mir zum ersten Mal das Verfahren vorstellte, welches auf ganz schematische Weise das gesuchte Ergebnis liefert, war ich wieder einmal sehr erstaunt darüber, wie viele geometrische Zusammenhänge durch die Matrizenrechnung erfasst werden. Unten links in der Abbildung finden Sie das formale Rechenschema und rechts daneben ein zugehöriges Zahlenbeispiel. Als erstes überträgt man die drei Komponenten des Vektors der Seite a in der gezeigten Weise in die Felder einer quadratischen Matrix. Die Felder in der schräg nach rechts unten laufenden Diagonale werden mit 0 belegt. Anschließend multipliziert man diese Matrix mit dem Vektor der Seite b. Das Ergebnis ist dann schon der gesuchte Vektor. Im Zahlenbeispiel habe ich sehr einfache Verhältnisse gewählt: Das Dreieck liegt in der xy-Ebene, und die Seite a liegt auf der x-Achse. Damit sind die z-Komponenten der Vektoren a und b beide null. Dann muss der Ergebnisvektor auf der z-Achse liegen, denn diese steht ja senkrecht auf der xy-Ebene. Der Wert des Winkels φ, der zu den gezeigten Zahlenverhältnissen gehört, beträgt 60 Grad. Weil das Ergebnis dieser Operation mit zwei Vektoren ein Vektor ist, spricht man von der Bildung des Vektorprodukts. Mir gefällt aber die Bezeichnung *Lotprodukt* besser, weil dadurch deutlich wird, dass der Ergebnisvektor senkrecht auf einer vorgegebenen Ebene steht.

In meiner Erklärung zur Abbildung 3.9 habe ich eine Frage noch nicht angesprochen, die Ihnen möglicherweise auch schon in den Sinn gekommen ist. Es gibt ja zwei unterschiedliche Möglichkeiten, einen Vektor senkrecht auf eine vorgegebene Ebene zu stellen. Der Vektor, der in Abbildung 3.9 senkrecht auf der Drei-

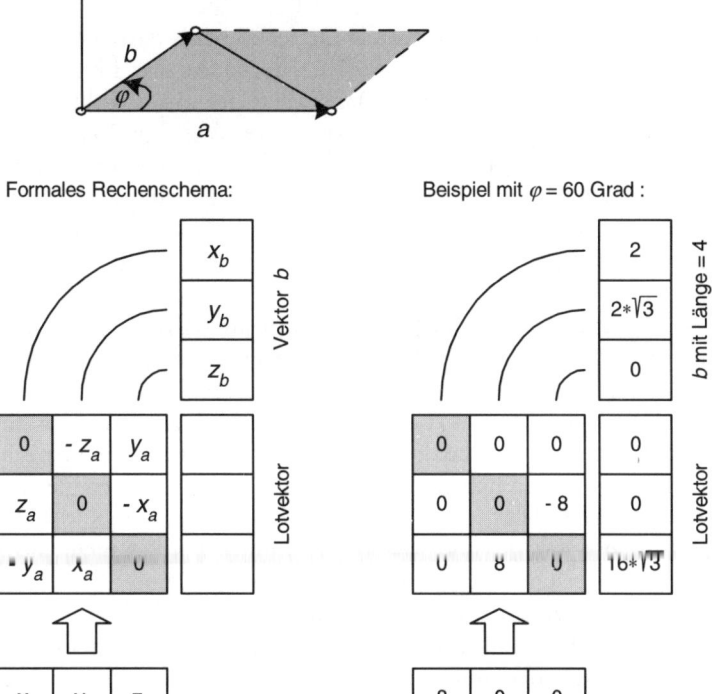

3.9 Schema des „Lotprodukts" zweier Vektoren.

ecksebene steht, zeigt nach oben; er stünde aber auch senkrecht auf dieser Ebene, wenn er nach unten zeigte. Offensichtlich muss im Vorgang der Multiplikation irgendwo die Information verborgen sein, ob der senkrecht stehende Vektor nach der einen oder der anderen Seite zeigen soll. Diese Information liegt in der gewählten Reihenfolge der Faktoren. Wir haben als ersten Faktor die Seite a und als zweiten Faktor die Seite b gewählt. Hätten wir uns für die umgekehrte Reihenfolge entschieden, hätten wir als Ergebnis einen Vektor erhalten, der nach unten zeigt. Man kann sich diese Richtungsabhängigkeit sehr leicht anhand der sogenannten *Rechtehand-Regel* merken: Legen Sie Ihre rechte Hand derart mit der Handkante auf die Dreiecksebene, dass Ihr kleiner Finger und die parallel dazu darüber liegenden drei Finger dem Bogen des Winkels φ folgen. Dann zeigt der abgestreckte Daumen in Richtung des senkrecht stehenden Vektors. Vermutlich war Ihnen bisher gar nicht aufgefallen, dass ich in Abbildung 3.9 den Winkelbogen mit einer Pfeilspitze versehen habe. Damit wird zum Ausdruck gebracht, dass bei der Multiplikation der Vektor a als erster Faktor und der Vektor b als zweiter Faktor auftreten sollen.

Das Verfahren zur Bildung des Lotprodukts nach Abbildung 3.9 verlangt, dass beide Vektoren jeweils drei Komponenten haben. Für andere Dimensionen ist das Lotprodukt nicht definiert. Demgegenüber setzt die Bildung des Skalarprodukts zweier Vektoren nur voraus, dass die beiden Vektoren die gleiche Anzahl von Komponenten haben, d. h., dass es sich um Vektoren gleicher Dimension handelt.

Ohne die Vektor- und Matrizenrechnung wäre es nicht möglich, geometrische Aufgaben mit Hilfe von Computern zu lösen. Denn im Unterschied zu Herrn Euklid können Computer zwar Figuren zeichnen, aber nicht nachsehen, wo in diesen Figuren rechte Winkel vorkommen oder wie sich die Größen zweier Strecken oder zweier Winkel zueinander verhalten. Deshalb verwenden Computer immer Koordinatensysteme, um geometrische Aufgaben zu lösen, denn dort lassen sich alle interessierenden Punkte als Zahlenpaare oder Zahlentripel darstellen. Anstelle des Nachsehens tritt dann das Multiplizieren und Addieren und der Größenvergleich von Zahlen. Denn das ist genau das, was der Computer gut kann.

Was der Bruch „null durch null"
mit dem Produkt „unendlich mal null" zu tun hat

Über die Topologie habe ich weiter vorne gesagt, dass sie möglicherweise gar nicht mehr zur Geometrie gerechnet werden sollte. Im Gegensatz hierzu könnte man bezüglich der im Folgenden vorgestellten Differenzial- und Integralrechnung, die auch Infinitesimalrechnung genannt wird, der Meinung sein, dass dieses Gebiet noch zur Geometrie zu rechnen sei, denn die grundlegenden Überlegungen in diesem Gebiet stützen sich auf die Anschauung der ebenen Geometrie. Die sogenannte Infinitesimalrechnung wurde entwickelt kurz nachdem man auf die Idee gekommen war, Funktionen als Linien in einem Koordinatensystem darzustellen. In der Infinitesimalrechnung interessiert man sich für geometrische Eigenschaften solcher Linien. Dabei hat man festgestellt, dass es zweckmäßig ist, immer zwei Funktionen gleichzeitig zu betrachten, nämlich die Steigungsfunktion s(x) und die Flächenfunktion f(x). Was damit gemeint ist, will ich Ihnen anhand des Beispiels in Abbildung 3.10 erklären. Oben und unten finden Sie hier jeweils ein Koordinatensystem mit einem eingezeichneten Kurvenverlauf. Der obere Verlauf wird durch eine Funktion f(x) beschrieben, die als Polynom 3. Grades definiert ist. Der untere Verlauf gehört zu einer Funktion s(x), die als Polynom 2. Ordnung bestimmt ist. Die Buchstaben „f" und „s" für die Bezeichnung der Funktionen habe ich so gewählt, dass Sie mit „f" das Wort Fläche und mit „s" das Wort Steigung verbinden können.

Zuerst wollen wir das Thema Steigung betrachten, wobei es um die Steigung in den einzelnen Punkten der f-Linie geht. Wenn man von der Steigung einer Linie in einem Punkt spricht, meint man immer die Steigung der Geraden, welche die Linie in diesem Punkt berührt; man nennt sie die Tangente in diesem Punkt. Das grau schattierte Dreieck veranschaulicht die Steigung der f-Linie in dem Punkt, wo die Linie bei ungefähr x=3,4 die x-Achse schneidet. In diesem Kurvenpunkt habe ich die Tangente eingezeichnet. Ihre Steigung ist durch das Verhältnis zwischen der vertikalen und der horizontalen Seite des grauen Dreiecks definiert, also durch den Wert des Bruches $\Delta f/\Delta x$. In unserer Zeichnung beträgt dieses Seitenverhältnis 2:1. Wie groß wir dieses Dreieck

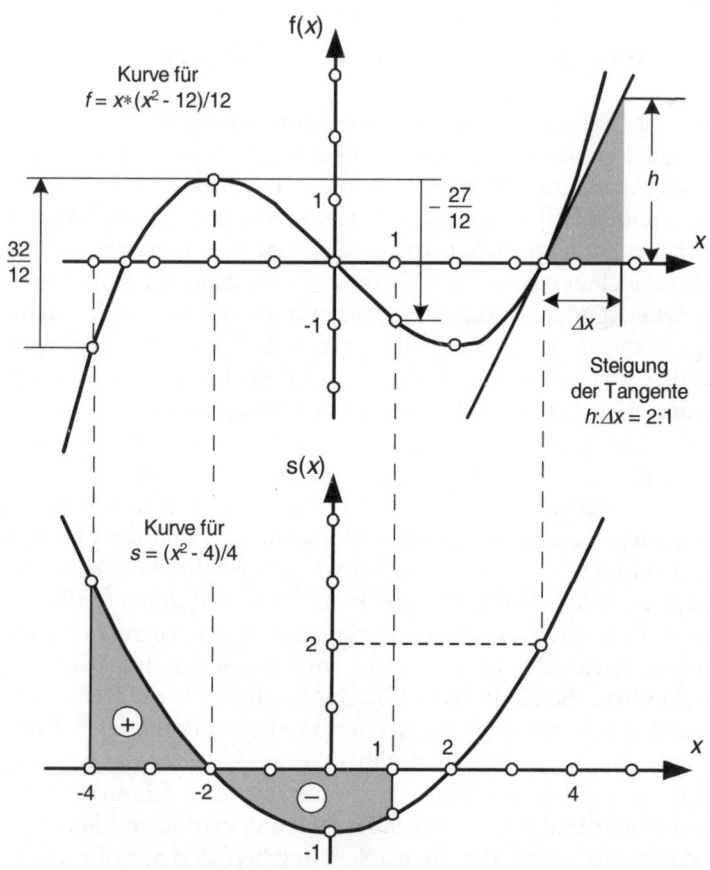

3.10 Beziehung zwischen Steigung und Fläche anhand eines Beispiels.

machen, ist unerheblich, denn dadurch verändert sich das Seitenverhältnis nicht. Wir können also nun in jedem Punkt des Verlaufes von f(x) die Steigung bestimmen, und wenn wir die jeweiligen Steigungswerte wieder in ein Koordinatensystem eintragen, erhalten wir die s-Linie, zu der die Funktion s(x) gehört. So muss beispielsweise dort, wo wir bei f(x) die Steigung 2 gefunden haben, s(x)=2 sein. Für x=2 und x=−2 verlaufen die Tangenten an die f-Linie horizontal, was bedeutet, dass hier die Steigung null ist.

Deshalb gehört zu den Punkten $x = 2$ und $x = -2$ der Wert $s(x) = 0$, d. h., dort schneidet die s-Linie die x-Achse.

Nachdem ich anschaulich gemacht habe, dass der Verlauf $s(x)$ die Steigung des Verlaufes $f(x)$ beschreibt, will ich Ihnen nun zeigen, dass der Verlauf $f(x)$ Flächen beschreibt, welche durch die Linie $s(x)$ und die x-Achse begrenzt werden. Ich habe Flächenstücke in den Intervallen $-4 \leq x \leq -2$ und $-2 \leq x \leq +1$ grau schattiert. Ich behaupte nun, dass die Flächeninhalte solcher Teilflächen als Differenzen von f-Werten aus der oberen Kurve gewonnen werden können. Dabei müssen wir allerdings beachten, dass nur die Flächen oberhalb der x-Achse positiv gerechnet werden; die Flächen unterhalb der x-Achse müssen mit einem negativen Vorzeichen in die Rechnung eingehen. Die Fläche im Intervall $-4 \leq x \leq -2$ entspricht der Differenz $f(-2) - f(-4)$. Dies ergibt als Flächeninhalt den Wert $32/12$. Wenn wir auf entsprechende Weise den Inhalt der Fläche im Intervall $-2 \leq x \leq +1$ bestimmen, müssen wir die Differenz $f(+1) - f(-2)$ bilden, und dies ergibt den negativen Wert $-27/12$.

Sie haben nun also gesehen, dass in unserem Beispiel die Kurve $s(x)$ die Steigung der Kurve $f(x)$ darstellt und dass die Kurve $f(x)$ eine Flächenerfassung der Kurve $s(x)$ ist. Nun muss ich Ihnen selbstverständlich noch zeigen, dass es sich hierbei tatsächlich um einen allgemeingültigen, grundsätzlichen Zusammenhang handelt, d. h. dass jede Kurve die Fläche ihrer zugehörigen Steigungskurve ausdrückt. Wir haben zwei Möglichkeiten für die Herleitung: Entweder setzten wir voraus, dass die Kurve $s(x)$ die Steigung der Kurve $f(x)$ darstellt und zeigen, dass dann auch die Kurve $f(x)$ eine Flächenkurve der Kurve $s(x)$ ist. Oder aber wir setzen voraus, dass die Kurve $f(x)$ eine Flächenkurve der Kurve $s(x)$ ist und zeigen, dass dann die Kurve $s(x)$ die Steigungskurve der Kurve $f(x)$ ist. Wir werden den zweiten Weg beschreiten, d. h. wir gehen davon aus, dass die Kurve $f(x)$ oben in Abbildung 3.11 eine Flächenkurve der darunter liegenden Kurve $s(x)$ ist, und zeigen, dass dann die Kurve $s(x)$ die Steigung von $f(x)$ beschreibt. Unter dieser Voraussetzung muss Δf gleich der grau schattierten Fläche unter der Kurve $s(x)$ sein. Diese Fläche besteht aus den beiden gezeigten Anteilen, also einer Rechteckfläche und der Restfläche. Oben im Bild sehen wir ein Stück der Kurve $f(x)$, welches in zwei Punkten von einer Gera-

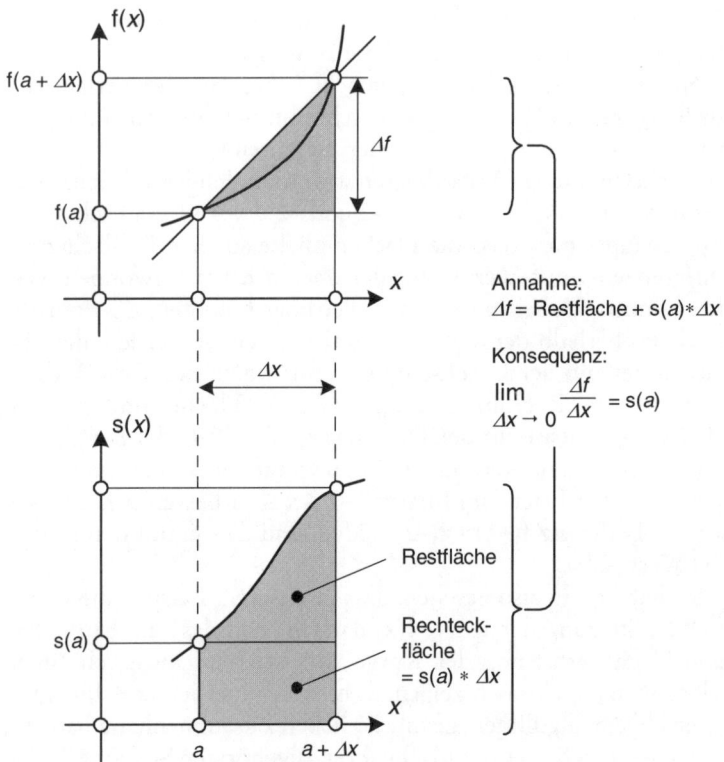

Annahme:
Δf = Restfläche + $s(a) * \Delta x$

Konsequenz:
$$\lim_{\Delta x \to 0} \frac{\Delta f}{\Delta x} = s(a)$$

3.11 Beziehung zwischen Steigung und Fläche anhand von Grenzwerten.

den geschnitten wird. Wir stellen uns nun vor, dass wir diese Gerade im Uhrzeigersinn um ihren unteren Schnittpunkt so lange drehen, bis sie zur Tangente in diesem Drehpunkt geworden ist. Bei diesem Vorgang werden Δx und Δf immer kleiner, wobei das Verhältnis $\Delta f/\Delta x$ einem Grenzwert zustrebt, der die Tangentensteigung ist. Dieser Vorgang ist es, auf den der Bruch „null durch null" in der Überschrift des vorliegenden Abschnitts über die Infinitesimalrechnung hinweisen soll. Wenn wir Δx immer kleiner machen, wird das Verhältnis zwischen Restfläche und Rechteckfläche unter der Kurve $s(x)$ immer kleiner, sodass Δf, also die grau schattierte Fläche unter der Kurve $s(x)$, immer weniger von $\Delta x * s(a)$

abweicht. Damit ergibt sich der in Abbildung 3.11 dargestellte Grenzwert. Wir haben also tatsächlich das gewünschte Ergebnis erhalten, denn aus der Annahme, dass wir eine Kurve f(x) haben, die als Flächenkurve einer zweiten Kurve s(x) zu deuten ist, haben wir abgeleitet, dass dann die Kurve s(x) die Steigung der Kurve f(x) darstellt.

Aus unseren bisherigen Überlegungen folgt etwas, worauf ich noch explizit hinweisen muss. Während es zu einer gegebenen Kurve f(x) nur eine einzige Steigungskurve gibt, ist der Umkehrschluss nicht zutreffend, d. h. zu einer gegebenen Kurve s(x) kann man beliebig viele Kurven f(x) angeben. Schauen Sie hierzu noch einmal die Abbildung 3.10 an. Stellen Sie sich vor, wir würden die Kurve f(x) in ihrem Koordinatensystem nach oben oder nach unten verschieben. Dadurch würde sich ja in keinem Kurvenpunkt die Steigung ändern, sodass auch zu allen verschobenen Kurven f(x) die gleiche Kurve s(x) gehören muss. Da man die Flächen unter der Kurve s(x) jeweils als Differenzen aus der Kurve f(x) erhält, spielt die absolute vertikale Lage der Kurve f(x) auch für die Flächenbestimmung keine Rolle. Sie können sich vorstellen, dass die Abstandspfeile oben in der Abbildung 3.10 mit der Kurve nach oben oder nach unten wandern, ohne dass sich der Abstand ändert.

Dass es zu einer gegebenen Steigungskurve eine unendliche Zahl zugehöriger Flächenkurven gibt, kann man auch leicht erkennen, wenn man die Flächenkurve durch eine Grenzwertbildung bestimmt. Bisher haben wir ja nur die Steigungskurve durch eine Grenzwertbildung bestimmt, wobei wir in einem Bruch sowohl den Zähler als auch den Nenner gegen 0 gehen ließen. Anhand von Abbildung 3.12 wird der Weg anschaulich, wie man über eine Grenzwertbildung die Fläche unter der Kurve s(x) gewinnt. Für die Flächenbestimmung muss man ein Intervall wählen, damit die Fläche einen wohldefinierten endlichen Wert bekommt. Durch die willkürliche Wahl des Wertes x_0, der den Intervallanfang kennzeichnet, bestimmen wir eine Stelle, bei der die Flächenkurve den Wert 0 hat, d. h. wo gilt: $f(x_0) = 0$. Das Intervallende habe ich mit x bezeichnet, weil es jeweils den Flächenwert f(x) bestimmt. Deshalb konnte ich die horizontale Achse in Abbildung 3.12 nicht auch mit x bezeichnen; ich habe mich für die

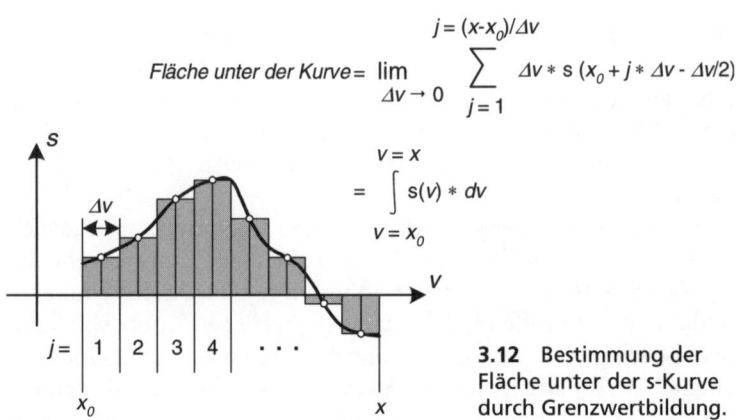

$$\text{Fläche unter der Kurve} = \lim_{\Delta v \to 0} \sum_{j=1}^{j=(x-x_0)/\Delta v} \Delta v * s \, (x_0 + j * \Delta v - \Delta v/2)$$

$$= \int_{v=x_0}^{v=x} s(v) * dv$$

3.12 Bestimmung der Fläche unter der s-Kurve durch Grenzwertbildung.

Bezeichnung v entschieden. In Abbildung 3.12 ist gezeigt, dass man die Fläche unter der Kurve s(x) näherungsweise als eine Summe von Rechteckflächen gewinnen kann. Alle diese Rechteckflächen haben die gleiche Breite Δv, und ihre Höhe ergibt sich aus der Forderung, dass die Kurve s(x) jeweils durch die Mitte der oberen Rechteckkanten hindurchlaufen soll. Dass sich die Fläche aus einer Summierung ergibt, wird in der Grenzwertformel durch den griechischen Buchstaben Σ – das große *Sigma* – symbolisiert, der an den Anfangsbuchstaben des Wortes Summe erinnern soll. Die Rechtecke sind von 1 an durchnummeriert, und über diese Rechtecke wird die Summe gebildet. Man sagt, bei der Summenbildung laufe der Wert der Zählvariable j von 1 bis zu seinem jeweiligen oberen Ende. Wenn man nun die Breite Δv gegen 0 gehen lässt, geht auch die Fläche der jeweiligen Rechtecke gegen 0. Aber gleichzeitig wird die Anzahl der Rechtecke immer größer und man kann sagen, dass die Anzahl der Rechtecke gegen unendlich geht. Dieser Vorgang ist es, auf den das Produkt „unendlich mal null" in der Überschrift des vorliegenden Abschnitts über die Infinitesimalrechnung hinweisen soll. Den Übergang von endlich vielen Summanden zu unendlich vielen Summanden symbolisiert man dadurch, dass man nun als Summensymbol nicht mehr den griechischen Buchstaben Σ sondern ein besonderes neues Symbol benutzt, welches ein horizontal zusammengedrücktes „S" ist. Die-

Steigung der Kurve f(x)
(Differenzialquotient)

Fläche unter der Kurve s(x)
(Integral)

$$s(x) = \frac{df}{dx}$$

$$f(x) - f(x_0) = \int_{x_0}^{x} df = \int_{x_0}^{x} s(v) * dv$$

3.13 Die Schreibweisen der Differential- und Integralrechnung.

ses Symbol wird Integralzeichen genannt. Unten und oben an diesem Integralzeichen stehen jeweils die beiden Grenzen des Intervalls, für das man die Fläche bestimmen will. In Abbildung 3.13 habe ich Ihnen noch einmal die Schreibweisen für die Steigung und die Fläche einander gegenübergestellt. In diesen Schreibweisen wird durch den Buchstaben d die Grenzwertbildung symbolisiert, denn die df, dx und dv entstehen dadurch, dass Δf, Δx und Δv gegen 0 gehen.

Der Weg, der von einer gegebenen Kurve zur zugehörigen Steigungskurve führt, wird als Differenziation oder Ableitung bezeichnet. Der umgekehrte Weg, der von einer gegebenen Kurve zu einer zugehörigen Flächenkurve führt, wird Integration genannt.

Die Differenziation, also die Bestimmung der zugehörigen Kurve s(x) zu einer gegebenen Kurve f(x) ist insbesondere im Problembereich der sogenannten Extremwertsuche von großer praktischer Bedeutung. Extremwerte sind Berggipfel oder Talsohlen der Kurve f(x); die Berggipfel sind Maximalwerte, die Talsohlen sind Minimalwerte. Unsere Kurve f(x) in Abbildung 3.10 hat einen Gipfel bei x=−2 und ein Tal bei x=2. Bei solchen Extremwerten verläuft die jeweilige Tangente waagerecht, und das bedeutet, dass sie dort die Steigung null hat. Deshalb schneidet unsere Kurve s(x) bei den Werten x=−2 und x=2 die x-Achse. Wenn man nun die Steigungskurve dadurch gewinnen müsste, dass man zuerst die Kurve f(x) zeichnet und daraus die Steigungen entnimmt, bräuchte man kein besonderes Verfahren zum Finden der Extremwertpo-

Wenn die Flächenfunktion f(x) als Formel gegeben ist, lässt sich die Formel der Steigungsfunktion s(x) als Grenzwert wie folgt berechnen:

$$s(x) = \lim_{\Delta x \to 0} \frac{f(x + \Delta x) - f(x)}{\Delta x}$$

Für den Fall f(x) = x^2 erhält man:

$$s(x) = \lim_{\Delta x \to 0} \frac{(x + \Delta x)^2 - x^2}{\Delta x} = \lim_{\Delta x \to 0} \frac{(x^2 + 2*x*\Delta x + \Delta x^2) - x^2}{\Delta x}$$

$$= \lim_{\Delta x \to 0} \frac{2*x*\Delta x + \Delta x^2}{\Delta x} = \lim_{\Delta x \to 0} (2*x + \Delta x) = 2*x$$

Für den Fall f(x) = x^n erhält man: $s(x) = \lim_{\Delta x \to 0} \frac{(x + \Delta x)^n - x^n}{\Delta x} = n * x^{n-1}$

Diese allgemeine Beziehung kann man nun auf die Funktion f(x) in Abb. 3.10 anwenden:

$$f(x) = \frac{x^3}{12} - x$$

$$s(x) = \frac{3*x^2}{12} - 1 = \frac{x^2}{4} - 1$$

3.14 Herleitung der Steigungsfunktionen für die Flächenfunktionen f(x) = x^n.

sitionen, denn diese wären ja dann unmittelbar sichtbar. Der interessante Fall aber ist der, wo die Kurve f(x) als Formel beschrieben ist und man aus dieser Formel die Formel der Kurve s(x) gewinnen will. In diesem Fall muss man tatsächlich eine echte Grenzwertbildung durchführen, und zwar nach der Formel, die oben in Abbildung 3.14 steht. In der gleichen Abbildung ist dargestellt, welches Ergebnis man erhält, wenn man diese allgemeine Formel auf Funktionen der Form f(x)=x^n anwendet. Die konkrete Rechnung habe ich allerdings nur für den einfachen Fall f(x)=x^2 dargestellt. In entsprechender Weise, wie man die Steigungsfunktion s(x)=2x zu f(x)=x^2 gewinnt, könnten wir auch vorgehen bezüglich der f-Funktionen x^3, x^4, x^5 usw. Wir würden dabei schließlich den in Abbildung 3.14 gezeigten allgemeinen Zusammenhang finden. Die Anwendung dieser allgemeinen Formel auf unsere Funk-

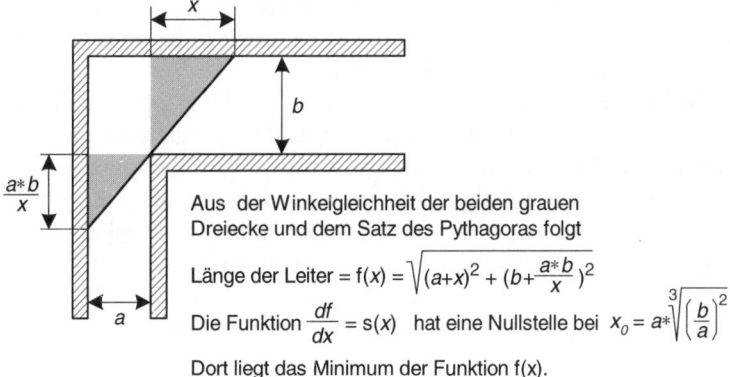

Aus der Winkelgleichheit der beiden grauen Dreiecke und dem Satz des Pythagoras folgt

Länge der Leiter = $f(x) = \sqrt{(a+x)^2 + (b+\frac{a*b}{x})^2}$

Die Funktion $\frac{df}{dx} = s(x)$ hat eine Nullstelle bei $x_0 = a*\sqrt[3]{\left(\frac{b}{a}\right)^2}$

Dort liegt das Minimum der Funktion f(x).

Zahlenbeispiel: a=2 m, b=3 m, Länge der Leiter = 7,02 m

3.15 Beispiel einer Extremwertaufgabe.

tion f(x) in Abbildung 3.10 liefert tatsächlich die dort bereits angegebene Funktion s(x).

Nun kehren wir wieder zu dem Problem zurück, wie man Extremwerte findet, und betrachten ein ganz konkretes und anschauliches Beispiel. In Abbildung 3.15 ist ein Ausschnitt eines Gebäudegrundrisses dargestellt. Ein Gang biegt rechtwinklig um die Ecke und ändert dabei seine Breite. Wir nehmen an, dass Handwerker in dem Gebäude tätig sind und bei ihrer Arbeit eine Leiter um diese Ecke transportieren müssen. Wenn die Länge der Leiter einen bestimmten Wert übersteigt, ist es unmöglich, sie um die Ecke zu tragen. Wir fragen nun nach der maximalen Länge, welche die Leiter noch haben darf, damit die Handwerker sie um die Ecke transportieren können.

Die Funktion f(x), deren Extremwert wir suchen, erhalten wir, indem wir nach dem Satz des Pythagoras die jeweilige Länge der Leiter in Abhängigkeit vom Wert x berechnen. Dabei nutzen wir die Tatsache, dass die beiden grau schattierten Dreiecke winkelgleich sind. Die weitere Rechnung führe ich Ihnen gar nicht vor, weil Sie daraus keine wesentlichen Erkenntnisse mehr gewinnen würden. In Abbildung 3.15 ist lediglich das Ergebnis dargestellt. Wenn wir beispielsweise annehmen, dass der schmale Gang

2 Meter und der breitere Gang 3 Meter breit seien, darf die Leiter nicht länger als 7,02 Meter sein, weil sie sonst nicht mehr um die Ecke transportiert werden könnte.

Bisher haben wir stets nur den Zusammenhang zwischen einer Funktion f(x) und der zugehörigen Steigungsfunktion s(x) betrachtet. Nun hat natürlich die Kurve s(x) selbst wieder eine Steigungskurve, und diese hat auch wieder eine Steigungskurve usw. Das bedeutet, dass man versuchen kann, das Ergebnis einer Differenziation selbst wieder zu differenzieren. Um auszudrücken, wie oft man schon ausgehend von einer Funktion f(x) differenziert hat, benutzt man folgende Formelschreibweise:

$$\frac{d^4f}{dx^4}$$

Dieser Ausdruck symbolisiert die Funktion, die man durch viermalige Differenziation aus der Funktion f(x) gewinnt. Diese Schreibweise hat der Philosoph und Mathematiker Gottfried Wilhelm Leibniz (1646–1716) vor über 300 Jahren eingeführt. Das jeweilige „d" im Zähler und im Nenner ist ein Hinweis darauf, dass ein Grenzwert gebildet werden soll, bei dem eine Differenz Δ im Zähler und eine andere Differenz Δ im Nenner gegen 0 gehen. Äußerst wichtig ist die Unterscheidung der Bedeutung der hochgestellten 4 im Zähler und im Nenner. Nur im Nenner handelt es sich tatsächlich um den Exponenten einer arithmetischen Potenz. Im Zähler dagegen ist es lediglich eine Ordnungsnummer, welche die Anzahl der durchzuführenden Differenziationen angibt.

Im Vorgriff auf das Kapitel 7, in dem unter anderem auch das Konzept der physikalischen Größen vorgestellt wird, weise ich hier schon darauf hin, dass eine Funktion s(x) im Allgemeinen eine andere Art physikalischer Größe beschreibt als die Funktion f(x). Ein sehr anschauliches Beispiel einer physikalischen Deutung der beiden Funktionen f(x) und s(x) ergibt sich durch die Festlegung, dass die x-Werte Zeitpunkte sein sollen, die f-Werte Kilometerangaben längs einer Fahrstrecke und die s-Werte Geschwindigkeiten eines Fahrzeugs. Wir können nun die beiden Verläufe in Abbildung 3.10 in diesem Sinne deuten. Positive s-Werte bedeuten, dass das Fahrzeug vorwärts fährt. In den Zeitpunkten, in denen f(x), also der Positionsverlauf, ein Maximum oder ein Minimum hat, ändert das Fahrzeug seine Fahrtrichtung, und genau in diesen Zeitpunkten hat s, also die Geschwindigkeit, den Wert null. Eine Fläche unter dem s-Verlauf zwischen zwei Zeitpunkten x_1 und x_2 entspricht der Differenz der Positionen, an denen sich das Fahrzeug zu den Zeitpunkten x_2 und x_1 befindet. Ist die Fläche positiv, ist das Fahrzeug in der Zeit zwischen x_1 und x_2 insgesamt voran gekommen, andernfalls ist es insgesamt zurück gefahren oder am Ort geblieben.

Zu den f-Werten gehört in diesem Beispiel eine Längeneinheit wie Meter oder Kilometer und zu den x-Werten eine Zeiteinheit wie Sekunde oder Stunde. Entsprechend haben dann die s-Werte die Einheiten Meter pro Sekunde oder Kilometer pro Stunde. Die Steigung des s-Verlaufs ist in diesem Beispiel als Änderungsgeschwindigkeit der Geschwindigkeit zu interpretieren, die man als Beschleunigung bezeichnet. Ihre Einheit muss als Geschwindigkeitsdifferenz pro Zeiteinheit zu interpretieren sein, also beispielsweise (Meter pro Sekunde) pro Sekunde. Das ist ein Bruch, bei dem im Zähler eine Längeneinheit und im Nenner das Quadrat einer Zeiteinheit steht. Negative Beschleunigungswerte bedeuten, dass gebremst wird. Die zu f(x) gehörende Einheit taucht also bei den Ableitungen unverändert auf, wogegen die zu x gehörende Einheit bei den Ableitungen potenziert erscheint.

In der Abbildung 3.16 habe ich für drei Funktionen jeweils die Folge von der ersten bis zur fünften Ableitung dargestellt. Die Formel zur Ableitung einer Potenz x^n (siehe Abbildung 3.14) sagt,

$f(x)$	$\dfrac{df}{dx}$	$\dfrac{d^2f}{dx^2}$	$\dfrac{d^3f}{dx^3}$	$\dfrac{d^4f}{dx^4}$	$\dfrac{d^5f}{dx^5}$
x^4	$4*x^3$	$4*3*x^2$	$4*3*2*x$	$4*3*2*1$	0
$\sin(x)$	$\cos(x)$	$-\sin(x)$	$-\cos(x)$	$\sin(x)$	$\cos(x)$
e^x	e^x	e^x	e^x	e^x	e^x

3.16 Beispiele von Ableitungsfolgen.

Differential - gleichung	$x^2 * \dfrac{d^3f}{dx^3} - 6 * \dfrac{df}{dx} = 0$	$\dfrac{d^2f}{dx^2} + f(x) = 0$	$\dfrac{df}{dx} - f(x) = 0$
Lösung	$f(x) = x^4$	$f(x) = \sin(x)$	$f(x) = e^x$

3.17 Beispiele von Differenzialgleichungen.

dass bei der Differenziation der Exponent um 1 erniedrigt wird. Deshalb wird zwangsläufig nach n Differenziationen der Exponent 0 erreicht sein. Die zur n-ten Ableitung gehörende Kurve ist dann eine parallel zur x-Achse, also waagerecht verlaufende Gerade, und deren Steigung ist überall 0. Diese Null bleibt bei allen weiteren Differenziationen erhalten. Abbildung 3.16 zeigt aber auch, dass es Funktionen gibt, bei denen in der Folge der Differenziationen die Funktion f(x) als Ergebnis wieder auftaucht (grau schattiert), sodass die gesamte Folge der Differenziationen als periodische Wiederholung eines endlichen Anfangsstücks zu sehen ist. Sollten Sie übrigens nicht mehr genau wissen, was die beiden Funktionen sin(x) und e^x sind, dann sollten Sie sich noch einmal die Abbildungen 2.14 und 2.19 anschauen.

Ausgehend von Abbildung 3.16 konnte ich jeder der drei Funktionen eine sogenannte Differenzialgleichung zuordnen. Eine Differenzialgleichung beschreibt den Zusammenhang zwischen Elementen innerhalb einer Folge von Ableitungen, wie die drei Beispiele in Abbildung 3.17 zeigen. So habe ich im ersten Fall die erste und die dritte Ableitung der Funktion x^4 in einen Zusammenhang gebracht, der sich unmittelbar aus Abbildung 3.16 erkennen lässt. Für die Sinusfunktion habe ich den Zusammenhang zwischen der Funktion f(x) und ihrer zweiten Ableitung dargestellt, und für die Funktion des stetigen Wachstums habe ich die Tatsache benutzt, dass die erste Ableitung gleich der Funktion f(x) selbst ist. Wenn Sie sich nun vorstellen, die Differenzialgleichungen seien gegeben, und Sie müssten die Lösungen, also die zugehörigen Funktionen f(x) finden, dann wäre dies für die meisten von Ihnen eine zu schwere Aufgabe. Für Mathematiker, Physiker und Ingenieure dagegen, die mit Differenzialgleichungen recht häufig zu tun haben, gehört es zum Alltag, solche Lösungen zu finden. Für Sie ist es dagegen nur wichtig, dass Sie überhaupt wissen, was eine Differenzialgleichung ist.

Zusammenhänge, die man zwar herleiten, aber nicht wirklich verstehen kann

Erinnern Sie sich noch, dass ich meinen Bericht über die Schöpfungsgeschichte der Zahlen mit der Behauptung abgeschlossen habe, der Potenzausdruck 2^i sei eine Umschreibung für die komplexe Zahl $0,769 + 0,639\ i$? Dort konnte ich Ihnen noch nicht zeigen, wie man zu diesem Ergebnis kommt, und ich musste Sie deshalb auf später vertrösten. Inzwischen habe ich Ihnen alles vorgestellt, was ich als Ausgangspunkt für meine jetzt folgende Erklärung benötige. Dabei werden Sie – hoffentlich zu Ihrer Freude – erkennen, dass in der Mathematik fast alles mit allem zusammenhängt. Ich werde Ihnen nämlich nun „eine Suppe kochen", bei deren Zubereitung ich als Zutaten die komplexen Zahlen, die Polynome, das Grenzwertkonzept, die Differenziation und die transzendenten Funktionen e^x, $\sin(x)$ und $\cos(x)$ verwende.

Wir beginnen die Zubereitung der Suppe mit Abbildung 3.18. In der ersten Zeile der Tabelle steht ein Polynom, bei dem ich als Koeffizienten keine konkreten Zahlen, sondern Platzhalter für die Konstanten c_0, c_1, c_2 usw. verwendet habe. Obwohl Sie hier ein Polynom vierten Grades vor Augen haben, sollten Sie bereit sein zu akzeptieren, dass das Polynom auch einen höheren Grad haben könnte, d. h., dass die Tabelle nach rechts noch weitere Spalten haben könnte. Wir werden letztlich zu Polynomen kommen, die gar keinen endlichen Grad mehr haben, sondern Summen aus unendlich vielen Gliedern sind. Ausgehend von dem Polynom in der ersten Zeile habe ich nun die Inhalte der folgenden Zeilen dadurch gewonnen, dass ich den Funktionsausdruck in der jeweils darüber liegenden Zeile differenziert habe. In jeder Spalte nimmt der Exponent von x von oben nach unten ab. Die letzte Spalte in Abbildung 3.18 entspricht – abgesehen vom Koeffizienten c_4 – genau den Einträgen in der zweiten Zeile der Tabelle in Abbildung 3.16 von links nach rechts.

$p(x)$	$=$	c_0	$+$	$c_1 * x$	$+$	$c_2 * x^2$	$+$	$c_3 * x^3$	$+$	$c_4 * x^4$
$\dfrac{dp}{dx}$	$=$	0	$+$	c_1	$+$	$2 * c_2 * x$	$+$	$3 * c_3 * x^2$	$+$	$4 * c_4 * x^3$
$\dfrac{d^2 p}{dx^2}$	$=$	0	$+$	0	$+$	$2 * c_2$	$+$	$3 * 2 * c_3 * x$	$+$	$4 * 3 * c_4 * x^2$
$\dfrac{d^3 p}{dx^3}$	$=$	0	$+$	0	$+$	0	$+$	$3 * 2 * c_3$	$+$	$4 * 3 * 2 * c_4 * x$
$\dfrac{d^4 p}{dx^4}$	$=$	0	$+$	0	$+$	0	$+$	0	$+$	$4 * 3 * 2 * c_4$
$\dfrac{d^5 p}{dx^5}$	$=$	0	$+$	0	$+$	0	$+$	0	$+$	0

3.18 Ableitungen eines Polynoms.

Nun gehen wir über zur Abbildung 3.19, deren Struktur Sie an Abbildung 3.16 erinnern sollte. In beiden Abbildungen erkennen Sie von links nach rechts eine Funktion und die Folge ihrer Ableitungen, und dies von oben nach unten für unterschiedliche Funktionen. Der wesentliche Unterschied zwischen den beiden Abbildungen 3.16 und 3.19 besteht darin, dass wir uns in Abbildung 3.19 nur noch um die Funktions- bzw. Ableitungswerte an der Stelle $x = 0$ interessieren, wogegen wir in Abbildung 3.16 die Variable x nicht mit einem konkreten Wert belegt haben. Den Zusammenhang zwischen Abbildung 3.18 und Abbildung 3.19 habe ich dadurch sichtbar gemacht, dass ich diejenigen Felder, die in den beiden Tabellen jeweils paarweise gleiche Einträge haben, grau unterlegt habe.

Dass in der Zeile für die Funktion e^x lauter Einsen stehen, ist zum einen eine Konsequenz des Sachverhaltes, dass alle Ableitungen von e^x mit der Funktion selbst übereinstimmen (siehe letzte Zeile in Abbildung 3.16), und zum anderen, dass e^x an der Stelle $x=0$ den Wert 1 hat (siehe Abbildung 2.19). Die unterhalb der Ein-

$f(x)$	$\dfrac{df}{dx}$	$\dfrac{d^2f}{dx^2}$	$\dfrac{d^3f}{dx^3}$	$\dfrac{d^4f}{dx^4}$	$\dfrac{d^5f}{dx^5}$
	für $x=0$	für $x=0$	für $x=0$	für $x=0$	für $x=0$
$p(x)$	c_0	c_1	$2*c_2$	$3*2*c_3$	$4*3*2*c_4$	$5*4*3*2*c_5$
e^x	1	1	1	1	1	1
$\sin(x)$	0	1	0	- 1	0	1
$\cos(x)$	1	0	- 1	0	1	0

3.19 Ableitungswerte an der Stelle $x=0$ für verschiedene Funktionen.

sen für e^x in Abbildung 3.19 liegenden Werte für $\sin(x)$ und $\cos(x)$ sind wie folgt zu gewinnen: Man muss die Definition der Sinusfunktion kennen, die in Abbildung 2.14 dargestellt ist. Außerdem muss man noch wissen, dass die Kosinuskurve die gleiche Form wie die Sinuskurve hat, nur dass sie gegenüber der Sinuskurve um $\pi/2$ nach links verschoben ist. Dies habe ich Ihnen bereits bei der Vorstellung der Abbildung 2.14 gesagt. Schließlich müssen Sie sich an die vorletzte Zeile der Tabelle in Abbildung 3.16 erinnern: Beim Differenzieren der Sinuskurve ergibt sich eine alternierende Folge von Sinus- und Kosinusfunktionen, wobei auch das Vorzeichen alterniert. Da die Sinusfunktion an der Stelle $x=0$ den Wert 0 hat und die Kosinusfunktion den Wert 1, ergeben sich die gezeigten Einträge in Abbildung 3.19.

Ich hoffe, dass Sie bis hierher die Schritte nachvollziehen konnten, die mich zur Abbildung 3.18 und anschließend zur Abbildung 3.19 führten. Dabei wird Sie möglicherweise wieder dieses unbehagliche Gefühl beschlichen haben, das uns immer überfällt, wenn wir in blindem Vertrauen hinter einem Führer herlaufen sollen, ohne das Ziel zu kennen. Deshalb ist es nun höchste Zeit, dass ich Ihnen etwas über dieses Ziel erzähle. Wir schauen uns hierzu noch einmal die Kurve der Funktion $f(x)$ an, die oben im Abbildung 3.10 dargestellt ist. Da kann man doch leicht auf die Idee kommen, dass das Mittelstück dieser Kurve sehr ähnlich aussieht wie die

Sinusfunktion in Abbildung 2.14. Außerdem besteht eine verblüffende Ähnlichkeit zwischen dem rechten Abschnitt der Kurve f(x) in Abbildung 3.10 und der Kurve der Exponentialfunktion in Abbildung 2.19. Diese Ähnlichkeiten haben bestimmte Mathematiker zum Anlass genommen zu überlegen, ob man nicht jede stetige Kurve durch einen Polynomausdruck beliebig genau annähern könne. Dabei haben sie selbstverständlich sehr genau geprüft, welche Eigenschaften eine stetige Kurve haben muss, damit eine solche Polynomannäherung möglich ist.

In Abbildung 3.20 stelle ich Ihnen eine Kurve f(x) vor, die auf dem ersten Blick stark der Kurve in Abbildung 3.2 ähnelt. Der gravierende Unterschied zwischen diesen beiden Kurven besteht aber darin, dass die Kurve in Abbildung 3.2 vollständig durch ein Polynom beschrieben werden kann, während zur Beschreibung der Kurve in Abbildung 3.20 abschnittsweise unterschiedliche Polynome herangezogen werden müssen. Links von der Stelle x=−1 besteht die Kurve aus einer um 45° in positiver x-Richtung nach unten geneigten Geraden, die durch ein Polynom ersten Grades beschrieben wird. Das Mittelstück im Intervall −1<x<1 wird durch ein Polynom zweiten Grades beschrieben, und der rechte Abschnitt der Kurve oberhalb von x=1 ist wieder eine Gerade, die dieses Mal um 45° nach oben geneigt ist und die wieder durch ein Polynom ersten Grades beschrieben wird. Solche Kurven, die abschnittsweise durch unterschiedliche Polynome beschrieben werden müssen, haben die Eigenschaft, dass in der Folge ihrer Ableitungen irgendwann eine Funktion auftritt, die bei bestimmten Werten für x einen Knick hat. Solche Funktionen können nur abschnittsweise abgeleitet werden, da es in den Knickpunkten keine definierten Tangenten gibt. So hat beispielsweise die in Abbildung 3.20 unter der Kurve f(x) dargestellte Steigungsfunktion zwei Knickpunkte, einen bei x=−1 und einen anderen bei x=1.

Wir betrachten nun im Folgenden nur noch Funktionen, die für alle x-Werte beliebig oft differenziert werden können. Diese Eigenschaft haben alle Polynome, aber auch die transzendenten Funktionen e^x, sin(x) und cos(x). Für jede dieser drei transzendenten Funktionen suchen wir nun jeweils ein Polynom, das diese Funktionen beliebig genau annähert. Ein solches Polynom muss selbstverständlich die Eigenschaft haben, dass es nicht nur für

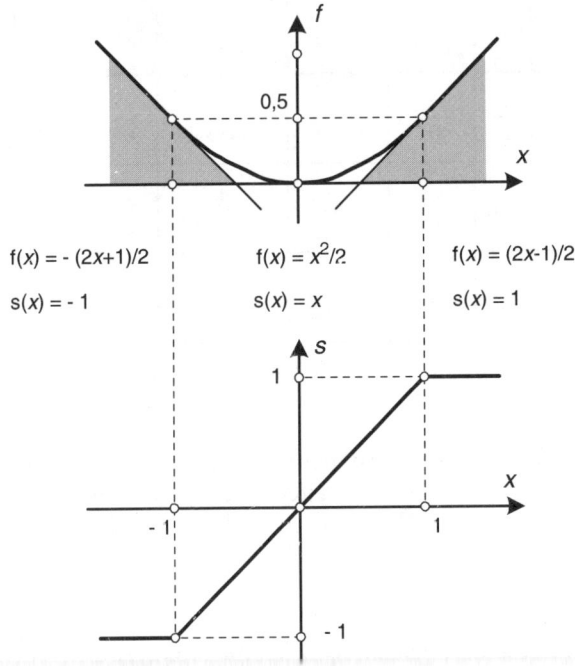

3.20 Beispiel einer zusammengesetzten Kurve.

jeden x-Wert den gleichen Funktionswert liefert wie die angenäherte Funktion, sondern dass dies auch für die Ableitungen gilt. Die gesuchten Polynome finden wir nun dadurch, dass wir verlangen, dass in Abbildung 3.19 die Einträge in der Zeile neben dem Eintrag p(x) wertegleich sein sollen mit den Einträgen in der Zeile neben dem Namen der jeweils betrachteten transzendenten Funktion. Dies kann man erreichen, indem man den Koeffizienten c_0, c_1, c_2 usw. konkrete Werte zuweist. Wenn wir diese Werte beispielsweise so wählen, dass sich für die Einträge in der Polynomzeile lauter Einsen ergeben, dann müssten doch eigentlich die Koeffizientenwerte das Polynom definieren, welches die Exponentialfunktion beliebig genau annähert.

Die zu den einzelnen Funktionen gehörenden Koeffizientenwerte sind in Abbildung 3.21 dargestellt. Obwohl die Abbildung

	c_0	c_1	c_2	c_3	c_4	c_5	c_6
e^x	1	1	$\dfrac{1}{2}$	$\dfrac{1}{3*2}$	$\dfrac{1}{4*3*2}$	$\dfrac{1}{5*4*3*2}$	$\dfrac{1}{6*5*4*3*2}$
$\sin(x)$	0	1	0	$\dfrac{-1}{3*2}$	0	$\dfrac{1}{5*4*3*2}$	0
$\cos(x)$	1	0	$\dfrac{-1}{2}$	0	$\dfrac{1}{4*3*2}$	0	$\dfrac{-1}{6*5*4*3*2}$

3.21 Werte der Polynomkoeffizienten aus Abbildung 3.19.

3.21 mit der Spalte für den Koeffizienten c_6 endet, erkennt man doch die Systematik, nach der alle weiteren Koeffizienten gefunden werden können. Weil die Polynome mit diesen Koeffizienten unendlich viele Glieder haben, werden sie nicht mehr als Polynome bezeichnet, sondern als Reihen. Die Formeln der Reihen mit den Koeffizienten aus Abbildung 3.21 sind oben in Abbildung 3.22 dargestellt. In diesen Formeln habe ich die Abkürzung n! für die immer länger werdenden Produktketten $1*2*3*4*5* \ldots *n$ benutzt, was in der Fachsprache als n-Fakultät bezeichnet wird.

Ich habe die Reihen in Abbildung 3.22 so untereinander geschrieben, dass Sie den sehr einfachen Zusammenhang zwischen den Reihen von Sinus und Kosinus einerseits und der Reihe der Exponentialfunktion andererseits leicht erkennen können. Die Summanden der Reihe für e^x tauchen alternierend in den Funktionen $\sin(x)$ und $\cos(x)$ wieder auf, allerdings mit alternierend geändertem Vorzeichen. Deshalb ergibt sich die Reihe für e^x nicht einfach dadurch, dass man die Reihen für Sinus und Kosinus addiert. Trotzdem waren die Mathematiker daran interessiert, den Zusammenhang zwischen diesen drei Reihen in einem einzigen Formelausdruck darzustellen. Dazu griffen sie wieder in ihre berühmte Trickkiste. Man erinnerte sich nämlich noch daran, dass man die imaginäre Zahl i dadurch geschaffen hatte, dass man festlegte, es müsse $i^2 = -1$ gelten. Dann liegt natürlich auch fest, was sich ergibt, wenn man die Basis i mit größeren ganzzahligen Exponenten

$$e^x = 1 + \frac{x^1}{1!} + \frac{x^2}{2!} + \frac{x^3}{3!} + \frac{x^4}{4!} + \frac{x^5}{5!} + \frac{x^6}{6!} + \frac{x^7}{7!} + \frac{x^8}{8!} + \cdots$$

$$\sin(x) = \frac{x^1}{1!} - \frac{x^3}{3!} + \frac{x^5}{5!} - \frac{x^7}{7!} + \cdots$$

$$\cos(x) = 1 - \frac{x^2}{2!} + \frac{x^4}{4!} - \frac{x^6}{6!} + \frac{x^8}{8!} \cdots$$

i^1	$i^2 = i*i^1$	$i^3 = i*i^2$	$i^4 = i*i^3$	$i^5 = i*i^4$	$i^6 = i*i^5$	$i^7 = i*i^6$	$i^8 = i*i^7$
i	-1	$-i$	1	i	-1	$-i$	1

$$e^{i*x} = 1 + \frac{i*x}{1!} - \frac{x^2}{2!} - \frac{i*x^3}{3!} + \frac{x^4}{4!} + \frac{i*x^5}{5!} - \frac{x^6}{6!} - \frac{i*x^7}{7!} + \frac{x^8}{8!} + \cdots$$

$$= 1 - \frac{x^2}{2!} + \frac{x^4}{4!} - \frac{x^6}{6!} + \frac{x^8}{8!} + \cdots$$

$$+ i*\left(\frac{x^1}{1!} - \frac{x^3}{3!} + \frac{x^5}{5!} - \frac{x^7}{7!} + \cdots \right)$$

$$e^{i*x} = \cos(x) + i * \sin(x)$$

3.22 Herleitung der Eulerschen Formel über Funktionsapproximationen durch Polynome.

potenziert. Das Ergebnis sehen Sie im grauen Streifen in der Mitte der Abbildung 3.22. Diese graue Tabelle legt die Vermutung nahe, dass der Zusammenhang zwischen den drei betrachteten Reihen dadurch sichtbar gemacht werden könnte, dass man nicht e^x betrachtet, sondern e^{i*x}. Diese Vermutung erweist sich tatsächlich als zutreffend, denn wenn wir in die oben stehende Reihenformel der Exponentialfunktion anstelle von x jeweils i*x einsetzen, erhalten wir die Reihe, die in Abbildung 3.22 unterhalb des grauen Streifens steht. Durch Vergleich der Formeln oberhalb und unterhalb des grauen Streifens erkennt man den Zusammenhang, der ganz unten in Abbildung 3.22 steht. Dieser Zusammenhang wurde bereits vor rund 250 Jahren von dem genialen Mathematiker Leonhard Euler (1707–1783) gefunden, und deshalb wird die Formel, die diesen Zusammenhang beschreibt, auch die *Eulersche Formel* genannt. Mit dieser Formel ist Euler gleich zweimal ehrend verbunden ist: Die Formel trägt seinen Namen, und in der Formel kommt die nach ihm benannte Zahl e vor.

Sagen Sie nun bitte nicht, diese Formel könnten Sie nicht verstehen, denn darin seien ja transzendente Funktionen und imaginäre Zahlen in einer Weise verbunden, die Ihnen spanisch vorkomme. Haben Sie denn nicht gemerkt, dass ich an keiner Stelle an Ihre Anschauung appelliert habe? Das Allerwichtigste bei meiner Herleitung war doch mein Bemühen, die Dinge so hinzuschreiben, dass man möglichst schnell sehen kann, wo ähnliche Dinge nebeneinander oder untereinander stehen. Und dabei spielte immer wieder die Ordnung der natürlichen Zahlen eine zentrale Rolle, also bei den Potenzen x, x^2, x^3, x^4 usw. oder i, i^2, i^3, i^4 usw. oder bei den Ableitungen dy/dx, d^2y/dx^2, d^3y/dx^3 usw. oder bei den Fakultäten $1!$, $2!$, $3!$ usw. Seien Sie völlig beruhigt, auch für mich und für jeden Mathematiker ist die Eulersche Formel lediglich ein streng konsequent hergeleitetes Ergebnis, das sich in vielerlei Hinsicht nützlich anwenden lässt. Sie sollten nicht glauben, dass sich hinter dieser Formel ein geheimnisvoller Sinn verstecke, zu dem nur wenige geniale Mathematiker Zugang haben.

Wir benutzen nun diese Formel, um unsere alte Frage zu beantworten, was denn 2^i sei. Wenn wir nach e^i gefragt hätten, könnten wir das Ergebnis nun unmittelbar aus der Eulerschen Formel gewinnen: Es steht in der ersten weißen Zeile in Abbildung 3.23. Da wir aber nach 2^i gefragt haben, müssen wir zuerst einmal in der Exponentialfunktion in Abbildung 2.19 die Stelle x suchen, bei der $e^x = 2$ ist. In Abbildung 2.2 habe ich den Logarithmus eingeführt als die Funktion, die uns zu einer gegebenen Basis b und dem gewünschten Potenzergebnis p den Exponenten exp liefert: $b^{exp} = p$, also $exp = \log_b p$. Wenn die Basis b gleich der Eulerschen Zahl e ist, wird der Logarithmus als *Logarithmus naturalis* bezeichnet, und es wird die Abkürzung ln benutzt. Vermutlich finden Sie diese auf Ihrem Taschenrechner. Dann können Sie selbst feststellen, dass $\ln 2 \approx 0{,}693147$ ist – das Symbol $\approx$ bedeutet „ungefähr gleich". Damit kann nun das gesuchte Ergebnis für 2^i bestimmt werden (s. Abbildung 3.23).

x	$\cos(x)$	$\sin(x)$	e^{i*x}
1	0,5403	0,8415	$e^i = 0,5403 + 0,8415 * i$
$\log_e 2 = \ln 2 = 0,6931$	0,7693	0,6389	$e^{(\ln 2)*i} = 2^i = 0,7693 + 0,6389 * i$
$\dfrac{\pi}{2}$	0	1	$e^{\left(i*\frac{\pi}{2}\right)} = i$
$i * \dfrac{\pi}{2}$			$i^i = \left(e^{\left(i*\frac{\pi}{2}\right)}\right)^i = e^{-\frac{\pi}{2}} = 0,2079$

3.23 Beispiele der Anwendung der Eulerschen Formel.

Wir können sogar ausrechnen, was i^i ist. Dazu machen wir uns zuerst einmal klar, wie sich i als Exponentialausdruck schreiben lässt. Auch das verrät uns die Eulersche Formel. Sie liefert die imaginäre Zahl i als Ergebnis, wenn man anstelle von x den Wert π/2 einsetzt. Deshalb wird sie das Ergebnis für i^i liefern, wenn man anstelle von x den Wert i*(π/2) einsetzt (siehe Abbildung 3.23).

Ist das nicht erstaunlich? Durch die „freche" Definition, ihr Quadrat solle den Wert –1 haben, haben wir eine Zahl i geschaffen und sie als imaginäre Zahl bezeichnet. Und nun haben wir festgestellt, dass die Potenzschreibweise, die im Bereich der natürlichen Zahlen doch leicht verständlich war – z. B. $5^5 = 5*5*5*5*5 = 3125$ – auch bei dem rein formal ähnlichen Ausdruck i^i ein Ergebnis hat, obwohl wir das Ergebnis hier bestimmt nicht dadurch gewinnen können, dass wir eine Produktkette berechnen, worin i-mal der Faktor i vorkommt. Fünfmal kann der Faktor 5 vorkommen, aber die Wortkonstruktion „i-mal" ist ganz und gar sinnlos.

Damit ist das Ende unseres Raumflugs über den mathematischen Kontinent erreicht. Ich wollte Ihnen zweierlei zeigen, von dem ich hoffe, dass Sie es nicht mehr vergessen: Zum einen wollte ich Ihnen zeigen, welche Länder es auf diesem Kontinent gibt und wie sie zueinander liegen. Und zum anderen wollte ich Ihnen vor

Augen führen, dass alle Reisen auf diesem Kontinent zwar immer bei der Anschauung beginnen, aber sehr bald in unanschauliches, rein formal definiertes Gelände führen. Man kann sich aber bei diesen Reisen nie verirren, solange man immer auf dem Pfad der strengen Konsequenz bleibt.

Was es bringt, auf Bedeutung zu verzichten

4

In diesem Kapitel wird Ihnen vieles begegnen, von dem Sie möglicherweise sagen, es gehöre in eines der beiden vorangegangenen Kapitel über die Mathematik. Andererseits kann ein Informatiker, der die folgende Darstellung liest, auch behaupten, die hier behandelten Themen gehörten in die Informatik. Beide Sichten haben durchaus eine Berechtigung. Deshalb habe ich der Welt des Formalen ein eigenes Kapitel gewidmet und sie nicht einseitig der Mathematik oder der Informatik zugeordnet.

Wo Ermessensspielräume verboten sind

Welche Gemeinsamkeit verbindet einen Richter mit einem Prüfstatiker? (Ein Prüfstatiker ist ein Bauingenieur, der die von einem anderen Bauingenieur erstellten Berechnungen über die Statik eines geplanten Bauwerks prüfen muss.) Richter und Prüfstatiker müssen jeweils ein Urteil abgeben. Bezüglich ihres jeweiligen Urteils gibt es aber einen grundsätzlichen Unterschied: Wenn der Prüfstatiker korrekt gerechnet hat, findet niemand mehr einen Grund, sein Urteil als unangemessen zu bezeichnen. Dagegen wissen wir, dass zwei Richter in der gleichen Angelegenheit durchaus zu unterschiedlichen Urteilen kommen können, ohne dass man mit Bestimmtheit behaupten könnte, der eine habe Recht und der andere nicht. Richter müssen im Allgemeinen mehrere Argumente gegeneinander abwägen, und sie können dabei je nach ihrer persönlichen Gewichtung zu unterschiedlichen Ergebnissen kommen. Es ist allgemein akzeptiert, dass sich die Richter innerhalb von Ermessensspielräumen bewegen. In der Welt des Formalen gibt es dagegen keinerlei Ermessensspielräume. Man kann sogar sagen, dass es der Wunsch nach der Abschaffung von Ermessensspielräumen war, der zur Schaffung der Welt des Formalen geführt hat.

Jeder von Ihnen wird sich an Äußerungen erinnern, in denen das Wort „formal" vorkam. So hat beispielsweise jemand, dessen Antrag nicht in seinem Sinne entschieden wurde, auf einen Sachbearbeiter geschimpft, dieser sei einfach ganz formal „nach Schema F" vorgegangen und habe stur die Paragrafen angewandt, ohne zu fragen, was der Gesetzgeber eigentlich im Sinn gehabt habe. Oder man liest in der Zeitung, das Oberlandesgericht habe ein Urteil der Strafkammer des Landgerichts wegen eines Formfehlers im Verfahren aufgehoben. Für die meisten, die keine Juristen sind, hat das rein formale Vorgehen und Entscheiden einen negativen Beigeschmack. Der Grund hierfür liegt im Allgemeinen darin, dass die Kritiker annehmen, die jeweiligen Entscheider hätten durchaus einen Ermessensspielraum gehabt, innerhalb dessen sie zu einem günstigeren Ergebnis für den Antragsteller hätten kommen können. Oder aber sie sind der Meinung, dass ein für sie nachteiliges Urteil auf formale Vorschriften zurückzuführen sei, deren Sinn und Zweck überhaupt nicht eingesehen werden könne. Ich bin kein Jurist und darf mir deshalb erlauben, das folgende, zweifellos abwegige Beispiel zu erfinden: Nehmen wir an, es stünde in der Prozessverfahrensordnung die Vorschrift, der Angeklagte müsse sich die Urteilsverkündung im Stehen anhören. Kein Mensch hätte wohl Verständnis dafür, dass das Urteil aufgehoben wird, wenn bei einer Überprüfung festgestellt wird, dass der Angeklagte während der Urteilsverkündung sitzen geblieben war. In der folgenden Darstellung geht es glücklicherweise nicht um die Frage des Sinns oder Unsinns formaler Vorschriften. Es geht hier um eine ganz bestimmte Art formaler Vorschriften, deren Kennzeichen darin besteht, dass jedermann durch bloßes Hinsehen feststellen kann, ob sie eingehalten wurden oder nicht. Bezüglich dieser Frage soll also niemand einen Ermessensspielraum haben.

Man kann sich allerdings leicht Beispiele für Vorschriften ausdenken, die auf den ersten Blick wie formale Vorschriften aussehen, bei denen es aber doch das Problem der Nutzung von Ermessensspielräumen geben kann. Betrachten wir beispielsweise die Vorschrift: Der Prüfungskandidat muss seine Matrikelnummer gut leserlich auf den Umschlag schreiben. Da kann es durchaus vorkommen, dass der eine Betrachter das Hingeschriebene noch als gut leserlich akzeptiert, während ein anderer behauptet, dies sei ein übles Geschmiere und von guter Leserlichkeit könne überhaupt keine Rede sein. Deshalb legen wir einfach als Definition fest: Eine formale Vorschrift ist dadurch gekennzeichnet, dass sie so erfüllt werden kann, dass es keine Ermessensfrage mehr ist, ob sie erfüllt worden sei. So kann beispielsweise die Vorschrift, dass die Matrikelnummer gut leserlich auf den Umschlag geschrieben werden soll, so erfüllt werden, dass jedermann die gute Leserlichkeit feststellt. In diesen Fällen kann man auch Maschinen konstruieren, welche die Erfüllung der formalen Vorschrift feststellen können.

Es wäre unangemessen zu versuchen, alle Gesetze als formale Vorschriften zu formulieren, damit die Richter keine Ermessenspielräume mehr bräuchten und die Urteile sogar von Maschinen gefällt werden könnten. Es gibt aber etliche Bereiche, in denen man auf alle Fälle Entscheidungen haben möchte, die ohne Ermessensspielräume zu fällen sind. So darf insbesondere die Antwort auf die Frage, ob ein vorgelegter Beweis eines mathematischen Satzes korrekt sei, nicht vom Ermessen des Prüfers abhängen. Auch bezüglich der Frage, ob die statischen Berechnungen für ein Bauwerk korrekt sind, möchte man selbstverständlich nicht, dass dies zu einer Ermessensfrage für den Prüfstatiker wird.

Haben Sie jemals in der Schule einen Deutschaufsatz zurückbekommen, unter den der Lehrer das schlimme Urteil „Thema verfehlt" geschrieben hatte? Es ging dabei offensichtlich um die Frage, wie das gestellte Aufsatzthema zu interpretieren sei, und auf diese Frage haben der Schüler und der Lehrer offensichtlich unterschiedliche Antworten gegeben. In einem solchen Fall muss eine der drei folgenden Situationen vorgelegen haben: (1) Das Thema war so unscharf formuliert, dass mehrere Interpretationen möglich waren. In diesem Fall handelte es sich bei der Interpretation des Themas um eine Ermessensfrage. In den Fällen (2) und (3) war das Thema so eindeutig formuliert, dass nur eine einzige Interpretation sinnvoll war. Es konnte nun der Fall (2) vorliegen, dass der Interpretationsfehler beim Lehrer lag, der den Schüler zu Unrecht kritisierte. (3) Es konnte aber auch sein, dass der Schüler tatsächlich das Thema falsch interpretiert hatte.

Es gibt viele Bereiche, in denen man daran interessiert ist, dass gegebene Texte nur auf eine einzige sinnvolle Weise interpretiert werden können. In diesen Fällen darf die Interpretation also keine Ermessensfrage sein. Hierzu gehören insbesondere die Anweisungen, mit denen ein Computerbenutzer mit der Maschine kommuniziert. Hier darf es keinerlei Ermessensspielräume geben, und dies wird dadurch erreicht, dass man bei der Kommunikation sogenannte formale Sprachen benutzt.

Spiele, bei denen man nicht denken muss

Die Spiele, welche ich hier behandeln will, sind dadurch gekennzeichnet, dass es endliche Repertoires von Elementen gibt, die man durch bloßes Hinschauen leicht erkennen und unterscheiden kann. Die Spielregeln schreiben vor, welche Kombinationen aus solchen Elementen als Anfangssituationen des Spieles zulässig sind und durch welche Schritte man von einer Anfangssituation über Zwischensituationen zur Endsituation des Spieles gelangt. Ein einfaches Beispiel für ein solches endliches Repertoire von Spielelementen sind die 32 Schachfiguren, von denen 16 weiß und 16 schwarz sind. Es gibt nur eine einzige Form für die Anfangssituation, denn die Schachfiguren müssen in einer ganz bestimmten Weise auf die Felder des Schachbretts gestellt werden. Die Regeln schreiben vor, dass abwechselnd der eine und dann der andere Spieler die Situation auf dem Schachbrett verändern darf, wobei nur ganz bestimmte Bewegungen von Figuren zugelassen sind. Andere Beispiele für Spiele unserer Art sind die Kartenspiele. Denken Sie an das Repertoire der 32 Skatkarten. Hier ist die Anfangssituation dadurch gekennzeichnet, dass zwei Karten des Repertoires zufällig und für alle Spieler verborgen ausgewählt und als sogenannter Skat verdeckt auf den Tisch gelegt werden und dass die anderen 30 Karten in einem Zufallsverfahren gleichmäßig auf die drei Spieler verteilt werden. Zu Beginn des Spiels hat also jeder Spieler zehn Karten in der Hand.

„Na hören Sie mal", werden Sie nun vielleicht einwenden, „bei diesen Spielen gibt es doch riesige Ermessensspielräume, denn der einzelne Spieler hat in jedem Spielschritt eine Entscheidung zu fällen, die ihm nicht eindeutig vorgeschrieben ist. Wenn er die Entscheidungen günstig fällt, kann er das Spiel gewinnen; wenn er sie ungünstig fällt, wird er es verlieren." Da muss ich Sie allerdings darauf hinweisen, dass ich an keiner Stelle verlangt habe, dass jeder Schritt im Spiel eindeutig festgelegt sein muss. Ich habe lediglich verlangt, dass bezüglich der Frage, ob die Regeln des Spiels eingehalten wurden oder nicht, keine Ermessensspielräume vorhanden sind. So ist beispielsweise die Regel, dass ein Schachspieler, der am Zug ist, nur eine einzige seiner Figuren nach bestimmten Regeln bewegen darf, eine formale Regel, deren Einhaltung ohne Ermessensentscheidungen überprüfbar ist. Welche Figur er tatsächlich für seinen Schritt nimmt und welchen der erlaubten Züge er mit dieser Figur macht, wird durch keine Regel vorgeschrieben. Also hat er formal korrekt gehandelt, wenn er irgendeine seiner Figuren, die in der aktuellen Stellung überhaupt bewegbar ist, regelkonform bewegt.

Skat oder Schach oder sonst ein interessantes Spiel spielen die Menschen nur in ganz seltenen Fällen mit dem Ziel, Geld zu gewinnen. Meistens dient das Spiel als eine angenehme Art des Zeitvertreibs. Ich möchte Sie an dieser Stelle aber daran erinnern, dass ich bereits im Kapitel über die Mathematik von mathematischen Spielchen geredet habe. Deren Zweck war es keineswegs, sich die Zeit zu vertreiben oder Geld zu gewinnen. Sie hatten vielmehr den Zweck, Einsichten zu liefern. Die nun behandelten Spiele haben den Zweck, Antworten auf Fragen zu liefern. Um welche Art von Fragen es sich dabei handelt, will ich Ihnen aber jetzt noch nicht verraten. Vielmehr stelle ich Ihnen nun ein einfaches Spiel vor, und erst anschließend werde ich Ihnen zeigen, dass man damit tatsächlich Antworten auf bestimmte Fragen erhält.

In Abbildung 4.1 sehen Sie einen Tisch, auf dem neun rechteckige Spielsteine in einer bestimmten Anordnung liegen. Bei fünf dieser Spielsteine ist die nach oben zeigende Fläche schwarz, bei den

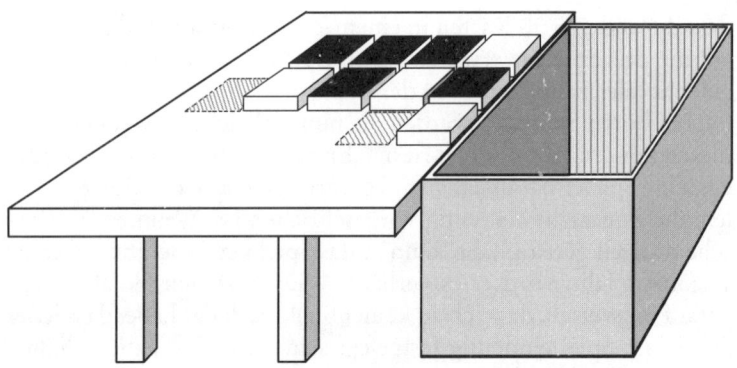

4.1 Eine Anfangssituation für unser Spiel.

anderen vier ist sie weiß. Rechts neben dem Tisch steht eine Kiste, mit acht weiteren derartige Spielsteinen, von denen drei schwarz und fünf weiß sind. Auf dem Tisch sind zwei Rechteckflächen markiert, auf die man im Laufe des Spiels Spielsteine legen darf. Die gezeigte Situation ist eine zulässige Anfangssituation des Spiels.

Wir stellen uns vor, dass vor Spielbeginn der Tisch leer ist und alle Spielsteine – acht schwarze und neun weiße – ungeordnet in der Kiste liegen. Eine Anfangssituation stellt man nun dadurch her, dass man in die untere rechte Position auf dem Tisch einen weißen Spielstein legt und darüber zwei Reihen mit je vier Spielsteinen in beliebiger Schwarz-Weiß-Kombination. Mögliche Anfangssituationen sind also auch die beiden Sonderfälle, wo die acht Spielsteine in den beiden Viererreihen alle die gleiche Farbe haben, also entweder alle schwarz oder alle weiß sind. Insgesamt gibt es $256 = 2^8$ unterschiedliche mögliche Anfangssituationen. Denn wir haben für acht Spielsteinpositionen jeweils die Wahl zwischen weiß und schwarz, und nur bei der neunten Position besteht der Zwang, einen weißen Stein hinzulegen.

Nachdem wir einmal eine bestimmte Anfangssituation hergestellt haben, liegen sämtliche Spielschritte genau fest, d. h., im Verlauf des Spiels müssen wir an keiner Stelle eine Wahl treffen. Der Verlauf des Spiels wird durch die Regeln in Abbildung 4.2 festgelegt. Wir müssen schauen, welches Schwarz-Weiß-Muster die drei

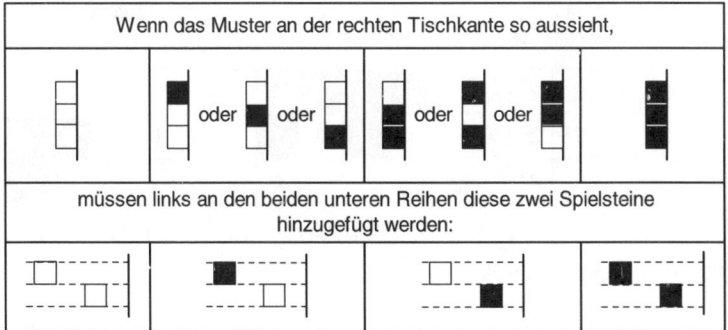

4.2 Regeln für einen Spielschritt.

Bausteine bilden, die an der rechten Tischkante liegen. Dieses Muster entscheidet, welche Farbe die beiden Bausteine haben müssen, die wir nun aus der Kiste holen und auf die beiden freien markierten Plätze legen. Dann liegen insgesamt elf Spielsteine auf dem Tisch. Nun schieben wir alle Steine auf dem Tisch um eine Steinbreite nach rechts. Dabei fallen die drei Steine, die an der rechten Tischkante lagen, in die Kiste. Damit ist die Situation für den nächsten Spielschritt geschaffen, denn nun liegt ein neues Schwarz-Weiß-Muster aus drei Spielsteinen am rechten Tischrand. Wenn wir die Abbildung 4.2 insgesamt viermal angewandt haben, wobei jedes Mal drei Steine in die Kiste gefallen sind, gibt es am rechten Tischrand kein Muster aus drei Spielsteinen mehr, denn dann sind alle vier Spielsteine, die in der Anfangssituation in der oberen Reihe lagen, in der Kiste verschwunden. Damit ist die Endsituation des Spiels erreicht.

Sicher hatten Sie keine Mühe, die Regeln dieses Spieles zu verstehen, sodass Sie nun in der Lage wären, dieses Spiel zu spielen. Aber als Spiel für den reinen Zeitvertreib ist es eigentlich viel zu uninteressant. Deshalb ist jetzt der Zeitpunkt gekommen, Ihnen zu erklären, was der Zweck dieses Spieles ist und wie ich von diesem Zweck zu den Spielregeln gekommen bin. Betrachten Sie hierzu die Abbildung 4.3. Links im Bild sind die elf Positionen schematisch dargestellt, auf denen Spielsteine liegen können. Die neun Positionen für die Anfangssituation sind mit Zweierpoten-

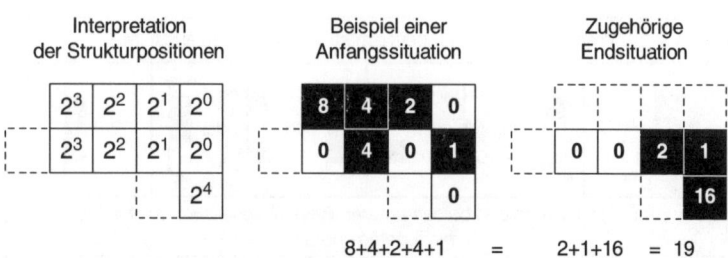

Interpretation der Strukturpositionen	Beispiel einer Anfangssituation	Zugehörige Endsituation

$8+4+2+4+1$ = $2+1+16$ = 19

4.3   Interpretation unseres Spiels.

zen beschriftet, was bedeuten soll, dass ein schwarzer Spielstein auf einem solchen Feld jeweils dieses Zahlengewicht haben soll.

In der Mitte von Abbildung 4.3 ist noch einmal die Anfangssituation dargestellt, die Sie schon aus Abbildung 4.1 kennen. Die Summe der Gewichte aller fünf schwarzen Spielsteine ergibt den Wert 19. Rechts daneben ist die Endsituation dargestellt, zu der man aus der Anfangssituation über die vorgeschriebenen Spielschritte gelangt. Überraschenderweise ist auch hier die Summe der Gewichte der vorkommenden schwarzen Spielsteine wieder gleich 19. Der Zweck des Spieles scheint also die formale Realisierung einer arithmetischen Verknüpfung zu sein.

Durch welche Überlegungen ich zu den Spielregeln gekommen bin, kann ich Ihnen am besten anhand von Abbildung 4.4 erläutern. In der oberen Hälfte des Bildes habe ich unser gewohntes Vorgehen bei der Addition zweier vierstelliger Dezimalstellen in Form eines bestimmten Schemas dargestellt. Es sollen die beiden Zahlen 3 926 und 6 348 addiert werden. Hierzu schreiben wir diese Zahlen positionsgerecht untereinander und beginnen die Addition mit der rechts äußersten Position. 6+8 gibt 14. Von dieser 14 gehört die 4 bereits zur Summenzahl, wogegen die 1 als Übertrag an der Addition in der linken Nachbarposition teilnimmt. Wir fahren nach links schreitend fort: „2+4+1 gibt 7, schreibe 7, übertrage 0; 9+3+0 gibt 12, schreibe 2, übertrage 1; 3+6+1 gibt 10, schreibe 10." Wir haben also als Endergebnis die Zahl 10 274 erhalten.

Und nun sehen Sie sich bitte die Struktur in der unteren Bildhälfte an, die ja auf den ersten Blick genauso aussieht wie die

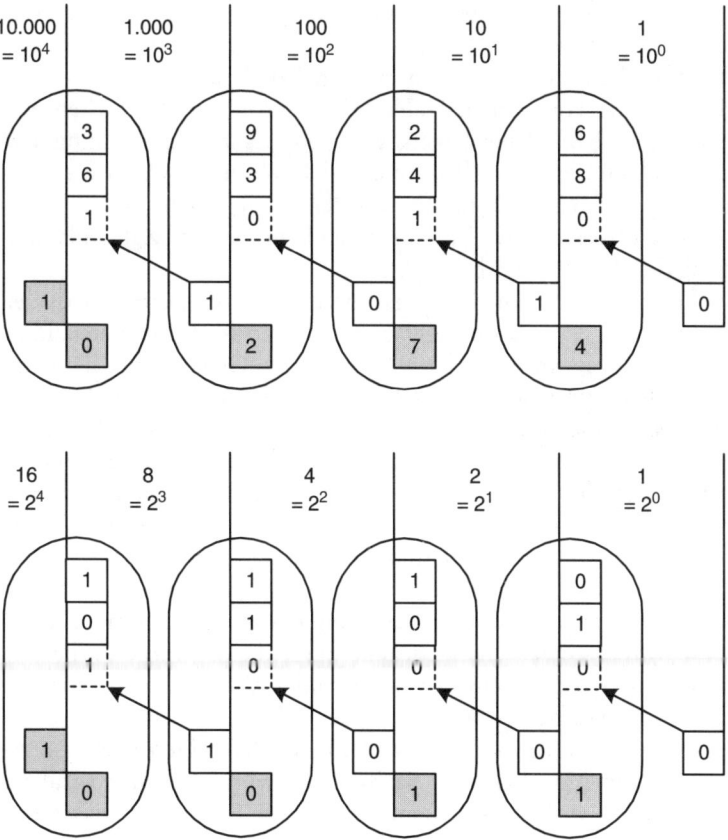

4.4 Strukturgleichheit der Addition trotz unterschiedlicher Zahlenbasis.

Struktur in der oberen Hälfte. Lediglich die Beschriftungen sind ein wenig anders. Während wir uns oben mit sogenannten Dezimalzahlen befassen, befassen wir uns nun unten mit sogenannten Dualzahlen. Die Bezeichnung Dezimalzahl weist darauf hin, dass die Stellengewichte immer Potenzen von 10 sind. Ganz rechts stehen die Einer, links daneben die Zehner, dann kommen die Hunderter, dann die Tausender usw. Unten ist lediglich die Basis der Gewichtspotenzen geändert, die Exponenten sind gleich geblieben: Das rechte Gewicht ist immer noch 1, aber dann erhöhen sich die Gewichte schrittweise nach links nicht mehr jeweils um den Faktor 10 sondern nur noch um den Faktor 2. Während wir zur Darstellung von Dezimalzahlen die zehn unterschiedlichen Ziffern 0, 1, 2 bis 9 benötigen, genügen uns zur Darstellung von Dualzahlen die beiden Ziffern 0 und 1. Wenn wir weder die Basis 10 noch die Basis 2 benutzen würden, sondern eine andere ganzzahlige positive Basis B, dann bräuchten wir zur Zahlendarstellung die Ziffern 0,1,2 bis (B-1).

Vermutlich haben Sie längst erkannt, dass die in den ovalen Umrandungen zusammengefassten Muster der Dualzahlenaddition den Regeln in Abbildung 4.2 genügen. Genauso bin ich nämlich selbst zur Abbildung 4.2 gelangt: Ich habe mir die Struktur der Dualzahlenaddition aufgezeichnet und habe mir dabei überlegt, auf wieviel unterschiedliche Arten die drei senkrecht übereinanderliegenden Quadrate mit Nullen und Einsen belegt sein können. So erhielt ich die acht unterschiedlichen Fälle, die oben in Abbildung 4.2 dargestellt sind. Um Sie nicht von vornherein auf die Fährte zu setzen, dass es sich hier möglicherweise um arithmetische Vorgänge handelt, habe ich die Bausteine nicht mit 0 und 1 beschriftet, sondern habe anstelle der 1 die schwarze Farbe und anstelle der 0 die weiße Farbe gewählt. Wenn wir diese formale Dualzahlenaddition mit technischen Mitteln in einer Maschine realisieren, können wir frei wählen, welche beiden leicht unterscheidbaren physikalischen Sachverhalte wir anstelle der 0 und der 1 benutzen wollen. So entsprach bei den Lochkartenmaschinen aus der Frühzeit der Computertechnik ein Loch einer 1 und ein Nichtloch einer 0.

Anhand von Abbildung 4.4 sehen Sie selbstverständlich sofort, dass unser Spiel nicht auf 4 Stellen beschränkt bleiben muss, sondern dass man die Struktur nach links in gleicher Weise fortsetzen kann. Mit den Regeln in Abbildung 4.2 können wir also auch Additionen sehr viel längerer Dualzahlen formal durchführen.

Wir können jedes formale Spiel, nicht nur das gezeigte für die Addition, als Berechnungsvorschrift für eine Funktion betrachten, wobei die Anfangssituation des Spiels das Argument und die Endsituation das Ergebnis der Funktion darstellen. Ich könnte Ihnen nun auch die Spielchen zeigen, die uns die Ergebnisse der Subtraktion, der Multiplikation oder der Division liefern. Aber grundsätzlich Neues würden Sie dabei nicht mehr lernen. Die Mathematiker und Informatiker reden übrigens immer von einem *Algorithmus*, wenn sie die Regeln eines Spiels meinen, das den Wert einer Funktion liefert. Das Wort *Algorithmus* soll aus dem Namen des arabischen Mathematikers Al-Hwarizmi gebildet worden sein. Es ist der gleiche Mann, der über das Wort al-gabr im Titel einer seiner Schriften auch den Anlass zur Bildung des Wortes Algebra gab. Obwohl sich die beiden Wörter Algorithmus und Logarithmus (s. Abbildung 2.2) nur in der Reihenfolge der ersten vier Buchstaben unterscheiden, haben sie inhaltlich nichts miteinander zu tun.

Wie man logisches Denken durch Mustererkennung ersetzen kann

Ob ich sage, ein formales Spiel habe den Zweck, das Ergebnis einer Funktion zu einem vorgegebenen Eingangswert zu liefern, oder ob ich sage, ein formales Spiel habe den Zweck, eine bestimmte Frage zu beantworten, ist gleichwertig, d. h., in beiden Fällen ist meine Aussage korrekt. So liefert beispielsweise unser Additionsspiel in Abbildung 4.1 das Ergebnis der Addition der beiden in der Anfangssituation vorgegebenen Summanden. Das Spiel beantwortet deshalb auch die Frage, welchen Wert die Summe dieser beiden Zahlen hat. Im Folgenden interessieren wir uns nun für Fragen, zu denen die Antwort nur „ja" oder „nein" lauten kann. Man nennt solche Fragen auch „Binärfragen", weil es auf sie nur zwei mögliche Antworten gibt. Ganz wichtige Arten von Binärfragen sind solche, bei denen gefragt wird, ob ein gegebener Beweis eines mathematischen Satzes korrekt sei, oder ob eine mathematische Gleichheit erfüllt sei, oder ob ein sprachlicher Ausdruck grammatisch korrekt sei.

Der Gegenstand der spielerisch zu beantwortenden Binärfrage muss in der Anfangssituation des jeweiligen Spiels eindeutig festgelegt sein. Die Spielschritte müssen dann zu einem Endzustand führen, dem man ansehen kann, ob er als „ja" oder als „nein" zu deuten ist. Wenn in der Anfangssituation eines Spiels ein Beweis eines mathematischen Satzes oder ein auf grammatische Korrektheit zu prüfender sprachlicher Ausdruck enthalten sein soll, muss man aus den Spielsteinen Formeln oder Texte aufbauen können. Da wird ein Repertoire aus nur zwei Sorten von Spielsteinen, beispielsweise schwarze und weiße, selbstverständlich nicht mehr genügen. Die erforderlichen Arten von Spielsteinen können wir nur finden, indem wir den Aufbau von Texten und Formeln analysieren.

Man weiß, dass schon der griechische Philosoph Aristoteles (um 340 v. Chr.) auf die Idee kam, dass man in allen Texten zwischen faktischen und logischen Bestandteilen unterscheiden könne. Deshalb wird Aristoteles auch der Begründer der formalen Logik genannt. Was mit der Unterscheidung zwischen Faktischem und Logischem gemeint ist, erkläre ich Ihnen anhand von Abbildung 4.5. In der dargestellten grafischen Struktur kommen graue und weiße beschriftete Rechteckfelder vor. Die grauen Felder muss man sich durch zwei beliebige Aussagen a und b belegt denken, von denen vorausgesetzt wird, dass sie jeweils eindeutig wahr oder falsch sind. Die Aussage a könnte beispielsweise lauten: „Goethe ist in Weimar gestorben." Die Aussage b könnte lauten: „Schiller wurde in Weimar beerdigt." Ob diese beiden Aussagen wahr sind oder nicht, kann nicht durch logische Überlegungen

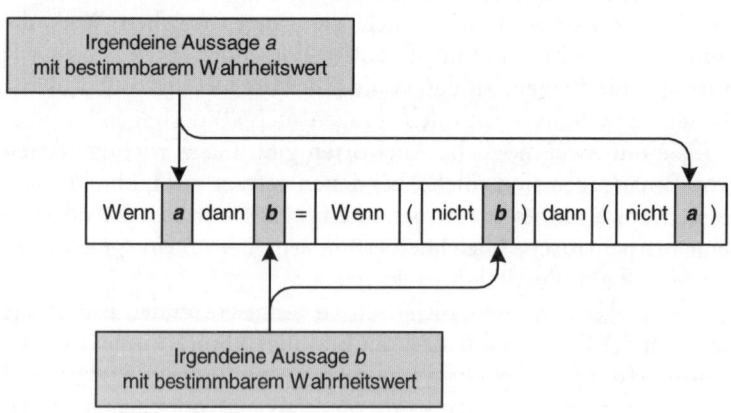

4.5 Beispiel einer aussagenlogischen Formel.

entschieden werden. Vielmehr handelt es sich hier um Aussagen über Vorgänge in der sogenannten realen Welt, worin zu bestimmten Zeitpunkten an bestimmten Orten beobachtbare Ereignisse stattfinden.

Das Faktische umfasst alles, was sich auf solche Ereignisse bezieht. In diesem Sinne sind also Wörter wie Baum, Hund, rot, nass, trinken oder sterben faktische Wörter. Nun schauen wir uns in Abbildung 4.5 die aus Spielsteinen aufgebaute Gleichung an. Die meisten Spielsteine in dieser Gleichung sind weiß, was bedeutet, dass es sich hier nicht um faktische, sondern um logische Satzbestandteile handelt. An dieser Stelle erinnern Sie sich hoffentlich noch an das, was ich Ihnen im zweiten Kapitel zu den Gleichungen gesagt habe: Links und rechts vom Gleichheitszeichen wird mit unterschiedlichen sprachlichen Strukturen das gleiche Individuum identifiziert. Im Falle unserer Gleichung in Abbildung 4.5 wird es Ihnen möglicherweise schwer fallen, dieses auf beiden Seiten identifizierte Individuum anzugeben. Es handelt sich hier wieder einmal um eine kleine Steilwand, die kaum jemand ohne Bergführer überwinden kann. Das Individuum, um das es in dieser Gleichung geht, ist das Interpretationsergebnis eines Satzes, also die Bedeutung der beiden Texte, die links und rechts vom Gleichheitszeichen stehen. Das Gleichheitszeichen besagt, dass jemand, der den linken Satz gesagt hat, an dessen Stelle auch den rechten Satz hätte sagen können.

Die vielen Aufsätze, die Sie im Deutschunterricht in der Schule schreiben mussten, sollten unter anderem auch dazu dienen, Ihnen die Vielfalt an Möglichkeiten vorzuführen, wie man einen bestimmten Sachverhalt ausdrücken kann. Deshalb werden Sie sich nicht wundern, dass man zwischen den Aussagen von Sätzen ein Gleichheitszeichen setzen kann. Wenn wir unsere willkürlich gewählten Beispiele für die Aussagen a und b in die Gleichung einsetzen, erhalten wir links die Behauptung: „Wenn Goethe in Weimar gestorben ist, dann wurde Schiller in Weimar beerdigt." Die Gleichung sagt nun, dass wir anstelle dieses Satzes auch hätten sagen dürfen: „Wenn Schiller nicht in Weimar beerdigt wurde, dann ist Goethe nicht in Weimar gestorben." Nun werden Sie mit Recht sagen, dies sei doch alles Quatsch, denn der Ort, wo Schiller beerdigt wurde, stehe doch in keinem kausalen Zusammenhang mit dem Ort, wo Goethe gestorben sei. Dem muss ich entgegen halten, dass ich ja nicht behauptet habe, dass eine solche Kausalbeziehung zwischen dem Sterbeort von Goethe und dem Beerdigungsort von Schiller bestehe. Meine Gleichung besagt lediglich, dass die links vom Gleichheitszeichen stehende Behauptung inhaltsgleich ersetzt werden könne durch die rechts vom Gleichheitszeichen stehende Behauptung. Wenn Sie also meinen – und ich meine das auch –, dass die linke Behauptung Quatsch sei, dann besagt die Gleichung nur, dass auf der rechten Seite der gleiche Quatsch in etwas anderer Formulierung steht.

In meiner bisherigen Argumentation habe ich mein Wissen benutzt, dass die in Abbildung 4.5 dargestellte Gleichung korrekt ist. Dies habe ich Ihnen aber bisher noch nicht bewiesen. Eine aussagenlogische Gleichung kann nur endlich viele Variablen enthalten, die jeweils mit Aussagen belegt werden können. Ob die beiden Satzkonstruktionen auf der linken und der rechten Seite des Gleichheitszeichens jeweils wahr oder falsch sind, hängt davon ab, ob die anstelle der Variablen eingesetzten Aussagen wahr oder falsch sind. Man sagt: „Der Wahrheitswert der beiden Aussagen links und rechts vom Gleichheitszeichen hängt funktional von den Wahrheitswerten der eingesetzten Aussagen ab." Da es für jede Aussagenvariable nur zwei mögliche Wahrheitswerte gibt, ist auch die Anzahl der möglichen Wahrheitswertkombinationen der entsprechenden Tupel endlich. In Abbildung 4.5 haben wir zwei Variable a und b, und für das Aussagenpaar (a, b) gibt es die vier möglichen Wahrheitswertkombinationen, die links oben in Abbildung 4.6 aufgelistet sind. Man muss nun einfach prüfen, ob sich in jedem Falle für die beiden Aussagen links und rechts vom Gleichheitszeichen jeweils der gleiche Wahrheitswert ergibt, wenn man nacheinander die verschiedenen Wahrheitswerttupel einsetzt.

Wir betrachten zuerst die Aussage auf der linken Seite der Gleichung; zu ihr gehört die linke Hälfte von Abbildung 4.6. Sie sehen, dass nur für einen der vier möglichen Fälle die linke Gleichungsseite eine falsche Aussage darstellt, nämlich genau dann, wenn die Aussage a wahr ist und die Aussage b falsch ist.

Stellen Sie sich vor, ich würde zu meinem Sohn sagen: „Falls ich am nächsten Sonntag mehr als 20 000 € im Lotto gewinne, schenke ich dir das lange gewünschte Auto." Es gibt nur einen einzigen

Wahrheitswerte für die linke Seite der Gleichung		Wahrheitswerte für die rechte Seite der Gleichung	
a	*b*	(nicht *b*)	(nicht *a*)
falsch	falsch	wahr	wahr
falsch	wahr	falsch	wahr
wahr	falsch	wahr	falsch
wahr	wahr	falsch	falsch
wahr		wahr	
falsch		falsch	
wahr		wahr	
wahr		wahr	
Wenn *a* **dann** *b*		**Wenn** (nicht *b*) **dann** (nicht *a*)	

Gleichheit des jeweiligen Wahrheitswertmusters

4.6 Beweis der Korrektheit der Gleichung in Abbildung 4.5.

Fall, wo diese Aussage als Lüge bezeichnet werden muss, nämlich genau dann, wenn ich tatsächlich im Lotto mehr als 20 000 € gewinne und dann aber doch meinem Sohn das Auto nicht schenke. Die ersten beiden Zeilen links in Abbildung 4.6 gehören in unserem Beispiel zu dem Fall, dass ich leider keinen ausreichend großen Lottogewinn gemacht habe. In der ersten Zeile bekommt mein Sohn dann auch kein Auto, aber in der zweiten Zeile bekommt er das Auto auch ohne Lottogewinn. Ich habe in diesem Falle natürlich nicht gelogen, denn wenn ich ihm das Auto für den Fall des Lottogewinns verspreche, habe ich ja gar nichts darüber ausgesagt, was ich machen werde, falls ich nicht im Lotto gewinne.

Nun betrachten wir die rechte Seite unserer Gleichung, zu der die rechte Hälfte von Abbildung 4.6 gehört. Hier finden wir die Werte für das Wahrheitswertepaar (nicht b, nicht a). In der ersten Zeile, wo für (a, b) die Belegung (falsch, falsch) gilt, ist entsprechend das Paar (nicht b, nicht a) mit (wahr, wahr) belegt. Da nun bereits in der linken Hälfte von Abbildung 4.6 festgelegt ist, wie der Wahrheitswert der „Wenn-dann-Aussage" von der jeweiligen Tupelbelegung abhängt, können wir die Zeilen der rechten Seite durch Kopieren der entsprechenden Zeilen der linken Seite gewinnen. Dass tatsächlich für die linke Gleichungsseite die gleiche Wahrheitswertabhängigkeit gilt wie für die rechte Seite, erkennen wir durch Vergleich der beiden jeweiligen Spaltenmuster. Für unseren formalen Beweis, dass die gegebene Gleichung im Abbildung 4.5 korrekt ist, brauchten wir also offensichtlich überhaupt keine konkreten Aussagen a und b zu betrachten.

Durch meine Wahl der Schattierung der Felder für „wahr" und „falsch" in Abbildung 4.6 habe ich eine Brücke zu unserem Spiel aus Abbildung 4.1 gebaut. Dort hatten wir ja nur zwei Sorten von Spielsteinen, die weißen und die schwarzen, und nun haben wir in Abbildung 4.6 wieder nur zwei Arten von Spielsteinen, die weißen und die grauen. In gleicher Weise, wie wir beim Spiel in Abbildung 4.1 nicht zu wissen brauchten, dass wir einen weißen Spielstein als Ziffer „0" und einen schwarzen Spielstein als Ziffer „1" interpretieren, brauchen wir bei einem entsprechenden Spiel zur Abbildung 4.6 auch nicht zu wissen, dass ein weißer Stein für den Wahrheitswert „falsch" und ein grauer Stein für den Wahrheitswert „wahr" steht. Die reinen grafischen Muster kann auch jemand erkennen, der überhaupt nicht weiß, was die Bedeutung hinter den Spielregeln ist.

In Abbildung 4.7 habe ich neben der „Wenn-dann-Beziehung" noch einige weitere aussagenlogische Beziehungen dargestellt, die sich auch wieder durch entsprechende Weiß-Grau-Muster auszeichnen. Im Kapitel 14 über die Informationstechnik werden wir auf die Muster in Abbildung 4.7 wieder zurückkommen, denn auf diesen beruht die Arbeitsweise aller heute existierenden Computer.

Die Aussagenlogik in ihrer heutigen strengen Form wurde von dem englischen Mathematiker George Boole (1815–1864) unge-

Wahrheitswerte der Funktionsargumente		Ergebnisse der zweistelligen Wahrheitswertfunktionen w(a, b)				
a	b	Wenn a dann b	a und b	Entweder a oder b	a und/ oder b	Weder a noch b
falsch	falsch	wahr	falsch	falsch	falsch	wahr
falsch	wahr	wahr	falsch	wahr	wahr	falsch
wahr	falsch	falsch	falsch	wahr	wahr	falsch
wahr	wahr	wahr	wahr	falsch	wahr	falsch

4.7 Beispiele zweistelliger Wahrheitswertfunktionen.

fähr um das Jahr 1850 formuliert. Man hat aber bald danach erkannt, dass die Aussagenlogik längst noch nicht den gesamten Bereich der Möglichkeiten abdeckt, logische Strukturen zu formalisieren. Ungefähr um das Jahr 1900 gelang den Mathematikern ein weiterer wesentlicher Schritt. Hierzu hat in besonderem Maße der deutsche Mathematiker Gottlob Frege (1848–1925) beigetragen. Während man bei der Aussagenlogik nicht in das Innere der Aussagen hineinschaut, sondern nur danach fragt, ob eine Aussage wahr oder falsch ist, hat man sich nun gefragt, welche logischen Strukturen innerhalb der Aussagen zu finden sind.

Aus dem Deutschunterricht der Schule kennen Sie die Begriffe Subjekt, Prädikat und Objekt für bestimmte Bestandteile eines Satzes. Subjekte und Objekte sind Individuen, die in einem bestimmten Verhältnis zueinander stehen, welches durch das Prädikat beschrieben wird. Ein besonders unangenehmes Verhältnis wird beispielsweise durch den Satz ausgedrückt: „Kain erschlug seinen Bruder Abel." Während wir bei der Aussagenlogik die Variablen als Platzhalter für Aussagen betrachtet haben, werden wir nun Variable als Platzhalter für Individuen und Prädikate einführen. Mit Individuenvariablen geschrieben lautet dann der vorherige Satz: „x erschlug y". Wenn wir auch noch das Prädikat durch eine Variable ersetzen, müssen wir irgendwie zum Ausdruck bringen, dass die drei Variablen nicht alle von der gleichen Sorte sind, denn zwei davon sind Individuenvariablen, und die dritte ist eine Prädikatsvariable. Also schreibt man P(x, y). Innerhalb der Klammer stehen die Individuenvariablen und vor der Klammer steht die Prädikatsvariable. Eine entsprechende Belegung für unser Beispiel hätte dann die Form

$$P(x, y) = erschlug(Kain, Abel).$$

Ich erinnere Sie an dieser Stelle daran, dass in einem Tupel die Reihenfolge der Einträge sehr wesentlich ist. So muss man wissen, wo wir in dem Individuenpaar (x, y) den Mörder und wo wir das Opfer positioniert haben. Es wäre deshalb viel zweckmäßiger gewesen, die Individuenvariablen nicht x und y zu nennen, sondern *Täter* und *Opfer*.

Der wesentliche Fortschritt beim Übergang von der Aussagenlogik zur sogenannten Prädikatenlogik bestand aber nicht darin, dass man nun Variablen für Prädikate und Individuen setzen konnte, sondern es musste noch ein weiteres Konzept hinzukommen. Dieses Konzept drückt sich in der Bezeichnung *Quantorenlogik* aus, die häufig an Stelle der Bezeichnung Prädikatenlogik verwendet wird. Der Begriff *Quantor* kommt von dem lateinischen Wort *quantus* (wie viel) und drückt aus, dass man nun Aussagen über den Umfang von Mengen macht. Man hat erkannt, dass man alles Wesentliche, was man in logischen Ausdrücken unter Bezug auf Quantitäten formulieren will, mit zwei elementaren Quantoren ausdrücken kann. Zum einen möchte man sagen: „Für alle Elemente des betrachteten Universums gilt...", und zum anderen möchte man sagen: „Es gibt mindestens ein Element im Universum, für welches gilt...". Als abkürzende Symbole für diese beiden Quantoren hat man die gespiegelten Anfangsbuchstaben der Wörter „Alle" bzw. „Eines" gewählt: ∀ und ∃. Diese Symbole haben sich, obwohl sie ursprünglich aus der deutschen Sprache abgeleitet wurden, weltweit durchgesetzt, weil sie auch die gespiegelten Anfangsbuchstaben der entsprechenden englischen Wörter „All" und „Existing" sind.

In Abbildung 4.8 habe ich ein Beispiel einer prädikatenlogischen Gleichung dargestellt. Was ich zu Abbildung 4.5 gesagt habe, gilt auch hier: Die Gleichheit, die hier behauptet wird, bezieht sich auf die Bedeutung der links und rechts vom Gleichheitszeichen stehenden Aussagen. Die in Abbildung 4.8 links vom

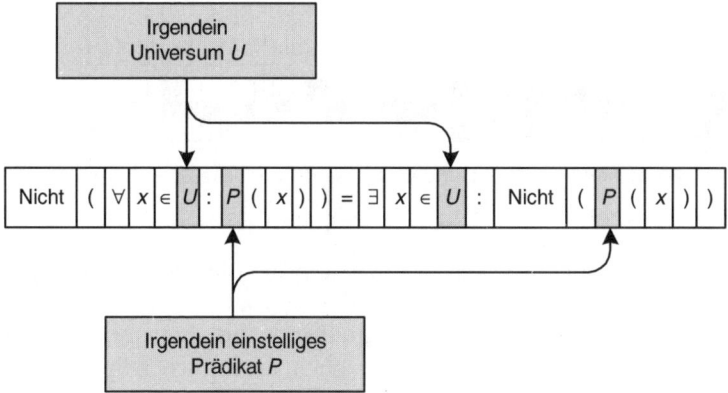

4.8 Beispiel einer prädikatenlogischen Formel.

Gleichheitszeichen stehende Aussage lautet in natürlicher Sprache: „Nicht alle Elemente des Universums U haben die Eigenschaft P." Und auf der rechten Seite des Gleichheitszeichens ist dieser Sachverhalt mit anderen Worten noch einmal ausgedrückt: „Es gibt mindestens ein Element im Universum U, welches nicht die Eigenschaft P hat."

Wenn Sie bedenken, dass es dreihundertseitige Bücher gibt, die sich ausschließlich mit formaler Logik befassen, dann werden Sie es mir wohl verzeihen, dass ich Ihnen hier nicht die Regeln für Spiele vorstelle, bei denen solche prädikatenlogischen Formeln als Spielsituationen auftreten. Ich will Ihnen aber wenigstens noch zeigen, dass man auch die prädikatenlogischen Formeln wieder in die Welt von Spielsteinen überführen kann, bei denen es nur Schwarz-Weiß-Muster gibt. Betrachten Sie hierzu die Abbildung 4.9. Oben in diesem Bild habe ich die Aussage dargestellt, dass alle Elemente des Universums U die Eigenschaft P haben. Darunter habe ich eine Folge von Spielsteinen dargestellt, bei denen jeder Spielstein ein Muster zeigt, welches durch eine bestimmte Schwarz-Weiß-Belegung der neun Unterquadrate eines 3×3-Quadrats gebildet wird. Wenn man bei jeder von neun Positionen jeweils die Wahl zwischen zwei Farben hat, kann man insgesamt $2^9=512$ unterschiedliche Muster erzeugen. Auch hier möchte ich

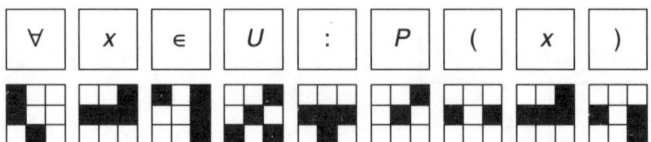

4.9 Menschenfreundliche und maschinenfreundliche Spielsteine.

noch einmal betonen, dass die Spielregeln völlig ohne Bezug zur
Interpretation der einzelnen Spielsituationen formuliert sein müssen und sich nur auf die unmittelbar wahrnehmbaren Muster
beziehen dürfen. Deshalb ist es möglich, die logischen Spiele auch
mit den schwarz-weiß-gemusterten Spielsteinen zu spielen. Ein
Mensch wird sich die Spielregeln allerdings nur dann leicht merken können, wenn er gleichzeitig die Interpretation vornehmen
kann. Für eine Maschine aber gibt es ohnehin nur die Muster und
keine Interpretation, sodass man für die Maschine Muster nimmt,
die sich mit technischen Mitteln leicht auseinanderhalten lassen.

Ohne die Prädikatenlogik wäre es nicht möglich, mathematische Beweise so formal darzustellen, dass mit einem formalen
Spiel die Frage beantwortet werden kann, ob der formulierte
Beweis korrekt ist. Wenn ein derart formal dargestellter Beweis
auf Korrektheit geprüft werden soll, darf keinerlei Interpretation
der Formulierung vorgenommen werden. Dies schaffen wir als
Menschen gar nicht. Wenn wir einen Beweis betrachten, der mit
mathematischer Symbolik hingeschrieben ist, sehen wir ihn nicht
bloß als Struktur irgendwelcher unterscheidbarer Spielsteine, sondern wir denken uns zwangsläufig die Interpretation hinzu. Dies
ist nun aber verboten, denn sonst wäre es kein formales Spiel. Deshalb müssen in einem formalen Beweis auch die Annahmen formuliert sein, die wir im Allgemeinen gar nicht hinschreiben, weil
wir sie für selbstverständlich halten. So nehmen wir beispielsweise immer an, dass jedermann wisse, was die natürlichen Zahlen
seien, denn wer nicht zählen kann, kommt als Leser eines mathematischen Beweises überhaupt nicht in Betracht. Nun ist aber
unser Wissen um die natürlichen Zahlen bereits etwas, was außerhalb des formalen Spiels liegt. Wenn wir also dieses Wissen in
das Spiel hineinbringen wollen, dann müssen wir es formalisie-

ren. Diese Formalisierung ist dem italienischen Mathematiker Giuseppe Peano (1858–1932) um das Jahr 1900 gelungen, und sie ist in Abbildung 4.10 dargestellt.

Herr Peano stand selbstverständlich nicht vor dem Problem, die natürlichen Zahlen zu erfinden, denn auch für ihn galt, was Leopold Kronecker gesagt hatte: „Die natürlichen Zahlen hat der liebe Gott gemacht." Das Problem bestand darin, etwas, was jeder normale Mensch selbstverständlich weiß, so zu formulieren, dass auch eine Maschine damit umgehen kann, ohne irgendwelche Vorstellungen von zählbaren Dingen zu haben. Unsere Vorstellung von einer Menge zählbarer Dinge ist unten rechts in Abbildung 4.10 grau schattiert dargestellt: Man fängt mit einem ersten Element an, dann kommt das zweite, dann das dritte usw., wobei die Kette auf der rechten Seite kein Ende hat.

Die in Abbildung 4.10 dargestellten fünf prädikatenlogischen Aussagen sind mathematische Sätze besonderer Art. Durch diese Sätze wird nämlich ein Universum geschaffen, und deshalb wäre es sinnlos zu verlangen, dass diese Sätze bewiesen werden müssen. Sie sind einfach wahr, weil der Schöpfer des betrachteten Universums es so wollte. Sätze dieser Art werden *Axiome* genannt. Durch das erste Axiom wird das Anfangselement unserer Kette geschaffen. Durch das zweite Axiom werden die Pfeile geschaffen, die wir zur Kettenbildung benötigen. Durch die Axiome 3, 4 und 5 werden bestimmte Pfeilverbindungen erzwungen bzw. verboten. Die Axiome 1 bis 4 sind recht leicht zu verstehen, wogegen das fünfte Axiom auf den ersten Blick völlig unverständlich erscheint. Die besondere Leistung des Herrn Peano liegt gerade darin, dass er dieses Axiom gefunden hat.

Während ich die Axiome 1 bis 4 bereits in Abbildung 4.10 in natürlicher Sprache kommentiert habe, fehlt ein solcher Kommentar bezüglich des Axioms 5. Da bereits die Axiome 1 bis 4 die Existenz der zu schaffenden und mit α beginnenden Kette erzwingen, muss das fünfte Axiom verbieten, dass es neben dieser Kette im Universum noch weitere Elemente gibt. Das fünfte Axiom ist deswegen so kompliziert, weil darin nicht nur über Individuen quantifiziert wird, sondern auch noch über Prädikate. Denn die Symbolfolge $\forall P$ lautet ja im Klartext: „Für alle Prädikate, die auf ein Element des aktuellen Universums zutreffen könnten, gilt...".

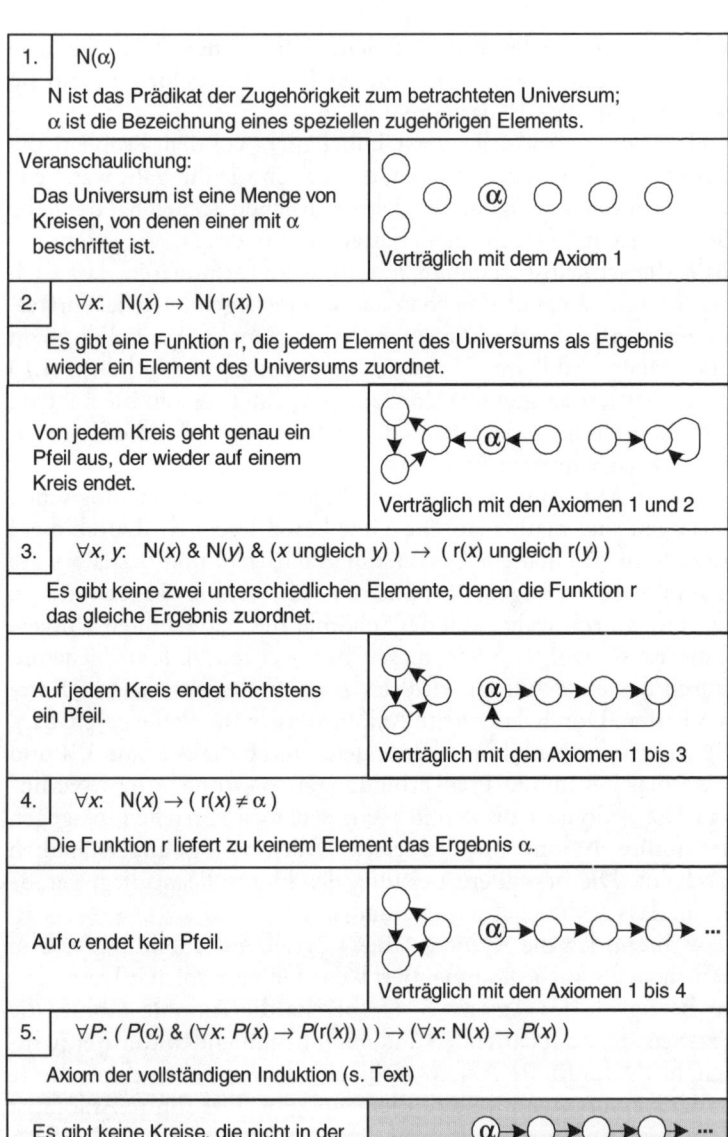

1. | N(α)

N ist das Prädikat der Zugehörigkeit zum betrachteten Universum; α ist die Bezeichnung eines speziellen zugehörigen Elements.

Veranschaulichung:

Das Universum ist eine Menge von Kreisen, von denen einer mit α beschriftet ist.

Verträglich mit dem Axiom 1

2. | $\forall x$: $N(x) \to N(r(x))$

Es gibt eine Funktion r, die jedem Element des Universums als Ergebnis wieder ein Element des Universums zuordnet.

Von jedem Kreis geht genau ein Pfeil aus, der wieder auf einem Kreis endet.

Verträglich mit den Axiomen 1 und 2

3. | $\forall x, y$: $N(x)$ & $N(y)$ & $(x$ ungleich $y)$ $\to$ $(r(x)$ ungleich $r(y))$

Es gibt keine zwei unterschiedlichen Elemente, denen die Funktion r das gleiche Ergebnis zuordnet.

Auf jedem Kreis endet höchstens ein Pfeil.

Verträglich mit den Axiomen 1 bis 3

4. | $\forall x$: $N(x) \to (r(x) \neq \alpha)$

Die Funktion r liefert zu keinem Element das Ergebnis α.

Auf α endet kein Pfeil.

Verträglich mit den Axiomen 1 bis 4

5. | $\forall P$: $(P(\alpha)$ & $(\forall x$: $P(x) \to P(r(x))))$ $\to$ $(\forall x$: $N(x) \to P(x))$

Axiom der vollständigen Induktion (s. Text)

Es gibt keine Kreise, die nicht in der mit α beginnenden Kette hängen.

Verträglich mit den Axiomen 1 bis 5

4.10   Die Axiome von Peano.

Dagegen steht die Symbolfolge ∀x für den Satzanfang „Für alle Elemente des betrachteten Universums gilt ...". Es wird Sie nicht wundern, dass sich die Kompliziertheit der Formel auch in ihrer natürlichsprachlichen Übersetzung wiederfindet:

Für jede beliebige Eigenschaft P, die ein Element unseres betrachteten Universums haben könnte, gilt:

Falls die beiden Bedingungen gelten,
dass α die Eigenschaft P hat und
dass jedes Element x, welches diese Eigenschaft
auch hat, sie auf seinen Nachfolger r(x) vererbt,
dann haben alle Elemente unseres betrachteten Universums
diese Eigenschaft P.

Das fünfte Axiom von Peano wird auch als „Axiom der vollständigen Induktion" bezeichnet. Die vollständige Induktion erlaubt es, von bestimmten Voraussetzungen auf Eigenschaften unendlich vieler Elemente zu schließen. Nehmen wir einmal an, α sei die Zahl 9 und es gelte r(x)=2x+3. Als Eigenschaft P(x) betrachten wir die ganzzahlige Teilbarkeit durch 3. Das Anfangsglied der Kette, also α=9, ist ganzzahlig durch 3 teilbar. Durch die Funktion r(x) wird garantiert, dass sich die ganzzahlige Teilbarkeit durch 3 von x auf seinen Nachfolger vererbt. Damit sind alle Glieder in unserer einseitig unbegrenzten Kette ohne Rest durch 3 teilbar.

Als *Kalküle* bezeichnet man formale Spiele, bei denen eine Axiomenmenge die Anfangssituation bildet. Egal um welches Universum es sich handelt, werden in den Axiomen die Individuen, die Funktionen und die Prädikate nur in Form von Bezeichnern eingeführt. Im Falle der Axiome von Peano wurden das Prädikat N, das Individuum (und die Funktion r(x) eingeführt. Man kann manchmal hören oder lesen, Peano habe die Axiome für das Universum der natürlichen Zahlen eingeführt. Wie Sie aber in Abbildung 4.11 sehen können, ergibt sich das Universum der natürlichen Zahlen nur durch eine ganz bestimmte Belegung der drei Variablen in den Peanoschen Axiomen; daneben gibt es aber noch unendlich viele andere mögliche Belegungen. Ich habe Ihnen in der rechten Spalte der Tabelle in Abbildung 4.11 ganz bewusst

N	natürliche Zahlen	positive ungerade Zahlen	Figuren aus Einheitsquadraten, die entweder quadratisch sind oder rechteckig mit dem Kantenverhältnis horizontal:vertikal = $(n+1):n$
α	1	1	□
	2	3	
	3	5	
	4	7	
	5	9	
	6	11	
r(x)	$x + 1$	$x + 2$	falls x quadratisch ist: das nach rechts um einen Streifen der Breite 1 vergrößerte x falls x rechteckig ist: das nach oben um einen Streifen der Höhe 1 vergrößerte x

4.11 Alternative Belegungen der Variablen in den Axiomen von Peano.

eine Belegung dargestellt, die in den Bereich der anschaulichen Figuren gehört und mit Zahlen wenig zu tun hat. Damit wollte ich deutlich machen, dass sich die Peanoschen Axiome zwar auf die Aufzählbarkeit beziehen, aber nichts darüber aussagen, was da aufgezählt wird.

In der Fachsprache nennt man das, was durch die Angabe einer endlichen Menge von Axiomen geschaffen wird, eine Theorie, und jede mögliche Belegung der in den Axiomen vorkommenden Variablen nennt man ein Modell für diese Theorie. So kann man also zu Abbildung 4.11 sagen, dass links in den grauen Feldern die Variablen der Theorie stehen, und dass daneben in jeder Spalte ein anderes Modell zu dieser Theorie angegeben ist. Von zwei unterschiedlichen Modellen, die zur selben Theorie gehören, sagt man, sie seien isomorph zueinander. Der griechische Wortstamm *morph* bedeutet Gestalt oder Struktur. Das deutsche Fremdwort *amorph* wird verwendet, um auszudrücken, etwas sei strukturlos. Die Vorsilbe *iso* wird immer verwendet, wenn eine Gleichheit ausgedrückt wird. So spricht man beispielsweise von *Isothermen*, wenn man Orte gleicher Temperatur meint, und von *Isobaren*, wenn man Orte gleichen Luftdrucks meint. *Isomorphie* bedeutet also strukturelle Gleichheit, und sie spielt in der Welt des Formalen eine wichtige Rolle. Wer sich durch die Welt des Formalen bewegt, ist immer auf der Suche nach Isomorphien.

So wie Peano das Konzept der Zählbarkeit durch Axiome formalisiert hat, haben andere Mathematiker erfolgreich versucht, die Begriffe der Geometrie durch Axiome zu formalisieren. Hier ist insbesondere der deutsche Mathematiker David Hilbert (1862–1943) zu nennen, dessen seltsame Aussage „Anstelle von Punkt, Gerade und Ebene kann man genauso gut Tisch, Stuhl und Bierseidel sagen" wir nun einordnen können. Hilbert wollte durch diesen Ausspruch betonen, dass die in den geometrischen Axiomen vorkommenden Bezeichnungen nur willkürlich gewählte Bezeichnungen für Variablen sind und keinerlei Bezug zu geometrischen Begriffen haben müssen. Eine Variable kann man „qq13" oder „Z28" oder „Hundefutter" nennen.

In Abbildung 4.12 habe ich einen kleinen Ausschnitt aus der Welt der axiomatischen Geometrie dargestellt. In den grau schattierten Feldern stehen wieder Variablen, die in den Axiomen vorkommen, in unserem Falle also U, P, G und g. In gleicher Weise, wie ich in Abbildung 4.11 unterschiedliche Möglichkeiten zur Belegung der Variablen in den Peanoschen Axiomen vorgeführt habe, zeige ich Ihnen in Abbildung 4.12 zwei Alternativen für die Belegung der ausgewählten Variablen aus den Axiomen der Geometrie. Die Möglichkeit, die Variablen der axiomatischen Geometrie auf unterschiedliche Arten zu belegen, führte zur Unterscheidung zwischen der sogenannten „euklidischen Geometrie" und anderen, sogenannten „nichteuklidischen Geometrien".

das Prädikat U(x)	x ist ein Element des Universums	
das Universum	alle Punkte einer Ebene	alle Punkte einer Kugeloberfläche
das Prädikat G(x)	x ist eine Gerade in der Ebene	x ist ein Groß-kreis auf der Kugeloberfläche
das Ergebnis der Funktion g(x, y) im Axiom $\forall x, y$: U(x) & U(y) & ($x \neq y$) $\rightarrow$ G(g(x, y))	die Gerade, die durch zwei unter-schiedliche Punkte de-finiert ist	der Großkreis, der durch zwei unterschiedliche Punkte defi-niert ist

4.12 Belegungsalternativen in der axiomatischen Geometrie.

Im Kapitel 3 habe ich Sie im Abschnitt über Geometrie auf das Problem hingewiesen, eine anschauliche und eindeutige Definition der Begriffe „Gerade" oder „Ebene" zu geben. Ich habe Ihnen dort aus dem Buch des Euklid den Satz zitiert: „Eine Ebene ist, welche zwischen den in ihr befindlichen geraden Linien auf einerlei Art liegt." In der axiomatischen Geometrie verzichtet man völlig auf den Versuch, unsere anschauliche Vorstellung einer Ebene in die Axiome zu packen. Es genügt, wenn unsere anschauliche Vorstellung als mögliche Belegung der Variablen der Axiome akzeptiert werden kann.

Umwege, die kürzer sind als der direkte Weg

Wenn jemand zu spät zu einer Verabredung kommt, kann es sein, dass er sich mit der Begründung entschuldigt, der direkte Weg sei ihm versperrt gewesen, deshalb habe er einen Umweg nehmen müssen. Wir sprechen im Alltag immer nur dann von Umwegen, wenn sie länger sind als der direkte Weg. In der formalen Welt

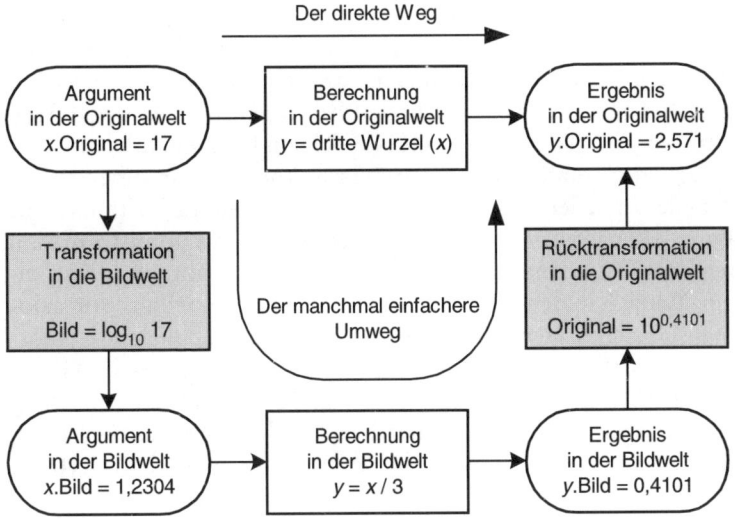

4.13 Bewegung in zwei Welten.

kann es aber vorkommen, dass der Umweg schneller zum Ziel führt als der direkte Weg.

Dies ergibt sich durch die Nutzung von Isomorphien. Wir betrachten hierzu das Beispiel in Abbildung 4.13. Der Ausgangspunkt unseres Weges ist die Zahl 17, und der Weg soll uns die dritte Wurzel aus 17 liefern. Wir sind also an unserem Ziel angekommen, wenn wir die Zahl 2,571 gefunden haben, denn $2{,}571^3 = 17$. Sie besitzen möglicherweise einen Taschenrechner, mit dem Sie sehr schnell die dritte Wurzel aus der Zahl 17 ziehen können. Also werden Sie überzeugt sein, damit immer den direkten Weg zu gehen. In Wirklichkeit aber gehen Sie bei der Benutzung Ihres Taschenrechners den Weg ja nicht selbst, sondern er wird innerhalb des Taschenrechners zurückgelegt. Und es ist keineswegs selbstverständlich, dass dieser den direkten Weg nimmt.

In meiner Gymnasialzeit gab es noch keine elektronischen Taschenrechner, dennoch mussten wir die dritte Wurzel aus 17 ziehen können. Der direkte Weg hätte darin bestanden, eine erste Lösung y_1 zu raten und zu prüfen, ob y_1^3 schon nahe genug an 17 herankommt. Andernfalls musste man eine nächste Näherung y_2 raten und diese wieder überprüfen usw., bis man bei einer befriedigenden Lösung angekommen war. Der Mathematiklehrer hat uns aber gezeigt, dass es in diesem Fall einen sehr viel eleganteren Umweg gibt. Jeder Schüler musste sich ein Büchlein mit dem Titel „Logarithmentafel" kaufen, und darin konnten wir anhand einer Tabelle zu jeder positiven reellen Zahl ihren Logarithmus zur Basis 10 nachschauen. Dieser Weg wurde als Transformation bezeichnet, und man sagte, die Transformation führe aus dem Originalbereich in den Bildbereich. Mit unserer Vorstellung von axiomatisch definierten Theorien und mehreren möglichen isomorphen Modellen können wir diesen Vorgang nun wie folgt erklären: Der direkte Weg spielt sich ausschließlich innerhalb eines Modells ab, wogegen der Umweg darin besteht, dass man aus dem einen Modell auf der Argumentseite in das andere Modell wechselt, dann dort die eigentliche Berechnung durchführt und anschließend auf der Ergebnisseite aus diesem Modell wieder zurück in das ursprüngliche Modell geht. In Abbildung 4.13 ist also der obere Weg von links nach rechts ein Weg in dem einen Modell, während unten von links nach rechts ein Weg im isomorphen Modell gegangen wird. Das Interessante dabei ist, dass man oben eine dritte Wurzel ziehen, unten dagegen nur durch 3 dividieren muss. Ob sich der Umweg lohnt, ist letztlich auch eine Frage des Aufwandes für die beiden in Abbildung 4.13 grau gezeichneten Transformationsschritte, welche jeweils vom einen Modell ins andere führen. Durch unsere Logarithmentafel war dieser Weg verhältnismäßig leicht zu beschreiten. Grundsätzlich können zwar solche Transformationsschritte aufwendig sein, aber wenn sie einmal gegangen und protokolliert wurden, erfordern sie anschließend weit weniger Aufwand. Irgendwer musste natürlich unsere Logarithmentafel berechnet haben, und das war ein gewaltiger Aufwand. Anschließend aber war es für uns überhaupt keiner mehr, in der Tabelle nachzuschauen.

Die in Abbildung 4.13 dargestellte Struktur ist unabhängig von der Frage, in welcher axiomatischen Welt man sich bewegt. Die Transformation unter Verwendung des Logarithmus bzw. der Potenzbildung ist ja nur ein Beispiel. Im Bereich anspruchsvollerer mathematischer Aufgaben gibt es sehr viele Transformationen, die mit einfachen Zahlenrechnungen überhaupt nichts mehr zu tun haben, für die aber dennoch der grundsätzliche Aufbau von Abbildung 4.13 gilt. Damit Sie wenigstens einmal die Namen von Transformationen gehört haben, die insbesondere in der Ingenieursmathematik eine große Rolle spielen, nenne ich sie, ohne sie Ihnen zu erklären: *Fourier-Transformation, Laplace-Transformation* und *Z-Transformation.*

Wie man durch einfache Schritte in vier- und mehrdimensionale Räume vorstoßen kann

Im Kapitel 8 werden wir uns mit der Behauptung von Albert Einstein auseinandersetzen, das Raum-Zeit-Kontinuum sei ein vierdimensionaler Raum. Wenn jemand zum ersten Mal so etwas hört, ist er meist recht hilflos, denn er kann sich überhaupt nicht vorstellen, was mit vier- oder mehrdimensionalen Räumen gemeint sein könnte. Er kennt nur den Raum, in dem er sich bewegt und sein Leben verbringt, wo es Satelliten gibt, die um die Erde kreisen, wo sich die Planeten um die Sonne bewegen und wo sich irgendwo die anderen Sterne befinden. Wir nennen diesen Raum heute ganz selbstverständlich unseren dreidimensionalen Raum. Diese Bezeichnung ist aber auch erst ein paar Hundert Jahre alt und hängt mit der Brücke zwischen der Zahlenwelt und der Welt der Geometrie zusammen.

In Abbildung 3.2 habe ich ein sogenanntes zweidimensionales Koordinatensystem dargestellt, wo jeder Punkt in der Ebene durch ein Zahlenpaar (x, y) festgelegt ist. Um einen Punkt im Raum festzulegen, benötigt man ein Zahlentripel. Meist wählt man ein Koordinatensystem, bei dem drei Achsen jeweils senkrecht aufeinanderstehen, wie dies in Abbildung 4.14 gezeigt ist. Wir betrachten hier eine Halbkugel und den Punkt auf ihrer Oberfläche, der die obere Ecke des grau schattierten Dreiecks bildet. Dieser Punkt hat vom Mittelpunkt der Kugel den Abstand r. Im Koordinatensystem mit den drei senkrecht aufeinanderstehenden Achsen wird dieser Punkt durch die drei Zahlenwerte (x_1, x_2, x_3) beschrieben. Und weil man eben hier drei Zahlen benötigt, um einen Punkt eindeutig zu identifizieren, spricht man vom dreidi-

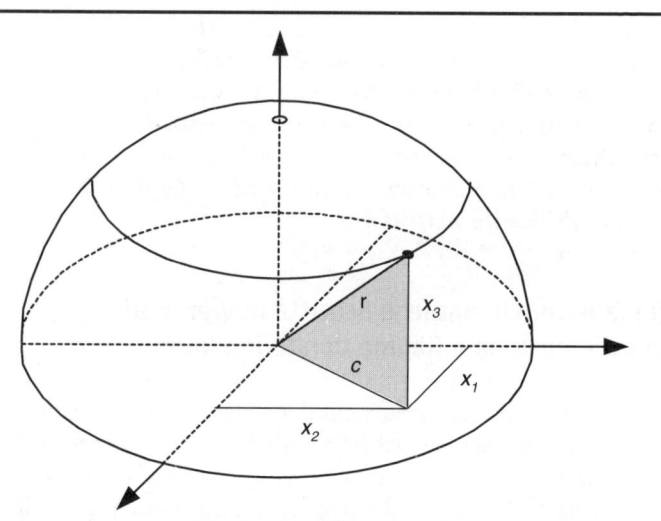

Nach dem Satz des Pythagoras gilt für jeden Punkt auf der Kugeloberfläche:

$$x_1^2 + x_2^2 = c^2 \quad \text{und} \quad c^2 + x_3^2 = r^2, \quad \text{also auch} \quad \boxed{x_1^2 + x_2^2 + x_3^2 = r^2} \, .$$

Die Form dieser Gleichung legt die folgende
<u>rein formale Verallgemeinerung</u> nahe:

$x_1^2 = r^2$ beschreibt die Oberfläche einer eindimensionalen Kugel.

$x_1^2 + x_2^2 = r^2$ beschreibt die Oberfläche einer zweidimensionalen Kugel.

$x_1^2 + x_2^2 + x_3^2 = r^2$ beschreibt die Oberfläche einer dreidimensionalen Kugel.

$x_1^2 + x_2^2 + x_3^2 + x_4^2 = r^2$ beschreibt die Oberfläche einer vierdimensionalen Kugel.

$$\cdots$$

$x_1^2 + x_2^2 + x_3^2 + x_4^2 + \ldots + x_n^2 = r^2$ beschreibt die Oberfläche einer n-dimensionalen Kugel.

4.14 Herleitung und Verallgemeinerung der Kugelgleichung.

mensionalen Raum. In Abbildung 3.2 hatten wir die Ebene als etwas Zweidimensionales eingeführt, und die dort gezeigte Kurve wurde durch einen arithmetischen Zusammenhang zwischen den beiden Zahlen im Paar (x, y) beschrieben. Wir können nun die Oberfläche der Halbkugel in Abbildung 4.14 als Formel beschreiben, indem wir einen arithmetischen Zusammenhang zwischen den drei Variablen im punktebeschreibenden Tripel (x_1, x_2, x_3) suchen, der für alle Oberflächenpunkte und für keine anderen Punkte gilt. Dieser Zusammenhang ergibt sich aus dem Satz des Pythagoras, den wir auf bestimmte Dreiecke in Abbildung 4.14 anwenden. Die so gewonnene Formel gilt nicht nur für die gezeigte Halbkugel, sondern für die ganze Kugel. Diese Kugelformel wird nun zum Ausgangspunkt einer sehr einfachen formalen Verallgemeinerung: Wir variieren einfach die Anzahl der x_i im Summenausdruck und behaupten ganz frech, die neuen Formeln seien ebenfalls Beschreibungen von Kugeloberflächen, nur dass eben diese Kugeln nicht mehr dreidimensional seien.

Damit haben wir den Begriff „Kugel" aus seiner anschaulichen Bedeutung gelöst und als Bezeichnung für ein formales Gebilde benutzt. Kein Mensch wird normalerweise sagen, ein Kreis sei eine zweidimensionale Kugel, oder eine gerade Strecke sei eine eindimensionale Kugel. Damit haben wir aber die Möglichkeit geschaffen, auch n-dimensionale Kugeln zu betrachten. Niemand verbindet mit dem Begriff der vier- oder mehrdimensionalen Kugel irgendeine konkrete räumliche Vorstellung; das Einzige, was er sich hierzu vorstellt, ist die entsprechende Formel. Beim Übergang von der dritten in die vierte Dimension müsste man also ein Schild mit einem warnenden Hinweis aufstellen. Früher standen an den Übergängen zwischen dem amerikanischen und dem sowjetischen Sektor der geteilten Stadt Berlin Schilder mit der Aufschrift:

> „ACHTUNG, IN 100 METERN VERLASSEN SIE
> DEN AMERIKANISCHEN SEKTOR!"

Die Beschriftung unseres Warnungsschildes müsste lauten:

> „ACHTUNG, SIE VERLASSEN NUN DIE WELT DER ANSCHAUUNG!"

Um Ihnen die Scheu zu nehmen, sich in n-dimensionalen Räumen zu bewegen, zeige ich Ihnen nun noch, dass man sogar Formeln für die Oberfläche und das Volumen n-dimensionaler Kugeln herleiten kann. Bei dem Begriff der dreidimensionalen Kugel denken wir schnell an unsere Erde und ihre Oberfläche. Wir wissen, dass die Oberfläche einer normalen Kugel in Quadratmetern, also m², und das Volumen in Kubikmetern, also m³ angegeben werden können. Rein formal müssen wir dann schließen, dass die Oberfläche einer vierdimensionalen Kugel in m³ und ihr Volumen in m⁴ angegeben werden können.

So, wie wir zur Formel der n-dimensionalen Kugel einfach dadurch gekommen sind, dass wir die Formel aus der Welt der dreidimensionalen Kugeln formal um weitere Dimensionen ergänzt haben, so verfahren wir nun auch bei der Bestimmung der Oberfläche und des Volumens der n-dimensionalen Kugel. Wir betrachten also zuerst den Vorgang, der uns die Formeln für die Oberfläche und das Volumen der dreidimensionalen Kugel liefert. Hierzu betrachten wir die Abbildung 4.15. Zuerst nehmen wir an, es handle sich hier wieder um die gleiche Halbkugel, die wir schon in Abbildung 4.14 betrachtet haben. Für diesen Fall gilt n = 3. Wir

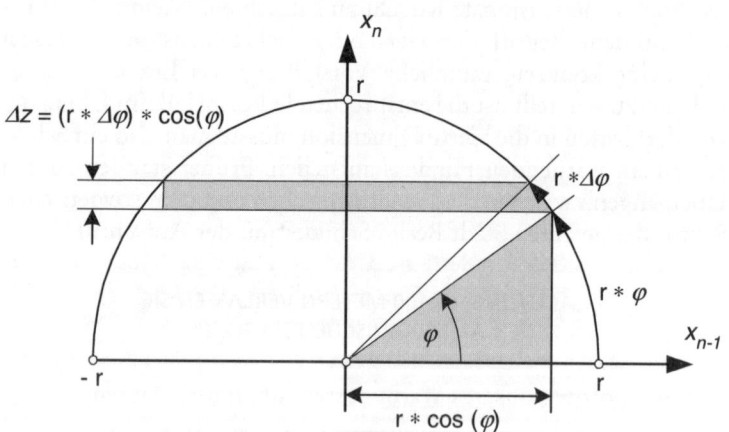

4.15 Zur Herleitung der Formeln für die Hülle und das Volumen n-dimensionaler Kugeln.

müssen bei unserer Betrachtung auch Bezug auf die Abbildung 2.14 nehmen, anhand derer ich die Funktionen Sinus und Kosinus eingeführt habe. Die Tatsache, dass es in Abbildung 2.14 um komplexe Zahlen geht und in Abbildung 4.15 nicht, ist dabei unerheblich; es geht uns lediglich um die Abhängigkeit der Seitenlängen des grau schattierten Dreiecks vom Winkel und vom Radius. In Abbildung 2.14 hatten wir den Radius zu 1 gemacht, in Abbildung 4.15 haben wir die Variable r unbestimmt gelassen. Deshalb hat die waagerechte Seite unseres Dreiecks in Abbildung 4.15, die in Abbildung 2.14 dem Realteil entspricht, die Länge $r*\cos(\varphi)$. Das Umfangsstück, welches zu diesem Dreieck gehört, hat die Länge $r*\varphi$, weil wir ja den Winkel nicht in Grad, sondern in entsprechenden Umfangsabschnitten des Einheitskreises messen. Damit entspricht ein rechter Winkel dem Wert $\varphi = \pi/2$.

Die Oberfläche der Kugel und ihr Volumen können wir dadurch gewinnen, dass wir integrieren, d. h., dass wir eine Summe aus unendlich vielen, unendlich kleinen Summanden bilden. Zu den unendlich kleinen Summanden gelangen wir, indem wir mit kleinen, aber nicht unendlich kleinen Summanden beginnen und diese dann immer kleiner werden lassen. Stellen Sie sich vor, die Halbkugel in Abbildung 4.15 sei ein halber Apfel. Seine Oberfläche ist die Fläche der Schale dieser Apfelhälfte. Wir stellen uns nun vor, dass wir den Apfel in lauter schmalen Ringen schälen, wobei jeder Ring durch den konstanten Winkel $\Delta\varphi$ bestimmt sein soll. Die Fläche einer solchen Ringschale ergibt sich als Produkt aus Länge mal Breite. Die Länge ist gegeben durch den Kreisumfang des Rings, wobei der Ring den Radius $r*\cos(\varphi)$ hat. Sein Umfang ist $2\pi*r*\cos(\varphi)$. Die Breite des Ringes ist $r*\Delta\varphi$, sodass sich insgesamt als Fläche dieses Schalenrings das Produkt $\Delta\varphi*2\pi*r^2*\cos(\varphi)$ ergibt. Die Flächen aller dieser Schalenringe im Bereich des Winkels von $\varphi = 0$ bis $\varphi = \pi/2$ müssen wir nun aufsummieren, dann haben wir näherungsweise die Oberfläche der Halbkugel. Die exakte Oberfläche der ganzen Kugel bekommt man, indem man das Ergebnis verdoppelt und den Grenzwert der Summe für $\Delta\varphi \to 0$ bestimmt. Genau das ist das Prinzip der Integration.

Um mir den Weg in höhere Dimensionen zu eröffnen, habe ich die Abkürzung $H_n(r)$ eingeführt, welche zu lesen ist als „Formel für die Oberfläche der n-dimensionalen Kugel mit dem Radius r".

anschaulich: $n = 3$	2-dimensionale Oberfläche einer 3-dimensionalen Kugel mit dem Radius r		1-dimensionaler Umfang eines 2-dimensionalen Kreises mit dem Radius $r*\cos(\varphi)$	
	$H_n(r)$	$= 2* \displaystyle\int_0^{\pi/2}$	$H_{n-1}(r * \cos(\varphi))$	$* (r\,d\varphi)$
unanschaulich, formal: $n > 3$	$(n\text{-}1)$-dimensionale Hülle einer n-dimensionalen Kugel mit dem Radius r		$(n\text{-}2)$-dimensionale Hülle einer $(n\text{-}1)$-dimensionalen Kugel mit dem Radius $r*\cos(\varphi)$	

anschaulich: $n = 3$	3-dimensionales Volumen einer 3-dimensionalen Kugel mit dem Radius r		2-dimensionale Fläche eines 2-dimensionalen Kreises mit dem Radius $r\cos(\varphi)$	
	$V_n(r)$	$= 2* \displaystyle\int_0^{\pi/2}$	$V_{n-1}(r * \cos(\varphi))$	$* (r*d\varphi)*\cos(\varphi)$
unanschaulich, formal: $n > 3$	n-dimensionales Volumen einer n-dimensionalen Kugel mit dem Radius r		$(n\text{-}1)$-dimensionales Volumen einer $(n\text{-}1)$-dimensionalen Kugel mit dem Radius $r*\cos(\varphi)$	

4.16 Integralformeln für die Hülle und das Volumen n-dimensionaler Kugeln.

Den Buchstaben H habe ich in Assoziation zu den Wörtern Haut oder Hülle gewählt, weil der Anfangsbuchstabe des Wortes Oberfläche zu sehr an die Ziffer 0 erinnert. Schauen Sie sich nun die

Formel im oberen Oval in Abbildung 4.16 an. Diese Formel drückt genau das aus, was ich Ihnen anschaulich über die Summierung der Ringschalenflächen erzählt habe: Sie finden den Faktor 2 für den Übergang von der Halbkugel zur Vollkugel. Rechts außen steht der Faktor $r * d\varphi$ für die Breite eines Schalenringes. Hier habe ich $d\varphi$ anstelle von $\Delta\varphi$ geschrieben, worin der Übergang vom kleinen zum unendlich kleinen Winkel zum Ausdruck kommt. Die Grenzen des Integrals sind 0 und $\pi/2$, wodurch ausgedrückt wird, dass wir unsere Schalenringe auf den jeweiligen Höhen betrachten, die durch den Winkel zwischen 0 und $\pi/2$ bestimmt sind. Der Faktor H_{n-1} schließlich ist der Umfang des jeweiligen Schalenrings, wobei die Radien der Schalenringe nicht alle gleich sind, sondern sich über den Faktor $\cos(\varphi)$ aus dem Kugelradius ergeben. Für $\varphi = 0$ ist $\cos(\varphi) = 1$, was bedeutet, dass der unterste Schalenring den Radius der Kugel hat; für $\varphi = \pi/2$ ist $\cos(\varphi) = 0$, was bedeutet, dass wir, wenn wir ganz oben angekommen sind, einen Schalenring mit dem Radius 0 haben.

Ähnlich wie wir zur Oberflächenformel gekommen sind, werden wir auch zur Volumenformel gelangen. Nun geht es nicht mehr darum, die Flächen von Schalenringen zu addieren, sondern nun müssen wir die Rauminhalte von Kreisscheiben addieren. Es geht dabei um die gleichen Scheiben, die wir zuvor in Form von Schalenringen geschält haben. So eine Scheibe ist in Abbildung 4.15 grau schattiert dargestellt. Wenn rechts außen die Breite des Schalenrings mit $r * \Delta\varphi$ gegeben ist, dann ergibt sich die Dicke der Kreisscheibe zu $\Delta z = r * \Delta\varphi * \cos(\varphi)$. Dies kommt daher, dass das kleine weiße Dreieckchen, welches Sie links außen an der Kreisscheibe sehen, winkelgleich ist mit dem großen grau schattierten Dreieck. Aus der Winkelgleichheit folgt, dass auch die Seitenverhältnisse dieser beiden Dreiecke einander gleich sein müssen. Das Volumen der grau schattierten Kreisscheibe ergibt sich als Produkt aus ihrer kreisförmigen Grundfläche und ihrer Dicke. Da der Radius der Kreisscheibe $r * \cos(\varphi)$ ist, hat die Grundfläche den Wert $\pi * (r * \cos(\varphi))^2$, und somit hat die Kreisscheibe das Volumen $\pi * (r * \cos(\varphi))^2 * r * \Delta\varphi * \cos(\varphi) = \pi * r^3 * \Delta\varphi * \cos^3(\varphi)$. Das Volumen dieser Kreisscheiben wird nun wieder summiert und $\Delta\varphi$ wird wieder immer kleiner gemacht, bis man es als $d\varphi$ schreiben darf. So ergibt sich die Formel im unteren Oval von Abbildung 4.16. Darin muss

	$H_n(r)$	n	$V_n(r)$	
Begrenzung eines Durchmessers: Zwei Punkte	2	1	$2 * r$	Länge eines Durchmessers
Kreisumfang	$2 * \pi * r$	2	$\pi * r^2$	Kreisfläche
Kugeloberfläche	$4 * \pi * r^2$	3	$(4/3) * \pi * r^3$	Kugelvolumen
	$2 * \pi^2 * r^3$	4	$(1/2) * \pi^2 * r^4$	
	$(8/3) * \pi^2 * r^4$	5	$(8/15) * \pi^2 * r^5$	
	$\pi^3 * r^5$	6	$(1/6) * \pi^3 * r^6$	
	für alle n: $H_{n+2}(r) = \dfrac{2*\pi*r^2}{n} * H_n(r)$		für alle n : $V_n(r) = \dfrac{r}{n} * H_n(r)$	

4.17 Hülle und Volumen von Kugeln der Dimensionen 1 bis 6.

die Abkürzung $V_n(r)$ in Analogie zu $H_n(r)$ gelesen werden als „Formel für das Volumen der n-dimensionalen Kugel mit dem Radius r". Ausgehend von der eindimensionalen Kugel, also einer Strecke der Länge 2r, habe ich nun sukzessive die in Abbildung 4.17 dargestellten Formeln ausgerechnet, indem ich jeweils von den bekannten Formeln für die Dimension n die neuen Formeln für die Dimension n+1 gewonnen habe. Allerdings habe ich mir nicht die Mühe gemacht, die Formeln für die Integrale der dabei auftretenden Potenzen $\cos^n(\varphi)$ selbst zu berechnen; ich habe sie vielmehr in einem Mathematikbuch nachgeschlagen (siehe Abbildung 4.18).

Nachdem ich die Ergebnisse in den weißen Feldern der Tabelle in Abbildung 4.17 berechnet hatte, habe ich ganz selbstverständlich nach Gesetzmäßigkeiten gesucht, welche sich als einfache

$$\int_{0}^{\pi/2} \cos^n(\varphi) * d\varphi = \begin{cases} \dfrac{\pi}{2} * \dfrac{1*3*5*7* \ldots *(n-1)}{2*4*6*8* \ldots * n} & \text{für gerades } n \text{ größer 1} \\[4mm] \dfrac{2*4*6*8* \ldots *(n-1)}{3*5*7*9* \ldots * n} & \text{für ungerades } n \text{ größer 1} \end{cases}$$

4.18 Integralformeln für Potenzen des Kosinus.

Beziehungen zwischen (H_n und V_n), (H_n und H_{n+1}) oder (V_n und V_{n+1}) hinschreiben lassen. So entdeckte ich die einfache Beziehung zwischen (H_n und V_n), die im grauen Feld unten rechts dargestellt ist. Nach längerer Suche fand ich dann auch noch die Beziehung zwischen H_n und H_{n+2}, die im grauen Feld unten links steht. Ausgehend von den bekannten Formeln $H_1(r) = 2$ und $H_2(r) = 2 * \pi * r$ kann man nun für beliebige Werte $n > 2$ die Formeln für $H_n(r)$ und $V_n(r)$ berechnen, ohne integrieren zu müssen.

In den vielen Jahren, die ich mit Studenten der Ingenieurwissenschaften und der Informatik zu tun hatte, habe ich immer wieder feststellen können, dass die Befassung mit Formalismen, die man nicht interpretieren muss, süchtig machen kann. Der Formalismus wird dann tatsächlich zu einem Spiel, welches einen nicht mehr los lässt. Ich bin zwar nicht wirklich süchtig, aber Spass macht mir der Umgang mit Formalismen manchmal schon, und deshalb habe ich mit meinen Formeln für n-dimensionale Kugeln noch ein wenig weiter gespielt. Ich kam auf die Idee, die Korrektheit der berechneten Volumenformeln numerisch zu überprüfen. Das folgende Konzept schien mir gut geeignet: Jede Kugel mit dem Radius r kann man in einen Würfel stecken, der die Kantenlänge 2r hat. Wenn die Kugel n-dimensional ist, muss selbstverständlich auch der Würfel n-dimensional sein. Um zum Begriff des n-dimensionalen Würfels mit der Kantenlänge 2r zu gelangen, geht man im Prinzip den gleichen Weg, der uns auch schon zur n-dimensionalen Kugel geführt hat: Man geht vom „echten" Würfel mit $n = 3$ aus, der im (x_1, x_2, x_3)-Koordinatensystem liegt, und fragt nach dem 2-dimensionalen Würfel. Dieser muss das sein, was vom 3-dimensionalen Würfel übrig bleibt, wenn man die x_3-Achse weglässt. Es ist das Quadrat mit der Kantenlänge 2r in der (x_1, x_2)-Ebene. Der 1-dimensionale Würfel ist das, was von diesem Qua-

n	1	2	3	4	5	6
$V_n(r)$	1	$\dfrac{\pi}{4}$	$\dfrac{\pi}{6}$	$\dfrac{\pi^2}{32}$	$\dfrac{\pi^2}{60}$	$\dfrac{\pi^3}{384}$
$\overline{(2r)^n}$	1,000	0,785	0,524	0,308	0,164	0,081

4.19 Verhältnis zwischen dem Kugelvolumen $V_n(r)$ und dem Volumen $(2r)^n$ des darumgelegten Würfels in Abhängigkeit von der Dimension n.

drat übrig bleibt, wenn man auch noch die x_2-Achse weglässt; man landet bei einer Strecke der Länge 2r, die in der x_1-Achse liegt. Das jeweilige „Volumen" dieser Würfel beträgt $(2r)^1$ für die Strecke, $(2r)^2$ für das Quadrat und $(2r)^3$ für den echten Würfel. Also dürfen wir annehmen, dass das Volumen eines n-dimensionalen Würfels der Kantenlänge 2r den Wert $(2r)^n$ hat. In der Tabelle in Abbildung 4.19 habe ich dargestellt, wie sich das jeweilige Kugelvolumen V_n aus Abbildung 4.17 zum zugehörigen Würfelvolumen $(2r)^n$ verhält. Hätten Sie vermutet, dass die in einen Würfel eingepasste Kugel einen umso kleineren Anteil vom Würfelvolumen einnimmt, je größer die Dimension ist?

Ich war jedenfalls überrascht, als ich die Zahlen in Abbildung 4.19 sah. Diese Zahlen habe ich nun mit einem Verfahren nachgeprüft, welches in Abbildung 4.20 am Beispiel der „zweidimensionalen Kugel", also dem Kreis, veranschaulicht ist. Man füllt den umfassenden Würfel mit einem regelmäßigen Muster von Punkten und zählt dann, wie viele von diesen Punkten innerhalb der Kugel liegen. Man kann die Punktezählerei auf die Punkte mit positiven Koordinatenwerten, also auf das graue Quadrat beschränken, weil sich wegen der Symmetrieverhältnisse das gleiche Volumenverhältnis ergibt, wie wenn man alle Punkte im großen Quadrat zählen würde. Das mit der Punktedichte in Abbildung 4.20 bestimmte Volumenverhältnis liegt 3,4 Prozent über dem exakten Wert in Abbildung 4.19. Mit einer höheren Punktedichte kann man dem genauen Wert aber beliebig nahe kommen. Zwar werde ich Ihnen erst ganz am Ende dieses Buches erklären, was Sie sich unter einem Computerprogramm vorstellen sollten; trotzdem muss ich

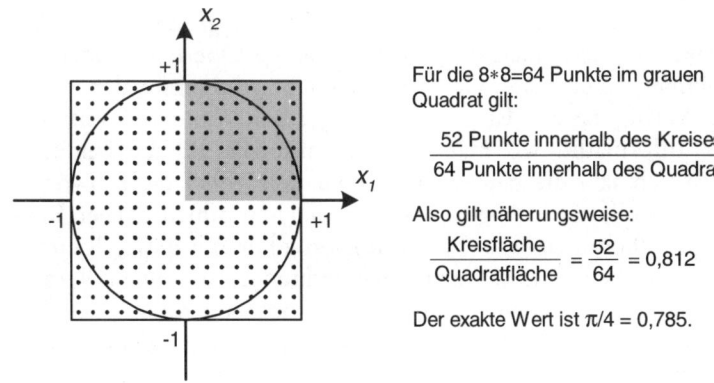

Für die 8∗8=64 Punkte im grauen Quadrat gilt:

$$\frac{52 \text{ Punkte innerhalb des Kreises}}{64 \text{ Punkte innerhalb des Quadrats}}$$

Also gilt näherungsweise:

$$\frac{\text{Kreisfläche}}{\text{Quadratfläche}} = \frac{52}{64} = 0{,}812$$

Der exakte Wert ist $\pi/4 = 0{,}785$.

4.20 Zur numerischen Überprüfung der Volumenverhältnisse in Abbildung 4.19.

nun schon hier eines erwähnen Ich habe nämlich ein Programm geschrieben, um die Volumenverhältnisse in Abbildung 4.19 mit einer höheren Punktedichte zu berechnen. Darin habe ich die Idee des grauen Quadrats auf beliebige Dimensionen n übertragen. Im Programm wird jeder Punkt durch seine Koordinatenfolge (x_1, x_2, x_3, … x_n) beschrieben, wobei alle Koordinatenwerte aus der Menge {1/P, 3/P, 5/P, …, (P-1)/P} stammen. Mit dem Buchstaben P habe ich die Anzahl der Punkte pro Kantenlänge des großen Würfels bezeichnet, wobei P eine gerade Zahl sein soll. In Abbildung 4.20 ist P=16. In diesem Bild sehen wir jeden einzelnen Punkt und können einfach durch Hinschauen feststellen, ob er innerhalb des Kreises liegt oder nicht. Im Programm geht dies selbstverständlich nicht mehr; dort wird über den jeweiligen Wert des Ausdrucks $x_1^2+x_2^2+x_3^2+ \ldots +x_n^2$ festgestellt, ob der Punkt im Kreis liegt: Für Punkte innerhalb des Kreises ist dieser Wert kleiner als eins, für die außerhalb liegenden ist er größer. Die gewählten Koordinatenwerte garantieren, dass keine Punkte vorkommen, die exakt auf der Kugeloberfläche liegen. Für den Wert P = 40 stimmten die mit dem Programm berechneten Volumenverhältnisse tatsächlich bis auf eine Abweichung, die weniger als ein Promille betrug, mit den Werten aus Abbildung 4.19 überein.

Sie sollten nun nicht glauben, es sei von großer praktischer Bedeutung, dass man die Formeln für die Oberfläche oder das Volumen einer fünf- oder fünfundzwanzigdimensionalen Kugel zur Verfügung hat. Es gibt nur wenige Bereiche der Physik und der Informatik, wo man mehrdimensionale Räume benutzen muss. Ich habe die ganze Herleitung hauptsächlich deshalb vorgeführt, um Ihnen zu zeigen, dass man sich in n-dimensionalen Räumen vollkommen exakt bewegen kann, ohne mit diesen Räumen auch nur die geringste Vorstellung verbinden zu können. Vergessen Sie nicht, dass wir uns hier immer noch im Kapitel über die formale Welt befinden. Das ganze Kapitel dient dem Zweck, Ihnen vor Augen zu führen, dass es tatsächlich neben unserer anschaulichen Welt eine formale Welt gibt, in der man sich tummeln kann, und wo man sich auch tummeln muss, wenn man irgendwann einmal Informationsverarbeitung mit Maschinen machen will. Auch die vorgeführte Berechnung von Oberflächen und Volumina n-dimensionaler Kugeln ist letztlich nur ein formales Spiel und kann auch von Akteuren gespielt werden, die gar nicht wissen, welche Überlegungen hinter der Formulierung der Spielregeln gestanden haben.

Wie man versucht, die Zukunft zu berechnen

5

„Gott würfelt nicht", soll Albert Einstein gesagt haben, als es um die Frage ging, ob die Erkenntnisse der Quantenmechanik nur so gedeutet werden könnten, dass es in der Natur elementare zufällige Ereignisse gibt, die nie mit Bestimmtheit vorhergesagt werden können. Bereits die Gebrüder Grimm, die als Verfasser eines Märchenbuchs bekannt sind, haben in ihrem Wörterbuch der deutschen Sprache vom Zufall gesagt, er sei das unberechenbare Geschehen, das sich unserer Vernunft und Absicht entzieht. Dass die Menschen das zukünftige Weltgeschehen nicht berechnen können, war auch für Albert Einstein eine Selbstverständlichkeit, die er mit seiner Behauptung bestimmt nicht leugnen wollte. Es ging ihm vielmehr um die grundsätzliche Frage, ob das gesamte Weltgeschehen nach gesetzmäßigen Regeln ablaufe, auch wenn die Menschen diese Regeln nicht in ihrer Gesamtheit erfassen können. In der Fachsprache der Philosophen lautet diese Frage: Ist die Welt kausal determiniert oder indeterminiert? Anschaulich formuliert lautet diese Frage: Ist durch den jetzigen Zustand der Welt der Verlauf des zukünftigen Geschehens schon vollständig festgelegt? Das würde bedeuten, dass durch die aktuelle Konfiguration aller Elementarteilchen im Kosmos unter anderem auch festgelegt wäre, welche sechs Lottozahlen am kommenden Samstag gezogen werden. Und es würde auch bedeuten, dass ein Mord, der erst in 20 Jahren begangen wird, heute schon unabwendbar vorbestimmt wäre. Dann wäre doch der Mörder gar kein verantwortlicher Täter mehr, sondern nur ein armes Opfer des Schicksals. Auf die Rolle, die der von Einstein in seiner Aussage genannte Gott in dieser Problematik spielt, will ich an dieser Stelle gar nicht weiter eingehen.

Es genügt vollkommen, von der Vorstellung auszugehen, die jeder von uns hat, nämlich dass wir die Zukunft nicht vorhersehen können und uns deswegen immer wieder überraschen lassen müssen. Weshalb aber behandle ich in diesem Buch überhaupt das Thema Zukunft? Was hat denn das mit den Erkenntnisgrundlagen unserer technischen Zivilisation zu tun? Nun, das Rechnen mit Wahrscheinlichkeiten gehört tatsächlich zum Handwerkszeug, das Naturwissenschaftler und Ingenieure benötigen. So muss beispielsweise ein Ingenieur, der ein Telefonnetz plant, Annahmen über das zukünftige Verhalten der Teilnehmer machen. Und kein Physiker wäre auf die Idee gekommen, zu versuchen, einen Laser (**L**ight **A**mplification by **S**timulated **E**mission of **R**adiation) zu bauen, wenn er keine grundlegenden Erkenntnisse über die Wechselwirkung von Atomen und Photonen gehabt hätte, die sich nur unter Verwendung des Wahrscheinlichkeitsbegriffs formulieren lassen.

Stöhnen Sie, weil schon wieder gerechnet wird? Da möchte ich Sie an das erinnern, was ich am Anfang des Kapitels 2 gesagt habe: „Wir hätten gar keinen Grund, uns für die Struktur der Mathematik zu interessieren, wenn sie nicht in der Physik und der Technik ein breites Anwendungsfeld gefunden hätte." Das Rechnen mit Wahrscheinlichkeiten ist keine Erweiterung der Mathematik, sondern nur eine besondere Form der Anwendung. Haben Sie also keine Angst, die Steilwand ist nicht sehr hoch, und Ihr Bergführer wird versuchen, Ihnen den Aufstieg so leicht wie möglich zu machen.

Der Versuch, Erwartungshaltungen in Zahlen zu fassen

Wenn im Alltag über Wahrscheinlichkeiten geredet wird, geht es meistens darum, zwei oder mehr Werte zu vergleichen, in dem Sinn, dass die Wahrscheinlichkeit für ein Ereignis kleiner oder größer sei als für ein anderes Ereignis. Manchmal werden dazu sogar echte Zahlen verwendet, beispielsweise: „Die Wahrscheinlichkeit, dass wir unseren diesjährigen Urlaub auf Mallorca verbringen werden, ist über 90 Prozent." Was meint denn derjenige, der so etwas sagt? Wieso hat er nicht 60 oder 80 oder 95 Prozent gesagt? Hätte er 100 Prozent gesagt, hätten wir seine Aussage dahingehend interpretieren dürfen, dass es bereits absolut feststeht, wo er mit seiner Familie den Urlaub verbringen wird. Und hätte er null Prozent gesagt, wäre dies der Aussage gleichgekommen, dass sie ihren Urlaub garantiert nicht auf Mallorca verbringen werden. Wir müssen uns nun also überlegen, wie wir zu einer exakten Deutung der zwischen null Prozent und 100 Prozent liegenden Zahlenwerte kommen können. Wir werden dabei aber zweckmäßigerweise nicht mehr die Skala zwischen null und 100 Prozent verwenden, sondern die Skala zwischen null und eins. Der Wahrscheinlichkeitswert eins entspricht dann den 100 Prozent. Der Grund für diese Skalenwahl ist der Wunsch, als Ergebnis einer Multiplikation zweier Wahrscheinlichkeiten wieder eine Wahrscheinlichkeit zu erhalten. So ergibt beispielsweise die Multiplikation der beiden Wahrscheinlichkeiten 0,5 und 0,4 die Wahrscheinlichkeit 0,2. Unter Verwendung der Prozentskala müssten wir in diesem Beispiel 50 Prozent mit 40 Prozent multiplizieren und würden formal das Ergebnis 2 000 (%)^2 erhalten, welches wir anschließend als 20 Prozent interpretieren müssten. Eine derartige Rechnung wäre doch unnötig kompliziert.

Die Überlegungen zur Gewinnung von Wahrscheinlichkeitswerten beginnt man am besten mit der Betrachtung von Geräten, die speziell zur Erzeugung von Zufallsprozessen konstruiert wurden. In Abbildung 5.1 sehen Sie als Beispiel für ein solches Gerät ein sogenanntes Galtonsches Brett. Francis Galton war Engländer und lebte von 1822 bis 1911. Er war ein Verwandter von Charles Darwin, dem Begründer der Evolutionstheorie, die unter anderem sagt, dass die Menschen und die Affen gemeinsame Vorfahren haben. Galton erforschte die Vererbung menschlicher Eigenschaften, also ein Gebiet, das wir heute Humangenetik nennen. Für fleißige Leser von Kriminalromanen dürfte es interessant sein, dass Francis Galton als erster auf die Idee kam, Fingerabdrücke könnten bei der Verbrechensaufklärung hilfreich sein.

Rechts in Abbildung 5.1 habe ich dargestellt, was man sieht, wenn man das Galtonsche Brett längs der gestrichelten Symmetrielinie durchschneidet. Auf die Grundplatte, die in der linken

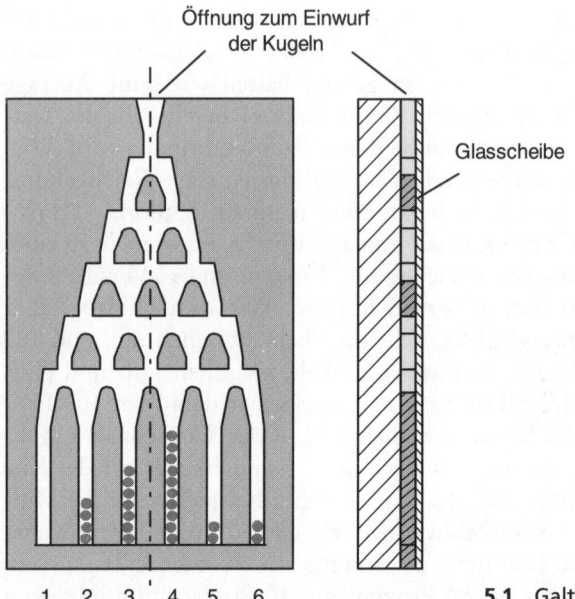

Öffnung zum Einwurf
der Kugeln

Glasscheibe

1 2 3 4 5 6   **5.1** Galtonsches Brett.

Draufsicht den weißen Hintergrund bildet, sind die grauschattierten Profilbretter aufgeleimt, und davor ist eine Glasscheibe
gesetzt. Zum Betrieb stellen wir das Brett aufrecht auf den Tisch,
sodass die Öffnung zum Einwurf von Kugeln nach oben zeigt.
Jede eingeworfene Kugel wird einen Weg nehmen, bei dem sie an
fünf Gabelungen vorbeikommt, wobei jedes Mal ein zufälliges
Ereignis geschieht, denn die Kugel kann mit gleicher Wahrscheinlichkeit nach links oder nach rechts weiterlaufen. Am Ende ihres
Falles liegt die Kugel in einem der sechs Fächer. In Abbildung 5.1
ist ein Zustand gezeigt, der sich ergeben hat, nachdem ich 25
Kugeln nacheinander eingeworfen habe.

Es sind noch viele andere Geräte zur Erzeugung von Zufallser-
eignissen konstruiert worden, worunter etliche sehr viel bekannter sind als das Galtonsche Brett. Denken Sie an den Würfel mit
den Augenzahlen eins bis sechs, der beispielsweise beim Spiel
„Mensch ärgere Dich nicht" verwendet wird, oder an das Rou-
letterad mit seinen 37 Kugelfächern, welche mit den Zahlen null

bis 36 beschriftet sind. Bei all diesen Geräten gibt es konstruktionsbedingte Gleichwahrscheinlichkeiten – beim Würfel sind es sechs und beim Roulette 37 gleichwahrscheinliche Fälle. Die Wahrscheinlichkeit des einzelnen Falles ist dabei jeweils eins dividiert durch die Anzahl aller gleichwahrscheinlichen Fälle. Im Falle des Würfels ist also die Wahrscheinlichkeit, dass eine bestimmte Zahl gewürfelt wird, ein Sechstel. Im Falle des Roulettes ist die Wahrscheinlichkeit, dass die Kugel in ein bestimmtes Fach fällt, 1/37. Es wäre jedoch ein Trugschluss anzunehmen, dass auch im Falle unseres Galtonschen Brettes die Wahrscheinlichkeiten für alle sechs Fächer gleich seien und den Wert ein Sechstel haben. Die Überlegungen, die wir anstellen müssen, um die Wahrscheinlichkeiten für die Fächer des Galtonschen Brettes zu finden, bewegen sich in einem Gebiet, welches die Mathematiker „Kombinatorik" nennen.

Wie man ausrechnet, wie viele unterschiedliche Fälle vorkommen können

Wie Sie wohl auf Grund des Wortes „Kombinatorik" schon vermuten, geht es hier um eine bestimmte Art des Kombinierens. Das, was hier kombiniert wird, sind zeitlich nacheinander fallende Zufallsentscheidungen, deren Kombination als strukturiertes Zufallsergebnis angesehen werden kann. Ein anschauliches Beispiel für ein solches strukturiertes Zufallsergebnis ist die in Abbildung 5.1 gezeigte Verteilung der 25 Kugeln auf die sechs Fächer des Galtonschen Brettes. Diese Verteilung ist das Ergebnis von 25*5 = 125 zeitlich aufeinanderfolgenden gleichwahrscheinlichen Zufallsentscheidungen, denn jede der 25 Kugeln kommt auf ihrem Weg nach unten an fünf Gabelungen vorbei, wo jedes Mal gleichwahrscheinlich entschieden wird, ob sie nach links oder nach rechts weiterläuft. Ein anderes Beispiel für zeitlich aufeinanderfolgende gleichwahrscheinliche Zufallsentscheidungen ist die Ziehung der Lottozahlen.

Hier werden zeitlich nacheinander aus einem Behälter, der ursprünglich 49 mit Nummern beschriftete Kugeln enthält, sechs Kugeln ausgewählt. Für die Auswahl der ersten Kugel gibt es also

49 gleichwahrscheinliche Möglichkeiten. Da sich nach der Auswahl der ersten Kugel nur noch 48 Kugeln im Behälter befinden,
gibt es für die Auswahl der zweiten Kugel nur noch 48 gleichwahrscheinliche Möglichkeiten. Wenn man also von einer Folge
gleichwahrscheinlicher Zufallsergebnisse spricht, sollte man
jeweils noch präzisierend dazusagen, ob die Anzahl der gleichwahrscheinlichen Möglichkeiten für jede Position in der Folge die
gleiche ist oder, ob die bereits gefallenen Zufallsentscheidungen
einen Einfluss darauf haben, wie viele Möglichkeiten für die nachfolgenden Positionen in der Sequenz noch bestehen.

Da die zufällige Füllung einer Folge von Positionen als die
wichtigste Operation der Kombinatorik betrachtet werden kann,
habe ich diese oben in Abbildung 5.2 grafisch veranschaulicht. Zu

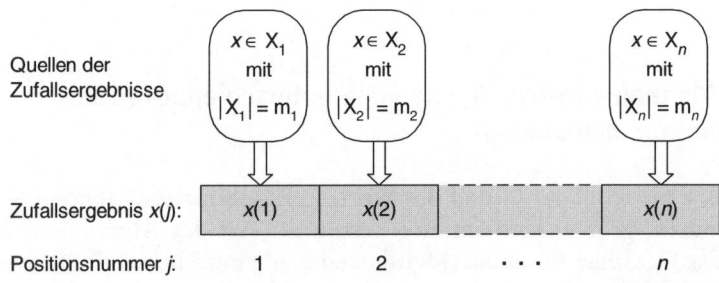

Quellen der Zufallsergebnisse: $x \in X_1$ mit $|X_1| = m_1$ | $x \in X_2$ mit $|X_2| = m_2$ | $x \in X_n$ mit $|X_n| = m_n$

Zufallsergebnis $x(j)$: $x(1)$ | $x(2)$ | $x(n)$

Positionsnummer j: 1 2 $\cdots$ n

Es gibt $m_1 * m_2 * \ldots * m_n$ gleichwahrscheinliche unterschiedliche Folgen.

Für das Galtonsche Brett in Bild 5.1 gilt:	$X_1 = X_2 = X_3 = X_4 = X_5 = \{$ links, rechts $\}$ $m_1 = m_2 = m_3 = m_4 = m_5 = 2$ Es gibt $2^5 = 32$ unterschiedliche Kugelwege.
Für die Ziehung der Lottozahlen gilt:	$X_1 = \{ 1, 2, 3, \ldots 48, 49 \}$ $X_{j+1} = X_j$ ohne $x(j)$ für j von 1 bis 5 $m_1 = 49$; $\quad m_{j+1} = 49\text{-}j$ Die Wahrscheinlichkeit einer bestimmten Zahlenfolge hat den Wert $1/(49*48*47*46*45*44)$.

5.2 Die zentrale Operation der Kombinatorik: Zufällige Füllung einer
Folge von Positionen.

jeder Positionsnummer j gehört eindeutig eine Menge X_j gleich-wahrscheinlicher Möglichkeiten x(j), wobei m_j die Anzahl dieser Möglichkeiten angibt. Wenn die Spieler, die am Roulettetisch einer Spielbank sitzen, die in Abbildung 5.2 dargestellte Struktur vor Augen hätten, würden sie sofort aufhören mitzuschreiben, in welche Nummernfächer des Roulettrades die Kugel in den aufeinanderfolgenden Spielen fällt. Jedes Jahr komme ich für ein paar Tage nach Baden-Baden, und da mache ich mir das Vergnügen, einen Abend im Casino zu verbringen – nicht um zu spielen, sondern um dem interessanten Betrieb zuzuschauen. Da habe ich einmal erlebt, dass die Kugel 12 mal hintereinander in ein rotes Fach fiel – von den 37 Fächern eines Roulettrades sind 18 Fächer rot, 18 Fächer schwarz und das Fach der Null ist grün. Die Spieler, die fleißig die vergangenen Ergebnisse mitgeschrieben hatten, setzten nun recht viel Geld auf die Farbe schwarz, weil sie meinten, auf Grund des 12-maligen Auftretens von Rot habe sich nun die Wahrscheinlichkeit für Schwarz drastisch erhöht. Nun hatte sich aber durch das 12-malige Auftreten von Rot weder die Konstruktion des Roulettrades verändert, noch die Art und Weise, wie der Croupier die Kugel warf, sodass es eigentlich ganz selbstverständlich war, dass auch in Zukunft bei jedem Spiel die Wahrscheinlichkeiten für Rot und Schwarz die gleichen geblieben waren und den Wert 18/37 hatten. Es gibt beim Roulettespiel nicht den geringsten Grund, die gefallenen Zahlen mitzuschreiben, weil die Wahrscheinlichkeitsverhältnisse über alle Spiele hinweg völlig gleich bleiben.

Als nächstes muss ich Sie auf den Unterschied zwischen einer Sequenzbestimmung und einer Teilmengenauswahl hinweisen. Unten in Abbildung 5.2 habe ich die Wahrscheinlichkeit dafür angegeben, dass bei der Ziehung der Lottozahlen eine bestimmte Zahlenfolge auftritt. Nun sind die Lottospieler aber gar nicht aufgefordert, vorherzusagen, in welcher Reihenfolge die sechs Zahlen gezogen werden. Da die einzelnen Kugeln nacheinander ausgewählt werden, ist es zwar unvermeidlich, dass eine Reihenfolge entsteht, aber diese hat überhaupt keinen Einfluss darauf, ob man sechs Richtige hat oder nicht. Beim Lottospiel geht es nämlich nur darum, vorherzusagen, welche sechs Kugeln aus der ursprünglichen Menge von 49 Kugeln ausgewählt werden. Deshalb hat die

Wahrscheinlichkeit dafür, sechs Richtige zu haben, nicht den in Abbildung 5.2 angegebenen Wert. Ein Lottospieler hat nämlich immer dann sechs Richtige, wenn die von ihm vorhergesagten Zahlen in irgendeiner beliebigen Reihenfolge gezogen werden. Deshalb muss man nun fragen, in wie viele unterschiedliche Reihenfolgen man eine gegebene Menge von sechs Zahlen bringen kann. Denn mit dieser Anzahl muss man die Sequenzwahrscheinlichkeit in Abbildung 5.2 multiplizieren, um die Wahrscheinlichkeit für sechs Richtige zu erhalten. Auch diese Anzahl liefert wieder die Operation in Abbildung 5.2. Für die Belegung der ersten Position muss man ein Element aus der Menge der sechs Elemente auswählen, denn jede der sechs Zahlen könnte an der ersten Position stehen. Für die zweite Position bleiben dann nur noch fünf Möglichkeiten, und für die letzte Position ist am Schluss nur noch eine einzige Zahl übrig, nachdem man die davor liegenden Positionen bereits belegt hat. Somit gibt es $6*5*4*3*2*1$ unterschiedliche Reihenfolgen für sechs gegebene Zahlen.

Die für das Beispiel der Lottozahlen dargestellte Vorgehensweise lässt sich selbstverständlich zu der Frage verallgemeinern, wie viele unterschiedliche Möglichkeiten es gibt, aus einer Menge mit u Elementen eine Teilmenge mit t Elementen auszuwählen – den Buchstaben u habe ich in Assoziation zum Wort „Universum" und den Buchstaben t zum Wort „Teilmenge" gewählt. Das Ergebnis dieser Überlegungen ist in Abbildung 5.3 dargestellt. In den dortigen Formeln kommt eine Symbolik vor, die wie ein eingeklammerter Bruch aussieht, bei dem der Bruchstrich vergessen wurde. Diese von den Mathematikern verwendete Symbolik ist eine meines Erachtens recht gelungene Abkürzung für den langen Ausdruck „Anzahl der Möglichkeiten, aus einer Menge mit u Elementen eine Teilmenge mit t Elementen auszuwählen." Die in Abbildung 5.3 berechnete Anzahl unterschiedlicher Möglichkeiten, aus einer Menge von 49 Zahlen sechs Zahlen auszuwählen, ist gleich der Anzahl aller gleichwahrscheinlichen Möglichkeiten, im Lotto sechs Richtige zu haben, und deshalb ist die Wahrscheinlichkeit eines solchen Falles gleich dem Kehrwert dieser großen Zahl.

Nun kehre ich noch einmal zum Galtonschen Brett in Abbildung 5.1 zurück. Hier kann man fragen, wie viele unterschiedliche

Anzahl der Möglichkeiten, aus einer Menge der Mächtigkeit u
eine Teilmenge der Mächtigkeit t auszuwählen

$$= \frac{\text{Anzahl der Möglichkeiten, aus einer Menge der Mächtigkeit } u \text{ eine Sequenz der Länge } t \text{ auszuwählen}}{\text{Anzahl der Möglichkeiten, eine Menge der Mächtigkeit } t \text{ als Sequenz zu ordnen}}$$

$$= \frac{u * (u\text{-}1) * (u\text{-}2) * (u\text{-}3) * \ldots * (u\text{-}(t\text{-}2)) * (u\text{-}(t\text{-}1))}{t * (t\text{-}1) * (t\text{-}2) * (t\text{-}3) * \ldots * 2 * 1} = \binom{u}{t}$$

Anwendung auf das Beispiel der Ziehung der Lottozahlen:

$$\binom{49}{6} = \frac{49 * 48 * 47 * 46 * 45 * 44}{6 * 5 * 4 * 3 * 2 * 1} = 13.983.816$$

5.3 Übergang von Sequenzen zu ungeordneten Mengen.

Möglichkeiten es gibt, eine Menge von k Kugeln auf eine Anzahl b von Behältern zu verteilen. Erstaunlicherweise ist diese Anzahl genau so groß wie die Anzahl der Möglichkeiten, aus einer Menge mit (b+k−1) Elementen eine Teilmenge mit k Elementen auszuwählen. Man kann also auch das Problem, eine bestimmte Anzahl von Kugeln auf eine vorgegebene Menge von Behältern zu verteilen, zurückführen auf das Lottospiel. Die Anzahl unterschiedlicher Möglichkeiten, sechs Kugeln auf 44 Behälter zu verteilen, ist nämlich genau so groß wie die Anzahl der Möglichkeiten, aus 49 Zahlen sechs auszuwählen, denn in diesem Fall ist (b+k−1) = (44+6−1) = 49. Nun werden Sie sich berechtigterweise fragen, wie man denn diese überraschende Strukturgleichheit einsehen könne, wo doch die Verteilung von Kugeln auf Behälter auf den ersten Blick nichts mit der Auswahl einer Teilmenge aus einer gegebenen Menge zu tun hat. Um dies einzusehen, muss man verstehen, woher der seltsame Ausdruck (b+k−1) kommt.

Abbildung 5.4 soll Ihnen helfen, zu diesem Verständnis zu gelangen. Indem man für jede Kugel ein Element aus der ursprünglichen Menge auswählt, erhält man zwar für jede Kugel eine Information, die etwas damit zu tun hat, in welchen Behälter diese Kugel gelegt werden soll, doch es kann sich bei dieser Infor-

Für die Verteilung von k nicht unterscheidbaren Kugeln auf b Behälter gilt:

Man entnimmt der Menge $\{\,1, 2, 3, \ldots, (b+k-1)\,\}$ eine Teilmenge mit k Elementen und ordnet die ausgewählten Elemente der Größe nach:

w_1	w_2	w_3	$\cdots$	w_k

Die Behälternummern für die k Kugeln erhält man, indem man von den geordneten Zahlen jeweils ihre um eins erniedrigte Positionsnummer subtrahiert::

w_1	w_2-1	w_3-2	$\cdots$	w_k-k+1

Da es in einer Menge mit $(b+k-1)$ Elementen $\binom{b+k-1}{k}$ Teilmengen mit jeweils k Elementen gibt, ist dies auch die Anzahl der unterschiedlichen Verteilungen der Kugeln auf die Behälter.

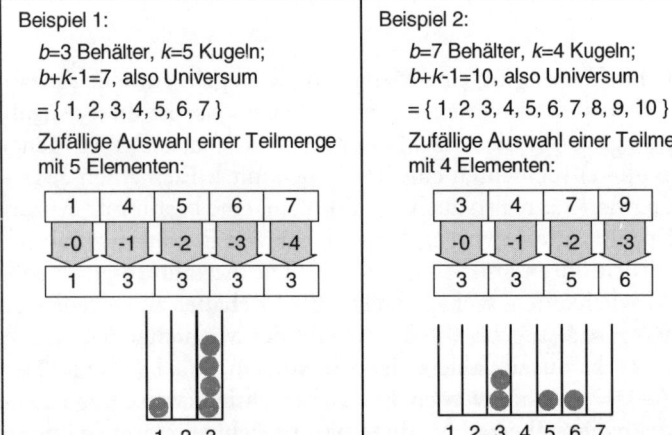

Beispiel 1:

$b=3$ Behälter, $k=5$ Kugeln;
$b+k-1=7$, also Universum
$=\{\,1, 2, 3, 4, 5, 6, 7\,\}$
Zufällige Auswahl einer Teilmenge mit 5 Elementen:

Beispiel 2:

$b=7$ Behälter, $k=4$ Kugeln;
$b+k-1=10$, also Universum
$=\{\,1, 2, 3, 4, 5, 6, 7, 8, 9, 10\,\}$
Zufällige Auswahl einer Teilmenge mit 4 Elementen:

5.4 Zurückführung der Anzahl unterschiedlicher Kugelverteilungen auf die Anzahl unterschiedlicher Teilmengen.

mation nicht in jedem Falle um die Behälternummer handeln. Denn sonst müsste es ja möglich sein, für mehrere Kugeln das gleiche Element auszuwählen, weil die gleiche Behälternummer mehreren Kugeln zugeordnet werden darf. Bei einer Teilmengenbildung müssen sich aber zwangsläufig alle Elemente der Teilmenge

Abgesehen von der obersten Reihe, ergibt sich der jeweilige Zelleninhalt als Summe der Inhalte der beiden darüberliegenden Zellen:

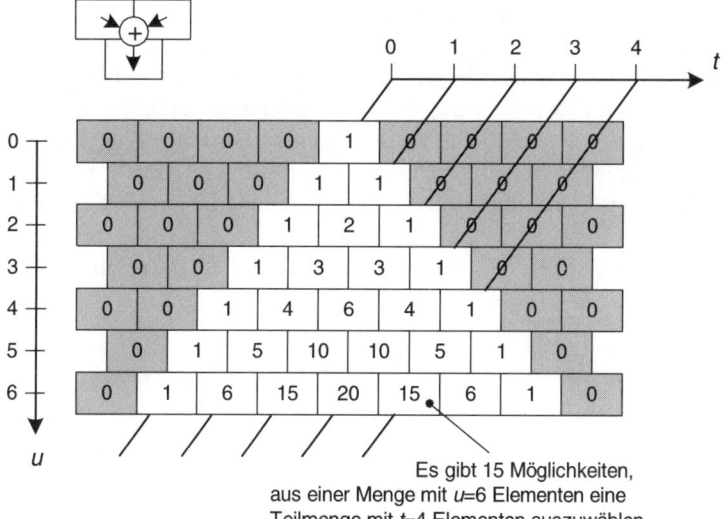

Es gibt 15 Möglichkeiten, aus einer Menge mit u=6 Elementen eine Teilmenge mit t=4 Elementen auszuwählen.

5.5 Das Pascalsche Dreieck und seine Interpretation.

voneinander unterscheiden. Durch das in Abbildung 5.4 angegebene Verfahren der Subtraktion einer positionsabhängigen Zahl wird es möglich, unterschiedlichen Elementen der ausgewählten Teilmenge schließlich doch noch die gleiche Behälternummer zuzuordnen. Damit auch der Fall abgedeckt wird, dass alle k Kugeln im Behälter mit der größten Nummer b liegen, müssen (k−1) Elemente der hierfür ausgewählten Teilmenge größer als b sein. Deshalb hat also das größte Element in der ursprünglichen Menge den Wert (b+k−1).

Der französische Mathematiker Blaise Pascal (1623–1662) hat bei seinen Zahlenspielchen einen erstaunlichen Zusammenhang zwischen unseren Formeln und einer äußerst einfachen Anordnung von Zahlen in Form eines Dreiecks gefunden, das ihm zu Ehren das Pascalsche Dreieck genannt wird. Es ist in Abbildung 5.5 dargestellt; oben ist das Konstruktionsprinzip beschrieben.

Nun können wir die in den Bildern 5.2, 5.3 und 5.4 dargestellten Erkenntnisse auf das Beispiel des Galtonschen Brettes in Abbildung 5.1 anwenden. Wir wollen berechnen, wie groß die Wahrscheinlichkeit ist, dass sich eine bestimmte Verteilung der Kugeln, beispielsweise die in Abbildung 5.1 gezeigte, einstellt. Mit dem Wissen aus Abbildung 5.4 kann man sehr leicht berechnen, wie viele unterschiedliche Verteilungen es bei einer Kugelanzahl k = 25 und einer Behälteranzahl b = 6 gibt. Diese Anzahl ist oben in Abbildung 5.6 angegeben. Diese verschiedenen Verteilungen sind aber keinesfalls gleichwahrscheinlich, denn die jeweilige Wahrscheinlichkeit hängt davon ab, wie viele unterschiedliche

---

Wenn man in das in Abb. 5.1 dargestellte Galton-Brett 25 Kugeln einwirft,

ergibt sich eine der $\begin{pmatrix} 6 + 25 - 1 \\ 25 \end{pmatrix} = \begin{pmatrix} 30 \\ 25 \end{pmatrix} = 142.506$ möglichen Verteilungen.

Es gibt insgesamt $2^{25*5} = 2^{125}$ mögliche unterschiedliche Experimentverläufe, weil für jede der 25 Kugeln jeweils 5 zufällige Richtungsentscheidungen - links oder rechts - fallen.

Das sind rund $42*(1 \text{ Milliarde})^4$ unterschiedliche Experimentverläufe.

Die Anzahl der Experimentverläufe, die mit dem in Abb. 5.1 dargestellten Ergebnis enden, ist

$$\begin{pmatrix} 25 \\ 4 \end{pmatrix} * \begin{pmatrix} 5 \\ 1 \end{pmatrix}^4 * \begin{pmatrix} 21 \\ 7 \end{pmatrix} * \begin{pmatrix} 5 \\ 2 \end{pmatrix}^7 * \begin{pmatrix} 14 \\ 10 \end{pmatrix} * \begin{pmatrix} 5 \\ 3 \end{pmatrix}^{10} * \begin{pmatrix} 4 \\ 2 \end{pmatrix} * \begin{pmatrix} 5 \\ 4 \end{pmatrix}^2 * \begin{pmatrix} 2 \\ 2 \end{pmatrix} * \begin{pmatrix} 5 \\ 5 \end{pmatrix}^2$$

Dieses Produkt enthält pro nichtleerem Kugelfach ein Faktorenpaar der Form

$\begin{pmatrix} r \\ k \end{pmatrix} * \begin{pmatrix} 5 \\ f \end{pmatrix}^k$ mit

k = Anzahl der Kugeln im Fach;
5 = Anzahl der Richtungsentscheidungen pro Kugel;
f = Anzahl der rechts-Entscheidungen auf dem Weg in das Fach = die um eins verminderte Fachnummer;
r = Anzahl der Kugeln, die noch keinem Fach mit kleinerer Nummer zugeordnet wurden.

Der erste Faktor gibt die Anzahl der Möglichkeiten an, aus der Menge der r Kugeln die k Kugeln für das Fach (f+1) auszuwählen.
Der zweite Faktor gibt die Anzahl der Wegekombinationen an, auf denen die k Kugeln in das Fach (f+1) gelangen können.

5.6 Zahlenverhältnisse zum Galtonschen Brett in Abbildung 5.1.

Wege es zwischen dem Kugeleinwurf und den verschiedenen Fächern gibt. Die Nummer des Faches, in dem eine Kugel landet, ist jeweils um eins größer als die Anzahl der Rechtsentscheidungen, die auf dem Weg von oben nach unten fallen. Dabei ist es unerheblich, an welchen Gabelungen diese Rechtsentscheidungen fallen, sofern es hierfür mehrere Möglichkeiten gibt. Wenn man also wissen will, wie viele unterschiedliche Wege von oben in ein Fach mit der Nummer n führen, muss man nur fragen, wie viele Möglichkeiten es gibt, aus der Menge der 5 Gabelungsebenen die (n−1) Gabelungen auszuwählen, an denen die Rechtsentscheidung fällt. Die Wahrscheinlichkeit einer bestimmten Kugelverteilung erhält man nun einfach dadurch, dass man die Anzahl der Experimentverläufe, die zu dieser Verteilung führen, durch die Anzahl aller möglichen Experimentverläufe dividiert.

Die Berechnung der Anzahl der Experimentverläufe, die mit dem in Abbildung 5.1 dargestellten Ergebnis enden, ist unten in Abbildung 5.6 dargestellt. In diesem großen Produktausdruck kommen für jedes Fach, in dem Kugeln liegen, zwei Faktoren vor: Der erste Faktor gibt jeweils an, wie viele Möglichkeiten man hat, aus der Menge der Kugeln, die man noch keinem Fach zugewiesen hat, die Kugeln für das aktuell betrachtete Fach auszuwählen. Der zweite Faktor ist eine Potenz. Die Basis dieser Potenz gibt an, auf wie vielen unterschiedlichen Wegen eine Kugel in dieses Fach gelangen kann, und der Exponent ist gleich der Zahl der Kugeln, die aktuell in dieses Fach fallen. Ich habe mir die Mühe erspart auszurechnen, welches Ergebnis dieser lange Produktausdruck hat, denn es genügt vollkommen, wenn Sie verstanden haben, wie man zu diesem Produktausdruck gelangt.

Zum Abschluss der Betrachtung der Welt der Kombinatorik werde ich noch ein Beispiel behandeln, welches schon Anlass zu vielen Diskussionen gegeben hat, und dessen Lösung manchen Leuten paradox vorkommt. Es geht um eine Unterhaltungsshow im Fernsehen, in der ein Kandidat vor die Aufgabe gestellt wird, zu erraten, hinter welcher von drei Türen ein Auto steht. Rät er richtig, gehört das Auto ihm, andernfalls bekommt er nur einen Trostpreis. Nachdem sich der Kandidat für eine der drei Türen entschieden hat, öffnet der Moderator eine der beiden nicht ausgewählten Türen, und der Kandidat kann sehen, dass dahinter kein

Auto steht. Jetzt bietet der Moderator dem Kandidaten an, seine Wahl noch einmal zu überdenken, d. h., der Kandidat darf nun seine Wahl revidieren, falls er es für richtig hält. Er kann bei der zuerst gewählten Tür bleiben oder zu der anderen noch geschlossenen übergehen. Seine Entscheidung wird von seiner Einschätzung der Wahrscheinlichkeiten abhängen. Erfahrungsgemäß sagen viele Leute an dieser Stelle, die Wahrscheinlichkeiten für die beiden Türen seien jeweils 50 Prozent, denn es gebe ja keine Information, aus der auf eine Ungleichgewichtigkeit der beiden Türen geschlossen werden könne. Diese Information gibt es aber doch, denn der Moderator war ja bei seiner Entscheidung, welche Tür er öffnet, nicht ganz frei. Falls hinter einer der beiden nicht gewählten Türen das Auto steht, darf er diese ja nicht öffnen. Wenn der Kandidat zu Beginn eine von drei Türen wählt, ist die Wahrscheinlichkeit, dass dahinter das Auto steht, ein Drittel. Also ist die Wahrscheinlichkeit, dass es hinter einer der beiden nicht gewählten Türen steht, zwei Drittel. Daran ändert sich nichts, wenn eine der beiden nicht gewählten Türen geöffnet wird, hinter der das Auto nicht steht. Der Kandidat sollte also seine Wahl revidieren, denn die Wahrscheinlichkeit, dass das Auto hinter der ursprünglich gewählten Tür steht, ist nach wie vor nur ein Drittel, wogegen es mit zwei Drittel Wahrscheinlichkeit hinter der anderen steht.

Was man macht, wenn man gar nicht alles so genau wissen will

Politiker und Manager, die in den höchsten Führungspositionen sitzen, müssen dauernd von einer Aufgabe zur anderen wechseln und haben deshalb für die einzelnen Themen nur sehr wenig Zeit. Diejenigen, die solche Führungskräfte mit Informationen versorgen sollen oder wollen, werden dann üblicherweise aufgefordert, sich in ihren Darstellungen auf das Wesentliche zu beschränken. Da sollen sie dann einen komplizierten Sachverhalt auf maximal einer Seite beschreiben, weil der Chef erfahrungsgemäß alle Texte, die länger als eine Seite sind, sofort ungelesen zur Seite legt. Oder es wird erwartet, dass sie ein Thema in einem zehnminütigen Vortrag präsentieren, obwohl zur Vermittlung eines wirklichen Verständnisses mindestens eine Stunde erforderlich ist.

Diese Vorrede soll Sie auf unser nun folgendes Thema einstimmen, wo es darum geht, Wahrscheinlichkeitsverteilungen, die man nicht vollständig mitteilen will oder soll, auf möglichst wenige charakteristische Aussagen zu verdichten. Das geht aber nur, wenn die Fälle, deren Wahrscheinlichkeit Gegenstand der betrachteten Verteilung ist, als Punkte auf einer Zahlenachse gesehen werden können, sodass es zwischen je zwei Fällen einen wohl definierten Abstand gibt. Als Beispiel einer Verteilung, bei der es solche zahlenmäßigen Abstände zwischen den Fällen nicht gibt, betrachten wir die Situation, dass ein junger Mann garantiert eine der drei Nachbarstöchter Anna, Emma oder Luise heiraten wird, und dass die Wahrscheinlichkeiten für die drei möglichen Fälle ein Zehntel, drei Zehntel und sechs Zehntel seien. Selbstverständlich kann man hier nicht die Differenzen (Anna – Emma), (Emma – Luise) oder (Luise – Anna) bilden, denn Frauen sind keine Zahlen, die man arithmetisch verknüpfen könnte.

Im Folgenden geht es nun nur noch um Fälle, die entweder von vornherein schon Zahlen sind oder die mehr oder weniger gut begründet auf Zahlen abgebildet werden können. Als erstes wird man sich normalerweise für den Durchschnittswert interessieren. Was man allerdings meint, wenn man vom Durchschnittswert spricht, ist nicht in jedem Falle klar. Am Beispiel in Abbildung 5.7 will ich das Problem für Sie veranschaulichen. In diesem Beispiel geht es darum, aus einer Menge von sieben Zahlen zufällig eine auszuwählen, und für jede dieser Zahlen gibt es eine bestimmte Wahrscheinlichkeit. In Abbildung 5.8 habe ich diese Wahrscheinlichkeiten als Gewichte veranschaulicht, die auf einem Wippbalken sitzen, wobei ihre Positionen durch die möglichen wählbaren Zahlen bestimmt sind. In diesem Bild habe ich zwei Zahlenwerte

Mögliche Zahl x, die zufällig gewählt wird	0	7	9	11	13	15
Wahrscheinlichkeit, dass x gewählt wird	0,1	0,3	0,05	0,05	0,3	0,2

5.7 Beispiel einer Wahrscheinlichkeitsverteilung.

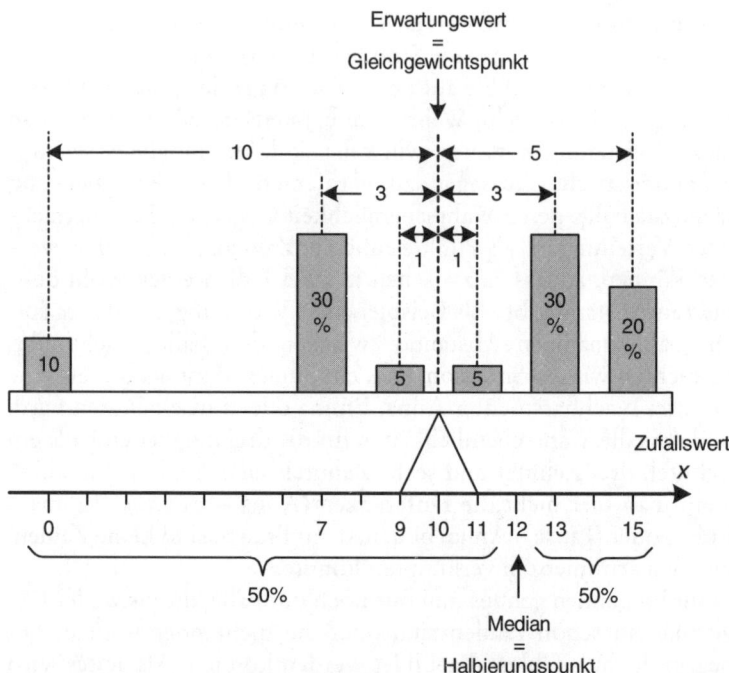

5.8 Erwartungswert und Median für die Verteilung in Abbildung 5.7.

markiert, die gemeint sein könnten, wenn vom Durchschnitt gesprochen wird. Der eine Zahlenwert ist der Gleichgewichtspunkt der Schaukel, und der andere Zahlenwert ist der Halbierungspunkt der Verteilung. Die Summe der Gewichte rechts vom Gleichgewichtspunkt beträgt 55 Prozent, und die restlichen 45 Prozent sitzen links davon. Dass trotz dieser unterschiedlichen Gewichtssummen auf beiden Seiten des Gleichgewichtspunkts der Wippbalken im Gleichgewicht ist, kommt von den unterschiedlichen Abständen, in denen die Gewichte sitzen. Man kennt das vom Spielplatz, wo man beobachten kann, dass zwei unterschiedlich schwere Kinder ein ausgewogenes Schaukelverhältnis herstellen können, indem sich das schwerere Kind näher an die Balkenauflage setzt als das leichtere Kind. Auf beiden Seiten des Gleichgewichtspunkts muss die Summe der Produkte aus Gewicht und Abstand gleich sein. In unserem Falle gilt die Gleichung:

$$10*10 + 30*3 + 5*1 = 5*1 + 30*3 + 20*5$$

In der Fachsprache wird übrigens der Gleichgewichtspunkt als „Erwartungswert" bezeichnet. Diese Bezeichnung ist so fest verankert, dass auch ich mich diesem Sprachgebrauch nicht verweigern kann. Dennoch möchte ich darauf hinweisen, dass sie nicht besonders glücklich ist. Nehmen Sie einmal an, die Wahrscheinlichkeitsverteilung in Abbildung 5.7 beschreibe die Verhältnisse eines Glücksspiels, und Sie müssten sich entscheiden, auf welche der sechs Zahlen Sie tippen. Da würden Sie doch vermutlich auf die Zahl sieben oder 13 tippen, weil diese beiden die höchsten Wahrscheinlichkeiten haben. Als Erwartungswert ergibt sich aber der Wert zehn, der jedoch gar nicht als Ergebnis der Zufallsentscheidung vorkommen kann. Es wäre also völlig sinnlos zu sagen, man erwarte bei diesem Spiel das Eintreffen der Zahl zehn.

Neben dem Gleichgewichtspunkt gibt es noch den sogenannten Halbierungspunkt, der manchmal, aber nicht immer, gleich dem Erwartungswert ist. In unserem Beispiel in Abbildung 5.8 liegt der Halbierungspunkt bei der Zahl 12. Der Punkt ist dadurch definiert, dass auf beiden Seiten dieses Punktes die Summe der Gewichte gleich sein muss. In der Fachsprache wird der Halbierungspunkt „Median" genannt.

Sowohl der Erwartungswert als auch der Median beschreiben auf unterschiedliche Weise die Idee einer Mitte der Verteilung. Wenn man diese Mitte kennt, kann man sich als nächstes für die sogenannte Streuung interessieren. Man versucht, durch einen Zahlenwert auszudrücken, wie stark die auftretenden Fälle nach links und rechts vom Erwartungswert abweichen. Das Verfahren, zu einer gegebenen Wahrscheinlichkeitsverteilung diesen sogenannten Streuungswert zu berechnen, liegt nicht unbedingt auf der Hand. Die Mathematiker haben sich hier an die Möglichkeit erinnert, Abstände nach dem Satz des Pythagoras zu berechnen, indem man eine Summe von Abstandsquadraten bildet und daraus die Wurzel zieht. In unserem Falle darf man allerdings die Abstandsquadrate nicht alle mit dem gleichen Gewicht in die Summe einbringen, sondern man muss sie mit der Wahrscheinlichkeit gewichten. Im Falle der Verteilung in Abbildung 5.8 rechnen wir also

$$0,1 * 10^2 + 2 * 0,3 * 3^2 + 2 * 0,05 * 1^2 + 0,2 * 5^2 = 20,5$$

Welche Vorstellung man mit diesem Wert verbinden kann, zeigt die Abbildung 5.9. Auch in diesem Falle ist wieder die Vorstellung einer Wippschaukel angebracht. Die Positionen für die Wahrscheinlichkeitsgewichte auf dieser neuen Wippschaukel erhält man durch Quadrierung ihrer Abstände vom Erwartungswert. Im Falle unseres Beispiels kommen als Abstände in Abbildung 5.8 die Werte 1, 3, 5 und 10 vor. Deshalb finden wir in Abbildung 5.9 die Positionen 1^2, 3^2, 5^2 und 10^2. Der berechnete Wert 20,5 gibt an, wo der Gleichgewichtspunkt dieser Wippschaukel liegt. Die Wurzel aus diesem Gleichgewichtswert wird in der Fachsprache als Standardabweichung bezeichnet. In unserem Fall beträgt sie 4,528. Durch die Standardabweichung ist ein symmetrisch um den Erwartungswert liegendes Intervall festgelegt, und es ist allgemein interessant zu wissen, wie groß die Summe der Wahrscheinlichkeiten ist, die innerhalb dieses Standardabweichungsintervalls liegen. In unserem Beispiel ist der Erwartungswert 10, sodass wir das Intervall

$$(10 - 4,528) \leq x \leq (10 + 4,528) \quad \text{also} \quad 5,472 \leq x \leq 14,528$$

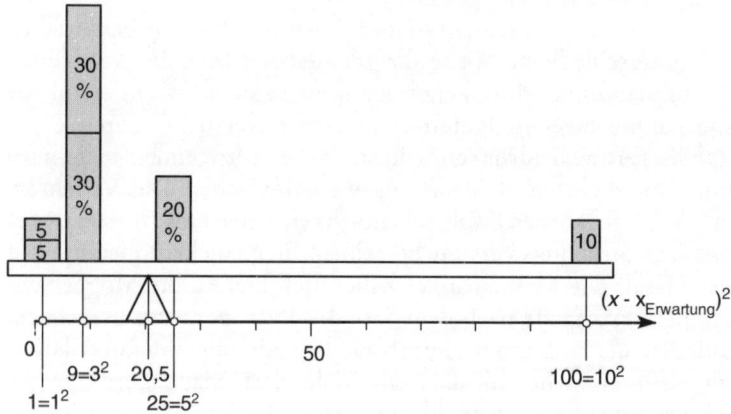

5.9 Streuungsrechnung für das Beispiel in Abbildung 5.8.

erhalten. Innerhalb dieses Intervalls liegen die Fälle 7, 9, 11 und 13 und deren Wahrscheinlichkeiten ergeben die Summe 70 Prozent, d. h., mit 70-prozentiger Wahrscheinlichkeit wird ein Fall auftreten, der innerhalb des Intervalls der Standardabweichung liegt.

Während der Erwartungswert und die Standardabweichung Zahlen zur Charakterisierung einer Wahrscheinlichkeitsverteilung sind, dient der sogenannte Korrelationsfaktor dazu, etwas über den Zusammenhang zwischen zwei Verteilungen auszusagen. Die sogenannte Korrelationsrechnung wurde von dem gleichen Francis Galton eingeführt, dem wir auch das Galtonsche Brett verdanken. Ich sagte Ihnen schon, dass er sich für die Vererbung menschlicher Eigenschaften interessierte, und dabei stellte er sich die Frage, wie er denn möglichst objektiv feststellen könne, ob zwei Merkmale in einem kausalen Zusammenhang stehen. Das Beispiel, anhand dessen ich das Thema Korrelation behandeln will, ist in Abbildung 5.10 dargestellt. Wir nehmen an, wir wollten herausfinden, ob ein Zusammenhang zwischen der Kurzsichtigkeit und der Glatzköpfigkeit bei Männern besteht. Da es mir hier nur auf die verständliche Erklärung der Begriffe zum Thema Korrelation ankommt, habe ich mir nicht die Mühe gemacht, herauszusuchen, wie die Verteilungen dieser beiden Merkmale in der Realität sind. Vermutlich weichen die Zahlen, die ich in Abbildung 5.10 verwendet habe, stark von der Realität ab.

Unter Bezug auf die beiden betrachteten Merkmale können wir die Männer in vier Gruppen einteilen und nach der Wahrscheinlichkeit fragen, dass ein Mann in eine bestimmte Gruppe fällt. Jedem dieser vier Fälle entspricht ein Feld in dem quadratischen Schema, welches in Abbildung 5.10 dreimal vorkommt. Die in die Felder einzutragenden Wahrscheinlichkeiten bezeichnet man als Verbundwahrscheinlichkeiten, weil sie jeweils einen bestimmten „Verbund" von zwei Merkmalen betreffen. Am Rande des grauen Schemas stehen die Wahrscheinlichkeiten, die ich für die beiden Einzelmerkmale angenommen habe. Aus diesen Wahrscheinlichkeiten der Einzelmerkmale folgt nicht zwingend eine ganz bestimmte Verteilung der vier Fälle. Deshalb habe ich in das graue Feld der Männer, die nicht kurzsichtig sind und keine Glatze haben, die variable Verbundwahrscheinlichkeit p_0 eingetragen. Es ist allgemein üblich, Wahrscheinlichkeitsvariable mit p zu

	Spaltensummen		
	0,6	0,4	
0,7	p_0	$0,7 - p_0$	nicht kurzsichtig
0,3	$0,6 - p_0$	$p_0 - 0,3$	kurzsichtig
	keine Glatze	Glatze	

Zeilensummen

Werte der Verbundwahrscheinlichkeiten für verschiedene Werte von p_0:

Beispiel 1: $p_0 = 0,6*0,7 = 0,42$

0,42	0,28
0,18	0,12

p(Kurzsichtigkeit der Glatzköpfigen) = 0,12/0,4 = 0,3 = p(Kurzsichtigkeit) Diese Gleichheit bedeutet, dass die beiden Merkmale unabhängig voneinander sind.

Beispiel 2: $p_0 = 0,5$

0,5	0,2
0,1	0,2

p(Kurzsichtigkeit der Glatzköpfigen) = 0,2/0,4 = 0,5 ungleich 0,3 Diese Ungleichheit bedeutet, dass die beiden Merkmale voneinander abhängen.

5.10   Ein Beispiel zum Thema „Korrelation".

bezeichnen, denn das lateinische Wort für Wahrscheinlichkeit ist *probabilitas*. In den restlichen drei Feldern des grauen Schemas habe ich arithmetische Ausdrücke eingetragen, welche die jeweils einzutragenden Verbundwahrscheinlichkeiten liefern, sobald der Wert p_0 festgelegt ist. Damit sich keine negativen Wahrscheinlichkeitswerte ergeben, muss bei der Wahl eines Wertes für p_0 die Ungleichung $0,3 \leq p_0 \leq 0,6$ eingehalten werden.

Die beiden Merkmale sind unabhängig voneinander, also unkorreliert, wenn die Verteilung des einen Merkmals in beiden Fällen des anderen Merkmals gleich ist. Im Falle der Unabhängigkeit müssen also 30 Prozent der Männer, die eine Glatze haben, kurzsichtig sein und ebenso müssen 30 Prozent der Männer, die keine Glatze haben, kurzsichtig sein. In diesem Falle findet man auch bei den kurzsichtigen Männern 60 Prozent ohne Glatze und 40 Prozent mit Glatze. Wenn von den Männern, die keine Glatze haben, 70 Prozent nicht kurzsichtig sind, hat die Verbundwahrscheinlichkeit p_0 den Wert $0,7 * 0,6 = 0,42$. Denn 70 Prozent von 60 Prozent sind 42 Prozent, was auch umgekehrt als 60 Prozent von 70 Prozent gedeutet werden kann. Die Abhängigkeit der beiden Merkmale voneinander ist umso größer, je stärker die Verbundwahrscheinlichkeit p_0 von 0,42 abweicht. Als Beispiel eines von 0,42 abweichenden Wertes für p_0 habe ich unten im rechten Schema den Wert 0,5 gewählt. In diesem Fall hängt die Wahrscheinlichkeit für Kurzsichtigkeit von der Frage ab, ob wir einen Mann mit oder ohne Glatze betrachten: Ein glatzköpfiger Mann ist zu 50 Prozent kurzsichtig, wogegen ein Mann ohne Glatze nur mit einer Wahrscheinlichkeit von 16,7 Prozent kurzsichtig ist.

Die Korrelationsrechnung soll nun eine Zahl liefern, die auf einprägsame Weise darüber Auskunft gibt, wie stark zwei Verteilungen voneinander abhängen. Im Falle der völligen Unabhängigkeit soll dieser sogenannte Korrelationsfaktor den Wert 0 haben, und im Falle der völligen Abhängigkeit soll er -1 oder $+1$ sein, je nachdem, ob mit dem Vorliegen des einen Merkmals die garantierte Abwesenheit oder das garantierte Vorliegen des anderen Merkmals verbunden ist. Korrelationsrechnung kann man allerdings nur betreiben, wenn Verteilungen betrachtet werden, für die jeweils ein Erwartungswert berechnet werden kann. Dies geht aber nur, wenn die Wahrscheinlichkeitswerte auf einen Wippbalken gesetzt werden können. Wenn die betrachteten Verteilungen jeweils nur aus zwei Wahrscheinlichkeitswerten bestehen – was in unserem Beispiel der Fall ist –, kann man jeder der beiden Verteilungen willkürlich eine Zahl zuordnen, welche dem Abstand der beiden auf der Wippe sitzenden Wahrscheinlichkeitswerte entsprechen soll. Wie Sie oben in Abbildung 5.11 sehen können, habe ich der Glatzköpfigkeitsverteilung den Abstand 40 und der Kurzsichtigkeitsverteilung den Abstand 2 zugeordnet. Die jeweiligen Wahrscheinlichkeitswerte habe ich nun so auf die Wippe gesetzt, dass der Erwartungswert in beiden Fällen null wird. Deshalb sitzen die beiden Wippenlager oben in Abbildung 5.11 jeweils an der

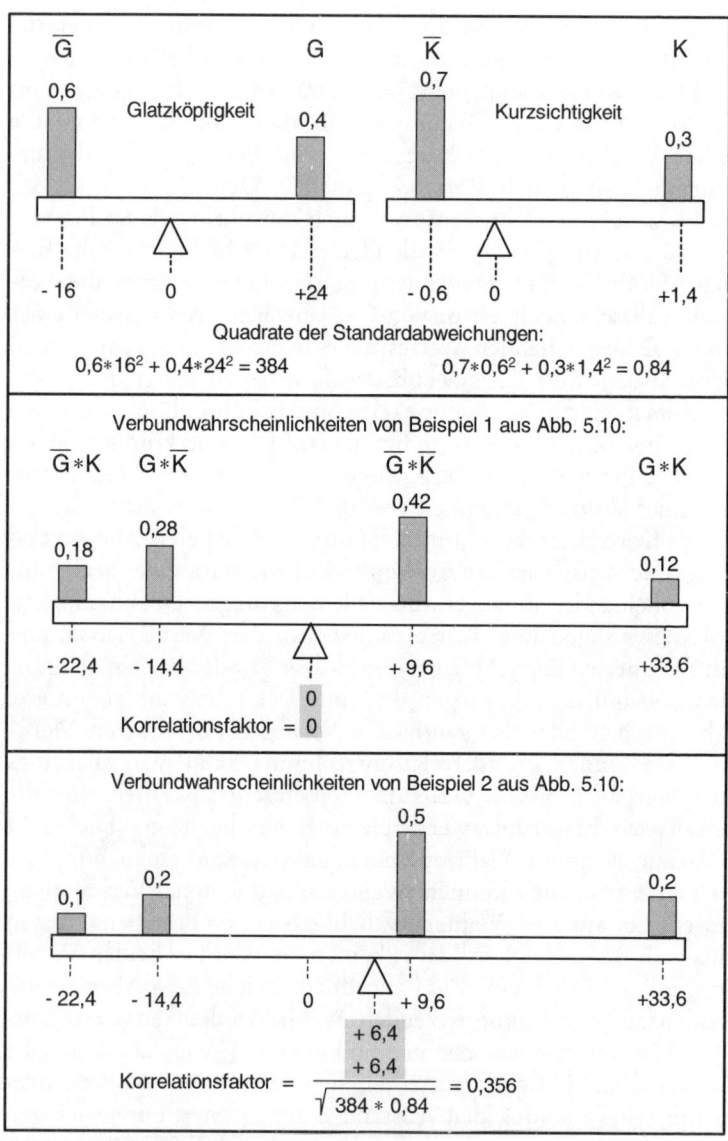

5.11 Korrelationsrechnungen für die Beispiele in Abbildung 5.10.

Position null. Aus den gegebenen Wippenplatzierungen lassen sich nun leicht die zugehörigen Standardabweichungen berechnen; die Quadrate dieser Werte stehen unter den Wippen.

Als nächstes müssen nun die Verbundwahrscheinlichkeiten, die wir den quadratischen Schemata in Abbildung 5.10 entnehmen können, auf eine Wippe gesetzt werden.. Die Positionen der jeweils vier Wahrscheinlichkeitswerte lassen sich berechnen, indem man die Verteilungen der beiden Einzelmerkmale „miteinander multipliziert". Diese Multiplikation bedeutet, dass man jede Position der einen Wippe mit jeder Position der anderen Wippe multipliziert. Die Multiplikation der beiden oben in Abbildung 5.11 dargestellten Zweierwippen ergibt die darunter stehende Viererwippe . Auch diese Wippe ist in der Gleichgewichtslage, wenn das Lager an der Position null sitzt. Die vier auf der Wippe sitzenden Verbundwahrscheinlichkeiten haben die Werte, die im linken Schema in Abbildung 5.10 eingetragen sind. Diese entsprachen dem Fall der Unabhängigkeit der beiden Merkmalsverteilungen, und deshalb muss hier der Korrelationsfaktor den Wert null haben.

Die Wippensituation ganz unten in Abbildung 5.11 ergibt sich, indem man bei der darüber stehenden Viererwippe die Wahrscheinlichkeiten durch andere ersetzt. Als neue Werte habe ich nun die Verbundwahrscheinlichkeiten aus dem rechten Schema in Abbildung 5.10 genommen. Würde man das Wippenlager weiterhin an der Position null sitzen lassen, wäre die Wippe nun nicht mehr im Gleichgewicht. Um wieder eine Gleichgewichtslage zu erhalten, musste ich das Lager um den Abstand 6,4 nach rechts verschieben. Dieser Verschiebewert kann aber noch nicht unmittelbar als Maß für die Abhängigkeit zwischen den beiden Merkmalen genommen werden, denn dieser Wert hängt auch noch von den Abständen der Wahrscheinlichkeiten auf den Zweierwippen ab, und diese konnten ja frei gewählt werden. Deshalb muss nun noch der Einfluss dieser Abstände „herausdividiert" werden. Den gesuchten Korrelationsfaktor erhält man, indem man den Abstand, um den das Wippenlager verschoben werden musste, durch das Produkt der Standardabweichungen der Zweierverteilungen dividiert. Es ergibt sich der positive Wert 0,356, sodass man sagen kann, die Kurzsichtigkeit sei positiv mit der Glatzköpfigkeit korreliert. Mit dieser Aussage ist gemeint, dass das gleichzeitige

Auftreten von Kurzsichtigkeit und Glatzköpfigkeit häufiger ist, als es bei Unabhängigkeit der beiden Merkmale der Fall wäre. Ich weise ausdrücklich noch einmal darauf hin, dass die hier berechneten Ergebnisse auf angenommen Zahlen beruhen, die willkürlich gewählt wurden und mit der Realität nichts zu tun haben müssen.

Die Korrelationsrechnung ist politisch nicht unproblematisch, weil sie dazu benutzt werden kann, Zusammenhänge zu behaupten, die große Menschengruppen diskriminieren. So gab es durchaus Versuche, Korrelationen zwischen der Hautfarbe und der Intelligenz oder zwischen der Kriminalitätsrate und der Nationalität herzustellen.

Was man macht, wenn es nichts mehr zu zählen gibt

Wir betrachten nun Aufgabenstellungen, bei denen die Zufallswerte Zahlen sind und bei denen es Sinn macht, die Menge der möglichen Zahlen zum Kontinuum zu verdichten. Im Falle des Galton-Brettes kann man zwar die Fächer nummerieren, damit man die auftretenden Fälle auf einer Zahlenachse positionieren kann. Man kann aber diese Zahlen nicht zum Kontinuum verdichten, weil es sinnlos ist, von Fächern zu reden, die keine natürliche Zahl als Nummer haben.

Dem gegenüber beschreibt Abbildung 5.12 eine Situation, bei der anfänglich die betrachteten Zahlen auf der horizontalen Achse auch nur natürliche Zahlen sind, die man aber anschließend zum Kontinuum verdichten kann. Diesem Bild liegt die Vorstellung zugrunde, man würfle achtmal hintereinander mit einem Würfel und addiere die acht gewürfelten Zahlen zu einer Summe. Die kleinstmögliche Summe hat den Wert acht, und die größtmögliche Summe den Wert 48. Es gibt jeweils nur eine einzige Zahlensequenz, die zu diesen Extremsummen führt; im einen Fall muss man achtmal hintereinander eine Eins würfeln, im anderen Fall achtmal hintereinander eine Sechs. Am wahrscheinlichsten dagegen ist es, dass man die Summe 28 erhält, denn es gibt 135 954 unterschiedliche Würfelsequenzen, die alle zur Summe 28 führen. Die Anzahl aller möglichen unterschiedlichen achtstelligen Wür-

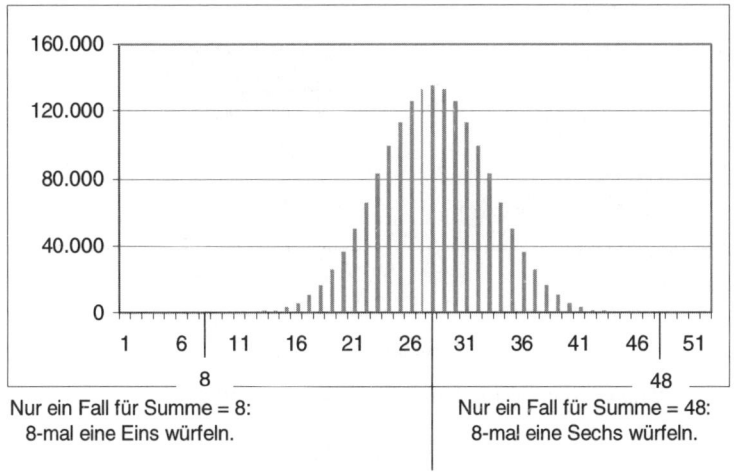

Nur ein Fall für Summe = 8:
8-mal eine Eins würfeln.

Nur ein Fall für Summe = 48:
8-mal eine Sechs würfeln.

Die Summe 28
kommt am häufigsten vor.

5.12 Auf dem Weg zur Gaußschen Glockenkurve: Verteilung der $6^8 = 1\,679\,616$ unterschiedlichen Sequenzen von acht zufällig gewählten Zahlen aus dem Repertoire {1, 2, 3, 4, 5, 6} auf ihre Summe.

felsequenzen ist $6^8 = 1\,679\,616$. Damit ergibt sich die Wahrscheinlichkeit, eine 28 als Summe zu würfeln, zu rund acht Prozent, denn $135\,954/1\,679\,616 = 0{,}08094$.

In unserem Würfelexperiment können nur die natürlichen Zahlen eins bis sechs als Summanden vorkommen. Nun können wir uns aber durchaus auch vorstellen, dass wir einen Zufallsprozess erfinden, bei dem als Summanden beliebige reelle Zahlen im Intervall zwischen eins und sechs vorkommen können. Während zuvor die Mächtigkeit des Summandenrepertoires endlich war, ist nun diese Mächtigkeit unendlich, denn zwischen eins und sechs gibt es unendlich viele reelle Zahlen. Damit ist auch die Anzahl der möglichen Summen unendlich geworden, denn wenn man acht Summanden zufällig aus dem kontinuierlichen Intervall zwischen eins und sechs auswählt, erhält man eine der möglichen Zahlen, die im kontinuierlichen Intervall zwischen acht und 48 liegen. Während es im Falle der endlich vielen möglichen Summen für die einzelne Summe jeweils eine von null verschiedene Wahrscheinlichkeit

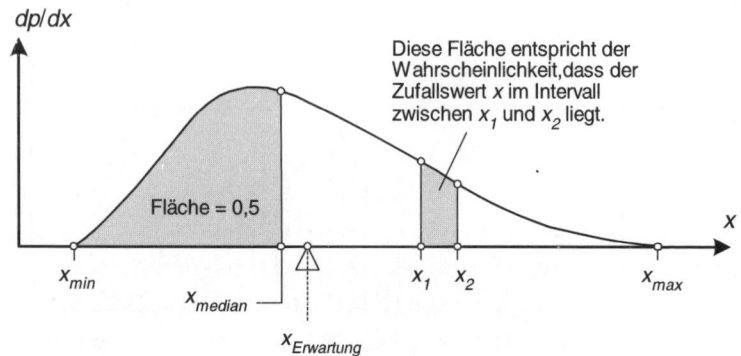

5.13 Beispiel eines Wahrscheinlichkeitsdichteverlaufs.

gibt, hat es jetzt keinen Sinn mehr, von der Wahrscheinlichkeit einer ganz bestimmten Summe zu reden, denn es gibt ja unendlich viele mögliche Summen. Solange die Anzahl der Fälle endlich war, hatten wir endlich viele von null verschiedene Wahrscheinlichkeiten, und deren Summe betrug eins. Im Falle der unendlich vielen Fälle im Kontinuum stehen wir vor dem Problem, dass unendlich viele Wahrscheinlichkeiten, die alle den Wert null haben, eine Summe ergeben sollen, die den Wert eins hat. Dieses Problem sollte Sie an unsere Überlegungen zur Flächenbestimmung bei der Integration erinnern. Dort haben wir auch unendlich viele unendlich kleine Flächen addiert und eine endliche Fläche erhalten. Deshalb müssen wir nun auch hier die Methode der Integration anwenden. Bei der Integration geht es ja immer darum, die Fläche unter einer sogenannten Steigungskurve zu bestimmen. Im Bereich der Wahrscheinlichkeitsbetrachtungen nennt man die zu integrierende Steigungskurve einen Wahrscheinlichkeitsdichteverlauf (Abbildung 5.13).

Man kann jetzt nicht mehr nach der Wahrscheinlichkeit fragen, dass sich ein bestimmter Punkt auf der Zahlenachse als Ergebnis unseres Experiments ergibt, denn diese Wahrscheinlichkeit ist unendlich klein. Man kommt aber leicht zu endlichen Wahrscheinlichkeiten, indem man nach der Wahrscheinlichkeit fragt, dass der sich einstellende Zahlenwert in einem Intervall liegt, welches durch zwei Punkte auf der x-Achse eingegrenzt wird. Die gesamte Fläche unter der Kurve muss den Wert eins haben, was der Wahrscheinlichkeit 100 Prozent entspricht. Deswegen gibt es auch einen Punkt, bei dem diese Fläche halbiert wird; dieser Punkt entspricht wieder unserem Median. Selbstverständlich lässt sich auch hier ein Gleichgewichtspunkt bestimmen, der den Erwartungswert darstellt. Stellen Sie sich vor, wir würden aus einem dicken Brett eine Form aussägen, die der Kurvenform in Abbildung 5.13 entspricht. Wenn wir dieses Brett an der Stelle $x_{Erwartung}$ unterstützen, dürfte es weder nach links noch nach rechts kippen, sondern müsste im waagerechten Gleichgewicht bleiben. Man kann auch hier wieder den Streuungswert bestimmen, indem man über die gewichteten Quadrate der Abstände zum Erwartungspunkt integriert.

Der berühmte Mathematiker Friedrich Gauß (1777–1855) hat die Formel gefunden, die sich als Grenzwert ergibt, wenn man ausgehend von den Verhältnissen in Abbildung 5.12 zu unendlich vielen Summanden aus einem kontinuierlichen Zahlenintervall übergeht. Dabei hat er allerdings nicht angenommen, die Summanden lägen gleichverteilt im Intervall $1 \leq x \leq 6$, denn dies ergab sich ja nur aus unserer Annahme, die Summanden würden durch Würfeln gewonnen. Für die Grenzwertbildung ist es einfacher anzunehmen, die Summanden kämen aus einem Intervall $-x_0 \leq x \leq +x_0$, welches symmetrisch um den Nullpunkt liegt, denn dann ist der Erwartungswert der Summe null und hängt nicht von den Intervallgrenzen ab. Die Intervallgrenze x_0 geht jedoch in den Wert der Standardabweichung ein.

Die Wahrscheinlichkeitsdichteverteilung ist als Gaußsche Glockenkurve bekannt geworden; ihrer Form sieht fast genauso aus wie die Kurve in Abbildung 5.12. Gauß hat für diese Wahrscheinlichkeitsdichtefunktion die in Abbildung 5.14 angegebene Formel gefunden, die für den Fall gilt, dass die Standardabweichung den Wert 1 hat. In dieser Formel sind interessanterweise die beiden wichtigsten transzendenten Zahlen der Mathematik, nämlich π und e miteinander verbunden. Ich habe gar nicht erst versucht, die Herleitung dieser Formel in Mathematikbüchern zu suchen. Wenn sie so einfach wäre, dass man sie mit einer kurzen Überlegung begründen könnte, hätte ich sie bestimmt schon früher ein-

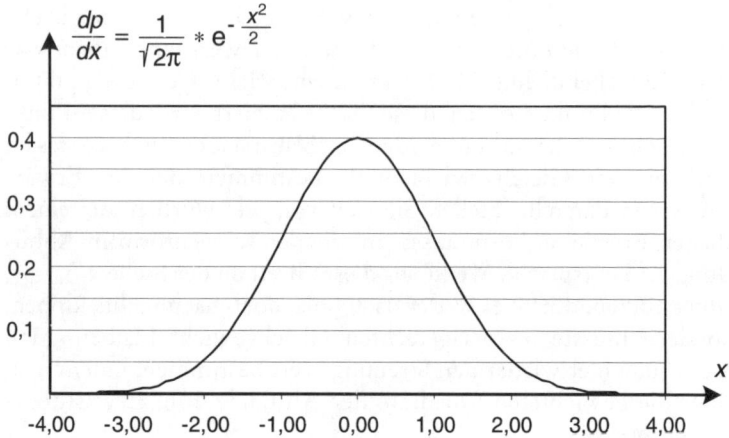

5.14   Die Gaußsche Glockenkurve.

mal kennengelernt. Es wird Sie sicher beruhigen zu erfahren, dass auch ich viele Erkenntnisse, die von genialen Mathematikern gefunden wurden, hinnehme, ohne ihre Herleitung nachvollzogen zu haben. Es genügt mir die Überzeugung, dass ich die jeweiligen Herleitungen verstehen würde, falls mir eine gute Erklärung geboten wird.

Was Statistik mehr sein sollte als das Auflisten der Ergebnisse von Zählungen

Sir Winston Churchill soll einmal gesagt haben: „Ich glaube nur der Statistik, die ich selbst gefälscht habe." In dieser Aussage wurde der Begriff Statistik in seiner eingeschränkten Bedeutung als „Zusammenstellung der Ergebnisse von Zählungen" benutzt. Manchmal berichten die Zeitungen oder die Funkmedien von Erkenntnissen des Statistischen Bundesamtes. So wird beispielsweise berichtet, nach Aussagen des Statistischen Bundesamtes seien im vergangenen Jahr 19 Prozent der Ehen, die im vorangegangen fünfjährigen Zeitraum geschlossen worden waren, geschieden worden.

Das Wort Statistik hat aber nicht nur diese eingeschränkte Bedeutung der Zusammenstellung von Zählungsergebnissen. Man findet es auch als Titel von Lehrbüchern oder Universitätsvorlesungen in der Kombination „Wahrscheinlichkeitstheorie und Statistik". Dabei geht es um die beiden Fragen, wie man einerseits von Zählungsergebnissen auf Wahrscheinlichkeitsverteilungen schließen darf und wie viele Fälle man andererseits zählen muss, um eine angenommene hypothetische Wahrscheinlichkeitsverteilung zu überprüfen. Vielleicht haben Sie sich schon einmal gefragt, welche Zahlen denn erhoben und durch Rechnung verknüpft werden, damit kurz nach Schließung von Wahllokalen bereits Ergebnisse hochgerechnet werden können.

Bei genauem Hinsehen geht es in der Statistik, wenn man dort nicht nur zählt, sondern auch rechnet, immer um die Frage der Wahrscheinlichkeit von Wahrscheinlichkeitsverteilungen. Stellen Sie sich beispielsweise vor, es würde jemand die Vermutung äußern, bei der Ziehung der Lottozahlen werde mit einer manipulierten Maschine gearbeitet, sodass die Wahrscheinlichkeiten der 49 Zahlen nicht gleich seien. Wenn derjenige, der diesen Vorwurf erhebt, die Maschine nicht unmittelbar analysieren darf, dann ist er darauf angewiesen, die Ziehungsergebnisse über einen langen Zeitraum aufzuschreiben und mit den so gewonnenen Häufigkeitsverteilungen zu rechnen. Da erhebt sich verständlicher Weise die Frage, wie viele Ziehungen er in seine Rechnung einbeziehen muss, damit seine Schlussfolgerungen mit einer bestimmten Wahrscheinlichkeit zutreffen. Wenn er beispielsweise feststellt, dass in einer Folge von 100 Ziehungen die Zahl Acht am häufigsten vorkam und zwar doppelt so häufig wie die nächsthäufige Zahl, darf er dann schon behaupten, mit der Ziehungsmaschine sei etwas nicht in Ordnung? Wir werden jedoch dieser Frage nicht weiter nachgehen, denn ich habe Sie Ihnen nur präsentiert, um Ihnen verständlich zu machen, mit welchen Fragen sich die Statistiker herumplagen. Es genügt, dass ich Sie mit den Begriffen aus dem Bereich der Wahrscheinlichkeiten vertraut gemacht habe. Sollten Sie sich für das interessieren, was ein Statistiker macht, dann werden Sie nun vermutlich keine Mühe haben, auf der Grundlage Ihres jetzigen Wissens seine Erklärungen zu verstehen.

Was dem Reden und Schreiben aller Leute gemeinsam ist

6

Kommunikation und Kommunismus fangen beide mit „Kommuni" an, und das weist darauf hin, dass diese beiden Dinge etwas gemeinsam haben. Dieses Gemeinsame ist sogar das Wort „gemeinsam", das in den Definitionen der beiden Begriffe vorkommt. Beim Kommunismus geht es um gemeinsames Eigentum, und bei der Kommunikation geht es um gemeinsame Informationen. Die jeweilige Gemeinsamkeit kann es nur geben, wenn mindestens zwei Menschen beteiligt sind. Dass es bei der Kommunikation um etwas Gemeinsames geht, findet seinen Ausdruck auch in dem Wort „mitteilen": Jemand will die Information, die er anfänglich nur alleine besitzt, mit anderen teilen. Allerdings hat das Wort „teilen" zwei leicht unterschiedliche Bedeutungen, je nach dem, ob Information oder Eigentum geteilt wird. Nachdem er seinen Mantel mit einem Bettler geteilt hatte, besaß St. Martin nur noch einen halben Mantel. Wenn dagegen jemand sein Wissen mit einem anderen teilt, dann behält er dabei trotzdem immer noch das ganze Wissen.

Es gibt noch einen weiteren grundsätzlichen Unterschied zwischen dem Teilen von Eigentum und dem Teilen von Wissen. Das Teilen von Eigentum geschieht ausschließlich im Bereich des Wahrnehmbaren, zumindest solange wir uns auf das unmittelbare Teilen von Gegenständen beschränken und die Teilung von Eigentumsrechten in Form von Verträgen außer Acht lassen. Jeder, der bei dem Vorgang zugesehen hatte, wusste hinterher, dass St. Martin seinen Mantel mit dem Bettler geteilt hatte. Wenn ich dagegen zuhöre, wie ein Chinese einem anderen etwas mitteilt, kann ich überhaupt nicht feststellen, ob hierbei tatsächlich Information weitergegeben wurde und um welche es sich dabei handelte, denn ich verstehe kein Chinesisch. Bei der Kommunikation müssen wir also immer zwei Bereiche gleichzeitig betrachten, nämlich zum einen die wahrnehmbaren Sachverhalte und zum anderen das Wissen um die Interpretation dieser Sachverhalte.

Obwohl wir zu dem Wort Kommunikation zuerst einmal immer die zwischenmenschliche Kommunikation assoziieren, gibt es durchaus auch Kommunikation zwischen Tieren. Man hat schon vor längerer Zeit herausgefunden, wie eine Biene ihren Mitbienen das Wissen mitteilt, wo sie eine ergiebige Futterquelle entdeckt hat. In der Fachwelt findet man hierfür sogar den Begriff „Bienensprache". Wir dürfen immer dann von Sprache sprechen, wenn

- eine Menge von Symbolen vereinbart ist,
- eine Menge von Regeln vereinbart ist, wie man aus den Symbolen Strukturen zusammensetzen kann, und
- wenn die Interpretation, also die Bedeutungszuordnung zu den einzelnen Symbolen und zu den daraus aufgebauten Strukturen genormt ist.

Diese Definition rechtfertigt es tatsächlich, auch die Formen Sprache zu nennen, welche die Bienen zur Kommunikation benutzen. Als Symbol bezeichnen wir einen bedeutungstragenden, wahrnehmbaren Sachverhalt, der leicht reproduzierbar und wiedererkennbar ist. Unter diese Definition fallen also nicht nur unsere Buchstaben und Ziffern, sondern auch das Nicken mit dem Kopf oder das Scharren mit dem rechten Hinterbein. Dass ich in meiner Sprachdefinition die Begriffe „vereinbaren" und „normen" verwendet habe, sollte Sie nicht zu dem Schluss verleiten, dass es sich dabei zwangsläufig um zwischenmenschliche Akte handeln müsse. Die Wörter sind hier lediglich in dem Sinne „für alle Beteiligten verbindlich festlegen" gemeint. Es kann sich dabei auch um genetische Festlegungen handeln wie im Falle der Bienen.

Wie das Reden mit dem Schreiben zusammenhängt

Wir betrachten nun ein Beispiel für den Fall, dass zwei Menschen miteinander kommunizieren, ohne eine Sprache zu benutzen. Stellen Sie sich vor, ein junges Mädchen und ein junger Mann haben sich ineinander verliebt, und die beiden möchten möglichst oft lange Gespräche per Telefon führen. Der Vater des Mädchens will dies allerdings nicht dulden. Deshalb braucht der junge Mann die Information, zu welchen Zeiten der Vater nicht zu Hause ist, denn nur dann kann er sein geliebtes Mädchen anrufen, ohne Gefahr zu laufen, dass der Vater dies erfährt. Zu diesem Zweck haben die beiden jungen Leute vereinbart, dass die Stellung des Blumentopfes auf dem Sims des Wohnzimmerfensters die Information enthalten soll, ob der Vater zu Hause ist oder nicht. Wenn von der Straße aus gesehen der Topf links steht, ist der Vater zu Hause; wenn der Topf jedoch rechts steht, kann der junge Mann gefahrlos anrufen. Die Position des Blumentopfes ist in diesem Beispiel zweifellos ein Symbol, denn es handelt sich um einen wahrnehmbaren und leicht reproduzierbaren Sachverhalt, der eine bestimmte Information trägt. Es liegt aber keine Sprache vor, weil es keine Regeln gibt, wie man mehrere Exemplare solcher oder anderer Symbole zu Strukturen zusammensetzen kann, die auch wieder Information tragen.

Im Folgenden werde ich mich nun auf die Betrachtung von Sprachen in Form geschriebener Texte beschränken. Es ist zweifellos eine sehr interessante Fragestellung, wie die Menschheit zu solchen Sprachen gekommen ist. Im Rahmen dieses Buches jedoch werde ich dieser Frage nicht nachgehen. Unsere Fähigkeit des Schreibens und Lesens hat nicht nur dazu geführt, dass wir mit einem viel höheren Wirkungsgrad miteinander kommunizieren können, sondern sie hat auch die Möglichkeit gebracht, dass sich der einzelne Mensch mit Fragen befasst, die zuvor überhaupt nicht gedacht werden konnten. Texte dienen also nicht nur der zwischenmenschlichen Kommunikation, sondern sie sind auch Mittel des eigenen Denkens. Stellen Sie sich vor, ein Gelehrter säße grübelnd über irgendwelchen Problemen seines Faches, und jemand käme herein, der ihm das Papier und die Schreibstifte wegnimmt. Dann wäre der grübelnde Mensch nicht mehr in der Lage, unterschiedliche Gedankenketten zu verfolgen und dabei eine Kette zu finden, die ihn zur Lösung seines Problems führt. Wenn wir einem solchen Lösungssucher über die Schulter schauen, sehen wir, dass er in seinen Notizen nicht nur die Buchstaben des Alphabets verwendet, sondern auch Ziffern und andere Zeichen. Es ist wichtig, dass wir uns die Sonderrolle klar machen, welche die Buchstaben im Unterschied zu den andern Zeichen spielen. Versuchen Sie einmal, den folgenden Satz laut zu lesen:

Das Symbol „ + " ist als „plus" zu lesen.

In diesem Satz kommt ein in Anführungszeichen gesetztes Kreuz vor, bei dem Sie bei Ihrem Leseversuch möglicherweise ins Stocken geraten sind. Die Buchstaben sind Symbole für das Sprechen, sodass wir keine Mühe haben, einen nur aus Buchstaben bestehenden Text vorzulesen. Dagegen schreiben wir auch manchmal Zeichen hin, die nicht als Symbole für das Sprechen vereinbart wurden, sondern die Symbole mit einer ganz anderen Bedeutung sind. Zu dieser Art von Symbolen gehören auch die Ziffern. In den beiden Sätzen

Im Jahre 1832 starb Johann Wolfgang von Goethe.

Im letzten Herbst hat unser Institut 183 Studienanfänger aufgenommen.

kommt jeweils die Ziffernfolge „183" vor, was jedoch nicht dazu führt, dass beim Vorlesen dieser Sätze an der entsprechenden Stelle das Gleiche gesprochen wird. Im ersten Fall lesen wir „achtzehnhundertzweiunddreißig", und im zweiten Fall lesen wir „einhundertunddreiundachtzig". Es ist also eine Besonderheit der Buchstaben, dass sie ausschließlich dazu dienen, den geschriebenen Text in gesprochenen Text überführen zu können.

Erst bestimmte Buchstabenfolgen, die sogenannten Wörter haben dann wieder eine höhere Bedeutung, was uns dazu veranlasst, die Wörter als zusammengesetzte Symbole zu bezeichnen. Im Unterschied hierzu sind Ziffernfolgen keine zusammengesetzten Symbole, sondern Strukturen aus Symbolen, die eine neue Bedeutung haben, welche sich aus den relativen Positionen der einzelnen Ziffern in der Struktur ergibt. Wir wissen, dass ganz rechts die Einer stehen, links davon die Zehner, links davon die Hunderter usw. Nach unserer oben gegebenen Sprachdefinition bilden also schon die Ziffern alleine eine Sprache, denn die einzelnen Symbole haben eine Bedeutung und die daraus aufbaubaren Strukturen ebenfalls.

Was die Grammatik mit den Inhalten von Texten zu tun hat

Mit dem Thema Sprache befassen sich zwei sehr unterschiedliche Arten von Fachleuten, nämlich die Philologen und die Linguisten. In einer Enzyklopädie fand ich die folgende Definition:

> *Philologie:* Wissenschaft von der Erforschung von Texten, von der Behandlung von Kulturen auf Grund ihrer sprachlichen Eigenheiten und ihrer mündlich oder schriftlich überlieferten literarischen Texte.

Der Unterschied zwischen Linguistik und Philologie besteht darin, dass man sich im einen Fall mit Sprachen als Mittel befasst und im anderen Fall mit den Produkten, die man unter Verwendung dieser Mittel erzeugen kann. Dass Mittel und Produkt zwei verschiedene Interessensgegenstände sind, mit denen sich unterschiedliche Berufsgruppen befassen, ist etwas Grundsätzliches und kann beispielsweise auch anhand der Malerei gezeigt werden. Da kann man sich zum einen für die chemische Zusammensetzung der Farben, für die Physik des Lichtes und die physiologisch bedingten Phänomene des Sehens interessieren, also für all die Mittel, die vorhanden sein müssen, damit die Erzeugung eines Gemäldes möglich wird. Die Leute, die sich für diese Mittel interessieren, gehören selbstverständlich zu ganz anderen Berufsgruppen als diejenigen, die sich für die Produkte, also für die Gemälde interessieren.

Es wird Sie nicht wundern, dass es in unserer Sprachbetrachtung nicht um Philologie geht. Vielmehr betrachten wir die Texte mit den Augen von Linguisten, die sich insbesondere für die Regeln interessieren, nach denen die elementaren Zeichen zu Ketten zusammengesetzt werden dürfen, und wie diese Ketten zu interpretieren sind.

Linguisten unterscheiden streng zwischen Syntax und Semantik von sprachlichen Gebilden. Mit Syntax werden die Regeln bezeichnet, nach denen aus den elementaren Zeichen Texte aufgebaut werden. Mit Semantik werden die Regeln bezeichnet, nach denen aus der Bedeutung der einzelnen Strukturbestandteile und ihrer Einbindung in die Struktur die Bedeutung der Struktur gewonnen wird. Wenn also beispielsweise die elementaren Bausteine Wörter sind, wobei jedes Wort eine Bedeutung hat, dann folgt die Bedeutung eines Satzes aus der Reihenfolge, in der die Wörter im Satz vorkommen. Da man sich bei der Syntax ausschließlich im Bereich der wahrnehmbaren Formen bewegt, stellt die Beschreibung der Syntax einer Sprache ein deutlich einfacheres Problem dar als die Beschreibung der zugehörigen Semantik.

Das Beispiel, anhand dessen ich mit Ihnen über Syntax und Semantik reden will, ist äußerst einfach. Ich betrachte keine natürlichsprachlichen Sätze, sondern arithmetische Ausdrücke, worin nur Additionen und Multiplikationen vorkommen. Die elementaren Bausteine, aus denen solche Ausdrücke bestehen, sind rationale Zahlen, die beiden arithmetischen Operatoren + und * sowie die öffnende und die schließende Klammer. In der Linguistik ist es üblich, die elementaren Bausteine der sprachlichen Gebilde als *Terminale* (von lat. *terminus*: Schranke oder Ziel) zu bezeichnen. Unsere Terminalmenge ist also die Vereinigung der Menge der rationalen Zahlen mit der Menge {+, *, (,)}.

Bei der Formulierung der syntaktischen Regeln muss man auch noch über sprachliche Elemente reden, die keine Terminale sind. Wenn Sie sich an Ihre Schulzeit erinnern, dann werden Ihnen die Begriffe Subjekt, Prädikat und Objekt einfallen, die man braucht, um über die grammatische Struktur natürlichsprachlicher Sätze zu reden. Zur Abgrenzung gegen die Terminale bezeichnet man diese Begriffe als Superzeichen. Wir können auch sagen, Superzeichen sind grammatische Elementarbegriffe. Zur Erfassung der Grammatik unserer arithmetischen Ausdrücke benötigen wir das folgende Repertoire von Superzeichen:

{Ausdruck, Summe, Summenglied, Produkt, Faktor, Zahl}

Das Wurzelsuperzeichen der Grammatik ist A.
(1) A → S   Ein *Ausdruck* ist entweder eine Summe
(2) A → P   oder ein Produkt.

Eine *Summe* ist eine Folge von zwei durch ein Pluszeichen getrennten Summengliedern. (3) S → G + G	Ein *Produkt* ist eine Folge von zwei durch ein Malzeichen getrennten Faktoren. (7) P → F ∗ F
Ein *Summenglied* ist entweder eine Zahl (4) G → Z oder eine Summe (5) G → S oder ein Produkt (6) G → P	Ein *Faktor* ist entweder eine Zahl (8) F → Z oder ein Produkt (9) F → P oder eine Summe (10) F → (S) in Klammern

6.1   Eine Grammatik für einfache arithmetische Ausdrücke.

Mit diesen Superzeichen können wir nun die Regeln zum Aufbau unserer arithmetischen Ausdrücke formulieren. Das Ergebnis ist in Abbildung 6.1 dargestellt. Zur Beschreibung des Aufbaus arithmetischer Ausdrücke unserer eingeschränkten Art benötigen wir zehn unterschiedliche Regeln. Grundsätzlich besagt eine solche Regel, dass ein Superzeichen, das links in der Regel steht, in die rechts in der Regel stehende Folge aus Superzeichen und Terminalen überführt werden darf. In unserer Menge aus zehn Regeln sind sieben Regeln besonders einfach, denn sie beschreiben jeweils nur die Überführbarkeit eines Superzeichens in ein anderes. Nur die Regeln 3, 7 und 10 haben rechts eine Folge aus Superzeichen und Terminalen.

In Abbildung 6.2 finden Sie oben ein Beispiel eines arithmetischen Ausdrucks und darunter eine grafische Struktur, welche durch Anwendung der Regeln aus Abbildung 6.1 gewonnen wurde. Bei der erstmaligen Betrachtung von Abbildung 6.1 haben Sie sich vermutlich über den ganz oben stehenden Satz gewundert „Das Wurzelsuperzeichen der Grammatik ist A". Die Bedeutung dieses Satzes erkennen Sie in Abbildung 6.2, wo Sie mit der grafischen Struktur die Vorstellung eines Baumes verbinden können, der unten die Wurzel A hat, und dessen Blätter ganz oben die einzelnen Terminale des arithmetischen Ausdrucks sind (Der Begriff Wurzel hat hier also nichts mit der Quadratwurzel zu tun). Auf

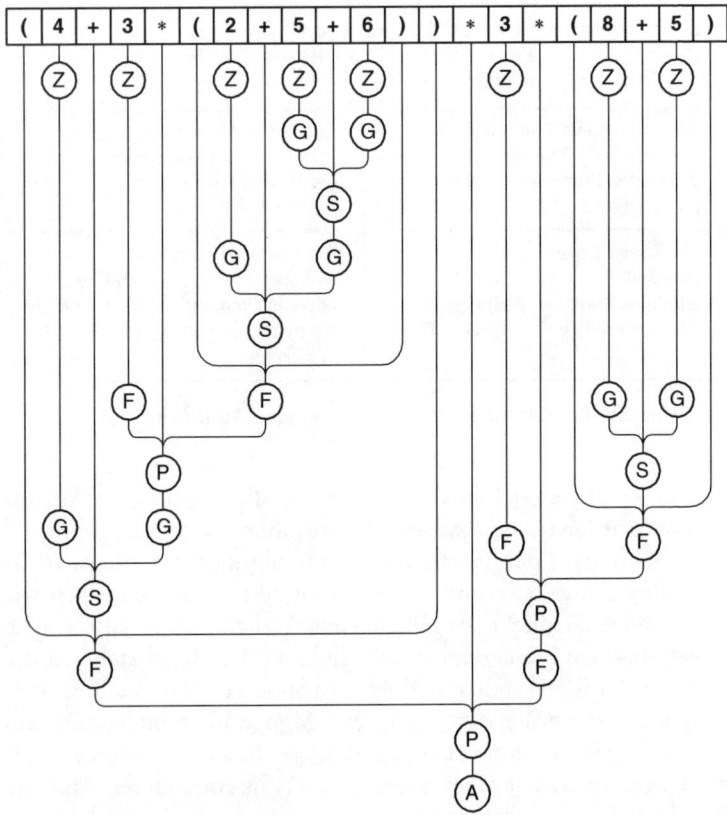

6.2 Grammatischer Strukturbaum eines arithmetischen Ausdrucks nach der Grammatik in Abbildung 6.1.

dem Weg von der Wurzel A nach oben bis zu den Terminalen finden Sie unterwegs etliche Kringel, die mit Superzeichen beschriftet sind. Jeder Schritt von einem bestimmten Kringel nach oben muss einer Regel der Grammatik entsprechen.

Beginnend bei der Wurzel A kommen wir über die Regel 2 zu einem Knoten P. Diesen können wir nach oben nur über die Regel 7 verlassen, die verlangt, dass der Knoten P in drei Elemente übergeht, nämlich das linke F, das Multiplikationszeichen und das rechte F. Das linke F wird über die Regel 10 verlassen, was bedeutet, dass der betrachtete Faktor eine Folge aus einer öffnenden Klammer, dem Superzeichen S und einer schließenden Klammer ist. Auf diese Weise können Sie den ganzen Strukturbaum herleiten.

Auf eine Besonderheit unserer Grammatik, die Ihnen möglicherweise nicht unmittelbar auffällt, möchte ich Sie hinweisen. In unserem arithmetischen Ausdruck kommen eine geklammerte Summe mit drei Summanden und ein Produkt mit drei Faktoren vor. Da sowohl für die Addition als auch für die Multiplikation jeweils das Assoziativgesetz gilt, darf die Grammatik den Strukturbaum nicht eindeutig festlegen, sondern muss die Freiheit lassen zu entscheiden, in welcher Reihenfolge man die jeweiligen Operatoren + bzw. * durch Auflösung von Superzeichen gewinnt.

Eine Grammatik ist eine bestimmte Form von Syntax, also eine bestimmte Form für die Darstellung der Regeln, nach denen aus den elementaren Zeichen die interpretierbaren Zeichenfolgen aufgebaut werden dürfen. Da wir wissen, wie wir die in Abbildung 6.1 vorkommenden Wörter und Zeichen interpretieren müssen, verbinden wir mit den Angaben in Abbildung 6.1 auch eine Semantik, d. h. die Regeln, wie die Zeichenfolgen interpretiert werden müssen. Beim Betrachten des arithmetischen Ausdrucks in Abbildung 6.2 fangen wir ganz selbstverständlich an zu addieren und zu multiplizieren, bis wir das Ergebnis 1677 gewonnen haben. Wenn wir uns selbst beobachten und fragen, was wir eigentlich im Einzelnen machen, wenn wir den arithmetischen Ausdruck auswerten, finden wir einen sehr einfachen Sachverhalt: Wir weisen jedem Superzeichenknoten von oben nach unten jeweils eine Zahl zu, bis wir die Zahl gefunden haben, die zur Wurzel A gehört. So finden wir beispielsweise für die beiden F-Knoten, die am nächsten bei A liegen, die Werte 43 und 39. Ganz allgemein, also völlig unabhängig vom betrachteten Beispiel, gilt, dass die einzelnen Superzeichenknoten in einem grammatischen Strukturbaum bedeutungstragend sind und dass man das zum jeweiligen Knoten gehörende Interpretationsergebnis findet, indem man von den Blättern her sukzessive die syntaktischen Regeln feststellt, die angewandt wurden, um jeweils zum nächst tiefer liegenden Superzeichenknoten zu kommen. Denn jeder solchen syntaktischen Regel kann auch eine Interpretationsregel zugeordnet werden. Wenn wir uns im Beispiel noch einmal die zehn Regeln in Abbildung 6.1 ansehen, können wir sehr leicht die jeweilige Interpretation angeben. Dabei fragen wir jeweils nach der Bedeutung, die dem links stehenden Superzeichen zugeordnet werden muss, und die durch die Bedeutungen der rechts stehenden Superzeichen bestimmt wird. In den sieben Regeln, wo links und rechts jeweils nur ein Superzeichen steht, muss das Ergebnis der Interpretation von rechts nach links übernommen werden. Beispielsweise sagt die Regel 1, dass ein Ausdruck eine Summe sein kann, und wenn diese Regel angewandt wird, dann ist es ganz selbstverständlich, dass der Ausdruck das gleiche Zahlenergebnis haben muss wie die Summe. Nur im Falle der Regeln 3 und 7 gewinnt man das Interpretationsergebnis des links stehenden Superzeichens nicht einfach dadurch, dass man von rechts einen Wert übernimmt. In diesen Fällen gibt es ja rechts gar keinen einzelnen Wert, sondern zwei Werte. Der zum linken Superzeichen gehörende Wert wird durch die entsprechende arithmetische Verknüpfung aus den beiden rechten Werten gewonnen.

Im Allgemeinen sind die betrachteten Sprachen nicht so primitiv wie unser Beispiel in Abbildung 6.1, und deshalb sind meistens die den Superzeichenknoten eines Strukturbaums zuzuordnenden Bedeutungen nicht alle von der gleichen Art. In Abbildung 6.2 war die Art der Bedeutung für alle Superzeichenknoten gleich, denn es wurde in jedem Falle eine Zahl zugeordnet.

Ich zeige Ihnen nun noch ein Beispiel aus dem Bereich der natürlichen deutschen Sprache, wobei ich Ihnen allerdings nicht die Grammatik darstelle, denn diese wäre viel zu umfangreich, sondern lediglich in Abbildung 6.3 zwei übereinander stehende Strukturbäume, die jeweils den gleichen Aufbau haben. Der jeweilige Wurzelknoten gehört zum Superzeichen „Individuum", was bedeutet, dass wir durch unsere Terminalfolgen jeweils ein bestimmtes Individuum identifizieren wollen. Unten identifizieren wir die Zahl 48, und oben identifizieren wir den biblischen Menschen Kain, von dem wir schon früher erfahren haben, dass er seinen Bruder Abel erschlagen hat. Wenn Sie nun die Beschriftungen in den einzelnen Superzeichenknoten der Bäume in Abbildung 6.3 betrachten, werden Sie leicht erkennen, dass man hier nicht allen Superzeichenknoten Bedeutungen der gleichen Art

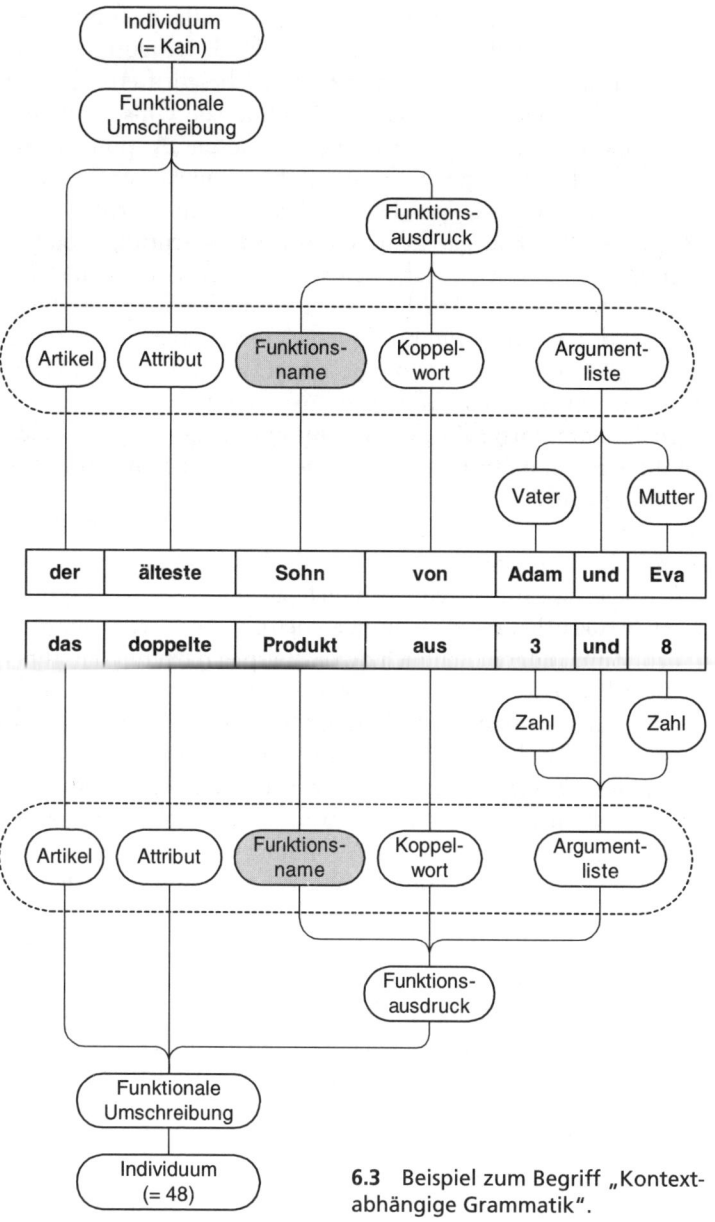

6.3 Beispiel zum Begriff „Kontextabhängige Grammatik".

zuordnen kann. So kommen zwar im unteren Baum fünf Superzeichenknoten vor, denen jeweils eine Zahl als Bedeutung zuzuordnen ist, nämlich den beiden mit „Zahl" beschrifteten Knoten sowie den Knoten „Individuum", „Funktionale Umschreibung" und „Funktionsausdruck", aber zu dem Knoten „Argumentliste" gehört keine Bedeutung von der Art Zahl; vielmehr gehört hierzu ein Paar aus zwei Zahlen. Die beiden Knoten „Artikel" und „Koppelwort" haben gar keine eigentliche Bedeutung, sondern stehen nur für Wörter, welche den sprachlichen Ausdruck strukturieren. Der Knoten „Attribut" steht für die Verdopplungsfunktion, und der Knoten „Funktionsname" identifiziert die arithmetische Funktion Multiplikation. Beachten Sie bitte, dass ein Funktionsname alleine keine Funktion ist, sondern lediglich eine wahrnehmbare Form. Zu einer Funktion gelangt man nur, indem man diese Form interpretiert, d. h., indem man ihr im Geiste eine Bedeutung zuordnet.

Das Beispiel in Abbildung 6.3 habe ich aus zweierlei Gründen ausgewählt. Zum einen dient es mir als Anschauungsmaterial für die Aussage, dass im Allgemeinen nicht allen Knoten eines syntaktischen Strukturbaums Bedeutungen der gleichen Art zugeordnet werden. Zum anderen kann ich dieses Beispiel dazu nutzen, Ihnen den Begriff der Kontextabhängigkeit einer Grammatik zu erklären. Sie finden nämlich in Abbildung 6.3 oben und unten jeweils ein langes Oval, das als Klammer für jeweils fünf Superzeichenknoten dient. Außerdem habe ich die beiden Exemplare des Knotens „Funktionsname" jeweils grau schattiert. Solche grafischen Elemente gab es im Baum im Abbildung 6.2 noch nicht. Dort konnte man beim Weg von der Wurzel zu den Terminalen für jeden Superzeichenknoten willkürlich eine passende Regel aus Abbildung 6.1 anwenden, ohne dabei beachten zu müssen, welche Regeln auf die Nachbarknoten angewandt wurden. Betrachten Sie nun einmal in Abbildung 6.3 die beiden Übergänge vom jeweiligen Knoten „Attribut" zum zugeordneten Terminal. Unten habe ich das Attribut „doppelte" zugeordnet, oben das Attribut „älteste". Wenn wir auch hier die Freiheit der Zuordnung hätten, wie wir sie im Fall des Beispiels in den Abbildungen 6.1 und 6.2 hatten, dann müssten sich auch interpretierbare Sprachausdrücke ergeben, wenn man die beiden Attributwörter vertauscht. Nun wäre es aber Quatsch, von einem „ältesten Produkt" oder einem „doppelten Sohn" zu sprechen. Was man als Attribut wählen darf, hängt also offensichtlich von der Entscheidung ab, was man anstelle des jeweiligen Funktionsnamens einsetzt. Entsprechendes gilt für die Argumentliste. Es ergäbe überhaupt keinen Sinn, von einem „Sohn von 3 und 8" oder vom „Produkt aus Adam und Eva" zu sprechen. Mit der jeweils eingezeichneten ovalen Zusammenfassung und dem schattierten Knoten wollte ich die Abhängigkeit ausdrücken, die darin besteht, dass man, wenn man zuerst den Funktionsnamen gewählt hat, bezüglich der Wahl für die anderen im Oval liegenden Knoten nicht mehr das ganze Repertoire der Möglichkeiten zur Verfügung hat.

Diese jeweilige Abhängigkeit der Superzeichenbelegungen voneinander bezeichnet man als „Kontextabhängigkeit". Diesen Begriff kann man durchaus im erweiterten Sinne verwenden, d. h., man kann ihn auch aus seiner reinen Bindung an Texte lösen. Stellen Sie sich vor, ich würde beim Gemüsehändler auf eine Melone deuten und sagen: „Geben Sie mir bitte diese Tomate". Zweifellos würde sich der Gemüsehändler sehr wundern. Im gegebenen Kontext habe ich nämlich durch meine Aussage einen Widerspruch erzeugt, denn einerseits sprach ich von einer Tomate und andererseits identifizierte ich eine Melone, indem ich auf sie zeigte.

Kontextabhängigkeit kann oft auch helfen, mehrdeutige Formen eindeutig zu interpretieren. Sie wissen, dass das deutsche Wort „Welle" zwei völlig unterschiedliche Bedeutungen hat. Zum einen verwenden wir das Wort, wenn wir über eine bestimmte Art von Hin- und Her- oder Auf- und Abbewegungen in kontinuierlichen Medien reden; denken Sie an Wasser- oder Schallwellen. Andererseits verwenden wir das Wort, wenn wir über rotierende mechanische Bauteile reden; denken Sie an eine Kurbelwelle oder an eine Turbinenwelle. Wenn wir über Störungen des Betriebs eines Kraftwerks reden und sagen, die Welle des Generators sei gebrochen, dann ist es ganz klar, dass wir nicht eine Auf- und Abbewegung in einem kontinuierlichen Medium meinen, sondern ein rotierendes Bauteil. Und es ist ebenso klar, dass wir die kontinuierliche Bewegung meinen, wenn wir am Meeresstrand stehend sagen „Heute sind die Wellen aber wieder besonders hoch". Für die Eindeutigkeit der Interpretation kann es also notwendig sein, dass man den Sachverhalt berücksichtigt, zu welchem Zeitpunkt und unter welchen Umständen das entsprechende Wort oder Symbol benutzt wird.

Es erscheint mir wichtig, an dieser Stelle auf den Unterschied zwischen den beiden Begriffen „formulieren" und „codieren" einzugehen. Das Wort formulieren sollte nur verwendet werden, wenn es um den Vorgang geht, dass etwas Gedachtes geäußert wird, d. h., wenn eine wahrnehmbare Erscheinung (z. B. Sprache) erzeugt wird, der man die gedachte Information als Bedeutung zuordnen kann. Das Wort codieren sollte nur verwendet werden, wenn es um den Vorgang geht, dass das Ergebnis einer Formulierung in eine andere wahrnehmbare Erscheinung gewandelt wird, wobei die Regeln dieser Wandlung auf die Bedeutung des Formulierten keinen Bezug nehmen dürfen. Wenn ein deutscher Text, der zweifellos eine interpretierbare wahrnehmbare Erscheinung ist, in einen englischen Text übersetzt wird, stellt dies keine Codierung dar, denn die Regeln der Übersetzung nehmen ja auf den Inhalt des ursprünglichen Textes Bezug. Wenn dagegen die einzelnen Buchstaben des ursprünglichen Textes gemäß einer Buchstabenwandlungstabelle durch andere Buchstaben ersetzt werden, dann liegt eine Codierung vor.

Sie wissen vielleicht, dass man beim sogenannten Morsealphabet mit vier unterscheidbaren wahrnehmbaren Erscheinungen auskommt. Diese vier Erscheinungen beziehen sich auf eine einzige physikalische Größe, die zwei unterscheidbare Zustände haben kann, nämlich „an" und „aus". Stellen Sie sich beispielsweise vor, es handle sich um das Licht einer Taschenlampe, die ein- und ausgeschaltet werden kann. Die vier unterscheidbaren Sachverhalte sind: kurzes Ein, langes Ein, kurzes Aus, langes Aus. Zur Trennung von Buchstaben wird das lange Aus benutzt. Die anderen drei Erscheinungen werden zur Darstellung der einzelnen Buchstaben durch unterschiedliche Folgen benutzt. In Tabellen zur Darstellung des Morsealphabets nimmt man waagerechte Striche, wobei der kurze Strich als Punkt erscheint. (Abbildung 6.4).

Bei der Definition des Morsealphabets blieb es selbstverständlich offen, welche physikalische Größe aktuell für die Kommunikation benutzt wird. Wenn zwei Pfadfinder bei Nacht über ein Tal hinweg miteinander kommunizieren wollen, werden sie vermut-

e	t	i	m	a	n	s	o
·	−	··	− −	·−	− ·	···	− − −

6.4 Teil der Tabelle zur Definition des Morse-Codes.

lich ihre Taschenlampen benutzen. Wenn dagegen der Funker auf einem Schiff mit seiner Reederei kommunizieren will, wird er einen Ton mit gut wahrnehmbarer Höhe verwenden. In diesem Fall hört sich die Kommunikationsfolge als „piep-piep" oder „tut-tut" an. In akustischer Form ist das berühmte SOS die Folge tutt tutt tutt tuut tuut tuut tutt tutt tutt., also dreimal drei rasch aufeinanderfolgende Tuts, in der Mitte drei langgezogene und vorne und hinten jeweils drei ganz kurze.

Als ich Sie anhand von Abbildung 4.9 auf die Möglichkeit hinwies, anstelle der lesbaren Zeichen Schwarzweißmuster auf die Spielsteine in logischen Kalkülen zu drucken, handelte es sich um eine Codierung, denn zu den Schwarzweißmustern kann man erst übergehen, nachdem man die lesbaren Symbole zur Formulierung logischer Formeln festgelegt hat.

Es gibt unterschiedliche Gründe, weshalb man Texte codiert. So kann es sein, dass Umstände vorliegen, wo die normale Form der zwischenmenschlichen Kommunikation durch Sprechen und Hören bzw. Schreiben und Lesen nicht möglich ist, sodass man auf andere Formen der Symbolerzeugung und -wahrnehmung ausweichen muss. Das Beispiel der beiden per Taschenlampen kommunizierenden Pfadfinder war so ein Fall, denn über ein weites Tal hinweg ist eine akustische Kommunikation praktisch unmöglich. Ein anderer Grund für das Codieren liegt in einer gewünschten Geheimhaltung. In einem solchen Fall kann man durchaus die gleichen Buchstaben verwenden wie im Originaltext, nur ersetzt man nach einer Tabelle jeden Buchstaben umkehrbar eindeutig durch einen anderen. Dadurch wird ein ursprünglich gut leserlicher Text völlig unleserlich. Derart einfache Codierungen sind allerdings leicht zu knacken, weil allein schon aus der statistischen Häufigkeit des Vorkommens der einzelnen Buchstaben in Texten einer bekannten Sprache auf die Art des Buchstabens geschlossen werden kann. Es ist erstaunlich, was sich die Experten alles haben einfallen lassen, um das Entschlüsseln codierter Texte für Außenstehende möglichst schwierig zu machen. Ein weiterer Grund für das Codieren ergibt sich bei der Kommunikation mit Computern. Es wäre heutzutage noch viel zu aufwendig, die Computer so zu bauen und zu programmieren, dass die Kommunikation zwischen Benutzern und Computern genauso ablaufen könnte wie die zwischenmenschliche Kommunikation.

Wie man regelt, dass jeder mal was sagen darf

Bei unserer bisherigen Betrachtung der Kommunikation sind wir immer von der Vorstellung ausgegangen, es gäbe einen Sender, der etwas formuliert und einen Empfänger, der das Formulierte interpretiert. Dies ist aber nur eine sehr eingeschränkte Sicht, denn wenn zwei Menschen miteinander kommunizieren, dann führen sie im Allgemeinen einen Dialog und wechseln dabei dauernd ihre Rollen als Sender und Empfänger. Außerdem gibt es nicht nur Kommunikationsprozesse zwischen zwei Partnern, sondern es kommt auch oft vor, dass mehrere Personen einen Kommunikationsverbund bilden. Denken Sie an eine Sitzung des Aufsichtsrates eines Unternehmens oder eines parlamentarischen Ausschusses. Bei solchen Sitzungen gibt es im Allgemeinen einen Vorsitzenden, der höhere Rechte hat als die anderen Teilnehmer. Wenn es Regeln zur Gestaltung solcher Kommunikationsprozesse gibt, nennt man die Menge der gegebenen Regeln üblicherweise ein *Protokoll*. Sie sehen, dass das Wort Protokoll mehrdeutig ist; manchmal meinen wir damit eine Mitschrift, worin der Verlauf eines Kommunikationsprozesses festgehalten ist, und ein andermal eine Menge von Vorschriften, an die sich die Teilnehmer eines Kommunikationsprozesses halten sollen.

Sie wissen vielleicht, dass es in jeder Regierung einen sogenannten Chef des Protokolls gibt, der dafür sorgen muss, dass bei der Kommunikation mit anderen Regierungen oder bei Staatsbesuchen bestimmte Formen gewahrt werden. Welche Formen das sind, braucht uns hier nicht zu interessieren. Trotzdem ist es sinnvoll, dass ich Ihnen ein Beispiel eines Protokolls vorstelle, denn wenn wir die Kommunikation zwischen Menschen und Maschinen oder gar die Kommunikation zwischen Maschinen betrachten müssen, werden wir ohne Protokolle nicht auskommen.

Das Protokoll, welches ich Ihnen hier vorstelle, betrifft zwar die Kommunikation zweier Menschen, aber da diese Kommunikation unter Einschaltung eines technischen Systems, nämlich des Telefonsystems geschieht, muss ein wohldefiniertes Protokoll eingehalten werden. Dieses Protokoll ist in Abbildung 6.5 grafisch dargestellt. Damit Sie diese Grafik richtig deuten können, gebe ich Ihnen die folgenden Hinweise: Die in den einzelnen Rechtecken stehenden Texte geben jeweils eine bestimmte Art von Aktion an, die ausgeführt werden muss, wenn die Abwicklung des Protokolls bis zu diesem Aktionsrechteck fortgeschritten ist. Wie weit der Prozess bereits fortgeschritten ist, wird durch die Lage von Marken symbolisiert, die sich in den kleinen Kreisen befinden können. Verbinden Sie mit so einem Kreis die Vorstellung einer Untertasse am Eingang einer öffentlichen Toilette, auf der Sie nach der Benützung eine Münze für die Toilettenfrau zurücklassen können. In unserem Abbildung 6.5 kommen dreizehn solcher Untertassen vor, und aktuell ist nur der Platz links ganz oben mit einer Marke belegt. Man bezeichnet derartige Grafiken als Netze und nennt die jeweilige Belegungssituation der runden Knoten eine aktuelle Markierung des Netzes. Die jeweilige Markierung gibt uns also an, wo wir uns bei der Abwicklung des Protokolls befinden. Durch die beiden vertikalen gestrichelten Trennlinien habe ich das Netz in drei Bereiche unterteilt, wobei jedem Bereich eindeutig ein bestimmter Akteur zugeordnet ist, der für die Aktionen zuständig ist, die in seinem Bereich liegen. Es gibt bestimmte Aktionen, die der Anrufer ausführen muss, es gibt andere Aktionen, die das Vermittlungssystem ausführen muss, und es gibt auch Aktionen, für die der Angerufene zuständig ist. Nur für die Aktion, die durch das breite gestrichelt berandete Rechteck symbolisiert wird, gibt es keinen alleinigen Zuständigen, denn hierin sind alle Aktionen zusammengefasst, die zur Kommunikation zwischen dem Anrufer und dem Angerufenen gehören, nachdem die Telefonverbindung zustande gekommen ist.

Ich gehe nun mit Ihnen das Protokoll im Detail Schritt für Schritt durch. Da zu Beginn die Marke ganz oben links liegt, muss als erstes der Anrufer seinen Hörer abnehmen. Wenn ein Schritt

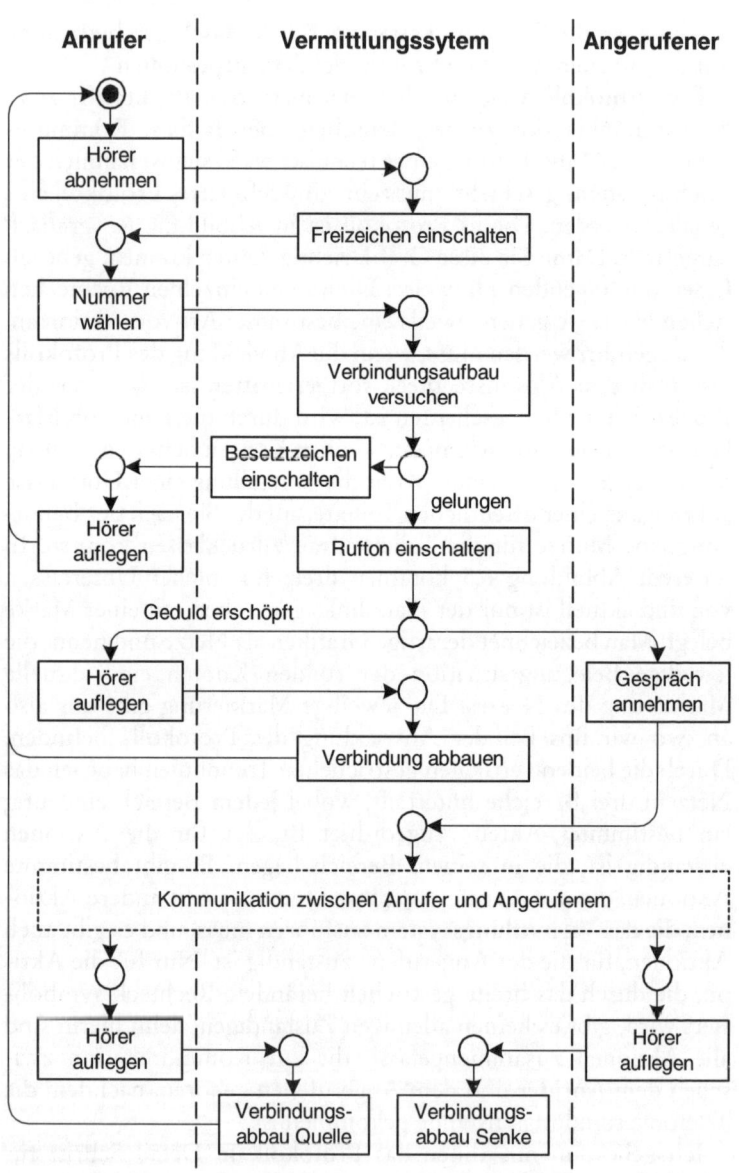

6.5 Protokoll für die Nutzung eines Telefonsystems.

im Protokoll ausgeführt wird, müssen wir jeweils die Marke über das Aktionsrechteck hinweg weiterschieben. Nach dem ersten Schritt liegt nun die Marke also oben im Bereich des Vermittlungssystems, woran wir erkennen, dass nun das akustische Freizeichen eingeschaltet wird. Wenn der Anrufer dieses Zeichen hört, interpretiert er dies als Aufforderung, die Nummer zu wählen. Nachdem die vollständige Nummer beim Vermittlungssystem angekommen ist, wird das Vermittlungssystem versuchen, eine Verbindung zum identifizierten Partner aufzubauen. Das muss nicht gelingen. Im Falle des Misserfolgs wird das Vermittlungssystem das akustische Besetztzeichen einschalten, woraufhin der Anrufer seinen Hörer auflegen wird. Wenn dagegen der Verbindungsaufbau gelingt, wird das Vermittlungssystem den Rufton einschalten, der vom Anrufer als Echo des Klingeltons gedeutet werden kann, der beim Anrufer erzeugt wird. Nachdem das Protokoll bis hierhin abgewickelt ist, gibt es zwei Möglichkeiten, wohin die Marke weiterwandern kann. Entweder nimmt der Angerufene rechtzeitig seinen Hörer ab, und die Kommunikation zwischen dem Anrufer und dem Angerufenen kann beginnen, oder aber der Angerufene nimmt so lange nicht ab, dass in der Zwischenzeit die Geduld des Anrufers erschöpft ist und dieser auflegt. In diesem Falle wird dieses Auflegen vom Vermittlungssystem festgestellt, und die Verbindung wird abgebaut. Für die Beendigung der Kommunikation gibt es zwei Vorgänge, die unabhängig voneinander eintreten können. Der Anrufer und der Angerufene können unabhängig voneinander ihre Hörer auflegen. Das Protokoll schreibt für diese beiden Vorgänge keine Reihenfolge vor, und deshalb werden am Ende des Kommunikationsvorgangs auch zwei Marken im Protokoll liegen. Der Verbindungsabbau zum Abschluss des Protokolls besteht deshalb auch aus zwei Schritten, weil sowohl auf der Seite des Anrufers als auch auf der Gegenseite abgebaut werden muss. Man spricht hier von der Quellen- bzw. Senkenseite, weil der ganze Kommunikationsprozess vom Anrufer gestartet wurde.

Mit dem Beispiel in Abbildung 6.5 wollte ich Ihnen zeigen, wie exakt man über Kommunikationsprozesse reden kann. Diese Exaktheit ist erforderlich, wenn am Kommunikationsprozess technische Systeme beteiligt sind.

Teil II:
Naturwissenschaftliche Erkenntnisse

Teil III:
Naturwissenschaftliche Erkenntnis

Was der Mond mit dem Maschinenbau zu tun hat

7

Was haben kleine Kinder mit Goethes Faust gemeinsam? Sie wollen wissen „was die Welt im Innersten zusammenhält". Vermutlich werden auch Sie schon einmal erlebt haben, dass ein Kind überhaupt nicht mehr aufhören wollte, seine berühmten „Warum-Fragen" zu stellen. Mein Schwager erzählte mir einmal von seiner vierjährigen Tochter Bärbel, die immer weiter fragte, warum etwas so sei, wie es ist. Nachdem er geduldig alle ihre Fragen beantwortet hatte, kam er schließlich an den Punkt, wo er eingestehen musste: „Ja Bärbel, das weiß ich nun wirklich nicht." Damit gab sich aber seine kleine Tochter nicht zufrieden, sondern sie forderte mit vollem Ernst: „Dann sag's halt ohne zu weißen." Offensichtlich ist der Drang, die Hintergründe unserer Umwelt verstehen zu wollen, schon in unseren Genen verankert.

Die Gegenstände dieser Fragen sind schon uralt, denn sie stammen aus dem unmittelbaren menschlichen Alltag, den es schon in der Steinzeit gab. Nur die Antworten haben sich im Laufe der Jahrtausende verändert oder sind überhaupt erst in unserer Zeit gefunden worden. Wenn wir uns einen Überblick über die Fülle der Themen verschaffen wollen, brauchen wir nur aufzulisten, wonach die Kinder fragen. „Warum riecht Kölnisch Wasser nicht wie Kaffee? Warum geht der Stein im Wasser unter? Warum kommt der Ball, den ich auf den Boden werfe, wieder hoch? Warum bleiben die Stecknadeln, die auf den Boden gefallen sind, an einem Stück Eisen kleben? Wieso gibt es Blitz und Donner? Wie ist es möglich, dass aus einem kleinen Samen eine große Pflanze wird? Warum kann die Oma, die gestern gestorben ist, nicht mehr lebendig gemacht werden? Warum sind die Sterne so klein und der Mond so groß?"

Die alten Griechen – und vor ihnen schon andere Völker – haben sich intensiv mit naturwissenschaftlichen Fragen befasst. Dabei sind sehr viele Antworten formuliert worden, die heute überholt sind. Wir sollten uns aber hüten, überheblich auf die frühen Denker herabzuschauen, nur, weil ihre Antworten uns heute teilweise zum Schmunzeln bringen, denn wir haben gar keinen Grund anzunehmen, uns wären in der Situation der damaligen Denker bessere Antworten eingefallen. Beispielsweise hat Aristoteles sehr lange über die Bewegung von geworfenen und fallenden Steinen nachgedacht. Er kam zu dem Schluss, dass es für alle Dinge auf der Erde einen natürlichen Ort, also eine Art Heimat gäbe, und dass die Dinge das Bestreben hätten, zu ihrer Heimat zurückzukehren, wenn sie aus irgendwelchen Gründen einmal die Heimat verlassen mussten. Die natürliche Heimat der Steine sei die Erde, und dahin kehrten sie zurück. Die Ansicht, dass alles, was uns umgibt, aus den vier Elementen Feuer, Erde, Wasser und Luft aufgebaut sei, wurde schon über 100 Jahre vor Aristoteles von Naturphilosophen geäußert; auch Aristoteles hat hierzu keine grundlegend andere Antwort gefunden. Mit diesen kurzen Hinweisen auf längst überholte Antworten will ich es bewenden lassen. Es soll ja hier keine Geschichte der naturwissenschaftlichen Erkenntnisse ausgebreitet werden. Vielmehr will ich Sie möglichst ohne Umwege auf die aktuell erreichte Erkenntnishöhe hinaufführen.

Wie bei den meisten Bergbesteigungen gibt es auch in unserem Falle mehrere mögliche Wege nach oben. Die Menschheit hat einen bestimmten Weg genommen, der verständlicherweise nicht zielstrebig nach oben führte. Ein Bergführer wie ich, der schon oft nach oben gestiegen ist, kennt Wege, die deutlich leichter zu gehen sind als der Weg der Erstbesteiger. Einen solchen Weg sollte er dann mit seinen Bergtouristen gehen, die er nach oben führen will. Der Weg, den ich für Sie ausgewählt habe, führt als Erstes auf das Plateau der Mechanik. Von dort aus gehen wir weiter auf das Plateau der Elektrodynamik, und erst danach werde ich Sie auf das Plateau der Bausteine führen, aus denen die uns umgebenden Dinge und Erscheinungen aufgebaut sind. Wir kommen also erst nach der Elektrodynamik zur Chemie, obwohl diese beiden Plateaus bei der Erstbesteigung in umgekehrter Reihenfolge erreicht wurden. Den Zusammenhang zwischen Chemie und Biologie werden wir als Letztes betrachten.

Was uns Galilei hinterlassen konnte, ohne dass sich der Papst darüber aufregte

Wenn der Name Galileo Galilei (1564–1642) fällt, denken die meisten zuerst einmal an den Streit zwischen ihm und dem damaligen Papst. Galilei behauptete, er habe mit dem Fernrohr Entdeckungen gemacht, die nur damit begründet werden könnten, dass Nicolaus Kopernikus (1473–1543) mit seiner Hypothese, dass die Planeten und damit auch die Erde um die Sonne kreisten, und dass die Erde pro Tag sich einmal um sich selbst dreht, Recht habe. Der Papst dagegen verwies auf Texte in der Bibel, die solch ein sonnenzentriertes Weltbild nicht zuließen. Sie können sich die Aufregung des Papstes vorstellen, als Galilei daraufhin einfach erwiderte, dann seien eben die Textstellen in der Bibel falsch.

Wenn der Streit mit dem Papst das Einzige wäre, weshalb wir uns an Galilei erinnern, hätte ich ihn in diesem Buch gar nicht zu erwähnen brauchen, doch er hat uns, was viele nicht wissen, eine äußerst wertvolle Erkenntnis hinterlassen. Obwohl man damit manchen Vorläufern nicht ganz gerecht wird, darf man doch behaupten, dass die neuzeitlichen Naturwissenschaften mit den Arbeiten von Galileo Galilei begonnen haben. Er hat die Mathematik in die Naturwissenschaften eingebracht, indem er naturwissenschaftliche Erkenntnisse als Formeln ausdrückte, die einen erkannten Zusammenhang zwischen Messwerten darstellten. Die als Formeln dargestellten Naturgesetze ermöglichten nicht nur Aussagen über die Vergangenheit, sondern auch über die Zukunft. Es wird dabei angenommen, dass das Weltgeschehen nach gewissen Gesetzen ablaufe, und dass man bei Kenntnis dieser Gesetze bestimmte zukünftige Erscheinungen vorhersagen könne. Galilei hat sich insbesondere mit den sogenannten Fallgesetzen befasst. So hat er zum Beispiel herausgefunden, dass die Zeit, die ein Körper für eine bestimmte Fallstrecke benötigt, unabhängig vom

Gewicht des Körpers ist, falls er nicht wesentlich durch den Luft-
widerstand gebremst wird. Man darf also nicht die Fallzeit einer
Bleikugel mit der Fallzeit eines Papierschnipsels vergleichen,
höchstens im luftleeren Raum, denn da fallen sie gleich schnell.
Zeit, Länge und Gewicht waren die ersten sogenannten physikalischen Größen, die in Formeln verknüpft wurden. Es liegt im
Wesen aller Formeln der Physik, dass darin physikalische Größen
– Längen, Zeiten, Gewichte, Temperaturen, elektrische Spannungen usw. – miteinander und mit sogenannten Naturkonstanten
arithmetisch verknüpft, also addiert, subtrahiert, multipliziert
oder dividiert werden. Es kann auch vorkommen, dass aus einer
physikalischen Größe die Wurzel gezogen werden muss. Bei der
Betrachtung der Schöpfungsgeschichte der Zahlen haben wir gesehen, dass wir alle möglichen Zahlen arithmetisch verknüpfen können. Es ist aber keineswegs selbstverständlich, dass man auch
beliebige physikalische Größen arithmetisch verknüpfen kann.
Was soll es bedeuten, wenn man eine Länge mit einem Gewicht
multipliziert oder eine Temperatur durch eine Zeitdauer dividiert?
Möglicherweise ist es Ihnen noch gar nicht aufgefallen, dass Sie in
Ihrem Alltag sehr oft mit arithmetischen Verknüpfungen physikalischer Größen konfrontiert werden. So geben Sie beispielsweise
die Geschwindigkeit in km/h an, und Sie bezahlen Ihre Stromrechnung nach den verbrauchten kWh. Bei der Geschwindigkeit
dividieren Sie eine Länge (in Kilometern km) durch eine Zeitdauer (in Stunden h), und bei der Stromrechnung wird eine elektrische Leistung (in Kilowatt kW) mit einer Zeitdauer multipliziert.
Jedes Jahr muss ich die Betriebskostenabrechnung für die Mieter
eines geerbten Hauses erstellen. Dabei werden die Wasserkosten
gemäß der sogenannten Personenmonate auf die einzelnen Miet-
parteien umgelegt. Ich multipliziere also jeweils die Anzahl der zu
einer Mietpartei gehörenden Personen mit der Anzahl der Mona-
te, während der diese Personen am Wasserverbrauch teilgenom-
men haben. Während wir beliebige physikalische Größen durch
Multiplikation oder Division miteinander verknüpfen dürfen,
müssen wir bei der Addition und der Subtraktion gleichartige
physikalische Größen haben. Es wäre sinnlos, eine Länge und eine
Temperatur addieren zu wollen.

Es gehört zu einem guten Physikunterricht, dass den Schülern gleich zu Beginn eingepaukt wird, dass sie die physikalischen Formeln nur benutzen dürfen, wenn sie die jeweiligen physikalischen Einheiten in den Formeln mitführen. Dabei ist es unvermeidlich, dass bestimmte Buchstaben in unterschiedlicher Bedeutung in den Formeln verwendet werden müssen, weil es nicht genug unterschiedliche Buchstaben gibt. Ein und derselbe Buchstabe kann für eine physikalische Maßeinheit, eine variable physikalische Größe oder einen konstanten Wert stehen. Als Beispiele betrachten wir die Buchstaben m, g und s. Sie bezeichnen die Maßeinheiten Meter, Gramm und Sekunde. Die beiden Buchstaben m und s werden aber auch als Bezeichnungen für Variable verwendet, nämlich m für eine Masse und s für eine Wegstrecke. Und der Buchstabe g kommt in Formeln auch als Bezeichnung der konstanten Fallbeschleunigung an der Erdoberfläche vor, die den Wert 9,81 m/s^2 hat In Drucktexten kann man die Gefahr der Verwechslung ein wenig reduzieren, indem man für die Variablen einerseits und die Maßeinheiten und Konstanten andererseits unterschiedliche Buchstabentypen verwendet. Es ist üblich, Maßeinheiten und Konstanten steil und Variablen kursiv zu schreiben, also m für Meter, g für Gramm oder die Erdbeschleunigung und *m* für eine variable Masse. Um diesen Unterschied zu bemerken, muss man allerdings sehr genau hinsehen. So lautet beispielsweise die Formel für die Geschwindigkeit *v* = *s*/*t*. Die Variable für die Geschwindigkeit wird üblicherweise mit *v* bezeichnet, weil dies der Anfangsbuchstabe des lateinischen Wortes *velocitas* (deutsch: Geschwindigkeit) ist. Zur Variablenbezeichnung *s* für die Länge eines Weges kann man das Wort „Strecke" assoziieren, und die Bezeichnung *t* für die Zeitvariable ist der Anfangsbuchstabe des lateinischen Wortes *tempus* (deutsch: Zeit). Nun betrachten wir die Formel *s*/*t* = 15 m/s. Hier kommt zweimal der Buchstabe s vor, zuerst als Streckenvariable und dann als Maßeinheit Sekunde.

Nehmen Sie an, dass es in diesem Zahlenbeispiel um ein Fahrzeug geht, das für eine Strecke von 15 Metern eine Sekunde benötigte. Um ein Gefühl dafür zu bekommen, ob das Fahrzeug besonders schnell gefahren ist, müssen wir die Geschwindigkeit in km/h umrechnen, denn nur mit dieser Geschwindigkeitseinheit verbinden wir aus der Alltagserfahrung eine gewisse Anschauung. Unsere Umrechnung sieht wie folgt aus:

$$v = \frac{15\,m}{s} * \overbrace{\frac{60\,s}{min}}^{1} * \overbrace{\frac{60\,min}{h}}^{1} * \overbrace{\frac{km}{1000\,m}}^{1}$$

$$= \frac{15\,\not{m}}{\not{s}} * \frac{60\,\not{s}}{\not{min}} * \frac{60\,\not{min}}{h} * \frac{km}{1000\,\not{m}} = 1,5 * 36\,\frac{km}{h} = 54\,\frac{km}{h}$$

Die ursprüngliche Geschwindigkeitsangabe ist ein Bruch, bei dem die 15 m als Länge der Strecke im Zähler und die Zeitdauer 1 s im Nenner stehen. Dieser Bruch wird nun mit drei Einsen multipliziert, wobei jede dieser Einsen selbst wieder als Bruch formuliert ist, bei dem jeweils Zähler und Nenner gleich sind. Wenn beispielsweise im Zähler die Angabe 60 s steht und im Nenner die Angabe 1 min, dann steht im Zähler und im Nenner das Gleiche, denn wir wissen ja, dass eine Minute 60 Sekunden hat. Wenn im Zähler und im Nenner die gleiche Zahl oder die gleiche Variable oder die gleiche physikalische Einheit vorkommt, darf man das jeweilige Paar aus der Formel herausstreichen. Man bezeichnet dies als das Kürzen eines Bruches. So konnte ich oben und unten jeweils die Einheit „m", die Einheit „s" und die Einheit „min" wegstreichen. Außerdem konnte ich im Zähler und im Nenner jeweils zwei Nullen wegstreichen. Auf diese Weise habe ich erreicht, dass am Ende die neue Einheit km/h übrig geblieben ist, und ich habe den zugehörigen Zahlenwert gefunden.

Nun will ich Ihnen noch ein Beispiel zeigen, bei dem aus einer physikalischen Größe die Wurzel gezogen wird. In den Abendnachrichten wurde berichtet, dass irgendwo durch Waldbrände eine Fläche von 20 000 Hektar Wald vernichtet worden sei. Ich konnte mir unter dieser Angabe nichts vorstellen und habe mir deshalb die Flachenangabe umgerechnet. Ich weiß, dass der Vorsatz Hekto den Faktor Hundert ausdrückt (griechisch hekaton: hundert), und dass somit ein Hektar 100 Ar sind. Außerdem weiß ich, dass ein Ar (lateinisch area: freier Platz, Fläche) der Fläche eines Quadrates mit der Kantenlänge 10 Meter entspricht. Also konnte ich berechnen, dass 200 Quadratkilometer Wald verbrannt waren. Selbst mit dieser Zahl konnte ich noch keine wirkliche

Anschauung verbinden. Deshalb habe ich nach der Kantenlänge des Quadrats gefragt, dessen Fläche 200 Quadratkilometer groß ist. Dazu musste ich aus der Fläche die Wurzel ziehen, und erst dieses Ergebnis (etwas mehr als 14 Kilometer als Kantenlänge eines Quadrats) fand ich anschaulich. Möglicherweise geht es Ihnen ebenso wie mir.

$$20.000 \text{ Hektar} = 20.000 \text{ Hektar} * \frac{\overbrace{100 \text{ Ar}}^{1}}{\text{Hektar}} * \frac{\overbrace{10 \text{ m} * 10 \text{ m}}^{1}}{\text{Ar}} * \frac{\overbrace{\text{km}}^{1}}{1000 \text{ m}} * \frac{\overbrace{\text{km}}^{1}}{1000 \text{ m}}$$

$$= 200 \text{ km}^2 = \sqrt{200} \text{ km} * \sqrt{200} \text{ km} = (14,14 \text{ km})^2$$

Die als mathematische Formulierungen von Naturgesetzen zu interpretierenden Formeln beschreiben Zusammenhänge zwischen messbaren Größen. Hier bedeutet „messen" das Vergleichen mit einem genormten Maßstab. Dabei kann es durchaus vorkommen, dass für bestimmte physikalische Größen nicht auf der ganzen Erde der gleiche Maßstab verwendet wird. So messen beispielsweise die US-Amerikaner ihre Längen nicht in Meter, Zentimeter oder Kilometer, sondern in Fuß, Schritt (engl. *yard*), Zoll (engl. *inch*) und Meile. Bevor die Längeneinheit „Meter" im Jahre 1875 in Europa genormt wurde, hat man auch bei uns regional sehr unterschiedliche Längenmaßstäbe verwendet. So bildete beispielsweise die durchschnittliche Länge des menschlichen Unterarms in Form der sogenannten „Elle" ein übliches Längenmaß, welches beispielsweise beim Handel mit gewebten Stoffen verwendet wurde. Die Bezeichnung Meter stammt übrigens von dem griechischen Wort *metron* für das Maß.

Bei der ursprünglichen Einführung von Maßeinheiten hat man sich immer auf den Anschauungsbereich der Menschen bezogen. Der alte Grieche Protagoras (490–411 v. Chr.) hatte also völlig Recht, als er sagte, der Mensch sei das Maß aller Dinge. So gibt die Einheit Meter ungefähr der Länge eines Schrittes an, die Sekunde ist nicht weit vom Abstand zweier Herzschläge entfernt, und das Kilogramm entspricht grob der Menge dessen, was ein Mensch pro Mahlzeit isst und trinkt. Obwohl man die elementaren Maßeinheiten anschaulich mit dem menschlichen Erfahrungsbereich verbinden kann, sind sie mit der Zeit immer weiter von diesem

Erfahrungsbereich weggerückt, weil man sich bemühen musste, die Genauigkeit der Messungen immer weiter zu erhöhen. So gelten heute für die Zeit und die Länge die folgenden, recht seltsam erscheinenden Definitionen:

> Eine *Sekunde* ist das 9 192 631 770-fache der Periodendauer eines bestimmten periodischen Prozesses, bei dem Cäsiumatome ihren Energiezustand wechseln.
>
> Ein *Meter* ist der 299 792 458-ste Teil der Länge der Strecke, die das Licht im Vakuum in einer Sekunde durchläuft.

Wer diese Festlegungen zum ersten Mal liest, fragt sich mit Recht, wie man denn auf derart schräge Definitionen gekommen ist. Ihre Entstehung ist aber im Grunde gar nicht so schwer verständlich. Betrachten wir das Beispiel der Zeiteinheit Sekunde. Jeder Mensch erlebt sehr anschaulich den Tag als natürliche Zeiteinheit. Man kann feststellen, wann die Sonne jeden Tag im Zenit, das heißt an ihrem höchsten Punkt steht. Damit ist die Dauer eines Tages die Zeit, die von einer Zenitstellung bis zur nächsten Zenitstellung vergeht. Die Astronomen haben allerdings recht früh erkannt, dass diese Zeit im Laufe eines Jahres schwankt und man deshalb die mittlere Dauer eines Tages betrachten muss. Alle anderen Zeiteinheiten gewinnt man durch Teilung. So hat ein Tag 24 Stunden, die Stunde 60 Minuten und die Minute 60 Sekunden. Auf der Grundlage dieser Sekundenfestlegung konnte man Uhren bauen, und diese Uhren konnte man in ihrem Gang überprüfen. Man brauchte nur festzustellen, ob sie zwischen zwei Zenitdurchgängen der Sonne tatsächlich 24 Stunden = 86 400 Sekunden anzeigten. Da man immer genauer gehende Uhren haben wollte, hat man nach periodisch ablaufenden physikalischen Vorgängen gesucht, bei denen die Periodendauer recht konstant bleibt. Man hat hierzu recht komplizierte Apparate gebaut, in denen Atome dazu gebracht werden, in bestimmter Weise ihren Energiezustand (s. Kapitel 11) zu wechseln und später wieder in ihren ursprünglichen Zustand zurückzukehren. Und nun zählte man, wie viele Perioden des ablaufenden zyklischen Prozesses in die Zeit fallen, die von den herkömmlichen Uhren als eine Sekunde gemessen wird.

Man hat also die unscharfe Sekunde der bisherigen Uhren mit einer sehr viel kürzeren und konstanteren Periodendauer eines anderen Systems verglichen. Da man die Zeitdauer einer Sekunde mit den herkömmlichen Uhren nicht scharf genug abgrenzen konnte, ergaben sich bei der Zählung der Perioden pro Sekunde zwangsläufig auch nicht immer die gleichen Ergebnisse. Aber im Verhältnis zur absoluten Zahl, die mehrere Milliarden betrug, waren die Abweichungen verhältnismäßig gering. Nehmen wir an, die Schwankungsbreite hätte 100 betragen. Nun brauchte man nur noch eine Anzahl für die Sekunde als Definition festzulegen, wobei man den Normwert in die Mitte des Unschärfeintervalls legte.

Bei der Festlegung der Längeneinheit Meter hat man einen Umweg über die Lichtgeschwindigkeit genommen. Ursprünglich hatte man einen Meter festgelegt als den zehnmillionsten Teil der Strecke vom Äquator zu einem Pol der Erdkugel. Allerdings war das nur eine grobe Zielvorstellung. Konkretisiert hat man diese Länge in Form eines Profilstabes, den man seit 1889 in Paris aufbewahrt. Es handelt sich um einen Stab aus einer Platin-Iridium-Legierung, der per Definition bei Null Grad Celsius genau einen Meter lang ist. Da man heute mit Hilfe der Atomuhren die Zeit sehr genau messen kann, und da die Lichtgeschwindigkeit als eine unveränderliche Naturkonstante betrachtet werden darf, hat man die Längeneinheit Meter einfach dadurch definiert, dass man einen Meter als die Strecke festlegte, die das Licht in einer 299 792 458stel Sekunde zurücklegt. Diese Zahl wurde auf vergleichbare Weise wie die Zahl in der Sekundendefinition gewonnen: Mit den beschränkten Messmöglichkeiten für Längen und Zeiten hatte man Werte für die Lichtgeschwindigkeit gemessen, wobei selbstverständlich nicht alle Messwerte übereinstimmten. Diese Messschwankungen waren jedoch nicht das Ergebnis einer veränderlichen Lichtgeschwindigkeit, sondern nur die Folge der Messungenauigkeit. Man konnte nun die Längeneinheit Meter festlegen, indem man den Wert der Lichtgeschwindigkeit in die Mitte des Unschärfeintervalls legte. Es mag auf den ersten Blick scheinen, als hätte man damit die Lichtgeschwindigkeit und nicht die Längeneinheit definiert, aber da die Lichtgeschwindigkeit eine Naturkonstante ist, kann man sie gar nicht definieren. Vielmehr wird, indem man dieser Konstanten einen Zahlenwert zuordnet, nicht die Konstante, sondern die Längeneinheit definiert.

Mit meiner ausführlichen Betrachtung der Probleme der Zeit- und Längenmessung wollte ich Ihnen verdeutlichen, dass das Fundament der Physik in der Definition physikalischer Größen und der Festlegung der zugehörigen Maßeinheiten besteht. Es war eine sehr große menschliche Leistung, die unterschiedlichen physikalischen Erscheinungen, mit denen man intuitiv die Vorstellung von Zunahme und Abnahme verbindet, auf entsprechende Zahlenskalen abzubilden. Denken Sie beispielsweise an die Temperatur. Jeder Mensch erlebt, dass die Temperatur in seiner Umgebung mal höher und mal niedriger ist, aber nichts gibt ihm einen Anhaltspunkt dafür, wie er die Temperatur durch Zahlen ausdrücken soll. Der Schwede Anders Celsius (1701–1744) hat festgelegt, dass dem Gefrierpunkt des Wassers die Temperatur null und dem Siedepunkt des Wassers die Temperatur 100 zugeordnet sein solle. Diese Skala verwenden wir heute noch und ergänzen die entsprechenden Zahlen durch die Einheit Grad Celsius (°C). Mit der Festlegung der beiden Punkte null und 100 ist aber das Problem noch nicht ganz gelöst, denn was soll es heißen, dass an meinem Urlaubsort zurzeit eine Temperatur von 25 °C herrscht? Die Temperaturangabe 25 °C bedeutet zunächst einmal nichts anderes, als dass der Abstand der aktuellen Temperatur vom Siedepunkt des Wassers dreimal so groß ist wie der Abstand zu seinem Gefrierpunkt. Wie aber soll eine solche Abstandsmessung geschehen? Schon im 18ten Jahrhundert hat man festgestellt, dass sich Gase ausdehnen, wenn sie wärmer werden (dies gilt auch für die meisten Festkörper und Flüssigkeiten). Wenn wir beispielsweise einen Luftballon aufblasen und gut verschließen, dann können wir sein Volumen variieren, indem wir ihn in wärmere oder kältere Umgebung bringen. In der Kälte wird er kleiner, in der Hitze wird er größer. Entsprechendes gilt auch beispielsweise für die Eisenbahnschienen. Früher hat man die Eisenbahnschienen nicht nahtlos verschweißt, sondern einzelne Stücke verlegt, zwischen denen eine Fuge gelassen wurde. Im Winter war diese Fuge größer und im Sommer sehr klein. Viele der üblichen Thermometer, mit denen wir die Temperaturen der Luft, von Flüssigkeiten oder unseres Körpers messen, beruhen auf dieser Ausdehnung. Ausdehnung bedeutet Längenveränderung und damit hatte man die Möglichkeit, die beiden Temperaturpunkte null und 100 durch eine Länge zu verbinden und entsprechende Abstände als Temperaturdifferenzen zu interpretieren. Allerdings konnte man auf diese Weise nicht die Temperaturskala auf sehr tiefe und sehr hohe Temperaturen ausdehnen. Ich will an dieser Stelle noch nicht darstellen, welche Temperaturdefinition heute gilt und wie man dahin gekommen ist; dies werden Sie erst im Kapitel 10 erfahren. Ich kann aber vorwegnehmen, dass diese Temperaturdefinition es uns erlaubt, auch extreme Temperaturen zahlenmäßig anzugeben. So weiß man beispielsweise inzwischen, dass der Siedepunkt von Wasserstoff bei −252,9 °C liegt oder dass die Flamme eines Schweißbrenners rund 3000 °C heiß ist.

Was Sir Isaac Newton über Kräfte und Bewegungen von Körpern im Himmel und auf Erden herausgefunden hat

Das Wort „Mechanik" habe ich zum ersten Mal in meinem Leben in der Wortkombination „Feinmechanik" gehört. Ich bin im Schwarzwald aufgewachsen, und dort gab es in meiner Jugendzeit viele sogenannte feinmechanische Betriebe, die ihren Ursprung in der Schwarzwälder Uhrenindustrie hatten. Als Kind gab es für mich ein ganz eindeutiges Symbol für die Mechanik, und das war das Zahnrad. Erst im Physikunterricht habe ich dann erfahren, dass mit dem Wort „Mechanik" ursprünglich keineswegs irgendwelche technischen Konstruktionen verbunden sind, sondern dass dieses Wort denjenigen Teilbereich der Physik kennzeichnet, in dem es um Körper, ihre Bewegungen oder Verformungen und die dafür nötigen Kräfte geht.

Ab und zu komme ich auch jetzt noch in den Schwarzwald, um dort ein paar Urlaubstage zu verbringen. An einem solchen Urlaubstag saß ich einmal auf der Bank vor einem Bauernhaus und schaute ganz versonnen auf den wohlgeformten Wasserstrahl eines Brunnens. Dabei habe ich mich der Vorstellung hingegeben, ich sei ein griechischer Naturphilosoph, der sich die Frage stellt, weshalb der Wasserstrahl gerade diese und keine andere Form habe. Also habe ich mir einen Meterstab besorgt und die Strahlkurve

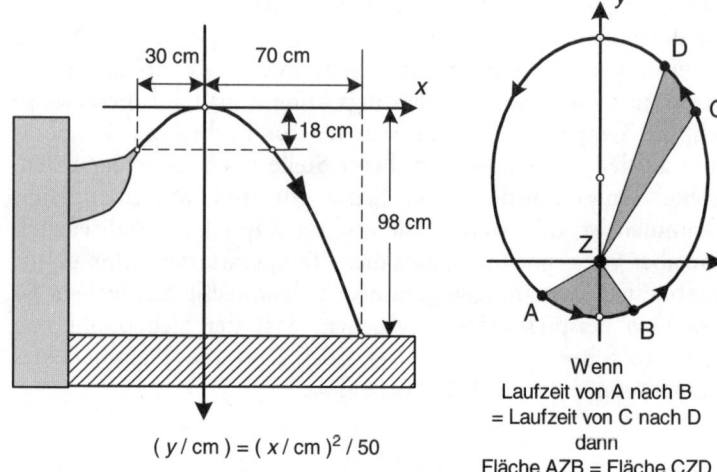

$(y / \text{cm}) = (x / \text{cm})^2 / 50$

Wenn
Laufzeit von A nach B
= Laufzeit von C nach D
dann
Fläche AZB = Fläche CZD

7.1 Kegelschnittbahnen von Punktmassen.

ausgemessen. Das Ergebnis sehen Sie links in Abbildung 7.1. Da ich zu dieser Zeit meinen Physikunterricht schon hinter mir hatte, wusste ich, dass die Strahlform eine Parabel sein muss. Deshalb konnte ich ein zweckmäßiges xy-Koordinatensystem wählen und zielstrebig nach der Formel für die Parabel suchen. Sie steht unter dem Brunnenbild.

Während ich mich so mit dem Wasserstrahl befasste, musste ich daran denken, dass die Parabel nicht die einzige ästhetische Form ist, auf die man im Bereich der Mechanik trifft. Eine Verwandte der Parabel ist die Ellipse. Bevor ich aber auf die Art dieser Verwandtschaft näher eingehe, will ich Ihnen verraten, wo man solche Ellipsen im Bereich der Mechanik antrifft. Während man die Parabeln unmittelbar sieht und fotografieren kann – ich brauchte ja nur vor das Haus zu treten und den Brunnen zu knipsen – kann man die Ellipsen nicht sehen, sondern man kann nur aus bestimmten Beobachtungen auf ihre Existenz schließen. Während Nicolaus Kopernikus noch glaubte, die Planeten und damit auch die Erde würden sich auf Kreisbahnen um die Sonne bewegen, hat der Astronom Johannes Kepler (1571–1630) auf Grund genauerer Beobachtungen festgestellt, dass die Planetenbahnen keine Kreisbahnen, sondern Ellipsenbahnen sind. Er hat auch festgestellt, dass die Sonne nicht im Mittelpunkt dieser Ellipsen steht, sondern im jeweiligen Brennpunkt.

Was ein Brennpunkt ist, werde ich Ihnen gleich weiter unten erklären. Johannes Kepler hat auch den höchst interessanten Sachverhalt gefunden, dass der Strahl zwischen der Sonne und einem Planeten in gleichen Zeiten jeweils gleiche Flächen überstreicht. Dies habe ich rechts im Abbildung 7.1 veranschaulicht. Damit das Überstreichen der Fläche AZB genau so lange dauert wie das Überstreichen der Fläche CZD, muss der Planet auf der Strecke zwischen A und B eine größere Geschwindigkeit haben als auf der Strecke zwischen C und D, denn die beiden Strecken sind ja unterschiedlich lang.

Ich habe die beiden Kurven in Abbildung 7.1 nebeneinander gestellt, damit Sie einen Eindruck davon bekommen, welche Erscheinungen der große englische Naturwissenschaftler Isaac Newton (1642–1727) vor Augen hatte, als er daranging, nach den Naturgesetzen der Mechanik zu suchen. Mit den grandiosen Ergebnissen seiner Suche werden wir uns gleich intensiv befassen. Zuvor möchte ich Ihnen noch kurz anhand der Abbildung 7.2 den Begriff des Kegelschnitts näher bringen. Ich sagte ja bei der Betrachtung von Abbildung 7.1, dass die beiden dort gezeigten Kurven miteinander verwandt seien. Was es mit dieser Verwandtschaft auf sich hat, können Sie in Abbildung 7.2 sehen, wobei diese Darstellung auch die Bezeichnung „Kegelschnitt" verständlich macht. Man kann salopp sagen, dass ein Kegel eine Pyramide mit kreisförmiger Grundfläche sei. Stellen Sie sich vor, ein solcher Kegel sei aus Holz, und Sie würden nun ein Stück vom Kegel abschneiden, wobei Sie das Sägeblatt in einer Ebene führen. Je nachdem, wie sich der Schnittwinkel und der Kegelwinkel zueinander verhalten, erhält man als Rand der Schnittfläche einen bestimmten Typ von Kegelschnitt. Eine Parabel erhält man, wenn der Schnittwinkel und der Kegelwinkel gleich sind. Sind sie nicht gleich, erhält man je nach Lage der schneidenden Ebene entweder eine Ellipse oder eine Hyperbel. Während die Schnittebene im Falle der Ellipse und der Parabel nur einen Kegel schneidet, wird im Falle der Hyperbel ein Körper geschnitten, der aus zwei an der Spitze aneinander grenzenden Kegeln besteht.

Unten in Abbildung 7.2 habe ich gezeigt, dass es bei diesen Kegelschnitten sogenannte Brennpunkte gibt. Wir nehmen an, das Innere des Ellipsenrandes sei reflektierend belegt. Dann wird jeder Strahl, der von einem Brennpunkt ausgeht, am Ellipsenrand so reflektiert, dass er zum anderen Brennpunkt läuft. Im Falle der Parabel gibt es nur einen Brennpunkt. Alle Strahlen, die von diesem Brennpunkt ausgehen, werden durch die Parabelwand so reflektiert, dass die Strahlen parallel zur Mittellinie nach außen laufen. Diese Eigenschaft ist es, die bei den sogenannten Parabolantennen genutzt wird. Bei den Sendeantennen erzeugt ein Sender die Strahlen im Brennpunkt, die dann parallel zur Symmetrielinie der Antenne nach außen abgestrahlt werden. Bei den Empfangsantennen kommen die Strahlen parallel von außen an und werden alle in den Brennpunkt hineingeführt, wo dann ein Emp-

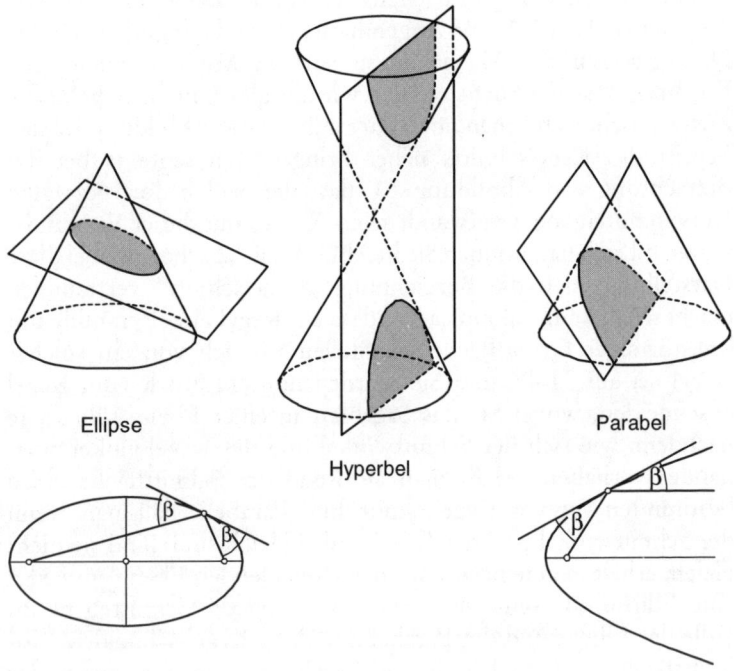

Ellipse

Hyperbel

Parabel

7.2 Der Begriff des Kegelschnitts.

fänger sitzt. Solche Parabol-Empfangsantennen kennen Sie alle, denn jede sogenannte Satellitenschüssel ist von dieser Art. Die Brennpunkte haben ihre Bezeichnung übrigens von dem Sachverhalt, dass es an diesen Punkten sehr heiß werden kann, wenn viele parallel ankommenden Wärmestrahlen dort gebündelt eintreffen.

Nun sind unsere einführenden Betrachtungen soweit abgeschlossen, dass wir uns der zentralen Frage zuwenden können, wie man die in Abbildung 7.1 dargestellten Erscheinungen erklären kann. Wenn wir vor dieser Frage ganz alleine stünden und nicht bereits auf die von Isaac Newton gefundene Antwort zurückgreifen könnten, wären wir vermutlich ziemlich hilflos. Es bedarf tatsächlich eines Genies, damit hier der richtige Ansatz gefunden wird. Sie werden bald sehen, dass Newton nicht nur einen, sondern gleich zwei geniale Ansätze finden musste. Der erste Ansatz betraf die Frage, die sich bereits Aristoteles gestellt hat: „Was hält einen Stein in Bewegung?" Aristoteles glaubte, ein Stein könne sich grundsätzlich nicht bewegen, wenn nicht dauernd ein sogenannter „Beweger" aktiv sei. Newton dagegen führte eine Eigenschaft des Steines ein, für die heute die Bezeichnung *Impuls* üblich ist. Wenn sein Impuls null ist, ruht der Stein; andernfalls ist er in Bewegung. Nun werden Sie möglicherweise sofort einwenden, dass man doch keinen neuen Begriff hätte einführen müssen für die Unterscheidung zwischen Ruhe und Bewegung, denn dieser Unterschied werde doch schon längst durch den Begriff der Geschwindigkeit erfasst. Wenn sie null ist, ruht der Gegenstand, wenn sie nicht null ist, bewegt er sich. Newton dagegen erkannte, dass die Geschwindigkeit alleine nicht ausreicht, das Wesentliche des Bewegungszustands eines Körpers zu erfassen. Deshalb hat Newton den Impuls als das Produkt aus Masse und Geschwindigkeit des Körpers definiert. Wenn sich zwei Körper mit gleicher Geschwindigkeit bewegen, hat derjenige den größeren Impuls, dessen Masse die größere ist. Während die Masse, die üblicherweise in Kilogramm (kg) gemessen wird, keine gerichtete Größe ist, hat die Geschwindigkeit nicht nur einen Wert, sondern auch eine Richtung. Der Impuls ist deshalb auch eine gerichtete physikalische Größe und hat die gleiche Richtung wie die Geschwindigkeit. In Abbildung 7.3 habe ich dargestellt, durch welche Überlegungen man vom Begriff des Impulses zu den anderen beiden elementaren Größen der Mechanik, der „Kraft" und der „Energie" gelangt

Die Bezeichnungen Impuls (lat. *impulsus* für Stoß oder Anstoß), Energie (griech. *energeia* für Fähigkeit oder Wirkung) und Kraft für die drei elementaren Begriffe der Mechanik werden auch in Aussagen verwendet, worin es gar nicht um Mechanik geht. So kann beispielsweise von einem Menschen gesagt werden, er handle impulsiv, er führe eine kraftvolle Sprache und er habe ein energisches Auftreten. Und wenn jemand vor eine große Aufgabe gestellt wird, kann es sein, dass er sich verweigert mit der Begründung, dazu fehle ihm die nötige Energie. Innerhalb der Mechanik haben die drei Wörter eine streng festgelegte Bedeutung, wogegen es für ihre Verwendung in der Alltagssprache keine exakt formulierte und genormte Bedeutungsfestlegung gibt – es genügt dort, dass jeder ungefähr weiß, was gemeint ist.

Ein Körper behält seinen Impuls, solange sich seine Masse und seine Geschwindigkeit nicht ändern. Die Beibehaltung dieser Größen bedarf keines Aufwandes. Ebenso wie ein ruhender Stein

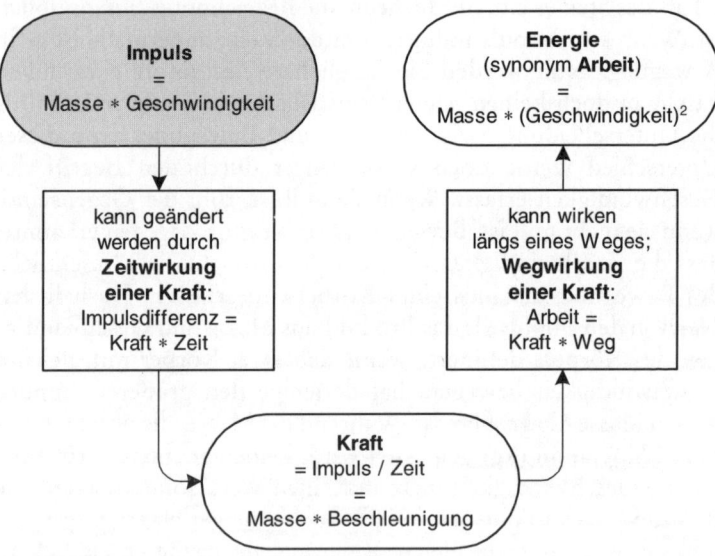

7.3 Die elementaren Begriffe der Mechanik.

nicht ohne eine von außen kommende Einflussnahme anfängt, sich zu bewegen, wird ein geradeaus fliegender Stein weder die Richtung noch den Wert seiner Geschwindigkeit ändern, wenn nicht von außen auf ihn eingewirkt wird (Impulserhaltung). In Abbildung 7.1 ändert sich sowohl bei den Wassertropfen im Wasserstrahl als auch bei dem um die Sonne laufenden Planeten dauernd die Richtung der Geschwindigkeit und damit auch die Richtung des Impulses. Dies ist nur möglich, weil in beiden Fällen eine Kraft wirkt. Die Kraft ist eine gerichtete Größe. Im Falle des Wasserstrahls wirkt sie konstant nach unten, also in y-Richtung. Im Falle des um die Sonne laufenden Planeten wirkt die Kraft immer in Richtung auf die Sonne im Brennpunkt. Der Effekt einer Krafteinwirkung kann selbstverständlich umso größer sein, je länger die Kraft wirkt. Wenn eine Kraft während der Wirkungszeit ihren Wert oder ihre Richtung oder beides ändert, ist der Impuls am Ende der gleiche, wie wenn während der Wirkungsdauer eine bestimmte mittlere Kraft mit konstantem Wert und konstanter Richtung gewirkt hätte.

Neben der Zeitwirkung einer Kraft kann man auch noch über eine Wegwirkung nachdenken. Stellen Sie sich vor, dass jemand einen schweren Koffer aus dem Erdgeschoss ins dritte Obergeschoss schleppt. Oben angekommen wird dieser Träger möglicherweise sagen: „Das war aber ein hartes Stück Arbeit." Es ist ganz offensichtlich, dass der Träger mit einer Kraft auf den Koffer eingewirkt hat. Obwohl er dabei auch dauernd den Impuls des Koffers verändert hat, wurde aber eine wirkliche Impulsdifferenz nicht erzeugt. Denn zu Beginn stand der Koffer auf dem Boden des Erdgeschosses; er hatte also den Impuls null. Am Ende steht der Koffer auf dem Boden des dritten Obergeschosses und hat somit wieder den Impuls null. Also ist auch die durch die Kraft bewirkte Impulsdifferenz null. Andererseits hat aber die Kraft doch eine bleibende Wirkung hinterlassen, denn nun steht der Koffer deutlich höher als vorher.

Um den Begriff der Wegwirkung einer Kraft ganz zu erfassen, müssen wir noch einen zweiten Fall betrachten. Wir lassen nun den schweren Koffer auf einer ebenen Straße einen Kilometer weit von einem Haus zu einem anderen Haus tragen. Der Träger wird auch hier am Ende möglicherweise sagen, es sei ein schweres Stück

Arbeit gewesen. In der Physik gilt nun aber die auf den ersten Blick seltsame Festlegung, dass man zwar das Hochtragen des Koffers vom Erdgeschoss ins dritte Obergeschoss als Arbeit bezeichnet, das horizontale Tragen des Koffers über eine Strecke von einem Kilometer aber nicht. Die mit dem Transport eines Koffers längs einer horizontalen Strecke verbundene Anstrengung hätte man nämlich durch geeignete Einrichtungen beliebig klein machen können. Denken Sie an einen gut geölten Wagen, der auf Schienen rollt. Hier könnte man dem Wagen durch eine verhältnismäßig kleine Anstrengung einen Anfangsimpuls geben, der ausreicht, den Wagen von ganz alleine bis ins einen Kilometer entfernte Ziel rollen zu lassen. Im Gegensatz hierzu gibt es keine Einrichtungen, die den Koffer dazu bringen könnten, fast von ganz alleine aus dem Erdgeschoss ins dritte Obergeschoss zu wandern. Der Einsatz eines Motors wäre keine solche Einrichtung, denn da müsste ja der Motor die gleiche Arbeit leisten wie sonst der Mensch. Man könnte zwar einen Flaschenzug mit zwei, vier oder sechs tragenden Seilen benutzen, der die aufzubringende Kraft auf die Hälfte, ein Viertel oder ein Sechstel reduziert. Aber am Produkt aus Kraft und Weg würde sich dadurch nichts ändern, weil in diesem Falle der Weg auf das Doppelte, das Vierfache oder das Sechsfache steigt, denn derjenige, der am Seil des Flaschenzugs ziehend den Koffer nach oben bewegt, muss das Seil um ein entsprechendes Vielfaches der Kofferhubhöhe herunterziehen.

Der Unterschied zwischen dem horizontalen und dem vertikalen Koffertransport ergibt sich bei der Berechnung der Kraftwirkung als Produkt aus Kraft und Weg von ganz alleine: Es werden hier nämlich – im Unterschied zur Impulsberechnung – zwei gerichtete Größen miteinander multipliziert, denn sowohl die Kraft als auch der Weg sind gerichtet. Es genügt deshalb nicht, einfach die Multiplikation zu verlangen; man muss auch noch sagen, welche Art von Multiplikation gewünscht wird. Im Kapitel 3, wo im Abschnitt über Geometrie die Matrizenrechnung eingeführt wurde, kamen nämlich zwei unterschiedliche Arten der Multiplikation zweier gerichteter Größen vor, nämlich zum einen die Berechnung des Skalarprodukts, die als Ergebnis eine einzige Zahl liefert (siehe beispielsweise Abbildung 3.7), und die Berechnung des Lotprodukts, die als Ergebnis einen dreidimensionalen Vektor liefert (siehe Abbildung 3.9). Für die Berechnung der Arbeit muss das Skalarprodukt von Kraft und Weg berechnet werden. Vielleicht erinnern Sie sich noch, dass das Skalaprodukt zweier Vektoren vom Kosinus des aufgespannten Winkels abhängt. Der Kosinus ist dann am größten, wenn der Winkel null ist, wenn also die beiden Vektoren parallel zueinander verlaufen. Beim Hochtragen des Koffers vom Erdgeschoss ins dritte Obergeschoss zeigen sowohl die Kraft, die der Träger aufbringen muss, als auch der Weg nach oben, sie zeigen also in die gleiche Richtung. Der eingeschlossene Winkel ist null, und deshalb kommt ein maximales Multiplikationsergebnis heraus. Wenn der Koffer dagegen auf ebener Straße getragen wird, zeigt die Kraft nach oben, der Weg aber verläuft horizontal. Kraft und Weg stehen in diesem Fall senkrecht aufeinander, der eingeschlossene Winkel ist also 90°, und dessen Kosinus ist null. In diesem Falle ist das Skalaprodukt aus Kraft und Weg gleich null.

Ich habe den Impulsknoten in Abbildung 7.3 grau schattiert, um darauf hinzuweisen, dass dieser Begriff in der Newtonschen Mechanik der ursprüngliche ist. Die zur Beschreibung eines Impulses erforderlichen physikalischen Einheiten sind Kilogramm (kg), Meter (m) und Sekunde (s), denn die Masse wird in Kilogramm gemessen und die Geschwindigkeit in Meter pro Sekunde (m/s). Wenn, wie dargestellt, die Impulsänderung durch die zeitlich begrenzte Einwirkungen einer Kraft entsteht, kann die Kraft als Impuls/Zeit definiert werden. Man braucht dann für die Kraft gar keine eigene Einheit, sondern kann die Kraft wieder durch die drei Einheiten kg, m und s ausdrücken. Nun wird aber nicht mehr eine Masse mit einer Geschwindigkeit multipliziert, sondern mit einer Geschwindigkeit/Zeit, und das ist eine Beschleunigung. Beim Übergang von der Kraft zur Energie erfolgt eine Multiplikation des Produkts aus Masse und Beschleunigung mit einem Weg (Abbildung 7.3), und dies ergibt die Einheit kg$\cdot$(m/s)^2. Die Einheit der Energie ist also ein Produkt aus Masse und dem Quadrat einer Geschwindigkeit.

Es würde mich gar nicht wundern, wenn Ihnen das in Abbildung 7.3 gezeigte Multiplizieren und Dividieren physikalischer Größen etwas seltsam vorkommt, und Sie sich wieder einmal fragen, wer denn um Himmels Willen auf solche Ideen kommen

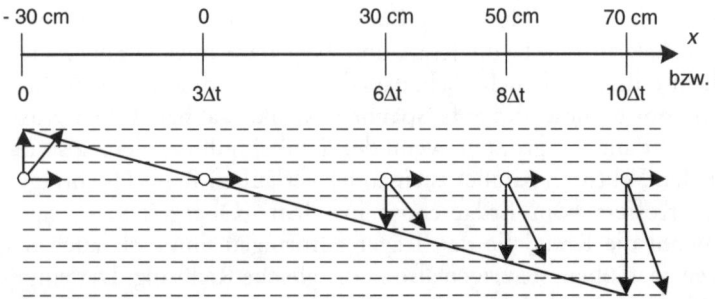

7.4 Impulsverlauf im Brunnenstrahl aus Abbildung 7.1 (Δt = 0,0639 sec)

könne. Trösten Sie sich, denn auch ich bin nicht auf diese Ideen gekommen. Sie sind das Ergebnis eines jahrhundertelangen Prozesses des intensiven Nachdenkens. Wir dürfen nun die Früchte dieses Nachdenkens ernten.

In Abbildung 7.4 ist dargestellt, wie sich der Impuls eines Wassertropfens im Brunnenstrahl aus Abbildung 7.1 auf Grund der konstant nach unten wirkenden Schwerkraft verändert. Die Geschwindigkeit, und damit auch der Impuls, haben zwei senkrecht aufeinanderstehende Komponenten, eine waagerechte und eine senkrechte. Da die Schwerkraft nur nach unten wirkt, kann sie die waagerechte Impulskomponente nicht verändern. Deshalb fliegt der Wassertropfen mit konstanter Geschwindigkeit nach rechts. Dies erlaubt es uns, die in Abbildung 7.4 nach rechts zeigende Koordinatenachse sowohl mit horizontalen Positionen als auch mit Zeitwerten zu beschriften. Dabei ist Δt die Zeit, die ein Wassertropfen in unserem Strahl für zehn Zentimeter in horizontaler Richtung benötigt. Diese Zeit konnte ich aus den in Abbildung 7.1 gezeigten Abmessungen des Wasserstrahls und meinem Wissen um die Fallbeschleunigung berechnen. Ich habe Ihnen ja früher schon gesagt, dass bereits Galileo Galilei feststellte, dass alle Körper unabhängig von ihrer Masse für eine bestimmte Fallhöhe die gleiche Zeit benötigen. Die Messergebnisse aus den Fallexperimenten führten zu der Formel

$$\text{Fallzeit} / s = 0{,}452 * \sqrt{\text{Fallstrecke} / m}$$

Damit können wir beispielsweise die Zeit berechnen, die ein Wassertropfen benötigt, um vom Scheitelpunkt in Abbildung 7.1 eine Fallhöhe von 98 cm zurückzulegen. Diese Zeit muss gleich der Zeit 7 Δt sein, die der Wassertropfen benötigt, um beim Fall um 70 Zentimeter nach rechts zu wandern.

Die Veränderung der vertikalen Impulskomponente in Abbildung 7.4 geschieht nach einer sehr einfachen Gesetzmäßigkeit, die ich Ihnen durch die Eintragung der schräg nach rechts unten laufenden Linie veranschaulicht habe. Pro Δt kommt zum vertikalen Impuls ein nach unten zeigender Beitrag der Größe eines Skalenabstands hinzu. An der Stelle, wo das Wasser aus dem Brunnen ins Freie tritt, zeigt der Strahl schräg nach oben; der vertikale Impuls umfasst drei Skalenabstände. Bis zum Scheitel des Strahles sind diese drei Skalenabstände abgebaut, sodass dort gar keine vertikale Impulskomponente mehr vorhanden ist. Anschließend wird die vertikale Impulskomponente nach unten immer größer, wodurch sich der Strahl immer weiter nach unten neigt.

Wenn man die Pfeile in Abbildung 7.4 nicht als Impulse, sondern als Geschwindigkeiten interpretiert, stellt die Neigung der schräg nach unten laufenden Geraden die sogenannte Fallbeschleunigung dar. Diese Neigung beträgt zehn Skalenabstände auf 10 Δt, also einen Skalenabstand pro Δt. Jetzt müssen wir nur noch herausfinden, welcher Geschwindigkeitswert einem Skalenabstand entspricht. Wir wissen, dass ein Tropfen zum Zurücklegen der Fallstrecke 98 cm ausgehend vom Scheitel die Zeit 7 Δt = 0,447 Sekunden benötigt. Auf der Fallstrecke fällt der Tropfen also mit einer Durchschnittsgeschwindigkeit von 98 cm/0,447 s = 2,19 m/s. Dies muss der Mittelwert einer Geschwindigkeit sein, die vom Wert null ausgehend bis auf einen Wert ansteigt, der 7 Skalenabständen entspricht. Der Geschwindigkeitsmittelwert entspricht deshalb der Hälfte von 7 Skalenabständen. Damit entspricht ein Skalenabstand einer Geschwindigkeit von (2,19 m/s)/3,5 = 0,626 m/s. Als Wert für die Neigung der Geschwindigkeitsänderungsgeraden und somit für die Fallbeschleunigung erhalten wir also Skalenabstand/Δt = (0,626 m/s) / (0,0639 s) = 9,8 m/s^2.

Diese sogenannte Fallbeschleunigung sagt aus, dass ein im Bereich der Erdoberfläche fallender Körper pro Sekunde einen Geschwindigkeitszuwachs von 9,8 m/s erfährt.

$$\text{Anziehungskraft} = \gamma * \frac{(\textit{Masse des Körpers 1}) * (\textit{Masse des Körpers 2})}{(\textit{Abstand r der beiden Körper})^2}$$

7.5 Das Newtonsche Gravitationsgesetz.

In der bisherigen Betrachtung sind wir davon ausgegangen, dass eine Schwerkraft vorhanden ist, welche die Körper nach unten zieht. Wir haben aber nicht gefragt, woher diese Kraft kommt. Die Antwort auf diese Frage zu finden, war die zweite große Leistung von Isaac Newton. Er kam nämlich auf die großartige Vermutung, dass die Kraft, welche alle Körper unseres Alltags nach unten zieht, die gleiche Ursache haben könnte wie die Kraft, welche dafür sorgt, dass der Mond um die Erde und die Planeten gemäß der Kepplerschen Gesetze um die Sonne kreisen. Sein Versuch, diese Vermutung mit den experimentellen Befunden in Einklang zu bringen, führte ihn zu dem in Abbildung 7.5 dargestellten Gravitationsgesetz. Es beschreibt die Größe der Anziehungskraft zweier Körper, die sich in einem Abstand r voneinander befinden. Diese Kraft steigt proportional zum Produkt der Massen der beiden Körper an, und sie nimmt mit dem Quadrat des Abstandes ab. Wenn also beispielsweise der Abstand auf das Vierfache erhöht wird, sinkt die Anziehungskraft auf 1/16.

Nun will ich Ihnen zeigen, dass dieses Gravitationsgesetz tatsächlich eine Erklärung für die Ellipsenbahn eines Planeten ist. Dabei werde ich allerdings auf die Herleitung der Ellipsenformel verzichten, sondern mich darauf beschränken, Ihnen den Lauf des Planeten plausibel zu machen. Dazu muss ich Sie mit der Idee des sogenannten Potenzialfeldes vertraut machen. Das Wort Potenz (lat. *potens*: mächtig) kam bereits in Kapitel 2 im Abschnitt über die Zahlen und ihre arithmetischen Verknüpfungen vor. Potenz bedeutet ganz allgemein die Fähigkeit, etwas zu bewirken. So könnte beispielsweise ein Koffer aus dem dritten Obergeschoss auf die Straße fallen und dort mit seiner Wucht großen Schaden anrichten. Das Hinunterfallen ist aber unmöglich, wenn der Koffer bereits auf der Straße steht. Deshalb ist es durchaus berechtigt zu sagen, der Koffer habe im dritten Obergeschoss eine höhere Potenz als weiter unten. Man spricht allerdings in diesem Kontext nicht von Potenz, sondern von „Potenzial". Die Idee des Potenzialfeldes ist letztlich nichts anderes als die Konkretisierung dieser anschaulichen Idee: Man möchte jedem Ort einen Wert zuordnen, der die Potenz von Körpern ausdrückt, die sich an diesen Orten befinden.

Ganz allgemein verwendet man in der Physik das Wort „Feld" für räumliche Verteilungen von physikalischen Größen. Dabei ist es unerheblich, ob die jeweils betrachtete Größe eine gerichtete oder eine ungerichtete Größe ist. Im Falle unseres Potenzialfeldes wird jedem Punkt des Raumes eine ungerichtete Größe zugeordnet. Diese sogenannten Potenzialwerte können keine Werte für eine Energie sein, denn die Energie hängt ja nicht nur vom Ort, sondern auch noch von der Masse des jeweils betrachteten Körpers ab. Erst das Produkt aus Masse und Potenzialdifferenz ergibt eine Energie. Da nie das Potenzial selbst, sondern immer nur eine Potenzialdifferenz relevant ist, dürfen wir willkürlich den Ort festlegen, wo das Potenzial null sein soll. So ist es in unserem Beispiel zweckmäßig, dem Straßenniveau den Potenzialwert null zuzuordnen; die Potenzialwerte steigen dann linear mit der Höhe über dem Straßenniveau an. Wie groß der Potenzialanstieg pro Meter Höhe sein muss, können wir uns leicht herleiten, indem wir auf die Ergebnisse unserer Betrachtungen zu den Abbildungen 7.3 und 7.4 zurückgreifen.

$$\text{Masse} * \text{Potenzialdifferenz} = \text{Energie} = 0{,}5 * \text{Masse} * (\text{Geschwindigkeit})^2$$

$$\text{Potenzialdifferenz} = 0{,}5 * (\text{Geschwindigkeit})^2$$

$$\text{Potenzial (in Höhe } h \text{ über Nullniveau)} = 0{,}5 * (\text{Geschwindigkeit nach Fallhöhe } h)^2$$

$$\frac{(\text{Potenzial bei Höhe } h)}{h} = \frac{(\text{Geschwindigkeit nach Fallhöhe } h)^2}{2 * h} = 9{,}8 \ \frac{m}{s^2}$$

$$(\text{Potenzial bei Höhe } h) = h * 9{,}8 \ \frac{m}{s^2}$$

Nachdem wir nun die Potenzialverteilung über dem Straßenniveau hergeleitet haben, können wir uns der Potenzialverteilung um die Sonne zuwenden, welche die Bahnen der Planeten bestimmt. Während wir im Falle der Potenzialverteilung über dem Straßenniveau eine lineare Abhängigkeit von der Höhe festgestellt haben, nimmt der Anstieg der Potenzialwerte, die für die Planetenbahnen relevant sind, mit zunehmendem Abstand des Planeten von der Sonne ab. Dies ist eine Konsequenz der Tatsache, dass die Anziehungskraft mit dem Quadrat des Abstandes abnimmt. Im Falle des mehrstöckigen Hauses durften wir näherungsweise annehmen, dass das Gewicht des Koffers während des Transports über die Stockwerke konstant bleibt, obwohl sich beim Nachobensteigen der Abstand zwischen dem Koffer und der Erde erhöht. Denn die relative Abstandsvariation ist in diesem Fall so gering, dass ihr Einfluss auf das Koffergewicht vernachlässigt werden darf. Nach dem Gravitationsgesetz in Abbildung 7.5 hängt die Anziehungskraft zweier Körper von ihrem Abstand ab. Dieser Abstand ist nicht der Abstand ihrer Oberflächen, sondern ihrer Schwerpunkte. Deshalb wird die Kraft, die den Koffer nach unten zieht, von seinem Abstand zum Erdmittelpunkt bestimmt. Dieser beträgt über 6 000 km und verändert sich über die Stockwerke hinweg nur um einige Meter. Beim Lauf der Planeten um die Sonne ist dagegen die Abstandsänderung nicht mehr vernachlässigbar. So variiert beispielsweise der Abstand zwischen Sonne und Erde zwischen 147 und 152 Millionen Kilometern, und der Abstand zwischen Sonne und Jupiter variiert zwischen 740 und 816 Millionen Kilometern. Ein so großer Unterschied in den Abständen wie in den Bildern 7.1 und 7.6, wo zwischen dem Abstand bei größter Sonnennähe und dem Abstand bei größter Sonnenferne der Faktor 4 liegt, kommt in unserem Sonnensystem zwar nicht vor, aber für unsere Betrachtung ist diese Übertreibung der Abstandsvariation hilfreich.

Da es uns hier nicht um die tatsächlichen Verhältnisse bezüglich eines bestimmten Planeten im Sonnensystem geht, sondern nur um die prinzipielle Begründung der Ellipsenbahnen, konnte ich die Formel für die Potenzialverteilung in Abbildung 7.6 so gestalten, dass nur einfache Zahlen und keine physikalischen Einheiten betrachtet werden müssen. Sie können sich zur Veranschaulichung der Situation vorstellen, dass die ums Zentrum gezeichneten Kreise Höhenlinien seien, wie man sie beispielsweise auf Wanderkarten findet. Die an diesen Kreisen stehenden Zahlen können dann als Höhenangaben über dem Nullniveau gedeutet werden. Wenn eine Schar konzentrischer Kreise als Höhenlinien auftritt, kann es sich nur um einen runden Bergkegel oder um einen runden Trich-

Idee des Potenzialfeldes:

Arbeitsaufwand für den Transport
einer Masse *m* vom Ort *A* zum Ort *B* = m ∗ (Potenzial(B) - Potenzial(A))

Anwendung auf das Potenzialfeld im Raum um die Sonne:
Arbeitsaufwand für den Transport einer Masse *m*
vom Sonnenabstand r_A zum Sonnenabstand r_B = $m * (P(r_B) - P(r_A))$

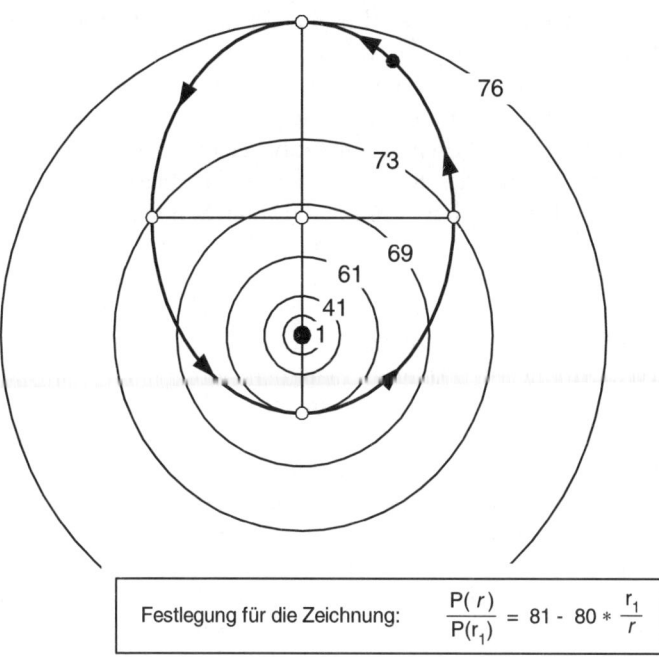

Festlegung für die Zeichnung: $\dfrac{P(r)}{P(r_1)} = 81 - 80 * \dfrac{r_1}{r}$

7.6 Planetenbahn im Potenzialfeld um die Sonne.

ter handeln. In unserem Falle liegt ein Trichter vor, weil die
Höhenangaben nach außen größer werden. In der Nähe des Zen-
trums hat unser Trichter sehr steile Wände; je weiter wir uns aber
vom Zentrum entfernen, desto geringer wird die Steigung. Sehr
weit weg vom Zentrum ist das Gelände fast schon eben.

Durch die Pfeile in der Bahn habe ich festgelegt, dass unser Planet im Gegenuhrzeigersinn um die Sonne läuft. Er muss also in der rechten Hälfte seiner Bahn die Trichterwand hinaufsteigen und kann in der linken Hälfte seiner Bahn in den Trichter hinunterlaufen. Beim Hinunterlaufen wird sich seine Geschwindigkeit erhöhen, und beim Hinaufsteigen wird die Geschwindigkeit wieder abnehmen. Wenn der Planet dem Zentrum am nächsten ist, wird also die Geschwindigkeit ihren höchsten Wert erreicht haben, wogegen sie im entferntesten Punkt am kleinsten sein wird. Durch die Wahl meiner Zahlen für die Abstandsverhältnisse und die Potenzialformel habe ich erreicht, dass sowohl beim Aufsteigen als auch beim Hinunterlaufen jeweils ein Energieaustausch der Größe 15 ΔE stattfindet, wobei ich mit ΔE den Energieaustausch des Planeten pro Potenzialeinheit bezeichnet habe. Im Folgenden ist r_1 der Radius des Kreises, auf dem das relative Potenzial den Wert eins hat. Für den Punkt der größten Sonnennähe gilt $r_A = 4r_1$, und dort hat das relative Potenzial $P(4r_1)/P(r_1)$ den Wert 61. Im Falle der größten Sonnenferne gilt $r_B = 16r_1$, und der zugehörige Potenzialwert $P(16r_1)/P(r_1)$ ist 76. Die Differenz ist 15.

Der Keplersche Flächensatz (Abbildung 7.1) hilft uns, das Geschwindigkeitsverhältnis zwischen Sonnennähe und Sonnenferne zu bestimmen. Sowohl im Punkt der größten Sonnennähe als auch im Punkt der größten Sonnenferne steht die Verbindungslinie zwischen dem Planeten und der Sonne senkrecht auf der Bahn, und deshalb entspricht dem Abstandsverhältnis 1:4 ein Geschwindigkeitsverhältnis von 4:1. Da die Bewegungsenergie vom Quadrat der Geschwindigkeit abhängt, müssen somit die Bewegungsenergien des Planeten im Verhältnis 16:1 stehen. Im sonnennächsten Punkt beträgt die Bewegungsenergie 16 ΔE, aber auf seinem Weg zum sonnenfernsten Punkt verliert der Planet davon das Meiste, nämlich 15 ΔE. Im Punkt seiner kleinsten Geschwindigkeit hat er nur noch eine Bewegungsenergie der Größe ΔE; die aus der Bewegung herausgenommene Energie von 15 ΔE ist nun in die potenzielle Energie gewandert, aus der sie wieder auf dem Weg nach unten in die Bewegungsenergie überführt wird.

Vorgänge, bei denen periodisch ein Austausch zwischen der Bewegungsenergie und der potenziellen Energie stattfindet, kennen Sie aus Ihrem Alltag. Beispielsweise das Schwingen des Uhrenpendels. Wenn das Pendel durch seinen tiefsten Punkt schwingt, sind seine Geschwindigkeit und damit auch seine Bewegungsenergie am größten. Wenn dagegen das Pendel links oder rechts den jeweils höchsten Punkt erreicht hat und seine Bewegungsrichtung umkehrt, sind seine Geschwindigkeit und damit auch seine Bewegungsenergie null, sodass nun die ursprüngliche maximale Bewegungsenergie vollständig in die potenzielle Energie gewandert ist.

Ich empfinde es geradezu als Wunder, dass mit den wenigen Begriffen aus Abbildung 7.3 die schwierigen Erscheinungen aus Abbildung 7.1 auf so elegante Weise erklärt werden können. In Abbildung 7.7 stelle ich Ihnen nun aber noch einen Sachverhalt vor, den man nicht mehr ausschließlich mit den Begriffen aus Abbildung 7.3 erklären kann. Eine mehrere Kilogramm schwere Scheibe rotiert mit verhältnismäßig hoher Drehzahl um ihre waagerecht liegende Achse. Diese Rotationsachse ist mit einem Ende so am Kopf der feststehenden Säule gelagert, dass eine freie Drehung nach allen Seiten möglich ist. Eigentlich würde man erwar-

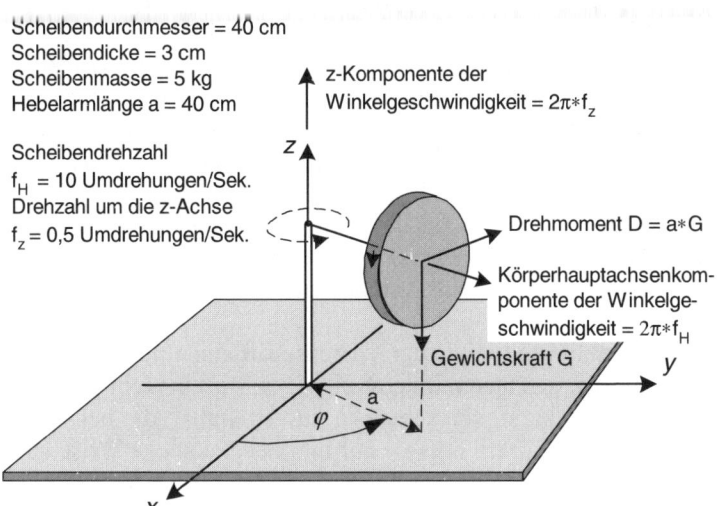

7.7 Effekte bei rotierenden Körpern.

ten, dass die schwere Scheibe nach unten kippt; das tut sie aber nicht. Vielmehr bleibt ihre Rotationsachse waagerecht und wandert in der horizontalen Ebene verhältnismäßig langsam im Kreis um die z-Achse.

Dieser seltsame Effekt ist unter anderem auch die Grundlage des sogenannten Kreiselkompasses, der lange Zeit in der Seefahrt das beste Gerät zur Richtungsbestimmung war. Der Kreiseleffekt ist auch die Ursache dafür, dass wir so leicht auf dem Fahrrad balancieren können und nicht umfallen, falls wir nicht zu langsam fahren.

Der Grund, weshalb wir mit unseren bisherigen Erkenntnissen die Erscheinungen in Abbildung 7.7 nicht erklären können, liegt darin, dass wir uns bisher nur mit der Bewegung sogenannter Massenpunkte befasst haben. Diese Massenpunkte haben sich längs irgendwelcher Bahnen bewegt, und wir haben die Form der Bahn und die Geschwindigkeit der Bewegung betrachtet. Nun aber müssen wir noch eine andere Form von Bewegung in unsere Betrachtung einbeziehen, nämlich die Rotation. Bei der Rotation eines Körpers bewegen sich alle Teile des Körpers auf Kreisbahnen um eine Achse, der Körper selbst beschreibt im einfachsten Fall keine Bahn, sein Schwerpunkt bleibt am gleichen Ort. Wenn sich auch noch der Schwerpunkt längs einer Bahn bewegt, während der Körper rotiert, handelt es sich um den allgemeinsten Fall der Bewegung eines Körpers. Stellen Sie sich vor, wie ein Tennisspieler am Ende eines mühsam errungenen Sieges vor Begeisterung seinen Schläger in die Luft wirft. Der Schläger wird längs einer Bahn durch die Luft fliegen, bis er wieder zum Boden zurückgekehrt ist – wegen des Luftwiderstandes ist diese Bahn nur näherungsweise eine Parabel. Während er fliegt, wird er in einer möglicherweise sehr komplizierten Art um seinen Schwerpunkt herumwirbeln.

Jedes Mal, wenn man in der Wissenschaft einen neuen Sachverhalt vorfindet, den man mit den bisherigen Mitteln nicht angemessen behandeln kann, versucht man zuerst einmal, die bekannten Mittel so zu ergänzen, dass sie auf möglichst analoge Weise auch dem neuen Sachverhalt gerecht werden. Dann muss man nämlich nicht allzu viel hinzulernen, sondern kann teilweise sogar die alten Formeln in neuer Interpretation benutzen. Dies ist tatsächlich beim Übergang von der Bahnbewegung zur Rotationsbewegung gelungen. Man konnte nämlich die in Abbildung 7.3 dargestellten Konzepte, die dort für die Bewegung von Körpern längs ihrer Bahnen gelten, auf den Fall der Rotationsbewegung übertragen.

Beim Übergang von der Bahnbewegung zur Rotationsbewegung fragt man sich, was denn im Falle der Rotation die Bahngeschwindigkeit ersetzen könnte. Während wir im Falle der Bahnbewegung ohne Rotation den einfachen Fall vorliegen haben, dass alle Teile des bewegten Körpers die gleiche Geschwindigkeit haben, findet man im Falle der Rotation unterschiedliche Geschwindigkeiten für die einzelnen Teile des Körpers. Die Geschwindigkeit eines Körperteils ist umso größer, je weiter er von der Rotationsachse entfernt ist. Ein anschauliches Beispiel für einen rotierenden Körper ist ein Karussell. Bei jeder Umdrehung des Karussells durchläuft jeder Teil des Karussells einmal seine Kreisbahn. Die Kreisbahnen haben unterschiedliche Längen, und deshalb muss für jede Kreisbahn eine andere Geschwindigkeit gelten. Deshalb wird man ein Kind, dem man keine große Geschwindigkeit zumuten will, in die Nähe der Rotationsachse setzen und nicht außen an den Rand, wo die Geschwindigkeit am größten ist. Neben den unterschiedlichen Geschwindigkeiten auf den unterschiedlich großen Kreisbahnen kann man nun aber die sogenannte Rotationsgeschwindigkeit betrachten, die für alle Teile des rotierenden Körpers den gleichen Wert hat. Man kann die Rotationsgeschwindigkeit als Anzahl der Umdrehungen pro Zeiteinheit oder als zurückgelegten Winkel pro Zeiteinheit angeben.

Bei der Bahngeschwindigkeit werden zwei physikalische Größen durcheinander dividiert, wobei im Zähler eine Länge und im Nenner eine Zeit stehen. Im Falle der Rotationsgeschwindigkeit steht auch weiterhin im Nenner eine Zeit, aber im Zähler steht nun keine physikalische Größe mehr. Es mag Ihnen seltsam vorkommen, dass weder die Anzahl von Umdrehungen noch die Angabe eines Winkels als physikalische Größenangaben akzeptiert werden. Es handelt sich hierbei nämlich um Konzepte der Mathematik und nicht um Konzepte der Physik. Den Unterschied erkennen wir daran, dass im Falle physikalischer Größen der jeweilige Maßstab für das Messen willkürlich festgelegt werden darf, wogegen im Falle mathematischer Konzepte die Sache von vornherein ganz streng festliegt. Wenn wir als Beispiel die Längenmessung betrachten, so ist es für uns ganz selbstverständlich, dass wir aus der Mathematik keinerlei Hinweis darauf erhalten, ob wir die Länge in Meter, Fuß oder Ellen messen sollen. Wenn es dagegen um die Frage der Anzahl von Umdrehungen eines rotierenden Körpers geht, haben wir keinerlei Ermessensspielraum. Wir können zwar das Wort Umdrehung willkürlich durch ein anderes Wort ersetzen, aber dadurch ändert sich nichts am Konzept. Aus der Geometrie wissen wir, dass ein Winkel eindeutig durch das Verhältnis eines Umfangsabschnitts zum zugehörigen Radius bestimmt ist. So entspricht eine Umdrehung dem Winkel 2π, weil bei einer Umdrehung der ganze Umfang eines Kreises durchlaufen wird. Die Winkelangabe ist also ein Bruch, bei dem sowohl im Zähler als auch im Nenner eine Länge stehen, sodass als Ergebnis nur noch ein Zahlenwert ohne physikalische Einheit übrig bleibt.

Die analoge Übertragung der bahnbezogenen Begriffe auf den Fall der Rotation ist in Abbildung 7.8 dargestellt. Die folgenden Begriffspaare kennzeichnen die bestehende Analogie:

Weg $\leftrightarrow$ Winkel
Geschwindigkeit $\leftrightarrow$ Winkelgeschwindigkeit
Beschleunigung $\leftrightarrow$ Winkelbeschleunigung
Impuls $\leftrightarrow$ Drehimpuls
Kraft $\leftrightarrow$ Drehmoment
Masse $\leftrightarrow$ Trägheitsmoment

Damit das Ganze ein stimmiges System wird, muss die Winkelgeschwindigkeit eine gerichtete Größe sein. Die Winkelgeschwindigkeit ist ein Vektor, der in der Drehachse liegt und dessen Richtung nach der bereits früher vorgestellten Rechtehand-Regel bestimmt wird. Betrachten Sie beispielsweise in Abbildung 7.7 die z-Achse, welche die Rotationsachse bezüglich des Winkels φ ist. Hier können Sie mit Ihrer rechten Hand die z-Achse so umgreifen, dass Ihre Finger in Pfeilrichtung des Winkels φ verlaufen; Ihr Daumen zeigt dann in die z-Richtung.

Während wir bei der Herleitung der Konzepte in Abbildung 7.3 mit dem Impuls begonnen haben, beginnen wir die Betrachtung

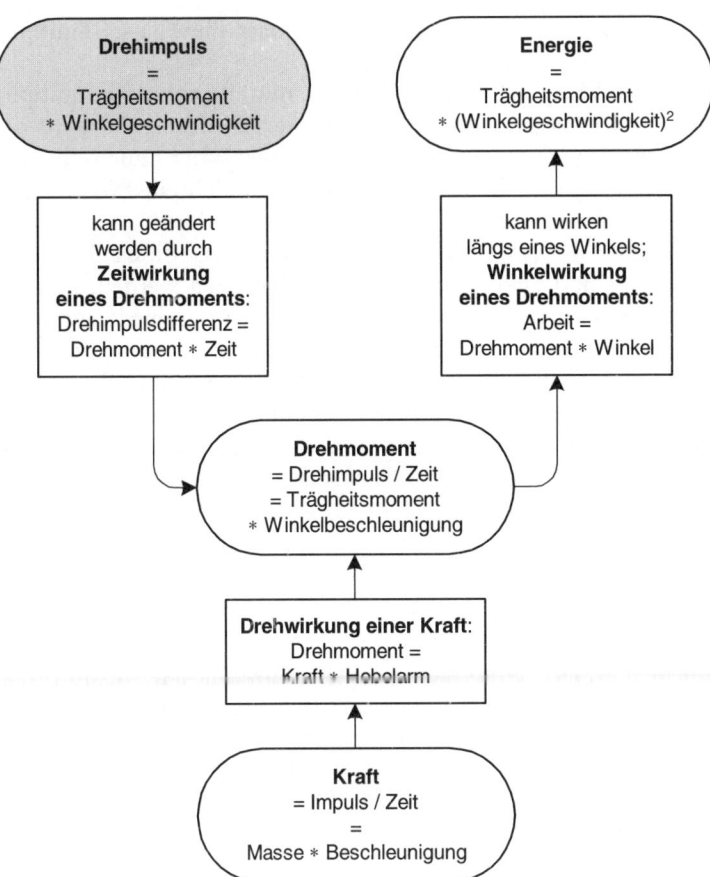

7.8 Erweiterung von Abbildung 7.3 durch Einbeziehung der Rotation.

der Begriffe in Abbildung 7.8 mit dem Drehmoment. Stellen Sie sich vor, Sie müssten mit einem entsprechenden Schlüssel das Federwerk einer Uhr oder eines mechanischen Spielzeugs aufziehen. In diesem Falle wird Ihnen das Aufziehen am leichtesten gelingen, wenn Sie mit paarweise entgegengesetzten gleichgroßen Kräften auf die beiden Flügel des Schlüssels einwirken. Das Drehmoment ist nichts anderes als die mathematische Fassung des

Hebelgesetzes, in dem eine Kraft mit einer Hebellänge multipliziert wird.

In Abbildung 7.3 wurde die Kraft mit einer Strecke multipliziert, und es ergab sich die Energie. In Abbildung 7.8 wird die Kraft wieder mit einer Strecke multipliziert, aber nun ergibt sich das Drehmoment. In beiden Fällen ergibt sich ein Produkt aus einer Masse und einem Geschwindigkeitsquadrat, das man typischerweise in $kg*(m/s)^2$ angeben kann. Aus dieser formalen Gleichheit darf aber nicht der Schluss gezogen werden, Energie und Drehmoment seien wesensgleich. Der Unterschied liegt in der relativen Richtung zwischen Kraft und Weg. Auf dem Weg zur Energie ist das Ergebnis am größten, wenn Kraft und Weg parallel verlaufen, auf dem Weg zum Drehmoment ist das Ergebnis am größten, wenn Kraft und Länge senkrecht zu einander stehen. Die Energie wird als Skalarprodukt berechnet, wogegen das Drehmoment als Lotprodukt zu berechnen ist.

Damit die formale Analogie zwischen der Begriffswelt für Bahnbewegungen und der Begriffswelt für Rotationsbewegungen vollständig ist, muss es neben dem Weg von der Kraft zum Drehmoment auch noch den rein formalen Weg geben, bei dem die Beschleunigung durch die Winkelbeschleunigung ersetzt wird. Dies hilft uns, den begrifflichen Partner für die Masse zu finden. Dieser Partner wird als Trägheitsmoment bezeichnet; seine arithmetischen Bestandteile finden wir aus der Forderung, dass die beiden Wege von der Kraft zum Drehmoment das gleiche Ergebnis liefern müssen:

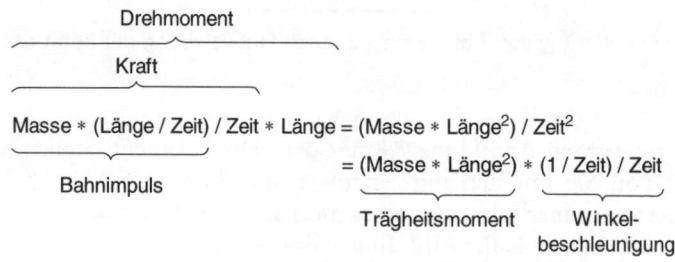

Das Trägheitsmoment ergibt sich also durch Multiplikation einer Masse mit dem Quadrat einer Länge. Selbstverständlich vermuten Sie zu Recht, dass hinter dem Begriff des Trägheitsmoments mehr steckt als das Ergebnis eines mathematischen Spielchens mit physikalischen Größen. Stellen Sie sich einen Gewichtheber vor, der im Zirkus auftritt und dort nicht nur die Stange mit den beiden außen sitzenden schweren Gewichten hochhebt, sondern sie anschließend über seinem Kopf kreisen lässt, wobei sein Körper die Rotationsachse darstellt. Die Arbeit, die der Mann aufbringen muss, um seine Stange in eine bestimmte Rotation zu versetzen, ist umso größer, je weiter die Gewichte vom Mittelpunkt entfernt sind, und zwar steigt diese Arbeit mit dem Quadrat des Abstandes an. Nehmen wir einmal an, wir wollten die Stangenlänge verdoppeln, ohne dass sich dadurch die für die Rotation aufzubringende Arbeit verändert, dann dürfen wir als Masse jeweils nur noch ein Viertel der ursprünglichen Masse einsetzen. Das Trägheitsmoment ist in jedem Falle eine Information darüber, wie die Teilmassen des rotierenden Körpers um die Rotationsachse verteilt sind.

Wenn Sie Autofahrer sind, wissen Sie, dass manchmal ein neuer Autoreifen auf eine Felge montiert werden muss. In diesem Fall ist nicht von vornherein garantiert, dass die Massenverteilung um die Rotationsachse symmetrisch ist. Dann kann man die Symmetrie dadurch erzeugen, dass man kleine Metallgewichte an die richtigen Winkelpositionen des Felgenrandes klammert. Man nennt diesen Vorgang das „Auswuchten".

Wenn man in Abbildung 7.8 die Kraft und den Weg, der von der Kraft zum Drehmoment führt, abschneidet, hat der Rest die gleiche grafische Struktur wie die Abbildung 7.3. Jedem Begriff aus Abbildung 7.3 entspricht dann ein analoger Begriff in Abbildung 7.8. Im Folgenden sind die jeweils zugehörigen arithmetischen Verknüpfungen der physikalischen Einheiten einander gegenübergestellt:

Impuls	= Masse · Geschwindigkeit = Masse · (Länge/Zeit)
Drehimpuls	= Trägheitsmoment · Winkelgeschwindigkeit
	= (Masse · Länge^2) · (1/Zeit) ≠ Impuls
Kraft	= Masse · Beschleunigung
	= Masse · ((Länge/Zeit)/Zeit)
Drehmoment	= Trägheitsmoment · Winkelbeschleunigung
	= (Masse · Länge^2) · ((1/Zeit)/Zeit) ≠ Kraft
Bahnenergie	= Masse · (Geschwindigkeit)^2 = Masse · (Länge/Zeit)^2
Rotations-energie	= Trägheitsmoment · (Winkelgeschwindigkeit)^2
	= (Masse · Länge^2) · (1/Zeit)^2 = Bahnenergie

Dass die jeweiligen analogen Partner in den Paaren (Impuls, Drehimpuls) und (Kraft, Drehmoment) wesensverschieden sind, erkennt man an der Verschiedenheit der zugehörigen physikalischen Einheiten. Dagegen gehört zu den Partnern im Paar (Bahnenergie, Rotationsenergie) jeweils die gleiche Einheit. Es ist plausibel, dass für das Wesen der Energie die Art der Bewegung keine Rolle spielen darf. Wir vergleichen hierzu zwei unterschiedliche Szenarien: Den Fall der Bahnenergie erfassen wir durch die Aufgabe, einen schweren Wagen, der auf einer ebenen Schienenbahn steht, durch Krafteinwirkung auf eine bestimmte Geschwindigkeit zu beschleunigen; den Fall der Rotationsenergie erfassen wir durch die Aufgabe, ein schweres Schwungrad, dessen Achse gut geölt horizontal in einem feststehenden Lagerbock liegt, auf eine bestimmt Rotationsgeschwindigkeit zu beschleunigen. Im Falle des Schienenwagens sei vorne am Wagen ein Seil befestigt, an dem wir ziehen können, um den Wagen zu beschleunigen. Auf der Welle des Schwungrades sei eine Seiltrommel befestigt, auf der ein langes Seil aufgewickelt ist. Durch Ziehen an dem Seil können wir das Schwungrad in Rotation versetzen. Für denjenigen, der am Seil ziehen muss, ist es unerheblich, ob er dabei einen geradlinig auf einer Schiene rollenden Wagen beschleunigt oder ein auf der Welle der Seiltrommel sitzendes Schwungrad. In beiden Fällen muss er eine Kraft aufbringen in der Richtung, in der er das Seil zieht, und dadurch verrichtet er eine physikalische Arbeit.

Wenn man die in Abbildung 7.8 dargestellten Zusammenhänge auf das in Abbildung 7.7 gezeigte System anwendet, kommt man zu Abbildung 7.9. Da es in diesem Falle zwei Rotationsbewegungen gibt, nämlich die schnelle Rotation um die Körperhauptachse mit zehn Umdrehungen pro Sekunde und die langsame Rotation um die z-Achse mit einer halben Umdrehung pro Sekunde, ergibt sich für die Winkelgeschwindigkeit ein Vektor, der ein wenig aus der Körperhauptachse nach oben herausgekippt ist. Zu den beiden Anteilen der Winkelgeschwindigkeit gehören entsprechende Anteile des Drehimpulses. Diese beiden Anteile stehen aber zueinander nicht im Verhältnis 20:1 wie die entsprechenden Anteile der Winkelgeschwindigkeit, denn sonst müsste ja der Drehimpuls die gleiche Richtung wie die Winkelgeschwindigkeit haben. Dieser Unterschied kommt daher, dass das Trägheitsmoment kein

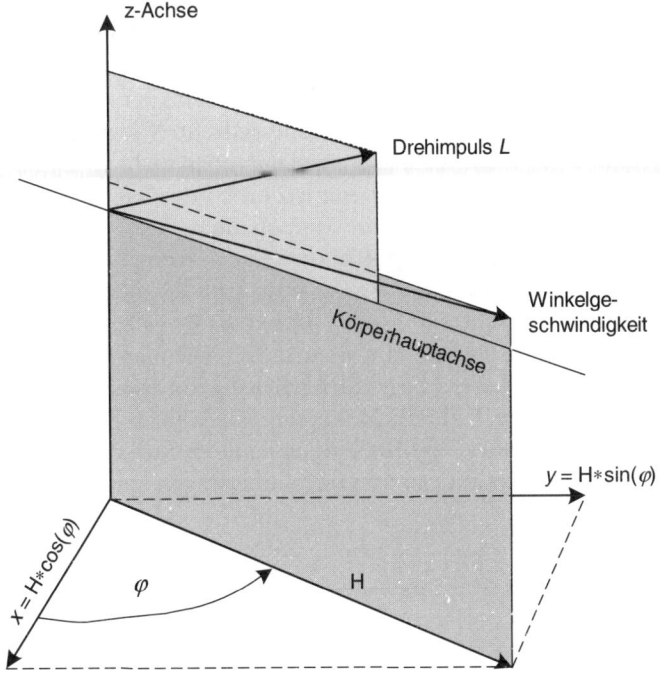

7.9 Drehimpuls- und Winkelgeschwindigkeitsvektor zu Abbildung 7.7.

skalarer Faktor wie die Masse ist, sondern eine Information über die dreidimensionale Verteilung der Massen des rotierenden Körpers bezüglich seiner Drehachsen. Man kann zeigen, dass sich das Trägheitsmoment in jedem Falle in Form einer Matrix mit drei Zeilen und drei Spalten erfassen lässt. Auf die Herleitung verzichten wir aber. Die Massenverteilung der Scheibe in Abbildung 7.7 bezüglich ihrer Rotationsachsen ist recht einfach zu beschreiben; deshalb braucht man hier für die Positionen der Trägheitsmomentenmatrix nur die beiden Werte J_H und J_z, welche die Massenverteilungen um die Körperhauptachse und die z-Achse erfassen.

In Abbildung 7.7 habe ich auch den Vektor des Drehmoments eingetragen, welches dadurch entsteht, dass die Scheibe durch ihr Eigengewicht nach unten gezogen wird, ihre Achse aber auf dem oberen Ende der senkrecht stehenden Säule aufliegt. Genau dieses Drehmoment ist der Grund dafür, dass es hier überhaupt eine Rotation um die z-Achse gibt, denn das Drehmoment zeigt in Richtung der Pfeilspitze des Winkels φ. Da hier das Drehmoment D in jedem Falle senkrecht auf dem Drehimpuls L steht, wird durch das Drehmoment die Länge des Drehimpulses nicht verändert, sondern es wird nur seine Richtung gedreht. Wie sich das in der Rechnung mit Vektoren äußert, will ich Ihnen nicht vorenthalten (Abbildung 7.10). Dabei musste ich die in der Körperhauptachsenrichtung liegenden Vektorkomponenten, also diejenigen mit dem Index H, jeweils in eine x- und eine y-Komponente aufteilen, wie dies in Abbildung 7.9 gezeigt ist. Falls Sie die Rechnung in Abbildung 7.10 nicht interessiert, dürfen Sie sie getrost übergehen. Es war mir nur wichtig, Ihnen zu zeigen, wie man manchmal in der Physik einen bereits begrifflich befriedigend erfassten Sachverhalt – in unserem Falle die Bewegung längs einer Bahn – auf einen verwandten, aber begrifflich doch anderen Sachverhalt – in unserem Falle die Rotationsbewegung – übertragen kann.

zeitabhängiger Impuls = $P(t)$

zeitliche Änderung des Impulses = $\dfrac{dP}{dt}$ = zeitabhängige Kraft = $K(t)$

---

zeitabhängiger Drehimpuls = $L(t) = \begin{pmatrix} (J_H * 2\pi f_H) * \cos(2\pi f_z * t) \\ (J_H * 2\pi f_H) * \sin(2\pi f_z * t) \\ (J_z * 2\pi f_z) \end{pmatrix}$

$= 2\pi * \begin{pmatrix} (0,10 \text{ kg}*\text{m}^2) * (10/\text{s}) * \cos(2\pi * (0,5/\text{s}) * t) \\ (0,10 \text{ kg}*\text{m}^2) * (10/\text{s}) * \sin(2\pi * (0,5/\text{s}) * t) \\ (0,86 \text{ kg}*\text{m}^2) * (0,5/\text{s}) \end{pmatrix}$

zeitliche Änderung des Drehimpulses = $\dfrac{dL}{dt}$ = zeitabh. Drehmoment = $D(t)$

$= (2\pi)^2 * \begin{pmatrix} (J_H * f_H * f_z) * (-\sin(2\pi f_z * t)) \\ (J_H * f_H * f_z) * (\cos(2\pi f_z * t)) \\ 0 \end{pmatrix}$

$= (2\pi)^2 * \begin{pmatrix} (0,5 \text{ kg}*(\text{m/s})^2) * (-\sin(2\pi * (0,5/\text{s}) * t)) \\ (0,5 \text{ kg}*(\text{m/s})^2) * (\cos(2\pi * (0,5/\text{s}) * t)) \\ 0 \end{pmatrix}$

7.10 Mathematische Formulierung der Abhängigkeiten bei der Rotation in Abbildung 7.7 in Analogie zu den Gleichungen für Bahnbewegungen.

Wie Herr Einstein den gesunden Menschenverstand außer Kraft setzte

8

Bis um das Jahr 1900 hatten bereits so viele Physiker über Raum, Zeit, Körper und Bewegung nachgedacht, dass man überzeugt war, in diesem Bereich könne es nun keine weiteren großen Erkenntnisse mehr geben. Dann jedoch kam Albert Einstein (1879–1955) und veröffentlichte im Jahr 1905 einen Aufsatz, worin er die gesamte bisherige Raum- und Zeitvorstellung auf den Müll kippte. Im Folgenden will ich nun das leider extrem verfestigte Vorurteil ausräumen, die Einsteinschen Gedankengänge könne nur jemand nachvollziehen, der ähnlich genial sei wie Einstein selbst. Ich komme mir an dieser Stelle wie ein Bergführer vor, der seine Kunden auf eine Klettertour mitnehmen will, über die das Gerücht im Umlauf ist, sie sei für Bergtouristen zu schwer. Vertrauen Sie meiner Aussage, dass ich diese Wand schon oft durchstiegen und dabei so viele Haken eingeschlagen habe, dass Sie sich sicher nach oben hangeln können.

Wie die Lichtgeschwindigkeit zum Maßstab erhoben und Uhren und Meterstäbe relativiert wurden

Als erstes müssen wir uns einmal klarmachen, was denn die konventionelle Sicht auf Raum und Zeit ist. Was meint man denn, wenn man sagt, Raum und Zeit seien absolut? Mit dieser Aussage behaupten wir ja nicht, dass alle Uhren vollkommen synchron laufen würden oder dass alle Meterstäbe exakt gleich lang seien. Wir wissen, dass die Länge eines Meterstabs temperaturabhängig ist, wobei er in der Regel bei höheren Temperaturen länger ist als bei tieferen. Wir sind aber überzeugt, dass der Begriff der Gleichzeitigkeit zweier Ereignisse, die an unterschiedlichen Orten stattfinden, wohldefiniert sei. Entsprechend sind wir überzeugt, dass der Abstand zweier Orte, an denen zum gleichen Zeitpunkt etwas stattfindet, wohldefiniert sei. Es ist einleuchtend, dass, wenn der Begriff der Gleichzeitigkeit verschwindet, auch der Begriff des wohldefinierten Abstandes verschwindet.

In allen Veranschaulichungen, derer wir uns im Folgenden bedienen, spielt der Begriff der „Lebenslinie" eine zentrale Rolle. Was damit gemeint ist, will ich Ihnen anhand von Abbildung 8.1 erklären. In dieser sind drei unterscheidbare Gegenstände in ihren zeitlich nacheinander auftretenden Situationen gezeigt. Eine schwarze Stange fliegt auf gerader Bahn mit konstanter Geschwindigkeit von oben nach unten, und eine weiße Stange gleicher Länge fliegt mit entgegengesetzt gleicher Geschwindigkeit auf geradem Weg von unten nach oben. Von den drei Raumkoordinaten x, y und z ist hier nur eine dargestellt, weil die konstant gerad-

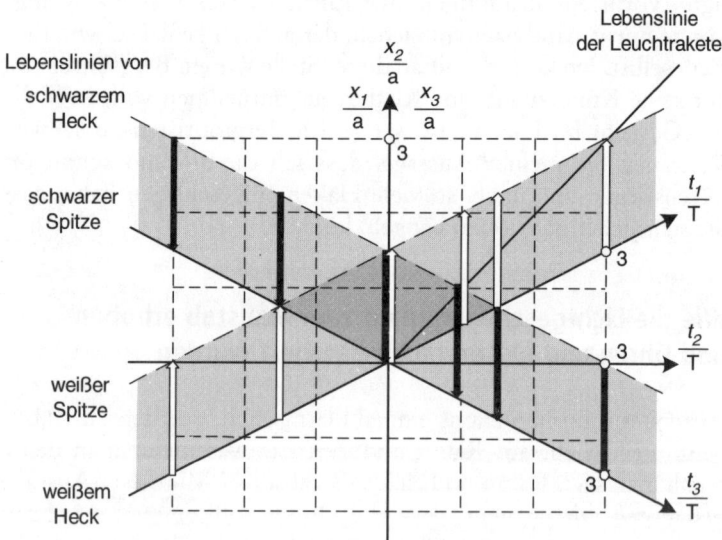

8.1 Konventionelle Sicht: Raum und Zeit sind absolut.

linige Bewegung so gewählt ist, dass sie entlang der x-Achse verläuft. Die Zeit vergeht von links nach rechts. Jede Stange hat die Länge 1,5 a und fliegt mit der Geschwindigkeit a/2T. Wenn wir beispielsweise a = 100 Meter und T = 1 Sekunde wählen, erfasst das Bild eine Höhe von 500 Metern und eine Zeit von sechs Sekunden. In der Situation links außen sind die beiden aufeinander zufliegenden Stangen noch genau eine Stangenlänge voneinander entfernt. Eineinhalb Sekunden später begegnen sich die beiden Stangenspitzen, und nach weiteren 1,5 Sekunden liegen die beiden Stangen parallel nebeneinander. Wieder 1,5 Sekunden später sind gerade noch die beiden Hecks beieinander, und in der Situation rechts außen sind die beiden Stangen bereits wieder eine Stangenlänge voneinander entfernt. Zu jedem Zeitpunkt ist jeder Punkt der jeweiligen Stange irgendwo, und man kann nun fragen, wie sich ein bestimmter Stangenpunkt durch unser Bild bewegt. Die Linie, die zu einem bestimmten Stangenpunkt gehört, nennen wir die „Lebenslinie" dieses Stangenpunktes. Die jeweiligen Ränder der beiden schräg verlaufenden Intervallbänder sind die Lebenslinien der beiden Enden der schwarzen bzw. der weißen Stange.

Außerdem habe ich noch die Lebenslinie eingezeichnet, die zu einer Leuchtrakete gehört, die genau in dem Moment vom Heck der weißen Stange in Richtung ihrer Spitze abgeschossen wird, wenn die beiden Stangen parallel nebeneinander liegen. Dabei habe ich angenommen, dass die Leuchtrakete doppelt so schnell fliegt wie die Stangen; in unserem Zahlenbeispiel hat also die Leuchtrakete eine Geschwindigkeit von 100 m/s. Da die Leuchtrakete und die schwarze Stange entgegengesetzt zueinander fliegen, trifft die Leuchtrakete bereits nach einer Sekunde auf das Heck der schwarzen Stange. Zu diesem Zeitpunkt überdecken sich die beiden Stangen noch in ihrem hinteren Drittel. Da die weiße Stange in gleicher Richtung fliegt wie die Leuchtrakete, erreicht die Leuchtrakete erst nach drei Sekunden die Spitze der weißen Stange. Zu diesem Zeitpunkt liegen die beiden Stangen bereits um eine ganze Stangenlänge auseinander.

Dass die Idee der Lebenslinie ein sehr brauchbares Konzept zur Veranschaulichung von Vorgängen in Raum und Zeit ist, will ich Ihnen auch noch anhand von Abbildung 8.2 zeigen. Sie haben sicher schon erlebt, dass sich genau in dem Moment, wo ein Poli-

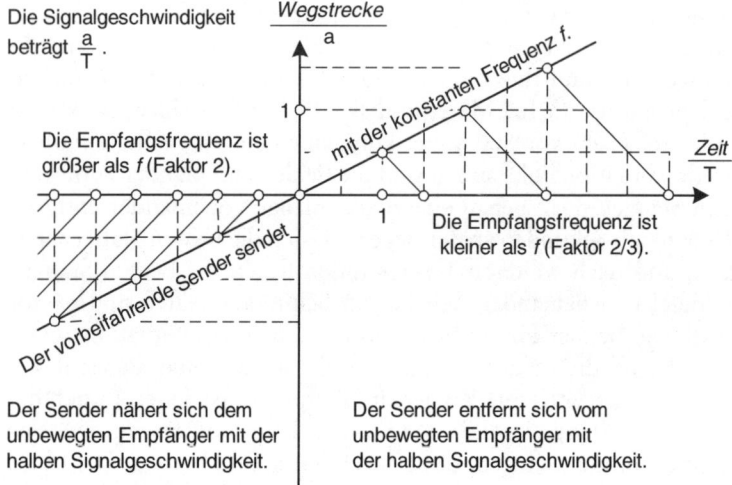

Die Signalgeschwindigkeit beträgt $\frac{a}{T}$.

Die Empfangsfrequenz ist größer als f (Faktor 2).

Die Empfangsfrequenz ist kleiner als f (Faktor 2/3).

Der Sender nähert sich dem unbewegten Empfänger mit der halben Signalgeschwindigkeit.

Der Sender entfernt sich vom unbewegten Empfänger mit der halben Signalgeschwindigkeit.

8.2 Doppler-Effekt.

zeiauto, ein Krankenwagen oder die Feuerwehr an Ihnen vorbei fuhr, die Tonhöhe des gehörten Tatütatü-Signals erniedrigt hat. Die schräg nach oben laufende Gerade in Abbildung 8.2 ist die Lebenslinie des Fahrzeugs, welches das Signal aussendet. Auf dieser Lebenslinie liegen in gleichen Abständen Punkte, deren Abstand dem Kehrwert der Sendefrequenz und damit der Tonhöhe entspricht. Je dichter die Punkte beieinander liegen, umso höher erscheint der Ton. Obwohl die Punkte auf der Lebenslinie des Fahrzeugs sowohl in der linken als auch in der rechten Hälfte gleiche Abstände haben, sind die Abstände auf der Lebenslinie des ruhenden Hörers links kürzer als rechts. Wir hören also das Signal des auf uns zu fahrenden Autos höher als das Signal des von uns weg fahrenden Autos. Der Wissenschaftler, der sich als erster mit diesem Phänomen auseinandergesetzt hat, war Christian Doppler (1803–1853), und ihm zu Ehren nennt man diese Erscheinung den *Dopplereffekt*.

Um die Einsteinschen Gedanken nachvollziehen zu können, müssen wir nun noch einmal zu den beiden aneinander vorbeifliegen Stangen in Abbildung 8.1 zurückkehren. Wir nehmen nun an, dass anstelle der Leuchtrakete ein Lichtblitz in die gleiche Richtung abgeschickt wird. Wenn nun also a/T die Lichtgeschwindigkeit c ist, fliegen die beiden Stangen jeweils mit halber Lichtgeschwindigkeit. Wir nehmen auch noch an, dass jeweils an den Enden der beiden Stangen Personen sitzen, die mitfliegen. Diese Personen können sich über die von ihnen erlebten Erscheinungen unterhalten und daraus Rückschlüsse auf die Lichtgeschwindigkeit ziehen. Der Mensch am Heck der weißen Stange schaut in dem Moment auf seine Uhr, in dem der Lichtblitz ausgesendet wird. Der Mensch an der Spitze der weißen Stange erlebt zum Zeitpunkt 3T das Eintreffen des Lichtblitzes. In dieser Zeit hat der Lichtblitz gerade die Länge 1,5 a der weißen Stange hinter sich gebracht. Also wird im System der weißen Stange der Schluss gezogen, dass die Lichtgeschwindigkeit den Wert a/2T habe. Im System der schwarzen Stange dagegen erhält man einen anderen Wert. Der Mensch an der Stangenspitze schaut auf die Uhr, wenn der Lichtblitz abgesandt wird. Nachdem die Zeit T vergangen ist, kommt der Lichtblitz am Ende der schwarzen Stange an, und der dort sitzende Mensch registriert die Zeit. Da in dieser Zeit der Lichtblitz die gesamte Länge der schwarzen Stange hinter sich gebracht hat, ergibt sich im System der schwarzen Stange eine Lichtgeschwindigkeit von 1,5 a/T. Die in den beiden Systemen gemessenen Lichtgeschwindigkeiten liegen also um den Faktor drei auseinander.

Diese Diskrepanz ist unvermeidlich, wenn es einen absoluten Raum und eine absolute Zeit gibt. Denn dann ist auch eindeutig feststellbar, ob sich ein Gegenstand bewegt, oder ob er ruht. Nun waren aber die Physiker auf Grund vieler Experimente zur Messung der Lichtgeschwindigkeit mit der Tatsache konfrontiert, dass der gemessene Wert unabhängig davon ist, ob sich das Mess-System in Richtung des ausgesandten Lichtstrahls bewegt oder entgegengesetzt dazu. Dies veranlasste Einstein dazu, sich zu fragen, ob es überhaupt zulässig sei, Zeit und Ort als voneinander unabhängige Dinge zu betrachten. Es könnte doch sein, dass Zeitdauern und Ortsabstände nur in Verbindung miteinander beobachtet werden können, sodass dann tatsächlich in jedem von zwei gleichförmig zueinander bewegten Systemen die gleiche Lichtgeschwindigkeit gemessen wird.

Zuvor war ihm schon klar geworden, dass es keine messtechnische Möglichkeit gibt festzustellen, ob eines von zwei gleichförmig zueinander bewegten Systemen in Ruhe sei. Stellen Sie sich vor, Sie säßen in einem Flugzeug, welches mit konstanter Geschwindigkeit geradeaus fliegt, und wenn Sie aus dem Fenster blicken, sehen Sie ein in entgegengesetzter Richtung vorbeifliegendes Flugzeug. Sie werden selbstverständlich sagen, beide Flugzeuge seien in Bewegung. Aber woher nehmen Sie die Berechtigung zu dieser Feststellung? Sie beziehen sich hier auf einen dritten Gegenstand, nämlich die Erde, von der Sie abgeflogen sind. Dann müssen Sie aber konsequenterweise weiterfragen, woher Sie denn wissen, dass die Erde ruht, und Sie in Bewegung sind und dass es nicht umgekehrt ist. Jedenfalls ging Einstein von den beiden Grundannahmen aus, dass es keine Erscheinungen der absoluten Ruhe gibt, und dass man in gleichförmig zueinander bewegten Systemen stets die gleiche Lichtgeschwindigkeit misst. Ausgehend von diesen Annahmen stürzte er sich in verhältnismäßig einfache mathematische Überlegungen, die ich Ihnen nun vorstellen will. Wir beginnen mit der Betrachtung des oberen Teils von Abbildung 8.3, wo noch einmal die Zusammenhänge bei der Annahme von absolutem Raum und absoluter Zeit dargestellt sind. Wir nehmen zwei Körper an, die relativ zueinander mit der Geschwindigkeit v aneinander vorbeifliegen.

Mit jedem der beiden Körper denken wir uns ein körpereigenes Koordinatensystem verbunden; die jeweiligen x-Achsen sehen Sie links oben im Bild. Da die Relativbewegung zueinander nur in der x-Richtung verläuft, spielen die y- bzw. z-Achsen für unsere Betrachtung keine Rolle, sodass ich sie in der Zeichnung weglassen konnte. Damit wir völlig symmetrische Verhältnisse haben, stellen wir uns aber vor, dass die beiden Koordinatenachsen z_1 und z_2 nach oben zeigen, und dass bezüglich dieser z-Achsen die beiden Koordinatensysteme um 180° gegeneinander gedreht sind. Die Lage der jeweiligen y-Achse ergibt sich dann aus der Vorschrift, dass für dreidimensionale Koordinatensysteme die Rechte-Hand-Regel gelten muss. Nach dieser Regel müssen die drei Achsen x, y und z so von ihrem gemeinsamen Kreuzungspunkt weg zeigen wie der Daumen, der Zeigefinger und der Mittelfinger der rechten Hand, wenn man sie senkrecht zueinander stellt.

Galilei-Transformation

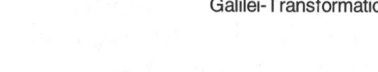

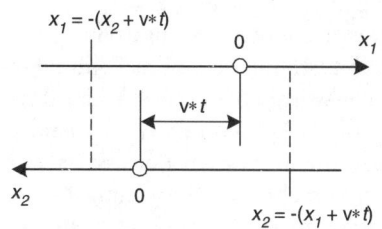

	x_1		x_2
	y_1		y_2
	z_1		z_2
	t		t

$x_1 = -(x_2 + v*t)$

$x_2 = -(x_1 + v*t)$

-1	0	0	-v	x_2	x_1
0	-1	0	0	y_2	y_1
0	0	1	0	z_2	z_1
0	0	0	1	t	t

Lorentz-Transformation

	x_1		x_2
	y_1		y_2
	z_1		z_2
	t		t

? ? ?

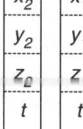

A	0	0	B	x_2	x_1
0	-1	0	0	y_2	y_1
0	0	1	0	z_2	z_1
C	0	0	D	t	t

(1): Aus dem Wissen, dass die Matrix ihr eigener Kehrwert sein soll, gewinnt man die beiden Gleichungen $A = -D$ und $A^2 = 1 - B*C$. (kein Unterschied zur Galilei-Transformation)

(2): Da sich die beiden Systeme mit der Geschwindigkeit $(-v)$ relativ zueinander bewegen, muss der Bruch x_2/t_2 für $x_1 = 0$ den Wert $(-v)$ haben. Dies führt zu der Gleichung $B/D = (-v)$. (kein Unterschied zur Galilei-Transformation)

(3): Da in beiden Systemen die gleiche Lichtgeschwindigkeit gemessen werden soll, muss der Bruch x_2/t_2 den Wert c haben, wenn der Bruch x_1/t_1 den Wert $(-c)$ hat. Dies führt zu der Gleichung $(B - c*A)/(D - c*C) = c$. (Hier liegt der Unterschied zur Galilei-Transformation.)

(4): Die so gewonnenen vier Gleichungen für die vier Unbekannten A, B, C und D lassen sich auflösen und liefern die Formeln zur Berechnung von A, B, C und D aus den Werten v und c.

8.3 Herleitung der Lorentz-Transformation.

Danach zeigt die y_1-Achse vom Leser weg ins Papier hinein, wogegen die y_2-Achse dem Leser ins Gesicht zeigt. Wegen dieser Achsenlagen gelten die Beziehungen $y_1 = (-y_2)$ und $z_1 = z_2$.

Jede physikalische Erscheinung hat einen Ort und eine Zeit. Nimmt man an, dass die Zeit absolut ist, muss eine Erscheinung in den beiden Systemen den gleichen t-Wert haben. Die x-Werte dürfen sich aber unterscheiden, da ja die x-Achsen relativ zueinander bewegt sind. Wie eine Erscheinung, die im System 1 erfasst ist, auf die Koordinaten des Systems 2 umzurechnen ist bzw. umgekehrt, können Sie der gezeigten Matrizenmultiplikation entnehmen. Diese einfache Transformation war bereits Galileo Galilei bekannt, und deshalb trägt sie ihm zu Ehren seinen Namen: *Galilei-Transformation*.

Wenn wir nun die Vorstellung eines absoluten Raums und einer absoluten Zeit verlassen, können wir kein Bild mehr zeichnen, welches dem links oben dargestellten Koordinatenbild entspricht. Denn da wir nun keine Gleichzeitigkeit mehr haben, können wir auch kein Bild mehr zeichnen, welches eine Situation zeigt, die zu einem bestimmten Zeitpunkt gilt. Dies will ich mit der grauen Wolke mit den eingetragenen Fragezeichen betonen. Wir wissen nur noch, dass hier zwei Körper aneinander vorbeifliegen, und dass jeder Körper sein eigenes Ortskoordinatensystem und seine eigenen Uhren hat. Leider werden Sie immer wieder Darstellungen finden, worin versucht wird, die Relativitätstheorie anhand eines Bildes zu erklären, das einen fahrenden Zug zeigt. Das Bild zeigt sowohl einen Menschen, der im Zug mitfährt, als auch einen anderen, der den fahrenden Zug vom Bahndamm aus beobachtet. Mit diesem Bild wird eine existierende Gleichzeitigkeit suggeriert – man denkt an den Zeitpunkt, zu dem das Bild mit einer Kamera aufgenommen wurde. Damit wird der wesentliche Unterschied zwischen der Absolutheit und der Relativität von Raum und Zeit verwischt, sodass dieses Bild das Verständnis der Relativität nicht fördert, sondern erschwert, wenn nicht gar unmöglich macht. Deshalb gibt es bei mir kein solches Bild, sondern eine Wolke mit Fragezeichen.

Obwohl es keinesfalls selbstverständlich ist, dass auch im Falle der Relativität die Koordinatensystemtransformation mit einer einfachen Matrizenmultiplikation erledigt werden kann, sollte man Optimist sein und die Betrachtung mit dieser Annahme beginnen. In der gesuchten Matrix sind nur die vier Eckpunkte unbekannt, denn wir haben ja bereits erkannt, dass die y- bzw. z-Koordinaten von der Bewegung nicht betroffen sind und dass deshalb die entsprechenden Matrizeneinträge die gleichen sein müssen wie oben bei der Galilei-Transformation. Wegen der von uns bewusst hergestellten vollständigen Symmetrie der beiden Koordinatensysteme zueinander, muss für die Transformation aus dem System 1 in das System 2 die gleiche Matrix gelten wie aus dem System 2 in das System 1. Das bedeutet, dass die Matrix ihr eigener Kehrwert sein muss, und daraus kann man bereits zwei Gleichungen herleiten, die unbedingt erfüllt sein müssen. Als zweites bringt man das Wissen um die Relativbewegung ein, wobei als Geschwindigkeit nicht v, sondern -v eingesetzt werden muss, denn aus der Sicht des einen Systems bewegt sich das jeweils andere in Richtung der negativen x-Achse. Als weitere Bedingung bringt man die Forderung ein, dass in beiden Systemen die gleiche Lichtgeschwindigkeit gemessen werden soll. Damit hat man nun vier Gleichungen für die vier unbekannten A, B, C und D, die man auflösen kann.

Das Ergebnis dieser Auflösung ist in Abbildung 8.4 dargestellt, wobei ich hier die Matrix auf die vier relevanten Komponenten reduziert habe. Dass diese Transformation nicht „Einstein-Transformation", sondern *Lorentz-Transformation* genannt wird, weist auf die Tatsache hin, dass sie bereits einige Jahre vor Einstein von Hendrik Antoon Lorentz (1853–1928) gefunden worden ist. Den Hintergrund hierzu werde ich Ihnen im Kapitel über die Elektrodynamik vorstellen. Einstein hat die Transformation ohne Rückgriff auf die Erkenntnisse von Lorentz allein durch Überlegungen bezüglich der Begriffe Raum und Zeit gewonnen – so wie wir hier auch.

$$\begin{bmatrix} A & B \\ C & D \end{bmatrix} = \frac{1}{\sqrt{1 - \left(\frac{v}{c}\right)^2}} * \begin{bmatrix} -1 & -v \\ \left(\frac{v}{c}\right) * \frac{1}{c} & 1 \end{bmatrix}$$

8.4 Die Lorentz-Transformation.

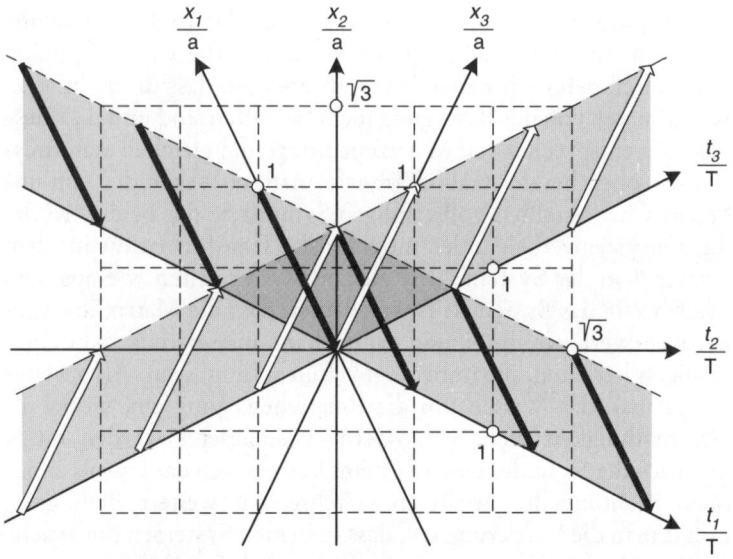

8.5 Die relativistische Variante zu Abbildung 8.1.

Die Lebenslinien und die Beschriftung der Koordinatenachsen in Abbildung 8.1 beruhen auf der Galilei-Transformation. Wir können nun auch ein Diagramm zeichnen, welches wieder die uns interessierenden Lebenslinien zeigt, wobei aber nun nicht mehr die Galilei-Transformation, sondern die Lorentz-Transformation das Bild bestimmt. Während in Abbildung 8.1 das System 2 das absolut ruhende war, ist nun in Abbildung 8.5 das System 2 nur noch das relativ zu den beiden Stangen ruhende System. Ein Beobachter, der im System 2 sitzt, sieht die schwarze Stange von oben und die weiße Stange von unten auf sich zu fliegen. Er erlebt, wie sich die Spitzen der beiden Stangen begegnen. Noch etwas später liegen für ihn die beiden Stangen parallel nebeneinander, und danach fliegen sie weiter, bis ihre beiden Enden gerade noch beieinander liegen, und schließlich wird der Abstand zwischen den beiden Enden immer größer. Die Beobachter im System 2 werden als Geschwindigkeit der beiden Stangen jeweils den Wert $a/2T = c/2$ messen. Dies entspricht den Steigungen der Lebenslinien der Stangenenden, die in Abbildung 8.5 die gleichen sind wie in Abbildung 8.1.

Es würde mich gar nicht wundern, wenn Ihnen die Schräglage der Stangen in Abbildung 8.5 Verständnisprobleme bereitet. Ich hätte die beiden Stangen tatsächlich auch vertikal zeichnen können wie in Abbildung 8.1, aber dann wäre Ihnen der wesentliche Unterschied zwischen den beiden Bildern nicht gleich ins Auge gesprungen. Dieser Unterschied besteht nämlich darin, dass in Abbildung 8.1 alle drei x-Achsen aufeinander liegen, wogegen sie in Abbildung 8.5 gegeneinander gedreht sind. Für jedes (x, t)-Koordinatensystem gilt, dass die Linien gleicher Zeit parallel zur jeweiligen x-Achse verlaufen, und dass die Lebenslinien der Punkte eines Körpers parallel zur t-Achse des Systems verlaufen, in dem der Körper als ruhend erlebt wird. Wenn nun wie in Abbildung 8.1 mehrere Koordinatensysteme eine gemeinsame x-Achse haben, können sich die Linien gleicher Zeit in den verschiedenen Systemen nicht unterscheiden. Das musste ja in Abbildung 8.1 zwangsläufig der Fall sein, weil wir dort eine absolute Zeit vorausgesetzt haben.

In Abbildung 8.5 sind nun nicht nur die Zeitachsen, sondern auch die x-Achsen gegeneinander gedreht. Also sind hier auch die jeweiligen Linien gleicher Zeit gegeneinander gedreht. Im System 2 liegen sie vertikal, in den anderen beiden Systemen verlaufen sie jeweils in der Richtung, in der die eingezeichneten Stangen liegen. Da für jedes der drei Systeme andere Gleichzeitigkeitslinien gelten, musste ich mich entscheiden, in welchem System ich die Stangen „sichtbar" mache. Sichtbarkeit einer Stange bedeutet ja, dass man alle Stangenpunkte gleichzeitig sieht, und das bedeutet, dass sie dann auf einer Gleichzeitigkeitslinie im Diagramm liegen. Ich habe die Stangen jeweils in dem System sichtbar gemacht, in dem sie ruhen.

Ein Diagramm, das den absoluten Raum-Zeit-Verhältnissen in Abbildung 8.1 die relativistischen Verhältnisse gegenüberstellt, konnte ich nur zeichnen, weil ich bereit war, auf die geometrische Konsistenz der Beschriftung zu verzichten. Das bedeutet, dass die jeweiligen Längenangaben an den Koordinatenachsen in Abbildung 8.5 keine eindeutige Bestimmung beliebiger Streckenlängen in der Zeichnung erlauben. Diese Inkonsistenz lässt sich leicht zeigen. Gemäß der Beschriftungen der Achsen x_2 und t_2 gilt für die Kantenlänge q der kleinen Quadrate:

$$q = \frac{\sqrt{3}}{3}$$

Die weiße Stange ist die Diagonale eines Rechtecks mit den Seitenlängen q und 2q. Deshalb kann man ihre Länge nach dem Satz des
Pythagoras berechnen:

$$\text{Stangenlänge} = \sqrt{q^2 + (2q)^2} = q * \sqrt{5} = \frac{\sqrt{15}}{3} = 1{,}291$$

Die Beschriftung der Achse x_3 sagt aber, dass die Länge den Wert
1 hat.

Diese Inkonsistenz kommt einfach daher, dass die Abbildung
8.5 eine rein mathematische Konstruktion ist, die sich aus den
Matrizen in Abbildung 8.4 herleiten lässt.

Da die beiden Stangen in Abbildung 8.5 immer einen Winkel
zueinander bilden, könnte man voreilig schließen, dass sie nie
parallel zueinander liegen könnten, was sie doch müssten, da sie ja
nur von oben nach unten bzw. von unten nach oben fliegen. Wer
so argumentiert, hat vergessen, was ich bereits weiter oben gesagt
habe: Ich hätte die Stangen auch vertikal zeichnen können und
hätte damit die Sicht eines Beobachters im System 2 zum Ausdruck gebracht. Im Zeitpunkt $t_2 = 0$ sieht ein Beobachter im System 2 gleichzeitig die Spitze und das Ende der beiden Stangen, d.
h., in diesem Zeitpunkt liegen für ihn die beiden Stangen parallel
nebeneinander. Er wird deshalb auch schließen, dass die beiden
Stangen gleich lang sind. Zu einem solchen Schluss kann es aber
weder im schwarzen noch im weißen System kommen. Da sich
alle Zeitachsen im Diagramm dort schneiden, wo die schwarze
Spitze beim weißen Heck liegt, wird in allen drei Systemen dieses
Ereignis zum Zeitpunkt 0 erlebt. Wenn wir dagegen nach der Zeit
fragen, zu der die weiße Spitze das schwarze Heck trifft, dann finden wir, dass dieser Zeitpunkt im weißen System früher als der
Zeitpunkt 0 und im schwarzen System später als der Zeitpunkt 0
liegt. Wir haben also hier den für unsere Vorstellung völlig unfass-
baren Sachverhalt, dass zwei Ereignisse, die im System 2 als gleichzeitig erlebt werden, in den Systemen 1 und 3 als zwei aufeinanderfolgende Ereignisse erlebt werden, wobei sogar noch die Reihenfolge im System 1 eine andere ist als im System 3.

Sie können sich sicher vorstellen, dass Herr Einstein von den meisten Leuten für verrückt erklärt wurde, als er seine Theorie veröffentlichte. Seine Ergebnisse widersprechen doch so offensichtlich dem gesunden Menschenverstand, dass man sicher war, sie als Spinnereien abtun zu dürfen. Einstein dagegen hat sehr früh klar erkannt, dass der sogenannte gesunde Menschenverstand zwar gute Ergebnisse liefert, wenn er auf unsere Alltagserfahrungen angewandt wird, dass er aber versagt, wenn es um Vorgänge geht, die außerhalb unserer alltäglichen Erlebnisse liegen. Sie müssen bedenken, dass die Verhältnisse in Abbildung 8.5 verlangen, dass die beiden Stangen jeweils mit halber Lichtgeschwindigkeit an einem Beobachter im System 2 vorbeifliegen. Kein Mensch hat Erfahrungen mit derart hohen Geschwindigkeiten. Wenn wir von schnell fliegenden Gegenständen reden, dann meinen wir beispielsweise Gewehrkugeln oder Raketen. Aber wenn diese auch nur mit einem Tausendstel der Lichtgeschwindigkeit fliegen würden, müssten sie in einer Sekunde die Strecke zwischen Berlin und Prag zurücklegen. Bei fast allen Bewegungen, die wir aus unserem Alltag kennen, sind die Geschwindigkeiten kleiner als ein Millionstel der Lichtgeschwindigkeit. Deshalb sind in diesen Fällen die relativistischen Abweichungen von der Galilei-Transformation so gering, dass sie mit gewöhnlichen messtechnischen Mitteln gar nicht festgestellt werden können.

Vielleicht haben Sie schon einmal gehört oder gelesen, Einstein habe behauptet, es gäbe keine größere Geschwindigkeit als die Lichtgeschwindigkeit. Dies ist aber keine Annahme, die er an den Beginn seiner mathematischen Herleitung gesetzt hat, sondern es ist ein Ergebnis, das man aus der Lorentz-Transformation herleiten kann. Aus unserer Alltagswelt sind wir es gewohnt, dass wir zwei Geschwindigkeiten, die in dieselbe Richtung zeigen, in ihrem Wert addieren dürfen. Wenn beispielsweise jemand mit 3 km/h in einem Zug in Richtung der Lokomotive geht, wobei der Zug mit 100 km/h fährt, dann addieren wir die beiden Geschwindigkeiten und sind überzeugt, dass nun der Mensch vom Bahndamm aus gemessen mit einer Geschwindigkeit von 103 km/h in Fahrtrichtung des Zuges wandert. Aus der Lorentz-Transformation lässt sich aber für die Addition zweier gleichgerichteter Geschwindigkeiten die folgende Formel herleiten:

$$(v_1 +_{\text{relativistisch}} v_2) = \frac{v_1 + v_2}{1 + \left(\dfrac{v_1}{c}\right) * \left(\dfrac{v_2}{c}\right)}$$

Wenn wir diese Formel auf unser Beispiel anwenden, erhalten wir

$$(100 \text{ km/h} +_{\text{relativistisch}} 3 \text{ km/h}) = 102{,}999.999.999.905 \text{ km/h}$$

Der Unterschied zur gewöhnlichen Summe der beiden Geschwindigkeiten ist in diesem Falle offensichtlich viel zu klein, als dass man ihn wahrnehmen oder messen könnte. Nun nehmen wir aber einmal an, die beiden Geschwindigkeiten v_1 und v_2 hätten jeweils den Wert der halben Lichtgeschwindigkeit, dann liefert die relativistische Addition nur vier fünftel, also 80 Prozent der Lichtgeschwindigkeit – und nicht 100 Prozent wie die gewöhnlichen Addition. Die Formel für die relativistische Addition von Geschwindigkeiten hat die interessante Eigenschaft, dass das Ergebnis immer kleiner als die Lichtgeschwindigkeit ist, solange keiner der beiden Summanden die Lichtgeschwindigkeit übersteigt. Die Erkenntnis, dass es keine größere Geschwindigkeit als die Lichtgeschwindigkeit gibt, ist also eine mathematische Konsequenz des experimentell überprüfbaren Sachverhalts, dass in Systemen, die gleichförmig zueinander in Bewegung sind, stets die gleiche Lichtgeschwindigkeit gemessen wird.

Dass die relativistische Summe den Wert $4/5 * c$ liefert, wenn jeder der beiden Summanden die halbe Lichtgeschwindigkeit c ist, können wir auch aus Abbildung 8.5 ablesen. Denn dort bewegen sich ja die beiden Stangen in entgegengesetzter Richtung und haben in der Sicht des Systems 2 jeweils die halbe Lichtgeschwindigkeit. Wie können wir nun feststellen, mit welcher Geschwindigkeit die weiße Stange aus der Sicht von Beobachtern fliegt, die auf der schwarzen Stange sitzen? Wir nehmen an, dass vorne und hinten auf der schwarzen Stange jeweils ein Beobachter sitzt. Der Beobachter an der schwarzen Spitze wird als erster mit der weißen Stange in Berührung kommen, nämlich dann, wenn sich die beiden Stangenspitzen begegnen. In diesem Fall wird er auf die Uhr schauen und sich den Wert $-3T/4$ merken; für ihn gilt ja die t_1-Achse. Eine gewisse Zeit später wird der Beobachter, der am schwarzen Heck sitzt, die weiße Spitze bei sich vorbeifliegen sehen. Auch dieser Beobachter wird den Zeitpunkt dieses Ereignisses auf seiner Uhr feststellen – es ist der Wert T/2. Auf der t_1-Achse gemessen liegt also zwischen den beiden Zeitpunkten die Zeit 5T/4. In dieser Zeit ist aus der Sicht der Beobachter auf der schwarzen Stange die weiße Spitze an der gesamten schwarzen Stange vorbeigekommen. Da die Stangenlänge aus ihrer Sicht a beträgt, werden sie als Geschwindigkeit der weißen Stange den Wert a/(5T/4) messen, und das sind vier fünftel der Lichtgeschwindigkeit.

Die Tatsache, dass in allen drei Systemen der gleiche Wert der Lichtgeschwindigkeit gemessen wird, kann man sich leicht vor Augen führen, indem man betrachtet, wie die Koordinatenachsen für Ort und Zeit relativ zur Lebenslinie eines Lichtblitzes liegen. Dies ist im linken Teil von Abbildung 8.6 dargestellt. Weil wir in den Diagrammen die Ortsabstände als Vielfache einer Länge a und die Zeitdauern als Vielfache einer Zeit T angeben, wobei a/T die Lichtgeschwindigkeit c ist, ist die Lebenslinie eines in x-Richtung laufenden Lichtblitzes immer die um 45 Grad nach oben geneigte Gerade. An dem mit Ankunftsereignis bezeichneten Punkt hat der Lichtblitz eine Strecke durchlaufen und dafür eine Zeit benötigt, die in jedem Beobachtersystem unterschiedlich ist. Um das jeweilige Koordinatenpaar des Ankunftsereignisses zu finden, muss man jeweils achsenparallele Linien durch den Punkt des

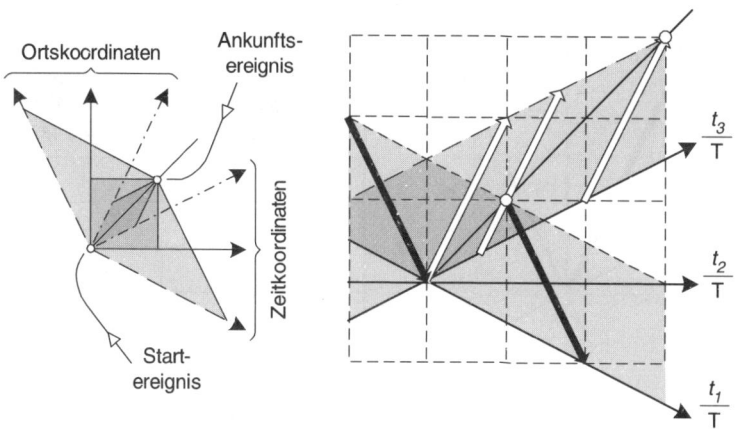

8.6 Die Systemunabhängigkeit der Lichtgeschwindigkeit.

Ankunftsereignisses legen. Dies ergibt in jedem Falle die Figur einer Raute. Das Bild zeigt die drei unterschiedlichen Rauten für unsere drei Beobachtersysteme. Da jeweils alle vier Seiten einer Raute gleich lang sind, ist das Verhältnis der beiden Seiten, die dem jeweiligen Paar (Ortskoordinate, Zeitkoordinate) entsprechen, stets eins. Auf Grund unserer Normierung entspricht diese Eins der Lichtgeschwindigkeit.

Rechts im Bild betrachten wir noch einmal unsere beiden Stangen und den Lichtblitz, der in dem Augenblick ausgesendet wird, in dem sich die schwarze Spitze und das weiße Heck begegnen. Durch kleine Kreise habe ich zwei unterschiedliche Ankunftsereignisse markiert: Das erste Ereignis gehört zu dem Fall, wo der Lichtblitz das schwarze Heck erreicht; das zweite Ereignis gehört zu dem Fall, wo der Lichtblitz die weiße Spitze erreicht. Es gelten die folgenden Koordinatenpaare:

Erstes Ereignis: $(x_1, t_1) = (a, T)$; $\quad (x_3, t_3) = (a/3, T/3)$;
Zweites Ereignis: $(x_1, t_1) = (3a, 3T)$; $\quad (x_3, t_3) = (a, T)$;

Dass in jedem System die Längen und Zeiten andere sind als in den anderen Systemen, ist in den Abbildungen 8.7 und 8.8 verdeutlicht. In Abbildung 8.7 gehen wir der Frage nach, wie lang die

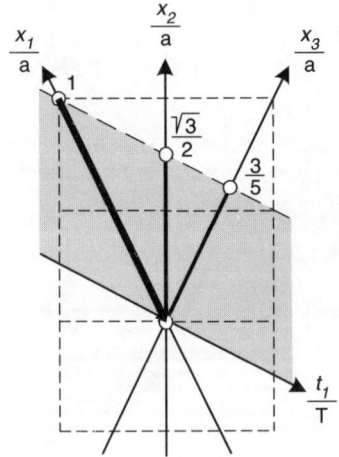

Geschwindigkeit v der Beobachter relativ zur Stange	Erlebte relative Länge der Stange
0	1
0,5 c	0,866
0,8 c	0,6
$\left(\dfrac{v}{c}\right) * c$	$\sqrt{1 - \left(\dfrac{v}{c}\right)^2}$

8.7 Systemabhängigkeit von Längen.

schwarze Stange jeweils in der Sicht der drei Systeme ist. Hierzu müssen wir den Abstand der beiden Lebenslinien der schwarzen Stangenenden betrachten. In jedem System werden andere Ereignispaare als gleichzeitig erlebt.

Wo in einem System die beiden Enden einer Stange auf einer Gleichzeitigkeitslinie liegen, werden auch alle dazwischen liegenden Punkte zum gleichen Zeitpunkt erlebt. Um die jeweils erlebte Stangenlänge zu bestimmen, brauchen wir also nur den systemspezifischen Abstand zwischen den beiden Ereignissen, bei denen die beiden Stangenenden gleichzeitig erlebt werden, zu bestimmen. Da die Gleichzeitigkeitslinien gegeneinander gedreht sind, müssen sich zwangsläufig unterschiedliche Längen in den drei Systemen ergeben. Im System 1, in dem die Stange ruht, hat die Länge den Wert a, wogegen sie in den Systemen 2 und 3 jeweils kürzer ist. Die kleinste Länge ergibt sich, wenn die Gleichzeitigkeitslinie senkrecht auf den Lebenslinien der beiden Stangenenden steht; in diesem Fall wird die Stangenlänge zu 3a/5 erlebt.

In Abbildung 8.8 geht es um die Veranschaulichung des Sachverhalts, dass auch die Zeitdauern in den Systemen jeweils unterschiedlich erlebt werden. Das Alter eines Körpers misst man immer in dem System, in dem der Körper ruht. Das Bild zeigt zwei Situationen der schwarzen Stange in dem System 1, in dem sie ruht. Beim Übergang von der linken zur rechten Stangensituation altert die Stange um die Zeit T. Wie erleben nun die Beobachter in den Systemen 2 und 3 diesen Übergang? Zuerst denken wir uns in die Rolle von Beobachtern B_{02} und B_{03}, deren Lebenslinien die t_2- und die t_3-Achsen sind. Diese beiden Beobachter begegnen sich nur einmal in ihrem Leben und zwar genau in dem Zeitpunkt $t_2 = t_3 = 0$, an dem die schwarze Stangenspitze an ihnen vorbeifliegt. Der Beobachter B_{02} sieht die Stange mit der halben Lichtgeschwindigkeit an sich vorbeifliegen, und zwar fliegt genau die halbe Stange an ihm vorbei, während sie um T altert. In dieser Zeit altert der Beobachter aber nur um 0,866 T. Der Beobachter B_{03} sieht die Stange mit 80 Prozent der Lichtgeschwindigkeit an sich vorbeifliegen, und zwar fliegt die Stange zu 80 Prozent an ihm vorbei, während sie um T altert. In dieser Zeit altert der Beobachter aber nur um 0,6 T.

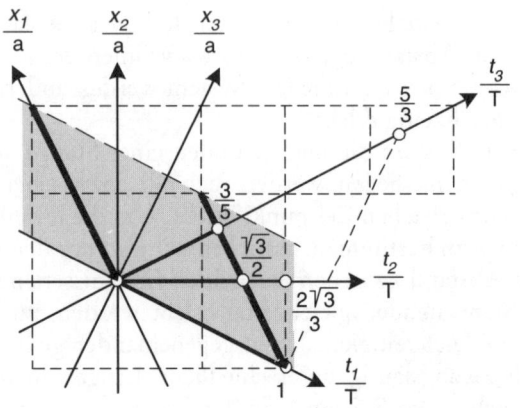

Geschwindigkeit v eines punktförmigen Objektes relativ zu den Beobachtern	0	0,5 c	0,8 c	$\left(\dfrac{v}{c}\right) * c$
Alterung des Objektes relativ zu den Beobachtern	1	0,866	0,6	$\sqrt{1 - \left(\dfrac{v}{c}\right)^2}$

8.8 Systemabhängigkeit von Zeitdauern.

Diese Ergebnisse stehen selbstverständlich in krassem Widerspruch zu unserer Anschauung. Wenn wir vom Altern zweier Gegenstände reden, haben wir zwangsläufig immer die Vorstellung, dass wir diese Gegenstände gleichzeitig im Blick haben könnten, und da kann es tatsächlich nicht vorkommen, dass sie unterschiedlich schnell altern. Im Gegensatz hierzu geht es in Abbildung 8.8 um Erscheinungen, bei denen die Vorstellung, dass man etwas „gleichzeitig im Blick" haben könnte, nicht mehr gilt. Wenn man die Stangenspitze die ganze Zeit, während sie um T altert, im Blick haben wollte, müsste man als Beobachter im System 1 auf der Spitze der Stange sitzen und gemeinsam mit dieser altern. Dagegen sehen die beiden Beobachter B_{02} und B_{03}, die in den Systemen 2 bzw. 3 ruhen, dauernd neue Stangenpunkte, denn die Stange fliegt ja an ihnen vorbei. Wenn sie zu unterschiedlichen Zeiten verschiedene Stangenpunkte unterschiedlichen Alters sehen, schließen sie, dass die gesehene Altersdifferenz der Alterungszeit der gesamten Stange entspreche. Wenn Sie beispielsweise zuerst meinen Kopf sähen, den ich hatte, als ich einen Tag alt war, und drei Jahre später einen Fuß von mir, dem man ansähe, dass er fünf Jahre alt ist, würden Sie doch schließen, dass ich in der Zeit, in der Sie nur um drei Jahre gealtert sind, um fünf Jahre gealtert sei. Dies wäre aber nur möglich, wenn ich mit 80 Prozent der Lichtgeschwindigkeit an Ihnen vorbei flöge, und Sie drei Jahre lang Teile von mir sähen. Dann müsste ich aber sehr viel größer als 1,72 Meter sein, nämlich aus Ihrer Sicht über 20 Billionen Kilometer groß.

Die Sache wird noch verblüffender, wenn wir in den Systemen 2 und 3 nicht nur die beiden Beobachter B_{02} und B_{03} betrachten, deren Lebenslinien die jeweiligen t_j-Achsen sind, sondern ihnen jeweils noch einen zweiten Beobachter B_{T2} bzw. B_{T3} zur Seite stellen. Der Beobachter B_{T2} soll derjenige sein, der im System 2 ruhend die schwarze Stangenspitze an sich vorbeifliegen sieht, wenn sie gerade das Alter T hat. Genau in diesem Moment soll er auch dem Beobachter B_{T3} begegnen, der im System 3 ruht. Aus Abbildung 8.8 können wir entnehmen, wie alt diese beiden Beobachter bei dieser Begegnung sind: B_{T2} hat das Alter 1,155 T, und B_{T3} hat das Alter 1,667 T. Der Beobachter B_{02} musste schließen, dass die Stange schneller altere als er, denn während sie aus seiner Sicht um T älter wird, nimmt sein Alter nur um 0,866 T zu. Dagegen schließt nun der Beobachter B_{T2}, dass die Stange langsamer altere als er, denn während sie um T älter wird, nimmt sein Alter um 1,155 T zu. Entsprechend paradox erscheinen uns auch die Schlüsse der Beobachter B_{03} und B_{T3}.

Obwohl uns dies alles sehr widersinnig vorkommt, gibt es doch experimentelle Befunde, welche diese Theorie stützen. Ich will Ihnen wenigstens einen solchen experimentellen Befund schildern. In der sogenannten *Elementarteilchenphysik* (siehe Kapitel 10) hat man festgestellt, dass man durch Zertrümmern von Teilchen, aus denen unsere gewohnte Materie besteht, Teilchen erzeugen kann, die nach sehr kurzer Zeit wieder „verschwinden", weil sie zur Bildung anderer Teilchen verbraucht werden. Zu jeder Art solcher Teilchen gehört eine bestimmte „mittlere Lebenserwartung". Denken Sie beispielsweise an Menschen, die bei ihrer Geburt eine mittlere Lebenserwartung von 75 Jahren haben, was nicht bedeutet, dass alle Menschen genau 75 Jahre alt werden. So hat man im Labor Teilchen erzeugen können, deren Lebenserwartung nur zwei Mikrosekunden beträgt; man nannte sie *Myonen*. Die gleiche Sorte Teilchen entsteht auch in der Natur, und zwar dadurch, dass energiereiche Strahlung aus dem Weltraum auf die Erdatmosphäre trifft und manche der dort vorkommenden langlebigen Teilchen zertrümmert. Dies geschieht in einer Höhe von ungefähr zehn Kilometern. Selbst wenn es nahezu mit Lichtgeschwindigkeit fliegt, kann ein Myon während seiner Lebensdauer nur rund 600 Meter zurücklegen. Die Verblüffung war deshalb groß, als man Myonen fand, die den weiten Weg aus der großen Höhe bis zur Erdoberfläche geschafft haben. Eine Erklärung ist möglich, wenn man die unterschiedliche Alterung in Betracht zieht. Während ein Beobachter auf der Erde um 35 Mikrosekunden altert und ein mit nahezu Lichtgeschwindigkeit fliegendes Teilchen aus seiner Sicht eine Strecke von zehn Kilometern zurücklegt, altert das fliegende Teilchen in dem System, in dem es ruht, nur um zwei Mikrosekunden, und aus seiner Sicht beträgt die Distanz zwischen dem Atmosphärenrand und der Erdoberfläche nur 600 Meter.

Ich möchte an dieser Stelle noch einmal betonen, dass ich meine Argumentation ausschließlich auf die Darstellungen in den Abbildungen 8.5, 8.7 und 8.8 gestützt habe, die ich ganz formal aus der mathematischen Formulierung der Lorentz-Transformation gewinnen konnte. Ich bin hier in der gleichen Lage wie Sie und Albert Einstein auch, dass wir nämlich keinerlei wirkliche Anschauung mit diesen Sachverhalten verbinden können, sondern dass wir nur mehr oder weniger hilflos die mathematischen Ergebnisse hinnehmen müssen. Immerhin sind diese Ergebnisse durch ausgefeilte Experimente überprüft worden, und man hat keine Widersprüche gefunden.

Das Jahr 2005 hatte die Bundesregierung, zusammen mit Verbänden der Wissenschaft, Wirtschaft und Kultur zum „Einstein-jahr" erklärt, weil sich in diesem Jahr zwei bedeutende Ereignisse jährten. Albert Einstein starb im Jahre 1955, man konnte also 2005 seinen fünfzigsten Todestag zelebrieren. Und man konnte daran erinnern, dass Einstein vor 100 Jahren, also im Jahre 1905 als junger Mann fünf Aufsehen erregende Aufsätze veröffentlicht hat, worunter auch die Darstellung der gerade eben hier präsentierten

Ergebnisse war, die später die Bezeichnung *Spezielle Relativitäts-theorie* erhielten. Auf den Plakaten zum „Einsteinjahr" fand man oft die berühmte Formel $E = mc^2$, von der aber die meisten nicht sagen können, was sie bedeutet. Und noch viel weniger Menschen können erklären, durch welche Überlegungen Einstein auf diese Formel gekommen ist. Wenn man bedenkt, dass diese Formel die Grundlage für die Existenz von Kernkraftwerken und Atombomben bildet, sollte es selbstverständlich sein, dass jeder gebildete Mensch die Hintergründe kennt, die zu dieser Formel geführt haben. Auch hier muss ich wieder die schon oft geäußerte Feststellung machen, dass zwar nur ein Genie diese Formel als Ergebnis seines Denkens finden konnte, dass aber jeder einigermaßen intellektuell begabte Mensch das Ergebnis und seine Herleitung nachvollziehen kann. Wenn Sie mir also bis hierher folgen konnten, dann wird es Ihnen nicht schwer fallen, mit mir auch noch den Rest des Weges zu gehen.

Schon in Abbildung 7.3 habe ich den Energiebegriff eingeführt, und ich habe Ihnen gezeigt, dass Energie als gespeicherte, gelieferte oder aufzubringende Arbeit zu deuten ist, deren Zusammenhang mit anschaulichen mechanischen Größen als das Produkt aus Masse und dem Quadrat einer Geschwindigkeit formuliert werden kann. Die Formel $E = mc^2$ bringt gegenüber Abbildung 7.3 eigentlich nur noch die Besonderheit hinzu, dass nun anstelle einer beliebigen Geschwindigkeit die Lichtgeschwindigkeit eingesetzt ist. Mit dem, was ich Ihnen bisher über die Zusammenhänge der Mechanik erzählt habe, werden Sie nun möglicherweise schließen, dass es hier um die Energie geht, die in einem Körper steckt, der die Masse m hat und der mit der Lichtgeschwindigkeit c fliegt. Auf der Grundlage der Zusammenhänge in Abbildung 7.3 ist die Vorstellung keineswegs ausgeschlossen, dass man eine Kraft so lange auf einen Körper einwirken lässt, bis dieser die Lichtgeschwindigkeit erreicht hat, und dass man dann sogar die Geschwindigkeit noch steigern kann, indem man einfach die Kraft noch etwas länger wirken lässt. Nun habe ich Ihnen aber auch schon die Formel für die relativistische Addition zweier Geschwindigkeiten vorgestellt, aus der folgt, dass man die Lichtgeschwindigkeit auf keinen Fall überschreiten kann. Diese Begrenzung auf Geschwindigkeiten unterhalb der Lichtgeschwindigkeit einerseits und unsere

Überlegungen zu Abbildung 7.3 andererseits sind offensichtlich nicht miteinander verträglich, und deshalb muss ich Ihnen nun zeigen, wie dieser scheinbare Widerspruch aufgelöst werden kann. Wenn die Energie das Produkt einer Masse mit dem Quadrat einer Geschwindigkeit ist, dann können wir die Energie nicht nur dadurch erhöhen, dass wir die Geschwindigkeit steigern, sondern wir können auch die Masse vergrößern. Aus unserem Alltag kennen wir nun aber keine Vorgänge, bei denen eine anfänglich gegebene Masse größer wird. Wenn wir eine Tüte mit einem Kilogramm Mehl im Schrank stehen haben, dann ist es morgen und übermorgen immer noch ein Kilogramm, es sei denn, dass irgendwelche Heinzelmännchen in der Nacht, ohne dass wir es bemerkten, weiteres Mehl hinzugekippt haben. Masse haben wir bisher immer als eine Eigenschaft von Materie verstanden, die sich nicht ändert, solange keine Materie hinzukommt oder verschwindet. Nun müssen wir aber die Möglichkeit ins Auge fassen, dass sich eine Masse nicht nur durch das Wegnehmen oder Hinzufügen von Materie ändern lässt, sondern dass sie auch durch das Hinzufügen von Energie gesteigert werden kann. Auch dieses Ergebnis lässt sich wieder ganz streng aus der Lorentz-Transformation herleiten.

Stellen Sie sich zwei identische Klötze vor. Zwischen den beiden ist eine zusammengedrückte, starke Feder, die wir in diesem Zustand durch eine Verriegelung festgehalten haben. Diese Feder sitzt so, dass je ein Federende einen Klotz berührt. So lange wir die Verriegelung nicht lösen, gehört zu allen Teilen des Systems die gleiche Lebenslinie, denn relativ zueinander bewegen sich die Teile nicht. Das System besteht aus den gedachten Beobachtern – also uns selbst –, der Feder mit dem Riegel und den beiden Klötzen. Wenn wir nun irgendwann den Riegel lösen, wird sich die Feder entspannen und dabei die beiden Klötze in entgegengesetzte Richtungen wegstoßen. Da die Feder völlig symmetrisch zwischen den Klötzen saß und außerdem die Klötze völlig identische mechanische Eigenschaften haben, werden die beiden aus unserer Sicht jeweils mit gleicher Geschwindigkeit in entgegengesetzte Richtungen davonfliegen. Die Feder und der Riegel bleiben bei uns, denn es gibt ja keinen Grund, weshalb diese Teile ebenfalls wegfliegen müssten.

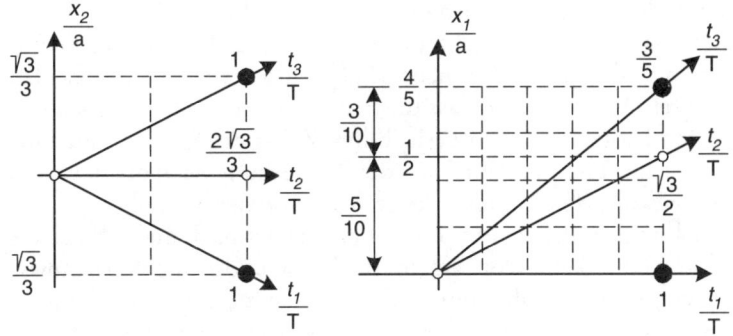

8.9 Impulsbetrachtung zur Herleitung der relativistischen Masse.

Während es vor dem Aufspaltungsereignis nur eine Lebenslinie gab, gibt es nun drei, die voneinander wegführen, wie es links im Abbildung 8.9 gezeigt ist. Wir nehmen an, die Federkraft sei in der Lage gewesen, die beiden Klötze so zu beschleunigen, dass sie nun relativ zu dem bei der Feder zurück gebliebenen Beobachter jeweils mit halber Lichtgeschwindigkeit fliegen. Die Symmetrie der Verhältnisse konnte ich links in Abbildung 8.9 dadurch zeigen, dass ich das Beobachtersystem als das rechtwinklige System gewählt habe, also als das System 2. Dadurch ergaben sich als Lebenslinien für die beiden davonfliegenden Klötze jeweils zwei spiegelsymmetrisch zur horizontalen Achse verlaufende Linien.

Nun können wir aber die Verhältnisse auch durch ein unsymmetrisches Bild erfassen, wie es rechts in der Abbildung gezeigt ist. Als rechtwinkliges Koordinatensystem habe ich nun das System des nach unten fliegenden Klotzes gewählt. Ein Beobachter, der auf diesem Klotz sitzt, sieht nicht nur den Partnerklotz nach oben wegfliegen, sondern auch den Beobachter mit der Feder und dem Riegel. Weil die beiden Klötze relativ zur Feder mit halber Lichtgeschwindigkeit fliegen, muss nun der Beobachter auf dem einen Klotz den anderen Klotz mit einer Geschwindigkeit wegfliegen sehen, die sich als relativistische Summe aus den beiden halben Lichtgeschwindigkeiten ergibt. Diese Summe war auch schon die Grundlage von Abbildung 8.5; sie beträgt vier fünftel der Lichtgeschwindigkeit. Der Beobachter auf dem nach unten

fliegenden Klotz sieht also die Feder mit halber und den Partnerklotz mit vier fünftel Lichtgeschwindigkeit nach oben fliegen. Für
ihn sitzt also die Feder nicht in der Mitte zwischen den beiden
Klötzen. Er weiß aber, dass die Feder symmetrisch zwischen den
beiden Klötzen saß und deshalb ihre Zeitwirkung nach unten die
gleiche gewesen sein muss wie die Zeitwirkung nach oben. Da die
Zeitwirkung den Impuls erzeugt, muss also der nach oben fliegende Klotz den gleichen Impuls haben wie der nach unten fliegende
Klotz. Dies kann von einem Beobachter, der die Verhältnisse
unsymmetrisch sieht, nur dadurch akzeptiert werden, dass er
annimmt, die Massen der beiden Klötze seien unterschiedlich. Aus
der Sicht des Beobachters, der auf dem nach unten fliegenden
Klotz sitzt, verhalten sich die Geschwindigkeiten der beiden
Klötze relativ zur Feder wie 3:5; also schließt er, dass die Impuls-
gleichheit nur erfüllt sein kann, wenn sich die Massen im Verhältnis 5:3 verhalten.

Während bereits die Längen- und die Zeitdauern ihre Absolutheit verloren haben und nur noch relativ zu den einzelnen Beobachtern eine Bedeutung haben, gilt dies offensichtlich auch für die
Massen. Die beobachtete Masse ist also keine absolute Eigenschaft
eines Körpers, sondern hängt von der Geschwindigkeit zwischen
dem Körper und dem Beobachter ab, der die Masse feststellt.
Wenn der Beobachter als Masse eines relativ zu ihm unbewegten
Körpers den Wert m_0 feststellt, wird ein anderer Beobachter, relativ zu dem sich der Körper mit der Geschwindigkeit v bewegt,
dem gleichen Körper eine größere Masse zuordnen. Aus den
Überlegungen zu Abbildung 8.9 folgt der mathematische Zusammenhang zwischen den drei Größen m_0, v und m(v), der links
oben in Abbildung 8.10 steht.

Wenn wir so wie Einstein veranlagt wären, würden wir nun ausgehend von dieser Formel ein paar mathematische Spielchen spielen. Unter anderem würden wir den in Abbildung 8.10 angegebenen Reihenausdruck gewinnen. Bei der Betrachtung relativisti-
scher Formeln muss man immer fragen, ob sie auch die früheren
Erkenntnisse nach dem Galileischen und Newtonschen System
liefern, wenn die Geschwindigkeit v sehr viel kleiner als die Lichtgeschwindigkeit ist, denn sonst wäre das ein Hinweis darauf, dass
die neuen Formeln falsch sind. Da die Formel in Abbildung 8.10

$$m(v) = \frac{m_0}{\sqrt{1 - \left(\frac{v}{c}\right)^2}}$$

m_0 ist die Ruhemasse,

$m(v)$ ist die relativistische Masse, die von der Geschwindigkeit v abhängt.

$$m(v) = m_0 * \left(1 + \frac{1}{2} * \left(\frac{v}{c}\right)^2 + \frac{1*3}{2*4} * \left(\frac{v}{c}\right)^4 + \frac{1*3*5}{2*4*6} * \left(\frac{v}{c}\right)^6 + \ldots\right)$$

$$m(v)*c^2 =$$
$$= m_0*c^2 + \frac{1}{2} m_0*v^2 * \left(1 + \frac{3}{4} * \left(\frac{v}{c}\right)^2 + \frac{3*5}{4*6} * \left(\frac{v}{c}\right)^4 + \frac{3*5*7}{4*6*8} * \left(\frac{v}{c}\right)^6 + \ldots\right)$$

Ruhe-
anteil

Bewegungsanteil

8.10 Herleitung der Beziehung zwischen Masse und Energie.

aber nicht falsch ist, kann man darin die Formel für die Bewegungsenergie im Newtonschen System finden. Denn der zweite Summand der unendlichen Reihe wird ja einfach dadurch zur Formel der Newtonschen Bewegungsenergie $mv^2/2$, indem man ihn mit c^2 multipliziert. Nun darf man aber nicht einfach irgendein Glied einer Reihe herausnehmen und dieses isoliert mit einem Faktor multiplizieren; eine Multiplikation ist nur zulässig, wenn man alle Summanden der Reihe gleichzeitig mit dem gleichen Faktor multipliziert. Also erhält man ganz formal den Reihenausdruck, der unten in Abbildung 8.10 steht.

Der Rest ist keine Mathematik mehr, sondern hypothetische Spekulation. Man nimmt einfach einmal an, die gewonnene Formel drücke die mit einem Körper verbundene Energie aus. Dann muss der Körper eine Ruheenergie mit dem Wert m_0*c^2 haben und eine Bewegungsenergie, die mit der Formel $m_0 v^2/2$ recht gut erfasst ist, solange seine Geschwindigkeit viel kleiner als die Lichtgeschwindigkeit ist. Sie wächst aber mit zunehmender Geschwindigkeit gemäß der Reihenformel an. Bei dieser Deutung der Formel $E = mc^2$ wird also nicht nur die Newtonsche Formel für die Bewegungsenergie korrigiert, sondern es wird auch postuliert, dass bereits mit einer ruhenden Masse eine Energie verbunden ist.

Ob diese spekulativen Annahmen zutreffen, kann man nur durch experimentelle Ergebnisse überprüfen. Es waren schließlich die Wissenschaftler Otto Hahn (1879–1968), Lise Meitner (1878–1968) und Fritz Strassmann (1902–1980), die experimentell nachweisen konnten, dass Atomkerne aufgespaltet werden können, wobei die Ruhemassen vor und nach der Spaltung nicht gleich sind. Wenn nach der Spaltung weniger Ruhemasse da ist als vorher, ist bei der Spaltung Energie freigesetzt worden, andernfalls muss Energie zugeführt worden sein.

Leider ist es nicht ganz so einfach, vorhandene Materie so zu verwandeln, dass dabei Ruhemasse verschwindet und in Form von Energie abgestrahlt wird, denn wenn dies auf einfache und ungefährliche Weise möglich wäre, hätte die Menschheit in Zukunft keine Energieprobleme mehr. Denn nach der Formel $m_0 * c^2$ für die Ruheenergie können wir ausrechnen, dass man aus einem Kilogramm Materie so viel Energie gewinnen könnte, wie von einem Großkraftwerk in einem Jahr erzeugt wird. Wenn die Wandlung von Materie in Energie so einfach wäre, bräuchte man auf der ganzen Erde pro Tag nur einen Sack Sand in Energie zu verwandeln und müsste keine weiteren Rohstoffe heranziehen.

Wie die schöne Welt des Herrn Newton verbogen wurde

Nachdem Einstein die Spezielle Relativitätstheorie entwickelt hatte, stellte er sich die nun naheliegende Frage, was passiert, wenn man annimmt, dass zwei Beobachtersysteme nicht mehr mit gleichförmiger Geschwindigkeit aneinander vorbeifliegen, sondern zueinander beschleunigt sind. Hierzu sagte er selbst: „Nachdem sich die Einführung des speziellen Relativitätsprinzips bewährt hat, muss es jedem nach Verallgemeinerung strebenden Geiste verlockend erscheinen, den Schritt zum allgemeinen Relativitätsprinzip zu wagen." Sein konsequentes Fragen und Denken hatte tatsächlich Erfolg und lieferte die Allgemeine Relativitätstheorie. Allerdings ist die Theorie mathematisch so anspruchsvoll, dass ich Sie Ihnen hier nicht in ähnlich klarer Weise vorstellen kann wie die Spezielle Relativitätstheorie. Während der Entwicklung der Speziellen Relativitätstheorie war Einstein Angestellter des Berner Patentamtes und konnte sich seiner Theorie nur nach Feierabend und an den Wochenenden widmen. Dennoch war er schon nach ein paar Wochen fertig und veröffentlichte seine Ergebnisse im Jahre 1905. Er war damals erst 26 Jahre alt und noch nicht promoviert; seinen Doktortitel erhielt er erst ein Jahr später. Mit 30 Jahren erhielt er eine Professur in Bern. In dieser Position konnte er sich nun ausschließlich seinen wissenschaftlichen Arbeiten widmen.

Er brauchte aber noch weitere sechs Jahre, bis er zufriedenstellende Ergebnisse für die Allgemeine Relativitätstheorie gefunden hatte. Im Vergleich zur Ausarbeitung der Allgemeinen Relativitätstheorie war das Finden der Speziellen Relativitätstheorie fast ein Kinderspiel. Deshalb ist es verständlich, dass ich Ihnen hier zwar die Spezielle Relativitätstheorie durchaus mit mathematischer Präzision vorstellen konnte, dass dies aber bezüglich der Allgemeinen Relativitätstheorie völlig unmöglich ist. Dass die Allgemeine Relativitätstheorie schon sehr früh im Ruf stand, sehr schwer verständlich zu sein schien, äußert sich auch in der folgenden netten Anekdote: Kurz nachdem Einstein seine Theorie veröffentlicht hatte, trat ein Journalist an einen anderen bekannten Wissenschaftler heran und bat ihn, einen Kommentar zu dieser Theorie zu schreiben. Zu Beginn des Gesprächs erwähnte der Journalist, er habe das Gerücht gehört, dass es neben Einstein zurzeit nur noch zwei andere Wissenschaftler gebe, welche die Theorie verstanden hätten. Daraufhin sagte der angesprochene Wissenschaftler: „Ich überlege, wer der Andere sein könnte."

Dennoch will ich es natürlich nicht damit bewenden lassen, gesagt zu haben, dass die Allgemeine Relativitätstheorie eine sehr schwierige Sache ist; vielmehr will ich Ihnen zumindest erklären, worum es bei der Allgemeinen Relativitätstheorie grundsätzlich geht und welcher Art die Ergebnisse sind. Denn sowohl die Problemstellung als auch das Wesen der Ergebnisse lassen sich allgemeinverständlich darstellen. Die besondere Schwierigkeit betrifft nur die exakte mathematische Formulierung. Hier musste sogar Einstein die Hilfe eines befreundeten Mathematikers (Marcel Grossmann, 1878–1936) in Anspruch nehmen. Die Tatsache, dass das Finden einer exakten mathematischen Formulierung der Allgemeinen Relativitätstheorie so schwierig war, kann man auch daran ablesen, dass sich neben Einstein auch der berühmte Mathematiker David Hilbert (1862–1943) um diese Formulierung bemühte und auch eine Lösung vorstellte.

Nicht nur das Genie Einstein, sondern die meisten Menschen fangen an, nach einer neuen Erklärung zu suchen, wenn sie mit Beobachtungen konfrontiert werden, die im Widerspruch zu den bisher bekannten Erklärungen stehen oder für die man bisher überhaupt keine Erklärung hat. Die Motivation zur Suche nach der Speziellen Relativitätstheorie kam aus der Beobachtung, dass unabhängig von der Relativgeschwindigkeit zwischen der Lichtquelle und dem Beobachter immer der gleiche Wert der Lichtgeschwindigkeit gemessen wurde; dies stand im Widerspruch zur bisher als gültig angenommen Galilei-Transformation.

Einsteins Motivation zur Suche nach der Allgemeinen Relativitätstheorie entsprang seiner Verwunderung darüber, dass der Begriff der Masse zur Erklärung zweier sehr unterschiedlicher Phänomene verwendet werden konnte. Zum einen äußert sich die Masse in der Trägheit, die ein Körper dem Versuch entgegensetzt, ihn zu beschleunigen, und zum anderen äußert sich die Masse im Gewicht des unbewegten Körpers, der sich in einem Gravitationsfeld befindet. Die Gleichheit der sogenannten trägen Masse mit der schweren Masse war durch Isaac Newton in seinen Gesetzen der Mechanik und der Gravitation eingeführt worden. Es gab auch keine experimentellen Befunde, welche im Widerspruch zu dieser angenommenen Gleichheit von träger und schwerer Masse standen. Man dachte gar nicht mehr weiter über diesen Sachverhalt nach, sondern war damit zufrieden, dass es eben so ist, dass sich die Trägheit eines Körpers verdoppelt oder verdreifacht, wenn sein Gewicht verdoppelt oder verdreifacht wird. Einstein dagegen fand es merkwürdig, dass sich bisher niemand über diese Gleichheit gewundert und nach einer Erklärung gesucht hatte.

Anhand der Bilder 8.11 und 8.12 will ich nun versuchen, auch Sie dazu zu bringen, sich genau wie Einstein über gewisse Beobachtungen zu wundern. In Abbildung 8.11 sind zwei unterschiedliche Situationen gezeigt, die innerhalb eines als Physiklabor genutzten Raumes vorkommen können. In der linken Situation verlaufen der Licht- und der Wasserstrahl horizontal, und die Feder ist nicht zusammengedrückt. Rechts dagegen sind die bei-

Antriebsloses Labor im Weltraum:
Unbeschleunigt
und ohne Schwerefeld

Angetriebenes Labor im Weltraum:
Nach oben beschleunigt,
aber ohne Schwerefeld

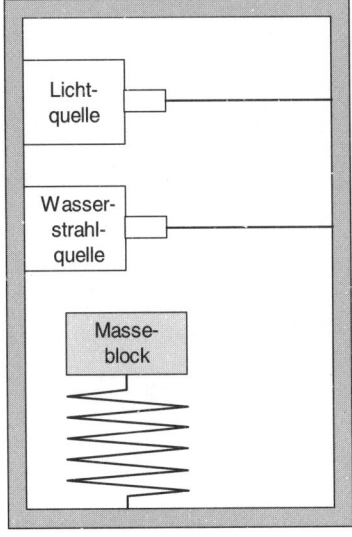

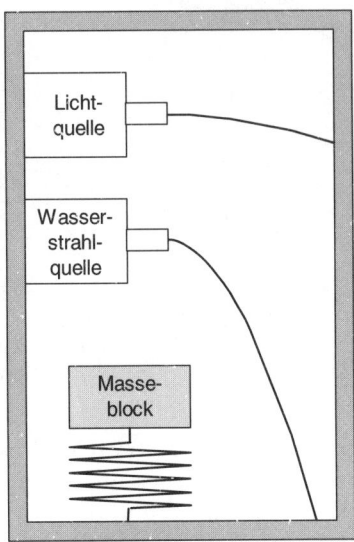

Labor im freien Fall:
Beschleunigung gemäß einem
nach unten wirkenden Schwerefeld

Labor auf der Erde:
Unbeschleunigt in einem
nach unten wirkenden Schwerefeld

8.11 Zur Nichtunterscheidbarkeit von Trägheits- und Schwerkraft.

den Strahlen nach unten gebogen, und die Feder ist zusammengedrückt. Das, worüber Sie sich hier wundern sollten, ist, dass es
unmöglich ist, aus den beobachtbaren Erscheinungen innerhalb
des Labors festzustellen, ob es aktuell beschleunigt wird oder
nicht. Vielleicht sind Sie jetzt versucht zu sagen, dies komme nur
daher, weil ich das Labor als fensterlosen Raum gestaltet habe.
Wenn das Labor ein Fenster hätte, könnte man doch aus dem, was
man draußen sieht, eindeutig die richtige Entscheidung fällen.
Dies ist aber ein Trugschluss, denn alles, was man sehen könnte,
sind andere Körper, die sich relativ zum Labor entweder gar nicht
oder mit konstanter Geschwindigkeit oder beschleunigt bewegen.
Man kann aber in keinem Falle entscheiden, ob man selbst der
Beschleunigte ist oder der andere oder alle beide. Dass wir oft

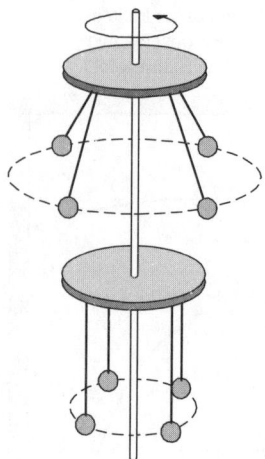

8.12 Zum Problem der Relativität von Rotation.

glauben, genau zu wissen, ob wir relativ zu unserer Umgebung beschleunigt werden oder nicht, ist eine rein subjektive Einschätzung, die nicht durch objektive Beobachtungen belegbar ist. Es erscheint dem Dachdecker, der unglücklicherweise vom Dach fällt, absurd anzunehmen, nicht er sei es, der sich dem Erdboden nähert, sondern die Erde sei es, die ihm beschleunigt entgegenkommt. Dennoch ist keine der beiden Sichten vor der jeweils anderen ausgezeichnet.

Während es in Abbildung 8.11 um die Frage geht, ob ein Körper in einer bestimmten Richtung beschleunigt wird oder nicht, geht es in Abbildung 8.12 um die Frage, ob ein oder mehrere Körper gemeinsam um eine Achse rotieren oder nicht. Beim Entwurf des Bildes 8.12 habe ich an ein Kettenkarussell gedacht, und ich habe zwei solcher Karussells übereinander auf die gleiche Rotationsachse gesetzt. Aus dem, was Sie hier sehen, werden Sie selbstverständlich spontan sagen, das obere Karussell rotiere, während das untere steht. Denn beim unteren wirken keine Fliehkräfte, welche die Kugeln nach außen ziehen. Vermutlich haben Sie bis jetzt noch nicht erkannt, worüber Sie sich hier wundern sollen. Auch ich habe mich über den in Abbildung 8.12 dargestellten Sachverhalt nie gewundert, bevor ich Einsteins Überlegungen kennenlernte. Einstein hat nämlich wie folgt argumentiert: Es gibt keine beobachtbaren Erscheinungen, die es möglich machen zu entscheiden, ob ein Körper ruht oder nicht. Man kann immer nur über die relative Bewegungssituation zwischen zwei Körpern reden. Bezüglich der beiden auf derselben Achse sitzenden Kettenkarussells kann man also eigentlich nicht sagen, das eine ruhe und das andere rotiere, sondern man kann nur sagen, dass sie relativ zueinander rotieren. Deshalb muss man nach einer Begründung suchen, wieso beim oberen die Kugeln nach außen gezogen werden, während sie beim unteren senkrecht nach unten hängen. Wenn dieses Karussellsystem tatsächlich das einzige Massensystem im Weltall wäre, könnte die Situation, die in Abbildung 8.12 gezeigt ist, gar nicht vorkommen. Da es nun aber im Weltall nicht nur dieses Karussellsystem gibt, sondern unvorstellbar viele Galaxien mit unvorstellbar großen Massen, muss die Beobachtbarkeit des dargestellten Sachverhaltes irgendwie mit der Massenverteilung im Weltall zusammenhängen.

Auch in Abbildung 8.13 geht es um relative Rotation, aber im Unterschied zu Abbildung 8.12 betrachten wir nun nicht mehr ein

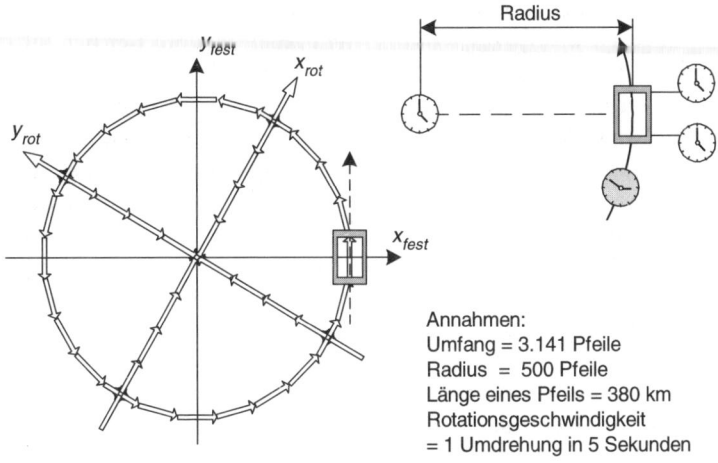

Annahmen:
Umfang = 3.141 Pfeile
Radius = 500 Pfeile
Länge eines Pfeils = 380 km
Rotationsgeschwindigkeit
= 1 Umdrehung in 5 Sekunden

Das ergibt eine Umfangsgeschwindigkeit von 0,8 c. Der zugehörige relativistische

Längenverkürzungsfaktor hat den Wert $\sqrt{1 - \left(\dfrac{v}{c}\right)^2} = 0{,}6$.

8.13 Anwendung der speziellen Relativitätstheorie auf die Rotation.

System aus unserem Alltag, sondern ein gedachtes System von solchen Ausmaßen, wie sie in unserem Alltag auf keinen Fall vorkommen. Wir nehmen nun nämlich an, dass sich die Umfangspunkte des dargestellten Speichenrades auf Grund der Rotation tangential mit 80 Prozent der Lichtgeschwindigkeit bewegen. Eine so große Umfangsgeschwindigkeit kann man auch bei kleiner Drehzahl erreichen, man muss nur den Radius groß genug machen. Wenn Sie schon einmal zugesehen haben, wie sich das Wasserrad einer Mühle im Schwarzwald dreht, dann wissen sie, dass so ein Mühlrad für eine Umdrehung mehrere Sekunden braucht. Deshalb nehme ich nun an, das Rad in Abbildung 8.13 brauche für eine Umdrehung fünf Sekunden. Damit trotz dieser geringen Drehzahl die Umfangsgeschwindigkeit 80 Prozent der Lichtgeschwindigkeit beträgt, muss der Umfang eine Länge von 1,2 Millionen Kilometern haben, und hierzu gehört ein Radius von rund 190 000 Kilometern – das ist etwa die halbe Entfernung von der Erde zum Mond.

Obwohl die beiden Koordinatensysteme relativ zueinander rotieren – das eine im Uhrzeigersinn und das andere im Gegenuhrzeigersinn –, habe ich doch das eine Koordinatensystem durch den Index „fest" vor dem anderen ausgezeichnet. Das bedeutet nur, dass wir uns dieses Koordinatensystem fest mit der betrachteten Buchseite und damit mit uns selbst verbunden vorstellen, sodass wir mit unserem geistigen Augen sehen, wie sich das Speichenrad im Gegenuhrzeigersinn dreht. Ich habe angenommen, das Rad sei aus lauter Pfeilstangen zusammengeschweißt und sei deshalb ein regelmäßiges Vieleck mit 3 141 Ecken bzw. Kanten, dessen Speichen jeweils aus 500 Pfeilstangen bestehen. In der Sicht des festen Beobachters haben alle Stangen fast die gleiche Länge, nämlich rund 380 km, wobei die Umfangsstangen um einige Meter länger sind als die Speichenstangen. Das gezeigte Rechteckfenster, welches wir uns im festen System ruhend vorstellen, hat eine solche Höhe, dass für den festen Beobachter genau ein Umfangspfeil hinein passt. Wenn der feste Beobachter das Verhältnis zwischen Umfang und Durchmesser berechnet, erhält er erwartungsgemäß den Wert π. Und wenn er aus der Fensterhöhe und der Durchlaufzeit eines Umfangspunktes durch dieses Fenster die Umlaufgeschwindigkeit berechnet, erhält er gemäß unserer Annahme 80 Prozent der Lichtgeschwindigkeit.

Nun nehmen wir an, der feste Beobachter sei mit der Speziellen Relativitätstheorie vertraut. Dann muss er schließen, dass er gegenüber einem Beobachter, der auf dem Speichenrad ruht und mit diesem rotiert, die Umfangsstangen um den Faktor 0,6 verkürzt sieht. Für einen rotierenden Beobachter kann also eine Umfangsstange nicht mehr in das Rechteckfenster passen. Dagegen erlebt der feste Beobachter bei den Speichenstangen keine Verkürzung, denn nach der Lorentz-Transformation tritt die Verkürzung nur bei Längen auf, die in der Richtung der Bewegung liegen. Die Speichenstangen bewegen sich aber nicht in der Richtung des Umfangs, sondern senkrecht dazu. Der feste Beobachter muss also schließen, dass für den rotierenden Beobachter die ebene Geometrie nicht mehr gilt, denn während er selbst als Verhältnis zwischen Umfang und Durchmesser den Wert π erhält, wird dieses Verhältnis für den rotierenden Beobachter größer sein, da dieser ja bei gleichem Durchmesser einen längeren Umfang misst.

Wenn wir nun auch noch über die Zeitverhältnisse nachdenken, die sich nach der Speziellen Relativitätstheorie ergeben müssten, erleben wir eine weitere Überraschung. Wir nehmen an, im System gebe es die in Abbildung 8.13 gezeigten vier Uhren. Drei davon ruhen im festen System und laufen synchron. Jede von ihnen zeigt also für den festen Beobachter jeweils die gleiche Zeit. Die graue Uhr dagegen ist am Umfang des Speichenrades befestigt und bewegt sich deshalb mit 80 Prozent der Lichtgeschwindigkeit durch das gezeigte Fenster. Zur Messung der Durchlaufzeit eines Umfangspunktes durch das Fenster verwendet man im festen System die beiden am Fenster befestigten Uhren. Wenn der Punkt in das Fenster eintritt, schaut man auf die untere Uhr, und wenn er das Fenster wieder verlässt, schaut man auf die obere Uhr. Der rotierende Beobachter dagegen misst die Durchlaufzeit mit der grauen Uhr: Wenn die Uhr in das Fenster eintritt, notiert sich der Beobachter die aktuelle Zeit, und wenn die Uhr das Fenster wieder verlässt, notiert er sich wieder die gezeigte Zeit. Da sowohl der feste als auch der rotierende Beobachter beide die gleiche Relativgeschwindigkeit messen müssen, ergibt sich für den rotierenden Beobachter eine kürzere Durchlaufzeit als für den festen Beobachter. Dies passt zu der Tatsache, dass der rotierende Beobachter ja auch eine kleinere Fensterhöhe misst als der feste Beobachter.

Nun gibt es aber für den rotierenden Beobachter nicht nur die am Umfang befestigte graue Uhr, die relativ zu ihm ruht, sondern auch noch die Uhr im Mittelpunkt. Diese Uhr hatte ich ursprünglich als im festen System ruhend eingeführt. Dann erlebt sie der auf dem Rad ruhende Beobachter zwar als rotierend, aber sie dreht sich für ihn nur ganz langsam, weil sie für eine Umdrehung ja 5 Sekunden benötigt. Deshalb dürfen wir sie auch als im rotierenden System ruhend betrachten. Damit ist nun aber der rotierende Beobachter mit der überraschenden Tatsache konfrontiert, dass zwei Uhren, die in seinem System ruhen, unterschiedlich schnell laufen, obwohl sie doch völlig gleich konstruiert sind. Die Uhr im Mittelpunkt läuft genauso schnell wie die beiden am Fenster befestigten Uhren, während die umlaufende graue Uhr langsamer läuft. Sie zeigt ja als zeitlichen Abstand zwischen dem Eintritt ins Fenster und dem Verlassen des Fensters nur 60 Prozent des Wertes, der mit den weißen Uhren gemessen wird.

Nun stehen wir also vor dem Problem, dass nur für den festen Beobachter „normale Verhältnisse" gelten, denn nur für ihn gilt noch die Schulgeometrie und nur in seinem System lassen sich die Uhren synchronisieren. Für den rotierenden Beobachter dagegen stimmt die gewohnte Geometrie nicht mehr, und die Geschwindigkeit, mit der seine Uhren laufen, hängt vom Ort ab, wo sich diese Uhren befinden. Es kann nicht an der Relativrotation liegen, dass die beiden Beobachter so unterschiedliche Erlebnisse haben, denn jeder rotiert relativ zum anderen in entgegengesetzter Richtung mit der gleichen Winkelgeschwindigkeit. Es muss also auch hier wieder der gleiche Grund sein, der schon in Abbildung 8.12 zur Unterscheidbarkeit der beiden relativ zueinander rotierenden Systeme führte: Im einen System gibt es Fliehkräfte, im anderen nicht. Einstein hat hierzu geschrieben:

> Der auf der Scheibe sitzende Beobachter möge seine Scheibe als ruhenden Bezugskörper auffassen; dazu ist er auf Grund des allgemeinen Relativitätsprinzips berechtigt. Die auf ihn und überhaupt zur Scheibe ruhenden Körper wirkende Kraft fasst er als Wirkung eines Gravitationsfeldes auf. Allerdings ist die räumliche Verteilung dieses Schwerefeldes eine solche, wie sie nach Newtons Theorie der Gravitation nicht möglich wäre. Aber da der Beobachter an die allgemeine Relativität glaubt, stört ihn dies nicht; er hofft mit Recht,

dass ein allgemeines Gravitationsgesetz sich aufstellen lasse, welches nicht nur die Bewegung der Gestirne, sondern auch das von ihm wahrgenommene Kraftfeld richtig erklärt.

Einstein sah sich also veranlasst, nach einer Revision von Newtons Gravitationstheorie zu suchen. Newton hatte bei der Formulierung seines Gesetzes, nach dem sich zwei Massen anziehen, eine sogenannte Fernwirkung angenommen, das heißt, er nahm an, dass zwei Massen aufeinander wirken, nur weil sie an ihrem jeweiligen Ort sind und einen bestimmten Abstand haben – egal wir groß dieser Abstand ist. Einstein dagegen hat vermutet, dass es eine solche Fernwerkung nicht gibt. Anstelle der Fernwirkung verlangte er eine sogenannte Nahwirkung, d. h., er verlangte, dass in der unmittelbaren örtlichen Umgebung die Ursache zu finden sein müsse, dass auf einen Masseblock irgendwelche Kräfte ausgeübt werden. Dass diese Kräfte ihren Ursprung darin haben, dass anderswo andere Massen sind, hat er selbstverständlich nicht geleugnet, er hat lediglich verlangt, dass diese Wirkung nicht unmittelbar, sondern über irgendwelche Veränderungen im Zwischenraum zwischen den Massen zu suchen sei.

Aus der Erkenntnis, dass die gewohnten geometrischen Verhältnisse nicht mehr überall gelten können, hat Einstein geschlossen, dass die Lösung nur in einer angemessenen mathematischen Behandlung der Geometrie des Raumes zu finden sei. Für ihn war klar, dass auch das Uhrenproblem die gleiche Ursache haben müsse wie die „Verbiegung" der Geometrie. Er hatte ja schon in seiner Speziellen Relativitätstheorie festgestellt, dass Raum und Zeit keine isoliert zu betrachtenden physikalischen Größen sind, sondern im Verbund betrachtet werden müssen. Deshalb war es von vornherein gleich das vierdimensionale Raum-Zeitkontinuum (s. Abbildung 8.3), auf das er seine geometrischen Überlegungen anwandte. Dabei konnte er eine Erkenntnis nutzen, die der Mathematiker Hermann Minkowski (1864–1909) im Jahre 1908 veröffentlicht hatte. Vielleicht erinnern Sie sich noch, dass ich Ihnen in meinem Kommentar zu Abbildung 8.5 vorgerechnet habe, dass man mit dem Satz des Pythagoras zu unterschiedlichen Abstandswerten kommt, je nachdem, in welchem der drei Koordinatensystemen man rechnet. Herr Minkowski wollte sich mit dieser Inkonsistenz einfach nicht zufrieden geben und suchte nach einem Trick, diese Koordinatensystem-Abhängigkeit loszuwerden. Dabei war ihm jedes Mittel recht, und so fand er tatsächlich eine Lösung, auf die selbst Einstein nicht gekommen war: Herr Minkowski führte die imaginäre Zeit ein.

Als ich Ihnen in der Schöpfungsgeschichte der Zahlen die imaginären Zahlen als gespiegelte reelle Zahlen vorstellte, habe ich versucht, Ihnen die Angst vor diesen zu nehmen, indem ich wiederholt betone, dass kein Mensch, auch nicht der genialste Mathematiker, eine anschauliche Vorstellung mit diesen Zahlen verbinden könne. Dies sei auch gar nicht nötig, es sei ausreichend, mit diesen Zahlen rechnen zu können. Der Physiker Stephen Hawking (geb. 1942) vertritt allerdings eine hierzu konträre Meinung. Er schrieb: „Ich möchte deutlich machen, dass die imaginäre Zeit ein Begriff ist, mit dem wir uns werden abfinden müssen. Es ist ein geistiger Sprung von der gleichen Art wie die Erkenntnis, dass die Erde rund ist. Eines Tages werden wir die imaginäre Zeit für ebenso selbstverständlich halten wie heute die Rundung der Erde." Ich dagegen weise darauf hin, dass Scheiben und Kugeln anschauliche Körper sind, und bei diesen kostet es uns keine Anstrengung, sie ins beliebig Kleine oder beliebig Große verändert zu denken. Das Problem der Erdkugel bestand nicht darin, dass man sich keine große Kugel hätte vorstellen können, sondern darin, dass man die Richtungsabhängigkeit der Schwerkraft noch nicht erlebt hatte. Demgegenüber ist der Begriff der imaginären Zeit von vornherein ein mathematisches Konstrukt. Wir haben eine Zahl i eingeführt, von der wir lediglich verlangt haben, ihr Quadrat solle den Wert −1 haben. Andere Eigenschaften haben wir in diese Zahl nicht hineindefiniert. Wenn wir nun eine physikalische Zeiteinheit, beispielsweise die Sekunde, einfach mit der Zahl i multiplizieren, dann ist es für uns selbstverständlich, dass die Gleichung

$$(i * s)^2 = i^2 * s^2 = - s^2$$

gilt. Es macht keine Mühe und ist nicht schwierig, mit solchen Formalkonstrukten in Formeln umzugehen. Dies bedeutet aber keineswegs, dass wir erwarten dürften, eines Tages mit dem Begriff 5i Sekunden eine Anschauung verbinden zu können – so

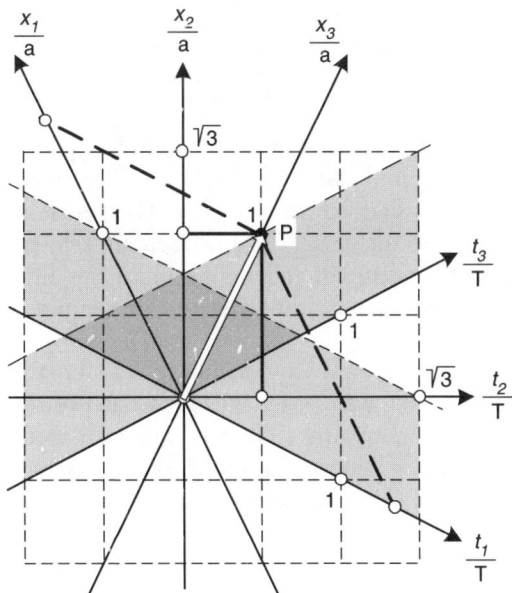

$$P = (t, x)_j = \quad (0; 1)_3 \quad = (\text{i} * \tfrac{\sqrt{3}}{3} ; \tfrac{2\sqrt{3}}{3})_2 \quad = (\text{i} * \tfrac{4}{3} ; \tfrac{5}{3})_1$$

$$(t^2 + x^2)_j = \quad 0 + 1 \quad = \quad -\tfrac{3}{9} + \tfrac{12}{9} \quad = \quad -\tfrac{16}{9} + \tfrac{25}{9} \boxed{= 1}$$

8.14 Abstandsinvarianz durch imaginäre Zeit.

wie die Menschen eines Tages mit dem Begriff der Erdkugel tatsächlich eine Anschauung verbinden konnten – man kann sie heute sogar von Satelliten aus fotografieren.

Anhand von Abbildung 8.14 will ich Ihnen nun zeigen, dass das Problem der Abstandsabhängigkeit, welches ich Ihnen bei der Besprechung von Abbildung 8.5 vorstellte, tatsächlich verschwindet, wenn man die Zeitkoordinaten als imaginäre Zahlen behandelt. Bei der Besprechung von Abbildung 8.5 habe ich auf das Problem der Abstandsberechnung am Beispiel der Strecke hingewiesen, die durch den auf der x_3-Achse liegenden weißen Pfeil bestimmt ist. In Abbildung 8.14 wird diese Strecke durch den

Nullpunkt und den Punkt P definiert. Das den Punkt P beschreibende Koordinatenpaar (t_i, x_i) hängt selbstverständlich vom gewählten Koordinatensystem ab. In Abbildung 8.14 sind die Koordinatenpaare für alle drei Koordinatensysteme angegeben. Nach dem Satz des Pythagoras erhält man die Länge der Strecke zwischen dem Nullpunkt und dem Punkt P, indem man aus der Summe der Koordinatenquadrate $t_i^2 + x_i^2$ die Wurzel zieht. Würde man die Zeit nicht als imaginäre Zahl betrachten, erhielte man in jedem Koordinatensystem ein anderes Ergebnis für die gesuchte Länge; mit den imaginären Zeitkoordinaten aber ergibt sich stets die Länge 1.

Im Falle unseres Beispiels in Abbildung 8.14 ergab sich als Länge eine reelle Zahl, weil das Längenquadrat positiv war. Je nachdem, welche Strecke man betrachtet, kann sich aber auch ein negativer Wert für das Längenquadrat ergeben, sodass dann die Länge imaginär wird. Das Vorzeichen des Längenquadrats sagt immer etwas aus über den Neigungswinkel der jeweiligen Strecke aus, deren Längenquadrat berechnet wurde. Aus einem positiven Vorzeichen – wie im Falle von Abbildung 8.14 – folgt, dass der Neigungswinkel der betrachteten Strecke gegenüber der Horizontalen mehr als 45° beträgt. Wenn dagegen der Neigungswinkel zwischen der Strecke und der Horizontalen weniger als 45° beträgt, erhält man ein negatives Längenquadrat. Falls als Längenquadrat der Wert 0 herauskommt, beträgt der Neigungswinkel zur Horizontalen exakt 45°. Eine solche Neigung kann nur bei Lebenslinien von Lichtstrahlen vorkommen. Lebenslinien von Punkten realer Gegenstände – denken Sie an die Spitze des weißen Pfeils – können immer nur um weniger als 45° zur Horizontalen geneigt sein. Abstandsquadrate sind in diesen Fällen immer negativ; man spricht von zeitartigen Abständen. Strecken mit positivem Längenquadrat können nie Teil einer Lebenslinie sein.

Nachdem ich Ihnen nun auch noch die Minkowskische imaginäre Zeit vorgestellt habe, wissen Sie alles über die Raum-Zeit-Struktur, die der speziellen Relativitätstheorie zugrunde liegt. Sie wissen aber auch schon, dass diese Raum-Zeit-Struktur für den Beobachter auf dem rotierenden Speichenrad in Abbildung 8.13 nicht gilt. Einstein vermutete, dass die seltsamen Erscheinungen bei der Rotation erklärt werden könnten, wenn man annimmt, dass das vierdimensionale Raum-Zeit-Kontinuum irgendwie gekrümmt ist, und diese Krümmungen durch die Verteilung der Massen bestimmt werden. Bevor Sie sich jetzt an der Frage festbeißen, was man sich denn unter einem gekrümmten vierdimensionalen Raum-Zeit-Kontinuum vorstellen solle, wollen wir erst noch einmal kurz in der Welt der Anschauung bleiben und einen gekrümmten zweidimensionalen Raum, also eine gekrümmte Fläche betrachten.

Abbildung 8.15 zeigt einen rotationssymmetrischen Hügel, der sich aus einer Ebene erhebt. Dabei ist es unerheblich, ob es sich um einen 100 Meter hohen Hügel handelt, der in der freien Landschaft steht, oder um einen zehn Zentimeter hohen Klotz, der bei uns auf dem Tisch steht. Die Fläche, über die wir nun reden, ist aus der nach außen unbegrenzten Ebene und der Oberfläche des Hügels zusammengesetzt, die unten kreisförmig mit der Ebene verbunden ist. Nehmen Sie jetzt einmal an, Sie sollten auf dieser Fläche einen Kreis zeichnen, dessen Mittelpunkt auf der Spitze des Hügels liegt. Einen solchen Kreis habe ich links in Abbildung 8.15 dargestellt. Er verläuft auf einer bestimmten Höhe um den Hügel herum, und seine Radien sind die Linien, längs deren ein Wassertropfen vom Hügel nach unten fließen würde. Wenn man hier das

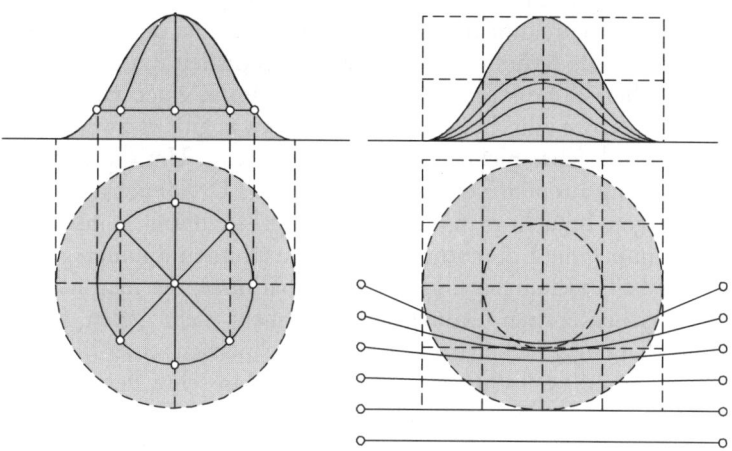

8.15 Geometrie auf einer gekrümmten Fläche.

Verhältnis zwischen Umfang und Durchmesser des Kreises berechnet, kommt ein Wert heraus, der kleiner ist als π. Denn die Radien sollen in unserem Fall Linien in der vorgeschriebenen Fläche sein, d. h., die Tatsache, dass unsere Fläche in den dreidimensionalen Raum eingebettet ist, darf nicht ausgenutzt werden. Sonst könnte man natürlich jeweils auf der Höhe des Kreises Durchmessertunnel unter der Hügelspitze hindurchbohren. Mit der Länge dieser Tunnel als Durchmesser ergäbe sich selbstverständlich wieder die Zahl π.

Rechts in Abbildung 8.15 habe ich den Sachverhalt veranschaulicht, dass die kürzeste Verbindung zwischen zwei Punkten, die in einer gekrümmten Fläche liegen, eine gekrümmte Linie sein kann. Denken Sie sich bei den gezeigten Linien, es handle sich um gespannte Gummifäden.

Das Thema mehrdimensionaler gekrümmter Räume war schon vor Einstein von Mathematikern behandelt worden. So hatte sich schon der berühmte Carl-Friedrich Gauss die Frage gestellt, ob möglicherweise unser dreidimensionaler Raum gekrümmt sei, und ob man dies feststellen könne. Auch er musste damals bereits den Bereich der natürlichen Anschauung verlassen, denn einen gekrümmten dreidimensionalen Raum kann sich kein Mensch vorstellen. Bedenken Sie, dass wir die Krümmung der Fläche in Abbildung 8.15 nur deshalb so anschaulich finden, weil wir diese Fläche in den dreidimensionalen Raum eingebettet sehen. Um eine entsprechende Krümmung des dreidimensionalen Raumes veranschaulichen zu können, müsste dieser Raum in einen vierdimensionalen Raum eingebettet sein, und so etwas gibt es zwar in der Mathematik, aber nicht in unserer Vorstellung. Um die Idee der Krümmung aus dem Zweidimensionalen ins Dreidimensionale zu übertragen, braucht man nur eine einzige Erkenntnis heranzuziehen, nämlich die Erkenntnis, dass in gekrümmten Räumen gewisse Winkelbeziehungen und Längenverhältnisse, die man aus der euklidischen ebenen Geometrie kennt, nicht mehr gelten. Herrn Gauss hat es gar nicht gestört, dass ihn die meisten seiner Mitmenschen mitleidig belächelten, als er Versuche anstellte, herauszufinden, ob unser dreidimensionaler Raum gekrümmt sei. Ihm kam zu Gute, dass er sich in dieser Zeit sein Brot als Vermessungsingenieur in der Lüneburger Heide südlich von Hamburg verdiente.

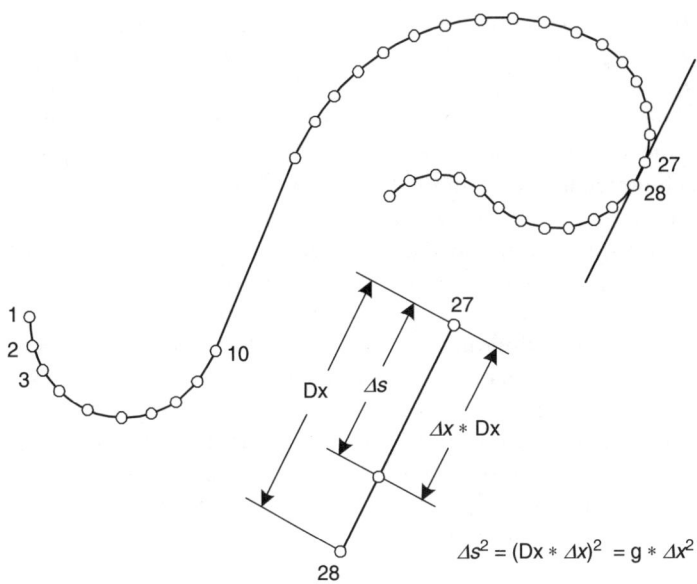

8.16 Stückweise Linearisierung eines „eindimensionalen gekrümmten Raumes".

Das von ihm vermessene Gebiet umfasst ungefähr ein Rechteck von 50 auf 100 Kilometer. Er fand dabei allerdings keine signifikanten Abweichungen von den Aussagen der euklidischen Geometrie; die aufgetretenen geringfügigen Abweichungen konnte er auf Messfehler zurückführen. Dennoch betrachtete er seine Ergebnisse nicht als Beweis dafür, dass der Raum nicht gekrümmt sei, sondern lediglich als Hinweis darauf, dass die Ausdehnung seines Messgebietes zur Feststellung einer Krümmung viel zu klein war.

Dass man eine Krümmung nicht feststellen kann, wenn man das Messgebiet zu klein wählt, können Sie leicht durch Betrachtung von Abbildung 8.16 einsehen. Jede stetige Linie kann man durch eine Folge von Trennpunkten in eine Folge zusammenhängender Abschnitte aufteilen, und die Abstände zwischen den Trennpunkten kann man stets so wählen, dass innerhalb eines Abschnitts praktisch keine Krümmung mehr festgestellt werden kann. Der eindimensionale Raum, also die Linie, ist der Ausgangspunkt des Weges zu gekrümmten Räumen höherer Dimensionen. Deshalb musste ich hier die Berechnung der Distanz Δs eines beliebigen Punktes vom Abschnittsanfang auf eine Art und Weise durchführen, die Ihnen unnötig kompliziert erscheinen wird. Zu jedem Abschnitt gehört eine individuelle Abschnittslänge Dx, und zu jedem Punkt innerhalb des Abschnitts gehört eine eindeutige relative Koordinate Δx, die das Abstandsverhältnis Δs/Dx angibt. Wenn wir zu höheren Dimensionen übergehen, wird Ihnen die Zweckmäßigkeit dieser Betrachtungsweise einleuchten.

Anhand von Abbildung 8.17 zeige ich Ihnen, wie das Linearisierungsprinzip, welches in Abbildung 8.16 auf einen gekrümmten eindimensionalen Raum angewandt wurde, auf den gekrümmten zweidimensionalen Raum in Abbildung 8.15 übertragen werden kann. Diese Übertragung wird uns helfen zu erkennen, wie man die Linearisierung in höhere Dimensionen fortsetzen kann. Seit die Menschheit weiß, dass die Erde eine Kugel ist, sind die Menschen mit dem mathematischen Umgang mit zweidimensionalen gekrümmten Räumen vertraut. So kann man auf jede beliebig

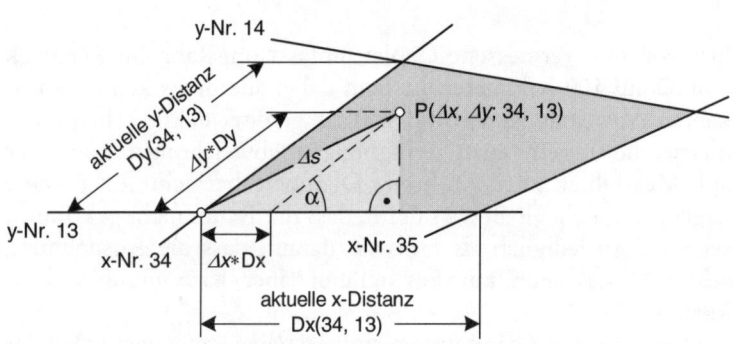

$$\Delta s^2 = (\Delta x * Dx + \Delta y * Dy * \cos\alpha)^2 + (\Delta y * Dy * \sin\alpha)^2$$

$$\Delta s^2 = (Dx)^2 * (\Delta x)^2 + (2 * Dx * Dy * \cos\alpha) * \Delta x * \Delta y + (Dy)^2 * (\Delta y)^2$$

$$\Delta s^2 = g_{11} * (\Delta x)^2 + g_{12} * \Delta x * \Delta y + g_{21} * \Delta x * \Delta y + g_{22} * (\Delta y)^2 \quad \text{mit } g_{12} = g_{21} = Dx * Dy * \cos\alpha$$

8.17 Zur Längenbestimmung in einer Koordinatennetzmasche.

gekrümmte stetige Fläche ein Liniennetz zeichnen, durch das die gesamte Fläche in eine Menge von Vierecken und möglicherweise Dreiecken aufgeteilt wird. Am Beispiel der Erdkugel hat man als Linien die Längenkreise und die Breitenkreise gewählt. Man kann nun die Linien so dicht legen, dass die Vierecke bzw. Dreiecke, die durch dieses Netz definiert sind, nur noch so wenig gekrümmt sind, dass sie praktisch nicht mehr von ebenen Figuren unterschieden werden können. In jeder Masche eines solchen Netzes darf man also die Regeln der euklidischen ebenen Geometrie anwenden, ohne feststellbar falsche Ergebnisse zu erhalten. So wie in Abbildung 8.16 zu jedem Abschnitt ein spezifischer Faktor g gehört, der die in diesem kleinen Ausschnitt gültige Beziehung zwischen Δs und Δx beschreibt, muss es in unserem Maschennetz auf der gekrümmten Fläche pro Masche etwas geben, was die spezifischen Längenverhältnisse in dieser Masche kennzeichnet. Was dieser maschenspezifische *Linearisierungsfaktor* ist, will ich Ihnen anhand von Abbildung 8.17 vorstellen.

Durch zwei Paare benachbarter Gitternetzlinien wird hier ein Viereck begrenzt. Wenn die Gitternetzeinteilung der gesamten Fläche bekannt ist, kann die in Abbildung 8.17 ausgewählte Netzmasche einfach durch Angabe von zwei Liniennetznummern gekennzeichnet werden; hierbei nimmt man jeweils von den zwei benachbarten Grenzlinien die kleinere Nummer, in unserem Falle also die x-Nummer 34 und die y-Nummer 13. Innerhalb einer solchen Netzmasche dürfen die Regeln der ebenen euklidischen Geometrie angewandt werden, also insbesondere der Satz des Pythagoras und die Kenntnis, dass die Winkelsumme in Dreieck 180 Grad beträgt. Nach den Gesetzen der ebenen Geometrie lässt sich das Abstandsquadrat Δs^2 eines beliebigen Maschenpunktes vom Maschenursprungspunkt nach den in Abbildung 8.17 angegebenen Formeln berechnen. In diesen Formeln sind Dx und Dy echte physikalische Längen, die als Zahlen mit Längeneinheit einzusetzen sind, während Δx und Δy nur dimensionslose Verhältniszahlen sind, die angeben, welchen Bruchteil der jeweiligen Maschenkante man nehmen muss, um den Punkt zu finden. Im Falle der Abbildung 8.17 sind diese Werte $\Delta x = 0{,}25$ und $\Delta y = 0{,}65$, denn Δx ist ein Viertel der Strecke Dx, und Δy ist zwei Drittel der Strecke Dy.

In der letzten Zeile meiner Rechnung habe ich für bestimmte Faktoren die Abkürzungen g_{11}, g_{12}, g_{21} und g_{22} eingeführt, weil ich mit Abbildung 8.17 ja den Linearisierungsfaktor herleiten wollte, der zur Linearisierung gekrümmter zweidimensionaler Räume gehört. Die Indizes der Variablen g weisen darauf hin, dass wir diese Zahlen in eine Matrix eintragen können, wie ich es in Abbildung 8.18 getan habe. Oben in diesem Bild sehen Sie, dass man das Abstandsquadrat aus dem relativen Positionsvektor (Δx, Δy) und der Matrix durch zweimalige Multiplikation erhält, wobei die Faktoren in der Reihenfolge *Vektor * Matrix * Vektor* stehen müssen. Unten im Bild habe ich das Längenquadrat Δs^2 berechnet unter der Annahme, dass unsere Masche in Abbildung 8.17 die Kantenlängen Dx = 10 Kilometer und Dy = 9 Kilometer habe.

Die Struktur in Abbildung 8.18 ist nun genau das, was wir brauchen, um in beliebige Dimensionen vorzustoßen. Weil sich die Linearisierung eines gekrümmten zweidimensionalen Raumes

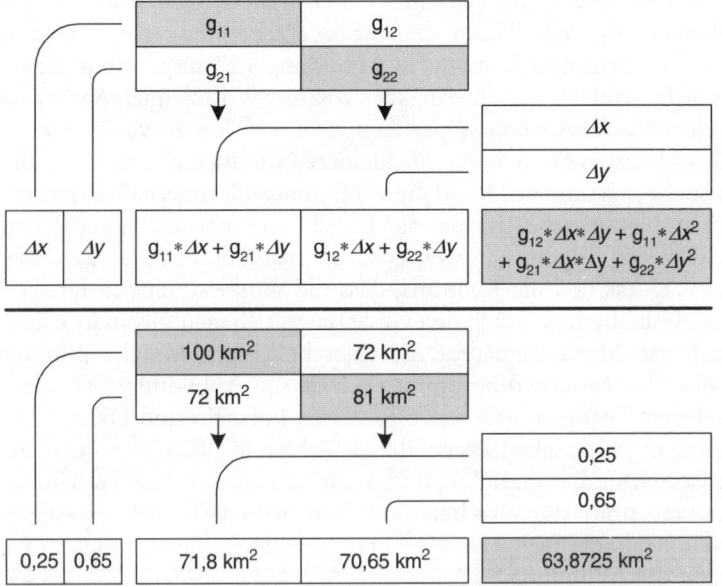

8.18 Längenberechnung in einer Koordinatennetzmasche mittels einer maschenspezifischen Matrix.

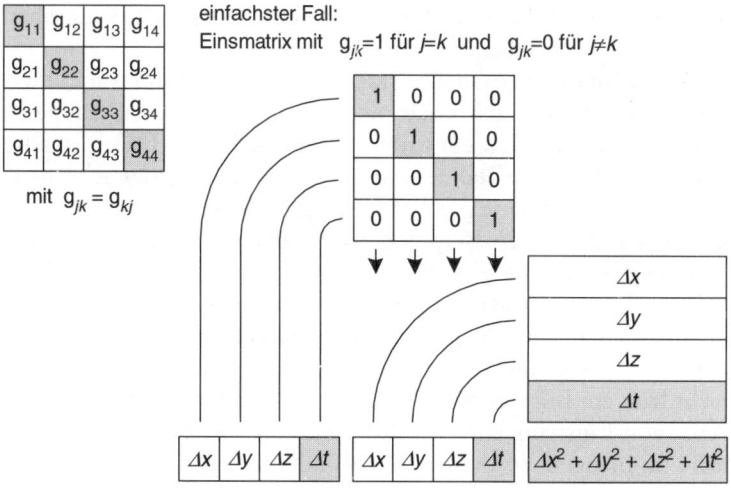

8.19 Formale Übertragung des Konzeptes aus Abbildung 8.18 auf das vierdimensionale Raum-Zeit-Kontinuum.

durch eine maschenspezifische 2×2-Matrix erfassen lässt, wird sich die Linearisierung eines gekrümmten vierdimensionalen Raumes durch eine maschenspezifische 4×4-Matrix erfassen lassen. Da in der Matrix in Abbildung 8.18 die Einträge, die symmetrisch um die grau schattierte Diagonale liegen, paarweise wertegleich sind, wird dies auch in der 4×4-Matrix so sein. Im zweidimensionalen Fall genügen drei Zahlen für die Füllung der Matrix, im vierdimensionalen Fall brauchen wir zehn Zahlen, wie Sie leicht in der Matrix links in Abbildung 8.19 abzählen können. Rechts in dieser Abbildung habe ich dargestellt, wie die Matrix aussehen muss, damit sich als Abstandsquadrat die einfache pythagoreische Summe der Koordinatenquadrate ergibt. Es ist nicht allzu schwer einzusehen, dass man bei gekrümmten Flächen grundsätzlich das Gitternetz nicht so legen kann, dass für alle Maschen diese einfache Matrix gilt. Man wird aber das Maschennetz so legen können, dass für mindestens eine Masche diese einfache Matrix gilt. Sie brauchen sich ja nur eine recht bucklige Kartoffel vorzustellen, auf die Sie mit einem Filzschreiber ein Gitternetz zeichnen sollen. Da können Sie die Gitterlinien immer so legen, dass ein paar Maschen quadratisch sind. Es wird Ihnen aber nicht gelingen, alle Maschen quadratisch zu machen.

Die bis hierhin gebrauchten mathematischen Mittel waren meiner Einschätzung nach noch nicht so schwierig, dass ich sie in einem Text für Laien nicht hätte verwenden dürfen. Damit ist aber nur der leichte erste Teil des Anstiegs auf den Berg der Allgemeinen Relativitätstheorie geschafft. Im Grunde sind wir aus dem Tal über einen einfachen Bergweg bis zu einer Almhütte gestiegen, von der aus nun die eigentliche Felswand nach oben geht. Diese Felswand ist genau das, von dem ich zu Beginn sagte, dass man ihre mathematischen Schwierigkeiten auf keinen Fall einem Laien zumuten könne. Der Physiker Max Born (1882–1970) hat schon recht früh ein Buch geschrieben, worin er sich bemühte, die Konzepte von Einsteins Relativitätstheorie einer breiteren Leserschaft nahe zu bringen. In diesem Buch findet sich die Aussage: „Einsteins Vorstellung ist, dass das Feld, das ein Körper erzeugt, auf ihn zurückwirkt und so seine Lebenslinie bestimmt. Das ist ein sehr schwieriges mathematisches Problem, dessen Struktur wir nicht einmal andeuten können." Die besondere Schwierigkeit des Themas zeigt sich auch in der Tatsache, dass die Allgemeine Relativitätstheorie an den meisten deutschen Universitäten nicht zum Pflichtstoff für Physikstudenten gehört. Das Thema wird dort in einer Wahlvorlesung behandelt, welche die Studenten in ihren Studienplan aufnehmen können, aber nicht müssen.

Bezüglich der Ergebnisse der Allgemeinen Relativitätstheorie schrieb Max Born in seinem Buch: „Das metrische Feld und das Gravitationsfeld sind zwei verschiedene Aspekte derselben Sache; beide werden durch die zehn Größen der 4×4-Matrix (Abbildung 8.19) dargestellt. Die Einsteinsche Theorie ist also eine höchst wunderbare Verschmelzung von Geometrie und Physik, eine Synthese der Gesetze des Pythagoras und des Newton." In unserem zweidimensionalen Raum-Zeit-Kontinuum in Abbildung 8.5 waren alle Lebenslinien von Körpern Geraden. Darin kam der Sachverhalt zum Ausdruck, dass ihr Bewegungszustand durch ihre eigene Trägheit aufrechterhalten wird. In einer ungekrümmten Fläche, also in einer Ebene, sind die geraden Linien immer die kürzesten Verbindungen zweier Punkte. Raumkrümmungen führen dazu, dass die kürzesten Verbindungen keine Geraden mehr sind (Abbildung 8.15). Dennoch spielen sie die gleiche Rolle wie die Geraden in Abbildung 8.5, und ihr Längenquadrat Δs^2 kann positiv, negativ oder Null sein, wie es auch schon in Abbildung 8.14 der Fall war. Begrifflich hat die Allgemeine Relativitätstheorie gegenüber der Speziellen Relativitätstheorie also gar nicht viel Neues gebracht. Das einzig Neue ist die Krümmung des vierdimensionalen Raum-Zeit-Kontinuums, wobei diese Krümmung durch die Massenverteilung bestimmt wird. Ein vierdimensionales Raum-Zeit-Kontinuum hatten wir schon in der Speziellen Relativitätstheorie, nur war dieses nicht gekrümmt und hing auch nicht von der Massenverteilung ab.

Einen anschaulichen gekrümmten Raum, dessen Krümmung von einer Massenverteilung abhängt, gibt es auch im Zweidimensionalen, wobei allerdings die Anschaulichkeit darin begründet ist, dass der betrachtete zweidimensionale Raum in den anschaulichen dreidimensionalen Raum eingebettet ist. Wir stellen uns vor, dass wir mehrere unterschiedlich große und unterschiedlich schwere Kugeln willkürlich über die Fläche eines Trampolins verteilen. Dann wird die vorher ebene Fläche des Trampolins, also die ungekrümmte Fläche, in Abhängigkeit vom Gewicht der Kugeln eingedellt, was durch eine ortsabhängige Krümmung beschrieben werden kann. Diese Krümmungsverteilung kann nun derart sein, dass nicht alle Kugeln dort liegen bleiben, wo wir sie anfänglich hingelegt haben, sondern dass einige von ihnen beginnen, aufeinander zu zurollen. Dadurch aber, dass die Kugeln ihre Verteilung ändern, verändern sie auch gleichzeitig die Krümmung, die nun wieder auf die Bewegung der Kugeln rückwirkt. Die Verteilung der Kugeln beeinflusst also die Verteilung der Krümmung, und umgekehrt beeinflusst die Verteilung der Krümmung die Verteilung der Kugeln. Wenn ich vor der Aufgabe stünde, für das vierdimensionale Raum-Zeit-Kontinuum den Zusammenhang zwischen der Massenverteilung und der Raumkrümmung mathematisch zu fassen, würde ich zuerst einmal versuchen, eine mathematische Formulierung für die Verhältnisse im Falle des Trampolins zu finden; diese würde ich dann ganz formal in die höhere Dimension überführen. Sie werden sich sicher noch daran erinnern, dass wir auch bei der Behandlung von Kugeln zuerst die anschaulichen Verhältnisse im Zwei- und Dreidimensionalen betrachtet und mathematisch formuliert haben, und dass wir dann ganz formal die Struktur der gefundenen Formeln in den Bereich höherer Dimensionen übertragen haben.

Es ist verständlich, dass die Erkenntnisse, welche die Relativitätstheorien gebracht haben, einen großen Fortschritt für das Denken über die Entstehung und Entwicklung unseres Weltalls bedeuteten. Astronomie und Kosmologie sind ohne die Relativitätstheorien heute gar nicht mehr denkbar. Inzwischen gibt es aber auch technische Produkte, bei deren Entwicklung die Erkenntnisse der Relativitätstheorien berücksichtigt werden müssen. Es geht dabei immer um die Nutzung von Uhren, die weit voneinander entfernt sind und sich möglicherweise mit hohen Geschwindigkeiten relativ zueinander bewegen. Die Spezielle Relativitätstheorie hat gezeigt, dass aus der Sicht eines ruhenden Beobachters eine schnell bewegte Uhr langsamer geht als seine eigene. Die Allgemeine Relativitätstheorie hat gezeigt, dass es nicht einmal möglich ist, zwei Uhren zu synchronisieren, die sich relativ zueinander nicht bewegen, wenn sich eine der beiden in einem deutlich stärkeren Gravitationsfeld befindet als die andere. Die Uhr im starken Gravitationsfeld läuft langsamer. Man konnte inzwischen durch extrem präzise Messungen nachweisen, dass eine Uhr in einem Flugzeug, das in einer Höhe von über zehntausend Metern fliegt, schneller geht als eine Uhr gleicher Konstruktion auf Meereshöhe. Der Grund hierfür ist der Sachverhalt, dass die Uhr im Flugzeug ein schwächeres Gravitationsfeld erlebt als die Uhr auf Meereshöhe, denn nach Newtons Gravitationsgesetz (s. Abbildung 7.5) nimmt die Schwerkraft mit zunehmendem Abstand vom Erdmittelpunkt ab. Der Vergleich von Uhrzeiten spielt bei der Satellitennavigation eine große Rolle; wenn man hier die relativistischen Effekte nicht berücksichtigen würde, könnte man Ortskoordinaten nicht so genau bestimmen, wie es heute bereits möglich ist.

Wie ein paar Froschschenkel die Entstehung der Elektrotechnik auslösten 9

Das war damals, als man den Strom noch aus Froschschenkeln „machte", pflegte einer meiner Freunde zu sagen, wenn von irgendwelchen Entdeckungen aus der Anfangszeit der Elektrotechnik die Rede war. Damit bezog er sich auf die zufällige Entdeckung des Italieners Luigi Galvani (1737–1798) aus dem Jahre 1780, durch die tatsächlich die stürmische Entwicklung der Elektrotechnik ausgelöst wurde. Bevor ich aber auf diese Entdeckung und den dadurch ausgelösten ungeheueren Erkenntnisfortschritt der Menschheit näher eingehe, will ich erst noch ein paar Bemerkungen über die Zeit machen, in der dies alles stattfand. Alle Wissenschaftler, die sich damals bemühten, gesetzmäßige Zusammenhänge für Naturerscheinungen zu finden, waren selbstverständlich mit Newtons Erkenntnissen über die Mechanik gut vertraut. Denn das Buch, worin Isaac Newton seine Erkenntnisse veröffentlicht hatte, war rund 100 Jahre vor Galvanis Entdeckung erschienen. In den drei Jahrzehnten unmittelbar vor dieser Entdeckung hatte man auch in der Chemie große Fortschritte erzielt. Bis ungefähr 1750 hielt beispielsweise die überwiegende Mehrzahl der Chemiker die Luft noch für ein einfaches Element, das bei chemischen Reaktionen praktisch keine Rolle spiele und somit uninteressant sei. In den darauf folgenden 20 Jahren aber fand man heraus, dass Luft ein Gemisch aus mehreren unterschiedlichen Gasen ist. Man entdeckte als wesentliche Bestandteile zuerst das Kohlendioxid, dann den Stickstoff und zuletzt den Sauerstoff. In die gleiche Zeit fiel auch die Entdeckung des Wasserstoffs. Wir können davon ausgehen, dass alle Wissenschaftler, die nach Galva-

ni zum Fortschritt aus dem Bereich des Elektromagnetismus beigetragen haben, mit den damaligen Erkenntnissen in den Bereichen Physik und Chemie wohl vertraut waren. Über die Elektrizität und den Magnetismus wusste man aber noch sehr wenig, und
insbesondere ahnte niemand, dass die beiden etwas miteinander zu
tun haben. So wie schon zur Zeit der alten Griechen musste man
bis dahin die im Alltag erlebten elektrischen und magnetischen
Erscheinungen als unerklärte Naturphänomene hinnehmen. Die
Tatsache, dass es Eisenstücke gibt, die andere Eisenstücke anziehen, war schon im Altertum bekannt, auch, dass man manche
Materialien durch Reibung dazu bringen kann, eine Anziehungs-
oder Abstoßungskraft auf bestimmte andere Materialien auszuüben oder gar Funken zu sprühen, wenn sie in die Nähe geeigneter anderer Substanzen gebracht werden. Vielleicht sind Sie selbst
auch schon einmal zusammengezuckt, wenn ein Funke von Ihrer
Hand zur metallenen Türklinke übersprang, nachdem Sie zuvor
über den Teppichboden gegangen waren. Möglicherweise kennen
Sie auch die Erscheinung, dass Ihnen „die Haare zu Berge stehen"
und sich nicht in die Richtung legen lassen, die Sie ihnen mit
Ihrem Kamm geben wollen. So hätte mein Freund auch sagen
können, wenn er über die Jahrhunderte vor Galvani reden wollte:
„Das war die Zeit, als man den Strom noch mit Bernstein und Kat-
zenfellen machte."
  Sie wissen vielleicht schon, dass Benjamin Franklin (1706–1790)
den Blitzableiter erfunden hat. Er war nämlich zu der Erkenntnis
gekommen, dass ein Blitz nichts anderes ist als eine besonders
extreme Form der Funken, die von unserer Hand zur Türklinke
fliegen. Trotzdem waren die elektrischen und magnetischen
Erscheinungen zum Zeitpunkt von Galvanis Entdeckung geheim-
nisvoll und unverstanden. Danach aber dauerte es nur noch genau
80 Jahre, bis diese Erscheinungen in ihren Grundlagen und
Zusammenhängen vollständig erfasst und in unglaublich klarer
mathematischer Form beschrieben waren. Die Erfolge der Elektrotechnik beruhen somit auf einem theoretischen Fundament, das
bereits im Jahre 1860 fertiggestellt war. Die Steilwand, die ich nun
mit Ihnen erklimmen will, beginnt also mit Galvani im Jahre 1780
und endet mit den Erkenntnissen von James Maxwell im Jahre
1860. Und am Fuße dieser Steilwand steht ein Schild mit dem

Hinweis: In neun Jahren wird die französische Revolution beginnen.

Über die gewaltigen Folgen kleiner Zufälle

Luigi Galvani war Professor an der damals berühmten Universität Bologna und lehrte dort die Fächer Anatomie und Gynäkologie. Er wollte herausfinden, wie die Steuerung von Muskeln über die Nerven funktioniert und experimentierte deshalb mit Froschschenkeln. Im Laufe seiner Versuche entdeckte er eines Tages zufällig, dass die Froschschenkel, die er mit Kupferhaken am eisernen Fenstergitter aufgehängt hatte, immer dann zuckten, wenn sie das Eisengitter berührten. Diese Entdeckung veröffentlichte er in einer Schrift im Jahre 1791, die unter anderem auch von dem italienischen Physiker Alessandro Volta (1745–1827) gelesen wurde. Dieser hatte zuvor schon mit reibungselektrischen Phänomenen experimentiert. Er vermutete zu Recht, dass das Zucken der Froschschenkel eine rein physikalische Ursache hat. Um seine Vermutung zu überprüfen, experimentierte er mit einem Versuchsaufbau, der nur noch diejenigen Elemente der galvanischen Anordnung enthielt, die Volta für relevant hielt. Anstelle des Froschschenkels nahm er ein Stück Pappe, welches er in Salzwasser tauchte, und anstelle des Fenstergitters und des Kupferhakens nahm er jeweils Scheiben des entsprechenden Metalls. Das Sandwich aus Kupferscheibe, getränkter Pappscheibe und Eisenscheibe verhielt sich nach außen wie ein Gegenstand, den man durch Reibung elektrisch aufgeladen hatte. Den Effekt konnte Volta dadurch erhöhen, dass er mehrere solcher Sandwichs aufeinanderlegte, und außerdem konnte er den Effekt verstärken, indem er die ursprünglichen Metalle durch geeignete andere ersetzte. Er hatte das Prinzip der elektrischen Batterie erfunden. Es funktionierte großartig, aber keiner konnte erklären warum. Die Batterien machten es möglich, die experimentellen Untersuchungen der Elektrizität gewaltig auszuweiten. Die bisherigen Experimente hatten immer darin bestanden, dass man bestimmte Körper durch Reibung elektrisch auflud und anschließend die Effekte studierte, die sich bei unterschiedlichen Formen der Entladung ergaben.

Dies waren immer nur sehr kurze Erscheinungen, denn wenn der Körper entladen war, gab es auch keine elektrischen Erscheinungen mehr. Von einem dauernd fließenden elektrischen Strom konnte also vor der Erfindung der Batterie keine Rede sein.

Der Physikprofessor Volta, der an einer Universität der italienischen Provinz Pavia lehrte, machte seine Entdeckung selbstverständlich auch durch entsprechende Schriften publik, sodass nun viele Wissenschaftler anfangen konnten, solche Batterien zu bauen und damit zu experimentieren. Experimente dieser Art machte auch der dänische Wissenschaftler Hans Christian Oersted (1777–1851). Als Herr Oersted im Jahr 1820 seine elektrischen Experimente durchführte, lag auch einmal zufällig ein Kompass mit Magnetnadel auf dem Tisch – vielleicht hatte Herr Oersted ein Segelboot. Zu seiner großen Überraschung stellte er fest, dass seine elektrische Apparatur, obwohl sie keine direkte Verbindung mit dem Kompass hatte, auf diesen einen eindeutigen Einfluss ausübte. Beim Einschalten des Stromes änderte nämlich die Magnetnadel ruckartig ihre Richtung und verweilte dort solange, bis der Strom wieder ausgeschaltet wurde, dann kehrte sie in ihre alte Richtung zurück. Es ist klar, dass auch Herr Oersted seine Entdeckung rasch veröffentlichte und sie vielen Wissenschaftlern zur Kenntnis brachte. Zwei der bedeutendsten Experimentalphysiker, die Oersteds Entdeckung mit großem Interesse zur Kenntnis nahmen, waren der Franzose André Marie Ampère (1775–1836) und der Engländer Michael Faraday (1791–1867). Herr Ampère hatte auch schon mit Hilfe der Voltaschen Batterie mit elektrischen Strömen experimentiert und herausgefunden, dass zwei parallel nebeneinander liegende stromführende Drähte sich entweder anziehen oder abstoßen, je nachdem, ob die Stromrichtungen in den beiden Drähten gleich oder einander entgegengesetzt sind. Die Definition der mit Ampere bezeichneten Stromstärke nimmt übrigens unmittelbar auf diese Kräfte Bezug. Auf diese Definition werde ich später noch einmal zurückkommen.

An dieser Stelle ist es ganz wichtig, dass Sie sich bewusst machen, wie wenig man damals über den elektrischen Strom wissen konnte. Kein Mensch sieht den elektrischen Strom fließen, und damals hatte man auch keine Ahnung davon, was denn da eigentlich fließt. Man hatte aber irgendwie die Vorstellung, dass eine Batterie wie eine Pumpe wirkt, die einen elektrischen Strom durch einen Kreislauf drückt. Die Drähte stellen in dieser Analogie die Rohre dar, durch die das Medium fließt. Wie die Batterie als Pumpe wirken kann, wusste man natürlich auch nicht. Dennoch funktionierte die Übertragung der Alltagsvorstellung von Pumpen und fließendem Wasser auf die elektrischen Apparaturen recht gut. Während man aber beim Wasser ganz eindeutig feststellen kann, in welche Richtung es fließt, konnte man damals eigentlich keine Richtung von etwas Fließendem finden, sodass man, wenn man die Analogie zwischen dem elektrischen Strom und dem fließenden Wasser beibehalten wollte, willkürlich über eine Definition eine Richtung festlegen musste. Dabei konnte man sich auf die Batteriekonstruktion des Herrn Volta beziehen, denn diese hat ja einen unsymmetrischen Aufbau, weil die Metallscheiben an den beiden Enden nicht aus dem gleichen Metall sind.

So hat man festgelegt, dass bei einer Batterie mit den bereits bei Galvani vorgekommenen Metallen Kupfer und Eisen der elektrische Strom am Kupferende der Batterie austritt und am Eisenende wieder in die Batterie eintritt. Heute wissen wir allerdings, dass es die Elektronen sind, die durch die Metalldrähte wandern und so den elektrischen Strom bilden. Diese Elektronen wandern gerade andersherum als es die Definition des elektrischen Stroms festlegt. Man ist aber dennoch bei der alten Definition geblieben; als Konsequenz dieser Richtungsdefinition musste man allerdings der Ladung der Elektronen ein negatives Vorzeichen geben. Bis man aber von der negativen Ladung der Elektronen reden konnte, dauerte es noch etliche Jahrzehnte, denn dazu musste das Elektron ja erst einmal entdeckt werden. Dieses Thema gehört aber zum Problembereich Elementarteilchen, und auf den werden wir erst etwas später zu sprechen kommen. Von Elektrizität konnte man aber schon reden, bevor das Elektron entdeckt war, denn die Namensgebung für diesen physikalischen Bereich geht auf das griechische Wort *elektron* für Bernstein zurück. Ich erwähnte ja schon, dass man bereits im Altertum über Erscheinungen der Reibungselektrizität Bescheid wusste.

Dass die Analogie zwischen dem elektrischen Strom und fließendem Wasser durchaus vernünftig ist und sogar bis heute die Vorstellungen der Elektrotechniker prägt, will ich Ihnen nun anhand der Abbildung 9.1 belegen. Im oberen Teil dieses Bildes sehen Sie ein mit Wasser gefülltes System. Darunter, also in der Bildmitte, sehen Sie ein elektrisches Schaltbild, welches zu dem Wassersystem in direkter Analogie steht. Zuerst betrachten wir die Verhältnisse im Wasserkreislauf. Stellen Sie sich das System am besten nicht aufrecht stehend, sondern waagerecht liegend vor, denn sonst hätte die Schwerkraft einen Einfluss auf den Wasserdruck, und das wollen wir hier ausschließen. Die Pumpe versucht, das Wasser im Uhrzeigersinn zum Strömen zu bringen, was nur möglich ist, wenn der Absperrhahn offen ist. Dem ungestörten Wasserfluss stellen sich zwei Hemmnisse entgegen, nämlich zum einen das dünne Widerstandsröhrchen, welches nach dem Absperrhahn kommt, und der Behälter, in dem sich ein über zwei Federn positionierter Trennkolben befindet. Wir nehmen an, dass die beiden Federn baugleich sind. Dann wird sich der Trennkolben genau in der Behältermitte befinden, wenn die Druckdifferenz über den beiden Behälteranschlüssen null ist. Dieser Zustand bleibt solange erhalten, wie der Absperrhahn geschlossen bleibt. Wenn wir nun den Absperrhahn öffnen, wird die Pumpe das Wasser im Uhrzeigersinn durch den Kreis zu drücken versuchen. Obwohl das Widerstandsröhrchen recht dünn ist, wird dennoch Wasser durch dieses Röhrchen fließen und in die eine Kammer des Behälters einströmen. Die gleiche Menge Wasser wird dabei aus der anderen Kammer herausgedrückt, sodass sich der Kolben aus der Mittenlage verschiebt. Dabei wird die eine Feder auseinander gezogen und die andere Feder zusammengedrückt, wodurch sich die Druckdifferenz zwischen den Behälteranschlüssen erhöht. Mit der Zeit wird ein Zustand eintreten, wo die Federn einen dem Pumpendruck entgegengesetzt gleichen Druck erzeugen, und dann wird es keinen weiteren Wasserfluss mehr geben können. Dieser Fall ist dadurch gekennzeichnet, dass an allen drei Positionen 0, 1 und 2 die gleiche Druckdifferenz herrscht.

In dem in Analogie hierzu stehenden elektrischen Kreis entspricht die Batterie der Pumpe, der Schalter entspricht dem Absperrhahn, der Widerstand entspricht dem dünnen Röhrchen und die beiden in geringem Abstand einander gegenüberstehenden Platten entsprechen dem Wasserbehälter mit dem eingebauten Trennkolben. Obwohl das Rechtecksymbol für den Widerstand

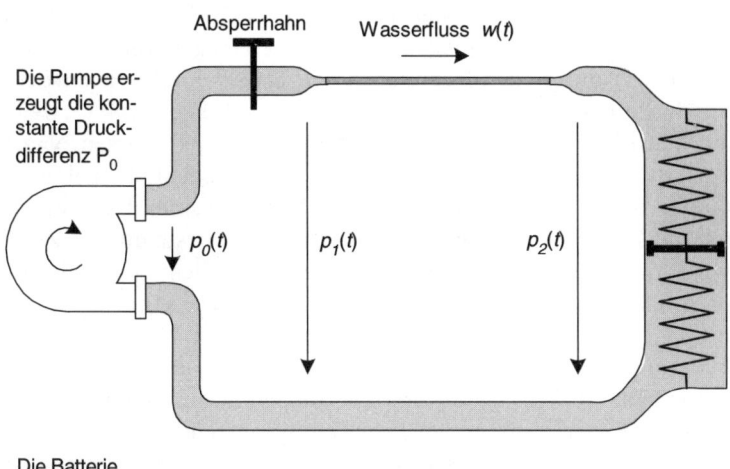

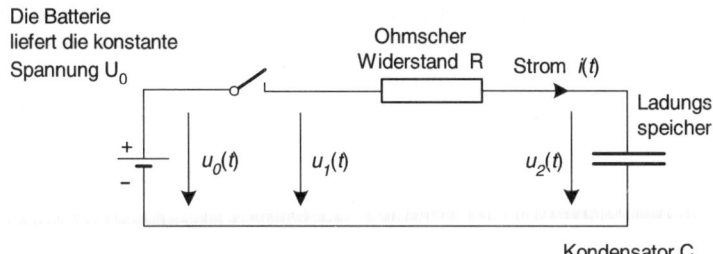

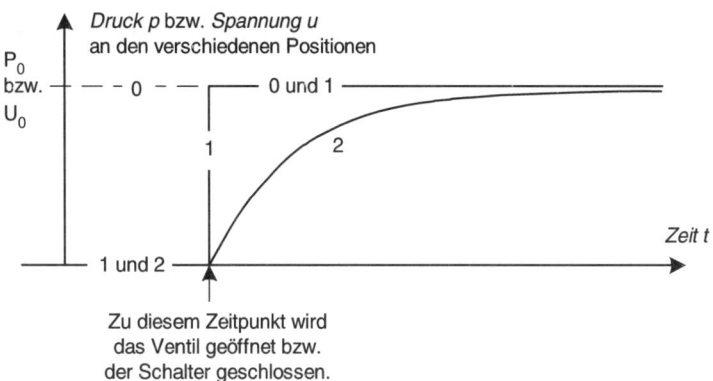

9.1 Analogie zwischen Wasserfluss und elektrischem Strom.

eher an einen kurzen dicken Draht erinnert, müssen Sie sich als Widerstand gerade das Gegenteil, also einen langen dünnen Draht vorstellen, durch den der elektrische Strom hindurchgedrückt werden muss. Die Bezeichnung *Ohmscher Widerstand* verweist auf den Physiker Georg Simon Ohm (1789–1854), dessen Name auch durch das sogenannte Ohmsche Gesetz bekannt ist. Dieses Gesetz ist eine Erkenntnis, die Herr Ohm aus seinen Experimenten mit Batterien und Drähten gewonnen hat. Erstaunlicherweise wird von vielen Leuten, sogar von solchen, die Elektrotechnik studiert haben, das Ohmsche Gesetz fälschlicherweise mit der Definition des Ohmschen Widerstandes gleichgesetzt. Das kann Ihnen nicht passieren, wenn Sie nie vergessen, dass ein Naturgesetz etwas ganz anderes ist als eine Begriffsdefinition. Gesetze findet man aus Experimenten, wogegen Definitionen ausschließlich der menschlichen Willkür entspringen. Ein Ohmscher Widerstand ist definitionsgemäß ein elektrisches Bauelement mit zwei Anschlüssen, bei dem die durchfließende Stromstärke linear von der zwischen den beiden Klemmen gemessenen Spannung abhängt. Wenn man also beispielsweise die Spannung verdoppelt, fließt auch der zweifache Strom. Der Widerstandswert „R" erfasst definitionsgemäß das Verhältnis zwischen der Spannung u und dem Strom i; es gilt also R = u/i. Der Buchstabe R kommt vom lateinischen Wort *resistere* für „Widerstand leisten". Das Ohmsche Gesetz dagegen ist keine Definition, sondern ein experimenteller Befund. Dieser besagt, dass lange dünne Drähte näherungsweise das Verhalten von Ohmschen Widerständen haben. Deren Widerstand kann man verdoppeln, indem man die Länge verdoppelt oder ihre Querschnittsfläche halbiert. Genau die gleichen Vorstellungen verbindet man mit dem langen dünnen Röhrchen im Wasserkreislauf.

Das aus den beiden Platten bestehende Gebilde wird in der Fachsprache als *elektrischer Kondensator* bezeichnet. So wie der Trennkolben im Wasserbehälter verhindert, dass dauernd ein Wasserstrom fließen kann, macht es der Luftspalt zwischen den beiden einander gegenüberstehenden Metallplatten unmöglich, dass dauernd ein elektrischer Strom in die gleiche Richtung fließen kann. So wie im Wasserkreislauf die Bedingung gilt, dass die Wassermenge, die in die eine Behälterkammer einfließt, aus der anderen

Behälterkammer abfließen muss, kann auch beim elektrischen Speicher nur so viel auf die eine Platte fließen, wie von der anderen Platte wegfließt. Obwohl man damals nicht wusste, was hier fließt, musste man es doch irgendwie bezeichnen; man sprach von *elektrischer Ladung*. Wenn sich auf beiden Kondensatorplatten jeweils die gleiche Ladungsmenge befindet, ist die Spannung über den beiden Kondensatorklemmen null. Wenn man ausgehend von diesem Zustand den Schalter im elektrischen Kreis schließt und dadurch einen Stromfluss ermöglicht, wird es solange eine Ladungsverschiebung zwischen diesen beiden Platten geben, bis die Spannung u_2 über dem Kondensator gleich der Batteriespannung U_0 geworden ist; danach gibt es keinen Stromfluss mehr.

Da meine Beschreibung der Vorgänge im Wasserkreislauf fast wortgleich auf die Vorgänge im elektrischen Kreis übertragen werden konnte, sollte es für Sie kein Wunder mehr sein, dass das unten im Abbildung 9.1 dargestellte Diagramm wahlweise als zum Wasserkreislauf oder zum elektrischen Kreis gehörig interpretiert werden kann. Die horizontale mit „0" bezeichnete Linie beschreibt den konstanten Pumpendruck P_0 bzw. die konstante Batteriespannung U_0. Solange der Absperrhahn noch geschlossen bleibt bzw. der Schalter geöffnet ist, sind die beiden hinter der jeweiligen Trennstelle messbaren Druckdifferenzen p_1 und p_2 bzw. u_1 und u_2 noch null. Dies ist eine Konsequenz unserer Annahme, dass wir von dem Zustand ausgehen, dass die beiden Kammern des Wasserbehälters symmetrisch gefüllt bzw. die beiden Platten des Kondensators symmetrisch geladen sind. In dem Augenblick, in dem durch das Öffnen des Ventils bzw. durch das Schließen des Schalters ein Fluss ermöglicht wird, springt der jeweilige Wert unmittelbar hinter der Absperrung, also p_1 bzw. u_1, auf den konstanten Wert vor der Absperrung. Dagegen kann sich der Wert über den beiden Anschlüssen des jeweiligen Speichers nicht sprunghaft ändern, denn dies würde ja bedeuten, dass in unendlich kurzer Zeit die erforderliche Unsymmetrie zwischen den beiden Behälterkammern bzw. den beiden Kondensatorplatten hergestellt werden könnte. Dies wird aber durch das Widerstandsröhrchen bzw. den Widerstandsdraht verhindert. Das Erreichen der stabilen Unsymmetrie kann auch nicht durch einen konstanten Zufluss geschehen, denn durch die zunehmende Füllung des Speichers nimmt ja der Druck bzw. die Spannung über dem jeweiligen Widerstand ab, sodass wegen der abnehmenden treibenden Kraft auch der Strom abnehmen wird. Aus diesen Überlegungen folgt die mit „2" beschriftete Verlaufskurve.

Allerdings können unsere bisher angestellten Überlegungen nicht exakt das Ergebnis liefern, wie denn diese Kurve aussehen muss. Hierzu muss man wieder mathematische Hilfsmittel heranziehen. Die mathematische Behandlung habe ich in Abbildung 9.2 dargestellt. Weil der Wasserkreislauf das anschaulichere System ist, habe ich hier in den Formeln die Buchstaben p und w für Druck und Wasserflussstärke gewählt und nicht die Buchstaben u und i für Spannung und Stromstärke. Ein Austausch der Buchstaben ist aber selbstverständlich möglich, ohne dass sich sonst an diesen Formeln etwas ändern würde. Links finden Sie die Formel, die sich ergibt, wenn man die physikalischen Sachverhalte einfach in mathematischer Sprache ausdrückt. Da der Fluss, der aus dem Widerstandsröhrchen herauskommt, gleich groß ist wie der, der in die Behälterkammer hinein fließt, gilt die angegebene Gleichung. Auf der einen Seite dieser Gleichung wird der Fluss aus der Druckdifferenz am Widerstandsröhrchen berechnet, während auf der anderen Seite der gleiche Fluss aus dem zeitlichen Druckverlauf am Speicherbehälter bestimmt wird. Die eine Seite ergibt sich dabei unmittelbar aus unserer Annahme, dass das Widerstands-

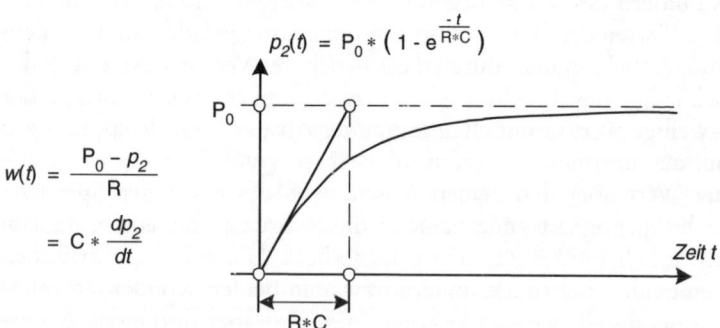

9.2 Einfluss des Widerstandswertes R und des „Elastizitätswertes" C des Speichergliedes auf den Spannungs- bzw. Druckanstieg in Abbildung 9.1.

röhrchen Ohmsches Verhalten haben soll. Dagegen ist beim Speicherbehälter nicht der Druck selbst, sondern nur seine zeitliche Veränderung flussbestimmend. Die Konstruktion des jeweiligen Speicherglieds äußert sich dabei im Wert C, den ich als Speicherelastizität bezeichnet habe. In der Fachsprache wird hierfür die Bezeichnung Kapazität verwendet, was aber eine irreführende Assoziation nahelegt, denn unsere Speicherglieder sollen – zumindest in der Idealvorstellung – kein festes Fassungsvermögen haben. Egal, wie viel schon drin ist, soll immer noch etwas hineingedrückt werden können, wenn man nur stark genug drückt. Der Buchstabe C kommt vom lateinischen Wort *capacitas* für Raum oder Umfang. Es ist plausibel, dass man für eine gewünschte Druck- bzw. Spannungserhöhung eine umso größere Wasserbzw. Ladungsmenge einbringen muss, je elastischer das Speicherglied reagiert. So wird beispielsweise bei gegebenem Fluss und bei gegebener Zeit die Druckerhöhung umso kleiner sein, je weicher die Federn sind.

Die besprochene Gleichung ist eine Differenzialgleichung, die nur eine indirekte Aussage zum Druckverlauf $p_2(t)$ macht und diesen nicht explizit als Formel enthält. Jemand, der gelernt hat, solche Differenzialgleichungen zu lösen – ich vermute, Sie haben es nicht gelernt –, wird keine Mühe haben, von dieser Differenzialgleichung ausgehend die explizite Abhängigkeitsformel herzuleiten. Diese steht in Abbildung 9.2 über dem Kurvenverlauf. Ich habe Ihnen den mathematischen Weg zu dieser Formel nur deshalb skizziert, weil im Ergebnis ein interessantes Charakteristikum der Verlaufskurve enthalten ist. Man kann aus der Formel ableiten, dass der Anstieg der Tangente im Anfangspunkt der Kurve den Wert $P_0/(R*C)$ hat. Wenn man die Kurve experimentell bestimmt hat, kann man aus ihr die Zeit $R*C$ ablesen, und daraus die Größe C gewinnen, falls man den Wert R kennt. Derartige Überlegungen wurden bereits von den Physikern angestellt, die um das Jahr 1820 herum unter Verwendung der Voltaschen Batterien ihre Experimente durchführten. Dabei entdeckten sie unter anderem die Speicherwirkung zweier Platten, die sich in sehr geringem Abstand gegenüberstehen, und sie konnten die Abhängigkeit des Wertes C von der Plattenfläche und vom Plattenabstand bestimmen.

Ich habe nun schon mehrfach den Begriff der elektrischen Spannung benutzt, ohne Ihnen zu erklären, was dies denn eigentlich ist. Sie wissen nun aber schon, dass die elektrische Spannung in Analogie zu einer Druckdifferenz zu sehen ist. So wie die Druckdifferenz die Ursache dafür ist, dass durch ein Rohr ein Wasserstrom fließt, soll die elektrische Spannung die Ursache dafür sein, dass durch einen Draht ein elektrischer Strom fließt. So wie wir die Möglichkeit haben, die Kraft zwischen parallelen stromdurchflossenen Drähten als Grundlage für die Definition einer Maßeinheit für den elektrischen Strom zu verwenden, können wir die Kraft zwischen den Platten eines Kondensators als Grundlage für die Definition der Maßeinheit für die elektrische Spannung verwenden. Man wusste ja schon im Altertum, dass sich Körper, die man durch Reibung elektrisch aufgeladen hatte, anziehen oder abstoßen, je nachdem, welche Art von Materialien daran beteiligt waren. In unserem Stromkreis wird die Ladung zwar nicht durch Reibung auf die Kondensatorplatten gebracht, sondern auf Grund der Wirkung der Batterie, aber die Krafteffekte müssen anschließend die gleichen sein. Bereits im Jahre 1785, also nur fünf Jahre nach Herrn Galvanis zuckenden Froschschenkeln, hatte der Franzose Charles Augustin de Coulomb (1736–1806) experimentell herausgefunden, dass die Kraft zwischen geladenen Gegenständen durch eine Formel erfasst werden kann, die strukturell genauso aussieht wie das Gravitationsgesetz von Isaac Newton (Abbildung 7.5). Das sogenannte Coulombsche Gesetz lautet:

$$\text{Abstoßungskraft} = \alpha * \frac{(\textit{Ladung des Körpers 1}) * (\textit{Ladung des Körpers 2})}{(\textit{Abstand der beiden Körper})^2}$$

Im Unterschied zum Gravitationsgesetz, wo das im Zähler stehende Produkt zweier Massen immer positiv ist, weil es keine negativen Massen gibt, kann hier der Zähler negativ werden, nämlich genau dann, wenn die beiden Körper Ladungen unterschiedlichen Vorzeichens tragen. Dann wird die berechnete „Abstoßungskraft" negativ, und das bedeutet, dass es sich in Wirklichkeit um eine positive Anziehungskraft handelt. Heutzutage ist die Maßeinheit für die elektrische Spannung nicht mehr über die Anziehungskraft geladener Körper definiert, sondern wird auf elegante Weise über eine Energiebetrachtung an die Maßeinheit des elektrischen Stromes gekoppelt. Bis ich Ihnen diesen Zusammenhang plausibel darstellen kann, müssen wir aber erst noch ein wenig weiterklettern.

Die Analogie zwischen Wasserteilchen und elektrischen Ladungsteilchen kann nur einen Teil der elektrischen Erscheinungen verständlich machen. Diese Analogie ist nur hilfreich, solange der Zusammenhang zwischen elektrischen und magnetischen Erscheinungen außer Betracht bleibt. Diesem Zusammenhang wollen wir uns nun zuwenden. Ich sagte ja schon, dass der Däne Oersted durch Zufall entdeckte, dass ein elektrischer Strom eine Kraft auf die Magnetnadel eines in der Nähe befindlichen Kompasses bewirkt. Als der Engländer Michael Faraday von dieser Erscheinung erfuhr, begann er eine lange Serie von Experimenten, welche schließlich zu unserem heutigen Verständnis der elektromagnetischen Kopplung führten.

Anhand von Abbildung 9.3 will ich Ihnen den Kern der Faradayschen Experimente nahebringen. Sie sehen einen Draht, durch den ein elektrischer Strom nach oben fließt. Dieser Draht stößt durch die grau schattierte Ebene, auf der ich konzentrische Kreise eingezeichnet habe, deren Mittelpunkt dort liegt, wo der Draht durch die Ebene stößt. Bei Herrn Faraday war die grau schattierte Ebene eine Pappscheibe, auf die er Eisenspäne gestreut hatte, bevor er den Strom einschaltete. Die ursprünglich zufällig kreuz und quer auf der Fläche liegenden, kurzen Späne richteten sich

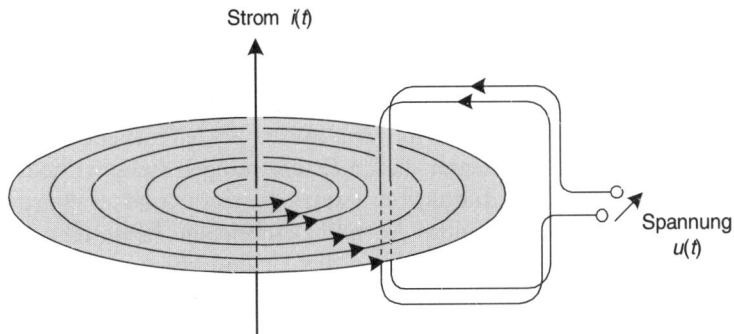

Strom $i(t)$

Spannung $u(t)$

9.3 Experiment zum Zusammenhang zwischen elektrischen und magnetischen Erscheinungen.

schlagartig in Richtung der eingezeichneten konzentrischen Kreise aus, sobald der Strom eingeschaltet wurde. Daraus schloss Faraday, dass der Strom ein sogenanntes magnetisches Feld erzeuge, welches konzentrisch um den Draht herum liegt. Die Verwendung des Wortes „Feld" für die entsprechende Füllung des Raumes mit unsichtbaren Eigenschaften war ein genialer schöpferischer Akt, durch den Michael Faraday das Denken und Reden der Physiker bis zum heutigen Tage wesentlich geprägt hat. Es erscheint uns plausibel, dass die Kraftwirkung des magnetischen Feldes mit zunehmender Entfernung vom stromführenden Draht abnimmt. Experimente haben gezeigt, dass sich die Kraftwirkung halbiert, wenn die Entfernung verdoppelt wird.

Die Idee, das Experiment mit den Eisenfeilspänen durchzuführen, bedurfte keines Genies mehr, weil es nahe lag, nachdem Herr Oersted die Wirkung eines Stromes auf die Ausrichtung einer Magnetnadel entdeckt hatte. Herr Faraday machte aber noch ein weniger naheliegendes, zweites Experiment. Auch dieses lässt sich anhand von Abbildung 9.3 beschreiben. Ich habe in diesem Bild auch eine Drahtschleife mit zwei Windungen eingezeichnet, die in einer auf der grauen Ebene senkrecht stehenden Ebene verläuft. Dadurch können die magnetischen Feldlinien zum Teil durch das Innere dieser Schleife hindurchlaufen. Herr Faraday hat nun zu seiner großen Überraschung festgestellt, dass zwischen den Klemmen dieser Spule jedes Mal ein kurzer Spannungsimpuls auftritt, wenn der das Magnetfeld verursachende Strom i ein- bzw. ausgeschaltet wird. Er hat außerdem festgestellt, dass man bei konstant fließendem Strom auch dadurch eine Spannung zwischen den Schleifenklemmen erzeugen kann, indem man die Schleife so bewegt, dass sich ihr Abstand zum stromführenden Draht verkleinert oder vergrößert, oder indem man die Schleifenebene dreht. Das Gesetz, welches hinter diesen Erscheinungen steht, ist heute unter dem Namen „Induktionsgesetz" bekannt, und es wurde bereits von Michael Faraday korrekt beschrieben. Es besteht ein linearer Zusammenhang zwischen der Umlaufspannung in einer Leiterschleife und der zeitlichen Änderung des durch diese Schleife hindurchtretenden magnetischen Flusses. Was ein magnetischer Fluss ist, kann ich allerdings an dieser Stelle noch nicht erklären; die Erklärung folgt später. Der wirksame magnetische Fluss wird nicht alleine durch das magnetische Feld und die Fläche der Schleifenöffnung bestimmt; vielmehr bringt jede Schleifenwindung ihren eigenen wirksamen Flächenanteil hinzu. Deshalb habe ich auch die Schleife mit zwei Windungen und nicht nur mit einer Windung gezeichnet. Wenn man also bei gegebenem magnetischem Feld und bei gegebener Schleifenöffnungsfläche eine hohe Spannung erzeugen will, muss man eine Schleife mit vielen Windungen verwenden.

Da die elektrischen Ströme, die elektrischen Spannungen und die bewirkten Kräfte gerichtete physikalische Größen sind, muss selbstverständlich auch das magnetische Feld eine gerichtete Größe sein. Ich habe dies durch die Eintragung entsprechender Pfeile in die konzentrischen Kreise zum Ausdruck gebracht. So wie man bereits beim Strom eine willkürliche Richtungsdefinition festlegen musste, weil man ja den elektrischen Strom nicht fließen sieht, musste man nun auch die Richtung für das magnetische Feld festlegen. Man hat hierzu die Rechte-Hand-Regel herangezogen, die ich Ihnen bereits vorgestellt habe, als wir die mechanische Rotation betrachtet haben. Die Richtungsbeziehung zweier gerichteter Größen, von denen die eine als Ursache und die andere als Wirkung betrachtet werden kann, soll so sein, dass, wenn der Daumen der rechten Hand in Richtung der Ursache zeigt, die Wirkung in Richtung der gekrümmten Finger verläuft. Halten Sie also einmal Ihren rechten Daumen in Richtung des Stromes in Abbildung 9.3, dann verlaufen Ihre gekrümmten Finger in der eingetragenen Richtung der konzentrischen Kreise.

Im Falle des Induktionsgesetzes entsteht die Umlaufspannung in der Drahtschleife, weil sich der magnetische Fluss durch die Schleife ändert. Halten Sie also einmal die gekrümmten Finger Ihrer rechten Hand in Richtung der eingetragenen Umlaufspannung – wohin zeigt nun Ihr Daumen? Er zeigt entgegen der Richtung der konzentrischen magnetischen Feldlinien. Dies bedeutet, dass die Umlaufspannung in der eingezeichneten Richtung entsteht, wenn der magnetische Fluss bezüglich seiner Pfeile abnimmt oder seine Richtung umkehrt.

Michael Faraday veröffentlichte sehr fleißig alle seine Experimente und die daraus gezogenen Schlüsse. Seine vielen von 1831 bis 1838 erschienenen Einzelaufsätze fasste er später in zwei großen Buchbänden mit insgesamt über 2000 Seiten zusammen. Darin findet man viele exakte technische Zeichnungen zur Beschreibung der experimentellen Aufbauten. Man findet darin aber praktisch keine einzige Formel. Faraday hatte tatsächlich nicht studiert und hatte keine Kenntnisse in höherer Mathematik. Ein späterer Autor hat sich sogar einmal zu der abfälligen Behauptung verstiegen, Faraday sei über die Dreisatzrechnung nicht hinausgekommen. Dem steht entgegen, dass der geniale James Maxwell, von dem gleich die Rede sein wird, über Faraday geschrieben hat, er habe Ideen entwickelt, die weit über die Gedanken bornierter Mathematiker hinausgingen.

Wie Herr Maxwell seine Vorstellungen aus der Badewanne in den freien Raum übertrug

Es war klar, dass es nicht lange dauern würde, bis es jemandem gelingen musste, die von Faraday in natürlicher Sprache beschriebenen Gesetzmäßigkeiten in mathematischer Sprache zu formulieren. Es war schließlich James Clerk Maxwell (1831–1879), der die elektromagnetischen Gesetze in eine mathematische Form brachte, von der die meisten Physiker und Elektroingenieure auch heute noch überzeugt sind, dass es nicht besser geht. Der Physiker Ludwig Boltzmann (1844–1906) war von den Maxwellschen Gleichungen sogar so begeistert, dass er eine Vorlesung über diesen Themenkomplex mit einem Zitat aus Goethes Faust begann: „War es ein Gott, der diese Zeichen schrieb?" (Faust, Erster Teil, Zeile 434).

Im Vorwort seines Buches, welches 1873 erschien, würdigte Maxwell die große Bedeutung von Faradays Vorarbeiten. Im Unterschied zu manchen heutigen Lästermäulern mokierte sich Maxwell keineswegs über Faradays fehlende Ausbildung in höherer Mathematik. Vielmehr schrieb er: „Als ich mit meinem Studium von Faradays Schriften weiter voran kam, wurde mir klar, dass seine Art, die Phänomene zu betrachten, durchaus eine mathematische war, obwohl sie nicht in der üblichen Form mit mathematischen Symbolen ausgedrückt war. Ich sah, dass diese Methoden durchaus geeignet waren, in gewöhnliche mathematische Formen gebracht zu werden. Vor seinem geistigen Auge sah Faraday Kraftlinien durch den ganzen Raum laufen, während Mathematiker bis dahin über Entfernungen hinweg wirkende Kräfte sahen; Faraday sah ein Medium, wo die anderen nur Abstand sahen." Mit diesen Sätzen weist Maxwell auf die besondere Bedeutung eines grundlegenden Vorstellungswandels hin, der von Faraday vollzogen worden war: Seit Newtons Gravitationsgesetz war man bereit, an Fernwirkungen zu glauben, also an Kräfte, die über große Distanzen hinweg wirken. Nun wurde diese Fernwirkungsvorstellung durch eine Nahwirkungsvorstellung abgelöst. Auf die Schwierigkeit, eine Fernwirkung zu akzeptieren, hatte ich Sie schon anlässlich meiner Einführung zu Einsteins Allgemeiner Relativitätstheorie hingewiesen.

Nun also müssen wir uns aufmachen, die Maxwellsche Steilwand hochzuklettern. Die Herren Volta, Ampère und Ohm konnten sich bei ihrer Suche nach Gesetzmäßigkeiten noch ganz auf die Analogie des Wasserkreislaufs beziehen, bei dem eine Pumpe Wasser durch Rohre drückt. Denn bei ihnen ging es immer um den elektrischen Strom, der durch Drähte fließt, und das Analogon zu diesen Drähten sind die Wasserrohre. Nun aber geht es um Vorgänge, die sich im gesamten dreidimensionalen Raum abspielen, wo nur an manchen Stellen in diesem Raum Ströme in Drähten vorkommen können. Schauen wir uns noch einmal die Abbildung 9.3 an. Hier gibt es nur einen Draht, in dem ein Strom fließt. Denn in dem anderen Draht, aus dem die Schleife mit zwei Windungen gebogen wurde, kann kein Strom fließen, weil die beiden Klemmen der Schleife nicht überbrückt sind. Wenn die Schleife eine Wasserrohrschleife wäre, dann würde hier kein Wasserfluss stattfinden, aber es würde zwischen den beiden Anschlüssen eine Druckdifferenz auftreten, die das Analogon zur elektrischen Spannung ist. Die geniale Idee Maxwells bestand nun darin, überall dort, wo ich in Abbildung 9.3 Richtungspfeile eingetragen habe, etwas fließen zu sehen, auch wenn es kein elektrischer Strom ist. Wäre ihm unsere Abbildung 9.3 vorgelegt worden, hätte er gesagt, dass hier drei unterschiedliche Dinge fließen, nämlich der elektrische Strom durch den von unten nach oben führenden Draht, der magnetische Fluss in konzentrischen Kreisen um diesen Draht herum, und ein Fluss in der Drahtschleife, den er

„dielektrischen Fluss" nannte. Diesen sollte es gar nicht stören, dass die Klemmen der Schleife nicht überbrückt sind. Maxwell sah also auch dort gekoppelte Strömungen im Raum, wo die meisten anderen gar nichts sahen.

Wie man Strömungen im Raum mathematisch fassen kann, darüber hatte Maxwell schon nachgedacht, bevor er sich mit den elektromagnetischen Problemen befasste. Denn solche Strömungen gibt es auch überall dort, wo große Raumteile mit Wasser gefüllt sind, also beispielsweise in einem Schwimmbad oder in einem Ozean. Deshalb verlassen wir nun für kurze Zeit den Bereich der elektromagnetischen Erscheinungen und betrachten einfach die Möglichkeiten, Strömungen im Raum durch mathematische Begriffe zu erfassen. Wenn es in einem wassergefüllten Raum gar keine Strömung gibt, bleibt jedes Wasserteilchen die ganze Zeit fest an seinem Ort. Wenn es Strömung gibt, können zwar immer noch manche Wasserteilchen zeitweise unbewegt sein, aber es wird immer welche geben, die aktuell eine Geschwindigkeit in einer bestimmten Richtung haben. Diese Richtung wird im Allgemeinen nicht für alle Wasserteilchen gleich sein. Es ist also jedem Punkt im Raum eine gerichtete physikalische Größe zugeordnet, die in unserem Falle die Geschwindigkeit ist. Wenn wir annehmen, wir könnten ein einzelnes kleines Wasserteilchen wie ein Lämpchen leuchten lassen, dann könnten wir dieses Teilchen auf seinem Weg beobachten; dieser Weg bildet eine Linie im Raum. Solange weder Wasserteilchen in den von uns betrachteten Raum eingebracht noch entnommen werden können, können diese Wegelinien keinen Anfang und kein Ende haben. In diesem Falle sagt man, das Strömungsfeld sei quellen- und senkenfrei. Dies gilt allerdings weder für das Schwimmbad noch für den Ozean. In beiden Fällen gibt es Verdunstung und Regen; im Falle des Ozeans gibt es außerdem noch die Einmündung von Flüssen, und im Falle des Schwimmbads gibt es Zufluss- und Abflussrohre. Die Frage, wo die Quellen und Senken bezüglich des von uns betrachteten Raumes liegen, wird also wichtig sein. Genauso wichtig ist die Frage, ob es Wirbel gibt, und falls ja, wo sich diese befinden und wie schnell sie sich drehen. Dass ein Teilchen an einem oder mehreren Wirbeln teilnimmt, kann man daran erkennen, dass sein Weg eine geschlossene Linie ist, d. h., dass das Teil-

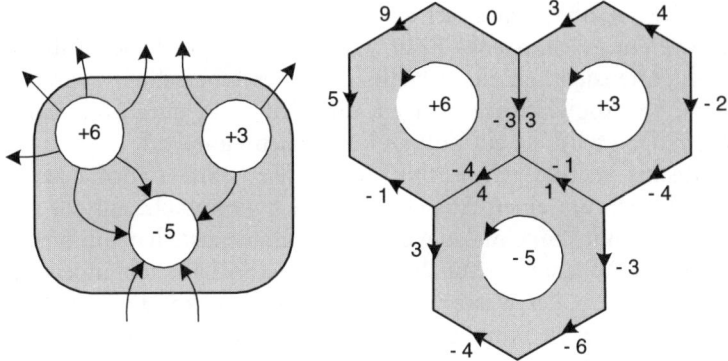

Die Summe der Ergiebigkeiten
aller Quellen im Innern ist
stets gleich dem Fluss
durch die umfassende Hülle.

$$6 + 3 - 5 = 6 - 2$$

Die Summe der Stärke aller Wirbel,
d.h. aller Umlaufbilanzen im Innern,
ist stets gleich der Umlaufbilanz
des umfassenden Randes.

$$6 + 3 - 5 =$$
$$0 + 9 + 5 - 1 + 3 - 4 - 6 - 3 - 4 - 2 + 4 + 3$$

9.4 Grundlegende Erkenntnisse über Quellen, Senken und Wirbel.

chen nach einiger Zeit wieder an die Stelle zurückkommt, wo es
vorher schon einmal war.

Anhand von Abbildung 9.4 will ich Ihnen helfen, Ihre Vorstellung von Quellen, Senken und Wirbeln noch ein wenig zu festi-
gen. Nehmen Sie an, dass Sie von oben auf einen kleinen Ausschnitt eines Schwimmbads schauen, d. h., dass die Ränder der
grauen Flächen jeweils nicht die Ränder des ganzen Schwimmbads
seien. Links im Bild geht es um Quellen und Senken. Ich habe
angenommen, dass am Boden des von uns betrachteten Aus-
schnitts drei Rohre enden, wovon das im Bild unten liegende ein
Abflussrohr und die oberen beiden Zuflussrohre sind. Die eingetragenen Zahlen repräsentieren jeweils die Stärke des Zuflusses
bzw. des Abflusses. Durch das linke Zuflussrohr kommt also doppelt so viel Wasser pro Zeiteinheit herein wie durch das rechte. Die
Kapazität des Abflussrohres reicht nicht aus, die gesamte zuflie-
ßende Menge wieder abfließen zu lassen. Nun kann man die ganze
graue Fläche selbst wieder als Öffnung eines Rohres betrachten

und fragen, ob durch dieses Rohr etwas zu- oder abfließt, oder ob es wie ein geschlossenes Rohr wirkt. In unserem Falle ist dieses Rohr offensichtlich eine Quelle, denn der Überschuss zwischen dem, was die Zuflüsse bringen, und dem, was durch die Senke abgezogen wird, ist ein Zufluss für das Schwimmbad.

Rechts im Bild geht es um Wirbel. Wir nehmen wieder an, es handle sich um einen Ausschnitt des Schwimmbads, auf das wir von oben blicken. Um das Wesentliche herauszustellen, musste ich stark vereinfachende Annahmen machen. So habe ich angenommen, die Wege der Wasserteilchen könnten Knicke haben, und die Geschwindigkeit könnte sich sprunghaft ändern. Das entspricht zwar nicht ganz der Realität, aber meine Folgerungen bleiben trotzdem korrekt. Ob innerhalb eines geschlossenen Flächenrandes ein Wirbel vorhanden ist oder nicht, stellt man fest, indem man die sogenannte Umlaufbilanz berechnet. Wenn diese Umlaufbilanz null ist, liegt kein Wirbel vor; ist sie positiv, dann gibt es einen Wirbel in der einen Richtung, und ist sie negativ, dann gibt es einen Wirbel in der anderen Richtung. Dabei wird die positive Richtung mit dem Gegenuhrzeigersinn für den draufschauenden Beobachter gleichgesetzt. Bei der Berechnung der Umlaufbilanz laufen wir den Rand des betrachteten Flächenstücks im Gegenuhrzeigersinn entlang und addieren die jeweiligen längenbezogenen Geschwindigkeitsbeiträge der einzelnen Randstücke. Wenn dabei die Geschwindigkeit in unserer Umlaufrichtung liegt, bringt sie einen positiven Beitrag zur Bilanz, falls sie unserer Umlaufrichtung entgegenläuft, bringt sie einen negativen Beitrag. Betrachten Sie zum Beispiel die senkrechte Trennlinie, an der sich die beiden oberen Sechsecke berühren. Hier zeigt der Pfeil der Geschwindigkeit nach unten, und links und rechts sind die Werte −3 bzw. 3 angeschrieben. Die Geschwindigkeit hat in diesem Falle den Wert 3 und bringt für das rechte Sechseck einen positiven und für das linke Sechseck einen negativen Beitrag für die Umlaufbilanz. Denn bezüglich des rechten Sechsecks läuft die nach unten zeigende Geschwindigkeit im Sinne des Umlaufs, während sie bezüglich des linken Sechsecks dem Umlauf entgegenläuft. Da die Umlaufbilanz aus Geschwindigkeitsbeiträgen bestimmt wird, ist die Stärke eines Wirbels umso größer, je größer die Umlaufbilanz ist.

Wenn man die kleinen Flächen, deren Umlaufbilanzen wir bestimmt haben, zu einer größeren Fläche vereinigt, hat auch diese wieder eine Umlaufbilanz. Diese muss stets gleich der Summe der Umlaufbilanzen der Teilflächen sein. Das ist doch alles ganz einfach, oder? Man muss ja noch nicht einmal ins Schwimmbad gehen, es genügt schon ein Blick in die gefüllte Badewanne, damit man sich Quellen, Senken und Wirbel vorstellen kann. Nun werden Sie auch leicht einsehen können, dass es im Badewasser nicht nur Wirbel geben kann, deren Rotationsachse senkrecht aus der Badewanne herauszeigt, wie wir es in Abbildung 9.4 angenommen haben. Die Wirbel dürfen ja beliebige Richtungen haben, sodass wir nun noch betrachten müssen, wie man rechnen muss, wenn man gar nicht weiß, in welcher Richtung der Wirbel liegt. Abbildung 9.5 veranschaulicht die anzustellenden Überlegungen.

Da die Rotationsachse eines Wirbels irgendwie im Raum liegen muss, muss sie im Koordinatensystem durch drei Komponenten angegeben sein. Für jede dieser Komponenten muss man eine

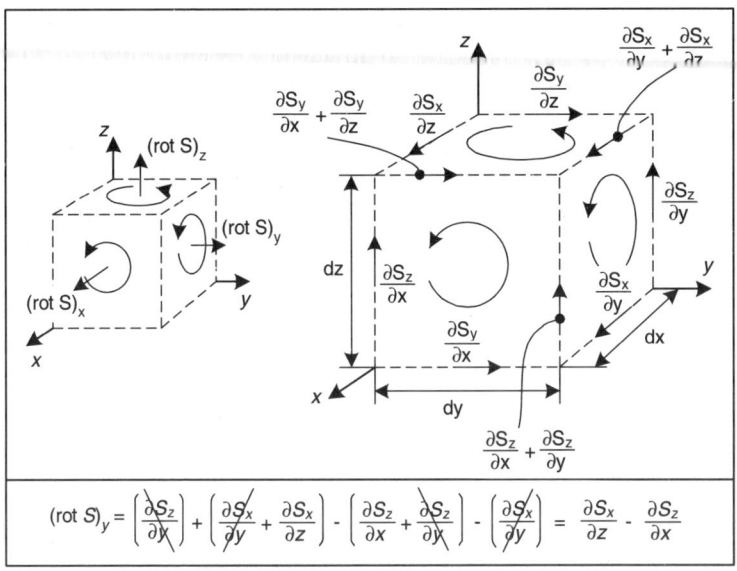

9.5 Zur Bestimmung der drei Komponenten des Rotationsvektors.

Umlaufbilanz bestimmen, wie dies links im Bild gezeigt ist: Der Wert einer Komponente wird jeweils durch die Umlaufbilanz derjenigen Würfelseite bestimmt, aus der diese Komponente heraustritt.

Der rechte Teil des Bildes ist nur für die Leser interessant, die sich tatsächlich dafür interessieren, wie man denn diese Umlaufbilanzen berechnen soll. Wir müssen uns hier im Bereich der Differenzialrechnung bewegen, das heißt, wir müssen voraussetzen, dass die Würfelkanten extrem klein sind. Wir müssen auch gar nicht mehr annehmen, dass es sich tatsächlich um einen Würfel handelt, es darf auch ein Quader sein, denn in der Grenzwertbetrachtung, bei der die Kantenlängen gegen null streben, spielt der Unterschied keine Rolle mehr. Da sich die Strömungsgeschwindigkeiten mit dem Ort nur stetig ändern können, muss die Geschwindigkeitsdifferenz bezüglich zweier paralleler Kanten umso kleiner sein, je dichter diese Kanten beieinander liegen. Falls die jeweilige Geschwindigkeitsdifferenz für alle Paare paralleler Kanten exakt null wäre, hätten alle Umlaufbilanzen den Wert null, denn dann würde jeweils die eine Kante einen positiven und die dazu parallele Kante einen gleichgroßen negativen Bilanzbeitrag liefern, sodass sich die beiden Beiträge im Ergebnis aufheben. Die Geschwindigkeitsdifferenz zweier paralleler Kanten ergibt sich einfach über den Differenzialquotienten der jeweiligen Geschwindigkeitskomponente bezüglich der Richtung, in der die beiden Kanten nebeneinander liegen. Betrachten Sie als Beispiel die senkrechte Kante hinten rechts. Ihr Beitrag zu einer Geschwindigkeitsdifferenz wird dadurch bestimmt, wie sich die z-Komponente der Geschwindigkeit in Abhängigkeit von y ändert.

Dass hier in den Differenzialquotienten kein normales d vorkommt, sondern so ein komisches rundes ∂, bringt die Tatsache zum Ausdruck, dass die hier abgeleiteten Funktionen nicht nur Funktionen von der jeweiligen Variablen sind, nach der abgeleitet wird, sondern auch noch von anderen Variablen. Grundsätzlich ist ja in Strömungsfeldern die Geschwindigkeit von den drei Ortskoordinaten x, y und z sowie von der Zeit t abhängig. Wenn wir nun beispielsweise die y-Komponente des Rotationsvektors durch Bildung der zugehörigen Umlaufbilanz bestimmen, erhalten wir das in Abbildung 9.5 unten stehende Ergebnis.

Nachdem ich Ihnen nun die Begriffe Quellen, Senken und Wirbel nahe gebracht habe, will ich noch einen vierten Begriff hinzubringen, den Sie schon aus unserer Betrachtung des Schwerefeldes kennen. Es handelt sich um den Potenzialbegriff, den ich anhand von Abbildung 7.6 vorgestellt habe. Im dortigen Zusammenhang sagte ich, dass man ein Potenzialfeld immer mit der Vorstellung eines Gebirges verbinden kann, wo man sowohl nach den Linien gleicher Höhe als auch nach den Linien fragen kann, längs derer das Wasser den Berg hinunter fließt. Das Potenzialfeld selbst ist kein gerichtetes Feld, denn den einzelnen Raumpunkten ist nur ihre Höhe zugeordnet, und eine Höhe hat keine Richtung. Aus dem Potenzialfeld lässt sich aber ein gerichtetes Feld gewinnen, indem man in jedem einzelnen Punkt die Größe und Richtung des jeweiligen maximalen Gefälles oder Anstiegs bestimmt. Ein Potenzialfeld muss selbstverständlich nicht in jedem Falle ein Höhenfeld sein. Denken Sie beispielsweise einmal an eine Temperaturverteilung im Raum. Auch dies ist ein Potenzialfeld, denn für jeden Raumpunkt kann man feststellen, in welcher Richtung der größte Temperaturanstieg oder das größte Temperaturgefälle liegt. Wenn also ein Potenzialfeld bekannt ist, kann daraus immer das zugehörige Feld der mehr oder weniger steilen Strömungsrichtungen, das sogenannte Strömungsfeld berechnet werden.

Ich möchte Sie an dieser Stelle noch einmal daran erinnern, dass wir noch nicht zu den elektromagnetischen Erscheinungen zurückgekehrt sind, sondern uns immer noch in der Begriffswelt beliebiger Strömungsfelder bewegen. In Abbildung 9.6 habe ich noch einmal eine einfache übersichtliche Struktur dargestellt, worin die bisher eingeführten Begriffe im Zusammenhang aufgelistet sind. Wir haben zwei Arten von Feldern gerichteter Größen betrachtet und zwei Arten von Feldern ungerichteter Größen. In der Mitte des Bildes steht der Begriff des Strömungsfeldes, welches ein gerichtetes Feld ist. Wenn dieses Feld bekannt ist, kann man daraus einerseits die Quellenverteilung bestimmen, wobei die Senken als Quellen mit negativer Ergiebigkeit zu sehen sind; und andererseits kann man aus dem Strömungsfeld die Wirbelverteilung bestimmen.

Manche Strömungsfelder gewinnt man aus einem Potenzialfeld, indem man die Richtung der maximalen Steigung bestimmt. Die

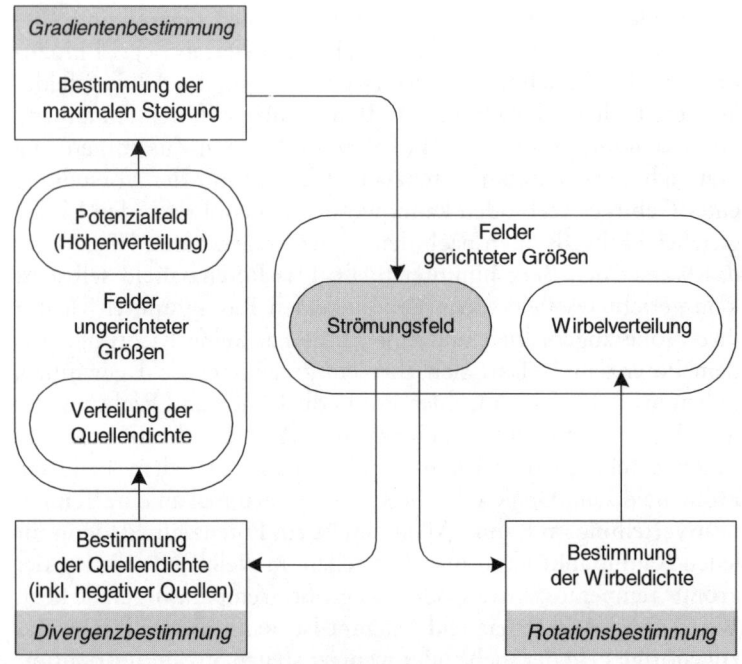

9.6   Begriffe aus dem Bereich der Felder und ihre Zusammenhänge.

drei Wege, die jeweils von einem bestimmten Feld zu einem anderen führen, sind mit Fremdwörtern belegt. Wenn zu einem gegebenen Potenzialfeld das zugehörige Strömungsfeld bestimmt wird, sagt man, es werde in jedem einzelnen Punkt des Raumes der Gradient bestimmt. Wenn man zu einem gegebenen Strömungsfeld die Quellenverteilung bestimmt, sagt man, es werde in jedem einzelnen Punkt die Divergenz bestimmt. Und wenn aus dem Strömungsfeld die Wirbelverteilung bestimmt wird, sagt man, es werde in jedem einzelnen Punkt die Rotation bestimmt.

Aus der Betrachtung des Bildes 9.5 wissen Sie schon, dass man zur Bestimmung der Rotation Differenzialrechnung betreiben muss. Dies gilt auch für die Gradientenbestimmung und die Divergenzbestimmung. Das Potenzialfeld ist eine Funktion der drei Ortskoordinaten x, y und z und kann somit nach diesen drei

Variablen abgeleitet werden. Das Strömungsfeld dagegen ist ein gerichtetes Feld, bei dem man in jedem Punkt die drei Richtungskomponenten S_x, S_y und S_z betrachten muss, von denen jede von den drei Ortskoordinaten x, y und z abhängt. Da man jede dieser drei Komponenten nach jeder Ortskoordinate ableiten kann, muss man hier im Allgemeinen neun unterschiedliche Ableitungen betrachten. Von diesen kamen bereits sechs in Abbildung 9.5 vor.

Wie alle Menschen versuchen auch die Mathematiker, sich das Leben leicht zu machen, und deshalb suchten sie nach einem Schema, welches ihnen erlaubt, Gradienten, Divergenzen und Rotationen möglichst formal zu gewinnen, ohne dass sie dabei noch viel denken müssen. Als Ergebnis ihrer langen Suche fanden sie schließlich eine geradezu geniale Verbindung der Differenzialrechnung mit der Matrizenrechnung.

Schauen Sie sich einmal die Abbildung 9.7 an. Wenn hier in den einzelnen Rechteckfeldern Zahlen stünden, würde es sich um ganz normale Matrizenmultiplikationen handeln, wobei rechts außen

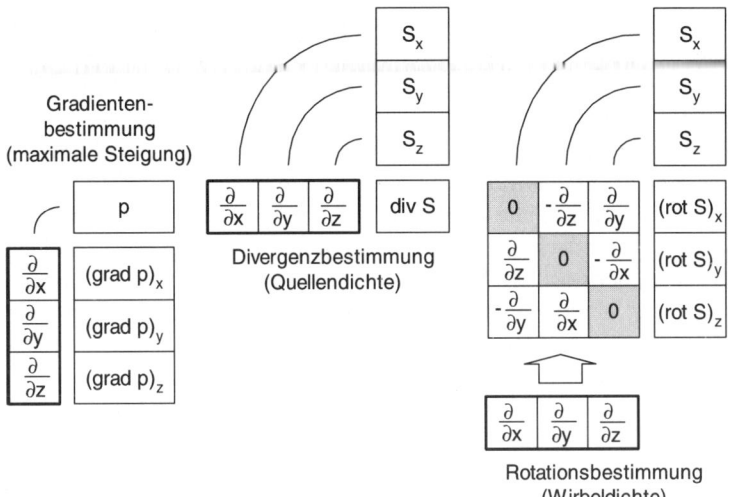

9.7 Einheitliches formales Konzept zur Berechnung von Gradienten, Divergenzen und Rotationen nach dem Schema der Matrizenrechnung unter Verwendung eines „Ableitungsvektors".

ein Lotprodukt bestimmt wird, wie Sie es in Abbildung 3.9 kennengelernt haben. Dass es sich nun hier aber gar nicht um wirkliche Multiplikationen handelt, erkennen Sie sofort daran, dass an den drei Positionen der drei dick umrandeten Rechtecke keine Zahlen und auch keine Variablennamen für Zahlen stehen, sondern Aufforderungen, nach einer bestimmten Ortskoordinate abzuleiten. Dabei ist auch noch die Frage nach der Funktion, die abgeleitet werden soll, offen gelassen. Bei der normalen Matrizenmultiplikation verbindet jeder einzelne Bogen im Schema zwei Faktoren miteinander, die multipliziert werden sollen. Hier nun verbindet jeder Bogen eine Ableitungsaufforderung mit der jeweiligen Funktion, die abgeleitet werden soll. Diese jeweiligen Ableitungsergebnisse müssen dann genau so addiert werden wie die einzelnen Produkte bei der Matrizenmultiplikation. So können wir beispielsweise dem Bild entnehmen, dass die Divergenz nach der Vorschrift

$$\text{div } S = \frac{\partial S_x}{\partial x} + \frac{\partial S_y}{\partial y} + \frac{\partial S_z}{\partial z}$$

zu berechnen ist. Wir haben hier wieder ein schönes Beispiel für die Tatsache, dass sich auch Mathematiker und Naturwissenschaftler möglichst auf bereits Bekanntes stützen, wenn sie Neuland betreten müssen. Dann können sie vieles, was sie schon gelernt haben, weiter benutzen und müssen nur an manchen Stellen eine gewisse Umdeutung vornehmen.

Ich weiß, dass die Steilwand, die wir gerade eben erklommen haben, besonders anstrengend für Sie gewesen sein muss. Es liegt zwar immer noch ein kurzes Wegstück vor uns, bevor wir das Plateau der elektromagnetischen Erkenntnis erreicht haben. Wir befinden uns nun aber schon auf einem recht hoch gelegenen Rastplatz, auf dem wir uns ein wenig ausruhen können. Wenn eine Bergsteigergruppe einen solchen Rastplatz erreicht hat, wirft sie natürlich immer auch einen Blick zurück hinunter ins Tal, von wo aus sie gestartet ist. Wir sind inzwischen schon so hoch, dass wir das Fernglas zur Hilfe nehmen müssen, um da unten noch den Herrn Galvani mit seinen Froschschenkeln und den Herrn Oersted mit seiner Kompassnadel wirken zu sehen. Von unserem Rastplatz aus nehmen wir nun den gleichen Weg zum Gipfel, den damals auch der Erstbesteiger Maxwell genommen hat. Alle Bergsteiger, die diesen Weg nach ihm gegangen sind, sahen nie einen Grund, nach einem anderen Weg zu suchen.

Das letzte Bild, mit dem ich Ihnen elektromagnetische Zusammenhänge nahebringen wollte, war die Abbildung 9.3. Dann haben wir den Elektromagnetismus verlassen und sind in das Terrain der allgemeinen Strömungen eingestiegen. Nun also kehren wir wieder zum Elektromagnetismus zurück und knüpfen an die Abbildung 9.3 an. Ich sagte Ihnen bereits in meinem Kommentar zu diesem Bild, dass Herr Maxwell hier drei unterschiedliche Strömungsfelder sah, nämlich ein Strömungsfeld, wo elektrische Ladungen fließen, ein magnetisches Strömungsfeld und ein dielektrisches Strömungsfeld, welches in der gezeigten Drahtschleife wirkt. Maxwell hatte nun die Vorstellung, dass es überall dort, wo man ein Strömungsfeld findet, auch ein gleichgerichtetes Kraftfeld geben müsse, welches dafür sorgt, dass überhaupt etwas fließt. Er kannte ja auch die Analogiebetrachtung, die wir in Abbildung 9.1 behandelt haben. Dort konnte es nur deshalb einen Wasserkreislauf geben, weil die Pumpe ein Druckgefälle erzeugte. Also sagte sich Maxwell, dass es auch im Raum in gleicher Weise zugehen müsse wie in den Rohrleitungen des Bildes 9.1, d. h., dass auch im Raum zwischen einem Druck- oder Kraftfeld und dem zugehörigen Flussfeld unterschieden werden müsse. Bei gegebenem Kraftfeld ist die Stärke des bewirkten Flussfeldes von der Durchlässigkeit des Mediums abhängig, durch welches der Fluss gedrückt werden muss. Die Durchlässigkeit eines Mediums wird einfach durch eine Zahl ausgedrückt, der eine bestimmte physikalische Einheit beigegeben wird. Diese Einheit bringt den Einheitenunterschied zwischen Kraftfeld und Flussfeld zum Ausdruck.

Im oberen Rechteck des Bildes 9.8 sind die verschiedenen Kraft- und Flussfelder sowie die verbindenden Durchlässigkeiten dargestellt, die von Maxwell eingeführt wurden, um die elektromagnetischen Erscheinungen mathematisch zu erfassen. Der Buchstabe J steht im Raum für das, was in Drähten durch den Buchstaben i erfasst wird, also für fließende elektrische Ladungen. Der Buchstabe i steht dabei immer für den ganzen Strom, der durch den Querschnitt des Drahtes fließt. Da es im freien Raum keinen definierten Querschnitt gibt, kann man hier nicht einen

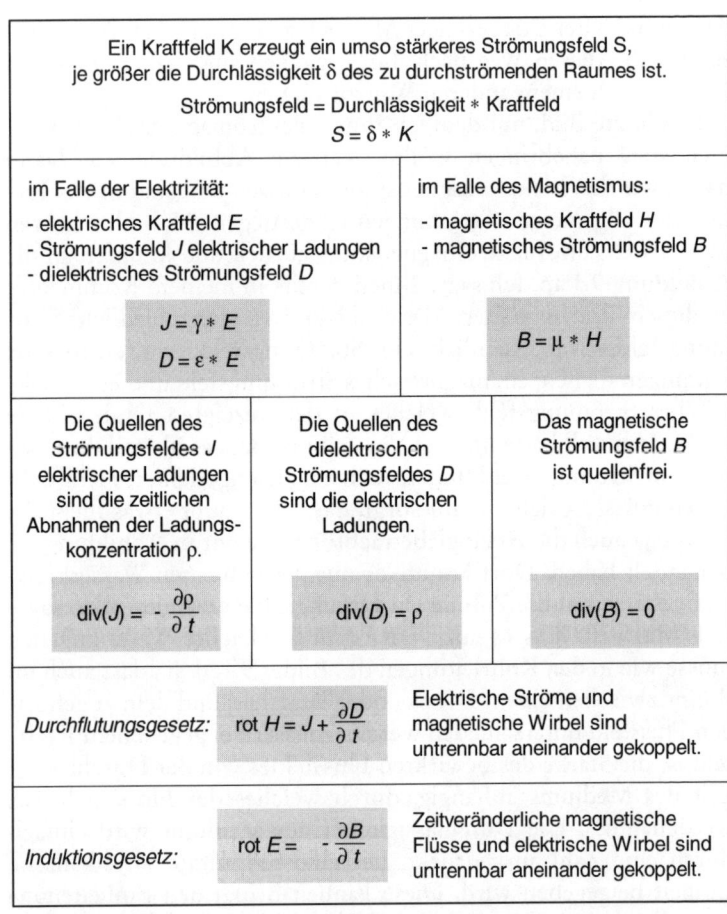

Ein Kraftfeld K erzeugt ein umso stärkeres Strömungsfeld S,
je größer die Durchlässigkeit δ des zu durchströmenden Raumes ist.

Strömungsfeld = Durchlässigkeit * Kraftfeld

$$S = \delta * K$$

im Falle der Elektrizität:

- elektrisches Kraftfeld E
- Strömungsfeld J elektrischer Ladungen
- dielektrisches Strömungsfeld D

$$J = \gamma * E$$
$$D = \varepsilon * E$$

im Falle des Magnetismus:

- magnetisches Kraftfeld H
- magnetisches Strömungsfeld B

$$B = \mu * H$$

Die Quellen des Strömungsfeldes J elektrischer Ladungen sind die zeitlichen Abnahmen der Ladungskonzentration ρ.	Die Quellen des dielektrischen Strömungsfeldes D sind die elektrischen Ladungen.	Das magnetische Strömungsfeld B ist quellenfrei.
$\text{div}(J) = -\dfrac{\partial \rho}{\partial t}$	$\text{div}(D) = \rho$	$\text{div}(B) = 0$

Durchflutungsgesetz: $\text{rot } H = J + \dfrac{\partial D}{\partial t}$ Elektrische Ströme und magnetische Wirbel sind untrennbar aneinander gekoppelt.

Induktionsgesetz: $\text{rot } E = -\dfrac{\partial B}{\partial t}$ Zeitveränderliche magnetische Flüsse und elektrische Wirbel sind untrennbar aneinander gekoppelt.

9.8 Die elektromagnetischen Gesetze in Form der Maxwellschen Gleichungen.

gesamten Strom als Grundlage nehmen, sondern muss vom Strom durch die Flächeneinheit sprechen. Wenn also der Strom i die physikalische Einheit Ampere hat, muss die Stromdichte J die physikalische Einheit Ampere/Quadratmeter haben. Das zur Stromdichte J gehörende Kraftfeld wird mit dem Buchstaben E bezeichnet, und man spricht in diesem Fall vom elektrischen Feld. Das

Medium, durch das der Strom gedrückt werden muss, ist im Allgemeinen metallisch, sodass in diesem Fall mit dem griechischen Buchstaben γ die Stromdurchlässigkeit des jeweiligen Metalls gemeint ist. Nach Maxwell soll aber ein elektrisches Feld E auch dann einen Fluss bewirken, wenn gar keine Ladungsträger da sind, die fließen könnten. Diesen Fluss nannte er den „dielektrischen Fluss"; er hat ihn in seinen Formeln mit D bezeichnet und die zugehörige Durchlässigkeit mit dem griechischen Buchstaben ε.

Im Falle des magnetischen Feldes gibt es keine zwei zu unterscheidenden Flussarten, welche die Folge des magnetischen Kraftfeldes H sein könnten. Hier gibt es nur das magnetische Flussfeld B; die zugehörige Durchlässigkeit hat die Bezeichnung μ. Im Falle von ε spricht man von der Dielektrizitätskonstanten und im Falle von μ von der magnetischen Permeabilität, was unmittelbar auf das lateinische Wort für „Durchlässigkeit" zurückgeht.

Die „Durchlässigkeitsgleichungen" in den beiden grauen Rechtecken oben in der Abbildung 9.8 sind keine Naturgesetze, sondern Maxwellsche Definitionen, die er eingeführt hat, um die elektromagnetischen Gesetzmäßigkeiten angemessen erfassen zu können. Nachdem nun also die Strömungsfelder J, D und B eingeführt sind, können wir nach den Quellen dieser Felder fragen. Die Antwort auf diese Frage wird mit den grau unterlegten Gleichungen in den mittleren drei Rechtecken der Abbildung 9.8 gegeben, wo jeweils auf der linken Seite ein Divergenzausdruck steht. Die Überlegungen zu den Quellen des Flusses J der Ladungsträger sind der Anschauung zugänglich. Wenn ein kleiner Raumausschnitt als Quelle für Ladungsträger wirken soll, dann müssen aus diesem Raumausschnitt mehr Ladungsträger heraus- als hineinfließen. Das bedeutet aber, dass dann die Konzentration der Ladungsträger in diesem Raumausschnitt abnehmen muss. Dagegen kenne ich keine Alltagsvorstellungen, aus denen man logisch schließen kann, dass die Quellen für den dielektrischen Fluss die elektrischen Ladungen selbst sein sollen. Dies ist vielmehr ein genialer Ansatz von James Maxwell, wodurch die Aufstellung einer in sich geschlossenen und stimmigen Theorie überhaupt erst ermöglicht wurde. Bezüglich des Magnetfeldes verlangten die experimentellen Befunde an keiner Stelle die Annahme der Existenz irgendwelcher magnetischer Ladungen, die als Quellen des

Magnetfelds hätten wirken können; deshalb gilt die Aussage, dass das magnetische Flussfeld grundsätzlich quellenfrei ist, d. h., dass seine Divergenz überall den Wert null hat. Auch die drei grau unterlegten „Divergenzgleichungen" im mittleren Rechteck der Abbildung 9.8 werden noch nicht als Gesetze bezeichnet, denn auch sie sind nur zweckmäßige Ansätze. Um echte Gesetze handelt es sich nur bei den beiden grau unterlegten „Rotationsgleichungen" im unteren Rechteck des Bildes. Diese beiden Gleichungen beschreiben die Zusammenhänge zwischen elektrischen und magnetischen Erscheinungen, wie sie Michael Faraday in Experimenten herausgefunden hat. Zu diesen Experimenten gehört die Abbildung 9.3. Das Durchflutungsgesetz ist verantwortlich für die konzentrischen Kreise um den stromführenden Draht. Das Durchflutungsgesetz sagt zusätzlich aus, dass es magnetische Wirbel nicht nur dort gibt, wo tatsächlich ein Strom von Ladungsträgern vorkommt, sondern auch dort, wo sich der dielektrische Fluss ändert. Das Induktionsgesetz beschreibt den Sachverhalt, dass in der Drahtschleife in Abbildung 9.3 ein elektrisches Feld und damit eine Spannung hervorgerufen – man sagt „induziert" – wird, wenn sich der magnetische Fluss durch die Schleife ändert. Das Minuszeichen in dieser Gleichung beschreibt die experimentell gefundenen Richtungsverhältnisse.

Vor etlichen Jahren kam ich einmal in New York an einer Großbaustelle vorbei, wo man einen ganzen Häuserblock abgerissen hatte, um an dieser Stelle einen extrem hohen Wolkenkratzer zu bauen. Von diesem Gebäude war allerdings noch fast nichts zu sehen; man sah nur in ein tiefes Loch, wo ganz unten unter Verwendung von viel Eisen und Beton ein Fundament erstellt wurde. Ich erzähle Ihnen das, weil in Abbildung 9.8 ein noch viel bedeutenderes Fundament zu sehen ist, als man es unter irgendwelchen Gebäuden findet. Abbildung 9.8 zeigt nämlich das Fundament der gesamten modernen Elektrotechnik. Während die Fundamente von Gebäuden aus Materialien bestehen, die altern können – denken Sie an rostendes Eisen oder bröckelnden Beton –, zeigt das in Abbildung 9.8 dargestellte Fundament nicht die geringsten Verschleiß- oder Ermüdungserscheinungen, obwohl es inzwischen schon fast 150 Jahre alt ist. Die Feststellung, die Maxwellschen Gleichungen seien das Fundament der gesamten Elektrotechnik, darf allerdings nicht so verstanden werden, als hätte es vor ihrer Veröffentlichung keine großartigen elektrotechnischen Erfolge geben können. Aber worin diese erfolgreichen Leistungen jeweils bestanden haben, lässt sich tatsächlich mittels der Maxwellschen Gleichungen am einfachsten erklären.

Aus dem Bereich der Gebäude wissen Sie, dass man aus dem Anblick des Fundamentes noch längst nicht schließen kann, welches Gebäudes darauf errichtet werden wird. Dies gilt selbstverständlich auch für die Abbildung 9.8. Deshalb will ich Ihnen nun skizzieren, welche zwei hohen Türme auf dieses Fundament gesetzt wurden, aus denen das elektrotechnische Gebäude besteht; ich meine die elektrische Energietechnik und die elektrische Informationstechnik.

Zuvor aber muss ich noch einmal kurz auf die Lorentz-Transformation zurückkommen, die ich Ihnen im Abschnitt über die spezielle Relativitätstheorie vorstellte. Ich erwähnte dort bereits, dass Herr Lorentz diese Transformation fand, als er über die Elektrodynamik, also über die Maxwellschen Gleichungen, nachdachte, und zwar ein wenig früher als Einstein, der auf ganz anderem Wege das gleiche Ergebnis fand. Herr Lorentz ging ganz formal an die Maxwellschen Gleichungen heran und drehte sie mathematisch hin und her, in der Hoffnung, vielleicht ein paar interessante verborgene Zusammenhänge zu entdecken. Ich möchte Sie an dieser Stelle wieder an meine in den Mathematikkapiteln gemachte Aussage erinnern, Mathematiker seien wie neugierige Kinder, die bei ihren Wanderungen hinter jeden Busch schauen in der Hoffnung, dort etwas Interessantes zu entdecken. So entdeckte Herr Lorentz bei seiner Suche den äußerst bemerkenswerten Sachverhalt, dass die Form der Maxwellschen Gleichungen erhalten bleibt, wenn man anstelle der Variablen x, y, z, t und ρ die Variablen x', y', z', t' und ρ' einsetzt, die mit den ursprünglichen Variablen in einem bestimmten umkehrbar eindeutigen Zusammenhang stehen. Dieser Zusammenhang wird durch die Transformationsformeln ausgedrückt. Die Leistung Einsteins bestand in der Erkenntnis, dass die Bedeutung der Lorentz-Transformation weit über den Zusammenhang mit den Maxwellschen Gleichungen hinausgeht und das Wesen von Raum und Zeit im Allgemeinen betrifft.

Wie man ohne zu experimentieren die Machbarkeit von Hochspannung und Funkwellen erkennen konnte

In unserem Alltag kommt die elektrische Energietechnik immer dort vor, wo mit elektrischem Strom entweder Wärme, Licht oder Bewegung erzeugt wird. Da man die überspringenden Funken schon aus dem Bereich der Reibungselektrizität kannte und deshalb auch den Blitz als elektrische Erscheinung einordnen konnte, waren die Wissenschaftler nicht wirklich überrascht von der Tatsache, dass ein dünner Draht warm wird, wenn elektrischer Strom durch ihn fließt. Diesen Strom konnte man aber erst fließen lassen, nachdem Herr Volta die Batterie erfunden hatte. Wenn man noch mehr Strom durch den Draht schickt, wird er irgendwann anfangen zu glühen, und dann sendet er Licht aus. Das Problem der Erfindung der Glühbirne lag nur darin, das richtige Material für den Draht zu finden, damit dieser nicht vorschnell schmilzt. Außerdem musste man verhindern, dass der heiße Draht mit dem Sauerstoff der Luft zum Oxid reagiert. Deshalb musste der Draht in einen luftleeren Glaskolben eingebracht werden.

Um mit elektrischem Strom Wärme oder Licht zu erzeugen, braucht man also offensichtlich weder den Herrn Faraday noch den Herrn Maxwell. Es genügen die Herren Volta und Ohm. Ihre Arbeiten schlugen sich in Maxwells Gleichungen nur in der Materialabhängigkeit der beiden Durchlässigkeiten γ und ε nieder. Als dann aber die Herren Ampère und Oersted entdeckten, dass man den elektrischen Strom auch zur Erzeugung von Kräften verwenden kann, wusste man bereits genug, um Elektromotoren zu bauen. Wie man mit elektrischem Strom Licht, Wärme und Bewegung erzeugen kann, war also schon bekannt, bevor die Maxwellschen Gleichungen formuliert waren. Damit man aber so viel Licht, so viel Wärme und so viel Bewegung aus elektrischem Strom erzeugen kann, wie wir es heute aus unserem Alltag kennen, braucht man sehr viel mehr Strom, als man damals erzeugen konnte. Denn die einzige Möglichkeit der Stromerzeugung war ja die Voltasche Batterie, und deren Energiedichte, gemessen in Energie/Kubikmeter, ist verhältnismäßig gering. Wollte man den Energiebedarf, wie ihn heute eine Großstadt hat, ausschließlich unter Verwendung von Batterien decken, würden diese Batterien rund zehn Prozent des Volumens aller Gebäude der Großstadt einnehmen. Außerdem müssten diese Batterien alle paar Wochen durch neue ersetzt werden. Da war es ein Riesenfortschritt, als jemand die Möglichkeit sah, mit recht geringem Aufwand elektrischen Strom in schier unbegrenzter Menge zu erzeugen. Unabhängig voneinander hatten der Engländer Charles Wheatstone (1802–1875) und der Deutsche Werner von Siemens (1816–1892) im Jahre 1866 die gleiche großartige Idee. Sie konnten zu diesem Zeitpunkt das Maxwellsche Buch mit den fundamentalen Gleichungen noch nicht gelesen haben, denn dieses erschien erst im Jahre 1873.

Sie kennen vermutlich das sogenannte Henne-Ei-Problem: Hennen entschlüpfen den Eiern und Eier werden von Hennen gelegt. Damit man Hennen bekommt, muss man zuvor Eier haben, und damit man Eier bekommt, muss man zuvor Hennen haben. In dieser Betrachtungsweise müsste also der Kreislauf von Anfang an bestanden haben, und man fragt sich zu Recht, wie er denn in Gang gekommen sein könnte. Eine Analogie zum Henne-Ei-Problem finden wir bei der Betrachtung der beiden unten in Abbildung 9.8 stehenden Gesetze. Wenn man Strom hat, bekommt man ein magnetisches Feld, und wenn man ein magnetisches Feld hat, kann man elektrischen Strom bekommen. Wenn es irgendwie gelänge, diesen Kreislauf in Gang zu setzen, hätte man eine Möglichkeit, elektrische Energie in großen Mengen zu erzeugen. Die Quelle hierfür müsste mechanische Energie sein, die man aufwenden könnte, um eine Schleife durch das magnetische Feld zu drehen; denken Sie an meinen Kommentar zur Abbildung 9.3. Das Henne-Ei-Problem ist in unserem Falle gar nicht so schwer zu lösen, denn wir haben ja schon, bevor der Kreislauf in Gang gekommen ist, magnetische Felder und elektrische Ströme. Zum einen gibt es die sogenannten Permanentmagneten, also Eisenstücke, durch die ein magnetischer Fluss fließt, ohne dass dieser durch einen äußeren Strom erzeugt werden muss. Und zum anderen haben wir ja auch schon Ströme, die wir mit Hilfe der Voltaschen Batterien gewinnen können, ohne dass wir dazu magnetische Flussänderungen erzeugen müssen. Um den Zyklus der sich gegenseitig erzeugenden elektrischen und magnetischen Wirbel in Gang zu setzen, genügt schon das schwache permanente magnetische Feld, welches immer mit den in den Generatoren vorkommenden Eisenteilen verbunden ist. Dieser Zyklus spielt sich in allen elektrischen Generatoren ab, die heute in beliebigen Kraftwerken betrieben werden. Nachdem einmal das Prinzip der rotierenden elektrischen Generatoren erfunden war, dauerte es nicht mehr lange, bis die ersten Städte ihre elektrische Straßenbeleuchtung hatten und bis die ersten elektrisch betriebenen Straßenbahnen und Züge fuhren.

Aber auch schon vor der Erfindung des Generators gab es eine technische Nutzung des Elektromagnetismus. Wegen der geringen Energiemengen, die man aus den Batterien ziehen konnte, war es verständlicherweise keine energietechnische Nutzung, sondern eine nachrichtentechnische. Wenn man über Strom Kräfte erzeugen kann, ist es möglich, durch das Ein- und Ausschalten von Strömen entsprechend ein- und ausgeschaltete Kräfte zu erzeugen, mit denen irgendwelche Zeichen gebenden Hebel bewegt werden. Der einfachste Fall besteht darin, dass durch die strombewirkte Kraft ein Schreibstift auf ein kontinuierlich bewegtes Papierband gedrückt wird. Auf diese Weise kann man Texte im Morsecode (siehe Abbildung 6.4) übertragen. Es handelte sich aber bei diesen frühen Telegrafensystemen immer um drahtgebundene Kommunikation, das heißt, zur Verbindung zweier weit auseinander liegender Orte mussten große Strecken durch Kabel überbrückt werden. Im Folgenden will ich Ihnen nun zeigen, dass in den Maxwellschen Gleichungen auch schon die Möglichkeit der drahtlosen Kommunikation enthalten ist.

Bei der drahtlosen Kommunikation kann es keine Ströme mehr geben, welche die Distanz zwischen den kommunizierenden Partnern überbrücken. Wir nehmen also nun einen Raum an, in dem keine elektrischen Ladungsträger vorkommen, sodass es auch keine elektrischen Ströme geben kann. Außerdem nehmen wir an, dass dieser Raum überall die gleichen elektrischen und magnetischen Eigenschaften habe, das heißt also, dass die Durchlässigkeiten ε und μ nicht vom Ort abhängen. Am einfachsten stellen Sie sich einen Raum vor, der überall gleichmäßig mit Luft gefüllt ist. In Abbildung 9.9 sind die Maxwellschen Gleichungen aus Abbildung 9.8 mit den nun gemachten vereinfachenden Annahmen noch einmal dargestellt. Trotzdem liegt hier immer noch ein Sys-

Bei Annahme eines ladungs- und damit auch stromfreien Raumes mit orts- und zeitunabhängigen Werten der Durchlässigkeiten ε und μ gilt an allen Orten und zu allen Zeitpunkten ρ = 0 und J = 0.

Damit vereinfachen sich die Maxwellschen Gleichungen wie folgt:

$$\text{div } D = \text{div } (\varepsilon * E) = \varepsilon * \text{div } E = 0$$

$$\text{div } B = \text{div } (\mu * H) = \mu * \text{div } H = 0$$

$$\text{rot } H = \frac{\partial D}{\partial t} = \varepsilon * \frac{\partial E}{\partial t}$$

$$\text{rot } E = -\frac{\partial B}{\partial t} = -\mu * \frac{\partial H}{\partial t}$$

9.9 Annahme eines sehr einfachen Falles zur Anwendung der Maxwellschen Gleichungen.

tem zweier gekoppelter Differenzialgleichungen vor, worin vier Variablen vorkommen, obwohl man nur eine davon sieht. Nur die Zeitvariable t kommt explizit vor, aber wir wissen ja, dass die Felder von den drei Raumkoordinaten x, y und z abhängen. Diese äußern sich bei der Berechnung der Rotation, wie ich Ihnen rechts in Abbildung 9.5 gezeigt habe. Um die Angelegenheit noch stärker zu vereinfachen, mache ich nun das, was ich auch schon bei der Einführung des Beispiels zur speziellen Relativitätstheorie gemacht habe. Erinnern Sie sich noch an die weiße und die schwarze Stange, die aneinander vorbeifliegen? Dadurch, dass ich die Bewegung nur in der x-Richtung stattfinden ließ, brauchte ich in den Bildern 8.1 und 8.5 die anderen beiden Ortskoordinaten y und z nicht mehr zu berücksichtigen. Ganz so einfache Verhältnisse kann es nun hier aber nicht geben, denn aus Abbildung 9.3 wissen wir bereits, dass das magnetische Feld grundsätzlich eine andere Richtung hat als das elektrische Feld. Ich kann also nicht verlangen, dass hier das elektrische und das magnetische Feld gleichgerichtet in x-Richtung liegen sollen. Die größtmögliche Vereinfachung, die ich vornehmen kann, ist in Abbildung 9.10 gezeigt.

Das elektrische und das magnetische Feld stehen senkrecht aufeinander, wobei das elektrische Feld in y-Richtung und das mag-

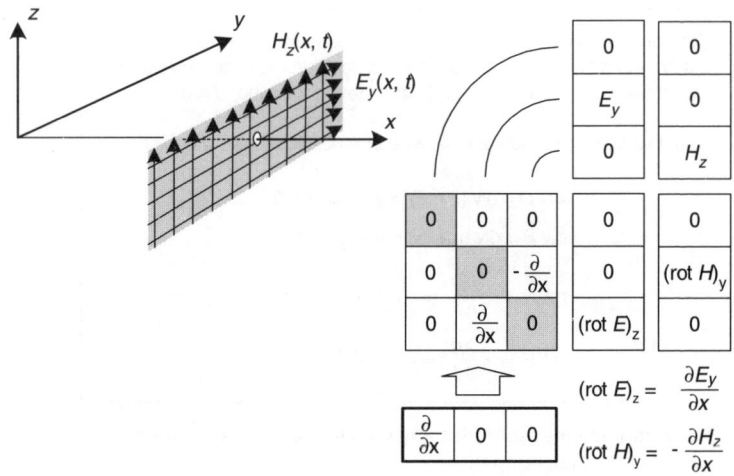

9.10   Maximal mögliche Vereinfachung der Richtungsverhältnisse.

netische Feld in z-Richtung liegt. Nun darf ich tatsächlich festlegen, dass die Feldstärken nur noch von den Werten der Ortsvariable x und der Zeitvariable t abhängen. Durch die Beschränkung der Ortsabhängigkeit auf die Variable x ergibt sich eine drastische Reduktion der Komplexität der Rotationsberechnung.

Vergleichen Sie hierzu Abbildung 9.5 mit Abbildung 9.10. Mit dem in Abbildung 9.10 gewonnenen Ergebnis können wir nun zu den Rotationsgleichungen in Abbildung 9.9 zurückkehren. Wenn wir keine Richtungsbeschränkung vorgenommen hätten, müssten wir jede der beiden Rotationsgleichungen in jeweils drei Gleichungen für die Komponenten in x-, y- und z-Richtung aufspalten. So aber gibt es zu jeder dieser beiden Gleichungen auch nur eine einzige Komponentengleichung: Die Gleichung mit rot H muss für die y-Richtung und die Gleichung mit rot E für die z-Richtung hingeschrieben werden.

Diese Komponentengleichungen stehen links in Abbildung 9.11. Ein Mathematiker würde hier von einem System aus zwei gekoppelten partiellen Differenzialgleichungen reden. Ich muss Sie nun an dieser Stelle wieder einmal bitten, mir zu vertrauen, wenn ich sage, dass es für ausgebildete Mathematiker überhaupt

	aus Abb. 9.9		aus Abb. 9.10	
$(\text{rot } H)_y =$	$\varepsilon * \dfrac{\partial E_y}{\partial t}$	$=$	$-\dfrac{\partial H_z}{\partial x}$	$E_y = E_0 * f(x - v * t)$
$(\text{rot } E)_z =$	$-\mu * \dfrac{\partial H_z}{\partial t}$	$=$	$\dfrac{\partial E_y}{\partial x}$	$H_z = H_0 * f(x - v * t)$

9.11 Konsequenzen aus den gemachten Annahmen gemäß der Abbildungen 9.9 und 9.10.

nicht schwierig ist, zu diesen Gleichungen explizite Funktionsausdrücke zu finden, welche die Gleichungsbedingungen erfüllen. Die allgemeine Form der Lösung steht in dem grau schattierten Rechteck. Darin beschreibt die Funktion f irgendeine Werteverteilung im Raum, die sich mit der Geschwindigkeit v in x-Richtung fortbewegt.

Anhand von Abbildung 9.12 will ich Ihnen diese Aussage über die Funktion f veranschaulichen. Stellen Sie sich vor, die dick ausgezogene Linie sei ein Seil von ungefähr zehn Metern Länge, welches rechts an einer Mauer befestigt ist und links von einem kräftigen Menschen in der Hand gehalten wird. Weil dieser Mensch das Seilende, das er in der Hand hält, ruckartig und kurzzeitig vertikal ausgelenkt hat, bildet das Seil nun keine horizontale Linie mehr, sondern enthält eine längenbegrenzte vertikale Auslenkungsform, die nach rechts auf die Mauer zuläuft. Wenn wir uns vorstellen, dass senkrecht zum Seil ein Fotograf stünde, der mit seiner Kamera die gesamte Seillänge erfassen kann, dann könnte dieser ein Bild aufgenommen haben, welches genau die durchgezogene Linie zeigt. Hätte er dieses Bild um die Zeit Δt später aufgenommen, dann hätte sein Foto die vertikale Auslenkung an der Stelle gezeigt, wo sie gestrichelt eingetragen ist. Es ändert sich also mit der Zeit nicht die Form der Auslenkung, sondern nur ihre Position auf der x-Achse. Deshalb kann man solch eine Wellenausbreitung durch eine Funktion beschreiben, die ursprünglich nur eine einzige Argumentvariable hat, deren Wert man nun unter Verwendung der Ortsvariablen x und der Zeitvariablen t berech-

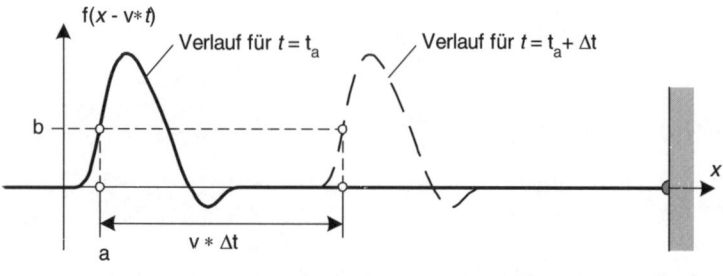

$$f(\,(a + v*\Delta t) - v*(t_a + \Delta t)\,) = f(a - v*t_a) = b$$

9.12 Beispiel einer über ein Seil laufenden Welle.

net. Das Ergebnis unserer Funktion f hängt ja nur davon ab, welchen Wert man in die Argumentklammern einsetzt. Wie dieser Wert zustande kommt, ist für die Funktionsberechnung unerheblich. So ergeben die beiden Wertepaare $(x_1, t_1) = (x_a, t_a)$ und $(x_2, t_2) = (x_a + v*\Delta t, t_a + \Delta t)$ denselben Argumentwert $(x_a - v*t_a)$ für die Funktion f. Unsere Funktion f bestimmt also das Aussehen der Werteverteilung, und die Tatsache, dass wir ihr Argument als Differenz zwischen x und $v*t$ berechnen, bringt zum Ausdruck, dass diese Form mit der Geschwindigkeit v in x-Richtung wandert.

Die beiden links in Abbildung 9.11 stehenden Differenzialgleichungen lassen es übrigens völlig offen, wie die Funktion f auszusehen hat, d. h., sie sagen überhaupt nichts über die Form der nach rechts laufenden Werteverteilung aus. Sie verlangen nur, dass eine räumliche Werteverteilung, die aus irgendwelchen Gründen zu einem Zeitpunkt $t = 0$ vorhanden ist, in x-Richtung mit der Geschwindigkeit v wandern muss. Diese Differenzialgleichungen verlangen auch, dass die senkrecht aufeinanderstehenden Komponenten des elektrischen und des magnetischen Feldes formgleich sein müssen, denn rechts in Abbildung 9.11 kommt ja sowohl bei E_y als auch bei H_z die gleiche Funktion f vor. Diese Formgleichheit bedeutet also, dass die H-Feldstärke genau dort groß ist, wo auch die E-Feldstärke groß ist, und dass die beiden Feldstärken auch jeweils am gleichen Ort ihre Richtung umkehren. Aus dieser Formgleichheit dürfen Sie allerdings nicht schließen, dass nun das elektrische Feld und das magnetische Feld wertegleich seien, denn physikalisch muss eine elektrische Feldstärke etwas ganz anderes sein als eine magnetische Feldstärke. Deshalb stehen ja im grau schattierten Rechteck in Abbildung 9.11 vor der Funktion f jeweils die Faktoren E_0 bzw. H_0, die dafür sorgen, dass es sich im einen Falle um eine Werteverteilung elektrischer Feldstärken und im anderen Fall um eine Werteverteilung magnetischer Feldstärken handelt. Während die beiden Differenzialgleichungen links in Abbildung 9.11 bezüglich der Funktion f keine Vorschriften machen, werden sie doch vermutlich auf irgendeine Weise die Werte der beiden Durchlässigkeiten ε und μ in die Werte v, E_0 und H_0 „einbringen".

Ich werde nun den Weg skizzieren, der von Abbildung 9.11 zu den Formeln führt, welche die Abhängigkeit der drei Werte (v, E_0, H_0) von den beiden Werten (ε, μ) beschreiben. Wenn Sie sich aber für diesen Weg nicht interessieren, dürfen Sie meine folgenden Aussagen getrost übergehen und gleich zwei Seiten weiter zum Ergebnis springen – wie ein Krimileser, der die Beschreibung der mühsamen Detektivarbeit überspringt und gleich nach hinten blättert, um zu lesen, wer der Mörder war.

Es ist hier möglich, einen einfachen Zusammenhang zwischen den beiden Ableitungen anzugeben, die man erhält, wenn man die Funktion f wahlweise nach x oder nach t ableitet. Denn f ist ja gar keine Funktion, die tatsächlich echt von zwei Variablen abhängt, sondern es ist eine Funktion, die nur von einer Variablen abhängt, deren Wert aus den Werten der beiden Variablen x und t berechnet wird. Was eine Ableitung nach x bei festem t-Wert bedeutet, können Sie unmittelbar in Abbildung 9.12 erkennen – die Ableitung nach x liefert die Steigung der Tangenten an die dargestellte Kurve. Bei der Ableitung nach x nehmen wir an, dass der Zeitpunkt t konstant sei, sodass man das ganze Seil über seine ganze Länge zu einem bestimmten Zeitpunkt betrachtet. Entsprechend nimmt man bei einer Ableitung nach der Zeit t an, dass man sich an einem bestimmten Ort a befinde und dort die Geschwindigkeit der beobachteten vertikalen Auslenkung angeben muss. Stellen Sie sich vor, Sie säßen am Ort a und die vertikale Auslenkung des Seiles liefe von links nach rechts an Ihnen vorbei. Dann würden Sie die kleine Auslenkung nach unten als erstes bemerken, und erst später würde die große Auslenkung nach oben an Ihnen vorbeikommen.

Was in Abbildung 9.12 bei kleinen x-Werten liegt, kommt also bei einem ortsfesten Beobachter später vorbei als das, was bei größeren x-Werten liegt. Daher kommt es, dass zwischen der Ableitung nach t und der Ableitung nach x ein Vorzeichenwechsel liegt. Dies sieht man in der Formel, die in Abbildung 9.13 in dem nach unten zeigenden Pfeil steht. Oberhalb dieses Pfeiles stehen noch einmal die beiden Differenzialgleichungen, die auch schon links in Abbildung 9.11 dargestellt waren, wobei nun aber bereits die rechts in Abbildung 9.11 grau unterlegten Ergebnisse für E_y und H_z übernommen wurden. Wenn man nun die im Pfeil in Abbildung 9.13 stehende Regel auf diese beiden Gleichungen anwendet, erhält man die unterhalb des Pfeiles stehenden beiden Gleichungen. Hier kommt auf jeder Gleichungsseite die Ableitung der Funktion f nach der Variablen x vor. Deshalb darf man diese Ableitung aus den Gleichungen herausstreichen, woraus wir folgern können, dass es auf die Form der durch die Funktion f

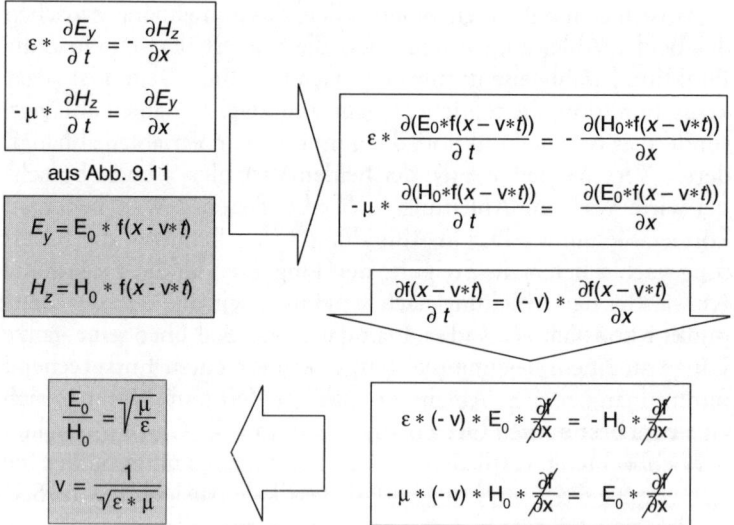

9.13 Zusammenhang zwischen den Konstanten in Abbildung 9.11.

beschriebenen Werteverteilung für unsere Betrachtung tatsächlich gar nicht ankommt. Nach dem Herausstreichen der Ableitungen von f beschreiben die beiden Gleichungen einen arithmetischen Zusammenhang zwischen den fünf Werten E_0, H_0, v, ε und μ. Wenn man diese beiden Gleichungen linksseitig und rechtsseitig durcheinander dividiert, fällt die Variable v heraus, und man erhält eine Aussage über das Verhältnis zwischen E_0 und H_0. Wenn man dagegen bei einer dieser Gleichungen die Seiten vertauscht, bevor man sie linksseitig und rechtsseitig durcheinander dividiert, fallen die beiden Konstanten E_0 und H_0 heraus, und man erhält eine Aussage über die Geschwindigkeit v.

Hier endet der Teil, den Sie ohne Skrupel überspringen durften.

Im grau unterlegten Rechteck links unten in Abbildung 9.13 steht unten die Formel, die uns verrät, wie wir die Ausbreitungsgeschwindigkeit v berechnen können, wenn wir die Werte ε und μ kennen. Bevor ich Ihnen dies aber mit Zahlen vorstellen kann, muss ich Sie noch einmal ermuntern, die letzten Höhenmeter bis zum Gipfel weiter zu klettern, denn nun geht es um die Frage, in welchen physikalischen Einheiten denn all die bisher eingeführten elektrischen und magnetischen Größen gemessen werden sollen.

Was man erhält, wenn man Volt, Ampere und etliches andere multipliziert oder dividiert

Jeder Buchstabe, der in unseren Formeln vorkommt, repräsentiert eine physikalische Größe. Sie hatten bisher sicher keine Mühe zu akzeptieren, dass man Längen in Meter und Zeiten in Sekunden messen kann. In welchen Einheiten man aber beispielsweise die magnetische Kraftfeldstärke H, den magnetischen Fluss B oder den dielektrischen Fluss D messen soll, ist bisher überhaupt nicht angesprochen worden. Es wird Sie vermutlich sehr verblüffen, wenn ich Ihnen nun sage, dass zu den drei physikalischen Einheiten, die bereits zur Erfassung der Mechanik eingeführt wurden, nämlich Meter (m), Kilogramm (kg) und Sekunde (s), nur noch eine einzige weitere physikalische Einheit definiert werden musste, damit man den gesamten elektromagnetischen Bereich abdecken konnte.

Ich sagte Ihnen ja schon, dass man bereits zu der Zeit, als Herr Volta die Batterie erfunden hatte, Ströme und elektrische Spannungen gemessen hat, also auch schon zu dieser Zeit physikalische Maßeinheiten für diese Größen definiert hatte. Dahinter stand immer die Vorstellung, dass es so etwas wie eine elektrische Ladung geben müsse, obwohl man keine Ahnung hatte, was das sein könnte. Es war einfach das, was auf einem Bernsteinkörper war, nachdem man ihn kräftig mit einem Katzenfell gerieben hatte. Wenn man von dieser Vorstellung ausging, durfte man aus Experimenten schließen, dass es die gleichen elektrischen Ladungen sind, die aus dem einen Ende der Voltaschen Batterie in einen Draht hineingedrückt und am anderen Ende wieder in die Batterie zurückgesaugt werden. Sie sollten auch nicht glauben, dass wir heute viel schlauer wären. Wir wissen inzwischen zwar, dass bestimmte Atombausteine – Elektronen und Protonen – Träger der elektrischen Ladungen sind (s. Kapitel 10), aber was elektrische Ladung ist, wissen wir immer noch nicht. Wir wissen noch nicht einmal, was Masse ist, denn auch hier haben wir einfach eine Eigenschaft von Körpern postuliert, die sich in Krafterscheinungen äußert; und Krafterscheinungen mit ihren Konsequenzen können wir tatsächlich beobachten. Es war natürlich, dass man den elektrischen Strom als fließende Ladungen deutete. Zwischen Ladungen gibt es Anziehungs- und. Abstoßungskräfte, die man zur Definition der Ladungseinheit hätte heranziehen können. Andererseits gab es zwischen stromdurchflossenen Drähten auch Kräfte, die man zur Definition der Stromstärke heranziehen konnte. Es war letztlich reine Willkür, dass man entschieden hat, die Stromstärke als primäre Einheit einzuführen und nicht die Ladungsmenge. Hätte man die Ladungsmenge als primäre Einheit definiert, wäre die Stromstärke eine zusammengesetzte Einheit in Form eines Bruches gewesen, bei dem die Einheit der Ladungsmenge im Zähler und die Zeiteinheit im Nenner gestanden hätten. Da nun aber für die Stromstärke eine primäre Einheit festgelegt wurde, die den Namen Ampere (A) bekam, ist die Einheit für die Ladungsmenge eine zusammengesetzte Einheit, die als Strom⋅Zeit zu berechnen ist.

Wenn man damals schon gewusst hätte, dass es Elektronen gibt und dass diese die Träger der elektrischen Ladung sind, hätte man

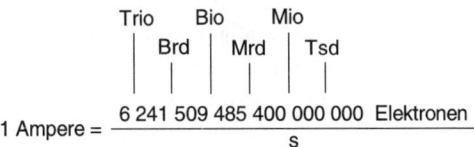

möglicherweise die Maßeinheit für die elektrische Ladung einfach
als eine bestimmte Anzahl von Elektronen festgelegt. Heute wissen wir – und ich werde Ihnen noch erklären, woher wir das wissen –, dass die Maßeinheit für die Stromstärke eine riesengroße
Zahl von Elektronen ist, die pro Sekunde durch den Drahtquerschnitt wandern:

$$1\ \text{Ampere} = \frac{\overset{\text{Trio}}{|}\ \overset{\text{Bio}}{|}\ \overset{\text{Mio}}{|}}{s}\,\,\frac{6\ 241\ 509\ 485\ 400\ 000\ 000\ \text{Elektronen}}{s}$$

Wenn ein Strom die Stärke ein Ampere hat, fließen also über sechs
Trillionen Elektronen pro Sekunde durch den Drahtquerschnitt.

In Abbildung 9.14 habe ich die Maßeinheiten für diejenigen
physikalischen Größen zusammengestellt, die in einem einfachen
Zusammenhang mit der Stromstärke bzw. mit der elektrischen
Ladungsmenge stehen. Während die Stromstärke die Ladungs-
menge ist, die pro Zeiteinheit durch einen beliebigen gegebenen
Querschnitt fließt, ist die Stromdichte J der auf die Flächeneinheit

elektrischer Ladungsstrom		A	i	Ampere	
elektrische Stromdichte	= Strom pro Fläche	$\dfrac{A}{m^2}$	J		
elektrische Ladung	= Strom mal Zeit	$A*s$	Q	Coulomb	Cb
Ladungsdichte	= Ladung pro Volumen	$\dfrac{A*s}{m^3}$	ρ		
elektrische Verschiebungsflussdichte	= Ladung pro Fläche	$\dfrac{A*s}{m^2}$	D		
magnetische Kraftfeldstärke	= Strom pro Strecke	$\dfrac{A}{m}$	H		

9.14 Die aus der Stromstärkeeinheit Ampere abgeleiteten Maßeinheiten.

Quadratmeter (m²) bezogene Strom. Die räumliche Konzentration elektrischer Ladungen, die sogenannte Ladungsdichte, muss als Maßeinheit einen Bruch haben, in dessen Zähler die Ladungseinheit und in dessen Nenner die Volumeneinheit Kubikmeter (m³) steht. Diese Ladungsdichte kommt in den Maxwellschen Gleichungen in Abbildung 9.8 vor, wo sie mit der Divergenz des dielektrischen Flusses, also mit der Quellendichte dieses Flusses, gleichgesetzt ist. Wenn wir die allgemeine Berechnungsformel für die Divergenz, die Sie schon in Zusammenhang mit Abbildung 9.7 kennengelernt haben, und die Maxwellsche Divergenzgleichung bezüglich D aus Abbildung 9.8 nebeneinander stellen, müssen wir schließen, dass D pro Länge die Einheit der Ladungsdichte haben muss. Also muss D selbst die Einheit Ladungsdichte∘Länge haben. Diese Einheitenberechnung ist auch verträglich mit dem Durchflutungsgesetz in Abbildung 9.8, worin eine Stromdichte J und eine zeitliche Änderung des dielektrischen Flusses D addiert werden. Addition ist nur zulässig, wenn die Einheiten gleich sind, also muss man die Einheit von J erhalten, wenn man die Einheit von D durch die Zeiteinheit Sekunden (sec) dividiert. Schauen Sie in die Tabelle von Abbildung 9.14: Die Einheit für D ist As/m², und wenn man dies durch s dividiert, erhält man A/m², also die Einheit von J. Auch die Einheit der magnetischen Kraftfeldstärke H ist unter Bezug auf die Stromstärke bestimmbar. Man muss auch hier wieder das Durchflutungsgesetz in Abbildung 9.8 heranziehen: Dort wird gesagt, dass die Wirbel von H die gleiche Einheit haben müssen wie die Stromdichte J. Nach Abbildung 9.7 unterscheiden sich die Wirbel rot S von dem Strömungsfeld S, worin sie auftreten, nur durch eine Längeneinheit im Nenner, denn rot S wird aus S dadurch berechnet, dass man nach den Ortskoordinaten ableitet. Weil also rot H die Einheit von J haben muss, die A/m² ist, muss H selbst die Einheit A/m haben.

In Abbildung 9.14 kommen schon viele physikalische Größen vor, die in der Maxwellschen Theorie des Elektromagnetismus eingeführt wurden. Es fehlen aber noch etliche andere, nämlich die elektrische Feldstärke E, der magnetische Fluss B sowie die Durchlässigkeiten γ, ε und μ. Diese Größen wurden im oberen Rechteck in Abbildung 9.8 eingeführt, und sie stehen dort in Beziehung zu den Größen J und D, für die in Abbildung 9.14

bereits die Einheiten eingeführt wurden. Man kann aber nun nicht einfach aus den Gleichungen in Abbildung 9.8 und den bekannten Einheiten die noch fehlenden Einheiten berechnen, weil in den jeweiligen Gleichungen immer nur eine bekannte mit zwei noch unbekannten physikalischen Größen verknüpft sind. Mit dem bekannten J ist das unbekannte Paar (γ, E) verknüpft mit dem bekannten D ist das unbekannte Paar (ε, E) verknüpft, und mit dem bekannten H das unbekannte Paar (μ, B). Hier muss es also noch irgendeine zündende Idee gegeben haben, die es ermöglichte, die noch fehlenden Maßeinheiten eindeutig und sinnvoll festzulegen.

Diese zündende Idee bestand darin, das Konzept des Potenzials, welches ich Ihnen in Abbildung 7.6 bei der Besprechung des Themas Gravitation vorgestellt habe, in den Bereich der Elektrizität zu übertragen. Bei der Vorstellung des Coulombschen Gesetzes habe ich ja schon darauf hingewiesen, dass dieses Gesetz exakt die gleiche Struktur wie das Gravitationsgesetz hat. Deshalb ist es gar nicht verwunderlich, dass sich der Potenzialbegriff aus dem einen Bereich in den anderen Bereich übertragen lässt.

Mit Abbildung 9.15 will ich Ihnen diese Übertragbarkeit plausibel machen. Im Gravitationsfeld bestimmt die Masse die Größe der Kraft und deshalb geht hier die Masse m als Faktor in den

Idee des Potenzials im Gravitationsfeld:	Idee des Potenzials im elektrischen Feld:
Arbeitsaufwand für den Transport einer Masse m vom Ort A zum Ort B	Arbeitsaufwand für den Transport einer elektrischen Ladung q vom Ort A zum Ort B
$= m*$(Potenzialdifferenz P(B) - P(A))	$= q*$(Potenzialdifferenz P(B) - P(A))

$$\text{Energie} = \text{Masse} * \text{Gravitationspotenzial} = \text{elektr. Ladung} * \text{elektr. Potenzial}$$

$$kg \quad * \quad \left(\frac{m}{s}\right)^2 \quad = \quad A*s \quad * \quad \frac{kg}{A*s} * \left(\frac{m}{s}\right)^2$$

9.15 Übertragung des Potenzialkonzepts aus dem Bereich der Gravitation in den Bereich der Elektrizität.

Transportaufwand ein. Beim Übergang in die Welt der elektrischen Kräfte braucht man also nur die Masse als Faktor durch die elektrische Ladung q zu ersetzen. Da in beiden Fällen das Produkt eine Energie sein muss, kann konsequenterweise der zweite Faktor seine physikalische Einheit nicht behalten, wenn die Einheit des ersten Faktors geändert wird. Welche Einheit das Potenzial haben muss, wenn anstelle der Masse die elektrische Ladung eingesetzt wird, ergibt sich fast von selbst, wenn man die Einheiten betrachtet. Die Herleitung steht in Abbildung 9.15.

Die Einheit des Gravitationspotenzials ist eine quadrierte Geschwindigkeit, was man sich verhältnismäßig leicht merken kann, indem man an die Einsteinsche Beziehung $E = m * c^2$ denkt. Dem gegenüber hat das elektrische Potenzial die Einheit $kg * m^2 / A * s^3$. Zu dieser Einheit kann kein Mensch auf Anhieb etwas Vernünftiges assoziieren und deshalb kann man sich diese Einheit auch nicht gut merken. Dagegen kann man es sich sehr leicht merken, dass der Begriff der elektrischen Spannung per Definition mit einer elektrischen Potenzialdifferenz gleichgesetzt wurde, was zur Konsequenz hat, dass die Maßeinheit für das elektrische Potenzial auch für elektrische Spannungen gelten muss. Nun haben Sie aber sicherlich ihren Elektriker noch nie sagen hören, die elektrische Spannung zwischen den beiden Klemmen an Ihrer Schukosteckdose betrage $220 \ kg * m^2 / A * s^3$. Sie haben immer nur gehört, dass diese Spannung 220 Volt betrage. Damit Sie mir also wohlwollend zugestehen können, dass ich mit meiner Spannungsdefinition Recht habe, müssen Sie konsequenterweise schließen, dass die Bezeichnung „Volt" einfach ein willkürlich festgelegter Name für die kompliziert zusammengesetzte Einheit des elektrischen Potenzials ist.

Dass man manchmal für zusammengesetzte physikalische Einheiten abkürzende Namen einführt, haben Sie schon in Abbildung 9.14 gesehen, wo dem Produkt $A * s$ die Bezeichnung Coulomb gegeben wurde. Wenn man also eine Bezeichnung für eine Maßeinheit hört, muss man immer überlegen, ob es sich um eine elementare Einheit handelt, die unmittelbar unter Bezug auf physikalische Erscheinungen definiert ist, oder um eine abkürzende Bezeichnung für eine arithmetische Kombination aus elementaren Einheiten. In der Mechanik genügten uns die drei elementaren

Einheiten Kilogramm, Meter und Sekunde, und in Abbildung 9.14 kam das Ampere als elektrische Einheit hinzu. Das Ampere ist ebenfalls eine elementare physikalische Maßeinheit, d. h., sie ist unmittelbar unter Bezug auf physikalische Erscheinungen definiert:

> „Ein Ampere ist die Stärke eines zeitlich unveränderlichen elektrischen Stromes, der durch zwei im Vakuum parallel im Abstand von einem Meter voneinander angeordnete geradlinige unendlich lange Leiter von vernachlässigbar kleinem kreisförmigen Querschnitt fließend zwischen diesen Leitern pro einem Meter Leiterlänge die Kraft 2×10^{-7} kg·m/sec² hervorrufen würde."

Zur Zeit des Herrn Maxwell war das Ampere zwar auch schon eine definierte Maßeinheit, aber ihre Definition bezog sich auf ganz andere physikalische Erscheinungen. Die oben stehende Definition stammt erst aus dem Jahre 1946.

Mit der Festlegung, dass die elektrische Spannung als elektrische Potenzialdifferenz zu betrachten sei, wurde ein enger Bezug zur Begriffswelt der Mechanik hergestellt, denn der Potenzialbegriff beruht ja auf der Definition der mechanischen Arbeit. Deshalb habe ich in Abbildung 9.16 die Beziehung zwischen mechanischen und elektrischen Größen noch ein wenig ausgebaut. In den grau schattierten Feldern geht es ausschließlich um die Begriffe aus der Mechanik, die bereits mit Abbildung 7.3 eingeführt wurden. Man sieht hier noch einmal sehr deutlich, dass keine der physikalischen Größen Impuls, Kraft, Energie oder Leistung eigene elementare Maßeinheiten haben, sondern dass ihre jeweilige Maßeinheit immer unter Bezug auf die elementaren Einheiten Kilogramm, Meter und Sekunde komponiert wurden. Bisher habe ich noch nicht erwähnt, dass manche dieser zusammengesetzten Einheiten mit abkürzenden Namen belegt wurden. Diese sehen Sie nun in Abbildung 9.16: die Bezeichnung Newton wurde als die Krafteinheit, Joule als die Energieeinheit und Watt als die Leistungseinheit eingeführt.

Mit solchen Namenszuordnungen ehrt man die jeweiligen Wissenschaftler, also in unserem Falle die Herren Newton, Joule und

Impuls	= Masse mal Geschwindigkeit	p	$\dfrac{kg*m}{s}$			
Kraft	= Impuls pro Zeit	F	$\dfrac{kg*m}{s^2}$	Newton	N	
Energie (Arbeit)	= Kraft mal Strecke	E oder W	$\dfrac{kg*m^2}{s^2}$	Joule	J	
Leistung	= Arbeit pro Zeit	P	$\dfrac{kg*m^2}{s^3}$	Watt	W	
elektrische Spannung	= elektrische Potenzialdifferenz = Arbeit pro Ladung	u	$\dfrac{kg*m^2}{A*s^3}$	Volt	V	$\dfrac{W}{A}$
elektrische Kraftfeldstärke	= Spannung pro Strecke = Kraft pro Ladung	E	$\dfrac{kg*m}{A*s^3}$			$\dfrac{V}{m}$
magnetische Strömungs-dichte	= Kraft pro Ladungs-geschwindigkeit	B	$\dfrac{kg}{A*s^2}$	Tesla	T	$\dfrac{V*s}{m^2}$

9.16 Zusammenhang zwischen physikalischen Größen aus den Bereichen Mechanik, Elektrizität und Magnetismus.

Watt. Allerdings sind diese drei nicht als gleichrangig anzusehen. Isaac Newtons geniale Leistungen stehen weit über denen der beiden anderen Geehrten. Selbst die meisten Ingenieure können nur vage Vermutungen äußern, wenn sie nach den Leistungen von James Prescott Joule (1818–1889) gefragt werden. Von James Watt (1736–1819) haben Sie möglicherweise schon gehört, er habe die Dampfmaschine erfunden. Auch wenn es immer wieder behauptet wird, ist es dennoch nicht korrekt; die Dampfmaschine war längst vor ihm schon erfunden worden, er hat nur konstruktive Verbesserungen eingebracht.

In den weißen Feldern in Abbildung 9.16 stehen die elektrischen Begriffe und Maßeinheiten, soweit sie nicht schon in Abbildung 9.14 vorgestellt wurden. Durch Vergleich der Einheit für die elektrische Spannung, die wir aus unserer Potenzialbetrachtung inzwischen kennen, mit der Leistungseinheit erkennt man, dass sich die beiden Einheiten nur in dem Faktor Ampere unterscheiden, der bei der Spannung im Nenner steht. Es gilt also *Spannung = Leistung * Strom*, was gleichbedeutend ist mit *Leistung = Spannung * Strom*. Die zugehörige Maßeinheitengleichung Watt = Volt * Ampere ist neben der Definitionsgleichung u = i * R für den Ohmschen Widerstand die wichtigste Gleichung der Elektrotechnik. Wenn Sie auf einer Glühbirne die Angaben 220 V, 60 Watt lesen, können Sie schließen, dass im Betrieb durch den Draht ein Strom von 0,273 Ampere fließt, denn 60 V * A / 220 V = 0,273 A.

Unter Bezug auf die Maßeinheit der elektrischen Spannung ist es nun auch leicht möglich, die Maßeinheiten für die noch fehlenden elektrischen und magnetischen Feldgrößen zu bestimmen. Nach der Maxwellschen Gleichung J = γ * E soll ja das elektrische Feld die Kraft liefern, welche versucht, die elektrischen Ladungen durch ein Medium zu drücken, dessen Durchlässigkeit durch die Konstante γ erfasst wird. Also muss die elektrische Kraftfeldstärke eine Einheit haben, die einer Kraft/Ladung entspricht. Daraus folgern wir unter Benutzung von Abbildung 9.14:

$$\underbrace{\frac{Kraft}{Ladung} = Kraft * \frac{1}{Ladung} = \frac{kg*m}{s^2} * \frac{1}{A*s} = \frac{kg*m}{A*s^3}}_{\text{Maßeinheit der elektrischen Feldstärke}} = \underbrace{\frac{kg*m^2}{A*s^3} * \frac{1}{m} = \frac{V}{m}}_{\text{Volt}}$$

Während im elektrischen Fall die Kraft auf die Ladungen von der Kraftfeldstärke E und nicht von der Strömungsdichte D herrührt, wird die Kraft im magnetischen Falle nicht von der Kraftfeldstärke H, sondern von der magnetischen Strömungsdichte B bewirkt. Dies ist eine Konsequenz des experimentellen Befundes, dass die elektrischen Anziehungs- bzw. Abstoßungskräfte auf ruhende Ladungen wirken, während magnetische Kräfte nur auf bewegte Ladungen ausgeübt werden. Diese magnetischen Kräfte sind umso größer, je höher die Geschwindigkeit der bewegten Ladung ist. Deshalb drückt die Maßeinheit der magnetischen Strömungsdichte das Verhältnis Kraft/Ladungsgeschwindigkeit aus, wobei unter einer Ladungsgeschwindigkeit das Produkt Ladung * Geschwindigkeit zu verstehen ist. Abbildung 9.16 zeigt, welche zusammengesetzte Maßeinheit für B daraus folgt.

elektrische Größen		Stärke des Kraftfeldes	magnetische Größen	
E	$\dfrac{V}{m}$	Stärke des Kraftfeldes	$\dfrac{A}{m}$	H
D	$\dfrac{A*s}{m^2}$	Flussdichte	$\dfrac{V*s}{m^2}$	B
ε	$\dfrac{A*s}{V*m}$	Durchlässigkeit für Fluss	$\dfrac{V*s}{A*m}$	μ

9.17 Symmetriebeziehungen zwischen elektrischen und magnetischen Größen.

Anhand von Abbildung 9.17 will ich Ihnen nun noch vor Augen führen, dass es zwischen der elektrischen und der magnetischen Welt tatsächlich eine erstaunliche Zwillingsverwandtschaft gibt, die 100 Jahre vor Maxwell kein Mensch hätte ahnen können. Sie sehen, dass man die Maßeinheiten für den einen Zwilling jeweils dadurch erhält, dass man in den Maßeinheiten des anderen Zwillings Volt mit Ampere vertauscht und umgekehrt. In Abbildung 9.17 sind auch die Maßeinheiten für die Durchlässigkeiten ε und μ angegeben, die man einfach dadurch erhalten kann, dass man jeweils die Einheit der Flussdichte durch die Einheit der Kraftfeldstärke dividiert, wie es die Maxwellschen Gleichungen in Abbildung 9.8 verlangen.

Etliche Bergsteiger schreien laut „Juhuh", wenn sie nach einem mühevollen Aufstieg endlich den Gipfel erreicht haben. Das dürfen Sie nun auch tun, denn jetzt sind wir wirklich ganz oben auf dem Gipfel der Erkenntnis über das Zwillingspaar Elektrizität und Magnetismus angekommen. Nun können wir uns auf eine Bank setzen und unseren Blick in die Runde schweifen lassen. Und dabei fällt unser Blick noch einmal auf die Abbildung 9.13, die wir nun vervollständigen können. Denn dort stehen zwar schon die Formeln zur Berechnung des Verhältnisses E_0/H_0 und der Geschwindigkeit v der elektromagnetischen Welle, aber erst jetzt können wir diese Formeln tatsächlich anwenden. Denn erst jetzt kennen wir die Maßeinheiten für die beiden Durchlässigkeiten ε und μ. Was die Zahlenwerte für ε und μ angeht, so hatte man diese Werte bereits zur Zeit Maxwells experimentell bestimmt.

Obwohl man inzwischen die Werte mit sehr viel größerer Genauigkeit gemessen hat, genügt es, für die Abschätzung in Abbildung 9.18 mit den dortigen groben Näherungswerten zu rechnen. Die beiden rechts unten stehenden Ergebnisse sind für uns recht überraschend, und auch Herr Maxwell hat sie wohl nicht erwartet. Bezüglich des Verhältnisses E_0/H_0 ist es nicht der Zahlenwert, der überrascht, sondern die Maßeinheit. Es ist die gleiche Maßeinheit, die auch für die Ohmschen Widerstände gilt. Deshalb spricht man hier auch vom Wellenwiderstand im freien Raum. Dieser Widerstandswert ist nicht an die vereinfachenden Annahmen gebunden, die in Abbildung 9.9 dargestellt sind und die zu der einfachen Struktur der grau unterlegten Formeln rechts in Abbildung 9.11 führten. In jeder elektromagnetischen Welle ist in jedem Raumpunkt das Verhältnis zwischen der dortigen elektrischen Feldstärke und der am gleichen Ort vorhandenen magnetischen Feldstärke gleich diesem Wellenwiderstand. Es hat Sie vermutlich nicht verwundert, dass man die Maßeinheit für Ohmsche Widerstände zu Ehren von Herrn Ohm mit seinem Namen belegt hat. Es wird Ihnen aber möglicherweise die Besonderheit aufgefallen sein, dass man als Abkürzung hierfür im Unterschied zur sonst üblichen Praxis in den anderen Fällen (siehe die Bilder 9.14 und 9.16) einen griechischen Buchstaben gewählt hat: Man wählte Ω anstelle von O, weil der lateinische Buchstabe O zu leicht mit einer Null verwechselt werden kann.

$$\varepsilon = 10^{-11} \; \frac{A*s}{V*m}$$

$$\mu = 10^{-6} \; \frac{V*s}{A*m}$$

aus Abb. 9.13

$$\frac{E_0}{H_0} = \sqrt{\frac{\mu}{\varepsilon}} \; = 316 \; \frac{V}{A} \; = 316 \; \text{Ohm} \; = \; 316 \; \Omega$$

$$v = \frac{1}{\sqrt{\varepsilon * \mu}} \; = 316.000.000 \; \frac{m}{s} \; = \; 316.000 \; \frac{km}{s}$$

9.18 Wellenwiderstand und Wellengeschwindigkeit

Weitaus mehr überrascht als über den Wellenwiderstand war Herr Maxwell aber über den Wert der Wellengeschwindigkeit v. Denn der berechnete Wert ist nahezu gleich der Lichtgeschwindigkeit, die damals auch schon bekannt war. Auf dem nun erreichten Erkenntnisplateau können wir also nicht nur in wunderbarer Klarheit die Zwillingsverwandtschaft zwischen Elektrizität und Magnetismus sehen, sondern wir können nun sogar sehen, dass das Phänomen Licht als elektromagnetische Welle betrachtet werden kann.

Damit Sie sich die Zeit, zu der James Maxwell als Erstbesteiger auf diesem Erkenntnisplateau ankam, gut merken können, erinnere ich Sie daran, dass zehn Jahre später im Spiegelsaal des Versailler Schlosses das Deutsche Reich gegründet wurde. Die ungewöhnlichen wirtschaftlichen Erfolge der anschließenden so genannten Gründerjahre beruhten zu einem großen Teil auf dem gewaltigen Wachstum der elektrotechnischen Industrie, die all das umsetzte, was im Maxwellschen Fundament grundsätzlich schon angelegt war.

Elementar, elementarer, am elementarsten – wie man die Bausteine der Materie fand

10

Im menschlichen Denken stehen das Diskrete und das Kontinuierliche ganz selbstverständlich nebeneinander: Diskret bedeutet zählbar, und unzweifelhaft erlebt jeder die Welt der einzelnen Dinge, die wir zählen können. Daneben erleben wir den Ablauf der Zeit und die Folge der Raumpunkte, an denen wir bei einer Bewegung vorbeikommen, kontinuierlich oder stetig, d. h. ohne Lücken und Sprünge. In der Welt der Zahlen äußert sich das Diskrete in den natürlichen Zahlen und das Kontinuierliche in den reellen Zahlen. Die natürlichen Zahlen brauchen wir zum Zählen und die reellen Zahlen zum Messen. Während noch nie ein Philosoph auf die Idee gekommen ist, an der Zählbarkeit der Dinge zu zweifeln, gab es doch seit Anbeginn der Philosophie immer wieder einen Philosophen, der die Vermutung äußerte, das Kontinuum könnte möglicherweise eine im begrenzten Auflösungsvermögen der menschlichen Wahrnehmung begründete geistige Konstruktion sein, welche der Wirklichkeit nur näherungsweise gerecht wird.

Bereits im Kapitel 7 habe ich zum Thema Maßeinheiten den alten Griechen Protagoras zitiert, der gesagt haben soll, der Mensch sei das Maß aller Dinge. In die Sprache der Naturwissenschaften übersetzt heißt dies, dass das begrenzte Auflösungsvermögen unserer Wahrnehmungsorgane unser Weltbild bestimmt. Andererseits sind wir Menschen in der Lage, über Größenordnungen zu reden und zu schreiben, die weit außerhalb unserer Wahrnehmungsmöglichkeiten liegen. Wir brauchen ja nur die Potenzschreibweise für Zahlen zu benutzen, dann können wir beliebig kleine oder beliebig große Zahlen ausdrücken.

10^{+3}	10^{+6}	10^{+9}	10^{+12}	10^{+15}	10^{+18}
Kilo	Mega	Giga	Tera	Peta	Exa
Tsd	Mio	Mrd	Bio	Brd	Trio

10^{-3}	10^{-6}	10^{-9}	10^{-12}	10^{-15}	10^{-18}
Milli	Mikro	Nano	Pico	Femto	Atto
1/ Tsd	1/ Mio	1/ Mrd	1/ Bio	1/ Brd	1/ Trio

10.1 Bezeichnungen für Zehnerpotenzen in Tausenderschritten.

In der Tabelle in Abbildung 10.1 habe ich eine Reihe von Zehnerpotenzen und die zugehörigen Wörter einander gegenübergestellt. Wenn man also beispielsweise von einer Picosekunde redet, meint man den billionsten Teil einer Sekunde. Mit der Verwendung solcher Zehnerpotenzen stößt man entweder in die unvorstellbare Weite des Weltalls oder aber in die – bezogen auf unsere Wahrnehmungsfähigkeiten – ebenso unfassbare Welt des Mikrokosmos vor. Während es im Kapitel 8, wo wir Einsteins Relativitätstheorien betrachtet haben, vorwiegend um Entfernungen und Massen ging, die nur in der Weite des Weltalls eine Rolle spielen, wollen wir nun in diesem und im folgenden Kapitel in die Welt der kleinsten Dimensionen vorstoßen. Die Frage nach einer möglichen Körnigkeit von Erscheinungen, die wir in unserem Alltag als Kontinuum erleben, ist gleichbedeutend mit der Frage, ob die Vorstellung einer beliebigen Teilbarkeit der kontinuierlichen Erscheinungen experimentell widerlegt werden kann.

Wie die uralte Vermutung, dass es Atome gibt, experimentelle Bedeutung erlangte

Die Vorstellung, dass alle materiellen Gegenstände „aus etwas bestehen", bringen wir schon den kleinen Kindern bei, wenn wir ihnen das bekannte Kinderlied vom Kuchenbacken vorsingen:

„Wer will guten Kuchen backen, der muss haben sieben Sachen: Eier und Schmalz, Zucker und Salz, Milch und Mehl, Safran macht den Kuchen gel." Am Beispiel des Kuchens sehen die Kinder auch leicht ein, dass man im fertigen Kuchen die Bestandteile nicht mehr in der ursprünglichen Form wiederfindet. Wenn die Eier mal in den Teig eingerührt wurden, kann man sie selbstverständlich nicht mehr herausholen. Vermutlich wissen Sie, dass es eine Zeit gab, da glaubten viele, man könne Gold in ähnlicher Weise machen, wie man Kuchen backen kann, man habe nur das Rezept noch nicht gefunden.

Die Frage: „Aus was besteht das?", ist keineswegs nur eine Kinderfrage, sondern hat schon immer auch die Philosophen beschäftigt. Wenn jemand darüber nachdenkt, ob es möglicherweise ein kleines Repertoire an Grundelementen gibt, aus denen man alle Stoffe aufbauen kann, versetzt er sich unbewusst in die Rolle eines Schöpfers, der sich durch einen genialen Einfall das Leben leicht machen will. Denn wenn es ihm gelingt, diese Grundelemente zu schaffen, dann ist der Rest des Schöpfungsaktes nur noch ein phantasievolles Kombinieren der Grundbausteine. Um das Jahr 500 v. Chr. äußerte der griechische Philosoph Heraklit die Ansicht, alle Stoffe seien aus den vier Elementen Feuer, Erde, Wasser und Luft aufgebaut. Ungefähr 100 Jahre später vertrat dann der Philosoph Demokrit die Idee, alle Materie sei aus unteilbaren Teilchen aufgebaut. Damals wurde also die Atomhypothese geboren – das griechische Wort für "unteilbar" heißt *atomos*. Es war aber nur eine philosophische Hypothese, die über 2000 Jahre lang experimentell nicht überprüft werden konnte. Der niederländische Philosoph Baruch de Spinoza (1632–1677) schrieb noch in fester Überzeugung: „Es gibt keine Atome." Und unser berühmter Gottfried Wilhelm Leibniz (1646–1716) vertrat die gleiche Ansicht mit der Aussage, Materie sei endlos teilbar.

Das Zeitalter, in dem man sich daran machte, die Atomhypothese experimentell zu überprüfen, begann ungefähr um das Jahr 1775, also kurz vor der französischen Revolution. Man kann sagen, dass sich in dieser Zeit der Übergang von der Alchemie zur Chemie vollzog. Der wesentliche methodische Fortschritt bestand darin, dass man nun bei den chemischen Experimenten sehr genaue Waagen einsetzte. Hier hat sich insbesondere der Franzose Antoine Laurent de Lavoisier (1743–1794) große Verdienste erworben. Das hat ihm aber nichts genützt, denn er war auch noch Mitglied des damaligen französischen Zentralbankrates, was ihm die Revolutionäre sehr übel genommen haben: Im Jahre 1794 endete er auf der Guillotine. Das konnte aber den Fortschritt der Chemie nicht mehr aufhalten. Es wurde sehr schnell zur anerkannten Selbstverständlichkeit, dass man das Gewicht der an chemischen Experimenten beteiligten Stoffmengen sehr genau feststellen muss.

Die bei unterschiedlichen chemischen Experimenten beobachteten Gewichtsverhältnisse der beteiligten Stoffe brachten den Engländer John Dalton (1766–1844) zu der Überzeugung, dass eine chemische Reaktion nichts anderes sein könne als ein ganz bestimmter Übergang von einer Gruppierung der beteiligten Atome zu einer anderen. Wenn beispielsweise an einer chemischen Reaktion nur die drei Atomsorten A, B und C beteiligt sind, dann müssen sowohl die vor der Reaktion vorhandenen Stoffe als auch die nach der Reaktion vorhandenen Stoffe jeweils durch ganz typische Kombinationen dieser Atome charakterisiert sein. So könnte eine chemische Reaktion beispielsweise nach der Regel

$$AC_4 + A_2B_3 \rightarrow A_3BC + B_2C_3$$

ablaufen. Die Anzahl der an der Reaktion beteiligten Atome der Sorten A, B und C nenne ich a, b und c. Die chemische Reaktion lässt das Verhältnis a:b:c = 3:3:4 unverändert; es erfolgt lediglich eine Umgruppierung der Atome. Die beiden vor der Reaktion vorhandenen Stoffe sind durch die Verhältnisse a:b:c = 1:0:4 und a:b:c = 2:3:0 charakterisiert, und am Ende der Reaktion sind zwei Stoffe vorhanden, die durch die Verhältnisse a:b:c = 3:1:1 und a:b:c = 0:2:3 charakterisiert sind.

Die von Dalton gemessenen Gewichtsverhältnisse legten die Vermutung nahe, dass das Wasserstoffatom ein kleineres Gewicht habe als die Atome anderer Stoffe. Deshalb setzte er das relative Atomgewicht von Wasserstoff auf 1. Dazu musste er das absolute Atomgewicht nicht kennen – er hatte auch gar keine Möglichkeiten, sich dieses Wissen experimentell zu beschaffen. Die relativen Atomgewichte der anderen Stoffe geben an, um welchen Faktor ein solches Atom schwerer ist als ein Wasserstoffatom. Diese

Daltonsche Idee hat bis heute ihre Gültigkeit behalten, obwohl in den Jahrzehnten nach Dalton die relativen Atomgewichte noch stark korrigiert werden mussten. Zu Daltons Lebzeiten war die Atomhypothese noch keineswegs bei allen Chemikern anerkannt; erst ab 1860 gab es eine weitgehende Akzeptanz.

Inzwischen war nämlich noch von anderer Seite eine kräftige Unterstützung gekommen. Nachdem die Voltasche Batterie erfunden worden war, lag es nahe zu untersuchen, ob man den elektrischen Strom auch durch Flüssigkeiten leiten könne. Man tauchte zwei Metallplatten, die sich nicht berührten, in eine Flüssigkeit und verband jede Platte jeweils mit einem Ende der Batterie. Diese Versuche konnte man in vielfältiger Weise variieren, indem man Platten aus unterschiedlichen Metallen wählte und unterschiedliche Flüssigkeiten verwendete. Der uns bereits bekannte Michael Faraday war auch auf diesem Gebiet besonders aktiv. Er prägte im Jahre 1832 den Begriff *Elektrolyse* als Kombination aus den beiden Wörtern Elektrizität und Analyse. Er stellte bei seinen Versuchen nämlich fest, dass die Flüssigkeit oder die in der Flüssigkeit gelösten Stoffe auf elektrischem Wege zerlegt wurden, wobei die eine Komponente des zerlegten Stoffes zur einen Metallplatte und die andere zur anderen Platte wanderte. Dabei wurde sogar das Wasser zerlegt, wobei sich der Wasserstoff an der Platte sammelte, die mit dem Minuspol der Batterie verbunden war, und der Sauerstoff bei der anderen Platte landete. Das Gewichtsverhältnis von Wasserstoff zu Sauerstoff betrug stets 1:8, das Verhältnis der Gasvolumina dagegen 2:1. Eine plausible Erklärung für diese Verhältnisse fand damals aber noch niemand.

Die Vorstellung, dass es ein überschaubares Repertoire von Atomsorten gibt, die sich zu Molekülen verbinden können und auf diese Weise die riesige Fülle der erlebten Stoffe bilden, reichte noch nicht aus, die bei den verschiedensten chemischen Experimenten gemessenen Gewichtsverhältnisse befriedigend zu erklären. Es musste noch eine ganz neue Idee hinzukommen, und dies war die Idee von der Wertigkeit der Atome. In der einfachsten Vorstellung gibt die Wertigkeit die Anzahl von Greifarmen an, mit denen das Atom jeweils einen anderen Greifarm fassen kann. Das Wasserstoffatom ist einwertig, hat also in unserer Sprechweise nur einen einzigen Arm, wogegen das Sauerstoffatom zweiwertig ist.

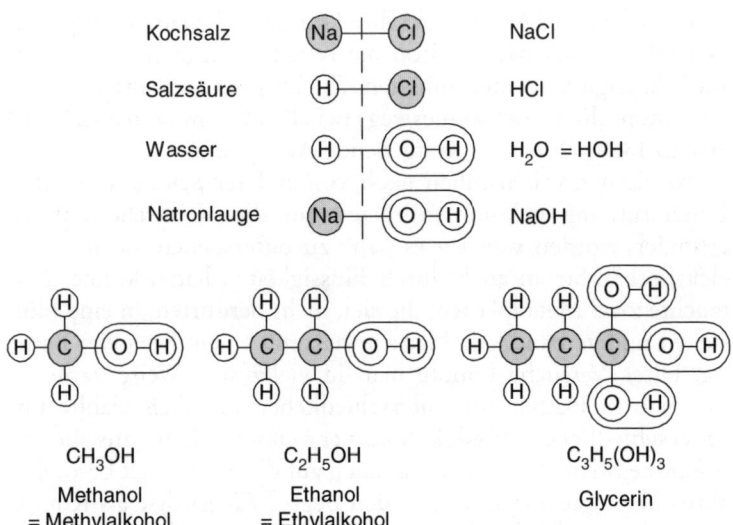

CH₃OH   C₂H₅OH   C₃H₅(OH)₃

Methanol   Ethanol   Glycerin
= Methylalkohol = Ethylalkohol

10.2 Chemische Strukturen einiger bekannter Stoffe.

Da man nun weiß, dass im Wassermolekül nur Wasserstoff- und Sauerstoffatome vorkommen, muss das Wasserstoffmolekül aus einem Sauerstoffatom und zwei Wasserstoffatomen bestehen, denn dann hängt an jedem der beiden Arme des Sauerstoffatoms jeweils ein Wasserstoffatom. An der Entwicklung der Wertigkeitsidee hat Friedrich August Kekulé von Stradonitz (1829–1896) den Hauptanteil. Die Idee der Wertigkeit schuf die Möglichkeit der heute selbstverständlichen chemischen Strukturformeln, von denen in Abbildung 10.2 einige Beispiele gezeigt sind.

Kekulé sah auch als erster die Möglichkeit, dass Atome nicht nur in Ketten, sondern auch in geschlossenen Ringen miteinander verbunden werden können, und dass eine Verbindungsbrücke zwischen zwei Atomen durchaus auch aus zwei Armpaaren bestehen kann (Abbildung 10.3). Nachdem einmal die Idee der Strukturringe in der Ebene geboren war, kam selbstverständlich bald darauf der Wunsch auf, auch etwas über die Lage der Atome im dreidimensionalen Raum zu erfahren. Dieser Wunsch musste allerdings noch einige Jahrzehnte unerfüllt bleiben; erst die Ent-

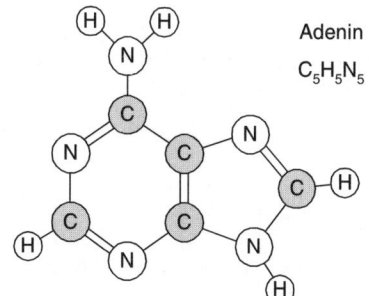

Adenin

$C_5H_5N_5$

10.3 Struktur des organischen Moleküls Adenin.

wicklung der Quantenmechanik machte es möglich, Erkenntnisse über den dreidimensionalen Molekülaufbau zu gewinnen.

Um das Jahr 1865 herum, also nur kurz nachdem Maxwell seine berühmten Gleichungen der Elektrodynamik aufgestellt hatte, hatte die Chemie einen recht soliden Stand erreicht. In dieser Zeit begannen einige Chemiker, sich zu fragen, ob man den Zoo der damals bekannten Atomsorten zusätzlich zu ihrer Ordnung gemäß dem relativen Atomgewicht nicht auch noch nach anderen Kriterien ordnen könne. Möglicherweise hatten sie dabei den Schweden Carl von Linné (1707–1778) vor Augen, der als sein Lebenswerk der Menschheit die Systematik hinterlassen hat, nach der sämtliche Pflanzen und Tiere einzuordnen sind. Wenn man an die riesige Fülle von Tieren und Pflanzen denkt, muss uns doch die Aufgabe, ein Ordnungsschema für die damals weniger als 100 bekannten Atomsorten zu finden, geradezu lächerlich leicht erscheinen. Diese Einschätzung wäre aber ein gewaltiger Irrtum, denn auf dem Weg zur letztlich gefundenen Ordnung musste die Existenz von Elementen angenommen werden, die damals noch gar nicht gefunden waren. Wenn damals schon alle Elemente bekannt gewesen wären, für die es im letztlich gefundenen Ordnungsschema eine Position gibt, wäre es viel leichter gewesen, diese Ordnung zu finden.

Der Russe Dimitri Iwanowitsch Mendelejew (1834–1907) veröffentliche als erster im Jahre 1869 das sogenannte *Periodische System der chemischen Elemente*, welches in seinen Grundzügen heute immer noch gilt. Der deutsche Lothar Meyer (1830–1895)

	1-wertig	2-wertig	3-wertig	4-wertig	3-wertig	2-wertig	1-wertig	0-wertig
2 Elemente	1. Wasserstoff							2. Helium
8 Elemente	3. Lithium	4. Beryllium	5. Bor	6. Kohlenstoff	7. Stickstoff	8. Sauerstoff	9. Fluor	10. Neon
8 Elemente	11. Natrium	12. Magnesium	13. Aluminium	14. Silizium	15. Phosphor	16. Schwefel	17. Chlor	18. Argon
18 Elemente	19. Kalium	20. Calcium →	31. Gallium	32. Germanium	33. Arsen	34. Selen	35. Brom	36. Krypton

21. Scandium	22. Titan	23. Vanadium	24. Chrom	25. Mangan	26. Eisen	27. Kobalt	28. Nickel	29. Kupfer	30. Zink
								47. Silber	
							78. Platin	79. Gold	80. Qu.-silber

10.4 Zur Entwicklung des Periodischen Systems der chemischen Elemente.

fand unabhängig von Mendelejew das gleiche Ordnungsschema; seine Erkenntnisse wurden aber erst zweieinhalb Jahre nach Mendelejews Veröffentlichungen publiziert.

Anhand von Abbildung 10.4 will ich Ihnen das Konzept des Periodischen Systems vorstellen und Ihnen den Weg aufzeigen, auf dem es gefunden wurde. Da die sogenannten Edelgase, die in der rechten Spalte der Abbildung 10.4 stehen, erst in der Zeit zwischen

1894 und 1905 entdeckt wurden, konnten sie bei der ursprünglichen Entwicklung des Periodischen Systems noch nicht in die Überlegungen einbezogen werden. Wegen ihrer Null-Wertigkeit sind die Edelgase chemisch nahezu reaktionsunfähige Stoffe und treten deshalb in chemischen Experimenten praktisch nicht in Erscheinung. Außerdem kommen sie in der Luft nur in extrem kleinen Anteilen vor, sodass man auch bei der Analyse der Luft mit den damals üblichen Methoden nicht auf diese Elemente stoßen konnte. Deshalb war man damals der Meinung, die in den grau schattierten Feldern angegebenen Elemente bildeten die vollständige Menge der 15 leichtesten Elemente hinsichtlich des relativen Atomgewichts. Wenn man nun diese Elemente gemäß ihrer Wertigkeit gruppiert und dabei auch noch andere chemische Ähnlichkeiten berücksichtigt, findet man sieben Gruppen verwandter Elemente, wobei jeder Gruppe eine Spalte der Anordnung entspricht. Die Spalten ordnet man nun zweckmäßigerweise so an, dass die Atomgewichte in jeder Zeile nach rechts ansteigend geordnet sind. Wegen der Periodizität, in der sich die Wertigkeiten und andere chemische Eigenschaften in der nach dem Atomgewicht geordneten Elementenreihe wiederholen, wird das Ordnungsschema als Periodisches System bezeichnet. Nun überprüfte man selbstverständlich, ob sich diese Periodizität auch im Rest der nach dem Atomgewicht geordneten Elementenreihe finden ließe. So fand man durchaus die Elemente, mit denen man die angefangenen grauen Spalten nach unten fortsetzen konnte, aber bezüglich der Periodizität musste man nun eine Korrektur vornehmen. Denn einerseits gehörten die Elemente Calcium und Gallium eindeutig unter ihre grauen Vorgänger Magnesium und Aluminium, aber in der Ordnung gemäß dem Atomgewicht folgten diese beiden Elemente nicht unmittelbar aufeinander. Vielmehr lagen zwischen dem Calcium und dem Gallium zehn weitere Elemente, die hinsichtlich ihrer chemischen Eigenschaften aber nicht zu den Elementen in den grauen Spalten gehören. Man musste also zwischen die bisher zweite und dritte Spalte weitere zehn Spalten einfügen. Beim Weitergehen zu noch größeren Atomgewichten ergab sich noch einmal die Notwendigkeit, neue Spalten einzufügen und zwar zwischen die beiden Spalten, zu denen das Scandium mit der Nummer 21 und das Titan mit der Nummer 22 gehören.

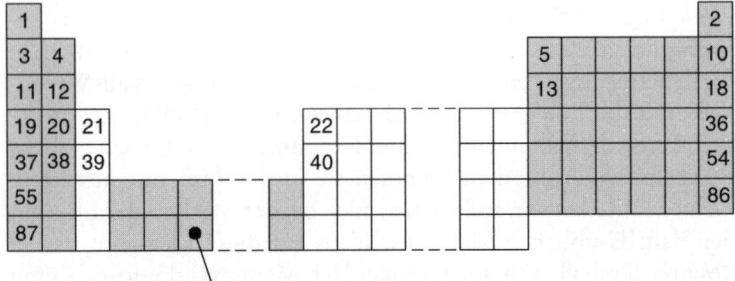

Element mit der Ordnungs-Nr. 92: Uran

10.5 Vollständig expandiertes Periodisches System.

Die endgültige Spaltenstruktur ist in Abbildung 10.5 dargestellt. Rechts neben dem Uran liegen die Elemente mit den höchsten Atomgewichten. Die meisten dieser sogenannten Transurane kommen in der Natur gar nicht vor, sondern sind reine Laborprodukte, die nach sehr kurzer Zeit wieder zerfallen. Die Möglichkeit, solche künstlichen Elemente zu erzeugen, ergab sich allerdings erst, nachdem man erkannt hatte, aus welchen Bausteinen die Atome bestehen. Dies war den Schöpfern des Periodischen Systems noch unbekannt. Die Namensgebung für solche künstlichen Elemente hat man dazu benutzt, berühmte Physiker zu ehren; so gibt es inzwischen die Elemente Curium, Einsteinium, Fermium, Mendelevium, Nobelium, Rutherfordium, Bohrium und Meitnerium. Im technischen Alltag spielen diese Elemente allerdings keine Rolle.

Ungefähr 50 Jahre nach der Entwicklung des hier vorgestellten Ordnungsschemas für die chemischen Elemente waren nicht nur die Bausteine der Atome entdeckt, sondern die Quantentheorie lieferte auch Einsichten über die möglichen energetischen Zustände der Elektronen in der Atomhülle (siehe Kapitel 11). Auf dieser Grundlage konnte endlich ein Verständnis der verschiedenen chemischen Bindungsarten entstehen, welche den Wertigkeiten der Elemente zugrunde liegen. Damit war die seltsame Struktur in Abbildung 10.5 physikalisch erklärt.

Obwohl die Chemiker bis zum Jahre 1870 schon sehr viele Hinweise dafür zusammengetragen hatten, dass die Atomhypothese vermutlich richtig ist, konnte man zu dieser Zeit noch überhaupt nichts darüber sagen, wie groß diese Atome sind und wie viel Masse sie haben. Außerdem wusste man selbstverständlich auch nicht, ob diese Atome wirklich so unteilbar sind, wie es ihr griechischer Name sagt, oder ob sie möglicherweise doch noch aus weiteren Bestandteilen aufgebaut sind. So konnte noch im Jahre 1887 der Engländer Henry Roscoe (1833–1915) die spöttische Bemerkung machen: „Atome sind runde Holzstückchen, die Mr. Dalton erfunden hat.“

Was man alles ableiten kann aus der Annahme, Gase seien herumfliegende Kügelchen

Obwohl sie, wie später die Quantentheorie gezeigt hat, mit der Realität so gut wie nichts zu tun hat, war die Vorstellung, dass die Materie aus extrem kleinen Kügelchen bestehe, doch verhältnismäßig fruchtbar. Obwohl man nichts über die Ausdehnung und die Masse dieser Kügelchen wusste, konnte man doch auf der Grundlage dieser Vorstellung physikalische Gesetzmäßigkeiten ableiten, die mit den experimentellen Befunden extrem gut übereinstimmten. Diese Gesetze betreffen allerdings nicht die feste oder flüssige Materie, sondern nur die gasförmige. Ein Gas stellte man sich als eine Menge von Kügelchen vor, die wild durcheinander fliegen und ab und zu aufeinander stoßen, wobei sie sich nach den Gesetzen der Newtonschen Mechanik verhalten. Man übertrug also einfach die Vorstellung von aufeinander stoßenden Billardkugeln auf die extrem kleinen Gaskügelchen, über deren Art und Größe man gar nichts aussagen konnte.

Was zu dieser rein mechanischen Vorstellung noch hinzukommen musste, war eine geniale Annahme über das Wesen von Wärme und die Definition des Begriffes der Temperatur. Bereits im Jahre 1738 schrieb der Schweizer Wissenschaftler Daniel Bernoulli (1700–1782): „Indessen kann die Elastizität der Luft nicht nur durch Verdichtung erhöht werden, sondern auch durch Steigerung der Wärme, weil ja feststeht, dass sich Wärme durch wachsende Bewegung der Teilchen steigert.“ Der Engländer Benjamin Thompson (1753–1814) sagte anlässlich der Tatsache, dass beim

Bohren von Kanonenrohren sowohl die Bohrer als auch die Rohre heiß wurden: „Ich finde es schwer, wenn nicht unmöglich, mir vorzustellen, wie hierbei anderes erzeugt und verbreitet werden könnte als Bewegung." Diese Vorstellung lag für andere keineswegs so auf der Hand wie für die Herren Bernoulli und Thompson. Selbst der schon erwähnte Chemiker Lavoisier war zu Beginn seiner Wissenschaftlerkarriere noch der Überzeugung, dass es so etwas wie Feuermaterie gäbe. Er schrieb nämlich einmal: „Ein und derselbe Stoff kann nacheinander alle drei Zustände (fest, flüssig, gasförmig) durchlaufen, und um das zu erreichen, muss man ein entsprechendes Quantum Feuermaterie zufügen oder entziehen." Ungefähr ab dem Jahre 1800 war man sich aber schließlich einig, dass Wärme nichts anderes ist als ungeordnete Atom- bzw. Molekülbewegung. Die kinetische Energie dieser Bewegung ist Wärmeenergie, und Temperatur ist ein lineares Maß für den Mittelwert dieser Energie.

Die Definition der Temperatur als lineares Maß für den Mittelwert der kinetischen Energie der herumfliegenden Gaskügelchen führt dazu, dass die Temperatur mit Begriffen aus der Statistik behandelt werden konnte. Es ist erstaunlich, dass man überhaupt etwas Nützliches über die Energie der Kügelchen sagen konnte, wo man doch noch gar nichts über ihre Masse wusste. Wenn man ausrechnet, was geschieht, wenn zwei Kugeln unterschiedlicher Geschwindigkeit und unterschiedlicher Masse aufeinander stoßen, und man dabei die Massen- und Geschwindigkeitsverhältnisse variiert, kommt man zum Ergebnis, dass Teilchen verschiedener Massen beim Stoß ihre Geschwindigkeiten so ändern, dass sich ihre kinetischen Energien angleichen. Nach sehr vielen Stößen in allen Richtungen nehmen alle Teilchen unterschiedlichster Sorten im Mittel die gleiche kinetische Energie an. Erst in diesem Gleichgewichtszustand ist die Temperatur eines Gases wirklich definiert.

Die Herleitung für das meines Erachtens wichtigste Gesetz der Gastheorie kann ich Ihnen verhältnismäßig leicht vorführen. Ich habe dabei die Darstellung in Abbildung 10.6 vor Augen, wo zweimal der gleiche Gasbehälter in unterschiedlichen Zuständen gezeigt ist. In diesem Behälter befindet sich ein Gas, dessen Volumen durch Verschieben des rechts befindlichen Abschlusskolbens variiert werden kann. Das Gas übt einen Druck auf diesen Kolben

Systemzustand 1

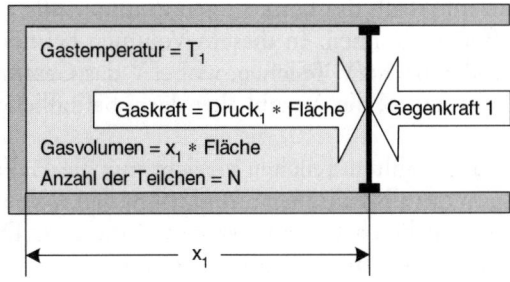

Systemzustand 2

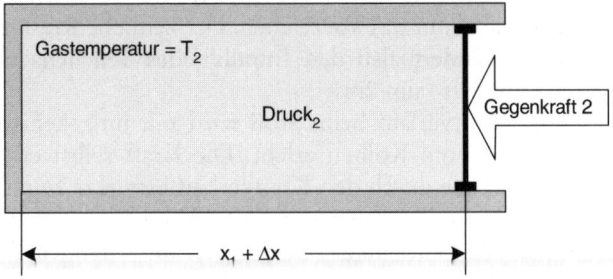

10.6 Experimente mit „eingesperrten" Gasen.

aus, und damit der Kolben seine aktuelle Stellung beibehält, muss von außen eine Gegenkraft aufgebracht werden, deren Betrag gleich der Gaskraft ist. Wir wollen nun den Gasdruck bei gegebenem Volumen und gegebener Temperatur bestimmen. Hierzu stellen wir die folgenden Überlegungen an:

(1) Die Geschwindigkeit v eines Teilchens hat die drei Komponenten v_x, v_y und v_z, wobei nach dem Satz des Pythagoras gilt: $v^2 = v_x^2 + v_y^2 + v_z^2$.
Da keine der Richtungen bevorzugt ist, gilt $v_x^2 = v^2/3$.
(2) Wir betrachten nun alle Teilchen, die zwischen irgendeinem Zeitpunkt t_1 und dem Zeitpunkt $t_1 + \Delta t$ auf den Kolben treffen. Sie müssen sich zum Zeitpunkt t_1 im Volumen $v_x * \Delta t * $ Kolben-

fläche unmittelbar links vom Kolben befinden, sonst wären sie zu weit weg, um innerhalb des betrachteten Zeitintervalls auf den Kolben treffen zu können. In diesem Volumen befinden sich $N * v_x * \Delta t *$ Kolbenfläche/V Teilchen, wobei V das Gesamtvolumen des Gases und N die Anzahl aller darin befindlichen Teilchen ist.

(3) Von den in (2) ausgewählten Teilchen erreicht nur die Hälfte innerhalb des Zeitintervalls zwischen t_1 und $t_1 + \Delta t$ den Kolben; denn nur für diese Teilchen hat v_x ein positives Vorzeichen. Die andere Hälfte der Teilchen fliegt vom Kolben weg.

(4) Da der Kolben durch die äußere Gegenkraft daran gehindert wird, nach rechts auszuweichen, prallen die Teilchen auf eine feststehende Wand und werden reflektiert; ihre Geschwindigkeit v_x ändert dabei nur das Vorzeichen. Der zeitliche Kraftverlauf beim Stoß ändert also den Impuls jedes Teilchens von $+mv_x$ nach $-mv_x$, also um $2mv_x$.

(5) Der zeitliche Kraftverlauf beim Stoß wird mit umgekehrtem Vorzeichen auch vom Kolben erlebt. Die Kraft selbst erhält man, indem man die durch den Kraftverlauf bewirkte Impulsänderung durch die Zeitdauer dividiert (Abbildung 7.3). Die von der Gesamtheit aller im Zeitintervall Δt auftreffenden Teilchen erzeugte mittlere Kraft auf den Kolben ist also
Kolbenkraft $= 2mv_x * ((1/2) * N * v_x * \Delta t *$ Kolbenfläche/V)/Δt
$= N * mv_x^2 *$ Kolbenfläche/V $= (1/3) * N * mv^2 *$ Kolbenfläche/V.

(6) Als Druck p, der als Kraft pro Fläche definiert ist, erhält man $p = (1/3) * N * mv^2/V$. Da die Temperatur T definitionsgemäß proportional zu mv^2 ist, kann man schreiben $p \sim N * T/V$ (Das Zeichen $\sim$ symbolisiert die Proportionalität). Man schreibt diesen Zusammenhang üblicherweise in der Form $p * V \sim N * T$.

Zur experimentellen Überprüfung dieser Proportionalität variiert man das Volumen V und die Temperatur T eines Systems, wie es in Abbildung 10.6 gezeigt ist. Die Volumenvariation ist verhältnismäßig einfach, denn man kann ja durch Variation der Gegenkraft die Position des Kolbens verändern. Die Variation der Temperatur kann dagegen erst erfolgen, nachdem festgelegt ist, wie man Temperatur überhaupt messen soll. Denn die Temperaturdefinition als Maß für die mittlere kinetische Energie der Teilchen gibt uns keinen Hinweis darauf, wie wir messen sollen. Wir können ja nicht wirklich die Geschwindigkeit und Masse der Teilchen bestimmen. Nun hatte aber bereits der Herr Celsius eine Temperaturdefinition vorgeschlagen, die zumindest für den Gefrierpunkt und den Siedepunkt des Wassers exakt war.

In Abbildung 10.7 habe ich das Verfahren veranschaulicht, welches es uns ermöglicht, auch im Bereich zwischen 0 °C und 100 °C exakte Wassertemperaturen herzustellen. Wir brauchen hierzu nur eiskaltes Wasser und kochendes Wasser in bestimmten Volumenverhältnissen zusammenzukippen, dann können wir leicht die Mischtemperatur berechnen. Wenn wir also beispielsweise das Gas in Abbildung 10.6 auf 60 °C erhitzen wollen, können wir uns eine Badewanne voll Wasser mit 60° erzeugen und dann den kleinen Experimentierbehälter mit dem verschiebbaren Kolben hineintauchen. Dadurch wird sich die Wassertemperatur sicher ein klein wenig erniedrigen, aber wir können ja so lange Wasser von 60 °C nachfließen lassen, bis das ganze System auf einheitlicher Temperatur ist.

In Abbildung 10.8 sind die experimentellen Ergebnisse dargestellt. In dem Diagramm, dessen horizontale Koordinate die Temperatur und dessen Vertikale das Produkt aus Druck und Volumen zeigt, erhalten wir bei festgehaltener Gasmenge durch Variation

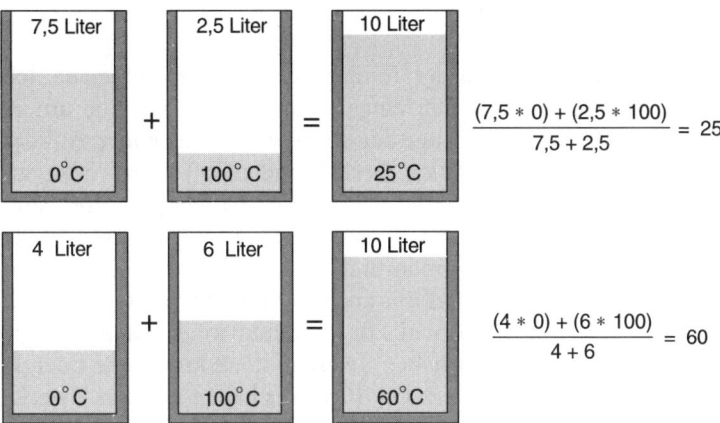

10.7 Erzeugung von Temperaturzwischenwerten im Celsius-Intervall.

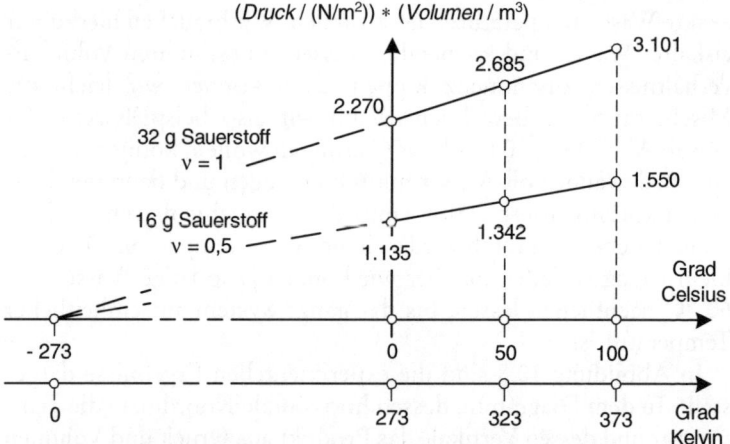

10.8 Experimentelle Bestätigung der vorhergesagten Proportionalitäten bei Experimenten mit Gasen gemäß Abbildung 10.6.

der Temperatur eine mit der Temperatur ansteigende Gerade. Ich habe zwei solcher Geraden eingezeichnet, bei denen die untere Gerade zur halben Gasmenge der oberen Geraden gehört. Auf der Celsius-Skala schneiden sich diese Geraden in einem Punkt, zu dem die Temperatur –273 °C gehört. Tiefere Temperaturen sind offensichtlich nicht möglich, denn es gibt ja keine negativen Werte für das Produkt aus Volumen und Druck. Dass es einen tiefsten Temperaturpunkt gibt, darf uns auch nicht wundern, wo wir doch die Temperatur proportional zur mittleren kinetischen Energie der Gasteilchen definiert haben. Diese mittlere kinetische Energie kann ja nie negativ werden. Die Physiker haben nun aus Zweckmäßigkeitsüberlegungen heraus die Gradschritte der Celsius-Skala beibehalten, aber den Nullpunkt verschoben. Die neuen

Grade bekamen die Bezeichnung „Grad Kelvin", womit der englische Lord Kelvin, (1824–1907), der vor seiner Adelung William Thomson hieß, geehrt wird. Die bedeutendsten Beiträge zur Gastheorie stammen zwar von Ludwig Boltzmann (1844–1906), aber auch Lord Kelvin war auf diesem Gebiet recht kreativ.

Links oben in Abbildung 10.8 finden Sie noch einmal die Proportionalitätsbeziehung, die wir theoretisch hergeleitet haben. Damit man wirklich rechnen kann, überführt man in der Physik eine erkannte Proportionalitätsbeziehung stets in eine Gleichung, indem man eine sogenannte Proportionalitätskonstante einführt. Im vorliegenden Falle stehen wir vor dem Problem, wie wir die Anzahl N der Teilchen im aktuell betrachteten Gas erfassen können. Hier hilft uns die Hypothese des Herrn Amadeo Avogadro (1776–1856), der die Vermutung äußerte, dass die Anzahl der Teilchen in einem bestimmten Gasvolumen unabhängig von der Art des Gases sei. Zu dieser Überzeugung war er gekommen, weil das Verhältnis der Volumina von Wasserstoff und Sauerstoff bei der Analyse von Wasser 2:1 betrug und nichts mit dem relativen Atomgewicht dieser beiden Gase zu tun hatte. Ich habe diese Tatsache im Zusammenhang mit der Einführung der Elektrolyse durch Michael Faraday bereits erwähnt. Die Hypothese von Herrn Avogadro konnte recht gut bestätigt werden, d. h., die Gewichts- und Volumenverhältnisse bei chemischen Reaktionen standen stets im Einklang mit dieser Hypothese. Ihm zu Ehren erhielt die Referenzzahl N_A, auf die man jeweils die aktuellen Teilchenzahlen bezieht, die Bezeichnung *Avogadro-Konstante*. Sie gibt an, wie viele Teilchen eine Stoffmenge enthält, deren Masse gerade das relative Atom- bzw. Molekülgewicht in Gramm ist. Interessanterweise gibt die Avogadro-Konstante nicht die Anzahl der Teilchen an, die in einem Gramm Wasserstoff oder 16 Gramm Sauerstoff enthalten sind, obwohl doch die relativen Atomgewichte dieser Gase 1 und 16 sind. Die Teilchen im Wasserstoffgas bzw. im Sauerstoffgas sind nämlich nicht die Atome, sondern jeweils Moleküle aus zwei Atomen. Die Atome lassen ihre Bindungsarme nicht ungenutzt, sondern greifen sich jeweils ein zweites Atom der gleichen Art. Zwei Wasserstoffatome halten sich also jeweils mit ihrem einen Arm aneinander fest, zwei Sauerstoffatome halten sich jeweils mit ihren beiden Armen aneinander fest. Deshalb gibt die Avogadro-Konstante die Teilchenzahl für zwei Gramm Wasserstoff bzw. 32 Gramm Sauerstoff an. Zu Lebzeiten von Herrn Avogadro konnte man übrigens noch nicht herausfinden, wie groß diese Avogadro-Zahl tatsächlich ist. Erst aus späteren Experimenten konnte geschlossen werden, dass die Zahl N_A den Wert $6 * 10^{23}$ hat. Die Menge eines Stoffes, deren Gewicht gleich dem relativen Atom- bzw. Molekülgewicht in Gramm ist, nennt man übrigens ein Mol, und das Volumen eines Mols in Gasform bei 0 °C und Normaldruck beträgt 22,4 Liter.

Zur Überführung der Proportionalität links oben in Abbildung 10.8 in eine Gleichung drückt man nun die Anzahl N der Teilchen als Vielfaches der Avogadro-Zahl aus, wobei die Zahl ν den Faktor angibt. Zur Bestimmung des jeweiligen Wertes von ν brauchen wir den Wert der Avogadro-Konstante nicht zu kennen, sondern wir müssen nur wissen, wie sich die aktuell betrachtete Gasmenge zu derjenigen verhält, deren Masse gleich dem Atom- oder Molekülgewicht in Gramm ist. So ist beispielsweise für 32 Gramm Sauerstoff der Wert von ν = 1. Unter Verwendung dieses ν kann man nun die grau schattierte Gleichung angeben, worin die sogenannte Gaskonstante R enthalten ist. Rechts in Abbildung 10.8 habe ich den Wert für R angegeben; die physikalische Einheit ist Energie/Grad. Wenn man die Avogadro-Zahl kennt, kann man die Gasgleichung auch mit der sogenannten Boltzmann-Konstanten k schreiben. Wir werden hier aber keine Betrachtungen anstellen, bei denen wir diese Konstante k brauchen.

Die Proportionalität zwischen dem Produkt aus Druck und Volumen einerseits und der Temperatur andererseits, die in Abbildung 10.8 mit experimentellen Zahlen belegt ist, macht es möglich, auch Temperaturen zu messen, die außerhalb des Celsius-Intervalls liegen. Man muss sich hierzu ein sogenanntes Gasthermometer bauen, indem man eine bestimmte Gasmenge so in einen Behälter einbringt, dass man auf einfache Weise den Druck und das Volumen ablesen kann. Aus dem Produkt von Druck und Volumen folgt dann eindeutig die aktuelle Temperatur. Die Brauchbarkeit eines solchen Gasthermometers ist allerdings auch wieder auf ein Temperaturintervall beschränkt, welches zwar größer ist als das Celsius-Intervall, aber dennoch nicht alle möglichen Temperaturen umfasst. Bei sehr tiefen Temperaturen wird das Gas flüssig, und dann kann die Proportionalität zwischen Temperatur einerseits und Druck und Volumen andererseits selbstverständlich nicht mehr gelten. Bei sehr hohen Temperaturen schmelzen die benötigten festen Komponenten des Thermometers, beispielsweise der Behälter, sodass auch hier der Bereich der Brauchbarkeit des Thermometers endet. Ganz allgemein gilt, dass man für unterschiedliche Temperaturbereiche sehr unterschiedliche physikalische Effekte zur Temperaturbestimmung nutzen muss.

Die Erkenntnis, dass auch Wärme eine bestimmte Form kinetischer Energie ist, hat schließlich zur Formulierung des sogenannten Energieerhaltungssatzes geführt. In diesem Satz wird ausgesagt, dass Energie eine physikalische Größe ist, die in unserer Welt weder entstehen noch verschwinden, sondern nur ihre Erscheinungsform ändern kann. Wir haben die Energie zuerst in ihrer Form als mechanische Arbeit eingeführt. Dann haben wir zwischen der Bewegungsenergie und der sogenannten potentiellen Energie unterschieden; später kam die Wärme als eine besondere Form kinetischer Energie hinzu. Damit ist aber die Vielfalt der Energieformen noch nicht abgeschlossen, denn es gibt die Möglichkeit, sowohl durch chemische Reaktionen als auch durch elektrischen Strom Wärme zu erzeugen. Deshalb gibt es auch die chemische Form und die elektromagnetische Form von Energie. Alle Stoffe, die man verbrennen kann, enthalten chemische Energie, die beim Verbrennungsprozess in Wärmeenergie gewandelt wird. Denken Sie insbesondere an das Erdöl oder die Kohle, die in der heutigen Energieversorgung eine zentrale Rolle spielen. Auf die Kernenergie, die in der Ruhemasse der Materie steckt, habe ich Sie schon bei meinen Ausführungen zur speziellen Relativitätstheorie hingewiesen. Dass auch in elektromagnetischen Feldern Energie steckt, wird aus einer Betrachtung der physikalischen Einheiten der beiden Feldsorten plausibel. Die Einheit für das elektrische Feld E ist Volt/Meter und die Einheit für das magnetische Feld H ist Ampere/Meter. Das Produkt dieser beiden Einheiten ergibt also VA/m^2. In der Tabelle in Abbildung 9.16 habe ich Ihnen die physikalische Einheit Watt als Abkürzung des Produktes aus Volt und Ampere vorgestellt, und dies ist die Einheit einer Arbeit/Zeit. Das Produkt aus elektrischer und magnetischer Feldstärke beschreibt somit eine Energieflussdichte/Zeit: ein VA/m^2 bedeutet, dass die zugehörige elektromagnetische Welle pro Sekunde durch einen Quadratmeter Fläche eine Energie von einer Wattsekunde (Ws) = ein Joule (J) transportiert.

Bei der Betrachtung von Energieprozessen geht es grundsätzlich um die Frage, wie eine Energiesorte in die andere gewandelt wird. Die Generatoren in den Kraftwerken dienen dazu, mechanische Energie in elektrische Energie zu wandeln. Elektromotoren dienen dazu, elektrische Energie in mechanische Energie zu wandeln. Die Generatoren in den Kraftwerken werden von Dampfturbinen angetrieben, in denen Wärme in mechanische Energie überführt wird, wobei die Wärme selbst wieder aus chemischer Energie gewonnen wird, die in Form von Erdöl, Kohle oder Gas zugeführt wird. Entsprechendes gilt auch für Automotoren, in denen die chemische Energie im Kraftstoff steckt, der in den Zylindern der Motoren verbrannt wird. Die dabei entstehende Wärmeenergie wird in mechanische Energie überführt, die man braucht, damit das Auto fährt.

Schön wäre es nun, wenn es möglich wäre, jede Energieform vollständig in jede andere Energieform zu überführen. Dies ist aber leider nicht möglich, weil die unterschiedlichen Energieformen bezüglich ihrer Überführbarkeit in einer Rangordnung stehen. Energie einer höheren Stufe lässt sich immer vollständig in Energie einer tieferen Stufe überführen, während die Überführung von Energie einer niederen Stufe zu einer höheren Stufe immer nur teilweise gelingen kann. Die Energie der höchsten Stufe ist die elektromagnetische Energie, und die Energie der tiefsten Stufe ist die Wärmeenergie. Alle Energieformen lassen sich vollständig in Wärme überführen, aber aus Wärme kann man nur teilweise höhere Energieformen gewinnen. Als Beispiel betrachten wir eine Gasturbine. Hier wird die chemische Energie eines Gases durch die Verbrennung in Wärme überführt, und dies führt nach Abbildung 10.8 zu einer drastischen Vergrößerung des Produkts aus Volumen und Druck. Dies hat zur Folge, dass nun Kräfte auf die Turbinenschaufeln wirken und mechanische Arbeit verrichten. Diese Arbeit kann aber nicht so groß sein wie die dem Gas entnommene chemische Energie, denn ein Teil der Energie wird zur Erwärmung der Turbine gebraucht und ein anderer Teil fließt als Wärme mit den Abgasen ins Freie.

Dem Satz von der Erhaltung der Energie würde es grundsätzlich nicht widersprechen, wenn ein Stein, der bei uns hinterm Haus liegt, einen Teil seiner enthaltenen Wärmeenergie in potentielle Energie wandelt, indem er kälter wird und dabei aufs Dach fliegt. Bei diesem Vorgang würden ja nur Energieformen gewandelt und keine zusätzliche Energie gebraucht. Solch ein Vorgang ist aber noch nie beobachtet worden und deshalb waren die Physiker durchaus berechtigt, ihn für unmöglich zu erklären.

Bei der Betrachtung der elliptischen Umlaufbahn eines Planeten um die Sonne findet ein periodischer Austausch zwischen potentieller und kinetischer Energie statt; diese beiden Energieformen stehen also offensichtlich auf gleicher Stufe. Man spricht in diesem Fall von einem reversiblen, also einem umkehrbaren Prozess der Energiewandlung. Wir wissen aber aus unserem Alltag, dass es sehr viele sogenannte irreversible, also nicht umkehrbare Prozesse gibt; man braucht dabei gar nicht gleich an den Tod zu denken, der eine nicht umkehrbare Zustandsüberführung bedeutet. Ein viel einfacherer Fall von Nichtumkehrbarkeit liegt beispielsweise vor, wenn man in eine mit Wasser gefüllte Badewanne einen Tropfen Tinte hineinfallen lässt. Anfänglich kann man noch etwas verschwommen den Ort sehen, wo der Tintentropfen hinein gefallen ist, aber nach einiger Zeit hat sich die ganze Tinte im Badewasser verteilt, und man kann von der ursprünglichen tiefblauen Farbe praktisch nichts mehr wahrnehmen. Wenn man nun bedenkt, dass ja niemand da ist, der die Tintenteilchen zwingt, sich im ganzen Badewasser zu verteilen, könnte es prinzipiell auch einmal vorkommen, dass die unabhängig voneinander herumschwirrenden Tintenteilchen zufällig einmal genau dort wieder zusammentreffen, wo ursprünglich der Tropfen in das Badewasser fiel. Dann würde man dort wieder genau die tiefblaue Tintenfarbe sehen. Die Tatsache, dass so etwas nie beobachtet wurde, wird von den Wärmetheoretikern, die in der Fachsprache Thermodynamiker heißen, durch statistische Überlegungen erklärt. Betrachten Sie hierzu die Abbildung 10.9.

Wir denken uns einen quadratischen Behälter, in dem acht Teilchen unabhängig voneinander herumfliegen. Diesen Behälter teilen wir in Gedanken in vier gleich große Teile, wobei wir aber die Teilung nicht real durch Einziehen von Wänden durchführen. Wir sehen die teilenden Wände dann nur mit unserem geistigen Auge. Nun können wir nach den Wahrscheinlichkeiten fragen, wie sich die acht Teilchen auf die vier Kammern verteilen. Bei vier Kammern und acht Teilchen gibt es insgesamt $4^8 = 65\,536$ unterschiedliche Verteilungen. Diese Fälle habe ich nun bezüglich des Kriteriums gruppiert, wie viele der vier Kammern bei einer Verteilung leer bleiben. Sie sehen, dass die Wahrscheinlichkeit, dass zwei oder drei Kammern leer bleiben, nur wenig über zwei Prozent liegt. In 65 Prozent der Fälle ist sogar keine Kammer leer. Hätten wir nicht acht Teilchen betrachtet, sondern 100 oder 1 000, dann wäre die Wahrscheinlichkeit, dass überhaupt eine Kammer leer bleibt, fast 0 gewesen. Wenn Sie nun bedenken, dass in unserer Badewanne ja nicht Tausende, auch nicht Trillionen, sondern so viele Teilchen enthalten sind, dass es dafür gar kein Wort mehr gibt, dann können Sie ermessen, dass die Wahrscheinlichkeit der Häufung von Teilchen an einer bestimmten Position praktisch 0 ist.

Keine Kammer ist leer.	Eine Kammer ist leer.	Zwei Kammern sind leer.	Drei Kammern sind leer.

mögliche Verteilungsmuster:			
1+1+1+5	0+1+1+6		
1+1+2+4	0+1+2+5	0+0+1+7	
1+1+3+3	0+1+3+4	0+0+2+6	0+0+0+8
1+2+2+3	0+2+2+4	0+0+3+5	
2+2+2+2	0+2+3+3	0+0+4+4	
Anzahl der Fälle und daraus folgende Wahrscheinlichkeit:			
40 824 (62,3 %)	23 184 (35,4 %)	1 524 (2,3 %)	4 (0,006 %)

10.9 Die hohe Wahrscheinlichkeit des Gleichgewichtszustands.

Im Zusammenhang mit der Wahrscheinlichkeitsbetrachtung und der Existenz irreversibler Prozesse haben die Physiker eine abstrakte Größe eingeführt, die sie *Entropie* genannt haben. Das Wort ist griechischen Ursprungs und bedeutet dort Wendung oder Umwandlung. Man wollte den Wahrscheinlichkeitsunterschied zweier Zustände in einer einzigen Zahl ausdrücken, wobei das Vorzeichen dieser Zahl einen Hinweis darauf geben sollte, ob dieser Zustandsübergang wahrscheinlich ist oder nicht. Wenn zu jedem Zustand ein Entropiewert gehört, gibt es zu jedem Zustandsübergang eine Entropiedifferenz. Diese hat man als Logarithmus des Verhältnisses zwischen der Wahrscheinlichkeit des Zielzustandes und der Wahrscheinlichkeit des Startzustandes definiert. Als Beispiel betrachten wir die Entropiedifferenz für einen Zustandsübergang, der von einer bestimmten Situation in Abbildung 10.9 zu einer anderen führt. Im Startzustand sollen zwei Kammern leer sein, und im Zielzustand soll keine Kammer leer sein. Die Entropie ist dann $\ln(62{,}3/2{,}3) = \ln(62{,}3)-\ln(2{,}3) = 3{,}3$. Da der Logarithmus eines Bruches gleich der Differenz der Logarithmen von Zähler und Nenner ist, kann man die Entropie eines Zustands als Logarithmus seiner Wahrscheinlichkeit definieren. Der Betrag der Entropie interessiert im Allgemeinen nicht, sodass es unerheblich ist, ob man die Wahrscheinlichkeiten in Prozenten oder auf der Skala 0 bis 1 angibt. Außerdem kann die Basis des Logarithmus beliebig gewählt werden; üblicherweise nimmt man die Eulersche Zahl e als Basis, was sich im Symbol ln anstelle von log äußert. Wenn der Zielzustand wahrscheinlicher ist als der Startzustand, ist die Entropiedifferenz positiv, anderenfalls ist sie negativ. Da alle Zustandsübergänge vorzugsweise in Richtung der wahrscheinlicheren Zustände verlaufen, bedeutet dies, dass die Entropie der Systeme einem Maximalwert zustrebt.

Da in der Thermodynamik die Teilchenverteilung in engem Zusammenhang mit der Temperatur und den fließenden Wärmeenergien steht, konnte gezeigt werden, dass die Entropiedifferenz eines Zustandsübergangs auch alleine aus den fließenden Wärmemengen und den auftretenden Temperaturen bestimmt werden kann. Die Herleitung würde Ihnen aber keine grundsätzlich neuen Einsichten liefern, deshalb lasse ich sie hier weg.

Wie die „unteilbar" genannten Teilchen zerplatzten

Durch die Übernahme des Wortes Atom für die hier betrachteten Teilchen hat man im Grunde ihre Unteilbarkeit postuliert, wenn man die Bedeutung des griechischen Wortes ernst nimmt. Aber dieses Wort kann natürlich niemanden daran hindern, an der Unteilbarkeit der Atome zu zweifeln und Experimente auszuführen in der Hoffnung, dabei Atome zertrümmern zu können. Solche Experimente waren durch die Entdeckungen der Herren Faraday und Maxwell möglich geworden. Denn nun wusste man, dass jedes geladene Teilchen im elektrischen Feld eine Kraft erfährt und dass auf ein solches Teilchen, wenn man es durch ein Magnetfeld fliegen lässt, auch noch magnetische Kräfte wirken. Allerdings dauerte es noch einige Zeit, bis man geladene Teilchen erzeugen konnte, die man einem elektrischen oder einem magnetischen Feld aussetzen konnte.

Herr Faraday hatte versucht herauszufinden, ob man den elektrischen Strom auch durch Flüssigkeiten leiten kann, und so ist es kein Wunder, dass später andere versucht haben herauszufinden, ob man den elektrischen Strom nicht auch durch ein Gas leiten könne. Hierzu haben sie zwei Metallplatten in einen Glasbehälter eingeschmolzen und ihre Anschlüsse nach außen geführt, sodass man zwischen die Platten eine Spannung anlegen konnte. Inzwischen konnte man ja auch schon mit Generatoren sehr hohe Spannungen erzeugen und war nicht mehr auf die Batterien angewiesen. Außerdem konnte man in dem Glasbehälter mehr oder weniger Gas belassen, indem man durch eine Pumpe das meiste Gas herauspumpte. Unsere heutigen Leuchtstoffröhren sind die Nachfolger solcher mit wenig Gas gefüllten Experimentierbehälter. Auch damals hat man bei geeigneter Konstellation im Behälter und bei der Wahl der Spannung Leuchterscheinungen festgestellt. So wie die Kinder immer neue Spiele erfinden, entwickeln Physiker sehr viel Phantasie bezüglich der Variation ihrer experimentellen Aufbauten. Anfänglich waren die in den Glasbehälter hineinragenden Metallteile, die sogenannten Elektroden, einfache Platten, aber später hat man deren Form variiert, und man kam schließlich auch auf die Idee, die eine Elektrode zum Glühen zu bringen. So entdeckte man eines Tages die Elektronenstrahlen.

Das zwischen den Elektroden liegende elektrische Feld musste dazu stark genug sein, die an der Oberfläche der heißen Elektrode herumturnenden Elektronen abzulösen und auf die positive Elektrode hin zu beschleunigen.

Aus der Geschichte der Entwicklung der elektromagnetischen Erkenntnisse wissen Sie, dass man manchmal glückliche Zufälle braucht, um auf dem Erkenntniswege voran zu kommen. Damals waren es die Froschenkel des Herrn Galvani und der Kompass des Herrn Oerstedt. Nun war es ein Stück Uranerz, welches von dem Franzosen Antoine Henri Becquerel (1852–1908) zufällig in eine Schublade gelegt wurde, worin sich auch eine Packung Schwarz-Weiß-Film befand. Als er später den Film benutzte und entwickelte, fand er genau dort darauf seltsame schwarze Flecken, wo das Stück Uranerz in der Nachbarschaft gelegen hatte. Herr Becquerel war Hochschullehrer, deshalb übergab er das Problem des geschwärzten Films an seine polnische Doktorandin Maria Sklodovska, die verhältnismäßig bald darauf Herrn Pierre Curie heiratete und deswegen heute als Marie Curie (1867–1934) bekannt ist. Sie hat die sogenannte Radioaktivität entdeckt und wissenschaftlich analysiert. Gemeinsam mit Ihrem Doktorvater Becquerel erhielt sie dafür später den Nobelpreis. Der Begriff Radioaktivität bedeutet Strahlungsaktivität. Später wurden noch andere radioaktive Elemente entdeckt, beispielsweise das Radium, welches millionenfach aktiver ist als das Uran. Das Element Uran war übrigens erst 1789 entdeckt und nach dem Planeten Uranus benannt worden, den man acht Jahre zuvor gefunden hatte.

Was waren das nun für Strahlen, die von den radiaktiven Elementen ausgesandt wurden? Man setzte sie elektrischen und magnetischen Feldern aus, weil man herausfinden wollte, ob sie dadurch abgelenkt werden können. Wenn man die Strahlen selbst nicht sieht, stellt sich natürlich die Frage, wie man denn feststellen kann, ob sie abgelenkt werden. Nun wusste man ja schon, dass sie in der Lage sind, Flecken auf Filmen zu erzeugen; man konnte also feststellen, wo ein solcher Strahl auf den Film trifft. Erfreulicherweise hatte man in der Zwischenzeit auch noch Materialien entdeckt, die aufleuchten, wenn ein solcher Strahl auf sie trifft. Auch Sie kennen sie, haben solche Stoffe schon erlebt, ohne sich dessen wahrscheinlich bewusst zu sein. In jedem Fernsehgerät alter Bauart befindet sich die sogenannte Bildröhre, die letztlich nichts anderes ist als eine besondere Form des in den Experimenten verwendeten Glasbehälters mit zwei Elektroden. Hier wird aus einer glühenden Elektrode ein Elektronenstrahl herausgezogen, der mit sehr hoher Geschwindigkeit vorne die Bildfläche überstreicht und dabei an bestimmten Stellen das Material zum Aufleuchten bringt, welches innerhalb der Röhre auf die Fläche aufgetragen ist. Diese Erscheinung hat die Bezeichnung Fluoreszenz, weil das erste Material, bei dem man diese Eigenschaft festgestellt hat, das Fluorid war, das auch unter dem Namen Flussspat bekannt ist.

Viele der Experimente, die uns letztlich Aufschluss über den Aufbau der Atome gaben, wurden im Laboratorium von Lord Ernest Rutherford (1871–1937) durchgeführt. Er und seine Mitarbeiter fanden heraus, dass es Strahlen gibt, in denen negativ geladene Teilchen fliegen, und andere Strahlen, in denen positive Teilchen fliegen. Dies konnte aus dem Ablenkverhalten der Strahlen geschlossen werden, denn das Vorzeichen seiner Ladung entscheidet darüber, in welche Richtung ein Teilchen bei seinem Flug durch ein elektrisches oder magnetisches Feld abgelenkt wird. So fand man die Elektronen als Träger negativer Ladung. Die Teilchen, die von radioaktivem Uran ausgestoßen werden, sind positiv geladen, und ihr Ladungsbetrag beträgt exakt das Doppelte des Elektronenladungsbetrags. Man nannte diese Teilchen *Alphateilchen*. Es handelt sich um Atomkerne des Edelgases Helium, die zwei Protonen enthalten. Die Protonenladung unterscheidet sich von der Elektronenladung nur im Vorzeichen. Ein Proton hat ungefähr die Masse eines Wasserstoffatoms, während die Masse des Elektrons um den Faktor 1836 kleiner ist. Man konnte also vermuten, dass ein Wasserstoffatom aus einem Proton und einem Elektron besteht.

Als man über die Ladungen und die Massen dieser Teilchen Bescheid wusste, stellte man sich auch die Frage nach ihrer Größe. Aus der Tatsache, dass ein Elektron so viel leichter ist als ein Proton, durfte man ja nicht unbedingt schließen, dass das Elektronenvolumen kleiner als das Protonenvolumen sein müsse. Auch hier war es wieder Lord Rutherford, der auf Grund seiner experimentellen Ergebnisse hierzu die erste Aussage machen konnte. Er ließ Alphateilchen, die aus einem radioaktiven Element herauskamen, auf eine dünne Goldfolie fliegen und beobachtete die Verteilung der Leuchtpunkte auf einem Fluoreszenzschirm, der die ankommenden Teilchen auffing. Dabei stellte er fest, dass die meisten Geschosse fast ohne Ablenkung durch die Goldfolie hindurchflogen. Besonders überrascht war er aber von der Entdeckung, dass manchmal ein solches Geschoss von der Goldfolie reflektiert wurde und dahin zurückflog, wo es hergekommen war. Daraus schloss er, dass die Abstände der Atome nicht durch die Größe des sogenannten Atomkerns bestimmt werden, sondern durch die an der Peripherie des Atoms irgendwie herumturnenden Elektronen. Die Kerne dagegen, worin fast die ganze Masse des Atoms konzentriert ist, sind extrem klein. Die von uns als so hart und undurchsichtig erlebten festen Körper bestehen also zum größten Teil „aus Nichts".

In Abbildung 10.10 habe ich versucht, Ihnen die Verhältnisse zumindest grob vor Augen zu führen. Dazu müssen Sie allerdings die eingetragenen Zahlen genau lesen, denn diese besagen, dass der Abstand zweier Kerne grob zehntausendmal größer ist als ihr Durchmesser. Die im Bild eingetragenen konzentrischen und sich überschneidenden grauen Zonen kennzeichnen den Aufenthaltsbereich der Elektronen, denen man aber keine klare Bahn zuordnen darf, wie wir später bei der Betrachtung der Quantenmechanik sehen werden. Bei der Betrachtung der Abbildung 10.10 muss

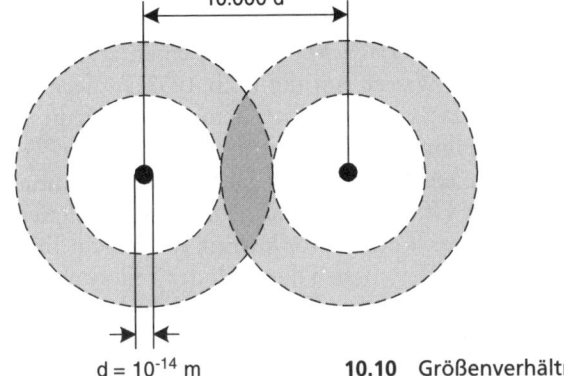

10.000 d

d = 10⁻¹⁴ m   **10.10** Größenverhältnisse bei Atomen.

ich an einen Mann denken, den ich vor vielen Jahren um die Mittagszeit vor unserer Mensa stehen sah mit einem Schild, worauf er geschrieben hatte, dass die Physiker alle Betrüger seien. Sie würden behaupten, dass die feste Materie aus kleinen Atomkernen bestehe, zwischen denen sich außer ein paar herumfliegenden, verschwindend kleinen Elektronen nur leerer Raum befinde. Wenn das so wäre, müsste man doch zwischen den Atomkernen hindurchsehen können. Wenn man dem Mann hätte erklären wollen, warum man da nicht hindurchsehen kann, hätte man ihn mit quantenmechanischen Erkenntnissen konfrontieren müssen, denn erst diese brachten der Menschheit die Einsicht in die Wechselwirkung zwischen Licht und Materie.

Dass die Elektronen und die Protonen nicht die einzigen Bausteine in unseren Atome sind, wurde im Jahre 1932 entdeckt. Man machte immer noch Versuche mit der Ablenkung fliegender Teilchen in elektrischen und magnetischen Feldern, und dabei stellte man fest, dass die Trägheit der verwendeten Heliumkerne größer war, als sie auf Grund der beiden Protonen im Kern hätte sein dürfen. Die Versuche, dieser Unstimmigkeit auf den Grund zu gehen, führten schließlich zur Entdeckung des Neutrons, dessen Name auf seine elektrische Neutralität verweist, denn dieses Teilchen ist weder positiv noch negativ geladen. Seine Masse ist nur geringfügig größer als die des Protons. Ein Heliumkern besteht aus zwei Protonen und zwei Neutronen. Damit hatte man die Bausteine unserer Atome gefunden. Mit Elektronen, Protonen und Neutronen konnte man alle Phänomene der Chemie, insbesondere auch das Periodische System der Elemente erklären.

Trotzdem war die Zeit der Endeckung von Elementarteilchen noch nicht zu Ende. Das Wissen um die nach 1932 entdeckten weiteren Teilchen spielt zwar zurzeit noch keine Rolle, wenn es um die technische Herstellung nützlicher neuer Stoffe und die Planung von Prozessen in technischen Systemen geht, aber diese neuen Teilchen bilden die Grundlage für die neuesten Hypothesen über die Entstehung unseres Weltalls. Vor kurzem schrieb ein Teilchenphysiker: „Der Abstand zwischen der Welt der Teilchenphysiker und der Alltagswelt ist mittlerweile atemberaubend geworden." Dieser atemberaubende Abstand hat auch sehr viel mit der Tatsache zu tun, dass es auf diesem Gebiet der Physik nur noch zu

25 Prozent um Physik, aber zu 70 Prozent um Mathematik geht. Die restlichen fünf Prozent sind Philosophie. Diese Prozentzahlen habe ich nicht irgendwo abgeschrieben, sondern sie bringen einfach nur meine Sicht auf dieses Gebiet zum Ausdruck. Dass die Mathematik in der modernen Physik eine immer größere Rolle spielt, konnten Sie schon aus den Ausführungen über die Relativitätstheorien ersehen, wo Erkenntnisse gewonnen wurden, die nur noch mit mathematischen Mitteln zu gewinnen waren.

Ein besonders beeindruckendes Ergebnis im Bereich der Teilchenphysik ist die Entdeckung der Antiteilchen. Der englische Physiker Paul Dirac (1902–1984) entwickelte eine Gleichung, welche die Quantenmechanik mit Einsteins spezieller Relativitätstheorie kombinierte, und diese Gleichung hatte, wie man das von etlichen anderen Gleichungen auch kennt, mehr als eine Lösung. Eine dieser Lösungen gehörte zum gewöhnlichen Elektron, aber die andere Lösung schien ein Elektron mit negativer Energie zu repräsentieren. Immerhin gab dies den Anstoß zu Überlegungen, was diese zweite Lösung wohl bedeuten könne. Die später gefundenen experimentellen Ergebnisse berechtigten zu der Vermutung, dass es im Allgemeinen zu jedem subatomaren Teilchen ein Spiegelbild, ein sogenanntes Antiteilchen gibt, wobei die Theorie nur dadurch vollständig wird, dass man in einigen Fällen das Teilchen und sein Spiegelbild einander gleichsetzt. Es liegt hier eine vergleichbare Situation vor wie beim Verhältnis zwischen positiven und negativen Zahlen, wo die positive und die negative Null die gleiche Zahl ist. Wenn ein Teilchen und sein Spiegelbild zusammentreffen, wird die gesamte Ruhemasse der beiden zu Energie. Dies konnte experimentell im Falle des Paares Elektron-Positron tatsächlich demonstriert werden. Die Gegenüberstellung von Materie und Antimaterie führte zu einer völlig neuen Theorie des Vakuums oder des leeren Raums.

Experimentelle Befunde in der Teilchenphysik sind praktisch immer geometrische Eigenschaften der Spuren, welche die Teilchen in den Detektorkammern hinterlassen. Obwohl die Art der Detektorkammern über die Jahrzehnte drastisch verändert wurde, ist das Grundprinzip doch gleich geblieben: Die Kammer ist gefüllt mit einem Gas oder einer Flüssigkeit, und die mit hoher Geschwindigkeit hinein fliegenden Elementarteilchen bringen die

Gas- oder Flüssigkeitsatome entlang ihrer Bahn zum Leuchten. Wenn das Teilchen längst wieder weg ist, bleibt die Spur noch einige Zeit zurück und kann in aller Ruhe analysiert werden. Man kann daraus nicht nur ersehen, in welcher Richtung das Teilchen geflogen ist, sondern man erhält auch Aufschluss über seine Geschwindigkeit und seine Masse. Die Detektorkammern werden üblicherweise in starke elektrische oder magnetische Felder eingebracht, sodass die Spuren von Teilchen, die durch solche Felder abgelenkt werden können, nicht mehr geradeaus verlaufen. Man lässt im Allgemeinen nicht nur einen einzigen Teilchenstrahl in die Kammer eintreten, sondern zwei aus entgegengesetzter Richtung. Dann stoßen manchmal einige Teilchen frontal mit hoher Geschwindigkeit zusammen, und aus den dabei entstehenden Spuren kann man feststellen, ob die Teilchen dabei ganz geblieben oder zerplatzt sind.

Selbstverständlich gilt auch bei allen Vorgängen in der Mikrowelt immer noch der Satz von der Erhaltung der Energie und der Erhaltung des Impulses, wie es schon in Newtons mechanischen Gesetzen formuliert wurde. So war es auch im Grunde nur die Anwendung des Impulserhaltungssatzes auf experimentelle Befunde bei der Beobachtung einer bestimmten Art von radioaktivem Zerfall, welche den Physiker Wolfgang Pauli (1900–1958) zu der Vermutung brachte, dass zusätzlich zu jedem Elektron, welches bei diesem Zerfall nach außen geschleudert wird, ein weiteres Teilchen abgegeben werden müsse, welches keine elektrische Ladung und wenn überhaupt, dann nur eine extrem kleine Masse habe. Später erhielt dieses hypothetische Teilchen die Bezeichnung Neutrino. Wegen ihrer elektrischen Neutralität und ihrer extrem kleinen Masse hatte man lange Zeit keine Hoffnung, solche Neutrinos jemals experimentell nachweisen zu können. Man konnte berechnen, dass Kernreaktoren Strahlen mit einer Dichte von 10^{12} Neutrinos pro Quadratmeter und Sekunde aussenden. Dennoch gehen praktisch alle diese Neutrinos ungehindert auch durch eine zehn Meter dicke Stahlwand. Die Wahrscheinlichkeit, dass unterwegs eines hängen bleibt, ist extrem gering. Zur Veranschaulichung der Wahrscheinlichkeitsverhältnisse sagte einmal ein Teilchenforscher: „Auf eine Stadt fallen zehn Milliarden Regentropfen pro Sekunde. Einer davon ist lila, und den müssen wir finden."

Möglicherweise haben Sie schon einmal gelesen, dass es Elementarteilchen gibt, denen man den Namen *Quark* gegeben hat. Die Physiker, welche als erste die Existenz solcher Teilchen vermuteten, mussten sie irgendwie bezeichnen und sie konnten dabei ihrer Phantasie freien Lauf lassen. Der Vorschlag, die neuen Teilchen Quarks zu nennen, kam von dem Physiker Murray Gell-Mann (1929–). Er entnahm das Wort dem Satz „Three quarks for Muster Mark!", der in der Novelle „Finnegan's Wake" des irischen Schriftstellers James Joyce steht. Dabei ist es nicht der Name Quark, sondern die Zahl drei, die in einer sinnvollen Beziehung zu den neuen Teilchen steht. Dass es solche Teilchen geben könnte, war eine Hypothese zur Erklärung des Sachverhaltes, dass die Spuren von Elektronen, die sehr dicht an Protonen vorbeiflogen, nicht exakt den Verlauf hatten, den sie hätten haben müssen, wenn die Protonenladung punktförmig konzentriert wäre. Also kam man auf die Idee, innerhalb des Protons eine unsymmetrische Ladungsverteilung anzunehmen, und eine solche konnte sich dadurch ergeben, dass innerhalb des Protons unterschiedlich geladene Teilchen zusammengeklebt sind. Heute sind die Teilchenphysiker überzeugt, dass sowohl innerhalb des Protons als auch innerhalb des Neutrons jeweils drei Quarks vorkommen, die von zweierlei Art sind. Die eine Art nannte man willkürlich *Up* und die andere *Down*. Man konnte die experimentellen Befunde dadurch erklären, dass man einem Up-Quark 2/3 einer Protonenladung zuordnete und einem Down-Quark 1/3 einer Elektronenladung. Die Protonenladung ergibt sich dann zu $2/3 + 2/3 - 1/3 = 1$, und die Neutralität des Neutrons folgt aus $2/3 - 1/3 - 1/3 = 0$. Während man zur Erklärung der von uns im Alltag erlebten Materie nur die beiden Quarks Up und Down benötigte, mussten die Theoretiker noch zwei weitere Quarks einführen, denen sie die Namen *Strange* und *Charm* gaben. Auch hinter diesen Bezeichnungen steckt kein physikalischer Sinn; man hätte auch die Bezeichnungen Fritz und Anna oder hübsch und hässlich vergeben können. Diese weiteren beiden Quarks brauchte man zur Erklärung der Existenz von Teilchen, die eine extrem kurze Lebensdauer haben. Vielleicht erinnern Sie sich noch an das Myon, von dem ich Ihnen im Abschnitt über die Relativitätstheorie erzählt habe und welches nur eine Lebensdauer von zwei

Mikrosekunden hat. Die Quarks als Bausteine höherer Teilchen ließen sich bisher noch nicht einzeln herauslösen, und man vermutet, dass die Kräfte zwischen ihnen so stark sind, dass dies nie gelingen wird.

Die Frage nach den Kräften, welche die Bestandteile in den zerlegbaren Teilchen zusammenhalten, hat die theoretischen Physiker schon lange gequält. Das Coulombsche Gesetz der elektrischen Anziehung bzw. Abstoßung sagt ja, dass sich Teilchen, deren Ladung das gleiche Vorzeichen haben, abstoßen. Da man nun weiß, dass alle Protonen im Kern positiv geladen sind, müssten sie doch eigentlich auf Grund der Abstoßungskräfte auseinander fliegen; aber wie wir alle wissen, tun sie das nicht, sondern sie bleiben ganz dicht im Kern zusammen. Dies kann man nur erklären, indem man eine zusätzliche Kraft annimmt, welche trotz der elektrischen Abstoßungskräfte die Protonen zusammenhält. Allerdings reden die Elementarteilchenphysiker gar nicht mehr gerne von Kräften, sondern von Wechselwirkung. Dahinter steht die Vorstellung, dass es so etwas wie eine statische Kraft nicht gibt, sondern dass Kräfte immer nur bei Stößen auftreten. Bereits bei der Einführung der Newtonschen Mechanik habe ich ja den Impuls als die primäre Größe und die Kraft als eine vom Impuls abgeleitete Größe eingeführt. Damit zwei Teilchen auseinander getrieben werden, muss zwischen diesen beiden Teilchen ein drittes Teilchen dauernd hin und her fliegen und die beiden Partner auseinander stoßen. Um zwei Teilchen aufeinander zu zu treiben, muss in unserer Anschauung das stoßende dritte Teilchen dauernd außen herum fliegen und die beiden Partner zusammentreiben wie ein Schäferhund die Schafe. Mathematisch kann das stoßende Teilchen eine Anziehungskraft jedoch auch dadurch erzeugen, dass es beim Stoß einen negativen Impuls überträgt.

Inzwischen unterscheiden die Physiker vier grundsätzlich unterschiedliche Arten von Kräften: erstens die Gravitationskraft, die uns auf dem Erdboden hält; zweitens die Kraft der elektrischen Anziehung oder Abstoßung, die in der Technik genutzt wird; drittens die sogenannten starken Kernkräfte, welche die Bestandteile der Atomkerne zusammenhalten, und viertens die schwachen Kernkräfte, welche beim radioaktiven Zerfall eine Rolle spielen.

Während Lord Rutherford und die anderen, die zu seiner Zeit die Struktur des Atoms aufklärten, ihre Experimente noch mit verhältnismäßig einfachen Apparaten durchführen konnten, sind die Maschinen der Teilchenphysiker immer größer und aufwendiger geworden. Das weltgrößte Labor der Teilchenphysik befindet sich in der Nähe von Genf und wurde 1952 unter dem Namen CERN (Conseil Européen pour la Recherche Nucléaire) ins Leben gerufen. Dort gibt es inzwischen einen Ringtunnel von knapp zehn Kilometern Durchmesser, worin man elektrisch geladene Teilchen auf nahezu Lichtgeschwindigkeit beschleunigen kann, um sie dann in Stoßexperimenten aufeinander prallen zu lassen. Die Energie der Teilchen gibt man üblicherweise in Elektronenvolt an, was die Energie ist, die ein Elektron gewinnt, wenn es eine Potenzialdifferenz von einem Volt durchläuft. Die Teilchen werden heute durchaus auf Energien von über ein Teraelektronenvolt = 10^{12} Elektronenvolt gebracht. Trotz der hohen Zehnerpotenz handelt es sich keineswegs um eine riesige Energie, denn ein Teraelektronenvolt ist ungefähr die Energie einer fliegenden Mücke. Der Unterschied zur Mücke besteht nur darin, dass das fliegende Teilchen eine Billion Mal kleiner ist als die Mücke und deswegen bei gleicher Energie sehr viel schneller fliegen muss.

Wie der Unterschied zwischen Wellen und Teilchen verschwand

Im Kapitel 10 haben wir Teilchen betrachtet, die beschleunigt werden können, also Teilchen, die eine Ruhemasse haben. Lange Zeit war es den Menschen nicht klar, ob auch das Licht eine Erscheinung ist, die auf Teilchen zurückzuführen ist, die sich mit Lichtgeschwindigkeit bewegen. Der niederländische Physiker Christiaan Huygens (1629–1695) hat argumentiert, das Licht könne kein Strom fliegender Teilchen sein, denn zwei sich kreuzende Lichtstrahlen würden sich – im Unterschied zu zwei Wasserstrahlen – durchdringen, ohne sich gegenseitig zu stören. Viele haben darüber nachgedacht, wie man die Frage, ob Licht eine Wellenerscheinung oder eine Teilchenerscheinung sei, experimentell entscheiden könne.

Wie man Wellen dazu bringt, uns zu zeigen, dass sie Wellen sind

Schließlich kam man auf die Idee, zu überprüfen, ob man mit Licht Interferenzerscheinungen erzeugen könne. Was damit gemeint ist, lässt sich anhand von Abbildung 11.1 erklären. Stellen Sie sich vor, es ginge hier nicht um Licht, sondern um Wasserwellen. Die im Bild von oben kommende ebene Wellenfront stößt auf eine Wand, die zwei Schlitze hat. Hinter der Wand breiten sich zwei halbkreisförmige Wellen aus, wobei jeweils einer der Schlitze der Kreismittelpunkt ist. Da die von oben kommende Welle in beiden Schlitzen synchrone Wirkungen erzeugt, überlagern sich

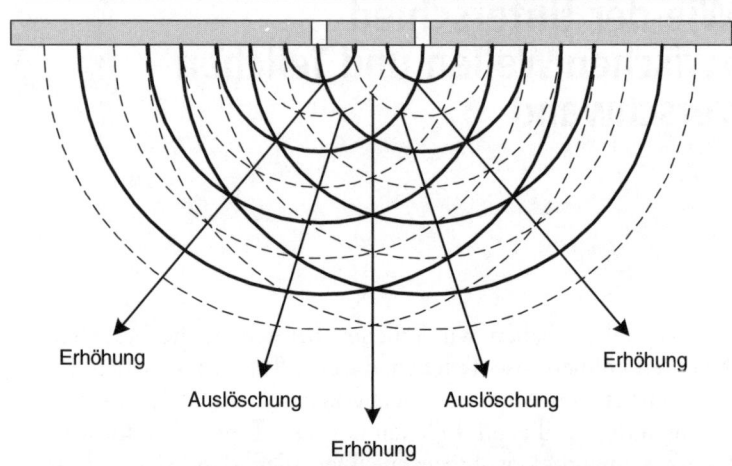

11.1 Welleninterferenz hinter einem Doppelspalt.

die beiden Wellen hinter den Schlitzen in wohl definierter Weise.
Dort, wo Wellenkamm auf Wellenkamm bzw. Wellental auf Wellental trifft, gibt es eine Wellenverstärkung, während sich dort, wo
Wellental auf Wellenkamm trifft, die beiden Wellen auslöschen.
Jetzt verlassen wir die Vorstellung der Wasserwelle und gehen
zum Licht. Hier muss man allerdings den Abstand der beiden
Schlitze sehr viel kleiner machen, denn ausgeprägte Interferenzer-
scheinungen gibt es nur, wenn der Abstand zwischen den Schlitzen nicht mehr als einige Wellenlängen beträgt. Unter der Wellenlänge versteht man den Abstand zweier aufeinanderfolgender
Wellenkämme. Da die Wellenlänge des Lichtes weniger als ein
Tausendstel Millimeter beträgt, steht man rein technisch vor der
Schwierigkeit, wie man denn zwei Schlitze mit so geringem
Abstand realisieren soll. Die Experimentalphysiker sind aber
schon sehr früh recht findig gewesen und haben Möglichkeiten
gefunden, Interferenzerscheinungen auch auf andere Weise zu realisieren. So hat der französische Physiker Augustin Fresnel (1788–
1827) das Licht nur durch einen Schlitz geschickt und diesen

durch Spiegelung verdoppelt. Dazu benutzte er zwei Spiegel und variierte den Winkel zwischen ihnen. Der Abstand der Spiegelbilder der Schlitze ist umso kleiner, je weniger die beiden Spiegel gegeneinander geneigt sind, d. h., je weniger der eingeschlossene Winkel von 180 Grad abweicht. Nachdem Fresnel und andere die Interferenzerscheinungen zweifelsfrei festgestellt hatten, konnte man überzeugt sein, dass das Licht eine Wellenerscheinung ist.

Man findet allerdings keine Interferenz bei Experimenten, in denen man mit Sonnenlicht operiert. Das Sonnenlicht hat nämlich keine wohl definierte Wellenlänge, sondern ist eine Überlagerung von vielen unterschiedlichen Wellenlängen. Die Gesamtheit der in einem Wellengemisch vorkommenden Frequenzen nennt man Spektrum. Wir wissen, dass im Licht der Sonne ein ganzes Wellenlängenspektrum vorhanden ist, weil es möglich ist, das Sonnenlicht in ein Farbband aufzuspalten. Das geschieht zum Beispiel im Regenbogen, wenn Regenwetter und Sonnenschein in bestimmter Weise zusammentreffen, oder, wenn das Licht durch ein Glasprisma fällt. Am roten Ende des Regenbogens liegen die langen Wellenlängen und am violetten Ende die kurzen. Bei der genauen Analyse des Sonnenspektrums entdeckte der Münchner Optiker Josef von Fraunhofer (1787–1826) unregelmäßig über die Farbskala verteilte, dunkle Linien, die heute als Fraunhofersche Linien bezeichnet werden. Hier hatte er offensichtlich irgendwelche Wellenlängen entdeckt, die im Sonnenspektrum entweder nicht vorkommen oder unterwegs eliminiert werden. Dass es sich tatsächlich um eine Elimination handelt und wie diese zustande kommt, werde ich Ihnen nun im Folgenden erklären.

Die Frequenzen des sichtbaren Lichtes liegen weit außerhalb unserer Anschauung, denn niemand kann sich vorstellen, dass etwas 10^{15} Mal pro Sekunde hin und her schwingt. Deshalb reden wir über Schwingungen viel lieber, wenn es sich um Körper handelt, die nur ein paar Mal pro Sekunde hin und her schwingen. Die dabei gewonnenen Erkenntnisse darf man dann in den unanschaulichen Bereich der extrem hohen Frequenzen des Lichtes übertragen. Nehmen Sie an, der Masseklotz in der Mitte der Abbildung 11.2 könne sich gut geölt verhältnismäßig reibungsfrei auf der Ebene hin und her bewegen. Er ist zwischen zwei Federn befestigt, von denen die linke elfmal härter sein soll als die rechte. An

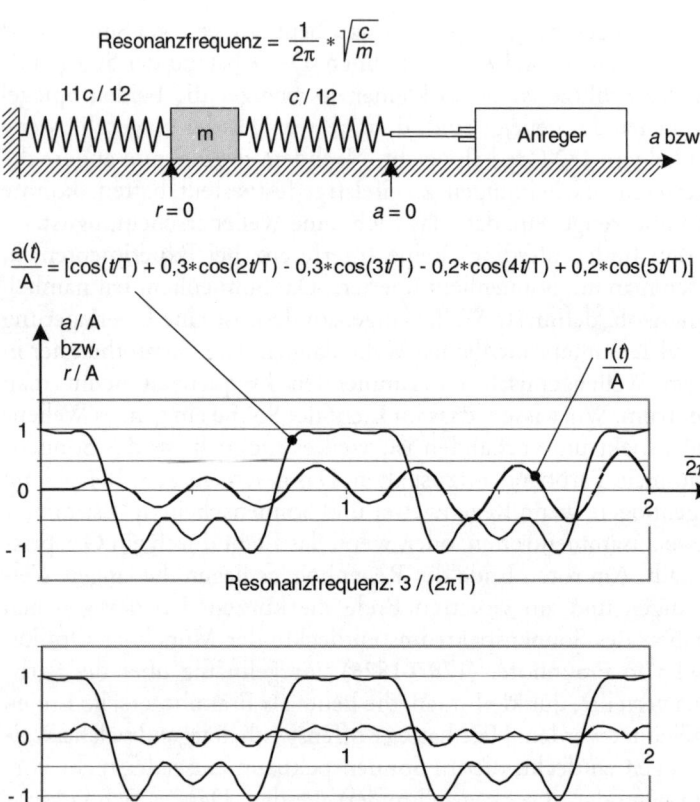

Resonanzfrequenz $= \dfrac{1}{2\pi} * \sqrt{\dfrac{c}{m}}$

$\dfrac{a(t)}{A} = [\cos(t/T) + 0{,}3*\cos(2t/T) - 0{,}3*\cos(3t/T) - 0{,}2*\cos(4t/T) + 0{,}2*\cos(5t/T)]$

Resonanzfrequenz: $3 / (2\pi T)$

Resonanzfrequenz: $6{,}32 / (2\pi T)$

11.2 Fourierzerlegung und Resonanz.

der rechten Feder greift ein Anreger an, der dieses Ende in einer bestimmten Weise hin und her bewegen kann. Wir nehmen an, dass die Anregung gemäß der Linie a(t) in den beiden Diagrammen verläuft. Ich habe diesen Verlauf dadurch gewonnen, dass ich fünf Kosinusverläufe addiert habe, deren Frequenzen zueinander im Verhältnis 1:2:3:4:5 stehen. Die niederste Frequenz bestimmt die sichtbare Periodizität der Anregung; die höheren Frequenzen haben den Effekt, dass der Anregungsverlauf keine Kosinusform hat, sondern deutlich davon abweicht. In seinem Buch über Wärmetheorie hat der Franzose Jean Baptiste Joseph Fourier (1768–1830) angegeben, wie man eine gegebene periodische Funktion beliebiger Form als Summe von Kosinus- und Sinusverläufen ausdrücken kann. Sein Verfahren ist heute allgemein unter der Bezeichnung Fourier-Transformation bekannt. Ohne das Wissen, dass man einen periodischen Verlauf immer als eine Summe von gewichteten Sinus- und Kosinusverläufen unterschiedlicher Frequenzen betrachten kann, bleibt es unverständlich, wieso es Resonanzerscheinungen gibt. Besonders anschaulich habe ich Resonanzerscheinungen immer dann erlebt, wenn ich im Stadtverkehr mit einem Bus bestimmter Bauart gefahren bin. Denn jedes Mal, wenn ein solcher Bus an einer roten Ampel wartete, fing die Seitenwand ganz laut an zu scheppern. Durch die periodische Anregung auf Grund des im Leerlauf drehenden Motors wurde die Buswand in Resonanz gebracht. Resonanzerscheinungen können so stark werden, dass die zum Schwingen gebrachten Systeme zerstört werden.

Jedes schwingungsfähige System hat eine sogenannte Resonanzfrequenz, die auch Eigenfrequenz genannt wird. Mit dieser Frequenz schwingt das System, nachdem es einmal aus seiner Ruhelage ausgelenkt wurde und danach ohne weitere Anregung sich selbst überlassen bleibt. So hat auch der Schwinger in Abbildung 11.2 eine Eigenfrequenz f, die man mit Hilfe der Gesetze der Newtonschen Mechanik berechnen kann. Sie ist durch die Masse m und die Federstärke c eindeutig bestimmt.

Das obere Diagramm in Abbildung 11.2 zeigt die Verhältnisse, die sich ergeben, wenn die Resonanzfrequenz dreimal so hoch ist wie die Anregungsgrundfrequenz. In diesem Falle ist die Resonanzfrequenz exakt gleich der Frequenz eines der Kosinusanteile, aus denen die Anregungskurve besteht. Das schwingende System reagiert nun sehr selektiv genau auf diese Frequenz, sodass die Reaktionsschwingung r(t) mit der Zeit immer höher wird, und wenn keine Reibung vorhanden wäre, würde diese Schwingung unbegrenzt weiter wachsen. Der Schwinger entnimmt damit dem Anreger dauernd Energie, denn irgendwoher muss die Schwingungsenergie kommen. Das untere Diagramm zeigt die Verhältnisse, die sich ergeben, wenn die Resonanzfrequenz des Schwingers etwas mehr als sechsmal so groß ist wie die Anregungsgrundfrequenz. In diesem Fall gibt es unter den Kosinussummanden des Anregungssignals keinen, dessen Frequenz mit der Resonanzfrequenz übereinstimmt, und deshalb gibt es hier auch keine immer größer werdende Resonanzreaktion r(t).

Die Erkenntnis, dass man durch Resonanz einem Anregungssignal Energie entziehen kann, hilft uns, die Fraunhoferschen Linien zu erklären. Man darf davon ausgehen, dass in dem ursprünglich von der Sonne ausgesandten Licht alle Frequenzen bzw. Wellenlängen vorkommen, die das sichtbare Spektrum ausmachen. Wenn nun im Sonnenlicht, das hier auf der Erde ankommt, bestimmte Wellenlängen fehlen, kann man vermuten, dass das Licht unterwegs durch irgendwelche Systeme hindurch muss, in denen es Eigenfrequenzen gibt, die durch Resonanzerscheinungen genau die Energie ganz bestimmter Frequenzen schlucken. Bis man aber erklären konnte, um welche Resonanzeffekte es sich dabei handelt, mussten nach Fraunhofer erst noch fast hundert Jahre vergehen.

Wie man gezwungen wurde, Licht- und Wärmestrahlen als herumfliegende Energiepakete zu deuten

In meiner Kindheit habe ich oft begeistert zugeschaut, wie der Schmied die Pferde der Bauern aus den benachbarten Schwarzwalddörfern beschlug. An diesen Schmied muss ich auch heute immer noch denken, wenn ich rotglühendes Eisen sehe. Dass ein erhitztes Eisenstück sowohl Licht als auch Wärme abstrahlen kann, wissen die Menschen schon lange, aber was das für Strahlen sind, wissen sie erst seit knapp 150 Jahren. Im Kapitel 9 habe ich dargestellt, durch welche Überlegungen James Maxwell zu dem Schluss kam, das Licht sei eine elektromagnetische Welle. Damit lag die Frage nahe, ob auch die Wärmestrahlen von dieser Art seien. Der Unterschied zwischen Licht- und Wärmestrahlen liegt tatsächlich nur in der Frequenz. Nun wollte man wissen, wie die Intensität dieser Strahlen von der Temperatur des strahlenden Körpers und der jeweiligen Strahlungsfrequenz abhängt. Diese Intensität wird gemessen, indem man feststellt, wie viel Energie pro Zeiteinheit auf einer bestrahlten Fläche ankommt. Um die

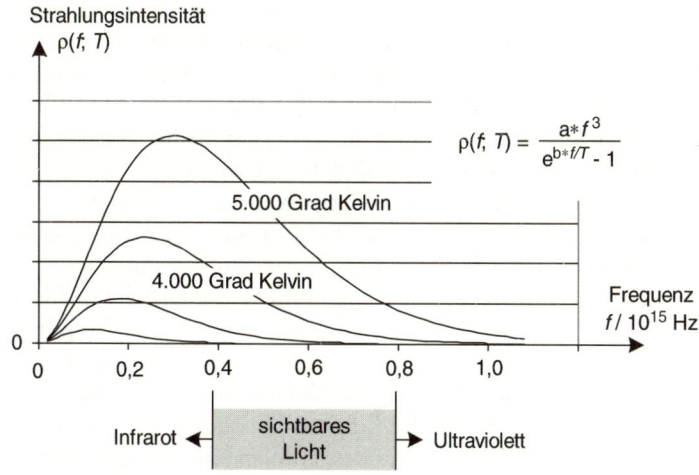

$$\rho(f, T) = \frac{a*f^3}{e^{b*f/T} - 1}$$

11.3 Die „Plancksche Kurvenschar".

Abhängigkeit von der Strahlungsfrequenz zu erfassen, muss man die Strahlen in ein Frequenzband auffächern, wie wir dies vom Regenbogen kennen. Die experimentellen Befunde sind in Abbildung 11.3 dargestellt. Solange die Körper noch nicht so heiß sind, dass sie anfangen zu glühen, liegt die gesamte abgegebene Strahlung im infraroten Bereich. Erst wenn man die Körper stärker erhitzt, geben sie auch Strahlung im sichtbaren Bereich ab, wobei sie anfänglich nur schwach rot glühen und erst bei höheren Temperaturen immer weißeres Licht erzeugen.

Im Jahre 1900 befasste sich auch der deutsche Physiker Max Planck (1858–1947) mit den in Abbildung 11.3 dargestellten Kurven. Bis dahin gab es keine vollständige mathematische Beschreibung dieser Kurven und auch keine Erklärung, weshalb die Kurven gerade so aussehen und nicht anders.

Nachdem er zuerst einmal in viele Sackgassen gelaufen war, rang er sich schließlich „in einem Akt der Verzweiflung", wie er selbst in seiner Biografie schrieb, zu der Annahme durch, dass die Strahlungsenergie nicht kontinuierlich abgegeben wird, sondern in Form extrem kleiner Energiepakete, wobei die in einem solchen Paket steckende Energiemenge der jeweiligen Frequenz propor-

tional ist. Den Proportionalitätsfaktor nannte er h. Dieses h erhielt
später die Bezeichnung *Wirkungsquantum*; es hat den Wert
6,626 × 10^{-34} Joulesekunden. Weil sie „die Teilchen des Lichtes"
sind, nennt man die Energiepakete auch Lichtquanten oder Photonen. Die Wärme, die wir spüren, wenn wir in die Nähe eines
sehr heißen, aber noch nicht glühenden Eisenstückes kommen, ist
das Ergebnis der infraroten Strahlung. Wenn diese Strahlung die
Frequenz f = 3 $*$ 10^{14} Hz hätte, bestünde sie aus lauter Energiepaketen, von denen jedes h $*$ f = 2 $*$ 10^{-19} Wattsekunden enthält.

Die Planckschen Ergebnisse standen im Widerspruch zur klassischen Physik, in der die Energie einer Welle von deren Amplitude und nicht von der Frequenz abhängt. Es gab aber schon vor
Planck experimentelle Befunde, bei denen eine solche Frequenz-
abhängigkeit auftrat. Alexandre Edmont Becquerel, der Vater von
Henri Becquerel, des Entdeckers des strahlenden Urans, entdeckte 1839 den lichtelektrischen Effekt. In den Experimenten konnte
ein elektrischer Strom durch ein Vakuum fließen, wenn die am
Minuspol der Batterie angeschlossene Elektrode mit Licht
bestrahlt wurde. Das Licht muss offenbar die Elektronen aus der
metallischen Elektrode „herausschlagen". Rund 50 Jahre nach der
Entdeckung des Effektes konnte Wilhelm Hallwachs, ein Assistent von Heinrich Hertz, experimentell feststellen, wie die kinetische Energie, mit der die Elektronen ihre Elektrode verlassen, von
der Frequenz des Lichtes abhängt, mit dem die Elektrode
bestrahlt wird. Erst im Jahre 1905 wurde diese Abhängigkeit
schlüssig erklärt, und zwar von Albert Einstein. Das Licht kommt
als Strom von Energiepaketen an, und die darin enthaltene Energie hängt linear von der Frequenz ab nach der Formel h$*$f. Der
Proportionalitätsfaktor h ist der gleiche, den Max Planck zur
Erklärung der Verläufe in Abbildung 11.3 eingeführt hatte. Wenn
nun ein solches Energiepaket auf die Elektrode trifft, wird es nur
dann ein Elektron herausschlagen, wenn aus der mitgebrachten
Energie die materialspezifische Ablösearbeit $W_{Material}$ aufgebracht
werden kann. Die über diese Ablösearbeit hinausgehende Energie
des Paketes wird in kinetische Energie des herausfliegenden Elektrons umgesetzt. Die kinetische Energie des Elektrons wird also
den Wert h $*$ f$-W_{Material}$ haben. Für diese Erkenntnis erhielt Albert
Einstein 1921 den Nobelpreis.

In seinem Buch über die Geschichte der Quantentheorie schreibt Friedrich Hund, der einmal Mitarbeiter von Werner Heisenberg (1901–1976) war: „Die Quantentheorie ist die Lehre von der Rolle, die h in der Natur spielt." Von der Geburtsstunde dieses h, d. h. von der genialen Idee von Max Planck, dauerte es aber noch fast drei Jahrzehnte, bis man einen vollen Überblick darüber hatte, welche Rolle h in der Natur spielt. Es ist die zentrale Rolle in der Quantenwelt, auf die man zwangsläufig stößt, wenn man immer tiefer zu dem vordringt, „was unsere Welt im Innersten zusammenhält". Dabei stößt man aber meist auf Phänomene, die nicht nur uns Laien, sondern auch den Physikern im Grunde rätselhaft erscheinen. Dennoch sind die Formeln, in denen das Plancksche h vorkommt, experimentell überprüft und bestätigt worden.

Zuerst aber ging es noch nicht um rätselhafte Erscheinungen, sondern um sehr anschauliche Fragestellungen. Wie kommen die Atome eines erhitzten Körpers dazu, elektromagnetische Strahlung auszusenden? Maxwell hatte ja die Existenz elektromagnetischer Wellen mathematisch hergeleitet, und Heinrich Hertz (1857–1894) hatte mit einer elektrischen Apparatur als erster solche Wellen im Labor erzeugt. Heutzutage ist die Welt voll von Apparaturen, welche elektromagnetische Wellen erzeugen – denken Sie an Rundfunk- und Fernsehsender, an die Antennen des Polizeifunks oder an Ihr Mobiltelefon. Die Wellenlängen dieser Funkwellen liegen im Meter- und Zentimeterbereich, also weit weg von den Wellenlängen des Lichtes und der Wärmestrahlung, die ungefähr um den Faktor 100 000 kleiner sind. Die Planckschen Ergebnisse hatten den Hinweis geliefert, dass es nicht angebracht ist, die Wirkungsweise von Funkantennen auch bei den Atomen zu vermuten. Denn in den Funkantennen fließen periodische Ströme, deren Frequenz auch die Frequenz der abgestrahlten Wellen bestimmt. Da die Wellenabstrahlung mit der Abgabe von Energie in den umgebenden Raum verbunden ist, muss den Antennen zur Aufrechterhaltung der Wellenerzeugung dauernd elektrische Energie zugeführt werden. Diese Energie muss aus Batterien oder aus den Generatoren der Kraftwerke geliefert werden. Im Unterschied hierzu kommt die Energie, die es einem Atom ermöglicht, Strahlung abzugeben, aus der Wärme. Man wusste inzwischen,

dass Wärme nichts anderes ist als Bewegungsenergie in der Mikrowelt, und deshalb durfte man schließen, dass einem Atom aus der
Wärme nur Energie in Form von Stößen zufließen kann. Man
konnte sich also vorstellen, dass solche Stöße dazu führen können,
ein Atom aus seinem Zustand der aktuellen Strahlungsunfähigkeit
in einen Zustand der Strahlungsfähigkeit zu überführen. Der
Unterschied zwischen diesen beiden Zuständen musste gerade
durch die Energiemenge bestimmt sein, welche vom Atom
anschließend wieder in Form eines Strahlungsenergiepaktes abgegeben werden konnte.

Die Tatsache, dass ein Atom nur Energiepakete ganz bestimmter Größe abgeben kann, bedeutet, dass die Energiezustände eines
Atoms nur ganz bestimmte Werte annehmen können.

Es war sinnvoll anzunehmen, dass die hier zu betrachtenden
Zustandsänderungen eines Atoms nur die Energie der Elektronen,
also ihre kinetische und potentielle Energie betreffen. Die potenzielle Energie ist dabei eine Folge des elektrischen Feldes, welches
eine Konsequenz der elektrischen Ladungen des Kerns und der
Elektronen ist. Der Ort, wo sich das Elektron in diesem elektrischen Feld aktuell befindet, bestimmt seine potenzielle Energie.
Bevor ich Ihnen aber darstellen kann, mit welcher Theorie die
Quantenphysiker erklären, warum es gestaffelte Energiezustände
der Elektronen im Atom gibt, muss ich Ihnen erst noch eine andere fundamentale Erkenntnis der Quantenphysik nahebringen,
worin auch wieder die Plancksche Konstante h vorkommt.

Man geht von der Annahme aus, dass die Einsteinsche Energie-
formel $E = m * c^2$ auch für das einzelne Photon gilt. Dann kann man
die Plancksche und die Einsteinsche Erkenntnis nebeneinander
stellen, wie ich es in der Tabelle in Abbildung 11.4 getan habe.
Ganz formal enthält man nun einen Wert für die Photonenmasse
und den Photonenimpuls. Da sich Photonen immer mit Lichtge-

Energie E (Planck)	Energie E (Einstein)	Masse m	Impuls p = $m * c$
$h * f$	$m * c^2$	$\dfrac{h * f}{c^2}$	$\dfrac{h * f}{c} = \dfrac{h}{\lambda}$

11.4 „Mechanisierung" der Photonen.

schwindigkeit bewegen, haben sie keine Ruhemasse, und ihre Energie ist ausschließlich Bewegungsenergie. Den Impuls drückt man unter Verwendung der Wellenlänge λ aus, die mit der Frequenz f und der Lichtgeschwindigkeit c über die Beziehung $\lambda*f=c$ zusammenhängt.

Da man mit Impulsen immer dann rechnet, wenn zwei Körper zusammenstoßen, stellt sich nun natürlich die Frage, ob denn ein Photon auch mit einem Körper zusammenstoßen kann, der eine Ruhemasse hat. So könnte man beispielsweise fragen, was passiert, wenn ein Photon mit einem Elektron zusammenstößt. Die Ruhemasse des Elektrons beträgt $9,1*10^{-31}$ Kilogramm. Zu einem Quant, das die gleiche Masse hat, gehört die Frequenz $1,2*10^{20}$ Hertz, die rund 200 000-mal höher ist als die mittlere Frequenz des sichtbaren Lichts. Deshalb wird ein Elektron, das von einem Lichtquant gestoßen wird, diesen Stoß ebenso wenig spüren wie eine Lokomotive, die von einem Fußball getroffen wird. Es gibt aber Quanten, deren Energie sehr viel höher ist als die des sichtbaren Lichts. Hierzu gehören die Röntgenquanten. Als Wilhelm Conrad Röntgen (1845–1923) im Jahre 1895 erstmalig die Röntgenstrahlen feststellte, konnte er noch nicht wissen, dass diese Strahlen auf zwei unterschiedliche Weisen entstehen können. In beiden Fällen trifft ein Elektronenstrahl auf eine metallische Elektrode. Dabei werden die Elektronen abgebremst und verlieren ihre kinetische Energie. Diese wird ganz oder teilweise in elektromagnetische Strahlung umgewandelt. Die kinetische Energie der Elektronen kann aber auch ganz oder teilweise dafür verbraucht werden, Elektronen im Atom auf sehr hohe Energieniveaus anzuheben, von wo aus sie später wieder auf ein sehr viel niedrigeres Energieniveau zurückspringen. Die Energiedifferenz bildet die Energie des Röntgenquants. Wegen ihrer großen Energie haben die Röntgenstrahlen eine sehr hohe Frequenz und damit eine sehr kleine Wellenlänge, worin ihre Eigenschaft begründet ist, dass sie durch Materialien hindurchgehen können, die für das sichtbare Licht undurchdringlich sind. Dass solche Röntgenquanten tatsächlich messbare Effekte erzeugen, wenn sie mit Elektronen zusammenstoßen, hat im Jahre 1923 erstmalig der amerikanische Physiker Arthur Holly Compton (1892–1962) gezeigt.

Unsere Vorstellung von einem Teilchen, das mit einem anderen Teilchen zusammenstoßen kann, verträgt sich selbstverständlich nicht mit der Vorstellung, dass ein Photon eigentlich eine räumlich begrenzte Welle sei. So wie uns Einsteins Relativitätstheorie gezwungen hat zu akzeptieren, dass unsere anschauliche Vorstellung von gleichzeitigen Ereignissen keine absolute Gültigkeit hat, werden wir nun durch die Erscheinungen in der Quantenwelt gezwungen zu akzeptieren, dass es keine geschlossene anschauliche Vorstellung gibt, welche alle diese Erscheinungen vereinigt. Aus der klassischen Mechanik sind wir daran gewöhnt, einen bewegten starren Körper durch zwei exakte Werte zu charakterisieren, nämlich zum einen durch den aktuellen Ort seines Schwerpunktes und zum anderen durch den Betrag und die Richtung seiner Geschwindigkeit. Anstelle der Geschwindigkeit können wir auch den Impuls betrachten. Da wir nun also das Photon auch als Teilchen betrachten müssen, stellt sich die Frage nach der Lage seines Schwerpunkts und seines Impulses. Der Impuls ist nach Abbildung 11.4 durch die Wellenlänge festgelegt; wenn wir also die Wellenlänge exakt angeben können, haben wir auch den exakten Impuls. Eine exakte Wellenlänge kann es aber nur geben, wenn die Frequenz exakt festliegt und dies gilt im mathematischen Sinne nur für vollständig periodische Funktionen, die in der Zeitform $A * \sin(2\pi * f * t)$ und in der Ortsform $A * \sin(2\pi * (x/\lambda))$ formuliert sein können. Darin gibt es weder für die Zeit t, noch für den Ort x eine Begrenzung.

Wegen der Endlichkeit der in den Photonen enthaltenen Energie muss es sich aber um räumlich begrenzte Wellenpakete handeln, wie sie beispielsweise in Abbildung 11.5 gezeigt sind. Die in einem solchen Wellenpaket enthaltene Energie entspricht dem Produkt aus der Länge und dem Quadrat der Amplitude. Die beiden in Abbildung 11.5 dargestellten Wellenpakete haben die gleiche Energie, denn $3 * 1^2 = 12 * 0{,}5^2$. Da nun also zu einem Photon wegen der Endlichkeit seiner Energie keine unbegrenzte Sinusform gehört und ihm deshalb keine eindeutige Frequenz f zugeordnet werden kann, darf man gar nicht verlangen, dass sein Impuls eindeutig bestimmt sei. Ebenso wenig darf man verlangen, dass sein Ort völlig exakt bestimmt sei, denn die Gebilde in Abbildung 11.5 befinden sich zwar stets irgendwo im Raum, aber man

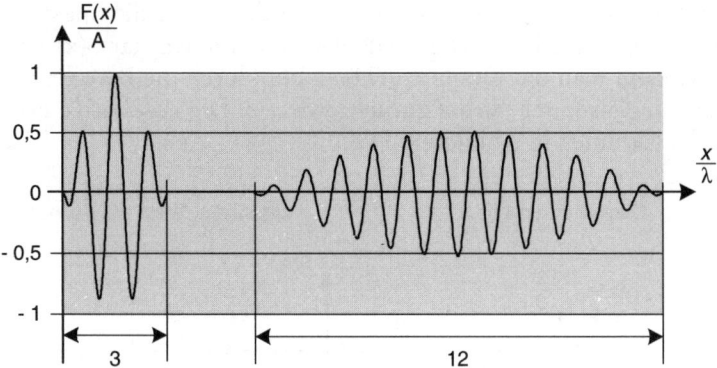

11.5 Alternative Wellenpakete gleicher Energie.

kann nicht sagen, dass sie sich jeweils genau an einem Punkt des Raumes befänden. Grundsätzlich ist es immer ein Akt der Willkür, wenn wir im Zusammenhang mit räumlich oder zeitlich ausgedehnten Gebilden sagen, sie hätten sich zu einem bestimmten Zeitpunkt an einem bestimmten Punkt im Raum befunden. Denken Sie an die Zielfotos von Läufern oder Rennpferden, mit denen entschieden wird, wer als erster durchs Ziel ging. Ein weiteres Beispiel ist der Zeitpunkt der Geburt, der zwar sicher auf eine halbe Stunde genau festgelegt werden kann, aber keineswegs auf Millisekunden genau.

Im Falle der Wellenpakete ist es nun interessanterweise möglich, eine Beziehung anzugeben zwischen der Unbestimmtheit Δx des Ortes und der Unbestimmtheit Δp des Impulses. Hierfür müssen wir noch einmal die Erkenntnisse des Herrn Fourier heranziehen, die ich bereits im Zusammenhang mit Abbildung 11.2 erwähnt habe. Herr Fourier konnte zeigen, dass man beliebige periodische Verläufe als Summe von Sinus- und Kosinusverläufen auffassen kann. Später konnte Herr Fourier sogar noch zeigen, dass auch nichtperiodische Verläufe unter bestimmten Voraussetzungen als Integralsummen von Sinus- und Kosinusverläufen dargestellt werden können. In diesem Falle kann man mit einer Integralformel, die ich hier nicht zeigen muss, zur gegebenen Funktion F(x), welche man die Originalfunktion nennt, zwei

Funktionen S(f) und C(f) berechnen, welche man die Spektral-funktionen von F(x) nennt. Aus dem Funktionenpaar S(x) und C(x) kann man die Originalfunktion F(x) durch die Berechnung der Integralsumme wieder zurückgewinnen. Die zugehörige Formel steht unten in Abbildung 11.6.

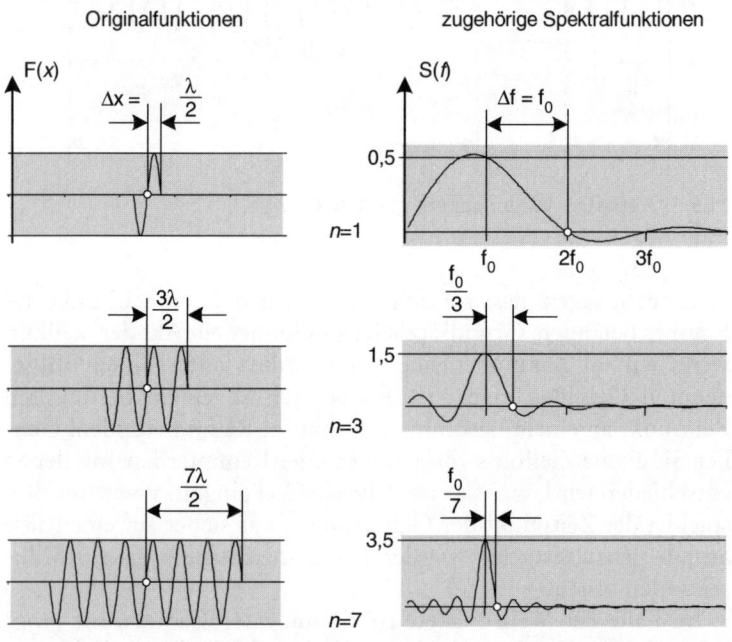

Im allgemeinen Fall besteht ein Spektrum aus einer Sinuskomponente S(f) und einer Cosinuskomponente C(f). Aus diesen beiden Spektralfunktionen gewinnt man die Originalfunktion F(x) wie folgt:

$$F(x) = \int_{f=0}^{\infty} \left[S(f) * \sin(2\pi * f * x) + C(f) * \cos(2\pi * f * x) \right] * df$$

Die hier betrachteten Funktionen F(x) sind punktsymmetrisch zum Punkt x=0, d. h., sie erfüllen die Bedingung F(x) = - F(-x). Deshalb ist hier C(f) = 0, sodass jeweils nur eine Funktion S(f) betrachtet werden muss.

11.6 Sinuskurven mit endlicher Periodenanzahl und die zugehörigen Spektren.

Amplituden- und längenbegrenzte Verläufe erfüllen immer die Voraussetzung dafür, dass man diese Verläufe in Form von Fourier-Integralen darstellen kann. Ich hätte also zu den beiden Verläufen in Abbildung 11.5 die jeweiligen Spektralfunktionen S und C berechnen können. Wegen der zu den Verlaufsrändern hin abfallenden Amplituden ist allerdings diese Berechnung ein wenig komplizierter als für den Fall, in dem die Amplitude über die gesamte Verlaufslänge konstant bleibt. Deshalb habe ich die Fourier-Analyse nicht für die Verläufe in Abbildung 11.5 vorgenommen, sondern für die Verläufe, die links in Abbildung 11.6 gezeigt sind. Zwar sind die Verläufe in Abbildung 11.6 sicher nicht so realistisch wie die in Abbildung 11.5, aber die herzuleitenden Ergebnisse werden durch meine Idealisierung nicht in unzulässiger Weise verfälscht. Bei den Verläufen links im Abbildung 11.6 handelt es sich jeweils um eine ungerade Anzahl von Sinusperioden, wobei der Nullpunkt der x-Achse in der Mitte des Verlaufes liegt. Durch diese Wahl der Verläufe habe ich erreicht, dass ich nur die Spektralfunktion S(f) berechnen musste, da in diesem Fall C(f) = 0 ist für alle Werte von f. Die zu den links in Abbildung 11.6 gezeigten Verläufen gehörenden Funktionen S stehen rechts im Bild. Dabei ist f_0 die Frequenz, die zu einer nach links und rechts unbegrenzten Schwingung mit der Periodenlänge λ gehört.

Wenn man die Verläufe in Abbildung 11.6 nicht mit dem Wissen um die Aussagen von Herrn Fourier betrachtet, könnte ein naiver Betrachter sagen, bei den links dargestellten Verläufen sei doch die Wellenlänge λ und damit auch die Frequenz f_0 eindeutig ersichtlich, sodass es doch gar keinen Grund gäbe, neben der Frequenz f_0 in den linken Signalen noch andere Frequenzen zu vermuten. Diese Betrachtungsweise ist aber nicht korrekt, da es sich bei den linken Verläufen eben nicht um grenzenlose Sinusverläufe handelt, sondern jeweils nur um einen Ausschnitt aus einem Sinusverlauf, der sich als Integralsumme unendlich vieler Sinusverläufe darstellen lässt.

Wegen der endlichen Signalbreiten links kann die Unbestimmtheit Δx des Ortes nicht größer sein als die Hälfte der Signalbreite. Denn als Ort, wo sich ein ausgedehntes symmetrisches Objekt befindet, gilt üblicherweise der Ort, wo sich sein Mittelpunkt befindet. Andere Punkte des Objektes können aber auch als

„aktueller Ort des Objektes" vorkommen, und deshalb ist die Unbestimmtheit die maximale Entfernung zwischen dem Mittelpunkt und den anderen Punkten. Im Unterschied zu den linken Verläufen sind die rechten Verläufe nach rechts unbegrenzt; es handelt sich um ein Auf und Ab, dessen Amplitude nach rechts zwar immer kleiner wird, aber erst im Unendlichen verschwindet. Aus den Formeln der Fourier-Analyse lässt sich die Erkenntnis ableiten, dass die Spektralfunktionen nur dann auf ein endliches Frequenzintervall beschränkt sind, wenn die Funktionen F nicht auf ein Längenintervall auf der x-Achse beschränkt sind. Intervallbegrenzung auf der einen Seite bedeutet also immer Unbegrenztheit auf der anderen Seite. Wenn wir dennoch ein Unbestimmtheitsintervall Δf festlegen wollen, müssen wir mehr oder weniger willkürlich eine Grenze ziehen. Ich habe diese Grenze dorthin gelegt, wo der rechte Verlauf nach seinem Maximalwert das erste Mal wieder den Wert 0 erreicht.

Aus der Abhängigkeit der Werte Δx und Δf von der Anzahl n der Perioden im Signal F habe ich nun in Abbildung 11.7 die im grauen Kasten rechts unten stehende Beziehung abgeleitet. Hier wird ausgesagt, dass das Produkt aus Ortsunschärfe und Impulsunschärfe einen Wert habe, der gleich der Hälfte der Planckschen Konstanten h ist. Der Nenner zwei in der hergeleiteten Beziehung ist eine Konsequenz unserer Festlegung der Grenzen der Intervalle Δx und Δf in Abbildung 11.6. Es gibt aber auch Festlegungen, bei denen sich als Nenner in der Unschärferelation der Wert eins oder 4π ergibt. Außerdem sagt das Gleichheitszeichen nicht, dass das Produkt $\Delta x * \Delta p$ in jedem Falle immer den Wert h/2 haben müsse; diese Gleichheit gilt lediglich für die Abbildung 11.6. Im allgemeinen Fall soll ausgesagt werden, dass in der Quantenwelt Ort und Impuls nie beide exakt bestimmt sein können. Je genauer man den Ort bestimmen kann, desto unbestimmter muss der Impuls sein, und umgekehrt. In der allgemeinen Form der Unschärferelation steht anstelle des Gleichheitszeichens das Symbol >, wodurch ausgesagt wird, dass das Unschärfeprodukt nicht kleiner werden kann als die rechts stehende Konstante. Werner Heisenberg hat als Erster diese Erkenntnis im Jahre 1927 formuliert.

Schon im Jahre 1808, also rund hundert Jahre vor der Entwicklung der Quantentheorie, entdeckte der Franzose Étienne Louis

Aus Abb. 11.6 erhält man $\dfrac{\Delta x}{\lambda} = \dfrac{n}{2}$ und $\dfrac{\Delta f}{f_0} = \dfrac{1}{n}$.

Darin ist λ die Periodenlänge bei $F(x)$ und f_0 die Bezugsfrequenz bei $S(f)$. λ und f_0 stehen über die Ausbreitungsgeschwindigkeit c zueinander in der

Beziehung $\lambda * f_0 = c$. Damit erhält man $\dfrac{\Delta x * \Delta f}{\lambda * f_0} = \dfrac{\Delta x * \Delta f}{c} = \dfrac{1}{2}$

Mit h multipliziert wird daraus $\Delta x * \dfrac{h * \Delta f}{c} = \dfrac{h}{2}$

Nach Abb. 11.4 gilt für den Impuls $p = \dfrac{h * f}{c}$

und somit für die Impulsunschärfe $\Delta p = \dfrac{h * \Delta f}{c}$. Damit ergibt sich

eine Beziehung zwischen Orts- und Impulsunschärfe $\Delta x * \Delta p = \dfrac{h}{2}$

Heisenbergsche Unbestimmtheitsrelation: $\Delta x * \Delta p > \dfrac{h}{4\pi}$

11.7 Herleitung einer Unbestimmtheitsrelation aus den Δ-Beziehungen in Abbildung 11.6.

Malus (1775–1812) einen Effekt, den er zwar beschreiben, aber nicht erklären konnte. Für diese Erklärung benötigt man nämlich zum einen das Wissen um die elektromagnetischen Wellen, welches durch James Maxwell in die Welt kam, und zum anderen das Wissen um die Photonen als unteilbare Energiepakete, die von Planck erkannt wurden. Monsieur Malus machte Experimente, bei denen er Licht durch unterschiedlich ausgerichtete Kalkspatkristalle schickte, wobei er feststellte, dass die Lichtdurchlässigkeit dieser Kristalle zum Teil von ihrer Winkelausrichtung abhing. In unserer heutigen Sprache sagen wir, dass er die Polarisation des Lichts und die Existenz von Polarisationsfiltern entdeckt hat. Bei meiner Herleitung der elektromagnetischen Wellen habe ich in Abbildung 9.10 gezeigt, dass das magnetische und das elektrische

Feld jeweils senkrecht auf der Ausbreitungsrichtung stehen und auch senkrecht zueinander verlaufen. Ein Polarisationsfilter hat die Eigenschaft, dass es eine Vorzugsrichtung für die elektrische Feldstärke hat. Wenn die elektrische Feldstärke der Lichtwelle, die auf das Filter trifft, mit der Filtervorzugsrichtung zusammenfällt, wird das Licht ungehindert durchgelassen, andernfalls wird es mehr oder weniger geschwächt.

Im Extremfall wird das Licht überhaupt nicht durchgelassen, nämlich genau dann, wenn das elektrische Feld der Welle senkrecht zur Vorzugsrichtung des Filters steht. Nun wissen wir inzwischen aber auch, dass das Licht als ein Strom von Photonen auf das Filter trifft, wobei für jedes einzelne Photon nur die Entscheidung fallen kann, ob es durchgelassen wird oder nicht. Wenn also das Licht mit abgeschwächter Intensität hinter dem Filter auftritt, bedeutet dies, dass nur ein bestimmter Prozentsatz der Photonen durchgelassen wurde. Für das einzelne Photon bedeutet

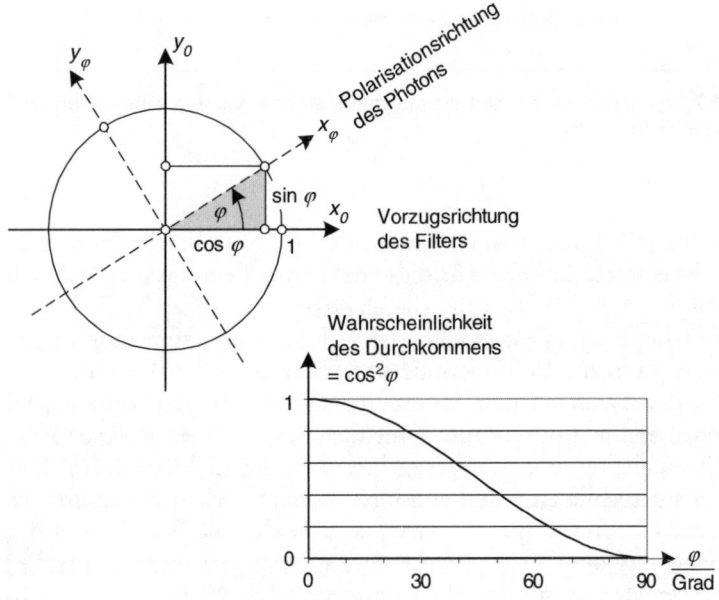

11.8 Verhältnisse beim Polarisationsfilter.

dies eine Wahrscheinlichkeitsentscheidung, wobei die Wahrscheinlichkeit des Durchkommens vom Winkel zwischen der Polarisation des Lichtes und der Vorzugsrichtung des Filters abhängt. In Abbildung 11.8 ist dies dargestellt.

Es erscheint mir wichtig darauf hinzuweisen, dass durch ein Experiment mit dem Polarisationsfilter fast keine Information über die Polarisationsrichtung eines Photons vor dem Filter gewonnen werden kann. Wenn das Photon durchgelassen wird, weiß man nur, dass es nicht senkrecht zur Vorzugsrichtung des Filters polarisiert war, denn sonst wäre seine Durchkommenswahrscheinlichkeit null gewesen. Alle anderen Richtungen sind möglich. Interessanterweise verändert sich aber aufgrund der Wechselwirkung zwischen dem Photon und dem Filter die Polarisation des Photons derart, dass man hinterher genau sagen kann, wie die Polarisation nun ist: Ein durchgekommenes Photon ist nun in der Vorzugsrichtung polarisiert, ein abgewiesenes Photon dagegen ist danach um 90 Grad gegenüber der Vorzugsrichtung polarisiert.

Betrachten Sie hierzu die Abbildung 11.9. Oben und unten ist jeweils eine Kette von drei Filtern gezeigt, wobei in beiden Ketten die Vorzugsrichtung des ersten Filters horizontal verläuft. Als Bezugsgröße für die Prozentangaben im Bild dient jeweils der am zweiten Filter ankommende Photonenstrom. In der unteren Filterkette gelingt es keinem dieser Photonen, durch das zweite Filter zu kommen, weil dessen Vorzugsrichtung senkrecht steht. Dagegen schafft es die Hälfte in der oberen Kette, eine Stufe weiter zu kommen. Es ist kein Wunder, dass wenn in der unteren

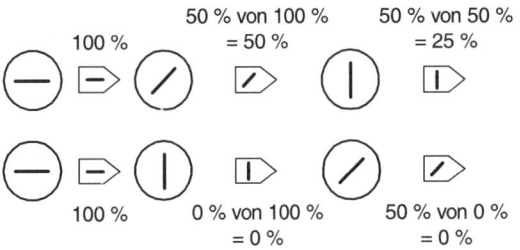

11.9 Zur Veränderung der Polarisation durch die Filterung.

Kette auf das dritte Filter keine Photonen kommen, auch keine mehr hinten herauskommen können. Oben dagegen kann von denen, die zum letzten Filter kommen, wieder die Hälfte durchkommen, weil auch hier zwischen der Photonenrichtung und dem Filter eine Winkelverschiebung von 45° besteht.

Dies ist ein Beispiel für den allgemeinen Sachverhalt, dass Experimente in der Quantenwelt, die physikalische Informationsbasis so verändern, dass sie durch keine anschließenden Maßnahmen wieder rekonstruiert werden kann.

Eine Theorie, die stimmt, aber völlig rätselhaft bleibt

In Abbildung 11.3 habe ich dem Photon, also einem Wellenpaket die mechanischen Attribute Masse und Impuls zuordnen können. Mit größter Wahrscheinlichkeit wäre ich bei der Betrachtung dieser Zuordnung nie alleine auf die Idee gekommen, mich zu fragen, ob man nicht auch eine umgekehrte Zuordnung vornehmen könne, indem man einem massebehafteten Teilchen Welleneigenschaften zuordnet. Diesen phantasievollen Einfall formulierte aber der Franzose Louis-Victor de Broglie (1892–1987) im Jahre 1923 in seiner Doktorarbeit.

Er stellte einfach rein formal den Zusammenhang her, der in Abbildung 11.10 dargestellt ist. Allerdings ist Papier geduldig, und hinschreiben kann man auch jeden Unsinn. Deshalb stellte sich natürlich sofort die Frage, welche experimentellen Konsequenzen denn aus einer solchen Zuordnung gezogen werden könnten. Es war nicht schwer, auf die Idee zu kommen, dass man versuchen musste, mit massebehafteten Teilchen Interferenzerscheinungen zu erzeugen. Schauen Sie sich hierzu noch einmal die Abbildung 11.1 an, mit der ich Ihnen den Begriff der Interferenz als richtungsabhängige Erhöhung oder Auslöschung von Wellen nahe gebracht habe. Die in Abbildung 11.1 gezeigten Verhältnisse sind recht anschaulich; sie setzen aber voraus, dass von oben auf die beiden Spalten eine kontinuierliche ebene Welle auftrifft und nicht ein Strom von Teilchen. Wir müssen dabei noch gar nicht einmal annehmen, es handle sich um massebehaftete Teilchen; schon unsere Vorstellung des einzelnen Photons

	Impuls	kinetische Energie
nach Newton	$p = m*v$	$\dfrac{m*v^2}{2} = \dfrac{p^2}{2*m}$
nach Quantentheorie (aus Abb. 11.4)	$\dfrac{h}{\lambda}$	$h*f$

Werte für die "Materiewelle"

Frequenz	$f = \dfrac{p^2}{2*m*h}$
Wellenlänge	$\lambda = \dfrac{h}{p}$
Ausbreitungs-geschwindigkeit	$f*\lambda = \dfrac{p}{2*m} = \dfrac{v}{2}$

11.10 „Wellisierung" von Masseteilchen (nichtrelativistisch, d.h. für kleine Teilchengeschwindigkeiten v gegenüber c).

als unteilbares Energiepaket verträgt sich nicht mehr mit Abbildung 11.1.

Ich kann Ihnen das Problem gut veranschaulichen, indem ich Ihnen einen Vorgang aus einem ganz anderen Bereich schildere, der mit Wellen überhaupt nichts zu tun hat. Stellen Sie sich vor, Sie säßen auf einem oberen Rang in einem riesigen Sportstadion und schauten auf die leere Rasenfläche hinunter in Erwartung der feierlichen Eröffnungsveranstaltung. Plötzlich kommt ein weiß gekleideter Sportler auf die Fläche gelaufen und stellt sich anscheinend zufällig irgendwo hin. Nach ihm erscheint ein zweiter Sportler und stellt sich auch irgendwo hin. Nacheinander kommen nun viele Sportler, sodass immer mehr Sportler irgendwo auf der Fläche stehen. Anfänglich sieht das Verteilungsmuster der weiß gekleideten Sportler noch recht zufällig aus, aber mit der Zeit werden Sie in der Vermutung bestärkt, dass hier ein Schriftzug gebildet werden soll, und schließlich erkennen Sie – zwar noch unvollständig, aber doch schon lesbar – das Wort „WELCOME". Offensichtlich wusste jeder der vielen Hundert Sportler ganz genau, wo er sich hinzustellen hat.

Nun kehren wir wieder zum Abbildung 11.1 zurück und stellen uns vor, anstelle der ebenen Welle kämen nacheinander einzelne Teilchen an der Wand mit den beiden Spalten an. Etliche dieser Teilchen prallen an die Wand und werden zurückgeschleudert. Einzelnen aber gelingt es, durch einen der Spalte zu fliegen, wobei wir sie dabei nicht beobachten können. Wir können aber feststellen, an welcher Stelle sie hinten auf unserer Beobachtungsfläche – Film oder Fluoreszenzschirm – auftreffen. Diese Beobachtungsfläche entspricht unserer Rasenfläche im Sportstadion, wo nacheinander einzelne Punkte besetzt werden. Und so, wie wir anfänglich im Stadion nur eine zufällige Punkteverteilung erkennen konnten, sehen wir auch auf unserem Auffangschirm anfangs nur eine zufällige Verteilung der Auftreffstellen. Mit der Zeit aber bildet sich ein Muster heraus und dieses Muster entspricht genau dem Interferenzmuster einer Wellenerscheinung bestimmter Wellenlänge: Wo sich bei einer Interferenz eine Erhöhung ergeben würde, sind sehr viele Teilchen aufgetroffen, dort wo eine Auslöschung zu erwarten wäre, sind gar keine Teilchen aufgetroffen. Nun stehen wir vor einem Rätsel: Bei den Sportlern durften wir annehmen, dass jeder von ihnen genau wusste, wo er sich auf dem Rasenfeld hinzustellen hatte, damit am Ende das richtige Wort zu sehen war, aber einem Teilchen billigen wir kein Gehirn zu, und erst recht können wir uns nicht vorstellen, dass die Teilchen zuvor in einer großen Versammlung gesagt bekamen, wo sie hinzufliegen hätten. Trotzdem ist das Interferenzmuster entstanden. Dieses Rätsel ist bis heute ein Rätsel geblieben, d. h., auch die schlauesten Physiker haben hierfür keine Lösung. Sie haben inzwischen einfach akzeptiert, dass es in der Quantenwelt so einen Welle-Teilchen-Dualismus gibt.

In der Tabelle in Abbildung 11.10 habe ich die Ausbreitungsgeschwindigkeit der Materiewelle berechnet, die sich aus den anderen Zuordnungen ergibt. Bei jeder sinusförmigen Welle ergibt das Produkt aus der Wellenlänge λ und der Frequenz f die Ausbreitungsgeschwindigkeit. Überraschenderweise erhalten wir für dieses Produkt die Hälfte der angenommenen Teilchengeschwindigkeit v. Da wir inzwischen gelernt haben, in der Quantenwelt mit ungelösten Rätseln zu leben, sollten wir gar nicht lange darüber nachgrübeln, was dies denn wohl für einen physikalischen Hintergrund haben könnte. Wir bewegen uns hier in einer formalen Welt, wo solche Fragen meistens ohne Antwort bleiben müssen.

Die Tatsache, dass man im Doppelspalt-Experiment nach Abbildung 11.1 auch dann Interferenzmuster erhält, wenn gar keine normale Welle auf die Spaltwand trifft, sondern ein Strom von Teilchen, muss zwar als Hinweis darauf akzeptiert werden, dass mit diesen Teilchen auch ein Wellenaspekt verbunden ist, aber über die Art dieser Wellen sagt uns das Experiment selbstverständlich nichts. Wir können zwar aus dem Interferenzmuster auf die Wellenlänge schließen, aber wir haben keinen Grund anzunehmen, es müsse sich um elektromagnetische Wellen handeln. Nachdem die Theoretiker mit der Entwicklung einer Theorie zur Erfassung dieser Materiewellen etwas weiter voran gekommen waren, blieb ihnen nichts anderes übrig, als die Existenz sogenannter „Wahrscheinlichkeitsdichtewellen" anzunehmen. Wenn Sie geduldig sind und noch ein wenig weiter lesen, werden Sie hoffentlich ein gewisses Verständnis für diese Art von Wellen bekommen können.

Sie erinnern sich sicher noch daran, dass weiter oben von strahlenden Atomen die Rede war. Dort war die Frage aufgetaucht, mit welcher Theorie die Quantenphysiker das Vorhandensein gestaffelter Energiezustände der Elektronen im Atom erklären. Diesem schwierigen Problem wollen wir nun zu Leibe rücken. Seine Lösung wird uns zu Wahrscheinlichkeitsdichten führen. Die Frage, wie man die diskreten Energiezustände im Atom erklären könne, war bereits im Jahre 1900 in die Welt gekommen, als Max Planck sein Wirkungsquantum h einführte und behauptete, die Atome könnten, wenn sie strahlen, nur Energiepakete bestimmter Größe aussenden, und diese seien durch für die Atomsorten typische Frequenzen gekennzeichnet. Einer Lösung der Frage konnte man aber nicht näher kommen, solange der Begriff der Materiewellen noch nicht geschaffen war. Dies geschah erst im Jahre 1923 durch Herrn de Broglie. Danach aber dauerte es nur noch knapp 5 Jahre, bis man die Verhältnisse theoretisch ziemlich gut im Griff hatte. Neben Herrn de Broglie sind es insbesondere vier weitere Herren, die sich um die Entwicklung der Quantentheorie verdient gemacht haben: der Däne Niels Bohr (1885–1962), der Österreicher Erwin Schrödinger (1887–1961) und die beiden Deutschen Werner Heisenberg (1901–1976) und Max Born (1882–1970).

In etlichen Lehrbüchern habe ich den Formalismus der Quantentheorie so dargestellt gefunden, als wäre er vom Himmel gefallen. Dieser Formalismus ist zuerst einmal so weit weg von allem, was wir aus der klassischen Physik kennen, dass man anfangs völlig hilflos davor steht und sich fragt, wie es denn dazu hatte kommen können, dass so etwas gefunden wurde. Doch er hat sich inzwischen über viele Jahrzehnte bewährt, denn in der ganzen Zeit ist kein einziger experimenteller Befund aufgetreten, der im Widerspruch zu den Berechnungen nach diesem Formalismus stand. Dieser Formalismus kann tatsächlich nicht als Ergebnis einer Folge logisch zwingender Überlegungen hergeleitet werden, sondern er konnte nur gefunden werden, weil seine Schöpfer die richtigen schlafwandlerischen Schritte getan haben. So schreibt beispielsweise Heisenberg über Bohr: „Es war ganz unmittelbar zu spüren, dass Bohr seine Resultate nicht durch Berechnungen und Beweise, sondern durch Einfühlen und Erraten gewonnen hatte, und dass es ihm jetzt schwer fiel, sie vor der hohen Schule der Mathematik in Göttingen zu verteidigen." Bohr selbst sagte einmal: "Wir müssen uns klar darüber sein, dass die Sprache hier nur ähnlich gebraucht werden kann wie in der Dichtung, in der es ja auch nicht darum geht, Sachverhalte präzise darzustellen, sondern darum, Bilder im Bewusstsein des Hörers zur erzeugen und gedankliche Verbindungen herzustellen." Und noch einmal Heisenberg: „Wir gewöhnten uns daran, dass die Begriffe und Bilder, die man aus der früheren Physik in den Bereich der Atome übertragen hatte, dort nur halb richtig und halb falsch sind; dass man für ihre Anwendung also keine allzu strengen Maßstäbe anlegen darf. Andererseits konnte man unter geschickter Ausnutzung dieser Freiheit gelegentlich die richtige mathematische Formulierung der Einzelheiten erraten. Unsere Anstrengungen konzentrierten sich also darauf, die richtigen mathematischen Beziehungen zwar nicht abzuleiten, wohl aber aus der Ähnlichkeit zu den Formeln der klassischen Theorie zu erraten." Deshalb muss ich Sie, liebe Leser, bitten, nicht von mir zu verlangen, dass ich nun den Weg beschreibe, den die Schöpfer der Theorie gegangen sind. Ich kann Ihnen aber immerhin eine Kette von Schritten darstellen, die zum Ziel führen – denn im Unterschied zu denen, die ein unbekanntes Ziel suchten, kenne ich ja das Ziel und konnte deshalb im

Nachhinein eine plausible Schrittfolge suchen, die zu diesem Ziel führt.

Wenn man einem Mathematiker die Frage stellt, durch welchen Formalismus man in einem Kontinuum bestimmte diskrete Sachverhalte auszeichnen könne, wird er möglicherweise auf den Begriff des „Eigenwertes" zu sprechen kommen. Bei der Erklärung des schwingungsfähigen Systems in Abbildung 11.2 habe ich Ihnen den Begriff der Resonanzfrequenz vorgestellt und gesagt, diese werde auch als Eigenfrequenz bezeichnet. Mit der Vorsilbe „Eigen-" verbinden wir immer Dinge, die einen Besitzer haben. So war das schwingungsfähige System in Abbildung 11.2 im Besitz seiner zu ihm gehörenden Frequenz. In der Mathematik hat man im Zusammenhang mit der Matrizenrechnung die Matrizen als mögliche Eigentümer sogenannter Eigenwerte und Eigenvektoren festgestellt. Bisher haben wir Matrizen benutzt, um Koordinatensystem-Transformationen zu formulieren – ich erinnere Sie an die Abbildung 3.6. Im dortigen Zusammenhang gab es keinen Anlass, die Matrizen als Eigentümer von irgendetwas zu bezeichnen. Nun kann aber eine Matrix nicht nur dazu dienen, die Beziehung zweier Koordinatensysteme zueinander zu beschreiben. Man kann die gleiche Matrix auch als Beschreibung einer Abbildung interpretieren, bei der jedem Punkt eines gegebenen Raumes umkehrbar eindeutig ein Punkt eines zweiten Raumes zugeordnet wird. Dabei benutzt man in beiden Räumen das gleiche Koordinatensystem. Diese beiden Interpretationsmöglichkeiten ein und derselben Matrix habe ich durch ein Beispiel in Abbildung 11.11 veranschaulicht.

Links oben sehen Sie eine Ebene, deren Punkte durch das rechtwinklige Koordinatensystem (x_1, y_1) erfasst werden. In diese Ebene habe ich eine symmetrische Figur eingezeichnet. Darunter sehen Sie eine Matrix, mit der man jedem beliebigen Koordinatenpaar (x_1, y_1) ein Koordinatenpaar (x_2, y_2) zuordnen kann. Diese beiden Koordinatenpaare kann man nun als Beschreibung des gleichen Punktes betrachten, der nur in unterschiedlichen Koordinatensystemen beschrieben wird. Zu dieser Interpretation gehört die Zeichnung rechts oben, worin Sie wieder die gleiche Figur sehen, wobei aber nun das Koordinatensystem nicht mehr rechtwinklig ist und auch nicht mehr die gleichen Längeneinheiten hat

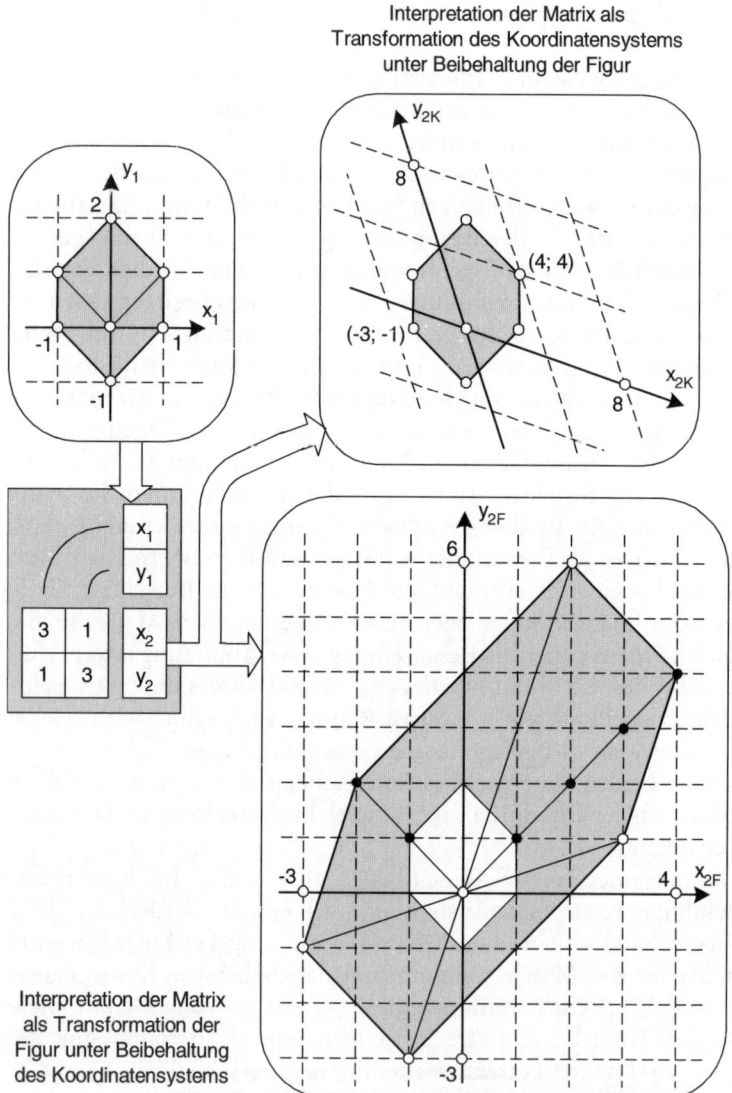

11.11 Hinführung zu den Begriffen Eigenwert und Eigenvektor.

wie das ursprüngliche. In der Zeichnung unten rechts finden Sie dagegen das ursprüngliche rechtwinklige Koordinatensystem wieder, wobei auch die Längeneinheiten die gleichen sind. Aus der ursprünglichen symmetrischen Figur ist nun aber eine unsymmetrische Figur geworden, die wir dadurch erhalten haben, dass wir durch die Matrix jeden Eckpunkt des ursprünglichen Fünfecks in den Eckpunkt eines neuen Fünfecks überführt haben.

Worauf wir nun unser besonderes Augenmerk richten, sind die Strahlen, die ich bereits in die ursprüngliche Figur eingezeichnet habe und die vom Koordinatenursprung zu den Eckpunkten des Fünfecks führen. Was hat die Transformation aus diesen Strahlen gemacht? Es sind selbstverständlich immer noch Strahlen, die vom Koordinatenursprung zu den Ecken führen, aber gegenüber ihrer ursprünglichen Länge und Richtung hat sich einiges verändert. Bei allen Strahlen wurde die Länge verändert, wobei der Veränderungsfaktor nicht für alle Strahlen der gleiche ist. Bei einigen Strahlen hat sich auch die Richtung geändert, wobei manche im Uhrzeigersinn und andere im Gegen-Uhrzeigersinn gegenüber ihrer ursprünglichen Lage gedreht wurden. Wir sehen aber genau zwei Strahlen, die ihre Richtung beibehalten haben. Es sind dies die Strahlen, die unter 45° nach links oben bzw. nach rechts oben laufen. Die Länge des einen Strahls hat sich dabei um den Faktor 2 und die Länge des anderen um den Faktor 4 verändert. Diese beiden Faktoren werden als Eigenwerte der Matrix bezeichnet. Zu jeder quadratischen Matrix mit $n \times n$, Zahlenfeldern gehören n Eigenwerte. Wie man diese berechnet, erkläre ich hier aber nicht. Die Richtungen der Strahlen, die bei der Transformation beibehalten werden, nennt man Eigenrichtungen, und jeder Vektor, der eine solche Eigenrichtung hat, wird Eigenvektor genannt.

Fragen Sie an dieser Stelle bitte noch nicht, wohin ich Sie bei dieser Wanderung über das Feld der Eigenwerte führen will. Vertrauen Sie mir noch ein wenig, dass ich Sie an ein vernünftiges Ziel führen werde. Der nächste Schritt auf unserem Weg zu diesem Ziel besteht darin, dass wir uns fragen, welchen Nutzen man denn aus dem Wissen um die Eigenwerte und die Eigenrichtungen ziehen könnte. Hierzu verfolgen wir das Beispiel aus Abbildung 11.11 noch ein wenig weiter, wobei diese Fortsetzung in Abbildung 11.12 dargestellt ist.

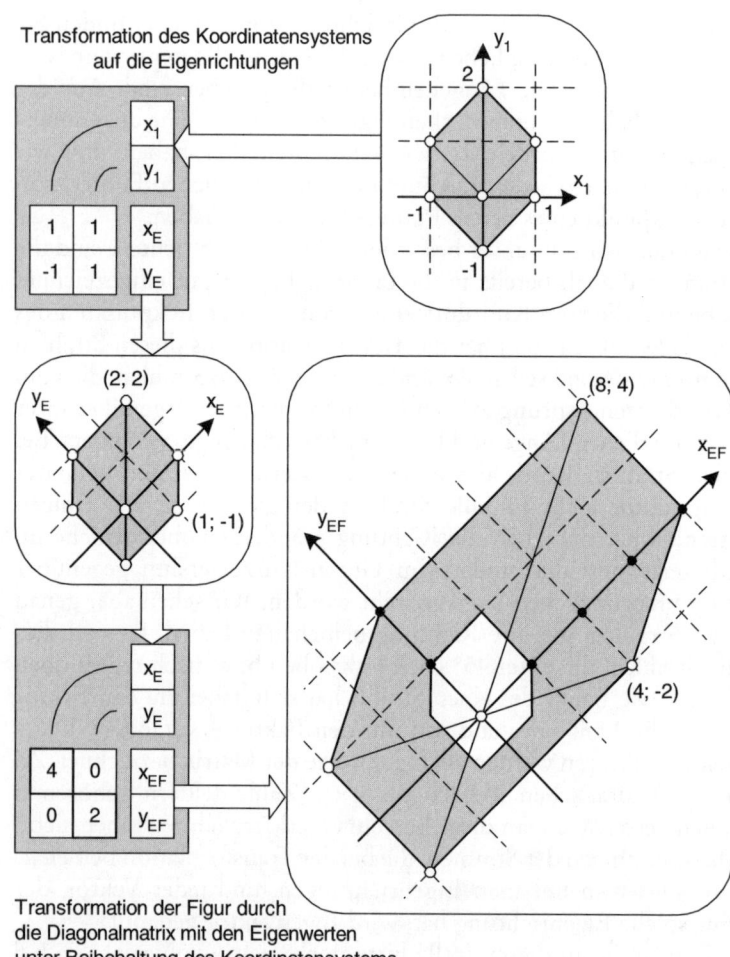

Transformation des Koordinatensystems auf die Eigenrichtungen

Transformation der Figur durch die Diagonalmatrix mit den Eigenwerten unter Beibehaltung des Koordinatensystems

11.12 Anwendung von Eigenwerten und Eigenvektoren.

Nachdem wir die beiden Eigenrichtungen gefunden haben, können wir diese als Achsenrichtungen für unser Koordinatensystem wählen. Ich habe deshalb eine Transformationsmatrix gesucht, die unser ursprüngliches Koordinatensystem (x_1, y_1) in das Koordinatensystem (x_E, y_E) transformiert. Sie sehen diese Matrix links oben im Abbildung 11.12. Da ich in dieser Transformationsmatrix ganze Zahlen haben wollte, musste ich akzeptieren, dass sich die Einheitslängen auf den E-Achsen von den Einheitslängen auf den 1-Achsen unterscheiden. Hätte ich anstelle der Einsen in der Matrix jeweils die Wurzel aus zwei gewählt, hätte ich den Unterschied der Einheitslängen vermeiden können. Die Wahl der Einheitslängen ist aber immer willkürlich; denken Sie daran, dass die Amerikaner die Körpergröße in Fuß und Zoll messen, wir dagegen in Meter und Zentimeter.

Nun müssen wir uns wieder daran erinnern, dass die Eigenwerte und die Eigenrichtungen ja zu einer Matrix gehören, durch welche das symmetrische kleine Fünfeck in das unsymmetrische große Fünfeck transformiert wird. Nachdem wir nun das zu transformierende Fünfeck in das zugehörige Eigenkoordinatensystem gelegt haben, wird die gewünschte Transformation zum großen unsymmetrischen Fünfeck durch eine sogenannte Diagonalmatrix beschrieben, wie sie unten links in Abbildung 11.12 zu finden ist. Alle Koeffizienten dieser Matrix sind Null, außer denen, die auf der von links oben nach rechts unten laufenden Diagonale sitzen. Die dort sitzenden Werte sind genau die gefundenen Eigenwerte der Transformation. Wenn eine Transformation durch eine Diagonalmatrix beschrieben wird, ist der Rechenaufwand minimal, denn dann kann man die transformierten Koordinaten eines Punktes einfach dadurch gewinnen, dass man jede Koordinate des ursprünglichen Punktes mit dem jeweils zugehörigen Eigenwert multipliziert. Die sonst bei Matrizenmultiplikationen erforderlichen Additionen von Produkten fallen weg. Dieser Sachverhalt ist der Grund dafür, dass die Begriffswelt der Eigenwerte und Eigenrichtungen sich als so nützlich in der mathematischen Erfassung der Quantenwelt erwiesen hat. Allerdings musste man schon wieder einmal den Bereich der Anschauung verlassen und sich ganz und gar auf die Zuverlässigkeit der Verhältnisse in formalen Welten verlassen.

Ein Übergang in die formale Welt geschieht ja immer dadurch, dass man mathematische Verknüpfungen, mit denen man eine Anschauung verbinden kann, einfach formal auf Zahlen überträgt, mit denen man keine Anschauung mehr verbindet. In Abbildung

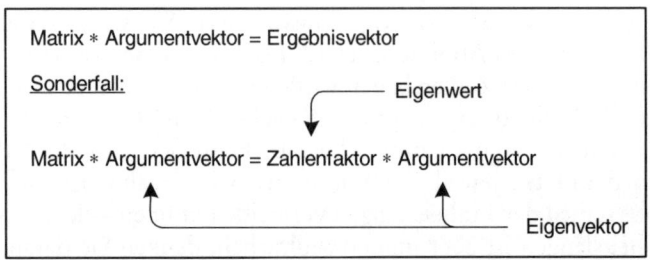

11.13 Rolle von Eigenwerten und Eigenvektoren in der Matrizen-multiplikation.

11.13 ist das grundsätzliche Prinzip der Gewinnung von Eigen-werten und Eigenvektoren dargestellt. Hier geht es offensichtlich nur noch um Formeln, in denen Matrizenmultiplikationen vor-kommen. Als Beispiel betrachten wir noch einmal die 2×2-Matrix aus Abbildung 3.6, die dort dazu diente, die Beziehung zwischen den beiden Koordinatensystemen in Abbildung 3.5 zu beschrei-ben. Da diese Matrix eine reine Drehung beschreibt, kann es hier keine vom Ursprung ausgehenden Strahlen geben, die bei der Transformation ihre Richtung beibehalten. Deshalb kann es auch keine reellen Eigenwerte geben. Wie Abbildung 11.14 zeigt, gibt es aber komplexe Eigenwerte, und deshalb können auch die Kompo-nenten der zugehörigen Eigenvektoren nicht mehr alle reell sein. Kein Mensch kann mit den Ergebnissen in Abbildung 11.14 eine Anschauung verbinden – doch glauben Sie mir, man kann sich daran gewöhnen, Mathematik ohne Anschauung zu betreiben.

Nun sind wir endlich soweit, dass wir das Eigenwertkonzept auf ein konkretes, anschauliches Problem anwenden können. Wir gehen hierfür wieder zurück zu den Verhältnissen am Polarisa-tionsfilter, die wir bereits im Zusammenhang mit Abbildung 11.8 behandelt haben. Während wir bei der Herleitung des Konzepts der Eigenwerte von der Matrix ausgegangen sind und zu dieser die Eigenwerte bestimmt haben, muss ich nun hier den umgekehrten Weg gehen, indem ich zuerst die Eigenwerte vorgebe und anschlie-ßend Matrizen bestimme, zu denen diese Eigenwerte gehören. In der Quantentheorie stellen die vorzugebenden Eigenwerte die unterschiedlichen möglichen Ergebnisse von Experimenten dar.

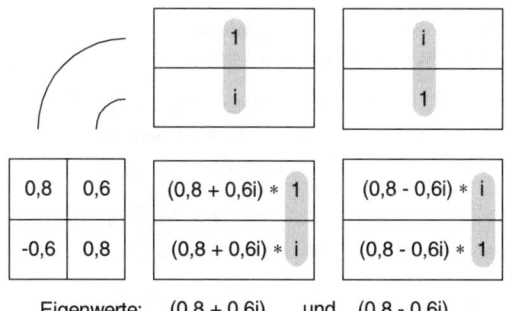

Eigenwerte: (0,8 + 0,6i)   und   (0,8 - 0,6i)

Abb. 11.14 Beispiel einer Matrix mit komplexen Eigenwerten.

Im Falle des Polarisationsfilters gibt es nur zwei mögliche Ergebnisse, nämlich entweder schafft es das Photon, durch das Filter zu kommen, oder es schafft es nicht. Üblicherweise formulieren wir diese Ergebnismöglichkeiten in unserer natürlichen Sprache, aber da wir ja nun rechnen wollen, müssen wir diese beiden Möglichkeiten als Zahlen codieren. Wegen der Symmetrie, die keinen der beiden Werte auszeichnet, ist es sinnvoll, die beiden Werte durch die Zahlen +1 und –1 auszudrücken, wie ich es in Abbildung 11.15 getan habe. Aus den Eigenwerten kann man die Diagonalmatrix bilden und nach den zugehörigen Eigenvektoren fragen. Wegen der Diagonalform der Matrix kann in den Eigenvektoren jeweils nur eine einzige Komponente einen von Null verschiedenen Wert haben. Grundsätzlich könnte man den von Null verschiedenen Komponenten in den Eigenvektoren jeden beliebigen Wert geben. Dass ich hier jeweils den Wert 1 gewählt habe, ist darin begründet, dass die ganze Rechnerei dazu dienen wird, Wahrscheinlichkeitswerte zu gewinnen, wobei die Länge eines Vektors jeweils für die Summe der Wahrscheinlichkeiten aller Möglichkeiten stehen muss, und diese ist stets eins.

Wie Sie oben rechts in Abbildung 11.15 sehen, gibt es zu den beiden Eigenwerten nicht nur die Diagonalmatrix, sondern noch viele andere Matrizen, deren Zahleneinträge man über einen zu wählenden Winkel φ und die entsprechenden trigonometrischen Funktionen gewinnen kann. Aus der von φ abhängigen Matrix erhält man

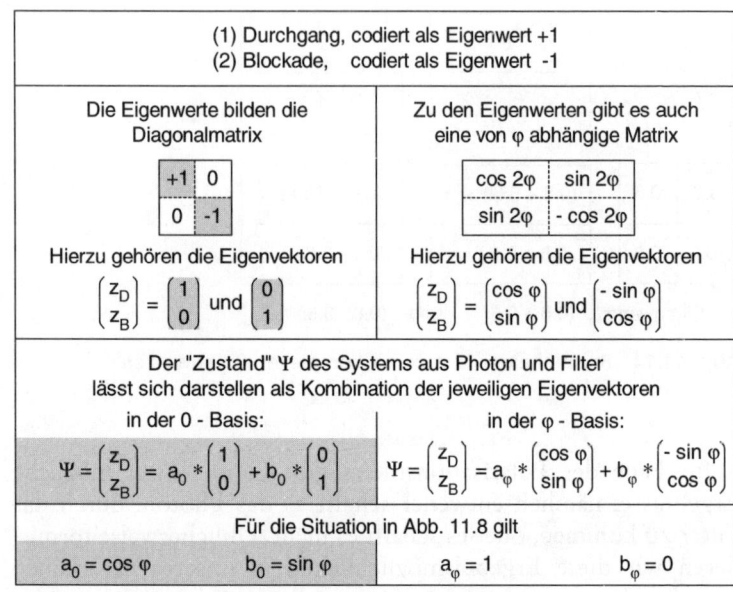

(1) Durchgang, codiert als Eigenwert +1	
(2) Blockade, codiert als Eigenwert -1	

Die Eigenwerte bilden die Diagonalmatrix	Zu den Eigenwerten gibt es auch eine von φ abhängige Matrix
$\begin{pmatrix} +1 & 0 \\ 0 & -1 \end{pmatrix}$	$\begin{pmatrix} \cos 2\varphi & \sin 2\varphi \\ \sin 2\varphi & -\cos 2\varphi \end{pmatrix}$
Hierzu gehören die Eigenvektoren	Hierzu gehören die Eigenvektoren
$\begin{pmatrix} z_D \\ z_B \end{pmatrix} = \begin{pmatrix} 1 \\ 0 \end{pmatrix}$ und $\begin{pmatrix} 0 \\ 1 \end{pmatrix}$	$\begin{pmatrix} z_D \\ z_B \end{pmatrix} = \begin{pmatrix} \cos \varphi \\ \sin \varphi \end{pmatrix}$ und $\begin{pmatrix} -\sin \varphi \\ \cos \varphi \end{pmatrix}$

Der "Zustand" Ψ des Systems aus Photon und Filter lässt sich darstellen als Kombination der jeweiligen Eigenvektoren	
in der 0 - Basis:	in der φ - Basis:
$\Psi = \begin{pmatrix} z_D \\ z_B \end{pmatrix} = a_0 * \begin{pmatrix} 1 \\ 0 \end{pmatrix} + b_0 * \begin{pmatrix} 0 \\ 1 \end{pmatrix}$	$\Psi = \begin{pmatrix} z_D \\ z_B \end{pmatrix} = a_\varphi * \begin{pmatrix} \cos \varphi \\ \sin \varphi \end{pmatrix} + b_\varphi * \begin{pmatrix} -\sin \varphi \\ \cos \varphi \end{pmatrix}$

Für die Situation in Abb. 11.8 gilt	
$a_0 = \cos \varphi$ $b_0 = \sin \varphi$	$a_\varphi = 1$ $b_\varphi = 0$

11.15 Anwendung des Eigenwertkonzeptes auf die Polarisations-filterung.

die Diagonalmatrix für den Wert $\varphi = 0$. Zwei unterschiedliche Matrizen, zu denen die gleichen Eigenwerte gehören, können nicht auch noch die gleichen Eigenvektoren haben; deshalb unterscheiden sich die Eigenvektoren links und rechts im Abbildung 11.15.

Dadurch, dass wir die Eigenwerte als Menge der codierten alternativen Ergebnisse unseres Experiments einführen, haben wir uns bereits festgelegt, uns nie für das unbeobachtete Teilchen zu interessieren, sondern immer nur für das Teilchen in einer bestimmten Experimentalumgebung. Im Falle unseres Polarisationsfilters gehören die Eigenwerte, die Matrizen und die Eigenvektoren also nicht zum Photon alleine, sondern immer zum System aus Photon und Filter. Dieser Grundsatz, dass es sinnlos sei, vom Zustand eines unbeobachteten Teilchens zu reden, hat damals, als die Theorie eingeführt wurde, verständlicherweise insbesondere unter Philosophen beträchtlichen Wirbel erzeugt. Inzwischen wird dies ebenso akzeptiert wie die Tatsache, dass es keine absolute Gleichzeitigkeit gibt.

In der Quantentheorie bezeichnet man den Zustand des interessierenden Systems stets mit dem Buchstaben Ψ. Dieser Zustand ist ein Punkt in dem Raum, auf den sich die betrachteten Matrizen beziehen. In unserem Falle des Polarisationsfilters ist dieser Raum zweidimensional, und deshalb ist der von uns betrachtete Zustand Ψ durch zwei Zahlenangaben a_0 und b_0 eindeutig charakterisierbar. Wie Sie vielleicht noch wissen, gilt $(\sin \varphi)^2 + (\cos \varphi)^2 = 1$, sodass in unserem Falle die Summe der Quadrate unserer zustandsbeschreibenden Zahlen den Wert eins ergibt. Bereits in Abbildung 11.8 habe ich die Abhängigkeit der Durchkommenswahrscheinlichkeit vom Winkel φ als die Kurve $(\cos \varphi)^2$ dargestellt. Also ist a_0^2 die Wahrscheinlichkeit, dass das Photon durchkommt und b_0^2 die Wahrscheinlichkeit, dass es blockiert wird.

Was links in Abbildung 11.15 grau unterlegt ist, kann generell auf beliebige Quantensysteme übertragen werden. Zu einer Diagonalmatrix gehört eine Menge von Eigenvektoren, bei denen jeweils eine Komponente den Wert 1 und alle anderen Komponenten den Wert 0 haben. Der Systemzustand kann immer als Summe der gewichteten Eigenvektoren formuliert werden, wobei die Quadrate der Gewichte – in Abbildung 11.15 also a_0^2 und b_0^2 – jeweils die Wahrscheinlichkeiten des zum Eigenvektor gehörenden Eigenwerts ausdrücken.

Dass man diese Art der Zustandsbeschreibung eines Systems, in welchem es zufallsverteilte Ergebnisse von Experimenten gibt, auch im Falle von Systemen anwenden kann, die man auf den ersten Blick keineswegs der Quantentheorie zuordnen würde, habe ich in Abbildung 11.16 anschaulich gemacht. Das betrachtete System besteht aus einer Person und einem Würfel; das Experiment besteht darin, dass die Person den Würfel auf den Tisch wirft. Zu diesem Experiment gehört eine Menge von sechs sich gegenseitig ausschließenden gleichwahrscheinlichen Ergebnissen. Diese haben also die Wahrscheinlichkeit 1/6, und deshalb haben in der Vektorsumme, welche den Zustand Ψ bildet, alle Eigenvektoren als Gewicht die Wurzel aus 1/6.

Da sich der Zustand eines Quantensystems als gewichtete Summe von Eigenvektoren der Diagonalmatrix ausdrücken lässt,

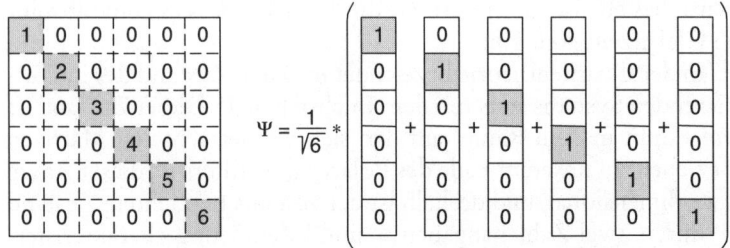

11.16 Diagonalmatrix und Zustandsdarstellung für den Fall des Würfelspiels.

sagen die Quantentheoretiker gerne, der Zustand sei eine Überlagerung verschiedener reiner Zustände. Manchmal sagen sie sogar, das System befinde sich in unterschiedlichem Maße in allen diesen Zuständen gleichzeitig. Damit wird aber nur ein mathematischer Sachverhalt etwas seltsam verklausuliert ausgedrückt, wie er beispielsweise in Abbildung 11.16 gezeigt ist; einen physikalischen Hintergrund hat dies nicht. Von einem Menschen, der einen Würfel in der Hand hält und gleich würfeln wird, sagt man ja auch nicht, er sei in sechs unterschiedlichen Zuständen gleichzeitig. Man sagt vielmehr, das System werde durch eine Wahrscheinlichkeitsverteilung gekennzeichnet, die sich im Experiment realisiert. Auch Erwin Schrödinger hat sich über die Redeweise, dass sich ein System gleichzeitig in mehreren Zuständen befinden könne, mokiert, indem er das Beispiel einer Katze erfand, die in einem geschlossenen Kasten sitzt und dort möglicherweise über einen zufällig arbeitenden Apparat vergiftet wird. Wenn man den Kasten öffnet, kann man selbstverständlich feststellen, ob die Katze noch lebt. Zuvor kann man nur etwas über Wahrscheinlichkeiten sagen, man wird aber nicht sagen, die Katze sei gleichzeitig zu 60 Prozent tot und zu 40 Prozent lebendig.

Nun verfügen wir schon über fast alle Kenntnisse zur Behandlung unseres immer noch offenen Problems, dass die Elektronen in einem Atom nur auf ganz bestimmten Energieniveaus sitzen können und nicht beliebig dazwischen. Der letzte Schritt, den wir nun noch gehen müssen, ist der Übergang vom Diskreten ins Kontinuum. Wir befinden uns ja in einer Welt, wo wir Wahrscheinlichkeiten berechnen müssen, und da gibt es immer die Unterscheidung zwischen Wahrscheinlichkeiten und Wahrscheinlichkeitsdichten. In Kapitel 5 über die Wahrscheinlichkeitsrechnung habe ich den Übergang von endlich vielen Möglichkeiten in das Kontinuum unendlich vieler Möglichkeiten vollzogen. Dazu habe ich mit Abbildung 5.13 den Begriff der Wahrscheinlichkeitsdichte eingeführt. Das Experiment mit dem Polarisationsfilter war ein Beispiel, wo es nur zwei Möglichkeiten gibt, zu denen jeweils eine Wahrscheinlichkeit gehört. Die Summe dieser beiden Wahrscheinlichkeiten muss eins sein. Wenn wir endlich viele Möglichkeiten für den Ausgang eines Experiments haben, rechnen wir mit quadratischen Matrizen, deren Dimension durch die Anzahl der unterschiedlich möglichen Experimentalergebnisse festgelegt ist. Wenn wir uns dagegen in einer Menge unendlich vieler möglicher Messergebnisse bewegen, können wir nicht mehr mit diskreten Matrizen rechnen. So stammen insbesondere die Werte für die Ortskoordinate x und den Impuls p, die wir bei der Herleitung der Heisenbergschen Unbestimmtheitsrelation betrachtet haben, aus dem Kontinuum der reellen Zahlen. Erfreulicherweise hat schon der große Mathematiker David Hilbert (1862–1943) erkannt, dass man die Denkweise, die man aus der Matrizenwelt gewohnt ist, in die Welt der kontinuierlichen Funktionen übertragen kann, wenn man sich auf ganz bestimmte Formen von Operatoren beschränkt.

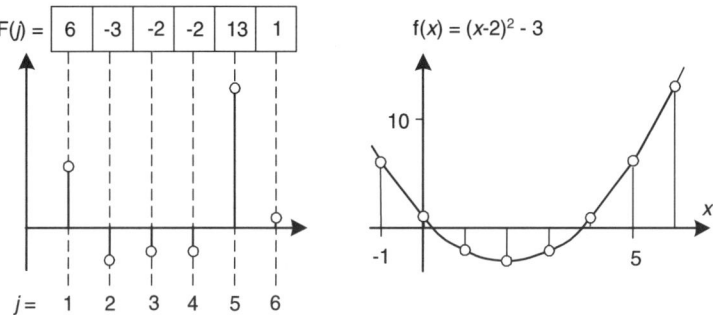

11.17 Zur Möglichkeit der formalen Gleichbehandlung von Vektoren und Funktionen.

Mit Abbildung 11.17 will ich Ihnen nahebringen, dass man einen Vektor durchaus als eine diskrete Funktion betrachten kann. Die einzelnen Komponenten des Vektors sind Ergebnisse einer Funktion, deren Argument die jeweilige Positionsnummer j ist. Beispielsweise ist in unserem Beispiel F(5) = 13. In den kontinuierlichen Funktionen tritt an die Stelle der Menge der diskreten Positionsnummern j das Kontinuum der Werte x. Da es nun unendlich viele mögliche Werte x gibt, kann die Funktionsdefinition nicht mehr dadurch geschehen, dass man jedem Wert x tabellarisch das Funktionsergebnis zuordnet, wie es im Falle des Vektors selbstverständlich geschieht. Die Funktion im Kontinuum muss durch eine Berechnungsvorschrift definiert werden.

Dass man das Konzept der Eigenwerte und Eigenvektoren auch in die Funktionswelt übertragen kann, erkennt man in Abbildung 11.18. Es bleibt lediglich zu klären, um was für Operatoren es sich denn nun handeln könne. Ein Operator soll ja hier eine Vorschrift sein, die von einer Argumentfunktion zu einer Ergebnisfunktion führt. Auf der Seite der Matrizen ist die Anzahl der möglichen unterschiedlichen Eigenwerte gleich der Dimension der quadratischen Matrix. So gehörte beispielsweise zu den beiden Eigenwerten im Falle des Polarisationsfilters eine 2×2-Matrix. Den Funktionen entsprechen nun aber unendliche Matrizen, und das bedeutet, dass hier die Menge der möglichen unterschiedlichen Eigenwerte eine unendliche Menge ist. Dass trotz dieser Unendlichkeit das Eigenwertkonzept dazu dienen kann, im Energiekon-

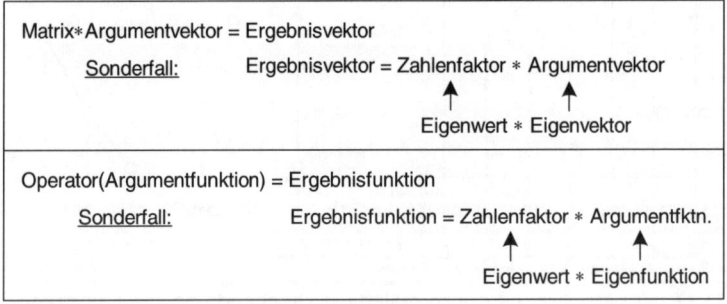

11.18   Vom Eigenvektor zur Eigenfunktion.

Die folgende Differentialgleichung definiert eine Menge von Funktionen $\Psi(x)$:

Standardschreibweise: $\dfrac{d^4\Psi}{dx^4} + 13 * \dfrac{d^2\Psi}{dx^2} - a * \Psi = 0$

Weil diese Differentialgleichung den grau unterlegten Term enthält, kann man sie auch in der folgenden Operatorschreibweise darstellen:

Operatorschreibweise: $\left(\dfrac{d^4}{dx^4} + 13 * \dfrac{d^2}{dx^2} \right) \Psi = a * \Psi$

Die Funktionen $\Psi(x)$ sind Eigenfunktionen dieses Operators.

$\left(\dfrac{d^4}{dx^4} + 13 * \dfrac{d^2}{dx^2} \right)$	$\sin(2x) + \cos(3x)$	=	- 36	*	$\sin(2x) + \cos(3x)$
	e^{5x}	=	950	*	e^{5x}
Operator	Argumentfunktion = Eigenfunktion Ψ	=	Eigen-wert	*	Ψ

11.19 Eigenwerte und Eigenfunktionen für ein Operatorenbeispiel.

tinuum diskrete Werte für die Elektronen im Atom festzulegen, werden wir bald sehen.

Die hier zu betrachtenden Operatoren stammen aus der Welt der Differenzialgleichungen. Ich empfehle Ihnen, sich noch einmal die Abbildung 3.17 anzusehen, worin ich Ihnen einige Beispiele für Differenzialgleichungen vorgestellt habe. Wenn in einer Differenzialgleichung nicht nur Ableitungen der gesuchten Funktion, sondern die Funktionsvariable selbst als Summand vorkommt, kann man diese Differenzialgleichung in sogenannter Operatorschreibweise darstellen. Dies ist in Abbildung 11.19 anhand eines Beispiels gezeigt. Von den unendlich vielen möglichen Eigenwerten a des Operators in diesem Beispiel habe ich zwei Fälle ausgewählt und die jeweils zugehörigen Eigenfunktionen angegeben.

Nun glaube ich, Sie ausreichend ausgerüstet zu haben für den Weg, der uns zum Energieoperator der Quantenmechanik führen

$$A * \sin\left(\frac{2\pi}{\lambda} * (x - u * t)\right) = A * \sin\left(\frac{2\pi}{h} * \left(\underbrace{\frac{h}{\lambda}}_{=\,p} * x - h * \underbrace{\frac{u}{\lambda}}_{=\,f} * t\right)\right)$$

$$= A * \sin\left(\frac{2\pi}{h} * \left(p * x - E_{kin} * t\right)\right)$$

$$= \text{Im}\left(A * e^{i * \left(\frac{2\pi}{h} * (p * x - E_{kin} * t)\right)}\right)$$

$$= \text{Im}\left(\underbrace{A * e^{i * \left(\frac{2\pi}{h} * p * x\right)}}_{\psi(x)} * \underbrace{e^{-i * \left(\frac{2\pi}{h} * E_{kin} * t\right)}}_{\Theta(t)}\right)$$

11.20 Der Beginn des formalen Weges von der Beschreibung einer beliebigen Sinuswelle zum Energieoperator der Quantenmechanik.

soll. Am Anfang dieses Weges steht die Funktion, welche zu einer Sinuswelle gehört, die sich mit konstanter Geschwindigkeit u in der Richtung x bewegt. Schauen Sie sich hierzu noch einmal die Abbildung 9.12 an, zu der die Vorstellung eines Seiles gehört, auf dem die dort eingezeichnete Form mit konstanter Geschwindigkeit nach rechts läuft. Wenn diese Form nun eine Sinusform ist, kann die Welle durch eine Funktion beschrieben werden, wie sie oben in Abbildung 11.20 steht. Dass ich hier die Geschwindigkeit nicht mit v, sondern mit u bezeichnet habe, ist darin begründet, dass wir uns hier im Bereich der Materiewellen befinden, wie sie Herr de Broglie eingeführt hat, und zu denen die Zuordnungen in der Tabelle in Abbildung 11.10 gehören. In diesem Falle muss nämlich unterschieden werden zwischen der Geschwindigkeit v, mit der das Teilchen fliegt, und der Geschwindigkeit u, mit der sich die zugehörige Welle fortbewegt. Uns interessiert nun also nicht die Teilchengeschwindigkeit v, sondern die Wellenausbreitungsgeschwindigkeit u.

Der mathematische Weg in Abbildung 11.20 führt von der Wellenfunktion links oben über vier mathematische Transformationen zu dem Ausdruck unten. Der Schritt von links nach rechts in der ersten Zeile besteht lediglich darin, dass der Nenner λ von außer-

halb der Klammer in die Klammer hinein genommen und die
Plancksche Konstante h in die Formel eingebracht wurde, wo sie
nun sowohl im Zähler als auch im Nenner steht, was ja die Zahlenverhältnisse nicht ändert. In die zweite Zeile gelangt man,
indem man Ersetzungen gemäß Abbildung 11.10 vornimmt. Im
Unterschied zu den bisherigen Schritten wird Ihnen vermutlich
der Schritt von der zweiten zur dritten Zeile recht verrückt vorkommen. Hier wird nämlich anstelle der Sinusfunktion eine
Exponentialfunktion mit imaginärem Exponenten eingeführt.
Dass ich dies tun durfte, beruht auf der Erkenntnis des Herrn
Leonhard Euler, die ich Ihnen am Ende des Kapitels 3 vorgestellt
habe. In dieser Eulerschen Beziehung ist der Imaginärteil ein Sinus
und der Realteil ein Kosinus. Beim Übergang zur vierten Zeile
habe ich anstelle der einen Exponentialfunktion ein Produkt aus
zwei Exponentialfunktionen gesetzt, denn immer dann, wenn ein
Exponent aus mehreren Summanden besteht, kann man für jeden
dieser Summanden eine eigene Exponentialfunktion als Faktor
schreiben. So gilt beispielsweise in der Welt der natürlichen Zahlen $2^{3+2} = 2^3 * 2^2$.

Der Ausdruck Im[Ψ(x) * Θ(t)] besagt, dass zuerst die beiden
komplexen Ergebnisse der Funktionen Ψ und Θ berechnet und
dann miteinander multipliziert werden müssen, wobei aber
anschließend vom Produkt nur noch der Imaginärteil angeschaut
wird. Als ich Ihnen die Schöpfungsgeschichte der Zahlen erzählte,
konnte ich Ihnen mit Abbildung 2.5 die komplexen Zahlen als
Punkte in der sogenannten Zahlenebene veranschaulichen. Dort
sieht man, dass man einer komplexen Zahl auf vier verschiedene
Weisen eine reelle Zahl zuordnen kann, nämlich ihren Realteil,
ihren Imaginärteil, ihren Radius oder ihren Winkel. Wenn man
nun – wie in Abbildung 11.20 geschehen – aus der Welt der reellen Zahlen in die Welt der komplexen Zahlen übergeht, kann man
mit den komplexen Zahlen rechnen, ohne immer hinschreiben zu
müssen, auf welche Weise man später in die Welt der reellen Zahlen zurückkehren wird. Eine solche Rückkehr wird zwar immer
geschehen müssen, wenn die Ergebnisse anschaulich ausgewertet
werden sollen, aber die Rechnung kann lange Zeit ausschließlich
im Komplexen betrieben werden. Deshalb lassen wir nun im Folgenden den Hinweis „Im" weg. Außerdem befassen wir uns nun

$f(x)$	$\dfrac{df}{dx}$	$\dfrac{d^2f}{dx^2}$	$\dfrac{d^3f}{dx^3}$	$\dfrac{d^4f}{dx^4}$
e^{a*x}	$a*e^{a*x}$	a^2*e^{a*x}	a^3*e^{a*x}	a^4*e^{a*x}

11.21 Schema der Ableitungen von Exponentialfunktionen.

nur noch mit der von x abhängigen Funktion Ψ, da wir uns hier nur für die Fälle interessieren, bei denen die Gesamtenergie des Teilchens zeitlich konstant bleibt.

Von der Funktion Ψ kann man nun zum Energieoperator der Quantenmechanik gelangen, indem man die Erkenntnis nutzt, dass alle Ableitungen der einfachen Exponentialfunktion e^x immer wieder gleich dieser Funktion sind – dies habe ich Ihnen schon in der Tabelle in Abbildung 3.16 mitgeteilt. Wenn allerdings im Exponenten nicht nur die Variable x steht, sondern zusätzlich noch ein konstanter Faktor, wenn also die Funktion $e^{\text{Faktor} \cdot x}$ lautet, dann muss bei jedem Ableitungsschritt dieser Faktor auch noch als Faktor vor die Exponentialfunktion kopiert werden, wie dies in Abbildung 11.21 gezeigt ist.

Wenn man dies weiß, kann man auf die Idee kommen, die Funktion Ψ zweimal abzuleiten, denn dann kommt der Impuls p in quadrierter Form p^2 als Faktor vor die Funktion Ψ. Bereits in Abbildung 11.10 habe ich die Tatsache benutzt, dass sich die kinetische Energie durch den Ausdruck $p^2/2m$ darstellen lässt. Wenn nun p^2 als Faktor vor Ψ steht, haben wir die Möglichkeit, diesen Faktor in den Energieausdruck zu überführen. Dies habe ich in der Schrittfolge links oben in Abbildung 11.22 getan. Der Übergang zu der Gleichung im mittleren Feld der Abbildung besteht lediglich darin, dass das Produkt $E_{kin} * \Psi$ isoliert wird, indem sein vorheriger Faktor durch Division auf die andere Seite gebracht wird.

Nun kann man die kinetische Energie als Differenz zwischen der Gesamtenergie und der potenziellen Energie ausdrücken und erreichen, dass am Schluss auf der rechten Seite nur noch das Produkt aus der gesamten Energie und der Funktion Ψ steht. Denn dies ist genau die Form, die wir brauchen, wenn die Gesamtener-

$$\frac{d^2\psi}{dx^2} = \left(i * \frac{2\pi}{h} * p \right)^2 * \psi$$

$$= - \left(\frac{2\pi}{h} \right)^2 * p^2 * \psi$$

$$= - \left(\frac{2\pi}{h} \right)^2 * 2m * E_{kin} * \psi$$

$$E_{kin} * \psi = - \left(\frac{h}{2\pi} \right)^2 * \frac{1}{2m} * \frac{d^2\psi}{dx^2} = (E_{ges} - E_{pot}) * \psi$$

$$- \left(\frac{h}{2\pi} \right)^2 * \frac{1}{2m} * \frac{d^2\psi}{dx^2} + E_{pot} * \psi = E_{ges} * \psi$$

$$\left(- \left(\frac{h}{2\pi} \right)^2 * \frac{1}{2m} * \frac{d^2}{dx^2} + E_{pot} * \right) \psi = E_{ges} * \psi$$

11.22 Der Abschluss des formalen Weges zum Energieoperator der Quantenmechanik („Schrödinger-Gleichung").

gie ein Eigenwert sein soll. Der grau schattierte Ausdruck in der letzten Gleichung in Abbildung 11.22 ist der Energieoperator der Quantenmechanik. Er wurde im Jahre 1926 von Erwin Schrödinger aufgestellt, und deshalb wird die unten stehende Gleichung allgemein als Schrödinger-Gleichung bezeichnet. In dieser Gleichung kommt die potentielle Energie vor, die jeweils für den aktuellen Fall durch eine Funktion der Ortsvariablen x ersetzt werden muss. Welche Eigenwerte sich ergeben, hängt selbstverständlich stark von der Form dieser Funktion für die potentielle Energie ab.

Der Fall, wo die potentielle Energie quadratisch von x abhängt, lässt sich besonders leicht rechnen und wurde deshalb von Schrödinger und Heisenberg auch als erstes herangezogen, um festzustellen, ob sich auf Grund ihrer Theorie tatsächlich sinnvolle Eigenwerte ergeben. Wir folgen also den Spuren der großen Quantentheoretiker und setzen $E_{pot} = E_0 * x^2$. Dann kann man den Operator aus Abbildung 11.22 durch entsprechende Maßstabsnormierungen zu dem Operator machen, der links in Abbildung

Operator	Eigenfunktion F(x)	=	Eigenwert	*	F(x)
	$e^{-\frac{x^2}{2}}$	=	1	*	siehe vorne
$\frac{d^2}{dx^2} + x^2 *$	$2x * e^{-\frac{x^2}{2}}$	=	3	*	siehe vorne
	$(4x^2 - 2) * e^{-\frac{x^2}{2}}$	=	5	*	siehe vorne

11.23 Eigenwerte und Eigenfunktionen des Energieoperators bei quadratischer Ortsabhängigkeit der potenziellen Energie.

11.23 steht. Es ist zwar immer noch recht schwierig, zu diesem Operator die Eigenwerte und Eigenfunktionen zu finden, aber diese Arbeit wurde uns erfreulicherweise von dem französischen Mathematiker Charles Hermite (1822–1901) abgenommen. Auf seine Ergebnisse haben auch schon die Quantentheoretiker zurückgegriffen. In Abbildung 11.23 sind die ersten drei Zahlen aus der unendlichen Folge der positiven ungeraden Zahlen als Eigenwerte eingetragen. Man kann jede beliebige ungerade Zahl vorgeben und dazu die Eigenfunktion bestimmen.

Wie die Eigenwerte und Eigenfunktionen aus Abbildung 11.23 physikalisch zu deuten sind, will ich Ihnen anhand von Abbildung 11.24 erklären. Die auf der linken Seite dieses Bildes gezeigten Sachverhalte gehören zu dem einfachen schwingungsfähigen System, welches wir bereits in Abbildung 11.2 betrachtet haben. Ein Masseklotz soll sich idealisiert reibungsfrei auf einer Ebene hin und her bewegen können. Wir nehmen an, dass der Anreger stillsteht und dass die Masse einmal aus ihrer Ruhelage ausgelenkt wurde und nun frei periodisch hin und her schwingt. Dabei findet dauernd ein Austausch zwischen potentieller und kinetischer Energie statt, wobei die potentielle Energie jeweils in den Federn steckt und den von x abhängigen Wert $0,5 * c * x^2$ hat, wobei x die Auslenkung aus der Ruhelage ist. In Abbildung 11.24 sehen Sie unten links eine Sinuskurve, welche die Abhängigkeit der Ortsla-

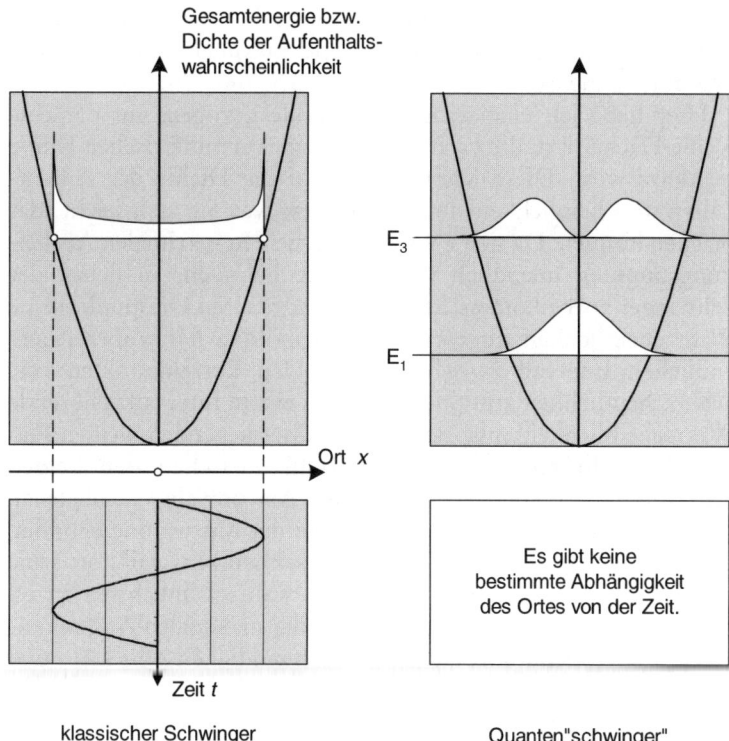

11.24 Schwingerverhalten klassisch und in der Quantenwelt.

ge des Schwingers von der Zeit beschreibt. In seiner extremen linken bzw. rechten Auslenkungsposition hat der Masseklotz die Geschwindigkeit null, und er ist gerade im Begriff, seine Bewegungsrichtung umzukehren. Deshalb ist in diesen Punkten die kinetische Energie null und die potentielle maximal. Das Diagramm über dem Sinusverlauf zeigt eine Parabel, welche die quadratische Abhängigkeit der potentiellen Energie von der Auslenkung beschreibt. Da beim Schwingen die Gesamtenergie, welche sich als Summe aus der potentiellen und der kinetischen Energie ergibt, stets konstant bleibt, können wir diese Gesamtenergie dadurch finden, dass wir von den Amplitudenpunkten des Schwingungsverlaufs senkrecht nach oben gehen und die Schnittpunkte mit der Parabel bestimmen. Denn diese Schnittpunkte liegen dort, wo die potentielle Energie maximal und gleich der Gesamtenergie ist.

Hier habe ich eine waagerechte Linie gezogen, auf der eine weiße Fläche sitzt, die nach oben von einer symmetrischen Kurve begrenzt wird. Diese Kurve beschreibt die Dichte der Aufenthaltswahrscheinlichkeit des Schwingers, was Sie sich leicht klar machen können: Da sich zwischen den beiden maximalen Auslenkungspunkten unendlich viele Punkte befinden, an denen der Schwinger vorbeikommt, kann einem konkreten Ortspunkt keine Wahrscheinlichkeit zugeordnet werden. Man kann aber jedem endlichen Intervall zwischen den beiden Extrempunkten eine Wahrscheinlichkeit zuordnen. Diese zu einem Intervall gehörende Wahrscheinlichkeit entspricht der darüber liegenden weißen Fläche. Deshalb muss die Gesamtfläche zwischen den beiden Extrempunkten den Wert eins haben. Am unwahrscheinlichsten ist es, dass sich der Schwinger genau in der Mittenzone befindet, denn diese Zone verlässt er immer am schnellsten, weil dort seine Geschwindigkeit am größten ist. Am wahrscheinlichsten ist es, dass sich der Schwinger in der Gegend der maximalen Auslenkungen befindet, denn dort ist seine Geschwindigkeit sehr klein und zu bestimmten Zeitpunkten sogar null, sodass er sich in diesen Zonen am längsten aufhält.

Nun verlassen wir die linke Seite des Bildes 11.24 und den Masseklotz, der zwischen zwei Federn hin und her schwingt. Die Darstellung in der rechten Bildhälfte habe ich unmittelbar aus den Ergebnissen des Bildes 11.23 gewinnen können. Dem Bild liegt die Annahme zugrunde, dass sich ein Elektron durch ein Potenzialfeld bewegt, wobei ein Austausch zwischen kinetischer und potenzieller Energie stattfindet. Die Stärke des Potenzials soll die gleiche quadratische Abhängigkeit von der Ortsvariable x haben wie im Falle des schwingenden Masseklotzes. Wie dieses Potenzialfeld zustande kommt, wird nicht betrachtet. Es kann sich jedenfalls nicht um den Fall des um den Atomkern herumturnenden Elektrons handeln. Da hängt das Potenzial vom Kehrwert des Abstands zwischen Kern und Elektron ab. Die Abhängigkeit vom Kehrwert des Abstandes bestimmte auch schon die Verhältnisse in Abbildung 7.6, wo ein Planet um die Sonne fliegt. Der auffälligste

Unterschied zwischen der linken und der rechten Hälfte der Abbildung 11.24 besteht darin, dass dem links gezeigten zeitlichen Verlauf der Position des Schwingers auf der rechten Seite kein zeitlicher Ortsverlauf gegenübersteht. Links sind wir vom zeitlichen Ortsverlauf nach oben gegangen und haben dort die zugehörige Energie und die zugehörige Wahrscheinlichkeitsdichteverteilung des Aufenthaltsortes abgeleitet. Rechts dagegen ist das Einzige, was wir haben, die Wahrscheinlichkeitsverteilung des Aufenthaltsortes, wenn das Energieniveau bekannt ist. Zu den beiden dargestellten Energieniveaus gehören unsere ersten beiden Eigenwerte aus Abbildung 11.23, und die wieder als weiße Flächen dargestellten Wahrscheinlichkeitsdichteverläufe entsprechen den quadrierten zugehörigen Eigenfunktionen. Dabei muss allerdings eine solche Normierung vorgenommen werden, dass die weißen Flächen auf jedem Energieniveau den Wert eins haben, weil es sich ja um Wahrscheinlichkeitsdichteverteilungen handelt. Die jeweilige Wahrscheinlichkeitsdichtefunktion sagt nichts über die Wahrscheinlichkeit, dass die Schwingung auf dem betrachteten Niveau stattfindet, sondern nur, wo das Elektron sein kann, falls es sich auf dem betrachteten Niveau bewegt. Während es im klassischen Fall selbstverständlich möglich ist, dass die Schwingungsamplitude und damit die Energie null sind und der Schwinger ruht, gibt es rechts eine endliche kleinstmögliche Energie für das Elektron, denn der kleinste Eigenwert in Abbildung 11.23 ist nicht null. Dies wird auch durch die Unbestimmtheitsrelation gefordert, die ja besagt, dass das Produkt aus Ortsunschärfe und Impulsunschärfe einen positiven Grenzwert nicht unterschreiten kann. Würden wir annehmen, die Gesamtenergie sei exakt null, dann hätten auch die kinetische Energie und der Impuls den exakten Wert null, und dies würde der Unbestimmtheitsrelation widersprechen. Während auf der linken Seite die Aufenthaltswahrscheinlichkeit außerhalb der Parabel-Schnittpunkte garantiert null ist, weil ja der Schwinger in seinen Amplitudenpunkten umkehrt, reichen die Aufenthaltswahrscheinlichkeitsdichten auf der rechten Seite tatsächlich leicht über die Parabel hinaus. Dies bedeutet formal, dass mit kleiner, aber nicht verschwindender Wahrscheinlichkeit die kinetische Energie des Elektrons negativ werden kann – schon wieder ein seltsames und unverständliches Ergebnis in der Quantenwelt.

Obwohl, wie gesagt, in der rechten Hälfte der Abbildung 11.24 nicht das an einen Atomkern gebundene Elektron betrachtet wird, können doch zwei Ergebnisse aus der Abbildung auf Elektronen im Atom übertragen werden. Es gilt auch im Atom, dass sich ein Elektron nur auf bestimmten Energieniveaus aufhalten kann, die den Eigenwerten des Schrödingerschen Energieoperators entsprechen. Und mit geringer Wahrscheinlichkeit kann ein Elektron auch im Atom kurzzeitig negative kinetische Energie haben.

In der Technik ist meist nicht das einzelne Atom interessant, sondern das Material, das aus vielen Atomen besteht. Im einfachsten Fall sind die Atome des Materials alle von der gleichen Sorte. Viel interessanter sind aber die Stoffe oder Kompositionen, die aus unterschiedlichen Atomsorten bestehen. Nachdem man einmal erkannt hatte, wie sich die Elektronen im einzelnen Atom verhalten, war es möglich geworden, experimentelle Befunde zu verstehen, die man bis dahin nicht erklären konnte. Denken Sie beispielsweise an die Voltasche Batterie, die man schon viele Jahre kannte und benutzte, obwohl man keine Ahnung hatte, wie sie zu erklären ist. Und selbst die einfache Frage, wieso Metalle den elektrischen Strom gut leiten, andere Stoffe aber kaum oder gar nicht, konnte erst auf der Grundlage der Quantentheorie beantwortet werden. Dies gilt auch für den Effekt der sogenannten Supraleitung, der im Jahre 1911 von dem Niederländer Heike Kamerlingh Onnes entdeckt wurde. Er beobachtete, dass der elektrische Widerstand von Quecksilber sprungartig unmessbar klein wurde, sobald die Temperatur unterhalb von 4,2 Grad Kelvin sank. Inzwischen kennt man viele Materialien, deren Widerstand beim Unterschreiten einer bestimmten, materialspezifischen Temperatur unmessbar klein wird.

Die theoretische Beherrschung der Aufenthaltswahrscheinlichkeit von Elektronen auf bestimmten Energieniveaus machte es auch möglich, die in der Chemie schon früh erkannten Wertigkeiten der Elemente und ihre Bedeutung für den Aufbau von Molekülen zu verstehen. Man konnte nun die Moleküle als dreidimensionale Gebilde sehen, wo die einzelnen Atome durch unterschiedlich starke Brücken zusammengehalten sind. So entstehen beispielsweise die besonderen Eigenschaften von Stahl durch besondere räumliche Beziehungen zwischen Atomen der Elemente Eisen und Kohlenstoff, zu denen in manchen Stahlsorten noch in geringen Anteilen Mangan, Chrom, Nickel und Silizium hinzukommen.

Die neuen Erkenntnisse über die Elektronen in den Atomen legten es auch nahe, Experimente zu machen, die eine gewisse Ähnlichkeit mit den Experimenten des Herrn Volta aufweisen. Dieser entdeckte den Batterieeffekt, als er ein Sandwich aus Scheiben unterschiedlicher Materialien aufbaute. Man kann nun nicht nur das Scheibenmaterial variieren, sondern auch die Scheibendicke, wobei es heute möglich ist, Schichten zu realisieren, deren Dicke unter einem Tausendstel Millimeter beträgt. Bei der Untersuchung solcher Sandwiches geht es meistens um ihren elektrischen Widerstand. Es ist im Allgemeinen zu schwierig, mit Bestimmtheit aus der Theorie vorherzusagen, wie sich ein bestimmtes Sandwich verhalten wird. Wenn aber die experimentellen Befunde vorliegen, kann man sie anhand der Theorie erklären. Sowohl in der Informations- als auch in der Energieelektronik sind zwei Sandwichtypen aus Halbleitermaterial von besonderer Bedeutung, die Diode als Zweischeibensandwich und der Transistor als Dreischeibensandwich. Eine Diode lässt den Strom nur in einer Richtung durch, und ein Transistor kann als zwei Dioden mit gemeinsamem Eingang betrachtet werden, von denen die eine als Steuerdiode wirkt, da ihr Strom über einen konstanten Verstärkungsfaktor den Strom durch die andere Diode bestimmt. Halbleiter sind Materialien mit einer stark temperaturabhängigen elektrischen Leitfähigkeit, die man durch das gezielte Einbringen von Atomen eines geeigneten anderen Elements erhöhen kann. Die heutige Halbleitertechnik beruht hauptsächlich auf Silizium. Dass die Untersuchung von Sandwiches auch heute noch überraschende Effekte zu Tage fördern kann, zeigt sich daran, dass im Jahre 2007 der Nobelpreis für Physik wieder einmal für einen Sandwicheffekt vergeben wurde. Der deutsche Physiker Peter Grünberg (geb. 1939) und sein französischer Kollege Albert Fert (geb. 1938) hatten Sandwiches aus vielen sehr dünnen Schichten unterschiedlicher Metalle – ein Millionstel Millimeter dünn – untersucht und festgestellt, dass der elektrische Widerstand dieser Sandwiches schon durch sehr kleine äußere Magnetfelder stark verändert werden kann.

Jedes Mal, wenn ein Elektron von einem der diskreten Energieniveaus auf ein anderes springt, bedeutet dies eine Änderung des Energiezustands des Atoms. Wenn das Elektron von einem höheren auf ein tieferes Energieniveau fällt, gibt das Atom ein Strahlungsquant ab, im umgekehrten Fall muss es die entsprechende Energiemenge von außen aufnehmen. Ein Elektron kann in einem Sprung nicht nur die Distanz zwischen zwei benachbarten Energieniveaus überbrücken, sondern es kann auch vorkommen, dass mehrere Energieniveaus in einem Sprung überwunden werden. Je größer die Energiedistanz zwischen dem Start- und dem Zielniveau ist, desto höher ist die Frequenz des abgestrahlten Quants.

Bei meiner Herleitung des Energieoperators und bei der Betrachtung seiner Anwendung in Abbildung 11.24 habe ich mich der Einfachheit halber auf den eindimensionalen Fall beschränkt, wo es nur eine einzige Ortsvariable x gibt. Nun spielt sich die Physik aber immer im dreidimensionalen Raum ab, und deshalb muss man sich die Verteilung der Aufenthaltswahrscheinlichkeitsdichte als eine räumliche Wolke vorstellen, deren Lage und Form relativ zum Atomkern durch die jeweilige Eigenfunktion charakterisiert wird. Die rechts oben in Abbildung 11.24 gezeigten Verteilungsverläufe legen die Vermutung nahe, dass die Verteilungswolke nur im Falle des niedrigsten Energieniveaus kugelsymmetrisch um den Kern liegt. Eine solche Kugelsymmetrie ist bei den höheren Energieniveaus nicht mehr gegeben; dies bedeutet, dass es dort Richtungen mit höherer Aufenthaltswahrscheinlichkeit und andere Richtungen gibt, wo diese Wahrscheinlichkeit sehr gering oder gar null ist.

Es leuchtet ein, dass ein einziger Eigenwert der Art, wie er in Abbildung 11.23 vorkommt, nicht ausreicht, alles über die aktuelle Situation eines Elektrons in einem Atom auszusagen. Man braucht für jede der drei Dimensionen des Raumes einen separaten Eigenwert. Dabei erfasst man den Raum zweckmäßigerweise nicht durch Kartesische Koordinaten, die sich auf drei senkrecht aufeinander stehende Achsen beziehen. Vielmehr eignen sich die sogenannten sphärischen Koordinaten (Kugelkoordinaten) viel besser zur Erfassung der Verhältnisse in einem Atom, bei dem das Potenzial durch den im Zentrum sitzenden Kern bestimmt wird. In sphärischen Koordinaten wird die Lage eines Punktes durch die

Angabe seines Abstands vom Zentrum und durch zwei Winkelangaben beschrieben, also auch durch drei Zahlen, wie es der Dreidimensionalität entspricht.

Experimentelle Befunde haben gezeigt, dass auch die drei den Raumdimensionen entsprechenden Eigenwerte noch nicht ausreichen, die Situation des Elektrons im Atom vollständig zu erfassen. Es liegt eine Analogie zwischen dem Elektron, das sich um den Atomkern bewegt, und unserer Erde vor, die sich um die Sonne bewegt. Eine aktuelle Situation ist nicht vollständig erfasst, wenn man nur weiß, wo sich gerade der Mittelpunkt der Erde relativ zur Sonne befindet, man muss auch noch wissen, welche Winkelstellung die Erde bei ihrer Rotation um die eigene Achse gerade einnimmt. Der Rotation der Erde um die eigene Achse entspricht beim Elektron der sogenannte „Spin". Das englische Wort *spin* ist mit den deutschen Wörtern „spinnen" und „Spindel" verwandt und verweist auf eine schnelle Drehbewegung. In der klassischen Mechanik steht das englische Wort „Spin" für den Drehimpuls, den ich mit Abbildung 7.8 eingeführt habe, und der die Grundlage zur Erklärung der in Abbildung 7.7 dargestellten Erscheinungen bildet. Während wir beim Rad eines Autos oder Fahrrads unmittelbar sehen können, ob und gegebenenfalls wie schnell es rotiert, haben wir keine unmittelbare Möglichkeit festzustellen, ob ein Elektron rotiert. Nun ist aber das Elektron ein elektrisch geladenes Teilchen, und aus den Erkenntnissen von Faraday und Maxwell kann man schließen, dass sich eine rotierende Ladung wie ein kleiner Stabmagnet verhalten muss. Wenn man solch einen Stabmagneten durch ein magnetisches Feld bewegt, werden ablenkende Kräfte wirksam, deren Richtung von der Ausrichtung des Stabmagneten abhängt. Die modernen Experimentalphysiker konnten tatsächlich experimentell feststellen, dass es so etwas wie einen Elektronen-Spin gibt. Vom gewöhnlichen Drehimpuls wissen wir, dass er eine gerichtete physikalische Größe ist, die wir im rechtwinkligen Koordinatensystem durch Angabe der drei Komponenten in x-, y- und z-Richtung erfassen. Seltsamerweise liefert die Messung des Elektronenspins unabhängig von der gewählten Ausrichtung des Koordinatensystems für jede Komponente jeweils nur einen von zwei möglichen Messwerten aus der Menge $\{-h/4\pi, +h/4\pi\}$. Später wurde festgestellt, dass diese Art von Spin

Einheit der Planckschen Konstanten h

= Energie $*$ Zeit

= Masse $*$ (Geschwindigkeit)^2 $*$ Zeit

= Masse $*$ $\dfrac{(\text{Länge})^2}{\text{Zeit x Zeit}}$ $*$ Zeit = Masse $*$ (Länge)^2 $*$ $\dfrac{1}{\text{Zeit}}$

= Trägheitsmoment $*$ Winkelgeschwindigkeit

= Drehimpuls

11.25 Einheitengleichheit von Wirkungsquantum und Drehimpuls.

nicht nur beim Elektron zu finden ist, sondern auch beim Proton und beim Neutron. Die Tatsache, dass auch das elektrisch ladungsfreie Neutron einen solchen Spin hat, zeigt, dass er nicht an eine elektrische Ladung gebunden ist. Systeme, in denen mehrere solcher Teilchen aneinander gebunden sind, also Atome und Moleküle, haben auch feststellbare Spins, wobei hier die möglichen Messwerte ganzzahlige Vielfache der beiden Werte für das Elektron sind.

Ohne irgendwelche Experimente zu machen, hätte ein phantasievoller Physiker möglicherweise einfach am Schreibtisch sitzend schon den Einfall haben können, dass es in der Quantenwelt etwas geben könnte, was dem Drehimpuls aus der klassischen Physik entspricht. Er brauchte ja nur die physikalische Einheit der Planckschen Konstanten h zu untersuchen. Üblicherweise wird die Einheit von h als Produkt aus Energie und Zeit angegeben, aber die in Abbildung 11.25 stehende einfache Rechnung zeigt, dass h auch die Einheit eines Drehimpulses hat. Dieses einfache Rechenspielchen hätte den Anstoß für Überlegungen geben können, wie man experimentell in der Quantenwelt ein Analogon zum Drehimpuls nachweisen könnte. Inzwischen weiß man auch, dass sogar die Photonen einen Spin haben. Bei der Absorption von Licht durch freie Atome wurde nämlich beobachtet, dass jedes absorbierte Photon den Drehimpuls des Atoms um den Betrag $h/2\pi$ ändert. Da bei einem Zusammenstoß die Summe der Drehimpulse der zusammenstoßenden Teilchen unverändert bleibt, musste zwangsläufig die Impulsänderung beim Atom mit einer umgekehrten Impulsänderung beim Photon einhergehen.

Die Verhältnisse sind verständlicherweise am einfachsten, wenn es im Atom nur ein einziges Elektron gibt. Dies ist aber nur beim Wasserstoffatom der Fall; in allen anderen Atomen kommen mehrere Elektronen vor, und diese beeinflussen sich gegenseitig. Jedes dieser Elektronen lässt sich durch vier Eigenwerte, die man hier Quantenzahlen nennt, charakterisieren, wobei es innerhalb eines Atoms nie zwei Elektronen gibt, bei denen alle vier Quantenzahlen übereinstimmen.

Erscheinungen, die selbst Einstein für unmöglich hielt

Alles, was ich Ihnen bisher über die Körnigkeit von Materie und Energie erzählt habe, hat den Gang der technischen Entwicklungen maßgeblich beeinflusst, und man findet die entsprechenden Anwendungen fast überall im Alltag, insbesondere in den Bereichen Werkstoffe und Mikroelektronik. Zum Abschluss dieses Kapitels will ich Ihnen nun aber noch einen Erkenntnisbereich darstellen, der noch keinen Eingang in technische Produkte gefunden hat, von dem aber behauptet wird, dass er einen geradezu revolutionären Fortschritt im Bereich der Informationstechnik bringen wird. Die Quantenphysiker sehen hier die Möglichkeit, absolut störungssichere Kommunikationskanäle zu schaffen und Computerleistungen zu erzielen, die um den Faktor von einer Million oder mehr über dem heute Möglichen liegen. Die zugehörigen mathematischen Spielchen waren schon zu Lebzeiten von Albert Einstein gespielt worden, aber die dabei abgeleiteten Ergebnisse erschienen recht absurd und konnten damals experimentell nicht bestätigt werden. Albert Einstein hielt die theoretisch abgeleiteten Konsequenzen für unrealistisch. Ich werde nun also versuchen, Ihnen die Absurditäten darzustellen, von denen Albert Einstein überzeugt war, dass sie in der Realität nicht existieren.

Es geht dabei um die sogenannte Zustandsverschränkung, einem Begriff, den man am besten am Beispiel zweier gleichartiger sogenannter Quantenbits erklärt. Das Kunstwort „Bit", welches

System aus	
n klassischen Binärzellen	n Quantenbits
Deutung des Zustands als beobachtbaren Sachverhalt	Deutung des Zustands als Wahrscheinlichkeitsverteilung beobachtbarer Sachverhalte
Beschreibung des Zustands als Eckpunkt eines Würfels mit der Kantenlänge 1 in einem Raum mit n Dimensionen: $Z = (x_1, x_2, x_3, \ldots x_k)$ mit k=n, wobei jeder Koordinatenwert aus der Wertemenge { 0, 1 } kommt.	Beschreibung des Zustands als Oberflächenpunkt einer Kugel mit dem Radius 1 in einem Raum mit 2^n Dimensionen: $Z = (x_1, x_2, x_3, \ldots x_k)$ mit $k=2^n$, wobei die Koordinatenwerte auch komplexe Zahlen sein dürfen.
Es gibt 2^n unterschiedliche Zustände.	Es gibt unendlich viele unterschiedliche Zustände.
Die Anzahl der alternativen Beobachtungsergebnisse ist 2^n (gleich der Anzahl der Zustände).	Die Anzahl der alternativen Beobachtungsergebnisse ist 2^n (kleiner als die Anzahl der Zustände).

11.26 Unterschiede zwischen klassischen Binärzellen und Quantenbits.

auf die englische Bezeichnung *binary digit* (dt. binäre Einheit) zurückgeht, wird in der Informationstechnik immer dann benutzt, wenn man über Erscheinungen redet, für die es nur zwei Alternativen gibt. So kann beispielsweise ein Lichtschalter als Speicher für ein Bit betrachtet werden, weil er nur entweder in der Stellung „ein" oder in der Stellung „aus" stehen kann. Wenn man in der Quantenwelt die Bezeichnung Bit verwendet, denkt man üblicherweise an den Spin eines Elektrons oder die Polarisation eines Photons. Die jeweils zugehörigen Experimente können stets nur zwei mögliche Ergebnisse liefern, im Falle des Spins ist es die Richtung, und im Falle des Photons ist es die Entscheidung über den Filterdurchgang. Es gibt allerdings einen gravierenden Unterschied zwischen den Bits in der konventionellen Informationstechnik und den Quantenbits. In der konventionellen Informationstechnik darf man den Zustand des betrachteten Systems, also beispielsweise des Lichtschalters, mit dem jeweiligen Beobachtungsergebnis gleichsetzen. Wenn der Schalter in einem bestimmten Zustand ist, liegt eindeutig fest, was man feststellen wird, wenn man hinschaut. Im Falle eines Quantenbits dagegen ist dem Zustand im Normalfall das Beobachtungsergebnis nicht eindeutig zugeordnet, sondern zwischen dem Zustand und dem Beobachtungsergebnis liegt eine Wahrscheinlichkeitsverteilung. Diese kann als Punkt auf einer hochdimensionalen Kugel mit dem Radius eins erfasst werden (Abbildung 11.26).

Die Quantenbits, deren mögliche Zustandsverschränkung ich nun beschreiben werde, sind Photonen, die von einem Polarisationsfilter durchgelassen oder abgewiesen werden. Ich habe Ihnen die Polarisationsfilterung bereits mit Abbildung 11.8 vorgestellt und in Abbildung 11.15 mit dem Formalismus der Quantentheorie beschrieben. Wir betrachten nun ein System aus zwei Photonen, wobei jedem Photon ein eigenes Filter zugeordnet wird. Es gibt in diesem Falle vier alternative mögliche Beobachtungsergebnisse, die sich als Kombinationen der jeweiligen beiden Möglichkeiten {Durchlass, Blockade} der beiden Photonen ergeben. In meinem Kommentar zur Abbildung 11.15 habe ich darauf hingewiesen, dass die alternativen Beobachtungsergebnisse als Zahlen codiert werden müssen, damit man Matrizenrechnung betreiben und die Messwerte als Eigenwerte gewinnen kann. Dort hatte ich den beiden Möglichkeiten Durchgang und Blockade die Zahlen $+1$ und -1 zugeordnet. In unserem System mit zwei Photonen gibt es nun vier alternative Beobachtungsergebnisse, und wir müssen uns überlegen, wie wir sie codieren. Grundsätzlich haben wir hier große Freiheiten, jedoch sind nicht alle alternativen Codierungen in gleichem Maße zweckmäßig.

Die Frage nach der Zweckmäßigkeit entscheidet sich an zwei Kriterien: Aus dem jeweiligen Zahlenwert soll möglichst einfach auf das zugeordnete Beobachtungsergebnis geschlossen werden können, und die sich ergebenden Matrizen sollen möglichst einfach handhabbar sein.

In Abbildung 11.27 habe ich Ihnen ein Konzept für die Codierung der 2^n Beobachtungsergebnisse eines Systems aus n Quantenbits dargestellt und die Codetabelle für $n = 3$ daneben gestellt – die Buchstaben D und B stehen wieder für Durchkommen bzw.

	Komponenten - code			Kombinations - code
	z_1	z_2	z_3	$= 4*z_1 + 2*z_2 + 1*z_3$
B B B	-1	-1	-1	- 7
B B D	-1	-1	+1	- 5
B D B	-1	+1	-1	- 3
B D D	-1	+1	+1	- 1
D B B	+1	-1	-1	+ 1
D B D	+1	-1	+1	+ 3
D D B	+1	+1	-1	+ 5
D D D	+1	+1	+1	+ 7

Summenformel zur Zusammenfassung von n Einzelwerten z_k aus {-1, +1} zu einer einzigen Zahl N:

$$N = 2^{n-1} * z_1$$
$$+ 2^{n-2} * z_2$$
$$+ 2^{n-3} * z_3$$
$$\vdots$$
$$+ 2^1 * z_{n-1}$$
$$+ 2^0 * z_n$$

11.27   Konzept für die Codierung der alternativen Beobachtungsergebnisse in einem System aus drei bzw. n Quantenbits.

Blockade des jeweiligen Photons. Die dargestellte Codierung ist vorteilhaft, weil hier für die einzelnen Photonen jeweils die Codierung aus Abbildung 11.15 gilt. Das Einzige, was hinzukam, ist die Summenformel, worin die einzelnen Photonenergebnisse unterschiedlich gewichtet zu einer einzigen Zahl zusammengefasst werden. Mit der Eigenwertcodierung gemäß Abbildung 11.27 wird der Raum aufgespannt, in dem sich der aktuelle Zustand eines Systems aus n Quantenbits als Punkt befinden muss. Im Falle unserer beiden Photonen muss der Zustand als vierdimensionaler Vektor dargestellt werden, und je nachdem, wie dieser Vektor aussieht, handelt es sich um einen unverschränkten oder um einen verschränkten Zustand. Möglicherweise wäre es anschaulicher gewesen, unverflochten bzw. verflochten zu sagen. Denn dann hätte man an einen Zopf denken können, der durch Verflechtung einzelner Stränge entsteht, die zuvor isoliert nebeneinander liegen. Die beiden alternativen Zustände sind in Abbildung 11.28 einander gegenüber gestellt. Der Zustand ist hier jeweils eine gewichtete Summe der Eigenvektoren, die zu den vier Eigenwerten {-3, -1, +1, +3} gehören, die den vier alternativen

Die Vektordarstellung des unverschränkten Zustands ist

$$\sin(\varphi_1)*\sin(\varphi_2)* \begin{pmatrix} 1 \\ 0 \\ 0 \\ 0 \end{pmatrix} +\sin(\varphi_1)*\cos(\varphi_2)* \begin{pmatrix} 0 \\ 1 \\ 0 \\ 0 \end{pmatrix} +\cos(\varphi_1)*\sin(\varphi_2)* \begin{pmatrix} 0 \\ 0 \\ 1 \\ 0 \end{pmatrix} +\cos(\varphi_1)*\cos(\varphi_2)* \begin{pmatrix} 0 \\ 0 \\ 0 \\ 1 \end{pmatrix}$$

Die Vektordarstellung des verschränkten Zustands ist

$$\frac{1}{\sqrt{2}}* \left(\cos(\varphi_1{-}\varphi_2)* \begin{pmatrix} 1 \\ 0 \\ 0 \\ 0 \end{pmatrix} - \sin(\varphi_1{-}\varphi_2)* \begin{pmatrix} 0 \\ 1 \\ 0 \\ 0 \end{pmatrix} + \sin(\varphi_1{-}\varphi_2)* \begin{pmatrix} 0 \\ 0 \\ 1 \\ 0 \end{pmatrix} + \cos(\varphi_1{-}\varphi_2)* \begin{pmatrix} 0 \\ 0 \\ 0 \\ 1 \end{pmatrix} \right)$$

Die Reihenfolge der Summanden entspricht der Ordnung
der Eigenwerte bzw. Beobachtungsergebnisse:
(-3, -1, +1, +3) bzw. (BB, BD, DB, DD).

11.28 Zustandsvektoren des unverschränkten und des verschränkten
Photonenpaares.

Beobachtungsergebnissen {BB, BD, DB, DD} entsprechen. Das
Quadrat des jeweiligen Gewichts gibt die Wahrscheinlichkeit an,
mit der das zugehörige Beobachtungsergebnis auftritt.

Wenn man weiß, dass unabhängig vom Wert eines Winkels φ die
Summe $\sin^2(\varphi) + \cos^2(\varphi)$ immer den Wert eins hat, kann man leicht
feststellen, dass im Falle des unverschränkten Zustands die Wahrscheinlichkeit, dass das Photon eins durch sein Filter kommt, den
Wert $\cos^2(\varphi_1)$ und die entsprechende Wahrscheinlichkeit für das
Photon zwei den Wert $\cos^2(\varphi_2)$ hat. Anders liegen die Verhältnisse beim verschränkten Zustand. Hier hängen die Gewichte jeweils
nur von der Differenz zwischen den beiden Winkeln φ_1 und φ_2 ab.
Wenn also einer dieser Winkel geändert wird, hat dies stets Aus-
wirkungen auf die Wahrscheinlichkeiten für beide Photonen. Im
Unterschied zum darüber stehenden, unverschränkten Fall steht
hier vor der großen Klammer ein allen Gewichten gemeinsamer
Faktor, weil oben die Summe der Quadrate aller vier Gewichte
bereits den Wert eins ergibt, unten aber den Wert zwei. Da es sich
aber immer um eine Wahrscheinlichkeitsverteilung handeln soll,
muss die Summe aller Wahrscheinlichkeiten stets eins sein, und
dies wird durch den Faktor vor der Klammer erzwungen.

Alternative Beobachtungsergebnisse	BB	BD	DB	DD
Wahrscheinlichkeiten bei Unverschränktheit	$p_{B1}*p_{B2}$	$p_{B1}*p_{D2}$	$p_{D1}*p_{B2}$	$p_{D1}*p_{D2}$
Wahrscheinlichkeiten bei Verschränktheit	$p_{B1}*p_G$	$p_{B1}*p_U$	$p_{D1}*p_U$	$p_{D1}*p_G$
	$p_{B2}*p_G$	$p_{D2}*p_U$	$p_{B2}*p_U$	$p_{D2}*p_G$
Dies ist nur möglich für $p_{D1} = p_{D2} = p_{B1} = P_{B2} = 0{,}5$				

11.29 Einschränkung der Wahrscheinlichkeiten bei Verschränkung.

In der Tabelle in Abbildung 11.29 habe ich die Wahrscheinlich-keitsbeziehungen für den unverschränkten und den verschränkten Fall einander gegenüber gestellt. Die Wahrscheinlichkeiten der vier möglichen Beobachtungsergebnisse ergeben sich jeweils als Produkte zweier Wahrscheinlichkeitswerte. Im unverschränkten Fall sind die beiden Faktoren jeweils die Wahrscheinlichkeiten für die beiden Photonen, denn so verlangt es die Wahrscheinlichkeits-rechnung bei Zufallsentscheidungen, die unabhängig voneinander fallen. Im verschränkten Falle ist diese Unabhängigkeit nicht mehr gegeben, und deshalb kommen hier die beiden Wahrscheinlichkei-ten p_G und p_U vor, wobei G für Gleichheit und U für Ungleich-heit der Filterungsergebnisse der beiden Photonen steht. Weil sich diese beiden Fälle gegenseitig ausschließen, aber in jedem Falle einer dieser beiden Fälle vorliegt, muss $p_G + p_U = 1$ gelten. Aus den Tabelleneinträgen in Abbildung 11.29 kann man schließen, dass die beiden Wahrscheinlichkeiten p_G und p_U nur definiert sein können, wenn jedes der beiden Photonen mit 50 % Wahrschein-lichkeit durch sein Filter kommt. Wir nehmen nun einmal an, die Winkeldifferenz $\varphi_1 - \varphi_2$ sei null. Dann ergibt sich $p_G = 1$ und $p_U = 0$, was bedeutet, dass an beiden Filtern garantiert die gleiche Ent-scheidung fällt. Das gilt angeblich auch, wenn die beiden Photo-nen zuerst einmal eine Zeitlang in entgegengesetzten Richtungen auseinander geflogen sind, bevor sie an weit voneinander entfern-ten Orten zu ihren Filtern gelangten. Die Entscheidungen, die an den Filtern fallen, sind nun nach wie vor keineswegs vorbestimmt, sondern völlig offen, denn die Entscheidungswahrscheinlichkeit hat ja den Wert 0,5. Im Unterschied zum unverschränkten Fall sind nun aber die Zufallsentscheidungen an den beiden Filtern derart verkoppelt, dass entweder beide Photonen durchkommen oder beide blockiert werden. Da drängt sich selbstverständlich sofort die Frage auf, ob hier eine Informationsübertragung mit Überlichtgeschwindigkeit erfolgt. Denn woher soll das Teilsystem aus Photon eins und Filter eins wissen, was zum gleichen Zeitpunkt in dem anderen Teilsystem aus Photon zwei und Filter zwei geschieht?

Sollten sich solche verschränkten Zustände tatsächlich realisieren lassen, dann stünde man wieder einmal vor einem Phänomen in der Quantenwelt, welches man zwar hinnehmen muss, aber nicht wirklich einsehen kann. Allerdings braucht man dann trotzdem nicht anzunehmen, dass hier eine Informationsübertragung mit Überlichtgeschwindigkeit erfolgt. Denn eine echte Informationsübertragung liegt nur vor, wenn die zu übertragende Information auf der Senderseite willkürlich vorgegeben werden durfte. Im Falle des verschränkten Zustands hat jedoch der Experimentator auf der einen Seite keine Möglichkeit, irgendwelche Informationen vorzugeben, die er dem Experimentator auf der anderen Seite mitteilen will. Vielmehr müssen die beiden Experimentatoren tatenlos zusehen, wie sich ihr jeweiliges Photon bezüglich seines Filters verhält. Es sind aber Ideen entwickelt worden, wie man Systeme mit verschränkten Zuständen dazu nutzen könnte, sichere Informationskanäle zu schaffen, bei denen es unmöglich ist, dass ein Dritter mithört oder unbemerkt die Nachricht verfälscht.

Während es für die Nutzung im Bereich der Kommunikation bereits genügt, zwei Quantenbits zu verschränken, müsste man sehr viel mehr Quantenbits verschränken, wenn man die Verschränkung für Aufgaben der Informationsverknüpfung nutzen wollte. Dass man möglicherweise eines Tages mit Hilfe von Quantenbits Aufgaben lösen kann, die für die heutigen Computer viel zu umfangreich sind, liegt an dem Unterschied zwischen den Quantenbits und den konventionellen Bits, mit denen unsere heutigen Computer arbeiten (Abbildung 11.26). Bei der Nutzung eines Systems aus n Quantenbits muss man mit Zuständen rechnen, die als Punkte betrachtet werden, welche sich kontinuierlich in einem Raum verschieben lassen, der die Dimension 2^n hat. Obwohl wir schon mit der hohen Dimensionalität dieses Raumes keine anschaulichen Vorstellungen mehr verbinden können, kommt noch die weitere völlig unanschauliche Eigenschaft dieses Raumes hinzu, dass alle seine Koordinatenwerte aus der Menge der komplexen Zahlen stammen dürfen.

Ich verfolge dieses Thema nun nicht weiter, da es sich hier ja um einen Forschungsbereich handelt, der bisher noch keine Ergebnisse geliefert hat, die in die Gestaltung technischer Produkte eingegangen sind, auch wenn es seit 1995 verschiedentlich gelungen ist, nicht nur zwei, sondern mehrere Quantenbits zu verschränken. Aber solche verschränkten Zustände stellten sind als äußerst empfindlich heraus, denn jede Wechselwirkung mit der Umgebung zerstört die Verschränkung. Immerhin können Sie jetzt ahnen, um was es geht, wenn das Wort „Quantencomputing" fällt.

Wie man in den Zellen der Lebewesen „Kochrezepte" fand und nun versucht, neue zu schreiben

12

Aus der Fülle der Fragestellungen, die sich mit dem Leben befassen, kann ich verständlicherweise nur einen winzigen Ausschnitt betrachten. So werde ich auch die Evolutionstheorie, die uns die Entstehung der Artenvielfalt erklärt, nicht behandeln, weil sie keine Erkenntnisse geliefert hat, die in die Gestaltung technischer Produkte oder Verfahren eingeflossen wären. In seinen beiden Büchern *Über das Lebendige* und *Unbegreifliches Geheimnis* hat Erwin Chargaff, von dem später noch die Rede sein wird, geschrieben, dass es unmöglich sei, den Begriff Leben befriedigend und abschließend zu definieren. Er war überzeugt, dass, wie immer man versuchen mag, das Leben zu erklären, es immer eine Reihe von Fakten geben wird, die in die Definition nicht hineinpassen. Dies hat ihn aber nie gestört, denn er war immer sicher, dass man eine solche Definition gar nicht brauche. Er hat sich aber häufig darüber aufgeregt, wenn andere den Eindruck erweckten, dass sie genau wüssten, was Leben sei. Bei Chargaff findet man auch die Aussage, dass man nicht das Leben erforschen kann, sondern nur das eine oder andere Lebendige. Da ich seine Auffassung teile, werde ich im Folgenden meist nicht vom Leben, sondern nur vom Lebendigen reden.

Wie das Organische und das Lebendige zusammengehören

Auch der Erforschung des Lebendigen sind enge unüberwindliche Grenzen gesetzt. Ein Grund hierfür besteht darin, dass alles Lebendige ein äußerst kompliziertes System ist, das nur sehr beschränkt experimentelle Eingriffe erlaubt. Deshalb war man lange Zeit gar nicht in der Lage, wesentliche naturwissenschaftliche experimentelle Befunde über das Lebendige zu gewinnen; die Befunde betrafen immer nur Gebilde, die früher einmal lebendig waren, aber erst analysiert wurden, als sie schon tot waren. Es ist heute selbstverständlich, dass man alle Methoden der Physik und der Chemie heranziehen kann, um Erkenntnisse über etwas zu gewinnen, das einmal gelebt hat. Ob die auf diese Weise gewonnenen Ergebnisse überhaupt etwas über das Leben aussagen können, darf bezweifelt werden. Zumindest gibt es diesbezüglich unterschiedliche Meinungen, wobei keine der beiden Seiten zwingende Argumente hat, welche die Vertreter der anderen Seite überzeugen müssten.

Ein anderer Grund, weshalb die Erforschung des Lebendigen stark begrenzt ist, liegt im Unterschied zwischen subjektivem Erleben und objektiven Beobachtungsergebnissen. Ich meine hier insbesondere den Unterschied zwischen den objektiven Beobachtungsbefunden bezüglich der chemischen und elektrischen Prozesse im Gehirn und im Nervensystem auf der einen Seite und dem subjektiven Erleben des einzelnen Menschen auf der anderen Seite. Es gibt inzwischen sehr viele Möglichkeiten, die im Gehirn eines lebenden Tieres oder Menschen ablaufenden chemischen und physikalischen Prozesse zu beobachten. Die primitive Methode besteht darin, Metallsonden ins Gehirn zu stecken und elektrische Spannungsverläufe zu messen. Die fortschrittlicheren Beobachtungssysteme beruhen auf den Erkenntnissen der Quantenphysik, welche insbesondere in die Konstruktion sogenannter Computer-Tomografen eingegangen sind.

Das Fremdwort Tomografie steht für Bildgewinnung (griech. *graphein*, schreiben) durch Auswertung der Intensität von Strahlen, die durch einen inhomogenen Körper gegangen sind. Die Inhomogenität bezieht sich dabei auf eine räumlich verteilte physikalische Größe, beispielsweise die Durchlässigkeit für Röntgen-stahlen oder die Spinresonanzen im atomaren Bereich. Was man primär messen kann, sind Signale, deren jeweiliger Wert sich aus der räumlichen Verteilung der interessierenden Größe durch eine Art Integration längs der aktuellen Beobachtungsrichtung ergibt. Wenn man nacheinander das räumliche Gebilde aus sehr vielen unterschiedlichen Beobachtungsrichtungen (griech. *tomo* für Schnitt) betrachtet, erhält man sehr viele Signalwerte, aus denen man mathematisch die räumliche Verteilung der interessierenden Größe rekonstruieren kann. Diese Rekonstruktion ist mathematisch sehr aufwendig und erfordert leistungsfähige Computer, welche in den jeweiligen Tomographen eingebaut sind. Stellen Sie sich eine eingefärbte Plexiglaskugel vor, bei der die Farbkonzentration über das Volumen der Kugel inhomogen verteilt ist. Sie können diese Kugel aus unterschiedlichen Richtungen betrachten und sehen wegen der inhomogenen Einfärbung unterschiedliche Verteilungsbilder, aus denen die räumliche Verteilung der Farbkonzentration gewonnen werden kann.

Es gibt zwar nicht viele, aber doch einige naturwissenschaftlich interessierte Philosophen oder philosophisch interessierte Naturwissenschaftler, welche die extreme Position vertreten, es gäbe keine mentalen, sondern nur neuronale Zustände. Diese meinen also (oder behaupten es zumindest), dass alle Wörter, die sich auf subjektives Erleben beziehen, wie beispielsweise Bewusstsein, Schmerz, Überzeugung und Ähnliches, durch neurophysikalische Begriffe ersetzt werden müssten. Wie in der weiter vorne behandelten Situation stehen sich auch hier wieder sehr konträre Meinungen gegenüber, von denen keine Seite über Argumente verfügt, welche die andere zur Aufgabe ihrer Position zwingen müssten. Ich selbst bin von dem zwingenden Nebeneinander der Welt der objektiven naturwissenschaftlichen Sachverhalte und der Welt des subjektiven Erlebens so fest überzeugt, dass ich die andere Position einfach für Quatsch halte.

Es wird immer wieder die Frage gestellt, ob es nicht auch außerhalb der Erde, also auf anderen Himmelskörpern Leben gebe. Wenn jemand diese Frage stellt, sollte er sich auch überlegt haben, welche Erscheinungen er als Existenz von außerirdischem Leben akzeptieren würde. Er muss ja auch mit der Möglichkeit rechnen, dass die gefundenen Lebewesen sehr viel anders aussehen und ein extrem anderes Verhalten zeigen als diejenigen, die er von der Erde her kennt. Dass uns Menschen die entsprechende Phantasie fehlt, zeigt sich darin, dass in Bildern oder Filmen außerirdische Lebewesen immer nur als abgewandelte Formen von Menschen, Tieren oder Pflanzen aus unserer irdischen Erfahrungswelt dargestellt werden.

Auf unserem heutigen Erkenntnisstand sind wir überzeugt, dass sowohl der Mensch als auch eine einfache Bakterie Lebewesen sind, obwohl sie fast keine gemeinsamen Merkmale haben, außer, dass sie sich fortpflanzen können und dem Tod unterworfen sind. Als Ingenieur der Elektrotechnik, der sich in Computer- und Roboterkonstruktion auskennt, liegt es für mich nahe zu fragen, ob ich einen Roboter, der seinesgleichen herstellen kann, als Lebewesen betrachten würde. Dass er dem Tod unterworfen ist, erscheint selbstverständlich, denn ein Roboter kann kaputt gehen oder zerstört werden und ist dann nicht mehr in der Lage, sich selbst zu reparieren. Wenn wir einen solchen zerstörten Roboter wieder reparieren, müssen wir dies nicht unbedingt als „Wiederbelebung" des gleichen Roboters betrachten, wir könnten es auch als Nutzung des Materials zur Schaffung eines neuen Roboterindividuums ansehen. Ich würde in einem solchen Falle keineswegs den Roboter als lebendiges Wesen bezeichnen, obwohl ich keine klaren Gründe für meine Entscheidung angeben kann. Denn wenn ich solche Gründe angeben könnte, müsste ich ja über eine messerscharfe Definition des Begriffs Leben verfügen. Offenbar sind also für mich die Merkmale der Fortpflanzungsfähigkeit und der zeitbegrenzten Existenz zwar notwendige, aber keine hinreichenden Merkmale des Lebendigen. Ich möchte den Satz des Philosophen Descartes, der gesagt hat „cogito ergo sum" (deutsch „Ich denke, also bin ich."), etwas abwandeln zu der Form: „Ich erlebe mich, also lebe ich." Und wenn ich über andere Lebewesen rede, kann ich dies nur unter Verwendung von Begriffen tun, die eine Analogie zu mir und meinem Erleben ausdrücken.

Bevor sich in längst vergangener Zeit ein Mensch als erster die Frage stellte, was das Besondere am Leben sei, war das Leben schon lange da, und bis heute weiß keiner, wie es auf die Erde kam. Die Bereitschaft, das Nichtwissen über die Herkunft des Lebens zu akzeptieren, war bis vor wenigen Jahrzehnten für die gesamte Menschheit eine Selbstverständlichkeit. Man hat zwar irgendwelche hübschen Schöpfungsgeschichten erfunden, beispielsweise von dem Erdenkloß, dem der göttliche Odem eingehaucht wird und der daraufhin zum ersten Menschen wird (1. Mose 2, Vers 7), aber Konsequenzen wurden aus diesen Geschichten keine gezogen. Die Frage, was zuerst da gewesen sei, die Henne oder das Ei, wurde zwar gestellt, aber man wusste, dass man sie nicht allzu erst nehmen darf. Auch der bekannte deutsche Arzt und Bakteriologe Rudolf Virchow (1821–1902) war überzeugt, dass etwas Lebendiges nur aus etwas Lebendigem entstehen könne. Er hatte dabei die Zellteilung vor Augen, wo aus einer Zelle zwei Zellen werden. Die Frage, woher die erste Zelle kam, die sich teilen konnte, wurde als unbeantwortbar und damit als irrelevant eingestuft.

Die Erkenntnis, dass alle Lebewesen entweder einzelne Zellen sind oder aus Zellen aufgebaut sind, konnte erst gewonnen werden, als hochauflösende Mikroskope zur Verfügung standen. Ein einzelliges Lebewesen kann man mit dem Mikroskop ganz überschauen, wogegen man die Zellen eines Vielzellers nur sieht, wenn man Gewebeschnitte unter das Mikroskop legt. Als Väter der sogenannten Zellentheorie gelten der deutsche Botaniker Matthias Schleiden (1804–1881), der die Pflanzen untersucht hat, und der deutsche Physiologe Theodor Schwann (1810–1882), der die Zellen bei den Tieren fand. Als wesentliche Erkenntnis wurde dabei festgestellt, dass eine Zelle nicht ein einfacher Baustein für Lebewesen ist, sondern dass sie eine Einheit des Lebendigen, d. h. ein Individuum ist, welches alle Lebenseigenschaften enthält und gemeinsam mit anderen Zellen höhere lebendige Organismen bilden kann.

An dieser Stelle taucht nun in meiner Darstellung zum ersten Mal der Begriff des *Organismus* auf. Das Wesen von Organismen und auch von Organisationen besteht darin, dass Lebewesen koordiniert zusammenwirken, um eine höhere Einheit zu bilden. Die größte Organisation auf unserer Erde ist vermutlich die UN (United Nations) mit ihrem Verwaltungssitz in New York. Überall dort, wo man nach einem Organisationsschema fragen kann, liegt ein Organismus oder eine Organisation vor. In diesem Sinne sind Industrieunternehmen, Kommunen oder Kirchen Organisationen. In diesen Organisationen sind es die einzelnen Menschen, die als Lebewesen durch ihr Zusammenwirken die höhere Einheit bilden. Nun ist aber der Mensch selbst wieder eine höhere Einheit, die durch das Zusammenwirken kleinerer lebendiger Einheiten entsteht. Bei der Suche nach den lebendigen Einheiten, die unmittelbar unter der Einheit Mensch sitzen, und deren Zusammenwirken diese höhere Einheit erzeugt, landet man nicht gleich bei den Zellen, sondern zuerst einmal bei den Organen, also dem Herz, der Leber, der Lunge usw. Man könnte natürlich bezweifeln, dass diese Organe eigene Lebewesen sind, da ein solches Organ nicht weiter lebt, wenn es aus der höheren Einheit, also dem menschlichen Körper herausgelöst wird. Die Vorstellung ist aber nicht abwegig, ein Organ als Lebewesen zu betrachten, dessen Leben nur gewährleistet ist, solange die höhere Einheit existiert. Es liegt hier eine Analogie zu einer Abteilung in einem Unternehmen oder einer Verwaltungsorganisation nahe. Wenn das Unternehmen aufgelöst wird, verlieren auch die einzelnen Abteilungen ihre Existenzberechtigung und werden mit aufgelöst. Die Arbeitsteilung zwischen den Abteilungen bzw. den Organen führte zu einer solchen Spezialisierung, dass die Abteilung bzw. das Organ alleingestellt nicht mehr in der Lage ist, sich am Leben zu erhalten. Dennoch ist es zweckmäßig, die einzelne Abteilung oder das Organ als selbständiges Lebewesen anzusehen. Gerade in neuerer Zeit hat sich die Angemessenheit dieser Sichtweise gezeigt. Denken Sie an die Organtransplantation. Wenn ein Mensch stirbt, können ihm Organe entnommen werden, die dann einem anderen Menschen eingepflanzt werden. Am häufigsten geschieht dies im Falle der Nierentransplantation. In dem Zeitintervall zwischen der Entnahme der Niere und dem Einpflanzen des Organs in den kranken Körper liegt die Niere alleine in einem entsprechenden Gefäß, und sie kann nur eingepflanzt werden, wenn sie in dieser Zeit nicht stirbt. In Analogie hierzu sehe ich eine Konstruktionsabteilung, die aus einer insolventen Firma herausgelöst und in eine andere Firma hineingepflanzt werden kann, solange sie noch lebendig ist. Ihr Tod bestünde darin, dass sich die Organisation dieser Abteilung auflöst, und sich die einzelnen Mitglieder, also im übertragenen Sinne die Zellen anderweitig orientieren.

Wenn man also das Lebendige verstehen will, muss man die Zelle und die Prozesse, die sich innerhalb der Zelle und zwischen der Zelle und ihrer Umgebung abspielen, verstehen. Über diese Prozesse können wir nur reden, wenn wir Begriffe verwenden, die wir auch für Prozess in Organisationen benutzen, bei denen die handelnden Akteure Menschen sind. Wenn wir so reden, dürfen wir selbstverständlich nicht vergessen, dass es in den Zellen und den Organen keine Akteure gibt, deren Handeln durch ihren Willen bestimmt ist, der sie dazu bringt, bestimmte Ziele zu verfolgen. In den Zellen und Organen laufen physikalisch chemische Prozesse ab, die Naturgesetzen gehorchen. So wie ein Ball nicht zielstrebig seinen Weg ins Fußballtor sucht, wenn er vom Stürmer in eine bestimmte Richtung geschossen wird, verfolgen die Moleküle und Molekülgruppen in der Zelle kein Ziel, wenn sie sich aufeinander zu bewegen und dabei aufeinander einwirken und sich verändern. Da es aber in einer Zelle Hunderttausende unterschiedlicher Molekülarten gibt, zwischen denen in jeder Sekunde viele Millionen von Wechselwirkungsschritten stattfinden, haben wir gar keine Chance, auch nur das geringste Verständnis für diese komplexen Systeme zu entwickeln, wenn wir nicht die Begriffswelt, die auf die alltäglich erlebten Organisationen passt, auch als auf die Zellen passend annehmen.

Wir reden nun also im Folgenden von Systemen, die gegenüber ihrer Umgebung klar abgegrenzt sind und bei denen sowohl im Innern als auch über ihre Grenze hinweg Materie, Energie und Information fließen. Dabei bedienen wir uns ganz selbstverständlich einer Abstraktion, die jeder Systemtheoretiker kennt: Wir teilen das Fließende in die drei Kategorien Materie, Energie und Information ein, obwohl wir immer nur das Fließen von Materie oder Energie objektiv feststellen können. Information ist nämlich in jedem Falle nur interpretierte Form, und diese kann zwangsläufig nur die Form von Materie oder Energie sein. Denken Sie hierbei einfach an Schrift als geformte Materie oder an gefunkte Informationen als geformte Energie. Wenn man also Materie oder Energie fließen sieht, könnte der Zweck dieses Flusses ein Informationsfluss sein, muss es aber nicht. Wenn ich ein Salatblatt in den Mund schiebe, besteht der Zweck nicht darin, die Form des Salatblattes zu interpretieren, vielmehr wird die Salatmaterie in

Zweck des Flusses:	Art des Fließenden	
Deckung eines Bedarfs an	Materie	Energie
Materie	Backsteine	
Energie	Kohle	Wärmestrahlen
Information	Zeitung	Funkwellen

12.1 Alternative Zwecke von Flüssen in Systemen.

meinem Innern für Stoffwechselprozesse gebraucht. In Abbildung 12.1 habe ich den beiden Arten des Fließenden, Materie oder Energie, durch Angabe anschaulicher Beispiele die alternativen Zwecke des Flusses gegenübergestellt.

Die Erforschung des Aufbaus von Zellen und der Vorgänge, die sich darin abspielen, gehören in bestimmte Bereiche der Physik und der Chemie. Die Biophysiker fragen nach den Kräften, die auf die Moleküle einwirken und für ihre Bewegung und ihre Verformung sorgen. Die Biochemiker fragen nach den verschiedenen Arten von Molekülen, die man in den Zellen finden kann, und interessieren sich für die Prozesse, bei denen solche Moleküle aufgespalten und die Bestandteile zu neuen Molekülen zusammengesetzt werden. Während die Chemie in ihrer Anfangszeit verständlicherweise noch nicht in Spezialgebiete untergliedert war, findet man heute etliche unterschiedliche Fachrichtungen, von denen uns hier die anorganische, die organische und die Biochemie interessieren. Man kann grob sagen, dass sich die anorganische Chemie mit den Stoffen befasst, die es schon vor der Existenz der ersten Lebewesen gab. Hierher gehören das Wasser und seine Bestandteile Sauerstoff und Wasserstoff, der Stickstoff in der Luft, die Metalle, die man aus Erzen im Gestein gewinnt, die Salze, die im Wasser gelöst vorkommen und etliches andere mehr. Die Stoffe, aus denen die Lebewesen bestehen oder die von den Lebewesen produziert und ausgeschieden werden, wurden von den Chemikern selbstverständlich auch schon von Anfang an untersucht.

Diese Stoffe schienen sich von den anorganischen Stoffen darin zu unterscheiden, dass man sie zwar in ihre Bestandteile zerlegen, aber nicht aus Elementen synthetisieren konnte. Die damaligen Chemiker schlossen daraus, dass es etwas geben müsse, was sie „Lebenskraft" nannten und was es nur innerhalb von Lebewesen geben könne und dort an den chemischen Prozessen mitwirken müsse. Als ich vom Begriff der Lebenskraft las, dachte ich sofort an den Begriff der „Feuermaterie", den die Chemiker früher einmal eingeführt hatten, als sie über das Wesen der Wärme noch nicht Bescheid wussten. Als es schließlich gelang, die ersten organischen Substanzen im Labor herzustellen, erkannte man, dass man den Begriff der Lebenskraft in den Naturwissenschaften nicht benötigt.

Wesentlich zur Entstehung der organischen Chemie als eigenständiger Disziplin haben der Schwede Jöns Jacob Berzelius (1779–1848) und der Deutsche Friedrich Wöhler (1800–1882) beigetragen. Berzelius war Wöhlers Lehrer. Wöhler gelang es im Jahre 1828, den Harnstoff als erste organische Substanz herzustellen. Die Molekülstruktur ist in Abbildung 12.2 dargestellt. Bereits in diesem Molekül kommen die vier Elemente Kohlenstoff, Sauerstoff, Stickstoff und Wasserstoff vor, die man bei der Analyse beliebiger organischer Stoffe fast immer wieder findet. Das einzige Element jedoch, das in einer organischen Substanz immer enthalten sein muss, ist der Kohlenstoff. Deshalb wird heute die organische Chemie manchmal auch als Kohlenstoffchemie bezeichnet.

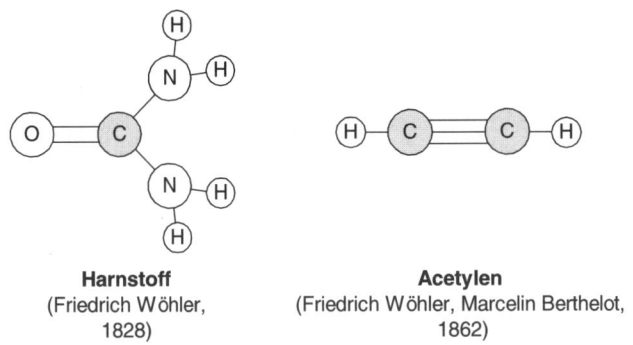

Harnstoff
(Friedrich Wöhler, 1828)

Acetylen
(Friedrich Wöhler, Marcelin Berthelot, 1862)

12.2 Die ersten im Labor synthetisierten organischen Substanzen.

Die Sonderstellung des Kohlenstoffs beruht darauf, dass das Kohlenstoffatom auf seiner äußeren Hülle vier Elektronen hat, wodurch es Bindungen mit maximal vier weiteren Kohlenstoffatomen eingehen kann. Dadurch können lineare oder verzweigte Kohlenstoffketten sowie Kohlenstoffringe entstehen, was zu großen und sogar riesigen Molekülen führen kann. Daraus erklärt sich auch die riesige Vielfalt an organischen Molekülen. Die nicht mit Kohlenstoff besetzten Bindungspositionen der Kohlenstoffatome sind in diesen Molekülen meist mit Wasserstoff, Sauerstoff, Stickstoff, Schwefel oder Phosphor belegt.

Neben der organischen Chemie gibt es inzwischen auch noch die Biochemie. Sie befasst sich im Gegensatz zur organischen Chemie mit Prozessen, an denen lebendige Zellen – und seien es auch nur Bakterien – mitwirken. Im Unterschied hierzu sind die Lebewesen an den Prozessen der organischen Chemie nur insofern beteiligt, als es um Substanzen geht, die sie während ihres Lebens erzeugen können oder konnten. Die organische Chemie verwendet entweder anorganische Ausgangsstoffe oder Substanzen, die irgendwann einmal von Lebewesen erzeugt wurden, wobei diese Lebewesen aber schon längst gestorben sein können. Denken Sie an die Kohle oder das Erdöl, die aus Pflanzen oder Tieren entstanden sind, welche schon vor 350 bis 400 Millionen Jahren gestorben sind.

An dieser Stelle sollte ich Sie auch kurz über den Unterschied zwischen einem Biochemiker und einem Molekularbiologen aufklären. Beide interessieren sich für die Vorgänge in der Zelle und in Zellverbünden. Der Biochemiker fragt sich, wie die vorkommenden Moleküle aufgebaut sind und wie sie synthetisiert werden können. Der Molekularbiologe fragt eher nach dem Zweck des Prozesses und nach den Möglichkeiten, Einfluss auf diesen Prozess zu nehmen. Es ist sehr leicht einzusehen, dass man zwar mühelos einen derart komplizierten Prozess beeinflussen kann, bei dem Hunderttausende von Molekülarten wechselwirken. Wenn man aber das System nicht zumindest näherungsweise verstanden hat, wird man dadurch im Allgemeinen nur bewirken, dass das System zusammenbricht und die Zelle stirbt. Es handelt sich auch um eine grobe Einflussnahme auf das System, wenn ein Mensch bestimmte Chemikalien schluckt. Wenn es sich um geeignete Chemikalien handelt und sie richtig dosiert sind, kann eine heilende Wirkung entstehen oder es kann zu einer Leistungssteigerung bei Sportlern kommen; im letzteren Falle spricht man von Doping. In vielen Fällen aber bewirkt die Einnahme von chemischen Substanzen nur das Sterben des Menschen. Schon vor langer, langer Zeit kannten die Menschen die positive Wirkung bestimmter Substanzen, ohne die geringste Ahnung davon zu haben, auf welche Weise diese Wirkung entsteht. Demgegenüber wissen die Biochemiker und die Molekularbiologen heute sehr viel mehr. So können sie beispielsweise genau sagen, welche chemische Substanz im Knollenblätterpilz es ist, die ihre tödliche Wirkung im menschlichen Körper entwickelt, und sie können auch sagen, auf welche Weise hier der Tod herbeigeführt wird. Wir haben aber wenig Anlass zu hoffen, dass man eines Tages das komplizierte System des Zusammenwirkens der vielen Chemikalien in einem Lebewesen so gut verstanden haben könnte, dass man in jeder gewünschten Weise Einfluss nehmen könnte. Deshalb wird man immer wieder auf das Experiment angewiesen sein, welches die Information liefert, ob eine bestimmte chemische Substanz oder eine Mischung solcher Substanzen gegen eine bestimmte Krankheit hilft oder, ob die Nebenwirkungen so schlimm sind, dass sie den Einsatz der Substanz verbieten.

Interessanterweise wurden bestimmte Substanzen, die sich in der Medizin als sehr segensreich herausstellten, als *Antibiotika*, also als „Lebensgegner" bezeichnet. Es sind Substanzen, die den Lebensprozess von Bakterien zum Erliegen bringen, den Lebensprozess des Menschen und höherer Tiere aber nur wenig stören. Es scheint ein allgemeines Gesetz zu sein, dass die unterschiedlichen Arten des Lebendigen in Konkurrenz zueinander stehen und Vorteile für eine Art immer durch Nachteile für andere Arten kompensiert werden.

Wie das Lebendige „technologisches Material" werden kann

Während Sie die in den vorangegangenen Kapiteln behandelten Theorien über Mechanik, Elektromagnetismus, Relativität und Quanten gelesen haben, erschien es Ihnen vermutlich als selbstverständlich, dass diese Theorien Erkenntnisgrundlagen sind, die in irgendeiner Weise in technische Produkte eingegangen sind. Deshalb konnte ich in diesen Kapiteln auf explizite Ausführungen über die Technikrelevanz dieser Theorien verzichten. Dagegen erscheint es mir im vorliegenden Kapitel, wo es um das Lebendige geht, erforderlich, einige Bemerkungen zur Technikrelevanz zu machen. Technik, wie ich sie im Rahmen des vorliegenden Buches verstehe, hat immer den Zweck, uns Menschen etwas zu bieten, was wir in der Natur entweder gar nicht oder nur in nicht ausreichendem Maße vorfinden. Ein Beispiel für ein materielles technisches Produkt ist der Stahl, den wir in vielfältiger Weise im Maschinenbau verwenden, den wir aber herstellen müssen, weil er in der Natur nicht vorkommt. Ein Beispiel für eine energetische Dienstleistung, die uns die Natur nicht bietet, ist der Fahrstuhl, der uns in kurzer Zeit über viele Stockwerke nach oben bringt. Und als Beispiele dafür, wo uns die Technik hilft, Informationen zu transportieren und zu verarbeiten, fallen uns selbstverständlich sofort das Fernsehen und der Computer ein.

Wenn wir uns nun dem Bereich des Lebendigen zuwenden, so können wir fragen, welchen Nutzen wir aus Lebewesen überhaupt ziehen können, wobei wir zunächst einmal nicht verlangen, dass dabei Technik eine Rolle spielen muss. Es fallen mir drei unterschiedliche Möglichkeiten ein: Erstens können wir das, was ein Lebewesen produziert, und das, woraus es besteht, als Nahrung zu uns nehmen. Im einen Fall können wir das Lebewesen weiter leben lassen, im anderen Fall müssen wir es töten. Zweitens können die angesprochenen Substanzen nicht als Nahrungsmittel, sondern als Medizin oder Dopingmittel gebraucht werden. Drittens können wir das tierische Material verwenden, um Gegenstände herzustellen; ich denke dabei an Werkzeuge, an Teile von Gebäuden oder an Teile der Kleidung. Die Energie der Lebewesen können wir nützen, indem wir uns ihrer Kraft bedienen. Denken Sie an den Ochsen, der den Wagen zieht, oder das Pferd, auf dem man reitet. Informationen kann eine Brieftaube übermitteln, die eine geschriebene Nachricht transportiert. Alle diese Leistungen liefert uns die Natur, ohne dass wir dafür Technik einsetzen müssten.

Da die Menschen im Allgemeinen aber nicht zufrieden sind mit dem, was sie haben, fingen sie irgendwann an, nach Möglichkeiten zu suchen, die Quantität und die Qualität des von der Natur Gelieferten zu erhöhen. Dabei ging es nicht um so etwas einfaches, wie anstelle eines Ochsen zwei Ochsen oder anstelle eines Kirschbaumes zwei Kirschbäume zu nehmen. Sie wünschten sich Ochsen, die sehr viel mehr Zugkraft entwickeln könnten als die gerade verfügbaren, und Kirschbäume mit größeren und besseren Früchten. Das war der Beginn der Züchtung von Tieren und Pflanzen, der bereits viele tausend Jahre zurückliegt. Dazu musste man erkannt haben, dass ein kräftiger Stier mit größerer Wahrscheinlichkeit kräftigere Nachkommen haben wird als ein schwächlicher Stier, und dass aus den Samen eines Baumes, der erstklassige Früchte trägt, mit größerer Wahrscheinlichkeit ein nützlicherer Baum entstehen würde als aus dem Samen eines Baumes, der nur mickrige Früchte trägt. Dies alles wusste die Menschheit lange bevor der Mönch Gregor Mendel anfing, sich über die Vererbungsgesetze Gedanken zu machen. Die einzige Einflussmöglichkeit, die man hatte, bestand in der Auswahl der Pflanzen, deren Pollen und Blüten man zusammenbrachte, und der Auswahl der Tiere, die man zur Paarung zusammenführte. Obwohl auch dies schon einen Eingriff in die Natur darstellt, wäre es doch übertrieben, hier schon von Technik zu sprechen. Nachdem aber Charles Darwin (1809–1882) die Idee von der Evolution der Erbinformation in die Welt gesetzt hatte, konnte man irgendwann auf die Idee kommen, mit physikalischen oder chemischen Mitteln Einfluss auf die Erbinformation zu nehmen. Es war der Amerikaner Hermann Joseph Muller (1890–1967), der sich fragte, ob man nicht durch Röntgenbestrahlung von Samen- oder Eizellen Veränderungen erzeugen könne, deren Wirkung man dann an den Lebewesen studieren könne, die aus den so veränderten Zellen entstehen. Wenn einmal eine solche Idee geboren ist, dauert es nicht mehr lange, bis die ersten entsprechenden Experimente durchgeführt werden. Man wollte es einfach einmal ausprobieren, obwohl man sich darüber im Klaren war, wie extrem klein die Wahrscheinlichkeit sein musste, dass die aus solchen Keimzellen entstehenden Lebewesen „eine bessere Qualität" haben würden als ihre Vorfahren. Als erstes Experimentierobjekt (1927) diente die Taufliege

(*Drosophila melanogaster*), von der man glaubte, dass man ihr eine solche Prozedur zumuten dürfe. Denn je geringer die Ähnlichkeit zwischen einem Tier und einem Menschen ist, umso weniger nimmt man an, dass das Tier „fühlen könne wie ein Mensch". Die tatsächlich bewirkten Veränderungen – in der Fachsprache Mutationen – führten erwartungsgemäß nicht zu besseren Fliegen, sondern zu einer Vielfalt unterschiedlicher „Fliegenkrüppel". Hierfür erhielt Herr Muller später den Nobelpreis.

Bei der Züchtung von Pflanzen oder Tieren wurden schon immer die zufälligen und in ihrer Ursache meist unbekannten Veränderungen des Erbgutes ausgenutzt, um über die Fortpflanzungkette zu Pflanzen oder Tieren zu kommen, die für den Menschen von größerem Nutzen sind. Selbst wenn der Züchter technische Mittel benutzt, um das Auftreten von Mutationen zu beschleunigen, handelt es sich doch noch nicht um eine Technologie auf der Grundlage des Lebendigen. Eine solche Technologie konnte erst entstehen, nachdem man die biochemische Grundlage der Vererbung herausgefunden hatte.

Ganz die Mutter, ganz der Vater – wie die Vererbung funktioniert

Die Erkenntnis, dass es Vererbung gibt, bedurfte keiner Forschung, sondern ist für jeden, der seine Umwelt aufmerksam zur Kenntnis nimmt, offenkundig. Ich erinnere mich noch genau daran, wie verblüfft ich war, als ich vor vielen Jahren meinen damals fünfjährigen Neffen an der Hand seines Vaters vor mir hergehen sah und feststellte, dass sich der kleine Junge auf die gleiche unverkennbare, typische Art bewegte wie sein Vater. Dass sich die beiden hinsichtlich bestimmter Merkmale im Gesicht sehr ähnlich waren, hatte ich schon längst festgestellt, aber dass auch ihre Bewegungsabläufe so stark übereinstimmten, war für mich eine große Überraschung. Irgendwann einmal in der langen Geschichte der Menschheit muss es einen Menschen gegeben haben, der sich als erster die Frage stellte, wie denn die beobachtbare Ähnlichkeit zwischen Eltern und Kindern zustande komme.

Sehr viel später, als hochauflösende Mikroskope zur Verfügung standen, stellte man fest, dass alle höheren Tiere und der Mensch immer aus einer einzigen Zelle entstehen, die sich durch Verschmelzung einer mütterlichen Eizelle mit einer Samenzelle des Vaters bildet. In der Eizelle musste also alles enthalten sein, was an Ähnlichkeit von der Mutter auf das Kind übertragen werden konnte. Und entsprechend musste alles, was sich als Ähnlichkeit zwischen Vater und Kind zeigen würde, in der Samenzelle auf irgendeine geheimnisvolle Weise enthalten sein. Man beschränkte die Untersuchungen selbstverständlich nicht auf die höheren Tiere, sondern untersuchte auch ganz andere Arten von Lebewesen, insbesondere Pflanzen und Bakterien. Bei den Bakterien gab es keine Verschmelzung eines Eies mit einer Samenzelle. Man fand heraus, dass sich ein Bakterium teilen kann und seine Individualität aufgibt, damit zwei neue Bakterien entstehen. Den Vorgang der Zellteilung, der im Falle der Bakterien den Fortpflanzungsprozess kennzeichnet, fand man auch bei den aus vielen Zellen bestehenden Pflanzen und Tieren. Dort aber dient die Zellteilung nicht vorwiegend der Fortpflanzung, sondern dem Wachstum des Lebewesens oder der Regeneration seines Gewebes. So wächst ein Tier, das gerade erst durch die Verschmelzung eines Eies mit einer Samenzelle gezeugt wurde, durch Zellteilung heran: Aus der ursprünglich einen Zelle werden zwei, aus diesen werden vier, usw. Die unvorstellbar vielen Zellen, aus denen ein vielzelliges Lebewesen besteht, sind nicht alle von der gleichen Art, sondern sehen sehr unterschiedlich aus – je nach ihrer Aufgabe, die sie innerhalb des Lebewesens erfüllen müssen. Da das Lebewesen anfänglich nur aus einer einzigen Zelle bestand, muss es also im Laufe der vielen Zellteilungsprozesse zu einer Differenzierung der Zellen kommen. Es ist zweifellos ein großes Wunder, dass diese Zelldifferenzierung letztlich zu den hoch entwickelten Lebewesen führt, die unsere Erde bevölkern. Dass bei dem Vorgang der Zellteilung und der dabei zum Teil erfolgenden Differenzierung die Erbinformation eine Rolle spielen musste, durfte man vermuten. Aber auf welche Weise die Informationen über die Merkmale der Mutter und die Merkmale des Vaters dabei wirken, lag bis in die Mitte des letzten Jahrhunderts völlig im Dunkeln.

Ungefähr ab dem Jahre 1935 waren die Biologen oder Physiologen in der Lage, sich die verschiedenen Zellen genau genug anzuschauen, denn die Physiker hatten durch ihre Quantenphysik die Voraussetzungen für Elektronenmikroskope geschaffen, die eine sehr viel höhere Auflösung haben als die mit Licht operierenden Mikroskope.

Die Wellenlänge der verwendeten Strahlen entscheidet über das Auflösungsvermögen, und diese ist bei den Materiewellen der Elektronen sehr viel kleiner als beim Licht. Man konnte nun aber nicht einfach die Konstruktionsprinzipien der Lichtmikroskope auf die Elektronenmikroskope übertragen, denn beim Licht handelt es sich um elektromagnetische Wellen, bei den Elektronenstrahlen aber um Wahrscheinlichkeitsdichtewellen. Deshalb kann man die Elektronenmikroskope nicht verständlich beschreiben, ohne den Teilchencharakter der Elektronen heranzuziehen. Stellen Sie sich vor, Sie richteten einen Wasserstahl auf eine Skulptur und könnten feststellen, wie viel Wasser in welchen Richtungen wegspritzt. Wenn Sie nun noch die Strahlrichtung variieren, können Sie aus der gemessenen Wasserreflektion auf die Gestalt der Skulptur schließen. Im Elektronenmikroskop werden Elektronenstrahlen durch elektrische oder magnetische Felder abgelenkt und von den Atomen des „betrachteten" Objekts reflektiert. Wie viele Elektronen an einer bestimmten Stelle innerhalb eines bestimmten Zeitintervalls ankommen, kann man einfach messen, denn sie führen zu einem elektrischen Strom in den Empfangssensoren. Letztlich werden im Elektronenmikroskop nur Ströme gemessen, und aus der jeweiligen Situation, die zu diesen Strömen geführt hat, schließt man auf die räumliche Verteilung der die Elektronenbewegung beeinflussenden Atome oder Moleküle des beobachteten Gegenstands. Auf diese Weise konnte man Bilder von Zellen gewinnen, wie eines beispielhaft in Abbildung 12.3 gezeigt ist. Es handelt sich bei diesem Bild zwar um eine Zeichnung, aber die gezeigten Sachverhalte entsprechen in ihrer Größe und Form durchaus dem, was man mit einem Elektronenmikroskop sehen kann. Aber auch solche großartigen Bilder helfen letztlich nicht weiter bei der Suche nach den Mechanismen der Vererbung. Es gilt die alte Weisheit: Wer nicht weiß, wie das aussieht, was er sucht, wird es auch nicht finden.

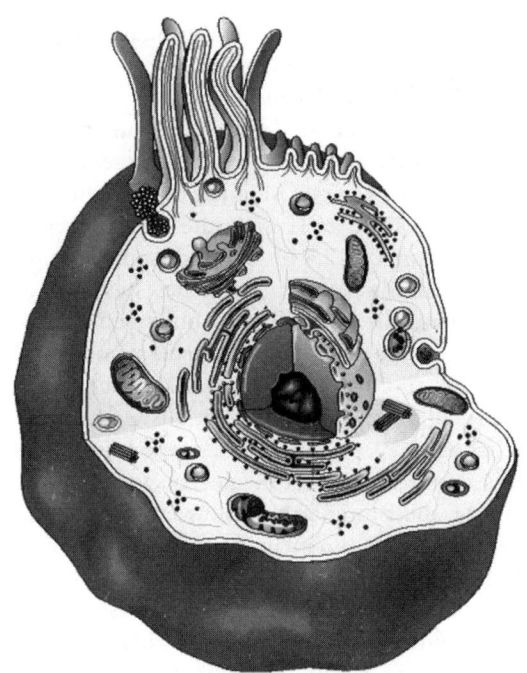

12.3 Blick ins Innere einer Zelle (aus Brockhaus multimedial 2002).

Der Weg, der schließlich zu dem Wissen führte, wonach man suchen muss, begann bereits in der Mitte des 19. Jahrhunderts in der Stadt Brünn im damaligen Mähren (heute tschechisch: Brno). In das dortige Augustiner-Kloster war ein junger Mann eingetreten, der bis dahin Johann Mendel geheißen hatte und der nun anstelle seines mitgebrachten Vornamens den Klosternamen Gregor erhielt. Dieser Gregor Mendel (1822–1884) hat im Klostergarten sehr umfangreich mit Erbsen experimentiert. Er kannte sich auf dem Gebiet der künstlichen Befruchtung von Pflanzen aus. Dabei werden Pollen der einen Pflanze gezielt auf die Blütennarben einer ausgewählten anderen Pflanze platziert. Dann entstehen Samenkörner und aus diesen wieder Pflanzen, mit denen man wiederum künstliche Befruchtungen durchführt. Bei all diesen Vorgängen schrieb Mendel sehr genau auf, welche Pflanzen er auf dem Weg benutzt hatte. Da er sehr viele Pflanzen gezüchtet hatte, erhielt er aussagekräftige Ergebnisse über ihre Merkmale und ihre Verwandtschaftsbeziehungen. Mendel soll in den Jahren zwischen 1854 und 1868 über 25 000 Erbsenpflanzen betrachtet haben. Im Jahre 1868 wurde er Abt des Klosters und hatte von nun an leider keine Zeit mehr, sich als Gärtner und Züchter zu betätigen.

Obwohl sich die Experimente Gregor Mendels über einen Zeitraum von 14 Jahren erstreckten, lässt sich die Essenz seiner Erkenntnisse auf die Abbildungen 12.4 bis 12.6 konzentrieren. In Abbildung 12.4 geht es um die Weitergabe eines bestimmten Merkmals von den Eltern auf ihr Kind. Wenn vom einen Elternteil die Erbinformation für eine weiße Blütenfarbe stammt und vom anderen Elternteil für eine rote, gibt es drei Möglichkeiten, wie sich diese widersprüchlichen Informationen auswirken können. Es gibt die Möglichkeit, dass eine Erbinformation dominant ist, was bedeutet, dass damit die andere keine Auswirkung hat. Wenn also die Forderung, die Blütenfarbe solle weiß sein, dominant ist, dann spielt es gar keine Rolle mehr, dass die vom anderen Elternteil kommende Information verlangte, die Blütenfarbe solle rot sein. Beim Kind ist dann die Blütenfarbe weiß. Entsprechendes gilt, wenn rot die dominante Farbe ist. Es gibt aber auch den Fall, dass bei widersprüchlichen geerbten Merkmalsangaben beim Kind das Merkmal in keiner der beiden geforderten Formen auftritt, sondern dass sich eine Kombinationsausprägung des Merk-

Erbinformation (z. B. Blütenfarbe)		
vom einen Elternteil	vom anderen Elternteil	Eigenschaft beim Kind
weiß	rot	weiß (Weiß ist dominant.)
		rot (Rot ist dominant.)
		Kombinationsfarbe (keine Dominanz)

12.4 Konsequenz zweier unterschiedlicher Erbinformationen für die nächste Generation.

mals bildet. Im betrachteten Beispiel könnte die Blütenfarbe rosa sein, also weder weiß noch rot.

In der Situation von Abbildung 12.4 erhält jedes Kind des betrachteten Elternpaares die gleichen beiden widersprüchlichen Informationen, und deshalb ist bei allen Kindern dieses Elternpaares das betrachtete Merkmal in gleicher Weise ausgeprägt. Im Falle der Erbsen haben also alle Nachkommen dieses Elternpaares die gleiche Blütenfarbe.

In Abbildung 12.5 werden die Beziehungen zwischen den Großeltern und einem Enkel betrachtet. Es wird angenommen, jedes der beiden Elternteile des Enkels sei ein Kind gemäß Abbildung 12.4. Dabei interessiert es gar nicht, wie das betrachtete Merkmal bei den Elternteilen des Enkels ausgeprägt ist; es wird lediglich angenommen, dass jedes dieser Elternteile des Enkels von seinen jeweiligen Eltern, also von den Großeltern des Enkels jeweils widersprüchliche Informationen bezüglich des Merkmals

Eigenschaft beim Enkel			Erbinformationen vom einen Großelternpaar	
			vom einen Partner	vom anderen Partner
			weiß	rot
Erbinformationen vom anderen Großelternpaar	vom anderen Partner	rot	dominante Farbe im Falle von Dominanz, andernfalls Kombinationsfarbe	rot
	vom einen Partner	weiß	weiß	dominante Farbe im Falle von Dominanz, andernfalls Kombinationsfarbe

12.5 Konsequenz zweier unterschiedlicher Erbinformationen für die übernächste Generation.

geerbt hat. In dieser Situation landen beim Enkel nicht alle Erbinformationen, die von den Großeltern an ihre jeweiligen Kinder weitergegeben wurden. Da von jedem Elternteil nur eine Information an den Enkel weitergegeben werden kann, erfolgt eine Auswahl, und diese ist zufällig. Wenn also beispielsweise die Mutter von ihren Eltern die beiden widersprüchlichen Informationen erhielt, kann nur eine dieser beiden Aussagen an das Kind weitergegeben werden. Die andere Aussage kommt von der Vaterseite. Damit sind die vier Quadrate, in die das große Quadrat in Abbildung 12.5 unterteilt ist, jeweils gleichwahrscheinlich. Die Wahrscheinlichkeit, dass der Enkel zweimal die Erbinformation weiß erhält, ist 25 Prozent, das gleiche gilt für das Zusammentreffen zweier Informationen rot. Die Wahrscheinlichkeit dagegen, dass der Enkel zwei widersprüchliche Informationen bezüglich des Merkmals erbt, ist 50 Prozent. Ob diese Überlegungen zutreffen, kann man dadurch überprüfen, dass man zu den beiden betrachteten Großelternpaaren sehr viele Enkel züchtet und die Ausprägungen der Merkmale zählt. Im Falle von Dominanz muss das dominante Merkmal dreimal so häufig auftreten wie das nichtdominante. Am Beispiel gesprochen bedeutet das, dass beispielsweise die Blütenfarben rot und weiß im Verhältnis 1:3 auftreten. Wenn es keine Dominanz gibt, werden drei unterschiedliche Merkmalsausprägungen bei den Enkeln auftreten, also weiß, rosa und rot, und diese müssen im Verhältnis 1: 2: 1 stehen. Mendel hat festgestellt, dass diese Zahlenverhältnisse tatsächlich eintreten.

Man kann die Mendelschen Erkenntnisse auf einfache Weise zusammenfassen, wie es in Abbildung 12.6 gezeigt ist. Es gibt Merkmale, deren aktuelle Ausprägung im einzelnen Individuum durch zwei Erbinformationen bestimmt wird, von denen die eine von der Mutter und die andere vom Vater kommt. Bei der Zeugung eines Kindes wird jeweils zufällig eine der beiden vom Vater und eine der beiden von der Mutter weitergegeben. In Abbildung 12.6 wird angenommen, dass das Lebewesen ganz unten, also das letzte in der Vererbungskette, bezüglich eines bestimmten Merkmals die weiße Information und die graue Information erhalten hat. Das Bild zeigt nun, woher diese Informationen stammen. Sie müssen bereits irgendwo in den Vorgängergenerationen vorhanden gewesen sein. Die meisten Erbinformationen sind aber unter-

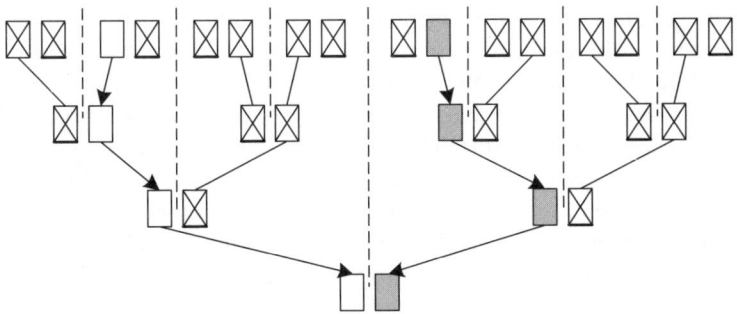

12.6 Wanderung der Erbinformation bezüglich eines Merkmals (z.B. Blütenfarbe) jeweils von einer Generation zur nächsten.

wegs in Sackgassen geraten und werden bei späteren Generationen nie mehr auftreten – es sei denn, die betrachteten Paare haben nicht nur jeweils ein Kind, sondern viele Kinder.

Obwohl Gregor Mendel seine Ergebnisse veröffentlichte, hat sich jahrelang kein Mensch dafür interessiert, und sein Wissen hatte lange Zeit keine Wirkung. Erst über 30 Jahre später, also um das Jahr 1900 herum, wurden seine Arbeiten Ausgangspunkt weiterer Überlegungen. Die Erbinformationen bezüglich eines bestimmten Merkmals, von denen ich bisher sprach, waren von Mendel *Faktoren* genannt worden. Die Bezeichnung *Gen* wurde erst 1909 von dem Dänen Wilhelm Johannsen (1857–1927) geprägt. Bereits drei Jahre zuvor hatte der Brite William Bateson (1861–1926) die Wissenschaft von der Vererbung schon als Genetik bezeichnet nach dem griechischen Wort *genetikos* (Hervorbringung). Zu diesem Zeitpunkt war die chemische Natur der Gene noch vollkommen unklar. Es dauerte danach aber nur noch wenige Jahre, bis man sich ziemlich sicher war, wo man diese sogenannten Gene zu suchen hatte. Dieser Ort waren die sogenannten Chromosomen, die schon im Jahre 1843 entdeckt worden waren. Aber erst im Jahre 1910 konnte man nachweisen, dass sie etwas mit der Vererbung zu tun zu haben. Chromosomen kann man in bestimmten Phasen der Zellentwicklung und unter Verwendung geeigneter Einfärbechemikalien für das normale Lichtmikroskop sichtbar machen. Die Bezeichnung Chromosom geht auf die beiden griechischen Wörter *chroma* für Farbe und *soma* für Körper zurück. Wie diese Chromosomen chemisch zusammengesetzt sind, fand man erst in den Jahren nach 1940 heraus. Für die Folgerung, dass die Gene in den Chromosomen sitzen müssten, brauchte man aber die Kenntnis der chemischen Zusammensetzung nicht und konnte deshalb schon ab dem Jahre 1910 zielstrebige Experimente machen, um herauszufinden, ob die Chromosomen etwas mit der Vererbung zu tun haben. Als Experimentierobjekt wählte man wieder die Taufliege (Drosophila melanogaster), dem beliebtesten Experimentierobjekt der Genetiker, die ich auch schon im Zusammenhang mit der Röntgenbestrahlung von Eiern erwähnte. Durch intensive Kreuzungsversuche, wobei man gleichzeitig die Chromosomen beobachtete, ergab sich der zwingende Schluss, dass die Merkmale über die Chromosomen vererbt werden.

Die Experimente, aus denen die Folgerung gezogen werden konnte, dass die Erbinformation in den Molekülen der Desoxyribonukleinsäure (deutsche Abkürzung DNS, englisch DNA) liegen müsse, führte der Kanadier Oswald Avery (1877–1955) durch. Er war aber nicht der Entdecker der DNA. Diese war schon im Jahre 1869 von dem Schweizer Biologen Friedrich Miescher (1844–1895) entdeckt worden, der ihr auch die Bezeichnung Nukleinsäure gab. Bei den Experimenten von Avery ging es um die Frage, ob Eiweißmoleküle, die in den Zellen in großer Vielfalt vorkommen, oder die DNA die Träger der Erbinformation sind. Er verwendete für seine Experimente zwei Arten von Pneumokokken. Diese Bakterien kannte man insbesondere als Erreger von Lungenentzündungen. Die Pneumokokken der einen Art sind von einer schützenden Schleimhülle überzogen, die ihnen eine glatte Oberfläche verleiht; diese Schleimhülle fehlt bei der zweiten Art, sodass diese eine deutlich rauere Oberfläche hat. Aus Bakterien mit Schleimhülle extrahierte Avery die als Informationsträger in Betracht kommenden Substanzen und brachte sie nacheinander in reine Bakterienkulturen der rauen Art ein. Nur die Zugabe von DNA führte dazu, dass sich in der betroffenen Kultur nun auch Pneumokokken der glatten Art bildeten. Dieser Effekt blieb aus, als Avery zusammen mit der DNA auch noch ein Enzym zusetzte, von dem bekannt war, dass es zersetzend auf DNA-Moleküle wirkt.

Nachdem einmal erkannt war, dass die Erbinformation in den DNA-Molekülen steckt, begannen die Chemiker damit, die Zusammensetzung dieser DNA-Moleküle aufzuklären. Dafür genügte es selbstverständlich nicht herauszufinden, welche Elemente in welchen Mengenverhältnissen in einem solchen Molekül vorkommen, sondern man musste auch herausfinden, wie die vorkommenden Elemente zueinander in Bindungsverhältnissen stehen. Solche Bindungsverhältnisse lassen sich zwar im Allgemeinen als zweidimensionale Graphen darstellen – schauen Sie sich hierzu noch einmal die Abbildung 10.2 an – aber da die Größe der Atome und die Stärke der jeweils bindenden Kräfte stark variieren, kann man den Molekülaufbau hochkomplexer Substanzen mit Hunderttausenden von Atomen nicht verstehen, wenn man nicht auch etwas über ihren dreidimensionalen Aufbau weiß. Mit der endgültigen Aufklärung der räumlichen Struktur der DNA werden heute ganz selbstverständlich die Namen James Watson (geb. 1928) und Francis Crick (1916–2004) verbunden, die 1953 ihre Strukturerkenntnisse veröffentlichten. Das von ihnen vorgeschlagene DNA-Modell war das Ergebnis theoretischer Überlegungen, deren Grundlage experimentelle Befunde waren, welche andere Wissenschaftler gefunden hatten. Der meines Erachtens wichtigste experimentelle Befund stammte von dem österreichischem Biochemiker Erwin Chargaff (1905–2002). Er wirkte ab 1935 bis zu seinem Eintritt in den Ruhstand an der Columbia University in New York. Nachdem Avery 1944 ziemlich zweifelsfrei nachgewiesen hatte, dass die Erbinformation im DNA-Molekül steckt, stellte sich Chargaff die Frage, wie man diese Erkenntnis durch chemische Analysen der DNA erhärten könne. Wenn in einem DNA-Molekül die Information über die vererbbaren Merkmale eines Individuums stecken, dann müssen sich die DNA-Moleküle sowohl von Spezies zu Spezies als auch von Individuum zu Individuum der gleichen Spezies unterscheiden. Dabei müsste der Unterschied zwischen zwei unterschiedlichen Spezies vermutlich deutlich größer sein als der zwischen zwei Individuen der gleichen Spezies. Denn schließlich unterscheidet sich ein Hund von einem Menschen viel stärker als der eine Mensch von einem anderen Menschen.

Wir sollten uns an dieser Stelle vor Augen halten, welch gewaltige Aufgabe sich Chargaff mit der Analyse der DNA vorgenommen hatte. Allein schon eine ausreichende Menge von DNA-Molekülen aus den Zellen herauszulösen, in denen Hunderttausende unterschiedlicher Molekülarten vorkommen, war ungeheuer kompliziert, und die hierfür geeigneten Methoden mussten von Chargaff und seiner Arbeitsgruppe erst entwickelt werden. Er konnte sich ja nicht wie Avery auf Bakterien beschränken, aus denen die DNA verhältnismäßig leicht extrahiert werden kann. Im Unterschied zu den Bakterien sind in den Zellen höherer Lebewesen die DNA-Moleküle auf komplexe Weise mit Eiweißmolekülen „verknäult", und diese Knäuels liegen als Chromosomen im Zellkern. Nachdem Chargaff jeweils eine für die Analyse ausreichende Menge möglichst wenig verunreinigter DNA gewonnen hatte, kam als nächstes die vermutlich noch schwierigere Aufgabe, herauszufinden, wie sich die DNA-Moleküle zusammensetzen. Es konnte dabei nicht darum gehen herauszubekommen, in welcher Anzahl die verschiedenen Atome jeweils im Molekül vorkommen, denn diese Zahlen gehen je nach Art der betrachteten Lebewesen in die Tausende oder gar in die Milliarden. Es ging vielmehr darum, ein Aufbauprinzip zu finden, nach dem die Riesenmoleküle systematisch aus kleineren strukturellen Einheiten komponiert sind. Schauen Sie sich hierzu noch einmal die Abbildung 10.2 und speziell die dort gezeigten beiden Strukturbilder für unterschiedliche Alkoholmoleküle an. Auf den ersten Blick erkennt man schon ein Aufbauprinzip, mit dem man ganz selbstverständlich zu Strukturbildern höherer Alkohole kommt. Dabei erhöht sich in der Summenformel jeweils die Anzahl der Kohlenstoffatome um eins und die Anzahl der Wasserstoffatome um zwei.

Den Kern der Chargaffschen Erkenntnisse, die ab 1949 veröffentlicht wurden, bilden die Mengenverhältnisse der vier in der DNA vorkommenden Bestandteile Adenin, Thymin, Guanin und Cytosin. Die DNA besteht nicht nur aus diesen Bestandteilen, aber diese vier stellten sich als besonders interessant heraus. Möglicherweise haben Sie schon einmal gehört oder gelesen, dass diese vier chemischen Substanzen sogenannte Basen seien. Der Komplementärbegriff zur Base ist die Säure. Aus der Schule wissen Sie vielleicht noch, dass eine wässrige Lösung einer chemischen Substanz sauer oder basisch sein kann und dass man zur Überprüfung, welcher der beiden Fälle vorliegt, ein mit der Substanz Lackmus getränktes Papier in die Lösung hineinhält: Im sauren Fall färbt sich das Lackmuspapier rot, im basischen Fall blau. Wenn man allerdings einen professionellen Chemiker nach der Definition des Begriffspaares Säure/Base fragt, wird er vermutlich nicht vom Lackmustest sprechen, sondern die in Abbildung 12.7 anhand von Beispielen veranschaulichte Definition geben. Wenn wir von Atomen oder Molekülen reden, setzen wir im Allgemeinen immer voraus, dass sie elektrisch neutral seien, das heißt, dass sie genau so viele Elektronen wie Protonen enthalten, sodass sich die entgegengesetzten Ladungen gegenseitig neutralisieren. Für die Chemie sind jedoch die Atome und Moleküle auch interessant, wenn sie nicht neutral sind, das heißt, wenn die Zahl der Elektronen größer ist als die der Protonen oder umgekehrt. Man bezeichnet solche nichtneutralen Atome oder Moleküle als Ionen. Aus einem ursprünglich neutralen Gebilde kann auf vier unterschiedliche Arten ein Ion entstehen, weil man ihm Elektronen oder Protonen entweder hinzufügen oder wegnehmen kann. Dabei hängt es vom Aufbau des ursprünglich neutralen Gebildes ab, welche der vier Möglichkeiten überhaupt in Frage kommt. So kann man beispielsweise einem neutralen Molekül nur dann ein Proton wegnehmen,

Säure kann Protonen, also Wasserstoffkerne abgeben	**Base** kann Protonen, also Wasserstoffkerne aufnehmen
Schwefelsäure H_2SO_4	HSO_4^-
NH_4^+	Ammoniak NH_3
$C_5H_6N_5^+$	Adenin $C_5H_5N_5$

12.7 Das Begriffspaar Säure/Base mit Beispielen.

wenn in diesem Molekül ursprünglich schon mindestens ein Wasserstoffatom enthalten ist. Das Begriffspaar Säure/Base ist nun unter Bezug auf die Ionisierung durch das Wegnehmen oder Hinzufügen von Protonen definiert.

Bezüglich der vier organischen Basen Adenin, Thymin, Guanin und Cytosin lassen sich die Chargaffschen Analyseergebnisse durch die folgenden vier Erkenntnisse ausdrücken, die man heute als die Chargaffschen Regeln bezeichnet:

1. Die Basenzusammensetzung der DNA ist von Spezies zu Spezies unterschiedlich.
2. DNA-Proben aus unterschiedlichen Geweben eines Individuums sind gleich.
3. Die Basenzusammensetzung der DNA eines Individuums ist unabhängig von seinem Alter, seinem Ernährungszustand und seinem Lebensraum.
4. In allen DNA-Molekülen ist erstens die Anzahl der Adeninmoleküle gleich der Anzahl der Thyminmoleküle, und zweitens ist die Anzahl der Guaninmoleküle gleich der Anzahl der Cytosinmoleküle.

Die ersten drei Erkenntnisse passen sehr gut zu der Vorstellung, dass in den DNA-Molekülen die Erbanlagen enthalten sind. Dagegen scheint die vierte Erkenntnis auf den ersten Blick gegen diese Vorstellung zu sprechen. Denn sie verträgt sich nicht mit der Vorstellung, dass ein DNA-Molekül als ein Text angesehen werden könne, der auf der Grundlage eines Alphabets mit vier Buchstaben formuliert ist, wobei jede der vier Basen einem Buchstaben entspricht. Denn es ergibt wenig Sinn anzunehmen, dass es zu jeder Buchstabenart in diesem Text einen Partner gibt, der haargenau gleich oft vorkommt. Wer gewohnt ist, in formalen Systemen zu denken – ich erinnere Sie an meine Darstellungen in Kapitel 4 – wird aber trotzdem verhältnismäßig schnell Möglichkeiten finden, die DNA-Moleküle trotzdem als Texte auf der Grundlage eines bestimmten Alphabets zu deuten. Man kann ja anstelle der vier Basen als Buchstaben die Basenpaare Adenin/Thymin und Guanin/Cytosin nehmen. Wenn man in den Paaren die jeweilige Reihenfolge der Partner als irrelevant annimmt, ergibt sich ein

Alphabet mit zwei Buchstaben. In diesem Fall sieht man die Paare als zweielementige Mengen {A, T} = {T, A} und {G, C} = {C, G}. Dagegen erhält man ein Alphabet mit vier Buchstaben, wenn man die Reihenfolge der Partner im Paar als relevant ansieht, d. h., wenn die Paare nicht als ungeordnete, sondern als geordnete Mengen, also als Tupel angesehen werden:

$$(A, T) \neq (T, A) \text{ und } (G, C) \neq (C, G).$$

Ich hatte das große Glück, Erwin Chargaff in seinen letzten Lebensjahren kennen zu lernen, sodass ich weiß, wie genial, weise und weitblickend er war. Gerne hätte ich mit ihm darüber gesprochen, weshalb er die hier dargestellten Alphabetüberlegungen damals nicht selbst angestellt hat; aber er ist gestorben, bevor ich begann, mich mit diesem Problemkreis zu befassen.

Die Frage, ob man die Moleküle im Raum oder in der Ebene vor sich sieht, hat mit dem Wesen der Lösung gar nichts zu tun. Das werden Sie selbst schnell erkennen, wenn Sie feststellen, dass ich Ihnen die Lösung ausschließlich unter Verwendung ebener Graphen nahebringen kann. Die ebene Vorstellung genügt für die Suche nach der logischen Struktur des DNA-Moleküls vollkommen. In die dritte Raumdimension muss man erst gehen, wenn man anschließend fragt, wie diese logische Struktur als physikalische Struktur realisiert ist. Ich werde Ihnen nun also im Folgenden die logische Struktur des DNA-Moleküls vorstellen. Anschließend ist es einfach, das Prinzip der physikalischen räumlichen Struktur des Moleküls zu beschreiben.

Wenn jeweils zwei der vier Basen immer nur paarweise auftreten, ist dies sicherlich nur möglich, wenn es im jeweiligen Paar Kräfte gibt, welche die Partner zusammenhalten. In Abbildung 12.8 habe ich die beiden Basenpaare flächig dargestellt, wobei ich das Layout so gewählt habe, dass die jeweils verbindenden gestrichelt dargestellten Kraftlinien horizontal verlaufen. Man spricht hier von sogenannten Wasserstoffbrücken, weil am einen Ende stets ein Wasserstoffatom sitzt. Im Unterschied zu den durchgezogenen Verbindungen stellen die gestrichelten Verbindungen keine chemischen Wertigkeitsverbindungen dar. Denn Wasserstoff ist einwertig, Sauerstoff zweiwertig und Stickstoff dreiwertig, und diese Wertigkeiten sind in Abbildung 12.8 bereits durch die durch-

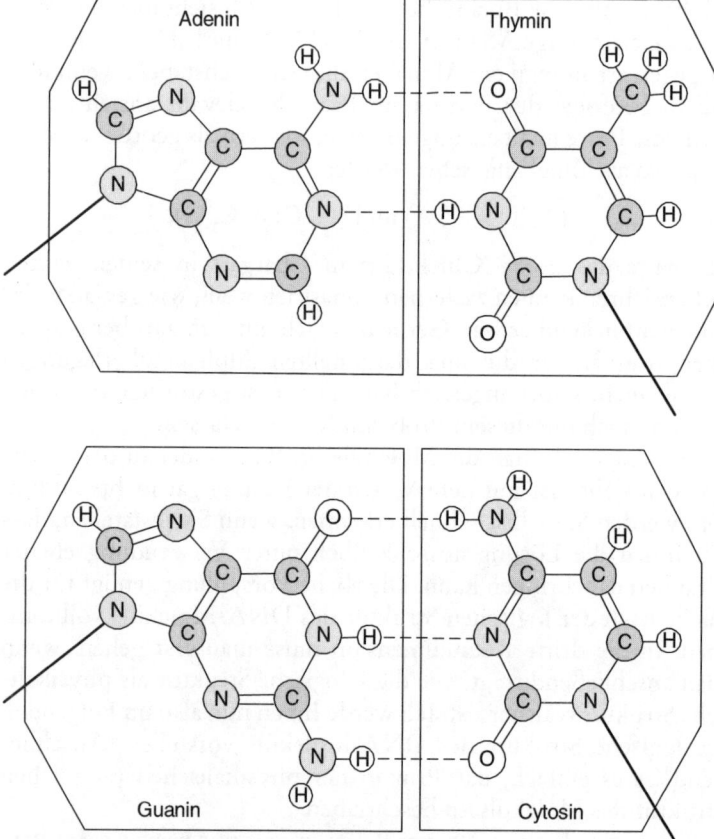

12.8 Die chemische Struktur der über Wasserstoffbrücken gebildeten Basenpaare.

gezogenen Bindungslinien abgedeckt. So wie die durch die durchgezogenen Linien ausgedrückten Bindungskräfte sind auch die Kräfte in den gestrichelt dargestellten Wasserstoffbrücken durch das quantentheoretisch gewonnene Wissen über die Elektronenverteilung im Atom erklärbar. Sämtliche Kräfte, die in und zwischen den Molekülen wirken, sind Kräfte der elektrischen Anziehung bzw. Abstoßung. Je größer die Moleküle werden, das heißt, je größer die Anzahl der in einem Molekül gebundenen Atome ist, desto stärker beeinflussen sich die Moleküle gegenseitig hinsichtlich ihres räumlichen Aufbaus.

Stellen Sie sich ein Molekül als eine Menge von Menschen vor, die mit kurzen elastischen Seilen aneinander gebunden sind, wobei jeder Wertigkeitsverbindung ein solches Seil entspricht. Stellen Sie sich darüber hinaus auch noch vor, dass sich diese Menschen jeweils mit Duftstoffen eingesprüht haben, die von manchen als angenehm und von anderen als unangenehm empfunden werden. Wenn sich nun zwei solche Menschengruppen einander nähern, können die Duftwolken dazu führen, dass sich die Menschengruppen an manchen Stellen nach innen oder nach außen verbeulen, weil einige den als schlecht empfundenen Gerüchen entfliehen und andere den angenehmen näher kommen wollen. Entsprechende Verformungen gibt es auch bei den großen Molekülen – obwohl dies dort nicht auf übel- oder wohlriechende Atome zurückgeführt werden kann; es reichen die elektrischen Kräfte.

In Abbildung 12.8 führt von jeder der vier Basenstrukturen jeweils eine durchgezogene Linie nach außen. Wenn eine solche Base ein abgeschlossenes Molekül bildet, hängt an dieser Linie ein weiteres Wasserstoffatom. Im Falle der DNA aber hängt die jeweilige Base genau über diese Linie mit den anderen Teilen des DNA-Moleküls zusammen. Das DNA-Molekül hat eine Kettenstruktur, die man sich als Leiter vorstellen kann. Zwischen den beiden außen liegenden Holmen liegen die unterschiedlichen Sprossen der Leiter. In Abbildung 12.9 sehen Sie einen Abschnitt einer solchen Leiter. Die Sprossen werden jeweils durch Basen-

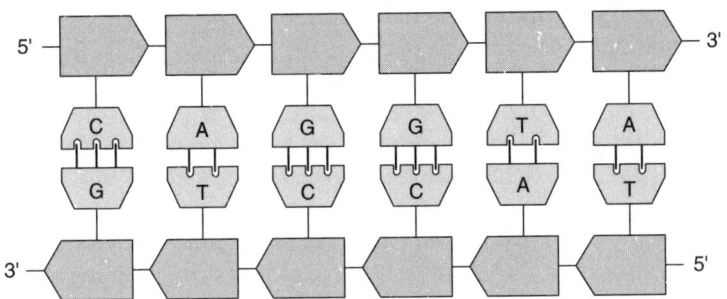

12.9 DNA-Abschnitt als Textstück der Erbinformation.

paare gebildet, wie sie in Abbildung 12.8 gezeigt sind. In der Darstellung in Abbildung 12.9 habe ich die Sprossen jeweils als Steckerpaare symbolisiert, wie wir sie von elektrischen Verlängerungskabeln kennen. In einem solchen Paar ragen jeweils die Stifte des einen Steckers in die Buchsen des anderen Steckers hinein. Dass hier neben den Steckern mit zwei Stiften auch solche mit drei Stiften vorkommen, soll den Sachverhalt ausdrücken, dass diese Stifte den Wasserstoffbrücken aus Abbildung 12.8 entsprechen.

Im Unterschied zu einer gewöhnlichen Leiter ist bezüglich der beiden Holme jeweils eine Richtung definiert, wobei die Richtungen der beiden Holme gegeneinander laufen. Diese Richtungen ergeben sich dadurch, dass die Holme im DNA-Molekül jeweils aus gleichartigen unsymmetrischen Molekülgruppen gebildet werden. Die Kennzeichnungen der beiden Enden eines Holms durch die Symbole 3' und 5' ergibt sich aus den Regeln, nach denen die Organischen Chemiker die Atome nummerieren, die jeweils eine zyklische Struktur bilden, im Allgemeinen ein Sechseck. Der hochgestellte Strich weist darauf hin, dass in jedem Holmenelement nicht nur ein, sondern zwei Zyklen vorkommen, wovon der eine durch Zahlen ohne Strich und der andere durch Zahlen mit Strich gekennzeichnet wird. Der tatsächliche Aufbau eines solchen Holmenelementes ist für unsere weiteren Überlegungen unerheblich; ich möchte lediglich den Hinweis geben, dass darin das Element Phosphor vorkommt.

Wenn man die vier Chargaffschen Regeln kennt und durch die Hypothese ergänzt, dass die Erbinformation im DNA-Molekül in Form eines linearen Textes codiert ist, scheint die in Abbildung 12.9 gezeigte Struktur eine naheliegende Hypothese zu sein. Ich vermute aber, dass die Hypothese, die Erbinformation liege in Form eines linearen Textes vor, damals nicht naheliegend war. Die Vorstellung, in der Zelle gebe es ein „Kochbuch", worin die ebenfalls in der Zelle befindlichen „Köche" lesen und danach handeln, ist für uns inzwischen ganz selbstverständlich, denn wir sehen sofort die Analogie zu den Computern und den darin gespeicherten Programmen. Als jedoch Chargaff zwischen 1949 und 1953 an der Analyse der DNA-Struktur arbeitete, war der Computer zwar schon erfunden, aber die Informatik als heute selbstverständliche akademische Disziplin gab es noch nicht. Man fing gerade an zu erkennen, dass man mit Computern nicht nur mit Zahlen rechnen, sondern beliebige Informationen verarbeiten kann. Die speziellen Denkweisen der Informatik, die in der Wissenschaft heute so selbstverständlich sind wie das Einmaleins, gehörten also noch keineswegs zu den selbstverständlichen Erkenntnisgrundlagen eines jeden gebildeten Menschen. Während damals der Energiebegriff schon gereift war und seinen heutigen Inhalt hatte, war der Informationsbegriff noch mitten in der Phase der Reifung. Heute sind wir überzeugt, dass Information in jedem Falle das Wissen um eine Struktur ist und sonst nichts. Die Wissenschaftsgeschichte zeigt uns immer wieder, dass Vorstellungen, die für uns heute ganz selbstverständlich sind, vor Jahrzehnten oder Jahrhunderten völlig außerhalb des menschlichen Denkens lagen. Denken Sie beispielsweise an die Hürde, die Descartes überwinden musste, als er die Idee des Koordinatensystems entwickelte (Abbildung 3.2).

Während Chargaff mit seiner Arbeitsgruppe mehrere Jahre brauchte, um die in seinen Regeln komprimierten Erkenntnisse zu gewinnen, brauchten die beiden heute allgemein als Entdecker der DNA-Struktur genannten Watson und Crick nur ein knappes Jahr, um auf der Grundlage der vorgefundenen experimentellen Befunde ein dreidimensionales Strukturmodell für den DNA-Aufbau „zusammenzubasteln". Dass der Begriff der Bastelei hier nicht abwegig ist, erkennt man leicht, wenn man sich das entstandene DNA-Modell in Realität oder auf Fotografien anschaut: Es ist ein Gebilde aus Holzkügelchen, Draht und Blech. Die beiden Struktursucher kannten neben den Chargaffschen Erkenntnissen auch die Bilder, welche die Engländerin Rosalind Franklin (1920– 1958) durch Röntgenstrukturanalyse von DNA-Molekülen gewonnen hatte. Es war ihr gelungen, DNA zu kristallisieren, das heißt, viele DNA-Moleküle so in eine räumliche Struktur zu zwingen, dass sie regelmäßig angeordnet waren. Das Kennzeichen von Kristallen ist, dass Atome oder Moleküle regelmäßig nebeneinander liegen. Wenn man Röntgenstrahlen durch dünne Kristallplättchen hindurchschickt, ergeben sich Interferenzmuster, weil die Gitterabstände und die Wellenlänge der verwendeten Röntgenstrahlung in vergleichbarer Größenordnung liegen. Aus den Interferenzmustern kann man auf die räumliche Gitterstruktur zurückschließen. Aus den von Rosalind Franklin aufgenommenen

Interferenzmustern konnte man schließen, dass das DNA-Molekül einem verdrillten zweiadrigen Kabel oder einer verdrillten Strickleiter ähnlich ist. Während für die in Abbildung 12.9 gezeigte logische Struktur die Idee der Verdrillung nicht gebraucht wird, wird die Verdrillung benötigt, damit man die einzelnen Molekülteile so im Raum anordnen kann, dass sich die beiden Partner eines jeweiligen Basenpaares tatsächlich an den entsprechenden Stellen so gegenüberstehen, dass sich die Wasserstoffbrücken ausbilden können.

Wegen der Gegenläufigkeit der beiden Holmenrichtungen in Abbildung 12.9 drängt sich die Frage auf, in welcher Richtung der Text gelesen werden soll, dessen Buchstaben die Basenpaare sind. Die Angabe, man solle von 5' in Richtung 3' lesen, ergibt ja keine eindeutige Richtung, denn bezüglich des oberen Holms läuft diese Richtung von links nach rechts, während sie bezüglich des unteren Holms von rechts nach links läuft. Eine Unterscheidung zwischen oberem und unterem Holm ist in Wirklichkeit auch gar nicht möglich, denn diese Unterscheidbarkeit ist nur eine Konsequenz unserer zweidimensionalen Darstellung. Da also aus den Strukturprinzipien des Molekülaufbaus keine Entscheidung darüber abgeleitet werden kann, in welcher Richtung die Basenpaarfolge gelesen werden soll, bleibt nur noch die Möglichkeit, dass man es dem Text selbst ansehen kann, ob man ihn aktuell in der richtigen Richtung liest. Denken Sie einmal nicht an einen Text aus Buchstaben, sondern an eine Folge von Ziffern, wie wir sie beispielsweise im Falle von Telefonnummern vorliegen haben. Nehmen Sie nun an, ein Amerikaner habe Ihnen seine Telefonnummer auf einen kleinen Zettel geschrieben, und diese Telefonnummer laute 0811801. Da man in Amerika die Einsen oft nur als senkrechte Striche schreibt, kann man eine Folge aus den Ziffern 0, 1 und 8 auf den Kopf stellen und erhält wieder eine lesbare Ziffernfolge. Woher können Sie also wissen, dass Sie den Zettel richtig herum halten, wenn Sie die Telefonnummer ablesen? Dies könnten Sie nur erkennen, wenn nicht alle möglichen Ziffernfolgen gültige Telefonnummern wären, sondern wenn die Gültigkeit einer Ziffernfolge an der Folge selbst erkennbar wäre. Beispielsweise könnte in unserem Fall die einfache Regel gelten, dass in allen gültigen Telefonnummern niemals die Ziffernfolge 10 vorkommt. Da unser Nummernbeispiel mit dem Abschnitt 01 endet, beginnt die auf den Kopf gestellte Folge mit dem Abschnitt 10, und daran würden wir das Auf-dem-Kopf-Stehen erkennen. Dass es auch in der DNA bestimmte Abschnitte gibt, aus denen die korrekte Leserichtung abgeleitet werden kann, konnte anfangs nur eine Hypothese sein, die erst bestätigt werden konnte, als man in der Lage war, die Basenpaarfolgen in der DNA tatsächlich zu bestimmen. Das war aber erst knapp 50 Jahre nach der Veröffentlichung des Aufsatzes von Watson und Crick möglich.

Der veröffentliche Strukturvorschlag war nicht nur eine Lösung des Problems der Textcodierung, sondern lieferte auch die Erkenntnis, wie die Verdopplung von Erbinformation stattfindet. Bei einer solchen Verdopplung muss ja eine exakte Kopie einer gegebenen Basenpaarfolge entstehen. In Abbildung 12.10 habe ich das Schema der DNA-Verdopplung dargestellt. Die DNA aus Abbildung 12.9 kann wie ein Reißverschluss betrachtet werden, der von der einen oder der anderen Seite her geöffnet werden kann. Dieses Öffnen bedeutet, dass die Basenpaare an den Wasserstoffbrücken getrennt werden. Wenn nun diese Auftrennung in einer „Soße" geschieht, worin einzelne DNA-Bausteine in großer Zahl herumschwimmen, können sich an die Basen des geöffneten grauen Reißverschlusses jeweils die komplementären weißen Basen mit den zugehörigen Holmenteilen anlagern. Wenn dieser Öffnungs- und Ergänzungsprozess für den gesamten grauen Reißverschluss durchgeführt ist, liegen zwei exakt gleiche Kopien des Reißverschlusses vor, wobei in jeder Kopie jeweils die Hälfte des ursprünglichen Reißverschlusses enthalten ist. Es ist offensichtlich eine Konsequenz des recht trickreichen Aufbaus der DNA-Moleküle, dass sich diese Moleküle auf eine so elegante Weise verdoppeln lassen. Sie sollten dabei aber nicht vergessen, dass die Molekülstruktur nur eine Voraussetzung für die Möglichkeit des Verdopplungsprozesses ist, dass dieser Prozess selbst aber nur ablaufen kann, wenn sehr viele „Akteure" koordiniert zusammenwirken.

Stellen Sie sich vor, die in den Abbildungen 12.9 und 12.10 gezeigten Strukturen seien keine Molekülstrukturen, sondern mechanische Strukturen, die aus Baueinheiten mit Abmessungen im Meterbereich aufgebaut seien. Dann könnte die Abbildung

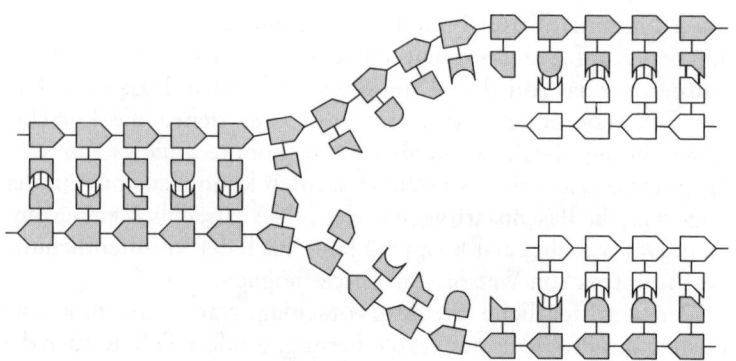

12.10   Das Schema der DNA-Verdopplung.

12.10 einen Prozess beschreiben, der in einer Montagehalle stattfindet: Von links läuft in diese Halle ein Fließband ein, auf dem die ungeteilte graue Struktur hereinkommt. In der Mitte der Halle endet dieses eine Fließband und es führen von hier zwei getrennte Fließbänder weiter nach rechts. An dieser Stelle muss ein Arbeiter stehen, der jeweils die Verbindungen löst, damit die beiden Hälften der Struktur auf den beiden weiterführenden Fließbändern nach rechts laufen können. An diesen Fließbändern müssen nun weitere Arbeiter stehen, welche jeweils an die vorbeikommende graue Teilstruktur die komplementären weißen Komponenten anhängen. Neben diesen Arbeitern muss es weitere geben, welche jeweils den Nachschub an weißen Komponenten liefern. Falls es hier wirklich nur um eine Montagehalle und die darin ablaufenden Prozesse ginge, hätten wir keine Verständnisprobleme, weil ja alle Koordinationsaufgaben durch gut geschulte Arbeiter erledigt werden können. Da es nun aber nicht um Vorgänge in einer Maschinenbaufirma geht, sondern um Vorgänge in einer biologischen Zelle, muss uns die auch dort großartig funktionierende Koordination als ein wahres Wunder erscheinen. Sie sollten sich dabei auch immer bewusst sein, dass das zu kopierende DNA-Molekül eine Kette aus vielen Millionen Basenpaaren sein kann.

So wie wir im Falle der Montagehalle fast alle schwierigen Aufgaben in die Zuständigkeit der Arbeiter gegeben haben, können die Biochemiker und Molekularbiologen fast alle schwierigen

Aufgaben, die in einer Zelle erledigt werden müssen, in die Zuständigkeit der sogenannten Enzyme geben. In (Renneberg 2006) fand ich zum Thema Enzyme die folgende knappe Einführung: „Enzyme verändern, steuern und regeln fast alle chemischen Reaktionen in den lebenden Zellen. Bisher sind über 3 000 verschiedene Enzyme detailliert beschrieben worden. Man vermutet bis zu 10 000 verschiedene Enzyme in der Natur. Von manchen Enzymarten sind nur wenige Moleküle in einer Zelle vorhanden, von anderen dagegen 1 000 bis 100 000. Alle Enzyme wirken als biologische Katalysatoren: Sie wandeln Stoffe oft in Bruchteilen einer Sekunde in andere Produkte um, ohne sich selbst dabei zu verändern. Die Zellen haben einen Durchmesser zwischen einem Zehntel und einem Tausendstel Millimeter, und darin laufen in jeder Sekunde Tausende von enzymatischen Reaktionen geordnet ab. Das funktioniert nur dann, wenn jedes Enzym unter Tausenden verschiedener Substanzen in der Zelle den speziellen Stoff erkennt, den es zu seinem Produkt umsetzt." Beim Lesen dieses Textes musste ich immer wieder an die Analogie zwischen Zelle und Montagehalle denken, weil über die Enzyme so gesprochen wird, als wären es Arbeiter oder Werkzeugmaschinen.

Der Weg zu unserem heutigen Wissen über Enzyme begann bei den Lebensmittelchemikern, die sich für die chemischen Prozesse interessierten, die ablaufen, wenn Alkohol, Sauerteig oder Käse entsteht. Die Ausgangsstoffe waren Fruchtsäfte, Mehlpampe oder Milch. Bereits im 15. Jahrhundert tauchte im deutschen Sprachraum das Fremdwort „Ferment" auf; es geht auf das lateinische Wort *fermentum* für Gärung oder Sauerteig zurück. Man wusste, dass zu den Ausgangsstoffen etwas hinzukommen musste, damit diese in die späteren Produkte umgewandelt werden. Wollte man Alkohol oder Sauerteig gewinnen, so musste man Hefe hinzugeben, damit aus Milch Käse entsteht, musste man andere organische Substanzen hinzugeben, und die regionalen Unterschiede führten zu der uns bekannten Vielfalt an Käsesorten. Die den jeweiligen Umwandlungsprozess in Gang bringenden Stoffe fasste man unter dem Oberbegriff Ferment zusammen. Seit 1878 nimmt man stattdessen das Wort „Enzym", welches der Heidelberger Physiologe Wilhelm Friedrich Kühne (1837–1900) einführte und das seinen Kollegen so gut gefiel, dass sie es übernommen haben. Bis zum

Jahre 1897 konnte man sich noch darüber streiten, ob zur Fermentation die Mitwirkung lebender Zellen erforderlich sei, oder ob nichtlebendige organische Stoffe als Fermente ausreichen. Dieser Streit war entschieden, als es dem deutschen Chemiker Eduard Buchner (1860–1917) gelang, alkoholische Gärung mittels eines zweifelsfrei nichtlebenden zellfreien Hefeextraktes in Gang zu bringen. Heute kennt man mehrere Enzyme, die an der Gärung beteiligt sind. Man konnte sie aus verschiedenen Spezies isolieren und biochemisch charakterisieren.

In dem oben zitierten Einführungstext werden die Enzyme als biologische Katalysatoren bezeichnet. Heute kennen die meisten den Begriff des Katalysators aus dem Bereich der Automobiltechnik, denn inzwischen gibt es die gesetzliche Vorschrift, dass benzinbetriebene Autos einen Katalysator haben müssen. Er zerlegt die ursprünglich für Menschen und Umwelt schädlichen Verbrennungsprodukte auf ihrem Weg vom Motor zum Auspuff in unschädliche Stoffe. Der Begriff Katalysator wurde bereits im Jahre 1835 von dem Schweden Berzelius geprägt, den ich schon als einen der Begründer der organischen Chemie genannt habe. Er war zu der Erkenntnis gekommen, dass eine Vielzahl von Reaktionen nur dann erfolgte, wenn ein bestimmter Stoff zugegen war, der jedoch nicht verbraucht wurde. Zu einem tieferen Verständnis für die thermodynamischen Hintergründe der Katalyse hat wesentlich der deutsch-baltische Chemiker Wilhelm Ostwald (1853–1932) beigetragen. Er definierte: „Ein Katalysator ist ein Stoff, der die Geschwindigkeit einer Reaktion erhöht, ohne selbst dabei verbraucht zu werden und ohne die endgültige Lage des thermodynamischen Gleichgewichts dieser Reaktion zu verändern." Es geht also immer um chemische Reaktionen, die auch ohne die Anwesenheit der Katalysatoren stattfinden könnten, die dann aber sehr viel langsamer verlaufen würden. Zwischen den Reaktionszeiten mit und ohne Katalysator liegen zum Teil Faktoren in der Größenordnung von Milliarden.

Die Enzyme sind also Katalysatoren, die im innern der Zelle wirken. Wegen dieser Wirkungsbeschränkung auf das Zellinnere können die Enzyme keinen primären Beitrag zur Organisation mehrzelliger Lebewesen liefern. Solche Organismen erfordern auch noch die Mitwirkung sogenannter Botenstoffe, die an einem

Ort des Organismus erzeugt und an einen anderen Ort transportiert werden, wo sie ihre Wirkung entfalten. Im menschlichen oder tierischen Organismus sind dies die sogenannten Hormone, die großteils durch den Blutkreislauf an ihre Wirkungsstätten transportiert werden. Während die Enzyme chemisch gesehen zu einer einzigen Stoffklasse gehören, nämlich zu den Proteinen, gilt dies für die Hormone keineswegs. Deshalb hat es hier auch keinen Sinn, nach einem einheitlichen Wirkungsschema für die Hormone zu suchen. Da die Hormone an vielen Stellen des Körpers ihre Wirkung entfalten können, sind sie insbesondere an Prozessen beteiligt, bei denen es um grundsätzliche Veränderungen des ganzen Körpers geht. Denken Sie insbesondere an die Pubertät, welche den Übergang zum geschlechtsreifen Erwachsenen kennzeichnet. Auch Gefühle werden durch Hormone beeinflusst.

Jeder Zeitungsleser wird heute zwangsläufig immer wieder einmal mit einem Fremdwort aus dem Bereich der Biochemie konfrontiert. Ich wusste lange nicht, warum es ausgerechnet Enzyme sind, die von manchen Waschmittelherstellern ihren Produkten beigemischt werden, oder warum Hormone als Dopingmittel für Sportler infrage kommen. Bei meinem Bemühen, mich kundig zu machen, tauchte auch die Frage nach der Abgrenzung der sogenannten Vitamine gegen die Enzyme und Hormone auf. Vitamine ist die zusammenfassende Bezeichnung für eine Gruppe von chemisch sehr unterschiedlichen, im Allgemeinen von Pflanzen und Bakterien synthetisierten Substanzen, die für den Stoffwechsel der Menschen und der meisten Tiere unentbehrlich sind, die aber vom tierischen und menschlichen Organismus in der Regel nicht synthetisiert werden können und daher ständig mit der Nahrung zugeführt werden müssen.

Warum habe ich Ihnen das alles über Enzyme, Hormone und Vitamine überhaupt erzählt? Einerseits, damit Sie diese Wörtern etwas besser verstehen, wenn Sie beim Lesen von Zeitungen oder Zeitschriften auf sie stoßen; vor allem aber, damit Ihnen wirklich ganz klar vor Augen steht, wie kompliziert ein lebender Organismus ist, der nur lebt, wenn die vielen tausend chemischen Reaktionen, die in jeder Sekunde in ihm ablaufen, in einem koordinierten Verhältnis zueinander stehen. Für mich bleibt die Existenz von Leben ein Wunder, auch wenn die Forscher immer neue Details

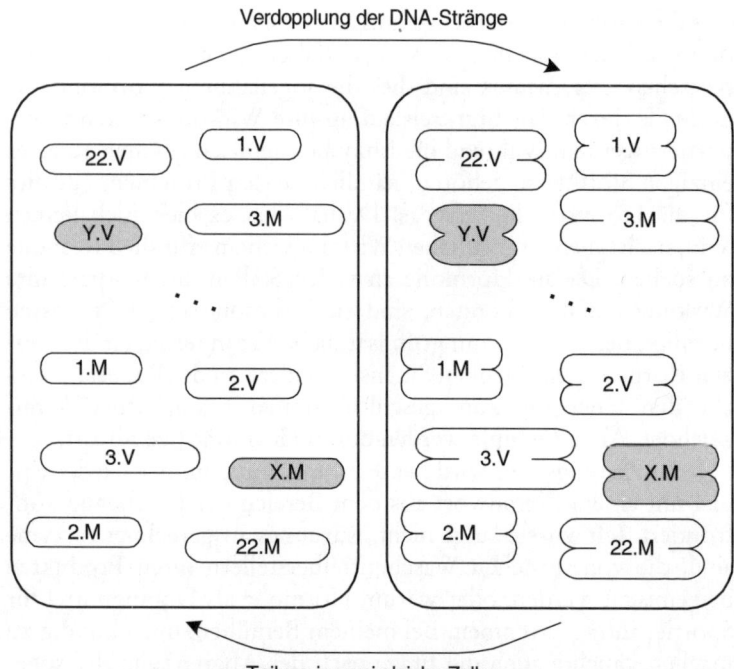

Verdopplung der DNA-Stränge

Teilung in zwei gleiche Zellen

12.11 Das Prinzip der Zellverdopplung am Beispiel einer männlichen menschlichen Zelle.

über die dem Leben zugrunde liegenden biochemischen Vorgänge herausfinden.

Mit der Vorstellung der DNA-Struktur habe ich Ihnen gezeigt, was die Genetiker auf ihrer Suche nach dem Ort und der Form der Erbinformation herausgefunden haben. Die Frage aber, wie die Erbinformationen von Mutter und Vater im Kind zusammenfließen, habe ich noch gar nicht behandelt. Das will ich nun als nächstes tun. Links in Abbildung 12.11 sehen Sie den Chromosomensatz, wie er im Kern einer männlichen menschlichen Zelle, beispielsweise einer Gehirn- oder Leberzelle, vorkommt. Ein solcher Chromosomensatz enthält insgesamt 46 Chromosomen, wovon der betrachtete Mensch jeweils die Hälfte, also 23 von seiner Mutter und 23 von seinem Vater erhalten hat. Zwei der 46 Chromosomen habe ich grau unterlegt, die anderen 44 sind weiß. Die weißen Chromosomen habe ich jeweils durch die Angabe einer Nummer aus dem Bereich eins bis 22 und einen dahinter gesetzten Herkunftshinweis gekennzeichnet; V weist auf die Herkunft vom Vater und M auf die Herkunft von der Mutter hin. Zwei Chromosomen mit der gleichen Nummer sind gleich strukturiert und enthalten Informationen bezüglich der gleichen Merkmale. In Abbildung 12.4 ging es um ein Kind, das vom einen Elternteil die Erbinformation „weiße Blütenfarbe" und vom anderen Elternteil die Erbinformation „rote Blütenfarbe" bekommen hatte. Diese beiden widersprüchlichen Erbinformationen müssen auf zwei Chromosomen gleicher Nummer verteilt sein, die es auch bei Pflanzen und nicht nur bei Tieren und Menschen gibt. Im Unterschied zu den weißen Chromosomen sind die beiden grauen Chromosomen im Abbildung 12.11 nicht durch eine Nummer, sondern durch die Buchstaben X und Y gekennzeichnet. Es handelt sich um die geschlechtsbestimmenden Chromosomen. Während von der Mutter immer nur ein X-Chromosom kommen kann, kommt vom Vater entweder auch ein X oder ein Y-Chromosom. Wenn auch vom Vater ein X-Chromosom kommt, wird das Kind weiblich, andernfalls männlich.

Jedes der 46 Chromosomen links in Abbildung 12.11 enthält ein DNA-Molekül, welches sehr viele Basenpaare enthält. Man stellt diese Moleküle immer als ausgestreckte Ketten dar, wie ich es auch in den Bilder 12.9 und 12.10 getan habe. In dieser ausgestreckten Form würden die DNA-Stränge aber im kleinen Zellkern keinen Platz finden, denn sie wären dann mehrere Zentimeter und die größten sogar über einen Meter lang. Da die DNA-Moleküle zwar lang, aber extrem dünn sind, können sie wie ein langer Faden stark zusammengeknüllt sein und nehmen dann nur noch ein geringes Volumen ein. So wie wir aber einen langen Faden, beispielsweise aus Nähgarn, nicht einfach wild zusammenknäulen, sondern in regulärer Weise unter Verwendung geeigneter Wickelkörper aufwickeln, damit wir ihn später wieder mühelos abwickeln können, werden auch die DNA-Stränge in kunstvoller Weise „spiralisiert". Dabei werden geeignete Eiweißmoleküle als „Wickelkörper" verwendet. Deshalb darf man die Chromosomen nicht mit DNA-Strängen gleichsetzen; ein Chromosom ist vielmehr das Gebilde, das sowohl den DNA-Strang als auch die Eiweißmoleküle enthält, um die der DNA-Strang herumgewickelt ist. Diese „Wickelei" beruht auf elektrischen Kräften, denn der DNA-Strang ist negativ und die Eiweißmoleküle sind positiv geladen. Damit der Verdopplungsprozess nach Abbildung 12.11 stattfinden kann, muss der DNA-Faden zumindest dort aus dem Knäuel herausragen und lang gestreckt sein, wo aktuell das Verdopplungsenzym wirkt. Unmittelbar nach der Verdopplung hängen die beiden entstandenen Kopien noch an einer bestimmten Stelle zusammen, als wären sie dort miteinander verklebt. Dies soll die Situation sein, die ich rechts in Abbildung 12.11 dargestellt habe. Bei der Zellteilung werden anschließend diese Doppelpakete getrennt, wobei jeweils die eine Hälfte in die eine Zelle und die andere Hälfte in die andere Zelle wandert. Nach der Teilung gibt es zwei Zellen, von denen jede wieder einen Chromosomensatz enthält, wie er links in Abbildung 12.11 dargestellt ist.

Im Unterschied zu Abbildung 12.11, wo die Zellteilung dem Wachstum dient, ist in Abbildung 12.12 ein Zellteilungsprozess dargestellt, welcher der geschlechtlichen Fortpflanzung dient. Ganz oben im Abbildung 12.12 ist eine Situation dargestellt, bei der die rechts in Abbildung 12.12 bereits vorkommenden Doppelpakete paarweise parallel nebeneinander liegen, wobei es sich jeweils um Pakete gleicher Nummer handelt. Bereits bei meinem Kommentar zu Abbildung 12.11 sagte ich, dass die DNA-Moleküle sehr lange Fäden sind, wenn man sie ausgestreckt betrachtet, und dass sie deshalb im Zellkern auf irgendeine raffinierte Art verknäult sein müssen. Damit aus der Situation rechts in Abbildung 12.11 die Situation oben in Abbildung 12.12 entsteht, müssen sich die Doppelpakete gleicher Nummer aufeinander zu bewegen und auf wohl definierte Weise mit ihrem jeweiligen Partnerpaket eine ganz bestimmte räumliche Struktur bilden. Man kann zwar unter dem Mikroskop erkennen, dass sich der beschriebene Vorgang abspielt, aber die physikalisch-chemischen Prozesse erklären kann man noch nicht. Es scheint so, als wüssten die Chromosomen genau, was sie zu tun haben. Anfänglich enthalten die Paketpaare vier DNA-Moleküle, von denen jeweils zwei paarweise gleich sind. Diese Moleküle bleiben nun nicht parallel nebeneinander liegen, sondern überkreuzen sich mehrfach, und dabei kommt es zum

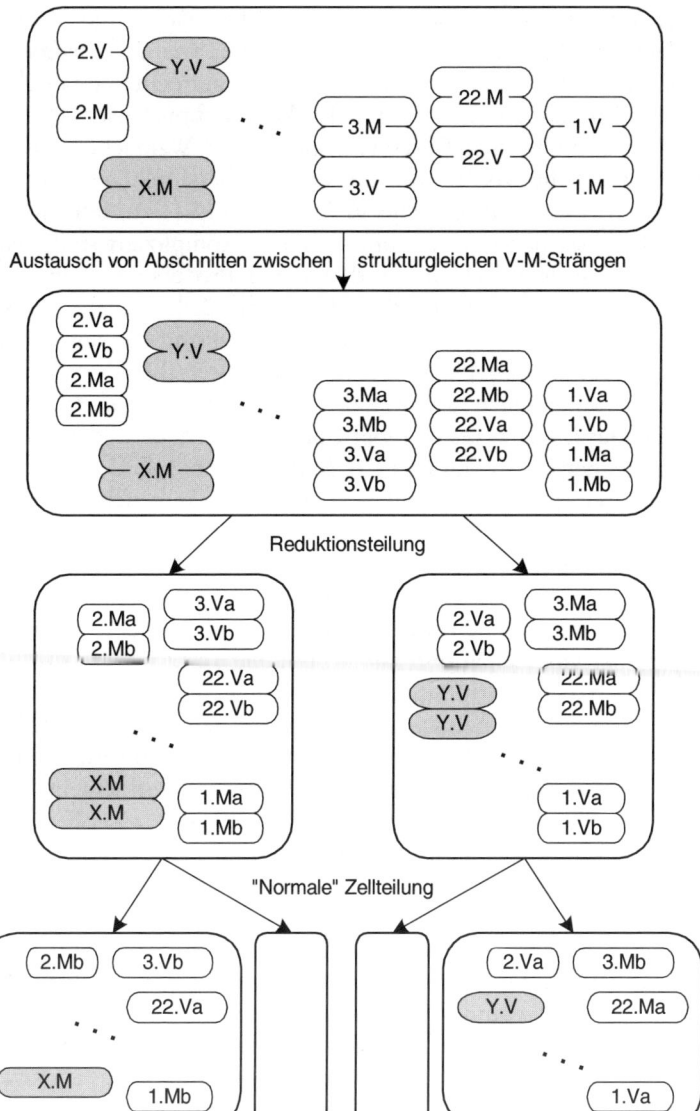

12.12 Das Prinzip der Bildung von Keimzellen am Beispiel menschlicher Spermienzellen.

Austausch von Molekülabschnitten zwischen Vater- und Mutter-
molekülen. Dies gilt allerdings nur für die 22 weißen Chromosomen; das X- und das Y-Chromosom bleiben getrennt und tauschen
keine Information aus. Am Ende des Austauschprozesses befinden
sich in jedem weißen Paket vier mit großer Wahrscheinlichkeit
unterschiedliche DNA-Moleküle. Dass die beschriebenen Vorgänge, die von der Situation rechts in Abbildung 12.11 zur Situation in
der Mitte des Bildes 12.12 führen, höchst kompliziert sind, zeigt
sich auch in dem Sachverhalt, dass dieser Prozess ungefähr zwei
Wochen dauert. Anschließend teilt sich die Zelle, wobei jede der
beiden Tochterzellen jeweils ein graues Paket und von jedem Vie-
rerblock jeweils eine Hälfte erhält. Damit unterscheiden sich diese
beiden Tochterzellen grundsätzlich von der Situation rechts in
Abbildung 12.11, wo es 46 Doppelpakete gibt, denn in den beiden
Tochterzellen in Abbildung 12.12 sind jeweils nur 23 Doppelpakete enthalten. Jede dieser beiden Tochterzellen teilt sich nun noch
einmal, wobei an die Nachfolgezellen jeweils die Hälfte eines Dop-
pelpaketes weiter gegeben wird. Damit enthalten die vier Zellen in
der untersten Reihe in Abbildung 12.12 jeweils 23 Chromosomen,
die jeweils ein DNA-Molekül enthalten.

Jede der vier Zellen unten in Abbildung 12.12 ist eine männli-
che Samenzelle, worin eine Auswahl der Erbinformationen enthalten ist, die der betrachtete Mann von seinen Eltern erhielt.
Denn ganz oben in Abbildung 12.12 sind die Erbinformationen,
die der betrachtete Mann von seiner Mutter und von seinem Vater
erhielt, noch klar getrennt zu sehen. Auf dem Weg von oben nach
unten wird nun aber aus diesen Informationen eine zufällige Auswahl getroffen. Der zufällige Auswahlprozess ist dabei so raffi-
niert, dass es extrem unwahrscheinlich ist, dass in der großen
Menge von Samenzellen, die in diesem Mann im Laufe seines
Lebens gebildet werden, zwei Zellen mit völlig gleicher Erbinformation enthalten sind. Der Prozess der Eizellenbildung bei den
Frauen verläuft im Grunde nach dem gleichen Schema und unterscheidet sich nur darin, dass anstelle des Y-Chromosoms ein zweites X-Chromosom enthalten ist. Im Unterschied zu den Männern,
deren Samenproduktion erst mit der Pubertät einsetzt und dann
fast ihr ganzes Leben lang andauert, entstehen die Eizellen bei den
Frauen bereits im Embryonalstadium.

Während man früher über die Erbinformation so gut wie gar nichts wusste, weiß man heute nicht nur, wo die Erbinformation sitzt. Man weiß auch, dass die Erbinformation als ein Text auf der Grundlage eines Alphabets mit vier Buchstaben formuliert ist, und man kennt den Mechanismus, wie diese Erbinformation an die nachfolgenden Generationen weitergegeben wird. Man hat auch chemisch-physikalische Möglichkeiten gefunden, DNA-Moleküle so genau zu analysieren, dass man die darin vorkommende Folge von Basenpaaren angeben kann. Bezüglich dieser Analysen sollten Sie darauf achten, dass Sie die beiden Wörter „entziffern" und „entschlüsseln" streng auseinander halten. Wenn uns jemand handschriftlich seinen Namen aufschreibt, kann es vorkommen, dass wir später die Schrift nicht mehr entziffern können. Damit ist gemeint, dass wir die Folge der Buchstaben nicht feststellen können, weil die Handschrift so undeutlich ist. Ein völlig anderer Fall liegt dagegen vor, wenn uns eine deutlich lesbare Buchstabenfolge vorgelegt wird, die uns wie eine zufällige Buchstabenfolge erscheint, worin keine uns bekannten Wörter vorkommen. Wenn uns in diesem Falle jemand erklärt, wie wir diese Buchstabenfolge deuten sollen, hat er uns die Folge nicht entziffert, sondern entschlüsselt. Es wird hier das Bild des verschlossenen Raumes benutzt, in den man nur hineinkommt, wenn man den richtigen Schlüssel hat. Die gelungene Entzifferung der Erbinformation durch Feststellung der Reihenfolge der Basenpaare in den DNA-Molekülen war zwar eine großartige Leistung, aber nun stand man vor dem Problem der Entschlüsselung. Was hat der DNA-Text in den Zellen meines Schwagers mit der speziellen Art zu gehen zu tun, die er an seinen Sohn vererbt hat?

Wenn man einen Text vorliegen hat, den man selbst nicht entschlüsseln kann, geht man zu den Leuten, die ihn entschlüsseln können. Nun ist der DNA-Text nicht formuliert worden, damit er von Naturwissenschaftlern gelesen wird, sondern damit er innerhalb der Zelle gelesen wird. Und wer liest ihn? Ja, es sind wieder bestimmte Enzyme. Da der DNA-Text nicht einem Roman gleicht, sondern eher einem Kochbuch, kommt es abgesehen von der Herstellung ganzer Kopien gar nicht darauf an, stets den ganzen Text zu lesen, vielmehr werden immer bestimmte Abschnitte gesucht, die gelesen werden müssen. Und so wie beim Kochbuch das Gelesene dazu benutzt wird, den Prozess der Herstellung einer Speise zu steuern, wird im Falle der DNA die gelesene Information dazu benutzt, die Herstellung bestimmter Eiweiße (Proteine) zu steuern. Diese bestehen aus Bausteinen, die als Aminosäuren bezeichnet werden. In den vielen tausend unterschiedlichen Proteinmolekülen findet man insgesamt nur 20 unterschiedliche Aminosäuren. Der DNA-Text sagt nun, wie man ein bestimmtes Proteinmolekül aus Aminosäuren aufbauen muss, aber er enthält keine Informationen darüber, wie ein Aminosäurebaustein hergestellt werden soll. In dem Text werden die benötigten Aminosäuren lediglich benannt, und es wird angenommen, dass die Köche, also die Enzyme, die das Protein aus den Aminosäuren zusammenbauen, schon wissen, was sich hinter dem jeweiligen Namen verbirgt. Da in den Proteinen nur zwanzig unterschiedliche Aminosäuren vorkommen, kann man ihnen Namen geben, die jeweils nur aus drei Buchstaben aus dem Basenpaaralphabet bestehen. Auf der Grundlage eines Alphabets mit vier Buchstaben kann man aber $4^3 = 64$ unterschiedliche dreistellige Wörter, sogenannte Triplets bilden. Von diesen 64 Wörtern kann man 20 zur Benennung von Aminosäuren verwenden; man könnte auch jeweils mehrere Namen der gleichen Aminosäure zuordnen. Die Analyse der Vorgänge in der Zelle und insbesondere die Vorgänge der Proteinsynthese haben gezeigt, dass es tatsächlich vorkommt, dass ein und dieselbe Aminosäure mehrere Namen hat. Andererseits sind nicht alle 64 Triplets als Namen von Proteinen genutzt; die anderen dienen dazu, die DNA-Sequenz in Abschnitte zu strukturieren; sie entsprechen unseren Satzzeichen – beispielsweise Komma, Strichpunkt und Punkt –, mit denen wir unsere Texte strukturieren.

Nachdem der Zusammenhang zwischen DNA-Text und Eiweißproduktion erkannt war, stellte man auch schnell fest, dass in der DNA nicht nur Herstellungsrezepte für Proteine stehen. In der menschlichen Erbinformation machen diese Rezepte sogar nur rund zehn Prozent aus. Man hat – möglicherweise etwas voreilig – große Teile des DNA-Textes als „Junk-DNA", also als Abfall oder Schrott bezeichnet. Wir sollten nie vergessen, wie kompliziert die Vorgänge sind, die von einer einzigen Zelle zu einem Lebewesen führen und die anschließend dafür sorgen, dass dieses Lebewesen am Leben bleibt. Verglichen mit dem, was man wissen müsste, damit man guten Gewissens behaupten könnte, man habe diese Prozesse verstanden, ist das, was die Forscher herausgefunden haben, verschwindend gering. Trotz all unserer Erkenntnisfortschritte sind wir im Grunde immer noch in der Situation, die Sokrates veranlasst hat zu sagen: „Ich weiß, dass ich nichts weiß", womit er meinte, dass sein Wissen im Vergleich mit dem, was es zu wissen gibt, so gut wie nichts sei. Das Wissen, wie die Aminosäuren im DNA-Text benannt sind, gibt mir keinerlei Hinweis darauf, wie es kam, dass mein Neffe schon im Alter von fünf Jahren beim Gehen den gleichen unverwechselbaren Bewegungsablauf zeigte wie sein Vater.

Wie man in die Zellen veränderte Kochrezepte einschleust

Man kann darüber streiten, ob ein deutscher Text, den wir als wunderschönes Gedicht empfinden, immer noch als Gedicht bezeichnet werden sollte, wenn es niemanden mehr gibt, der die deutsche Sprache beherrscht. Entsprechend sollte man den DNA-Text nicht einfach als Beschreibung eines Lebewesens deuten, sondern dazu sagen, dass man die Zelle benötigt, damit dieser Text einen Sinn bekommt. Die Gentechnologie geht deshalb auch ganz selbstverständlich von der Existenz lebendiger Zellen aus und fragt nicht, wie sie entstanden sind. Das Ziel der Gentechnologie ist es, der vorhandenen Zelle einen DNA-Text unterzuschieben, der anders ist als derjenige, mit dem die Zelle „auf die Welt kam". Nun kann man zum Beispiel einem Orchestermusiker leicht neue Noten geben, die er spielen soll. Schwieriger ist es, einer Zelle eine neue DNA unterzuschieben, nach der sie arbeiten soll. Außerdem weiß natürlich ein Komponist, der die Noten schreibt, sehr genau, wie das von ihm Geschriebene vom Musiker interpretiert werden wird, während die Genetiker keineswegs genau wissen, wie eine von ihnen komponierte Basenpaarsequenz im Lebewesen interpretiert werden wird. Eine vergleichbare Situation im Bereich der Musik bestünde darin, dass jemand, der den Formalismus der Notenschrift kennt, irgendetwas hinschreibt und dieses dann vom

Orchester spielen lässt. Wenn er dabei nicht Abschnitte von Komponisten abgeschrieben hat, die wussten, was sie tun, wird das Ergebnis im Allgemeinen keine Musik sein, die man sich gerne anhört. Deshalb werden von den Gentechnikern auch keine völlig neuen DNA-Sequenzen komponiert, sondern es werden immer nur vorgefundene DNA-Sequenzen neu arrangiert. Dabei wird in der überwiegenden Zahl der Fälle immer die DNA-Sequenz eines Lebewesens um einen Abschnitt ergänzt, den man bei einem anderen Lebewesen gefunden hat. Bei diesem Vorgehen muss man nacheinander zwei Probleme lösen. Zum einen muss man DNA-Textabschnitte finden, deren Verpflanzung sich lohnen könnte, und zum anderen muss man Methoden haben, diese Abschnitte aus dem einen Text herauszuschneiden und in einen anderen Text einzufügen. Ich werde diese beiden Probleme nun genau in dieser Reihenfolge behandeln.

Da man die DNA-Sequenz eines Lebewesens nicht als Ganzes interpretieren kann, lässt sich durch Analyse der DNA eines einzigen Individuums nicht herausfinden, welche Textabschnitte die Ursache für welche Merkmale sind. Deshalb besteht die grundsätzliche Vorgehensweise darin, dass man die DNA-Sequenzen sehr vieler Individuen der gleichen Spezies analysiert, und diese dann miteinander vergleicht. Man findet dabei große Abschnitte, die einander völlig gleich sind, und andere Abschnitte, die sich stark unterscheiden. Wenn man sich bei diesem Vergleich auf die Proteinrezepte beschränkt und die sogenannte Junk-DNA außer Acht lässt, kann man durchaus signifikante Hinweise bezüglich der Zuordnung zwischen Proteinrezept und Merkmal finden. Da die Länge der zu vergleichenden DNA-Sequenzen in die Millionen geht, werden diese Vergleiche selbstverständlich durch Computer ausgeführt (Deshalb gibt es neben den Bio-Chemikern heute auch die Bio-Informatiker.). Dabei konnte man unter anderem bestimmte typische Änderungen im menschlichen Erbgut als Ursache für bekannte Krankheiten feststellen. Als Beispiel möchte ich die Bluterkrankheit nennen, die sich darin äußert, dass bei dem Kranken bestimmte Blutgerinnungsmittel im Körper gar nicht oder nicht in ausreichendem Maße erzeugt werden, sodass die geringste Verletzung die Gefahr des Verblutens mit sich bringt. Man hat herausgefunden, dass die Ursache hierfür ein Defekt auf dem X-Chromosom ist, der aber nur wirksam wird, wenn er nicht durch ein gesundes zweites X-Chromosom überdeckt wird. Da die weiblichen Menschen zwei X-Chromosome haben, ist es sehr unwahrscheinlich, dass sich die Bluterkrankheit bei ihnen äußert, denn in diesem Falle müssten sie sowohl von der Mutter als auch vom Vater ein defektes X-Chromosom geerbt haben. Deshalb kann es nicht verwundern, dass man die Bluterkrankheit fast nur bei den männlichen Mitgliedern einer Familie findet.

Beispiel einer anderen Krankheit, bei der man die DNA-Ursache mit Sicherheit kennt, ist das Down-Syndrom (Trisomie 21, früher Mongolismus), benannt nach dem Engländer John Langdon-Down (1828–1896), der diese Krankheit oder Behinderung als erster im Jahre 1866 beschrieben hat. Er wählte die Bezeichnung Mongolismus wegen der rundlichen Gesichtsform und der mandelförmigen Augen der von dem Syndrom Betroffenen, was ihnen ein Aussehen gibt, das an Mongolen erinnert. Ein Vergleich der DNA von Down-Syndrom-Betroffenen mit der DNA anderer Personen ergab, dass bei den Betroffenen eine Verdreifachung des Chromosoms 21 oder von Teilen davon vorliegt. Dies kann vorkommen, wenn der in Abbildung 12.12 dargestellte Prozess nicht korrekt abläuft, d. h., wenn auf dem Weg von oben nach unten irgendwo eine Teilung gestört wird. Eine Störung bei der Bildung von Ei- oder Samenzellen wird nicht in jedem Falle dazu führen, dass ein behindertes Kind zur Welt kommt; vielmehr führen die meisten Störungen zum Absterben des Embryos.

Selbstverständlich hat man auch nach dem Zusammenhang zwischen den verschiedenen Krebskrankheiten und dem Erbgut gefragt. Krebs äußert sich als ungehemmtes Zellwachstum, d. h., bei Krebs teilen sich die Zellen, obwohl kein Zellteilungsbedarf vorliegt. Als ich Ihnen die Grundzüge der Wachstumsteilung (Abbildung 12.11) vorstellte, habe ich nicht erwähnt, dass es ja nicht im Belieben der Zelle steht zu entscheiden, wann sie sich teilen will. Damit alles im Sinne der Gesamtorganisation des Lebewesens verläuft, muss es einen Informationsfluss geben, der den einzelnen Zellen den Anstoß zur Teilung gibt. Hat jemand Krebs, ist dieser Informationsfluss gestört, und man fand tatsächlich Abschnitte in der DNA, deren Veränderung Ursache für den gestörten Informationsfluss sein kann. Diese DNA-Abschnitte sind i.a. nicht von Geburt an defekt, sondern wurden durch Störungen bei der Zellteilung defekt.

Zurzeit verfügt man noch nicht über die Erkenntnisse und Mittel, gezielte Reparatureingriffe am menschlichen Chromosomensatz vorzunehmen – aber wer weiß, was die Zukunft noch alles bringen wird! Ein einfacher Fall liegt vor – oder zumindest glaubt man, dass dies ein einfacher Fall sei – wenn es darum geht, die Erbinformation eines Lebewesens um das Kochrezept für ein einziges Protein zu ergänzen. Die Spezies, die man derart „anreichert", sind heutzutage noch keine höheren Tiere oder Menschen, sondern Bakterien und Pflanzen. Wenn man Bakterien derart ergänzt, geht es immer darum, sie als Produktionsmaschinen für ein bestimmtes Protein zu nutzen, wobei dieses Protein häufig ein Enzym ist. Als Lebewesen, das man in diesem Sinne in vielfältiger Weise ergänzt, wird häufig *Escherichia coli* verwendet, eine Bakterie, die im Darm der höheren Tiere in großer Zahl vorkommt, die man aber auch in entsprechenden Nährlösungen im Labor am Leben erhalten kann. Die von den Bakterien produzierten Substanzen sind auch vorher schon von irgendwelchen Lebewesen erzeugt worden, denn sonst hätte man ja das diesbezügliche Kochrezept gar nicht. Aber durch die Verwendung der Bakterien hat man die Möglichkeit, sie auf verhältnismäßig billige Weise in großer Menge zu erzeugen. Auf diese Weise produziert man heute in zunehmendem Maße Substanzen, die man in der Medizin nutzt und die man früher nur mit recht großem Aufwand gewinnen konnte. So kann man beispielsweise das Insulin, welches der Mensch unbedingt für seinen Stoffwechsel benötigt und das von Zuckerkranken gar nicht oder in nicht ausreichendem Umfang produziert wird, von gentechnisch veränderten Bakterien erzeugen lassen.

Die Gentechniker waren übrigens nicht die ersten, welche die Möglichkeit nutzten, einen zusätzlichen DNA-Text in ein Bakterium einzuschmuggeln. Das haben nämlich die Viren schon immer gemacht. Es ist schon lange bekannt, dass als Krankheitsverursacher nicht nur Bakterien, sondern auch Viren in Frage kommen. Ein Virus enthält zwar DNA, aber es fehlt ihm das, was zusätzlich noch vorhanden sein müsste, damit es ein richtiges Lebewesen wäre. Es fehlt ihm nämlich „der Koch", der die in der DNA ent-

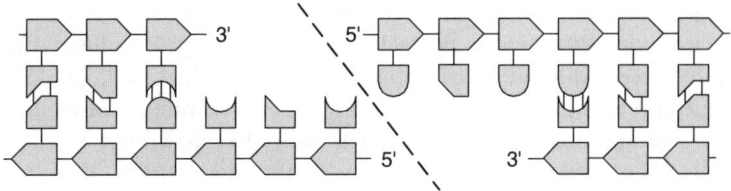

12.13 „Schräger" Schnitt bei enzymatischer Auftrennung eines DNA-Stranges.

haltenen Rezepte lesen und danach verfahren kann. Viren sind somit „elegant verpackte Kochbücher", die in die Küche von vollständigen Zellen gelangen müssen, wo der dortige Koch die Rezepte liest und danach verfährt.

Dass man die Erbinformation von Bakterien sehr viel leichter gezielt verändern kann als die höherer Tiere oder gar des Menschen, hat seinen Grund darin, dass die Bakterien keinen Zellkern und auch keine riesigen Chromosomen besitzen, sondern dass bei ihnen die DNA-Moleküle als geschlossene Ringe im Zellplasma herumschwimmen. Bei der Untersuchung der verschiedenen Enzyme, die irgendetwas mit der DNA anstellen, fand man auch solche, die nichts anderes tun, als die DNA-Ketten an ganz bestimmten Stellen aufzuschneiden, und andere Enzyme, die wiederum zwei DNA-Stränge zusammenkleben, falls ihre Enden zusammenpassen. Was mit diesem „Zusammenpassen" gemeint ist, sehen Sie in Abbildung 12.13. Denken Sie an einen Schreiner, der zwei Bretter zu einem größeren Brett zusammenleimen will. Er gibt diesen Brettern auf der Seite, wo sie verleimt werden sollen, ein ineinander greifendes Profil. Man hat festgestellt, dass die aufschneidenden Enzyme tatsächlich keinen geraden Schnitt durch die DNA-Kette legen, sondern an den beiden Enden ein ineinander passendes Profil erzeugen. Dann kann das Klebeenzym feststellen, ob zwei Enden tatsächlich zusammenpassen, sodass sie auch wirklich zusammengeklebt werden können.

Bei der Veränderung des Erbmaterials von Pflanzen ging es bisher fast immer nur darum, den Ertrag zu erhöhen und nicht darum, den Geschmack zu verbessern. Die Ertragsverbesserung konnte man dadurch erreichen, dass man die Pflanzen immun gegen bestimmte Störenfriede machte, wobei als Störenfriede Bakterien oder Insekten in Betracht kommen, aber auch chemische Substanzen, die der Bauer über das Feld sprühen will, um das sogenannte Unkraut oder Schädlinge zu vernichten, wobei aber die Nutzpflanze selbstverständlich nicht beeinträchtigt werden soll. Wenn man nun Lebewesen kennt, die bereits über die gewünschte Immunität verfügen, kann man bei diesen nach dem DNA-Abschnitt suchen, der diese erzeugt. Und diesen DNA-Abschnitt kann man dann in die „zu verbessernde" Pflanze einbringen. Man kann die Pflanzen auch zur Herstellung bestimmter Proteine befähigen, die für bestimmte Insekten einen unangenehmen „Geruch" haben, sodass diese ihre Eier lieber anderswo hinlegen. Nachdem man bei den Tomaten herausgefunden hat, weshalb sie verhältnismäßig schnell anfangen, von innen heraus zu faulen, hat man ihre Erbinformation so erweitert, dass sie ein Enzym produzieren, welches den Fäulniserreger neutralisiert. Das Kochrezept für dieses Enzym hatte man selbstverständlich zuvor anderswo gefunden.

Wie man nachweist, „wer es gewesen ist"

Zum Abschluss meiner kurzen Darstellung über die Gentechnologie will ich Ihnen noch kurz das Prinzip erklären, wie der sogenannten genetische Fingerabdruck gewonnen wird. Abgesehen von dem Sonderfall der eineiigen Zwillinge haben zwei Menschen in jedem Falle unterschiedliches Erbgut. Bestimmte Teile der DNA müssen allerdings exakt übereinstimmen, denn bestimmte Eiweiße müssen in jedem Menschen in genau der gleichen Weise produziert werden. Es gibt zwei unterschiedliche Fragestellungen, die man Hilfe des genetischen Fingerabdrucks beantworten kann. Die eine Frage stellt sich, wenn man irgendwo menschliche Zellen gefunden hat und wissen möchte, von welchem Menschen diese Zellen stammen. Die andere Frage betrifft die Verwandtschaftsverhältnisse zweier Menschen, die insbesondere im Falle einer bezweifelten Vaterschaft beantwortet werden soll. Die Antwort auf die erste Frage könnte man theoretisch dadurch gewinnen, dass man sowohl die DNA aus der gefundenen Zelle als auch die

DNA der infrage kommenden Menschen vollständig analysiert und vergleicht. Diese Möglichkeit besteht tatsächlich nur theoretisch, denn die menschliche DNA umfasst insgesamt über drei Milliarden Basenpaare, sodass eine vollständige Analyse viel zu aufwendig wäre und überhaupt nicht infrage kommt. Deshalb muss man hier anstelle der gesamten DNA irgendwelche charakteristischen Merkmale der DNA vergleichen, die bei zwei Personen zwar nicht mit absoluter Sicherheit, aber mit höchster Wahrscheinlichkeit unterschiedlich sind – so wie es auch beim tatsächlichen Fingerabdruck der Fall ist, wo nicht mit absoluter Sicherheit ausgeschlossen werden kann, dass zwei Personen den völlig gleichen Fingerabdruck haben.

Bei der Frage nach der Verwandtschaft geht es nicht um Übereinstimmung des Erbguts, sondern um charakteristische Ähnlichkeiten. Interessanterweise zieht man zur Bestimmung des genetischen Fingerabdrucks nur diejenigen Teile der DNA heran, über deren Interpretation man praktisch nichts weiß. Die Kochrezepte für die Proteine lässt man also außer Acht, wobei man hier ohnehin fast keine Unterschiede zwischen den verschiedenen Individuen finden würde. Der genetische Fingerabdruck beruht also auf einer Analyse von Teilen der sogenannten Junk-DNA. Diese Teile sind Textabschnitte, die aus einer periodischen Abfolge gleicher Buchstabenfolgen bestehen, beispielsweise vier Mal hintereinander die Folge GGACTAG. Dabei muss der vom Vater geerbte Textabschnitt dieser Art nicht die gleiche Anzahl periodischer Wiederholungen haben wie der entsprechende von der Mutter geerbte Abschnitt. Es ist extrem unwahrscheinlich, dass zwei Menschen genau die gleiche Kombination der Wiederholungszahlen der verschiedenen derartigen Textabschnitte haben.

Damit man überhaupt eine Analyse durchführen kann, benötigt man eine große Zahl von Molekülen. Anfänglich hat man aber möglicherweise nur ein paar menschliche Zellen. Deshalb steht am Anfang einer DNA-Analyse immer der Vorgang der Vervielfachung der Moleküle. Es muss deshalb im Labor eine sukzessive Verdopplung der Moleküle stattfinden nach genau dem Schema, welches in Abbildung 12.10 dargestellt ist. Hierfür braucht man selbstverständlich wieder die geeigneten Enzyme, und diese konnte man aus bestimmten Bakterien extrahieren. Man vervielfältigt nun aber nicht einfach die vorgefundenen Moleküle, sondern beschränkt die Vervielfachung auf die DNA-Abschnitte der periodischen Art. Dies ist möglich, indem man die Art und Weise, wie die eingesetzten Enzyme arbeiten, geschickt ausnutzt – die Details kenne ich selbst nicht. Am Ende hat man ein Gemisch aus unterschiedlich langen Abschnitten, deren Längenverteilung charakteristisch für das Individuum ist, von dem die ursprüngliche DNA stammte. Es ist nicht all zu schwer, die Längenverteilung in Form eines grafischen Musters sichtbar zu machen. Hierzu unterwirft man die Molekülabschnitte einem „Wettlauf durch ein Gestrüpp", wobei die Geschwindigkeit, mit der die einzelnen Abschnitte vorankommen, stark von ihrer Länge abhängt. Die ganz kurzen Abschnitte werden recht schnell vorankommen, und je länger ein Abschnitt ist, desto stärker wird er zurückbleiben. Wenn man nun nach einer bestimmten Zeit eine Momentaufnahme macht, die zeigt, wo sich die einzelnen Moleküle befinden, erhält man ein Bild, das typisch für das betrachtete Individuum ist.

Selbstverständlich sind die DNA-Abschnitte keine Läufer, die mehr oder weniger stark behindert durch ein Gestrüpp laufen. Man kann aber auch Moleküle zu einem Wettlauf veranlassen, indem man sie in ein Kraftfeld bringt. Falls die der Größe nach zu sortierenden Moleküle elektrisch geladen sind – und dies ist bei den hier betrachteten DNA-Abschnitten der Fall – kann man den Wettlauf zwischen zwei Elektroden stattfinden lassen, die man an eine Gleichspannungsquelle gelegt hat. Das elektrische Feld zieht dann die Moleküle von der einen zur anderen Seite. Dabei fliegen unsere Moleküle nicht frei in der Luft herum, sondern schwimmen in einer geeigneten Flüssigkeit. Das Gestrüpp, durch das sie laufen müssen, ist eine Art angefeuchteter Filz. Der Wettlauf wird dadurch zum Stoppen gebracht, dass die elektrische Spannung ausgeschaltet wird, sodass nun auf die geladenen Moleküle keine Kraft mehr wirkt. Durch die Zugabe bestimmter Substanzen können die DNA-Abschnitte sichtbar gemacht werden, sodass man nun ein Muster fotografieren kann. Da es immer um den Vergleich zweier oder mehrerer Muster geht, lässt man gleichzeitig die zu vergleichenden Abschnittsgemische auf parallelen Bahnen durch das Gestrüpp laufen, sodass man nachher unmittelbar durch Vergleich der Muster auf den verschiedenen Bahnen erkennen kann, wie stark die Längenverteilungen voneinander abweichen.

Die Sortierung von Molekülen der Größe bzw. dem Gewicht nach kommt übrigens nicht nur bei der Bestimmung des genetischen Fingerabdrucks vor, sondern wird in der Biochemie auch in anderen Zusammenhängen benötigt. Falls die Moleküle elektrisch neutral sind, also keine elektrische Ladung tragen, und in einer geeigneten Flüssigkeit schwimmend einem Schwerefeld ausgesetzt werden, verteilen sich die Moleküle so, dass die schwereren Moleküle weiter unten und die leichteren Moleküle weiter oben zu finden sind. In bestimmten Fällen ist aber die Schwerkraft viel zu klein, als dass sich dadurch der gewünschte Effekt erreichen ließe. Sehr viel größere Kräfte kann man in sogenannten Ultrazentrifugen erzeugen, die mit Drehzahlen bis zu 80 000 Umdrehungen pro Minute laufen und bei einem Radius von 20 Zentimetern eine Fliehkraft erzeugen, die um den Faktor einer Million größer ist als die irdische Schwerkraft.

Die Gentechnologie ist neben der Kernkrafttechnologie die heute am meisten umstrittene Technologie. Erwin Chargaff hat sehr einprägsam gesagt: „Die Menschheit hat mit der Misshandlung zweier Kerne, nämlich des Atomkerns und des Zellkerns, Grenzen überschritten, die sie hätte scheuen sollen." Ich hoffe, dass Sie, liebe Leser, Verständnis dafür aufbringen, dass ich mich im Rahmen dieses Buches mit den ethischen Fragen nicht befasse, denn hier geht es mir ausschließlich um die Erkenntnisse, welche die Menschheit gewonnen hat, und nicht um eine Bewertung der Handlungen, die auf der Grundlage dieser Erkenntnisse möglich geworden sind.

Teil III:
Ingenieurwissenschaftliche
Erkenntnisse

Weshalb die Ingenieure „mit Modellen spielen"

13

Es war Ihnen selbstverständlich schon klar, dass es mathematisch-logische und naturwissenschaftliche Erkenntnisse gibt, bevor Sie darüber in diesem Buch gelesen haben. Dagegen wäre es durchaus verständlich, wenn Sie fragen würden, ob es so etwas wie ingenieurwissenschaftliche Erkenntnisse überhaupt gibt. Zweifellos müssen alle, die irgendwelche technischen Produkte planen, konstruieren, herstellen oder reparieren, sehr viel wissen, aber könnte es nicht sein, dass dieses erforderliche Wissen gänzlich unter den Begriff „Know-how" fällt, und nichts davon wirkliche Erkenntnis ist? Ist Technik denn etwas anderes als die phantasievolle Anwendung der in den voranstehenden Kapiteln vorgestellten Erkenntnisse?

Wenn dem so wäre, bräuchte ich an dieser Stelle nicht mehr weiter zu schreiben, denn dann hätte ich mein Ziel erreicht. Dieses Ziel besteht ja darin, Sie und, falls er tatsächlich zu mir käme, auch den Sokrates so weit zu bringen, dass Ihnen und ihm die Machbarkeit der technischen Produkte, die uns umgeben, plausibel geworden ist, d. h., dass Sie die Erkenntnisse angeben können, auf denen die Machbarkeit dieser Produkte beruht. Im Einzelfall müssen wir – ja, ich auch – zwar immer noch einen Fachmann bitten, uns den Aufbau und die Funktionsweise konkreter Geräte zu erklären. Diese Erklärung wird ihm aber leicht fallen und Spaß machen, wenn er dabei nicht bei Adam und Eva anfangen muss. Mit „Adam und Eva" meine ich hier die Vorkenntnisse, die der Fachmann gerne bei uns voraussetzen möchte, und die ich in diesem Buch darzustellen versuche.

Wozu man Ingenieure braucht

Es gibt durchaus viele technische Produkte, die man auf der Grundlage der bisherigen Kapitel mühelos erklären kann. Stellen Sie sich vor, Sokrates wäre in unsere Zeit versetzt worden und sähe nun zum ersten Mal ein Fahrrad oder eine Dampfmaschine. Das Fahrrad bräuchte man ihm überhaupt nicht zu erklären, denn er würde den Zweck und die Konstruktion dieses Gebildes einfach dadurch verstehen, dass er zuschaut, wie jemand mit dem Fahrrad davonfährt. Bei der Dampfmaschine bedürfte es vermutlich einer kleinen Erklärung, weil man hier die Steuerung des Dampfflusses nicht sieht. Aber dass man mit Dampf Kräfte erzeugen kann, wussten auch die alten Griechen schon, denn bei ihnen hat der Dampf den Deckel des Kochtopfes genauso angehoben wie bei uns, wenn ein Suppenhuhn gekocht wird. Selbst die Funktionsweise eines Benzin- oder Dieselmotors und eines Autos könnte man dem Sokrates verständlich machen, denn er wüsste ja nun schon über den Energiebegriff, die Newtonsche Mechanik und die Grundlagen der Elektrotechnik Bescheid. Also könnte man ihm von der Zündung, der Einspritzpumpe, dem Scheinwerfer und dem Scheibenwischer erzählen, ohne dass er dies mit Zauberei in Verbindung bringen müsste. Seine Vorkenntnisse aus den vorangegangenen Kapiteln würden aber keineswegs ausreichen, ihm die Machbarkeit eines Antiblockiersystems (ABS) plausibel erscheinen zu lassen oder gar des satellitenbasierten Navigationssystems, bei dem uns eine versteckte Dame sagt, wann wir nach links oder rechts abbiegen sollen. Offenbar gibt es also doch verborgene technische Konzepte, ohne deren Kenntnis eine Einsicht in die Machbarkeit der entsprechenden technischen Produkte unmöglich ist. Es handelt sich um abstrakte Systemmodelle, die man niemandem in wenigen Minuten beibringen kann. Es sind tatsächlich ingenieurwissenschaftliche Erkenntnisse, bei deren Vermittlung man einen vergleichbar hohen didaktischen Aufwand treiben muss wie bei der Vermittlung der Erkenntnisse aus der Mathematik oder den Naturwissenschaften.

Es gibt Systemmodelle, die in fast allen technischen Bereichen und andere, die nur in einem oder wenigen Bereichen angewendet werden. Die Modelle, mit denen ich Sie im Folgenden vertraut machen will, sind so universell, dass sie jeder, der die Technik nicht als Geheimwissenschaft betrachten will, verstanden haben sollte.

Man kann nicht über Ingenieure reden, ohne sie gegen Bastler, Handwerker oder Künstler abzugrenzen. Zwischen den Ingenieuren und Künstlern stehen zweifellos die Architekten, denn Ästhetik ist bei ihnen ein vorrangiges Qualitätskriterium, wogegen dies bei der Ingenieursarbeit nur eine sehr geringe Rolle spielt. Das ist eine Folge des Sachverhalts, dass man das meiste von dem, was Ingenieure planen und konstruieren, als Nutzer der Produkte gar nicht sieht: Der Automotor steckt unter der Motorhaube, die elektronischen Schaltungen sind im Gehäuse des Fernsehers verborgen, das Betonfundament liegt unter dem Gebäude. Die am Käufergeschmack orientierten Formen der Autokarosserien werden meist nicht von Ingenieuren, sondern von speziell ausgebildeten Designern entworfen. Die Architekten finden es übrigens ganz selbstverständlich, die Zuständigkeit für die Baustatik an die Bauingenieure abzutreten. Ingenieurwissenschaften werden erforderlich, wenn das Basteln technischer Produkte nicht mehr zu befriedigenden Ergebnissen führt. Durch die Ingenieurwissenschaften wird die Entwicklung und Herstellung technischer Produkte auf eine solide wissenschaftliche Basis gestellt. Wer nicht weiter darüber nachdenkt, könnte voreilig zu dem Schluss kommen, jede Ingenieurdisziplin sei im Grunde nur angewandte Physik und angewandte Mathematik. Zweifellos erledigt ein Ingenieur in den traditionellen Disziplinen immer wieder Aufgaben der angewandten Physik und der angewandten Mathematik. Aber auf die sogenannten „Angewandten Physiker" oder „Angewandten Mathematiker" trifft die folgende Definition nicht zu, die meines Erachtens das Wesen der Ingenieursarbeit treffend kennzeichnet – ich fand sie in Meyers Enzyklopädie:

> Aufgabe des Ingenieurs ist es, auf der Grundlage natur- und technikwissenschaftlicher Erkenntnisse und unter Berücksichtigung wirtschaftlicher und gesellschaftlicher Belange technische Werke zu planen und zu konstruieren sowie die Ausführung des Geplanten leitend anzuordnen und zu überwachen.

Als ich diese Definition zum ersten Mal las, freute ich mich über die Tatsache, dass hier die Existenz technikwissenschaftlicher Erkenntnisse, die gleichberechtigt neben den naturwissenschaftlichen Erkenntnissen stehen, als selbstverständlich angenommen wird. Es sind zwei sehr unterschiedliche Felder, auf denen sich die Arbeit von Ingenieuren hauptsächlich abspielt. Das eine ist charakterisiert durch die Anwendung von Mathematik zum Zwecke der Optimierung der geplanten Werke und der Optimierung des Ausführungsprozesses. Das andere ist charakterisiert durch die Anwendung von Abstraktionskonzepten und Darstellungsformen zur optimalen Kommunikation. Denn Planung und Realisierung technischer Produkte sind meist hochgradig arbeitsteilige Prozesse, und die an diesen Prozessen beteiligten Personen können nur dann optimale Beiträge liefern, wenn jeder rechtzeitig und vollständig über die erforderlichen Informationen verfügt. Die Abstraktionskonzepte, die das zweite Feld kennzeichnen, sind das, was ich hier als Modelle bezeichne. An dieser Stelle erinnere ich Sie daran, dass das Wort Modell in diesem Buch schon in einer ganz anderen Bedeutung vorkam. Im Zusammenhang mit den Abbildungen 4.11 und 4.12 wurde das Modell als ein Anwendungsfall für eine Theorie definiert. Hier in den Betrachtungen über die Technik ist es nun gerade umgekehrt: Unsere Modelle sind theoretische Strukturen, die im Einzelfall auf konkrete Aufgabenstellungen angewandt werden. In Ihrem Alltag werden Sie dem Wort Modell möglicherweise nur in der Bedeutung begegnet sein, die es in der Kombination „Modelleisenbahn" hat. Diese Bedeutung hat mich übrigens dazu veranlasst, in der Kapitelüberschrift vom „Spielen der Ingenieure mit Modellen" zu sprechen, obwohl es um eine ganz andere Art von Modellen geht.

Wenn die Systeme einfach genug sind, braucht man zu ihrer Entwicklung keine Ingenieure, im Extremfall können die Systeme sogar von nicht ausgebildeten Bastlern zusammengebaut werden. Brauchbare Ergebnisse erhält man aber nicht mehr, wenn die Systeme zu komplex werden. Die Komplexität eines Systems wird nicht nur durch die Anzahl seiner Komponenten bestimmt, sondern insbesondere dadurch, wie stark sich die Komponenten unterscheiden, die zusammenarbeiten müssen. Wer die Wechselwirkung zweier Zahnräder verstanden hat, kann sich im Grunde auch die Wechselwirkung von Tausenden solcher Zahnräder vorstellen. In einem System kommen aber nicht zur Zahnräder vor, sondern viele anderen Komponenten, und es ist diese Vielfalt, die es zu beherrschen gilt. Für einen Systemingenieur im Bereich der Elektronik ist ein Transistor nur ein Bauelement wie ein Zahnrad in der Mechanik. Er weiß zwar, dass die Physiker immer noch sehr viel Arbeit in die weitere Optimierung von Transistoren hineinstecken können, und er hat auch große Hochachtung vor deren Arbeit, aber er muss sich mit Systemen herumschlagen, in denen viele Millionen Transistoren organisiert zusammenarbeiten, und dies wiederum ist kein Problem, für das die Physiker zuständig sind. Beispiele für „komplexe Systeme" sind: ein Automontagewerk, eine Getränkeabfüllanlage, ein Großraumflugzeug oder ein Telefonvermittlungssystem.

Im Unterschied zu mathematischen Aufgaben, wo die vorgeschlagenen Lösungen immer nur entweder richtig oder falsch sind, gibt es in der Technik diese eindeutige Beurteilung nicht. Hier ist eine vorgeschlagene Lösung immer nur mehr oder weniger zweckmäßig. Die Ingenieure bewegen sich während der Systemplanung und des Entwurfs immer in einem Raum sogenannter *Trade-offs* (engl. Kompromiss, Zielkonflikt). Dieser englische Begriff kennzeichnet den Sachverhalt, dass die Verbesserung der einen Eigenschaft einhergeht mit der Verschlechterung einer anderen Eigenschaft

Weil die Systeme so extrem komplex sind, ist es im Allgemeinen unmöglich, sie zielstrebig so zu entwerfen, dass ein befriedigendes Ergebnis garantiert ist. Der Ingenieur ist hier in einer vergleichbaren Situation wie der Entwickler eines neuen Medikamentes. Beide müssen ihr entworfenes Produkt anschließend durch Testreihen auf mögliche unerwünschte Nebenwirkungen überprüfen. Denken Sie an unerwünschte mechanische Resonanzen im Motorenbau, die zu störenden Geräuschen führen, oder an unerwünschte Abstrahlung von Funkwellen durch elektronische Geräte. Hier kennt man zwar viele Tricks, mit denen man die Wahrscheinlichkeit störender Effekte gering halten kann, aber wirklich sicher sein kann man erst, nachdem man die Systeme in Betrieb genommen und überprüft hat.

Wenn ein technisches Produkt mit völlig neuer Funktionalität auf den Markt kommt, wird den Benutzern des Produkts oft zugemutet, sich umfangreiches Bedienwissen anzueignen und schwierige Handhabungsvorgänge einzuüben, wogegen die Ingenieure anfangs nur mit einer recht geringen Komplexität zu kämpfen haben. Ich denke hier gerne an die Kraftfahrzeugtechnik und die dabei notwendige Umschaltung zwischen den verschiedenen Gängen. In der Anfangszeit der Automobiltechnik gab es keine synchronisierten Getriebe, und die Fahrschüler mussten mühevoll lernen, mit Zwischengas zu schalten. Die Getriebe waren recht einfache Konstruktionen, welche den Ingenieuren keinerlei Probleme bereiteten. Heute nun gibt es die vollautomatischen Getriebe, sodass sich der Fahrer um das Umschalten von einem Gang in den anderen überhaupt nicht mehr kümmern muss. Die Ingenieure andererseits müssen sich nun mit der Komplexität eines Systems befassen, welches mit den einfachen Getrieben aus der Anfangszeit fast nichts mehr gemein hat.

Die heutigen Ingenieure sind generell mit einem Komplexitätsniveau konfrontiert, welches weit höher ist als früher. Deshalb ist auch heute das ingenieurtypische, also das, was die Ingenieure von Angewandten Mathematikern und Angewandten Physikern unterscheidet, sehr viel wichtiger geworden als früher: Es ist die Beherrschung der Komplexität, die sich aus den Systemanforderungen und dem damit verbundenen hohen Arbeitsteilungsgrad der Systemplanung und -realisierung ergibt. Selbstverständlich müssen die Ingenieure immer noch sehr solide in Mathematik und Physik ausgebildet werden, aber unter den zusätzlichen Ausbildungsinhalten müssen die Methoden der Komplexitätsbeherrschung heute einen größeren Raum als früher einnehmen. Es wird den Ingenieurstudenten sehr früh bewusst, dass ihre späteren Beiträge zur Gestaltung komplexer Systeme immer nur kleine Bruchteile des erforderlichen Gesamtaufwands sein können. Deshalb können sie auch leicht einsehen, wie wichtig es ist, gelernt zu haben, mit allen anderen am Entwicklungsprozess beteiligen Personen effizient kommunizieren zu können, um deren Probleme und Entscheidungen verstehen zu können. Man muss den Studenten klar machen, dass es für sie wichtiger ist gelernt zu haben, wie man sich den jeweiligen Überblick übers große Ganze verschafft und wie man andere am eigenen Wissen teilhaben lässt, als eine Riesenfülle von Methoden zur Optimierung von Details kennengelernt zu haben. Der gut ausgebildete Ingenieur kann darauf vertrauen, dass es ihm gelingen wird, beim Aufkommen eines bestimmten Bedarfs die jeweils geeigneten Methoden in der Fachliteratur zu finden und zu verstehen.

Es wird in letzter Zeit immer sehr viel von der Notwendigkeit gesprochen, bei der Ingenieurausbildung darauf zu achten, dass die Absolventen teamfähig sind. Ein Team ist eine Gruppe von Menschen mit einer gemeinsamen Aufgabe, wobei dieses Team in einem engen Kommunikationsverbund lebt; im Allgemeinen handelt es sich um fünf bis maximal zehn Personen, die gemeinsam arbeiten, den ganzen Tag miteinander reden können und von denen jeder genau die Fähigkeiten des anderen einschätzen kann. Wenn wir dagegen die Arbeitsteilung im Prozess der Gestaltung komplexer Systeme betrachten, ist die Vorstellung von fünf bis zehn Beteiligten völlig unrealistisch. In diesen Fällen müssen oft tausend oder noch mehr Fachleute koordiniert zusammenarbeiten, und da ist es ganz selbstverständlich, dass sich die meisten nie persönlich kennenlernen. Der „Klebstoff", der diese vielen Individuen zu einem Gesamtkörper verbindet, kann nur in einer klaren und übereinstimmenden Vorstellung von ihrem gemeinsamen Ziel bestehen, und diese kann nur auf der Grundlage geeigneter Dokumente entstehen. Deshalb ist in der Technik die Festlegung von Darstellungsnormen längst selbstverständlich geworden. Überspitzt kann man sagen, dass ein Ingenieur erst dann wirklich Ingenieur ist, wenn er mit Zeichnungen arbeitet; solange er nur mit Formeln arbeitet, ist er Angewandter Mathematiker.

Möglicherweise wundert sich die Oma, dass ihr Enkel als Ingenieur der Elektrotechnik ihren Fernseher nicht reparieren kann. Er könnte ihr zwar erklären, wie ein Fernseher grundsätzlich funktioniert, aber wie diese Funktionalität über die seltsam aussehenden Komponenten innerhalb des Gerätes verteilt ist, kann er selbstverständlich nicht wissen. Aus dem gleichen Grunde erwartet der Präsident einer technischen Universität auch nicht, dass einer der Professoren im Fachbereich Maschinenbau in der Lage sein müsse, den kaputten Dienstwagen zu reparieren.

Zum Abschluss dieses Abschnitts will ich Ihnen ein paar Sätze aus dem Essay „Betrachtungen über die Technik" des spanischen Philosophen José Ortega y Gasset (1883–1955) zitieren: „Man muss die höchst seltsame Tatsache sehen, dass die Technik fast immer anonym ist und dass ihre Schöpfer sich nicht des persönlichen Ruhmes erfreuen, der immer andere Genies begleitet hat. Per definitionem kann der Techniker nicht herrschen, nicht in letzter Instanz regieren. Seine Rolle ist prachtvoll, verehrungswürdig, aber unweigerlich zweitrangig." In den Schriften von Ortega y Gasset habe ich viele überraschende Einsichten gefunden, die mich sehr begeistert haben. Hier nun aber meine ich, dass sich der Philosoph ein wenig vergaloppiert hat. Meine Rolle war jedenfalls nie zweitrangig!

Ein Blick in die Spielzeugkiste der Ingenieure

Die Technik, die uns im Alltag umgibt, ist so vielfältig, dass ich viele dicke Bände damit füllen könnte, die Einzelheiten der Entwicklung all der schönen Geräte und Systeme darzustellen, die uns täglich begegnen. Realistischerweise werden Sie das aber gar nicht von mir erwarten, denn Sie sehen ja, dass Sie den größten Teil des Buches schon hinter sich haben und nicht mehr allzu viele Seiten für die Technik übrig sind. Auf diesen verbliebenen Seiten will ich Ihnen eine Brille vor Ihr geistiges Auge setzen, durch die Sie die Welt mit den Augen von Ingenieuren sehen können. Manchmal kann man lesen, der erste Ingenieur sei Leonardo da Vinci (1452–1519) gewesen. Tatsächlich gibt es von ihm etliche technische Zeichnungen von Geräten oder Systemen mit bis dahin nie da gewesener Funktionalität. Unter anderem gibt es eine Zeichnung, die als Erfindung des Hubschraubers gedeutet wurde. Leonardo da Vinci war tatsächlich eher ein Erfinder als ein Ingenieur, denn er hatte zwar Ideen, aber nicht die Möglichkeit, seine Ideen Wirklichkeit werden zu lassen. Eine anzuerkennende Ingenieurleistung liegt jedoch immer nur dann vor, wenn etwas geschaffen wurde, was sich in der Realität bewährt.

Selbstverständlich schaffe ich es nicht, Ihnen an dieser Stelle mit wenigen Sätzen beizubringen, wie die Ingenieure die Welt sehen.

Etwas sehr Grundsätzliches kann ich Ihnen aber schon durch die Vorstellung eines einzigen anschaulichen Beispiels nahebringen. Vor einiger Zeit fuhr ich mit etlichen Bekannten in einem Bus durch die Dolomiten. Am Pordoi-Pass machten wir Pause. Der Pass liegt auf einer Höhe von 2239 Metern. Von dort geht eine Kabinenseilbahn auf einen Gipfel, der auf knapp 3000 Metern Höhe liegt. Als ich mit fast 60 anderen Personen in der Kabine stand und in die Höhe schwebte, hörte ich, wie einige der Mitfahrenden anerkennend von der großartigen Ingenieurleistung sprachen, die sich in dieser Bahn äußere. Die Seilbahn überbrückt die Distanz zwischen Tal- und Bergstation ohne eine einzige Zwischenstütze, und, wie ich später herausfand, ist das Seil fast 1,5 Kilometer lang. Die Fülle technischer Fragen, die beim Entwurf und dem Bau einer solchen Seilbahn gelöst werden müssen, erfordert die Mitwirkung unterschiedlicher Ingenieure. Aber alle Beteiligten haben das gleiche charakteristische Bild des Systems vor Augen, und dies ist ein langes Seil, welches an zwei Punkten festgehalten wird.

Wenn ein Ingenieur ein System betrachtet, sieht er sofort eine Fülle von Aspekten, die sein Interesse lenken können. Die Wahl des Aspektes entscheidet über die Auswahl der zu betrachtenden physikalischen Größen. Wir wollen uns nun für den anschaulichsten aller Aspekte entscheiden, und das ist der räumliche. Wir interessieren uns also nun für den Verlauf des Seiles zwischen seinen beiden Aufhängungspunkten. Der Seilverlauf wird durch die Lage der beiden Aufhängungspunkte und die Länge des Seiles bestimmt. Zur Bestimmung der Seilkurve muss man wissen, dass die Kräfte an den beiden Enden des Seiles nur tangential, also in der jeweiligen Richtung des Seilverlaufes an den Enden wirken können. Dieses Wissen äußert sich in Abbildung 13.1. Das Seil selbst kann nur vertikale Kräfte in das System einbringen, denn sein Gewicht wirkt nach unten. Dieses Gewicht muss durch die vertikalen Komponenten der Seilendekräfte kompensiert werden. Die Tatsache, dass das Seil keine horizontalen Kräfte einbringt, zwingt zu dem Schluss, dass die horizontalen Komponenten der beiden Seilendekräfte entgegengesetzt gleich sein müssen, damit sie sich aufheben. Dieses Wissen muss ausreichen für die Herleitung der Formel des Kurvenverlaufs im Koordinatensystem (h, v).

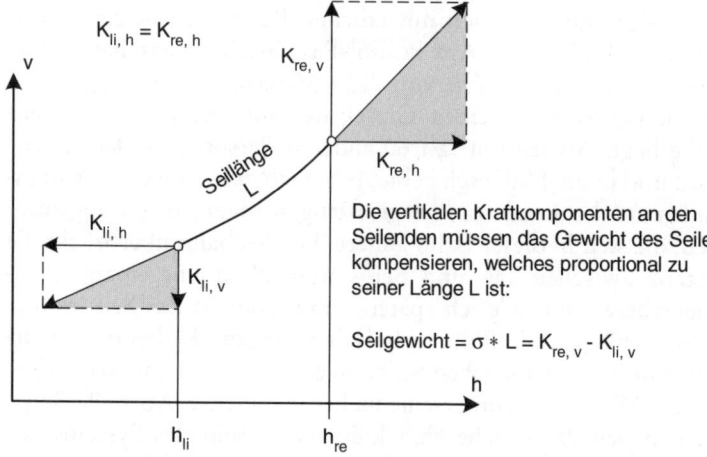

Die horizontalen Kraftkomponenten an den
Seilenden müssen sich gegenseitig kompensieren:

$K_{li, h} = K_{re, h}$

$K_{re, v}$

$K_{re, h}$

Seillänge L

$K_{li, h}$

$K_{li, v}$

Die vertikalen Kraftkomponenten an den
Seilenden müssen das Gewicht des Seiles
kompensieren, welches proportional zu
seiner Länge L ist:

Seilgewicht $= \sigma * L = K_{re, v} - K_{li, v}$

h_{li} h_{re}

13.1 Kräfte an den Enden eines hängenden Seiles.

Als mir die Idee kam, dass sich das Seilbahnbeispiel recht gut dazu eignet, Sie in die Denkweisen von Ingenieuren einzuführen, konnte ich mich sofort wieder an die in Abbildung 13.2 stehende Formel über den Kurvenverlauf erinnern, obwohl ich sie in meiner über 40-jährigen beruflichen Tätigkeit nie gebraucht hatte. Ich könnte Ihnen die Folge von Schritten vorführen, die zu dieser Formel führen, aber ich nehme an, dass Sie mir auch ohne diese Herleitung glauben, dass Ingenieure ihre Mathematik beherrschen. Die für die Herleitung benötigte mathematische Methodik, also die Differenzial- und Integralrechnung, wurde Ihnen im Kapitel 3 vorgestellt; sie ist ungefähr 300 Jahre alt. Davor glaubte man noch, die Seilkurve sei eine Parabel, wie sie in Abbildung 3.2 gezeigt ist.

Nachdem aber einmal die korrekte Formel der Seilkurve gefunden war, begannen die Mathematiker selbstverständlich, ihr Ergebnis nach allen Seiten hin zu untersuchen. Dabei fanden sie eine erstaunliche Strukturähnlichkeit, die ich in Abbildung 13.3 dargestellt habe. Rechts in der Tabelle finden Sie Aussagen über die Funktionen sin(x) und cos(x), die wir zur Beschreibung von Kantenverhältnissen in rechtwinkligen Dreiecken benutzen, und

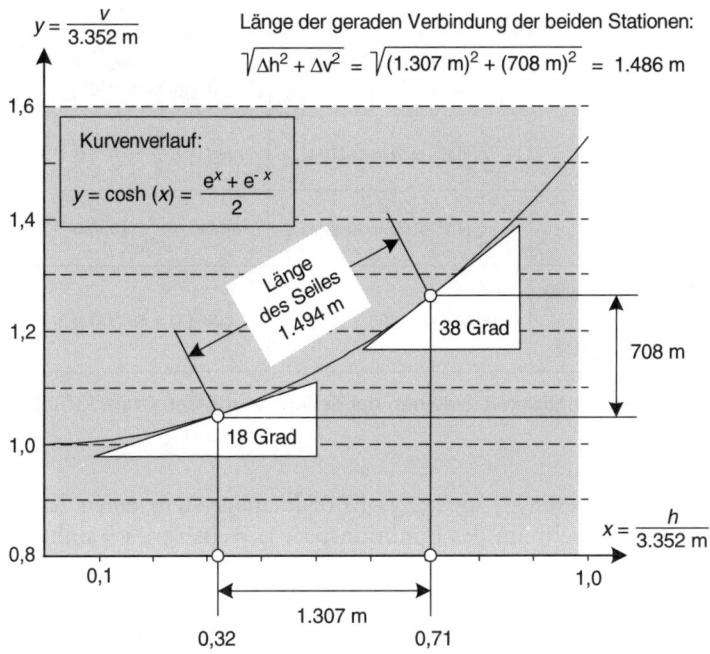

$y = \dfrac{v}{3.352 \text{ m}}$

Länge der geraden Verbindung der beiden Stationen:

$\sqrt{\Delta h^2 + \Delta v^2} = \sqrt{(1.307 \text{ m})^2 + (708 \text{ m})^2} = 1.486 \text{ m}$

1,6

Kurvenverlauf:

$y = \cosh(x) = \dfrac{e^x + e^{-x}}{2}$

1,4

Länge des Seiles 1.494 m

38 Grad

1,2

708 m

18 Grad

1,0

$x = \dfrac{h}{3.352 \text{ m}}$

0,8

0,1

1,0

1.307 m

0,32   0,71

13.2 Seilkurve einer Bergbahn (Pordoi in den Dolomiten).

die ich im Zusammenhang mit der Darstellung komplexer Zahlen anhand von Abbildung 2.14 eingeführt habe. Links neben der Spalte der Dreiecksfunktionen sehen Sie die sogenannten hyperbolischen Funktionen, von denen die eine die Seilkurve ist. Wegen der in Abbildung 13.3 gezeigten auffälligen Strukturähnlichkeit hat man die beiden hyperbolischen Funktionen auch Kosinus und Sinus getauft, wobei man aber selbstverständlich den Unterschied zu den trigonometrischen Funktionen zum Ausdruck bringen musste. Deshalb hängt man an die Bezeichnungen Kosinus und Sinus noch ein h, welches vom Anfangsbuchstaben des Wortes *Hyperbolicus* stammt. Die Bezeichnung „hyperbolische Funktionen" rührt daher, dass diese Funktionen zur Beschreibung des Kegelschnitts „gleichseitige Hyperbel" (Abbildung 7.2) eine vergleichbare Rolle spielen wie die trigonometrischen Funktionen zur Beschreibung des Kreises. Denn so wie das Funktionspaar

	Funktionen zur Seilkurve (hyperbolisch)	Funktionen zum Dreieck (trigonometrisch)
$f(x)$	$\frac{1}{2}*(e^x+e^{-x}) = \cosh(x)$	$\cos(x) = \frac{1}{2}*(e^{i*x}+e^{-i*x})$
$\frac{df}{dx}$	$\frac{1}{2}*(e^x-e^{-x}) = \sinh(x)$	$-\sin(x) = \frac{-1}{2*i}*(e^{i*x}-e^{-i*x})$
Beziehung zwischen $(f(x))^2$ und $\left(\frac{df}{dx}\right)^2$	$\cosh^2(x) - \sinh^2(x) = 1$	$\cos^2(x) + \sin^2(x) = 1$

13.3 Strukturähnlichkeit zwischen der Seilkurve und den Dreiecksfunktionen.

[x = cos(p), y = sin(p)] im (x, y)-Koordinatensystem einen Kreis beschreibt, beschreibt das Funktionspaar [x = cosh(p), y = sinh(p)] eine Hyperbel.

Warum mache ich eigentlich solche Ausflüge in die Mathematik? Ich will Ihnen die Sicht vermitteln, mit der die Ingenieure die Welt sehen, und zu dieser Sicht gehört ganz selbstverständlich immer die Frage nach den mathematischen Funktionen, mit denen beobachtbare Zusammenhänge erfasst werden können. Die Ingenieure dürfen dabei nie die Randbedingungen aus den Augen verlieren, unter denen ihre mathematischen Beschreibungen gelten. So gilt die gezeigte Formel für die Seilkurve nur für den Fall, dass das Gewicht gleichmäßig über das ganze Seil verteilt ist. Da jedoch am Seil eine Kabine hängt, ergibt sich in der Realität ein etwas anderer Verlauf, der mathematisch noch schwieriger herzuleiten ist als der gezeigte. Außerdem muss man bedenken, dass die Länge des Seiles zwischen den beiden Verankerungspunkten keine Konstante ist, denn einerseits variiert die Länge mit der Position der Kabine, weil deren Gewicht das elastische Seil mehr oder weniger dehnt, und andererseits variiert die Länge mit der Temperatur.

Außer der Tatsache, dass Ingenieure immer in mathematischen Zusammenhängen denken, will ich Ihnen mit dem Seilbahnbeispiel auch zeigen, dass Ingenieure die Realität immer durch eine Grenzziehung in zwei Bereiche zerlegen, wobei der eine Bereich den Gegenstand ihres aktuellen Interesses enthält und der andere Bereich den Rest der ganzen übrigen Welt umfasst. Die Vereinigung der beiden Bereiche bildet ein „System", das aus dem „Systemkern" und seiner Umgebung besteht. Die Grenzziehung kennzeichnet den sogenannten „Aspekt", unter dem das System aktuell betrachtet wird. Der Aspekt legt die physikalischen Größen fest, für deren Werte man sich aktuell interessiert. Der zeitliche Verlauf dieser Werte ergibt sich aus der Wechselwirkung zwischen dem Systemkern und seiner Umgebung.

In unserer Seilbahnbetrachtung besteht der Systemkern aus dem Seil, und dieser Systemkern ist an den beiden Endpunkten mit der Umgebung verbunden. Die Umgebung darf aber in diesem Falle nicht nur hinsichtlich ihrer geometrischen Abmessungen betrachtet werden, sondern es muss auch das Schwerefeld der Erde als Teil der Umgebung berücksichtigt werden. Die physikalischen Größen, in denen sich die Wechselwirkung zwischen dem Systemkern und seiner Umgebung äußert, finden Sie in Abbildung 13.4. Es gibt Größen, die eindeutig vom Systemkern oder

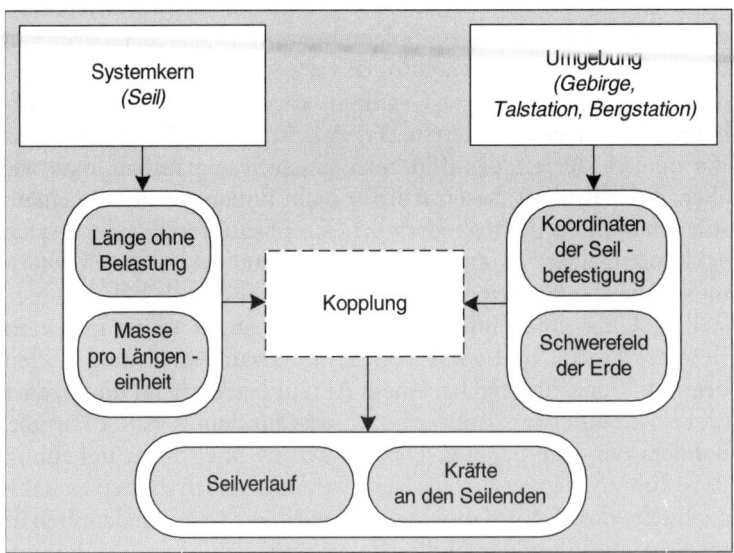

13.4 Virtuelles Aufbaumodell für das Beispiel der Seilbahn.

von der Umgebung vorgegeben werden, es gibt aber auch Größen, die weder durch den Systemkern noch durch die Umgebung alleine festgelegt werden, sondern die sich aus der Wechselwirkung zwischen Kern und Umgebung ergeben. Den Unterschied zwischen dem Kopplungsknoten und den beiden anderen Rechteckknoten habe ich durch einen gestrichelten Rand hervorgehoben. Sowohl den Systemkern als auch seine Umgebung kann man als isolierte körperliche Gebilde ansehen, die man unabhängig voneinander wegnehmen könnte. Die Kopplung dagegen ist kein gegenständliches Gebilde, sondern erfasst nur die Art und Weise, wie der Systemkern mit seiner Umgebung zusammenhängt.

Die Grafik in Abbildung 13.4 kennzeichnet einen Modelltyp, dem Sie auf den folgenden Seiten noch oft begegnen werden. Unabhängig von der Interpretation der Symbole gehört die grafische Erscheinung in die Klasse der sogenannten „gerichteten bipartiten Graphen", die dadurch gekennzeichnet sind, dass es zweierlei Knotentypen gibt, wo die knotenverbindenden Kanten Pfeile sind und ein Pfeil immer nur zwei Knoten unterschiedlichen Typs verbindet. In unserem Fall ist der eine Knotentyp durch seine Rechteckform charakterisiert und der andere Knotentyp durch seine Abrundungen. Solche bipartiten Graphen werden in unterschiedlichen Interpretationen verwendet. Im Falle der Abbildung 13.4 ist die gezeigte Grafik als sogenanntes virtuelles Aufbaumodell zu interpretieren. Das Adjektiv virtuell sagt uns, dass wir denken dürfen, das Bild zeige einen Systemaufbau, dass wir aber in der Realität diesen Aufbau nicht finden werden. In einem solchen Aufbau, der real oder virtuell sein kann, stellt jeder Rechteckknoten einen sogenannten Akteur dar, der etwas abliefern muss. Die abgerundeten Knoten können wir uns als Behälter vorstellen. Über einen hinführenden Pfeil kommt etwas in diesen Behälter hinein, und zwar von dem Akteur, bei dem der Pfeil beginnt. Wenn ein Pfeil bei einem Akteur landet, heißt dieses, dass dieser Akteur etwas benutzen darf, was aus dem Behälter stammt, bei dem der Pfeil beginnt. Diese Nutzung muss nicht unbedingt dazu führen, dass etwas aus dem Behälter verschwindet; es kann auch sein, dass Information genutzt wird, die lesbar in dem Behälter liegt, und dass der Nutzende sich auf das Lesen beschränkt, ohne das Geschriebene aus dem Behälter herauszunehmen. Abbil-

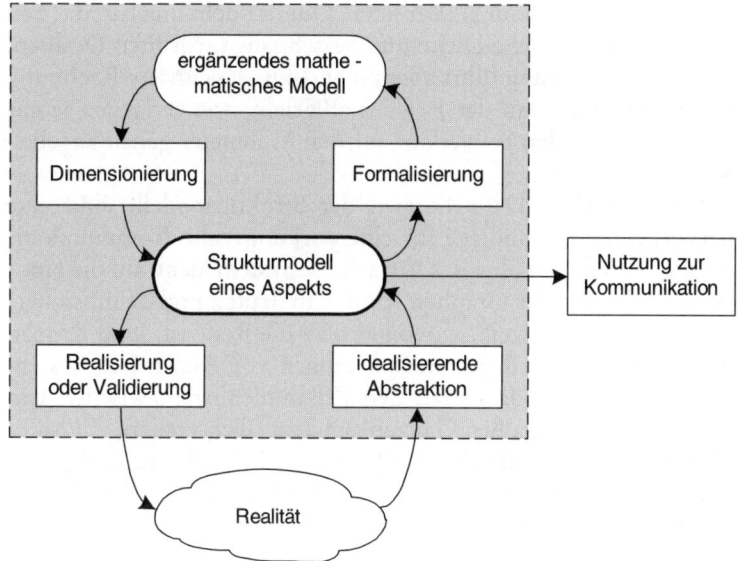

13.5 Die zentrale Position der Strukturmodelle in der „Spielzeugkiste" der Ingenieure.

dung 13.4 zeigt also, dass sowohl der Systemkern als auch die Umgebung etwas liefern, was der Akteur „Kopplung" nutzt, um den Behälter an seinem Ausgang zu füllen.

Reale oder virtuelle Aufbaumodelle spielen in der Arbeit der Ingenieure immer eine zentrale Rolle. Dies will ich mit der Darstellung in Abbildung 13.5 besonders betonen. Wirklich vorhanden ist nur die Realität, die Modelle stehen nur auf dem Papier oder werden gedacht. Das mathematische Modell ist dem Strukturmodell nachgeordnet, d. h., zu einer mathematischen Formulierung des Problems kann man erst kommen, wenn man zuvor die Realität angemessen idealisiert und abstrahiert hat. Man macht sich häufig nicht bewusst, dass man beim Übergang von der Realität zu einem Modell idealisieren muss, aber wenn man genauer nachdenkt, erkennt man es sofort. So haben wir beispielsweise ganz selbstverständlich angenommen, unser Seilverlauf sei durch eine mathematische Formel als eine Linie exakt erfassbar, die nur eine Längenausdehnung, aber keine Querausdehnung hat; das Seil hat aber eine endliche Dicke und besteht aus verdrillten Drähten. Unsere Idealisierung führt aber nicht dazu, dass unsere Rechnung unzulässig stark von der Realität abweicht; wir verlangen ja gar nicht, dass wir den Seilverlauf auf den Millimeter genau angeben können.

Die grafischen Darstellungen der Strukturmodelle sind eine hervorragende Grundlage für eine wirkungsvolle Kommunikation aller Beteiligten über das betrachtete System, denn auf die Knoten und Kanten der Graphen kann man deuten und damit sicherstellen, dass jeder weiß, wovon aktuell die Rede ist. Und da man dabei immer auch den ganzen Graphen vor Augen hat, besteht nicht die Gefahr, dass man den Zusammenhang zwischen den Details und dem großen Ganzen aus dem Blick verliert.

Während das grafische Strukturmodell für die menschlichen Augen bestimmt ist, kann man das mathematische Modell auch einem Computer übergeben. Aus dem mathematischen Modell können Dimensionierungsvorgaben gewonnen werden, also Informationen darüber, wie lang oder breit man etwas machen soll, wie groß eine elektrische Spannung gewählt werden soll oder ähnliches. Bei der Dimensionierung handelt es sich immer um Eigenschaften von Komponenten oder um die Mächtigkeit von Mengen, deren Existenz im Strukturmodell schon vorgegeben ist. Der Übergang vom Modell zur Realität kann entweder eine Realisierung sein, d. h. das Bauen des Systems nach den Vorgaben des Modells, oder eine Validierung, d. h. eine Überprüfung der Aussagen des Modells in der Realität.

So wie im Falle medizinischer Schäden die Frage nach der Haftung von Ärzten oder Pharmaunternehmen gestellt wird, wird im Falle technisch bedingter Schäden die Haftung der Ingenieure ins Spiel gebracht. Am 3. Juni 1998 ereignete in der Nähe der niedersächsischen Gemeinde Eschede ein großes Zugunglück mit über 100 Toten, weil der Laufflächenring eines Rades der Belastung nicht standgehalten hatte, der er ausgesetzt wurde, wenn der Zug mit über 200 km/h über die Weichen donnerte. Die Fragen, die ein Richter in solchen Fällen an die Gutachter stellt, lassen sich anhand von Abbildung 13.5 charakterisieren: Wurde die Realität angemessen abstrahiert? Wurde bei der Behandlung des mathematischen Modells korrekt gerechnet? Wurden die Modellerkenntnisse korrekt in die Realität übertragen? Wurden die Ergebnisse experimentell ausreichend validiert?

Das virtuelle Aufbaumodell in Abbildung 13.4 nehme ich nun als Ausgangspunkt zum Übergang zu den realen Input-Output-Systemen. Die drei Rechteckknoten in Abbildung 13.4 werden zwar auch schon als Komponenten interpretiert, die etwas an ihrem Ausgang bereitstellen und dazu zum Teil etwas an ihren Eingängen erhalten müssen, aber diese Komponenten sind ja nur virtuell. Nun geht es um Systeme aus realen Komponenten, bei denen stets eindeutig zwischen Eingängen und Ausgängen unterschieden werden kann. Eingänge und Ausgänge bezüglich physikalischer Größen gab es im Seilbahnsystem nicht. Wenn bezüglich dieses Systems jemand von Eingängen und Ausgängen spricht, meint er vermutlich die Türen in der Tal- oder der Bergstation oder die Türe der Kabine. Nun aber gehe ich zu Systemen über, deren Zweck darin besteht, dass sie aus dem, was ihnen am Eingang geliefert wird, etwas erzeugen, das sie an ihrem Ausgang bereitstellen.

Diese Systeme lassen sich also ganz allgemein durch das reale Aufbaumodell in Abbildung 13.6 charakterisieren. Als konkretes Beispiel zu dieser allgemeinen Struktur zeigt die Abbildung 13.7

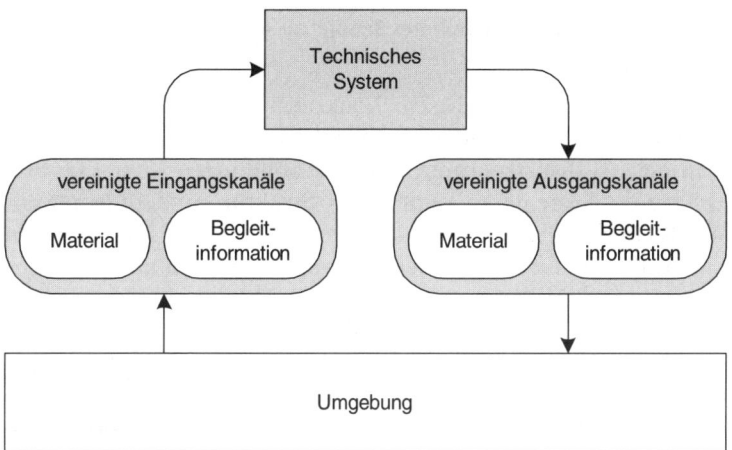

13.6 Einbettung eines gerichteten Systems in seine Umgebung.

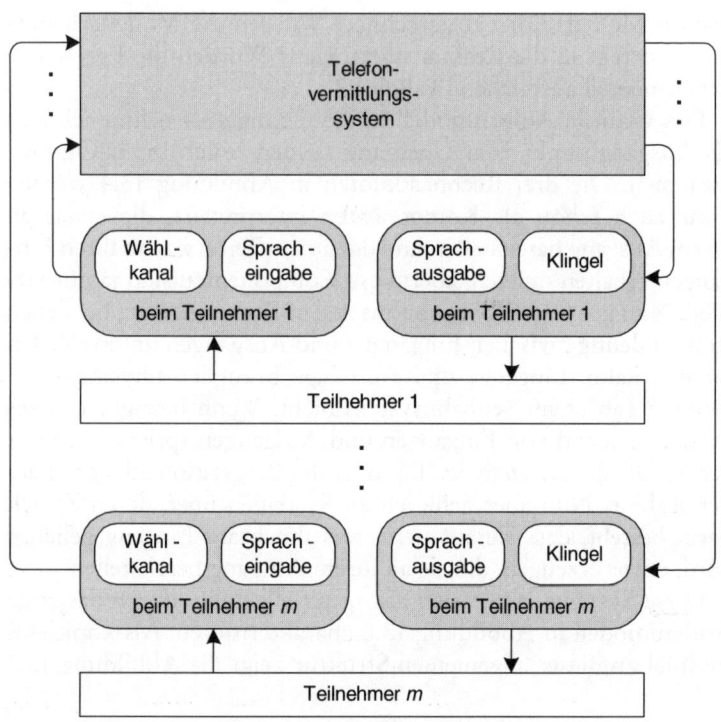

13.7   Telefonsystem als konkretes Beispiel zu Abbildung 13.6.

ein Telefonsystem. In diesem konkreten Falle braucht man als
Umgebung nur die Menge der Teilnehmer zu betrachten.

In den Aufbaustrukturen in den Abbildungen 13.4, 13.6 und
13.7 hat der Systemkern keine innere Struktur, sondern ist jeweils
nur als ein einziges Rechteck dargestellt. Abbildung 13.8 zeigt nun
eine Aufbaustruktur, bei welcher der Systemkern in zwei Komponenten aufgelöst dargestellt ist. Das in Abbildung 13.8 gezeigte
Modell ist eines der wichtigsten Modelle zur Erfassung von Vorgängen innerhalb komplexer Systeme. Dieses sogenannte Regel-
kreismodell wird nicht nur in der Technik angewendet, sondern
auch zur Erfassung von Zusammenhängen in Lebewesen und
dort, wo Lebewesen in Wechselwirkung miteinander stehen, also
in Biotopen, in der Wirtschaft oder in der Politik. Das wohl ein-

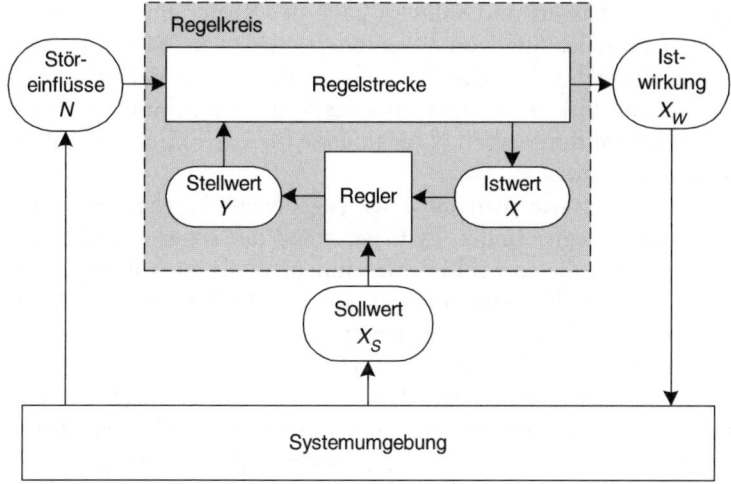

13.8 Regelkreis mit Umgebung.

fachste Beispiel, mit dem man die Vorgänge in einem Regelkreis
veranschaulichen kann, ist die Temperaturregelung für einen
Wohnraum. Zur Regelstrecke gehört in diesem Beispiel nicht nur
die Heizung, sondern auch das Zimmer, welches geheizt werden
soll. Zur Umgebung gehört der Mensch, der im Zimmer sitzt und
nicht frieren will. Außerdem gehört zur Umgebung auch alles,
was außer der Heizung einen Einfluss auf die Zimmertemperatur
haben kann. Denken Sie an die Außentemperatur, die durch das
Wetter bestimmt wird, und an die Fenster und Türen, die geöffnet
oder geschlossen sein können, wovon natürlich auch abhängt, wie
stark sich die Außentemperatur im Zimmer auswirken kann. Da
die Temperatur normalerweise nicht überall im Zimmer die gleiche ist, musste ich unterscheiden zwischen dem Istwert X, also der
Temperatur, die vom Regler gemessen wird, und der Istwirkung
X_W, die Temperatur, welche für das menschliche Empfinden relevant ist. Der Stellwert Y dient dazu, die Wärmeproduktion der
Heizung zu beeinflussen. Der Mensch hat Zugang zu einem sogenannten Thermostat, an dem er beispielsweise durch Einstellung
eines bestimmten Winkels an einem Drehknopf seinen Tempera-
turwunsch in Form des Sollwertes X_S eingeben kann. Durch Ver-

gleich von Istwert und Sollwert kann der Regler entscheiden, ob er den aktuellen Stellwert Y verändert oder nicht. Sämtliche Einflüsse, die sich neben der Heizung auf die sich einstellende Temperatur auswirken, stammen aus der Systemumgebung und werden mit dem Buchstaben N (engl. *noise* für Lärm, Geräusch, Rauschen) abgekürzt.

Die Frage, wie man zu einer gegebenen Regelstrecke einen geeigneten Regler findet, ist Gegenstand der sogenannten Regelungstheorie, die sowohl im Maschinenbau als auch in der Elektrotechnik gelehrt wird. Da sich sowohl die Störeinflüsse N als auch die Istwirkung X_W einer mathematischen Betrachtung entziehen, kann eine Regelstrecke auch nur recht grob durch mathematische Funktionen abgebildet werden. Anders liegt der Fall beim Regler, denn dieser ist nur von den drei leicht erfassbaren physikalischen Größen Istwert, Sollwert und Stellwert umgeben, zwischen denen man exakte mathematische Zusammenhänge formulieren kann. Obwohl man die Regelstrecke nicht exakt mathematisch beschreiben kann, muss man sie aber doch für den Reglerentwurf ausreichend modellieren, damit man etwas über ihre Reaktionszeit sagen kann, die vergeht, bis sich eine Änderung des Stellwertes als Änderung des Istwertes bemerkbar macht. Wir wissen ja, dass im Falle der Temperaturregelung das Zimmer nicht in dem Moment wärmer wird, in dem die Heizung eingeschaltet wird. In diesem Fall liegt die Reaktionszeit bestenfalls im Minutenbereich. Bei anderen Aufgaben dagegen kann die Regelstrecke so gestaltet sein, dass ihre Reaktionszeit unterhalb einer Millisekunde liegt. So wäre es beispielsweise absurd, ein System zu bauen, bei dem es ein paar Minuten dauert, bis die Vorderräder des Autos auf den Winkeleinschlag des Lenkrades reagieren.

Da die Regelstrecke und der Regler über den Istwert und den Stellwert in einem Kreis verkoppelt sind, kann es zu Schwingungen kommen, wenn die Reaktionszeit des Reglers nicht auf die Reaktionszeit der Strecke abgestimmt ist. Solche Schwingungen kann es auch geben, wenn der Regler gar kein technisches System ist, sondern ein Mensch. Ich erinnere mich noch sehr gut an das Wohnboot, welches ich mit ein paar Freunden für eine Woche gemietet hatte, um damit durch den Canal du Midi im Süden Frankreichs zu fahren. Man darf diese Boote steuern, ohne im

Besitz eines Führerscheins für Motorboote zu sein. Die Bootsverleiher sind überzeugt, dass es ausreicht, den Mietern bei der Bootsübernahme eine viertelstündige Einführung in die Handhabung des Bootes zu geben und sie dann wegfahren zu lassen. Das Boot und der Kanal bilden in diesem Falle die Regelstrecke, und der am Steuer sitzende Bootskapitän agiert sowohl in der Rolle der Systemumgebung als auch in der Rolle des Reglers. Der Istwert und die Istwirkung sind in diesem Fall identisch; sie entsprechen dem Winkel zwischen der Bootsachse und dem Kanalufer. Der Sollwert ist in diesem Fall keine beobachtbare physikalische Größe, sondern entspricht der Vorstellung des Steuermanns bezüglich der Richtung, in die das Boot gesteuert werden soll. In der Rolle des Reglers verknüpft der Steuermann die aktuelle Ausrichtung des Bootes mit seiner Vorstellung, wie die Richtung sein sollte, und er leitet daraus den Winkel ab, um den er das Steuerrad dreht. Bis hier hin ist meine Beschreibung noch genau so, als handle es sich um das Steuern eines Autos. Nun aber kommt der große Unterschied, denn das Auto reagiert praktisch ohne wahrnehmbare Verzögerung auf die Drehung des Lenkrades, wogegen das Boot erst einmal überhaupt keine Reaktion zeigt. Der unerfahrene Steuermann wird deshalb vermuten, er habe das Lenkrad nicht weit genug eingeschlagen und wird weiter an dem Rad drehen. Dass er dabei schon viel zu weit gedreht hat, merkt er erst nach ein paar Sekunden, denn dann folgt das Boot ziemlich abrupt seiner Richtungsvorgabe, wobei es sich aber um einen viel größeren Winkel dreht, als es dem Steuermann recht ist. Nun wird der Steuermann fast panikartig das Lenkrad stark in die Gegenrichtung drehen, worauf wieder erst einmal nichts passiert, bis dann plötzlich das Boot auch in die Gegenrichtung schwenkt, aber nun auch wieder sehr viel mehr als gewünscht. Diese Übungen werden selbstverständlich in einem Hafenbecken vollführt, wo rings um das Boot genügend Wasserfläche ist, sodass kein Schaden entsteht. Wenn der Steuermann dann wirklich die Kanalfahrt beginnt, muss er gelernt haben, wie er mit dem Steuerrad umzugehen hat, denn das Hin- und Herschwingen des Bootes um große Winkel würde auf einem dicht befahrenen Kanal sofort zu Unfällen führen.

Sie sollten nun nicht glauben, dass solch ein unerwünschtes Reglerverhalten nur bei Menschen vorkommt. Die technisch gebauten Regler sind schließlich viel dümmer als die Menschen, denn sie sind normalerweise nicht in der Lage, aus dem Verhalten der Regelstrecke weitreichende Schlüsse zu ziehen – es sei denn, der Reglerkonstrukteur hätte einen sehr großen Aufwand getrieben, um den Regler lernfähig zu machen. Man spricht in diesem Fall von adaptiven Reglern. Üblicherweise wird beim Reglerentwurf angenommen, dass die Reaktionszeiten der Regelstrecke nur in geringen Grenzen variieren, sodass gar keine Anpassungsfähigkeit gebraucht wird. Ein Regler ist im Grunde ein ganz spezielles informationsverarbeitendes System, welches an seinen Eingängen bestimmte Informationen über Messwerte physikalischer Größen erhält und aus diesen Werten über passende Formeln berechnet, in welche Stellung das Stellglied gebracht werden muss, über das die Regelstrecke beeinflusst wird. Wie man solche informationsverarbeitenden Systeme bauen kann, werden Sie im Kapitel 14 erfahren.

Bei jeder physikalischen Größe, die in einem Aufbaumodell vorkommt, ist es sinnvoll zu fragen, ob sie kontinuierlich veränderbar ist, oder ob die zu betrachtenden Werte aus einer endlichen Wertemenge stammen. Da bei der Temperaturregelung der Istwert eine Temperatur ist, liegt hier selbstverständlich kontinuierliche Veränderbarkeit vor. Dagegen kann sowohl der Sollwert als auch der Stellwert je nach Systemkonstruktion ein kontinuierlich veränderlicher oder ein nur in Sprüngen veränderlicher Wert sein. So könnte beispielsweise der Stellwert auf eine Menge von zwei Werten beschränkt sein, nämlich „Heizung an" oder „Heizung aus". Wenn für die Vorgabe des Sollwerts die Winkelstellung eines Drehknopfes verwendet wird, so kann man entweder einen kontinuierlich verstellbaren Drehknopf verwenden oder aber die Konstruktion so gestalten, dass der Drehknopf nur an ganz bestimmten Winkelstellungen einrastet. Wenn alle im System vorkommenden Größen jeweils nur Werte aus zugeordneten endlichen Mengen haben können, spricht man von einem diskreten System. Der einfachste Fall eines diskreten Systems ist das sequenzielle System, welches dadurch charakterisiert ist, dass sein Betrieb in einer Aufeinanderfolge von Schritten besteht, und in jedem Schritt einem Eingabeelement ein Ausgabeelement zugeordnet wird. Mit einem sequenziellen System haben Sie höchstwahrscheinlich schon oft zu tun gehabt, denn jeder Verkaufsautomat für Süßigkeiten, Getränke oder Fahrkarten ist von diesem Typ. In Abbildung 13.9 sehen Sie ein grafisches Protokoll, welches die einzelnen Schritte beim Kauf einer Flasche Cola beschreibt. Ich habe angenommen, der Preis sei 1,40 €. Wenn der Käufer an den Automaten herantritt, zeigt dessen Display eine Aufforderung zur Getränkewahl. Cola kann gewählt werden, indem der entsprechende Knopf gedrückt wird. Der Warenausgabebehälter bleibt verständlicherweise noch leer, aber es ändert sich nun die Anzeige; denn nun weiß der Automat, dass eine Flasche Cola gewünscht wird. Er weiß aber darüber hinaus, dass diese Flasche Cola 1,40 € kostet und dass von diesem Preis noch nichts anbezahlt wurde. Wenn nun der Käufer eine Euromünze einwirft, kommt immer noch keine Ware heraus, aber der Automat weiß nun, dass ein Euro anbezahlt wurde und kann auf dem Display anzeigen, dass jetzt nur noch 40 Cent fehlen. Durch den Einwurf eines 50 Centstücks wird der Kaufpreis nicht nur erreicht, sondern überschritten, sodass nun nicht nur die Flasche Cola ausgegeben wird, sondern auch noch ein Restgeld von 10 Cent. Anschließend erscheint auf dem Display wieder die Aufforderung zur Getränkewahl, denn aus der Sicht des Automaten ist nun der ganze Vorgang abgeschlossen, und es kann wieder ein neuer Kaufprozess von vorne beginnen.

Das grafische Muster des Protokolls in Abbildung 13.9 gilt nicht nur für diesen Spezialfall, sondern grundsätzlich für alle sequenziellen Maschinen; das Einzige, was für eine aktuell betrachtete Maschine typisch ist, sind die Beschriftungen in den Knoten mit den abgerundeten Kanten. Jede vertikale Reihe solcher Knoten entspricht einem bestimmten Typ: Die linke Reihe gehört zu den Eingaben, rechts daneben stehen die inneren Zustände des Automaten, die vorletzte Reihe gehört zu den Anzeigen auf dem Display oder irgendwelchen anderen Anzeigeelementen, und die ganz rechts stehende Reihe gehört zu den Lieferungen. Allerdings sind die Lieferungen nur in manchen Fällen tatsächlich Gegenstände wie Waren oder Münzen; die Lieferungen dürfen auch energetischer Natur sein, indem beispielsweise die Maschine „Guten Tag" oder „Ihre Eingabe ist ungültig" sagt. Aus

laufende Nummer *n* Eingabeelement X(*n*)	Zustand Z(*n*) = Inhalt des Automatengedächtnisses = Wunsch und Anzahlung	Ausgabeelement vom Typ *Display* $Y_D(n)$	Ausgabeelement vom Typ *Lieferung* $Y_L(n)$

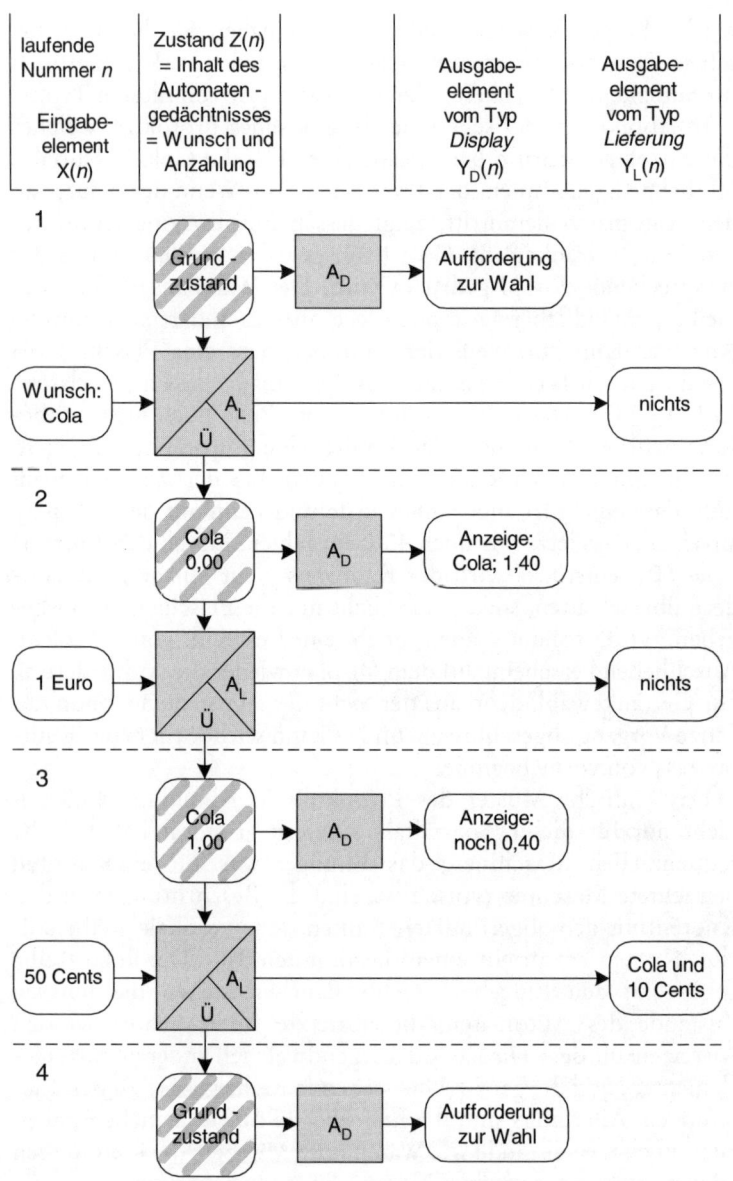

13.9 Vereinfachtes Betriebsprotokoll eines Getränkeautomaten.

der Mathematik sind wir gewohnt, dass die Argumente, die in eine Funktion hineingehen, mit x bezeichnet werden und die Ergebnisse mit y. Deshalb bezeichnen wir hier die Eingaben in die sequentielle Maschine auch mit X und die Ausgaben mit Y. Die Funktion der Maschine besteht nun allerdings nicht einfach darin, jedem X eindeutig ein Y zuzuordnen. Das Y, das zu einem eingegebenen X herauskommt, hängt nämlich auch noch vom aktuellen Zustand Z ab, in dem sich die Maschine befindet. Man kann den aktuellen Zustand auch als den aktuellen „Gedächtnisinhalt" des Automaten bezeichnen. So brauchte beispielsweise unser Getränkeautomat ein Gedächtnis, um sich merken zu können, welches Getränk gewünscht wurde und welche Summe Geld bereits anbezahlt wurde.

Um den Zusammenhang zwischen den in einem Protokoll nach Abbildung 13.9 vorkommenden Elementen funktional zu erfassen, brauchen wir drei Funktionen. Die Funktion A_D hat nur ein einziges Argument, nämlich den aktuellen Zustand $Z(n)$; diesem Zustand ordnet die Funktion die aktuelle Anzeige $Y_D(n)$ zu. Der Zählindex n, der die jeweilige Position in der Schrittfolge kennzeichnet, wird übrigens von den Fachleuten gerne als „Variable der diskreten Zeit" bezeichnet. Neben der Funktion A_D gibt es noch die beiden Funktionen A_L und Ü, die beide die gleichen zwei Argumente brauchen, nämlich den aktuellen Zustand $Z(n)$ und die Eingabe $X(n)$. Wenn der aktuelle Zustand und die aktuelle Eingabe bekannt sind, liegt auch eindeutig fest, was nun geliefert werden muss. Außerdem liegt fest, in welchen Gedächtniszustand die Maschine nun übergehen muss. Die funktionalen Zusammenhänge sind in Abbildung 13.10 in Form eines einfachen Aufbaumodells zusammengefasst. Dieses Aufbaumodell habe ich als Blackbox-Modell bezeichnet, weil es keinerlei Auskunft darüber gibt, wie der Maschinenzustand Z und die drei Maschinenfunktionen A_D, A_L und Ü technisch realisiert sind. Dieser Frage will ich mich nun aber im Folgenden widmen.

Als Ausgangspunkt unserer Überlegungen für den Entwurf brauchen wir auch hier wieder, wie könnte es anders sein, ein angemessenes Systemmodell. Während im Blackbox-Modell in Abbildung 13.10 der gesamte Automat noch als ein einziger Kasten ohne innere Struktur erscheint, muss das Systemmodell eine

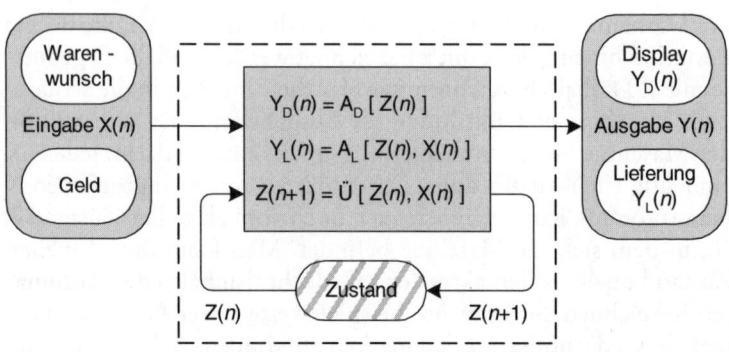

13.10 Abstraktes Blackbox-Modell eines Verkaufsautomaten.

Zerlegung in zwei oder mehr Komponenten zeigen, über deren weitere Zerlegung wir anschließend nachdenken können. Das für die anstehende Aufgabe angemessene Systemmodell ist der Steuerkreis, wie er in Abbildung 13.11 dargestellt ist. So wie der Regelkreis nicht nur in der Technik vorkommt, sondern im Alltag des menschlichen Zusammenlebens, kommt auch der Steuerkreis nicht nur in der Technik vor, sondern beschreibt Strukturen, denen wir im Alltag recht häufig begegnen.

In einem Steuerkreis finden wir immer eine Menge sogenannter Operationsakteure, von denen jeder in der Lage ist, einzelne spezielle Operationsschritte auszuführen, wobei er aber nicht weiß, wann er welchen Schritt tun soll, damit durch die Schritte aller Operationsakteure das angestrebte Ziel erreicht wird. Die Operationsakteure benötigen also jemanden, der ihnen sagt, wann sie welchen Schritt tun sollen. Obwohl routinierte Orchestermusiker auch ohne Mitwirkung eines Dirigenten ein Konzert spielen können, nehmen wir einmal an, jeder Musiker brauche ständig Anweisungen, welchen Ton er nun in welcher Länge spielen soll. Dann bräuchte der einzelne Musiker gar nicht zu wissen, welches Stück hier gespielt wird; der Dirigent wäre der einzige, dem die Partitur vorliegt und der gemäß dieser Partitur die Anweisungen gibt. In dieser völlig unrealistischen Vorstellung dürfen wir auch annehmen, dass der Dirigent selbst kein Instrument spielen kann. Die Vorstellung eines solchen Verhältnisses zwischen dem Dirigenten

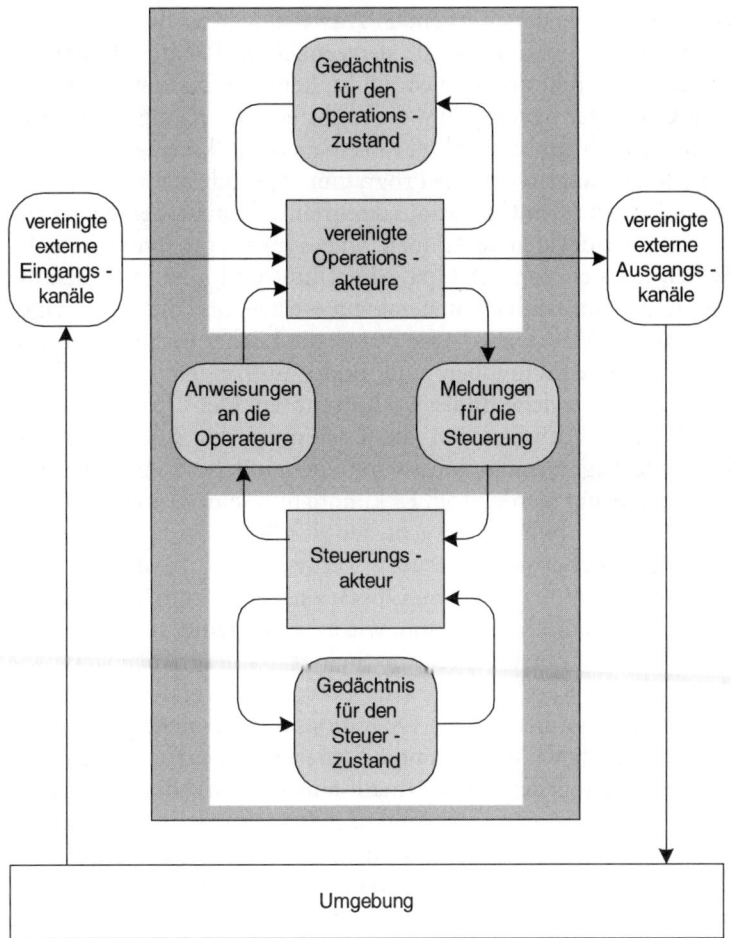

13.11 Aufbaumodell eines Steuerkreises mit Umgebung.

und seinem Orchester ist zwar absurd, aber man braucht nicht lang zu suchen, um ein solches Verhältnis in der Realität zu finden. Jede Karusselorgel und jedes Orchestrion arbeitet genau nach dem geschilderten Prinzip: Die Instrumente mit den zugehörigen Ventilen können nur einzelne Töne oder Geräusche hervorbringen; der Steuerakteur liest die Partitur, die als gelochtes Band realisiert ist, und gibt die entsprechenden Anweisungen an die Instrumente. Während ein Steuerakteur, der gemäß der Partitur Anweisungen an die Orchestermitglieder gibt, keinerlei Informationen aus dem Orchester benötigt, um die nächsten Anweisungen geben zu können, spult der Steuerakteur in einem Steuerkreis normalerweise nicht einfach ein lineares Programm ab, sondern muss sich zwischendrin von den Operationsakteuren Informationen geben lassen, um entscheiden zu können, wie es im Programm weitergeht. Stellen Sie sich vor, der Opa sei gelähmt und säße im Rollstuhl, könne also nur noch als Steuerakteur wirken, und die zugehörigen Operationsakteure seien zwei Enkel, die Löcher in die Wand bohren, Haken einschrauben und Bilder aufhängen können, aber nicht wissen, welche Bilder wo hingehören. Der Opa müsste also durch seine Anweisungen die Positionen der Löcher für die Haken festlegen, und er müsste mitteilen, welches Bild an welchen Haken gehängt werden soll. Es könnte nun sein, dass ein Enkel an einer Stelle zu bohren versucht, wo der Beton zu hart ist, sodass eine Ausweichposition gesucht werden muss. In diesem Falle fließt Information von einem Operationsakteur zum Steuerakteur, damit dieser entscheiden kann, wie es weitergehen soll.

Während der Steuerakteur im Steuerkreis in gleicher Weise wie der Regler im Regelkreis nur eine informationsverarbeitende Aufgabe hat, muss dies für die Operationsakteure nicht gelten. Nur wenn die Aufgabe des gesamten Steuerkreises darin besteht, eine am Eingang angelieferte Information in eine am Ausgang abzuliefernde Information zu überführen, hat auch jeder Operationsakteur ausschließlich eine informationsverarbeitende Aufgabe. Es kann aber auch sein, dass der Steuerkreis dazu dienen soll, Schokolade herzustellen; in diesem Fall muss es Operationsakteure geben, die mit Materie und nicht nur mit Informationen umgehen.

Beim Entwurf eines Steuerkreises geht man selbstverständlich davon aus, dass man weiß, welches Verarbeitungsziel durch den Steuerkreis erreicht werden soll. Ein solches Ziel legt noch nicht die Reihenfolge fest, in der die einzelnen Akteure des Steuerkreises entworfen werden sollen. Es ist denkbar, dass man zuerst die „Partitur" vorgibt und danach die nötigen Operationsakteure einrichtet. Es gibt aber auch häufig den Fall, dass man zuerst die Menge der Operationsakteure und die Wege ihrer Wechselwir-

kung entwirft und dann erst festlegt, in welcher Reihenfolge die
Akteure ihre Anweisungen erhalten. Im Beispiel unseres Getränkeautomaten aus Abbildung 13.9 ist es zweckmäßig, zuerst das
sogenannte Operationssystem zu entwerfen und erst danach das
Steuerprogramm. In Abbildung 13.12 sehen Sie das Ergebnis meiner Entwurfsbemühungen. Es ist mir gelungen, der grafischen
Struktur eine gewisse Symmetrie zu geben, die es dem Betrachter
erleichtert, sich in der Struktur zurechtzufinden. Ich sagte weiter
vorne, als ich den Unterschied zwischen Architekten und Ingenieuren ansprach, dass bei Ingenieuren die Ästhetik keine große
Rolle bei der Gestaltung ihrer Produkte spiele. Diese Aussage
möchte ich an dieser Stelle ein klein wenig abschwächen, denn ein
guter Ingenieur wird selbstverständlich immer auch darauf achten,
das seine Zeichnungen nach Möglichkeit auch den ästhetischen
Ansprüchen der Betrachter genügen. Dies gilt insbesondere für
solche Zeichnungen, die keine maßstäblichen Abbildungen der
Realität zeigen, sondern funktionale Zusammenhänge. Bei der
Gestaltung solcher Zeichnungen gibt es für den Ingenieur ja keine
Zwänge, wie groß er die Symbole macht und wohin er sie platziert. Es wäre mir leicht gefallen, eine Zeichnung anzufertigen, die
keinerlei grafische Ähnlichkeit mit Abbildung 13.12 mehr hätte,
obwohl sie immer noch die gleichen funktionalen Aussagen
macht. Bei der Gestaltung solcher Zeichnungen ist sich der gute
Ingenieur bewusst, dass diese Zeichnungen wesentlich darüber
entscheiden, wie gut die Kommunikation zwischen den am Pro-
jekt Beteiligten funktioniert, denn Zeichnungen mit kommunika-
tionsfreundlichem Layout kann man sich gut einprägen, sodass
man immer sofort weiß, wovon ein anderer redet, der sich auf Elemente einer solchen Zeichnung bezieht. Diese Zeichnungen spielen im Grunde die gleiche Rolle wie Landkarten für Menschen, die
eine Reise planen.

Obwohl man die Struktur in Abbildung 13.12 allein schon aufgrund der Beschriftung der einzelnen Elemente grob verstehen
kann, ist es doch notwendig, dieses Bild zu kommentieren. Links
außen finden Sie die Stellen, über die der Kunde mit dem Automaten kommuniziert. Hier wundern Sie sich möglicherweise darüber, dass sowohl die Wahltasten als auch der Münzeinwurfschlitz
nicht nur mit einem ins Gerät hinein führenden Pfeil verbunden

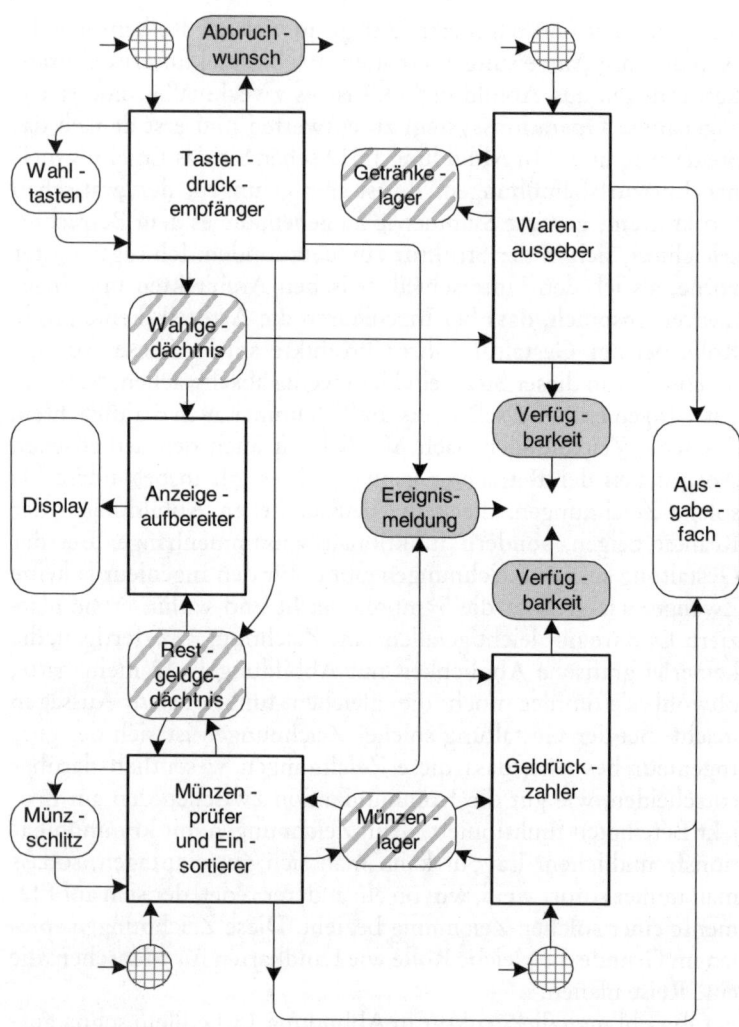

13.12 Das Operationssystem des Getränkeautomaten aus Abbildung 13.9.

sind, sondern auch mit einem Pfeil in umgekehrter Richtung. Dadurch wird zum Ausdruck gebracht, dass das Gerät die Möglichkeit hat, die Wahltasten zu blockieren und den Münzeinwurfschlitz zu schließen. Solange noch kein Getränk gewählt wurde, soll es unmöglich sein, Geld einzuwerfen, und nachdem der Prozess des Geldeinwerfens freigegeben ist, soll es nicht mehr möglich sein, ein anderes Getränk zu wählen. Der einzige Knopf, der nie gesperrt werden soll, ist der Knopf für den Abbruchwunsch. Das Drücken dieses Knopfes muss dazu führen, dass das angezahlte Geld ausgeworfen wird. Die kleinen karierten Kreise symbolisieren die Kanäle, über die der Steuerakteur den Operationsakteuren die Anweisungen geben kann. So kann beispielsweise der Tastendruckempfänger die Anweisung bekommen, er solle nun die Tasten blockieren. Von den grauen Knoten führen Pfeile weg, ohne auf einem Knoten zu enden; dies sind die Informationswege, auf denen dem Steuerakteur Informationen geliefert werden, die er für seine Entscheidungen benötigt. So muss er beispielsweise mitgeteilt bekommen, wenn ein Abbruchwunsch erteilt wird. Er muss außerdem wissen, ob es im Getränkelager von dem gewünschten Getränk noch mindestens eine Flasche gibt. Des Weiteren muss er wissen, ob im Münzenlager noch Platz ist zur Aufnahme weiterer Münzen und ob im Münzenlager die Münzen vorhanden sind, die für die Ausgabe des Restgeldes benötigt werden. Die Ereignismeldung in der Mitte der Zeichnung wird entweder vom Tastendruckempfänger oder vom Münzenprüfer gegeben, und diese Meldung wird vom Steuerakteur zum Anlass genommen, die nächsten Anweisungen auszugeben. Der Weg, der vom Münzenprüfer direkt zum Ausgabefach führt, wird benutzt, wenn der Münzenprüfer die eingeworfene Münze als unzulässig klassifiziert.

Die Verschiedenartigkeit der Operationsakteure in Abbildung 13.12 weist uns darauf hin, dass es bei der Realisierung eines solchen Automaten viel Arbeitsteilung geben wird. Es sind hier drei Teilsysteme zu finden, die garantiert von getrennten Fachleuten entworfen werden. Zum einen ist dies das Teilsystem, das sich mit den Münzen befasst. Vollständige Aggregate für diese Aufgabe werden von Spezialfirmen geliefert, die sich überhaupt nicht um die Frage kümmern müssen, was denn aktuell verkauft werden soll. Das zweite Teilsystem ist das Getränkelager und der Warenausgeber. Für seinen Konstrukteur ist es völlig unerheblich, auf welche Weise die Bezahlung erfolgt. Das dritte Teilsystem besteht aus dem Tastendruckempfänger und dem Display, denn dies sind Funktionseinheiten, die durch einfache Anpassung universeller Aggregate realisiert werden können. Solche Aggregate sind nicht nur in Verkaufsautomaten zu finden, sondern in einer Vielfalt elektronischer Geräte.

In der Unterschrift zu Abbildung 13.9 ist von einem vereinfachten Betriebsprotokoll die Rede. Dies ist nun nach der Betrachtung des Bildes 13.12 leicht einzusehen, denn bei diesem Betriebsprotokoll wurden die Möglichkeiten gar nicht berücksichtigt, dass Münzen zurückgewiesen werden, dass das gewünschte Getränk nicht vorhanden sein, dass der Münzbehälter überlaufen oder dass die erforderlichen Restgeldmünzen nicht vorhanden sein könnten.

Ein Getränkeautomat ist bestimmt kein technisches System, bei dessen Entwurf und Betrieb ein hohes Maß an Komplexitätsbeherrschung erforderlich wäre. Ich habe Ihnen dieses Beispiel nur deshalb vorgestellt, weil es sich besonders gut dazu eignet, den Begriff des sequentiellen Systems und den Begriff des Steuerkreises anschaulich zu machen. Zweifellos benötigt man sehr viel einschlägiges Know-how, um die in Abbildung 13.12 vorkommenden Aggregate angemessen zu konstruieren, aber zu den ingenieurwissenschaftlichen Erkenntnisgrundlagen gehört dieses Know-how mit Sicherheit nicht. Mit dem Begriff Know-how meint man immer ein reiches Erfahrungswissen, das sich der Fachmann nur über längere Zeit aufbauen kann; dazu gehören nicht nur eigene Erfahrungen, sondern auch das Wissen um Lösungen, die andere früher zum gleichen Problemkreis gefunden haben. Wenn ein Planer einen Systemaufbau wie beispielsweise den in Abbildung 13.12 gefunden hat, heißt das noch nicht, dass nun die Entwurfsarbeit zu Ende ist. Vielmehr wird bezüglich jeder in der Struktur vorkommenden Komponente gefragt, ob sie bereits über eine bekannte Methodik realisiert werden kann, oder ob sie noch weiter strukturiert werden muss. Man muss solange in der Hierarchie der Strukturierung absteigen, bis man bei Komponenten gelandet ist, deren Realisierung für den Fachmann auf der Hand liegt. Die Vielfalt an Aufgaben, für die man technische Systeme einsetzt, äußert sich selbstverständlich auch in einer entsprechenden Vielfalt an Operationsakteuren. Jeder dieser Operationsakteure ist im abstrakten Sinne ein Bearbeiter, der über seine Eingänge

Material, Energie oder Information erhält und an seinen Ausgängen wieder Material, Energie oder Information abliefert. Man unterscheidet Bearbeiter mit Gedächtnis und Bearbeiter ohne Gedächtnis. Ein Bearbeiter mit Gedächtnis kann seine Arbeit nicht nur von den aktuellen Eingaben abhängig machen, sondern auch noch davon, was in der Vergangenheit über seine Eingänge hereingekommen ist.

Weil sie oft verwechselt werden, möchte ich an dieser Stelle auf zwei besondere Typen von Operationsakteuren näher eingehen, nämlich die Wandler und die Verstärker. Die Gefahr, die beiden zu verwechseln besteht, weil in beiden Fällen das, was am Ausgang herauskommt, von der gleichen Art ist, wie das, was zum Eingang hineingeht; es handelt sich dabei entweder um Information oder um Energie. Dabei muss ich Sie hier an die Abbildung 12.1 erinnern, wo der Art des Fließenden der Zweck des Flusses gegenübergestellt ist. Wenn wir von Wandlung oder Verstärkung reden, meinen wir immer den Zweck des Flusses. Wenn also beispielsweise gesagt wird, am Eingang des Wandlers komme Energie herein, und an seinem Ausgang werde Energie abgeliefert, dann kann es sehr wohl sein, dass am Eingang die Energie in Form von Materie, nämlich Kohle oder Erdöl, hereinkommt, und am Ausgang in Form von Strahlung abgeliefert wird. In entsprechender Weise kann es sein, dass am Eingang die Information in Form einer elektrischen Energie hereinkommt und am Ausgang in Form von beschrifteter Materie herauskommt. In diesem Falle muss die beschriftete Materie nicht zwangsläufig beschriftetes Papier sein, es kann sich auch um digitale Information auf einer CD handeln.

In Abbildung 13.13 habe ich einige Beispiele von Wandlern und Verstärkern zusammengestellt. Bei den Energiewandlern wünscht man sich immer, dass am Ausgang möglichst genauso viel Energie pro Zeiteinheit herauskommt, wie in den Eingang hineinfließt. Dieser Wunsch ist aber niemals vollständig zu erfüllen, denn der Wandlermechanismus verbraucht immer einen Teil der angelieferten Energie, sodass hinten etwas weniger Energie herauskommt, als vorne hineingesteckt wird. Die im Wandler verbrauchte Energie wird sich darin äußern, dass der Wandler warm wird und Wärmestrahlen nach außen abgibt. Diese Energieabgabe wird aber nicht als Abgabe über den regulären Ausgang betrachtet, sondern

Art der Operation	Art des Flusses	Erscheinung am Eingang	Erscheinung am Ausgang	technische Bezeichnung
Wandlung	Energie	Drehmoment mal Drehzahl $D*N$	$(w*D)*(N/w)$	Getriebe
		Spannung mal Strom $u*i$	$(w*u)*(i/w)$	Transformator
		Kilogramm Kohle pro Stunde	Kilogramm Heißdampf pro Stunde	Dampf - erzeuger
	Information	8 Megabit pro Sekunde Codierung E	8 Megabit pro Sekunde Codierung A	Codewandler
		8 Megabit pro Sekunde 8 paralle Bits	8 Megabit pro Sekunde alle Bits seriell	Parallel - Serien - Wandler
Ver - stärkung	Energie	Drehmoment mal Drehzahl $D*N$	$v*(D*N)$	Servo - lenkung
	Information	empfangenes Antennensignal $u(t)*i(t)$	weitergege - benes Signal $v*(u(t)*i(t))$	Signal - verstärker
		Text auf Papier mit blasser Schrift	Text auf Papier mit kräftiger Schrift	Kontrast - verstärker

13.13   Zur Unterscheidung von Wandlung und Verstärkung.

als unerwünschter Abfluss. Bei jeder Wandlung ist die Erscheinungsform am Ausgang eine andere als am Eingang. Es gibt sowohl bei der Energiewandlung als auch bei der Informationswandlung die Fälle, bei denen die Erscheinungsform als Produkt zweier Faktoren angegeben werden kann. Dann besteht die Wandlung darin, dass zwar der Wert des Produktes von der

Wandlung nicht betroffen ist, aber seine Aufteilung auf die beiden Faktoren. Betrachten wir den Fall des Getriebes: Am Getriebeeingang dreht der Motor die Welle mit einem bestimmten Drehmoment und einer bestimmten Drehzahl; am Getriebeausgang gibt es wieder ein Drehmoment und eine Drehzahl, wobei nun aber das Drehmoment um den gleichen Faktor w größer ist, um den die Drehzahl kleiner geworden ist. Das Produkt hat damit seinen Wert behalten.

Entsprechendes gilt bei den elektrischen Transformatoren. Auf der Grundlage des Induktionsgesetzes werden in diesen Transformatoren sinusförmige elektrische Energieflüsse gewandelt, wobei die zu wandelnden Faktoren des konstant bleibenden Produkts die Amplituden von Strom und Spannung sind. Auf der Strecke vom Generator im Kraftwerk bis zur Steckdose in unserer Wohnung sind üblicherweise mehrere Transformatoren zwischengeschaltet. Die Generatoren liefern Wechselspannungen in der Größenordnung von einigen Tausend Volt; die Spannung auf den Überlandleitungen soll aber sehr viel größer sein, damit bei der Übertragung möglichst wenig Energie verloren geht. Diese Energieverluste entstehen dadurch, dass die Übertragungskabel ohmsche Widerstände sind, die sich umso stärker erwärmen, je größer der Strom ist. Wenn man also eine bestimmte Energie pro Zeiteinheit übertragen will, sollte man die Spannung möglichst groß und den Strom möglichst klein machen. Deshalb beträgt die Spannung auf den meisten Überlandleitungen 380 000 Volt. In unserer Wohnung aber sollen selbstverständlich keine so hohen Spannungen auftreten, denn wir wollen ja nicht in ständiger Lebensgefahr leben. In vielen Ländern hat man als Normspannung für den Wohnbereich 220 Volt festgelegt. In den Umspannwerken findet man allerdings keine Transformatoren, welche in einem Schritt die Hochspannung in die Haushaltsspannung transformieren; vielmehr wird zuerst die Hochspannung auf eine sogenannte Mittelspannung transformiert, die für die Energieverteilung in kleineren Regionen verwendet wird. Erst wenn die Energie nahe genug an den Endverbraucher herangebracht ist, findet die letzte Spannungstransformation nach unten statt.

In den beiden Beispielen zur Informationswandlung habe ich angenommen, dass durch den Wandler ein Informationsstrom von einem Megabyte pro Sekunde fließt. Das Wort *Byte* wurde Mitte der 60er Jahr von IBM als Bezeichnung für eine Folge von acht Binärinformationen (*bit*) eingeführt. Im ersten Beispiel habe ich angenommen, dass der Informationsfluss sowohl am Eingang als auch am Ausgang des Wandlers über acht parallele Binärkanäle läuft, und dass sich die Binärkombination auf diesen acht Kanälen eine Million Mal pro Sekunde ändern kann. Was hier gewandelt wird, ist nicht die Aufteilung des Informationsflusses auf die beiden Faktoren, sondern die sogenannte Codierung, die jedem Byte eine Bedeutung zuordnet. Es gibt $2^8 = 256$ unterschiedliche Bytes, und es soll auch 256 unterschiedliche Bedeutungen geben. Wenn nun der Zweck des ganzen Systems nicht primär in der Übertragung von Bytes, sondern in der Übertragung ihrer Bedeutung liegt, darf der Wandler den Bedeutungsstrom nicht verändern, d. h., dass die Reiheinfolge der Bedeutungen, die am Ausgang herauskommen, die gleiche sein muss, in der sie am Eingang angeliefert wurden. Der Unterschied zwischen Eingang und Ausgang besteht nun also darin, dass den Bedeutungen am Eingang andere Bytes zugeordnet sind als am Ausgang.

Im zweiten Beispiel, wo auch eine Übertragung von einem Megabyte pro Sekunde stattfindet, wird nicht die Codierung gewandelt, sondern die Erscheinungsform des Stromes, wobei nun wieder die Faktoren eines Produktes verändert werden und das Produktergebnis gleich bleibt. Hier wird die Information am Eingang über acht parallele Binärkanäle angeliefert, wo eine Million mal pro Sekunde ein Byte angeliefert werden kann; am Ausgang dagegen gibt es nun nur noch einen einzigen Binärkanal, der nun aber mit einer achtmal größeren Geschwindigkeit belegt ist.

Nun gehen wir zur Betrachtung des Begriffs der Verstärkung über. Während bei der Wandlung in allen Fällen, wo etwas vergrößert wurde, zwangsläufig ein zweiter Faktor verkleinert wurde, wird nun bei der Verstärkung tatsächlich etwas vergrößert, ohne dass dies mit der gleichzeitigen Verkleinerung von etwas anderem einhergeht. Dies setzt allerdings eine bestimmte Sichtweise voraus, denn grundsätzlich kann es ja nicht sein, dass hinten mehr herauskommt, als vorne hineingesteckt wird. Worin diese besondere Sichtweise besteht, die hier angewandt wird, kann man am besten durch ein Beispiel vor Augen führen, welches weit außerhalb der

Technik liegt. Stellen Sie sich vor, Sie hätten auf dem Jahrmarkt ein kleines Ferkel gewonnen, welches nur wenige Kilogramm wiegt. Da Sie zu Hause keine Schweinmast betreiben können, geben Sie das kleine Tier bei einem Bauern in Pension, und nach einem knappen Jahr holen Sie dort ein ausgewachsenes Schwein wieder ab. Der Bauernhof war in diesem Falle offensichtlich ein Gewichtsverstärker, denn in den Eingang wurde ein Schwein mit sehr kleinem Gewicht hineingesteckt und am Ausgang kam ein Schwein mit großem Gewicht heraus. Dabei ist selbstverständlich kein Wunder geschehen, denn der Bauernhof hatte ja außer dem Eingang, über den das kleine Ferkel hereinkam, auch noch einen anderen Eingang, über den das Schweinefutter angeliefert wurde. Sie wären bestimmt nicht daran interessiert gewesen, das Schweinefutter direkt angeliefert zu bekommen, denn Sie wollten ja die entsprechenden Kilogramm in Form eines lebendigen Schweins. Bei der Betrachtung der Verstärkung unterscheidet man nun zwei Eingangskanäle, über die aber sehr unterschiedliche Qualitäten hereinkommen: Der eine Kanal ist für das, was verstärkt werden soll, und der andere Kanal ist für das weitaus weniger attraktive Material, welches man zum „Mästen" braucht. Im Falle unserer technischen Verstärker geht es nun nicht um das Gewicht von Schweinen, sondern meist um die Größe von geformter Energie oder Materie. Am Eingang des Verstärkers kommt geformte Energie oder Materie in geringem Umfange an und am Ausgang soll viel mehr geformte Energie oder Materie herauskommen, ohne dass dabei das Wesen das Geformten verändert wird. Was im obigen Beispiel das Schweinefutter war, ist im Falle dieser technischen Verstärker ungeformte Energie oder Materie. Im Falle hydraulischer Systeme wird die ungeformte Energie durch eine Pumpe aufgebracht und im Falle elektrischer Systeme durch eine Gleichstromquelle. Die in Abbildung 13.13 aufgeführten Beispiele zur Verstärkung sollen Ihnen helfen zu verstehen, was mit dem Begriff der Formung gemeint ist.

Die Servolenkung habe ich als Beispiel für eine Verstärkung genannt, weil ich Ihnen den Unterschied zum Getriebe vor Augen führen will, denn in beiden Fällen kommt am Eingang Energie herein, welche die Form eines Produkts aus Drehmoment und Drehzahl hat. Im Falle der Servolenkung wird dieses Produkt vom

Chauffeur am Lenkrad erzeugt, denn er dreht mit einer bestimmten Kraft und einer bestimmten Geschwindigkeit. Diese Energie reicht aber nicht aus, die Vorderräder gegen den Widerstand der Straßenverhältnisse zu drehen, sodass eine Verstärkung erforderlich wird. In früheren Zeiten konnte man solche Servolenkungen noch nicht bauen und hat deshalb nur ein Getriebe eingesetzt. Ich erinnere mich noch sehr gut an die Bus- oder Lastwagenfahrer, die mehrere volle Umdrehungen ihres Lenkrades benötigten, um die Vorderräder ihres schweren Gefährts um einen verhältnismäßig kleinen Winkel zu drehen. Der Fahrer musste damals die gesamte Energie zum Einschlagen der Räder selbst in das System hineinstecken. Im Unterschied hierzu steckt der Autofahrer bei der Servolenkung nur eine recht geringe Energie in das System, weitere Energie wird durch ein hydraulisches System zugeführt.

Möglicherweise ist Ihnen der Begriff des Verstärkers aus dem Bereich der Unterhaltungselektronik vertraut. In jedem Rundfunk- oder Fernsehempfänger muss es einen Verstärker geben, denn über die Antenne kommt nur ein sehr schwaches elektrisches Signal herein, welches keinesfalls ausreicht, den Lautsprecher oder die Bildröhre zu versorgen. Die Formung besteht hier in einer entsprechenden Zeitabhängigkeit von Strom und Spannung, durch welche die zu übertragende Information ausgedrückt wird. Im Kapitel 14 werden Sie mehr über den Zusammenhang zwischen Information und Form lesen können.

Mit dem letzten Beispiel in Abbildung 13.13 will ich Ihnen zeigen, dass Verstärkung nicht auf den Energiebereich beschränkt ist, sondern auch im Bereich der Materie ein sinnvoller Begriff ist. In diesem Beispiel entspricht dem ungeformten Material das schwarze Pulver, welches gebraucht wird, um schwarze Schrift zu erzeugen. Solange das Pulver in einem Behälter liegt und für die Nutzung bereit gehalten wird, ist es ungeformt, wenn es dann aber als Buchstabenschwärze auf dem Papier erscheint, ist das gleiche Pulver geformt.

Ich habe mich in meinen Ausführungen verhältnismäßig lange beim Thema Wandlung und Verstärkung aufgehalten, weil hier ein Charakteristikum zum Ausdruck kommt, welches für alle Wissenschaften, und damit auch für die Ingenieurwissenschaften gilt. Indem man nach wesentlichen Merkmalen sehr unterschiedlicher

Systeme sucht, macht man es möglich, über eine Klasse von Aufgaben in einheitlicher Sprache zu reden, obwohl die Unterschiede zwischen den Aufgabenstellungen technologisch gesehen sehr groß sind. Wenn man über Problembereiche in einheitlicher Sprache reden kann, ist es immer sehr wahrscheinlich, dass man Lösungsprinzipien, die man in einem Bereich gefunden hat, verhältnismäßig leicht auf den anderen übertragen kann.

Mit dem Beispiel des Getränkeautomaten habe ich den Begriff des sequentiellen Systems eingeführt. Aus der Sicht der Ingenieure sind sequentielle Systeme verhältnismäßig einfach. Die komplexen Systeme, mit denen sie sich befassen müssen, sind normalerweise nicht sequentiell, sondern durch sogenannte „nebenläufige Vorgänge" gekennzeichnet. Nebenläufigkeit bezeichnet den Sachverhalt, dass man im großen System kleinere Teilsysteme finden kann, von denen zwar jedes selbst ein sequentielles System ist, nicht aber die Verkopplung zweier solcher Teilsysteme. Seit ich begonnen habe, an diesem Buch zu arbeiten, habe ich es mir angewöhnt, alle im Alltag erlebten Kontakte mit technischen Systemen daraufhin zu analysieren, ob sie sich möglicherweise als Beispiele zur Einführung grundsätzlicher Konzepte eignen könnten. So hörte ich neulich auf einer längeren Bahnreise Musik. Ich hatte Kopfhörer auf und schaute versonnen auf die Compact-Disk, die sich unter der Plexiglashaube des Abspielgerätes drehte. Da wurde mir plötzlich bewusst, dass ich überhaupt noch nicht über die Frage nachgedacht hatte, weshalb ich aus einem CD-Player noch nie jaulende Musik gehört habe, wie sie beim Plattenspieler vorkommen kann, wenn sich dessen Rotationsgeschwindigkeit ändert. Ich konnte mir nicht vorstellen, dass die Rotationsgeschwindigkeit der CD so exakt geregelt sein könnte, dass es keine akustisch wahrnehmbaren Variationen gibt. Ich habe mich nun nach der Bahnreise nicht darum gekümmert, Näheres über die tatsächliche Konstruktion solcher CD-Player zu erfahren; vielmehr habe ich mir überlegt, ob ich nicht selbst eine angemessene Lösung für dieses Problem finden könnte. Es ist mir tatsächlich etwas eingefallen, wobei diese Lösung für den Systemtechniker so naheliegend ist, dass sie sich vermutlich sogar mit der Wirklichkeit deckt. Ich kam nämlich auf die Idee, dass die Musik nicht unbedingt synchron mit dem Lesen von der Disk erzeugt werden

müsse. Das Erzeugen der Musik könnte durch die konstante Takt-
frequenz mikroelektronischer Bauelemente garantiert werden, die
überhaupt nicht von irgendwelchen Bewegungsschwankungen
mechanischer Teile abhängig sind. Dieser Musikerzeuger muss die
Information über die zu erzeugenden Töne von einem Speicher
bekommen, welchen er mit konstanter Geschwindigkeit ablesen
können muss. Was sich in diesem Speicher befindet, sollte natürlich das gleiche sein, wie das, was auf der CD steht. Deshalb muss
es einen Akteur geben, der die Information von der CD auf diesen
Speicher abschnittsweise überträgt. Man muss also nur dafür sorgen, dass der Musikerzeuger immer etwas zu lesen hat. Die Menge
der bereits kopierten, aber noch nicht gelesenen Musik sollte deshalb einen bestimmten Sollwert möglicht wenig unterschreiten.
Man kann einen Regler bauen, der aus dem Sollwert und dem
aktuellen Istwert die Information ableitet, ob die rotierende Disk
ein wenig beschleunigt oder ein wenig verlangsamt werden muss.

Der ganze CD-Player ist in diesem Fall nicht als sequentielles
System zu betrachten, sondern als Komposition zweier sequen-
tieller Systeme, denn sowohl der Systemteil, der die Information
von der Disk in den Speicher kopiert, ist sequentiell, als auch der
andere Systemteil, der aus dem Speicher lesend die Musik erzeugt.
Die über den Speicher vermittelte Zusammenarbeit lässt sich aber
nicht in Form eines Betriebsprotokolls für eine einzige sequentielle Maschine erfassen. Sie erkennen sofort, dass auch hier wieder
ein Konzept vorliegt, welches vom aktuellen Problem des CD-
Players gelöst und verallgemeinert werden kann, wenn ich Ihnen
eine ganz andere Situation schildere. Ein Redner, der in einer halben Stunde seinen Auftritt haben wird, stellt mit Schrecken fest,
dass er sein Manuskript zu Hause hat liegen lassen. Er ruft nun
schnell bei seiner Frau an und bittet sie, die Rede übers Telefon zu
diktieren. Denn glücklicherweise hat er seine Sekretärin dabei, die
sehr gut ein Diktat in geschriebenen Text übertragen kann. Die
Ehefrau beginnt ungefähr eine viertel Stunde vor dem Auftritt
ihres Mannes mit dem Diktat, sodass der Mann, wenn er hinter
sein Rednerpult tritt, bereits zwei Seiten des Redentextes mitbrin-
gen kann. Der Vorgang im Hintergrund muss nun schnell genug
ablaufen, sodass, wenn der Redner eine neue Seite benötigt, diese
garantiert inzwischen schon geschrieben wurde. Es ist in diesem

Fall ganz offensichtlich, dass die Geschwindigkeit, mit der die Frau die Sätze vorliest, nicht exakt mit der Geschwindigkeit übereinstimmen muss, mit welcher ihr Mann die Sätze vorträgt.

Anhand dieses Beispiels kann ich Sie auch mit dem Begriff „stationär" vertraut machen, der in der Welt der Ingenieure eine verhältnismäßig große Rolle spielt. In unserem Beispiel musste es eine Anlaufphase geben, damit der Redner schon ein oder zwei Seiten Text vorliegen hat, wenn er seine Rede beginnt. Danach aber ist der Prozess stationär, das heißt, dass es beliebig lange so weitergehen könnte: Die Frau diktiert, die Sekretärin schreibt, und der Mann redet. Der Unterschied zwischen der Phase des Hochfahrens eines Systems und dem stationären Betrieb wurde mir auch einmal deutlich vor Augen geführt, als ich eine Firma besuchte, die Zeitungspapier herstellt. Die Anlage, die hier betrieben wird, hat eine Länge von ungefähr 120 Metern. Am einen Ende werden, grob gesagt, Holzstücke hineingeworfen, und am anderen Ende wird das Papier in einer Breite von 7,30 Metern mit einer Geschwindigkeit von rund 25 Metern pro Sekunde, aufgewickelt. Es ist verständlich, dass die Betreiber einer solchen Anlage versuchen, diese möglichst Tag und Nacht und auch übers Wochenende in ihrem stationären Betrieb zu belassen, denn es ist sehr kompliziert, sie in Betrieb zu nehmen. Das Wort stationär ist mit dem Wort „statisch" verwandt, und zwar nicht nur dem Klang, sondern auch dem Inhalt nach. Statisch ist eine Situation, wenn sich überhaupt nichts bewegt oder ändert, stationär ist ein Betrieb, wenn sich die kennzeichnenden Werte des Betriebes nicht ändern. Im Falle der Papiermaschine sind solche Betriebswerte die Geschwindigkeit, mit der das Papier hinten herauskommt, die Menge an Holz, die am anderen Ende pro Stunde hinein geworfen wird, die Feuchtigkeit und die Temperaturen der Zwischenprodukte, die irgendwo in der Mitte der Maschine vorbeikommen, usw.

Bevor es Computer gab, konnten die Ingenieure viele Dinge, die sie gerne ausprobiert hätten, nicht ausprobieren, weil der Aufwand zu groß gewesen wäre. Man konnte nur an den realen Systemen feststellen, ob sie sich in der gewünschten Weise verhalten. Ein schönes Beispiel für die Fortschritte im Ingenieurbereich ist die Sicherheitstechnik in den modernen Autos. Es war schon immer der Wunsch, die Karosserien so zu gestalten, dass bei Auffahrunfällen möglichst viel Energie in die Verformung des Metalls fließt und nicht viel Energie für Schäden an den Insassen übrig bleibt. Ob eine entworfene Karosserie die gewünschten Effekte garantiert, konnte man nur ausprobieren, indem man tatsächlich ein fertiges Auto gegen die Wand fahren ließ. Man konnte anschließend an menschenähnlichen Test-Puppen feststellen, ob unerwünschte Schäden eingetreten waren. Heute beschreibt man das ganze Auto und seine Insassen mit einer Fülle von Detailinformationen und steckt diese Beschreibung in einen Computer, den man auch noch mit den entsprechenden physikalischen Verhaltensformeln gefüttert hat. Man simuliert also die Vorgänge, wobei man die Effekte genauso studieren kann wie im Realfall, nur dass es sehr viel weniger kostet und man die Experimente recht oft wiederholen kann.

Wenn man ein System plant, dessen Belastung nicht exakt vorhergesagt werden kann, weil sie einer Zufallsverteilung unterliegt, ist es oft wegen der Komplexität des Systemes recht schwer, es angemessen zu dimensionieren. Denken Sie hier insbesondere an ein Telefonvermittlungssystem in einer Großstadt. Wie viele Teilnehmer pro Stunde den Hörer abheben, weil sie ein Telefongespräch beginnen wollen, kann man nur auf Grundlage von Erfahrungen aus der Vergangenheit schätzen. Einerseits will der Systembetreiber möglichst selten seinen Kunden zumuten, dass eine gewünschte Verbindung wegen der Überlastung der Vermittlungsstelle nicht zustande kommt. Andererseits ist es viel zu teuer, das Vermittlungssystem so zu dimensionieren, dass auch dann kein Besetztzeichen gegeben werden muss, wenn zufällig einmal die halbe Stadtbevölkerung gleichzeitig zum Telefonhörer greift, um die andere Hälfte der Bevölkerung anzurufen. Bevor man sich bei der Planung solcher Systeme für eine endgültige Dimensionierung entscheidet, spielt man per Computer verhältnismäßig viele Lastfälle durch.

Wie der Sinus die Arbeit der Ingenieure vereinfacht

Bei der Einführung der beiden Funktionen Sinus und Kosinus anhand von Abbildung 2.14 sagte ich Ihnen schon, dass die Kosinuskurve die gleiche Form wie die Sinuskurve hat, nur dass sie um $\pi/2$ nach links verschoben ist. Wenn man nur den allgemeinen Kurvenverlauf meint und sich nicht dafür interessiert, wie die Kurve relativ zur x-Achse liegt, spricht man üblicherweise von einer Sinuskurve, obwohl man genauso gut von einer Kosinuskurve hätte sprechen können. In diesem Sinne ist die Überschrift dieses Abschnitts gemeint.

Es sollte Ihnen inzwischen aufgefallen sein, dass es immer wieder die gleichen Funktionen sind, die ich in meinen mathematischen Erklärungen benutze. Es sind genau die Funktionen, die sowohl für die Physiker als auch für die Ingenieure von größter Bedeutung sind, nämlich die Exponentialfunktion e^x und die Funktion sin (x). Dass zwischen diesen Funktionen ein erstaunlicher formaler Zusammenhang besteht, habe ich Ihnen zuletzt in Abbildung 13.3 vor Augen geführt. Die herausragende Bedeutung des Sinus in der Physik und der Technik zeigt sich in unterschiedlichen Bereichen, die auf den ersten Blick nichts miteinander zu tun haben. Erst bei ihrer mathematischen Behandlung wird deutlich, dass sie eng zusammenhängen. Diese Bereiche sind durch die Begriffe Rotation, Spektrum, Resonanz und Linearität zu kennzeichnen.

Überall, wo sich in der Technik etwas dreht, ist der Sinus nicht weit. Dies ist eine direkte Konsequenz seiner Definition in Abbildung 2.14. Die Begriffe Spektrum und Resonanz haben Sie auch schon kennengelernt. Schauen Sie sich hierzu noch einmal die Abbildungen 11.2 und 11.6 an. Da Resonanzeffekte dazu benutzt werden können, aus dem Spektrum einer ankommenden Welle bestimmte Frequenzen zu verstärken oder zu eliminieren, bildet die Resonanz die Grundlage der Rundfunk- und Fernsehtechnik. Wenn Sie Ihr Radiogerät auf einen bestimmten Sender einstellen, machen Sie technisch nichts anderes, als die Resonanzfrequenz eines elektrischen Schwingkreises auf die Sendefrequenz des gewünschten Senders abzustimmen.

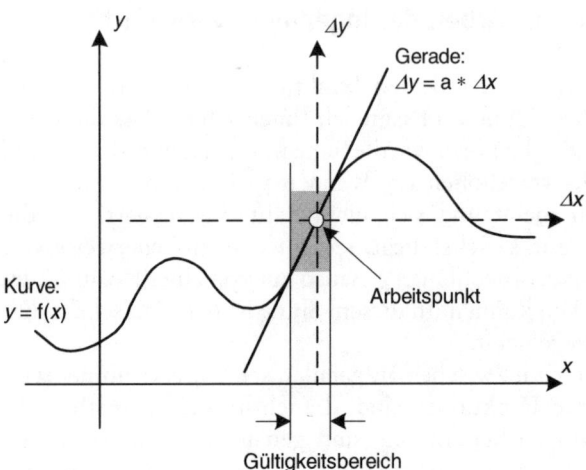

13.14 Linearisierung in der Umgebung eines Arbeitspunktes.

Linearität ist etwas, was sich jeder wünscht, der keine komplizierten Rechnungen ausführen will. Wenn zwei physikalische Größen in einem linearen Zusammenhang stehen, bedeutet dies, dass die Verdopplung oder Verdreifachung der einen Größe zu einer Verdopplung oder Verdreifachung der anderen Größe führt. Solch einfache Zusammenhänge finden wir ja nicht nur in der Physik und der Technik, sondern auch recht häufig in unserem Alltag. Wenn wir das Doppelte oder Dreifache einer Wurst- oder Käsemenge kaufen, wundern wir uns nicht, dass wir dann das Doppelte bzw. das Dreifache dafür bezahlen müssen. Weil sich im Linearen so schön einfach rechnen lässt, suchen die Physiker und Ingenieure immer nach Möglichkeiten, auch in den Fällen, wo der Zusammenhang nicht linear ist, durch Vorgabe bestimmter Randbedingungen linear rechnen zu können. Schauen Sie sich hierzu einmal die Abbildung 13.14 an. Hier ist der Zusammenhang zwischen x und y offensichtlich nicht linear, sondern wird durch eine recht kurvige Funktion beschrieben. Man fragt sich aber stets, ob man eigentlich den ganzen Zusammenhang immer im Blick haben muss, oder ob man nicht aktuell sein Interesse auf einen kleinen Ausschnitt beschränken kann, weil die Kurve in diesem

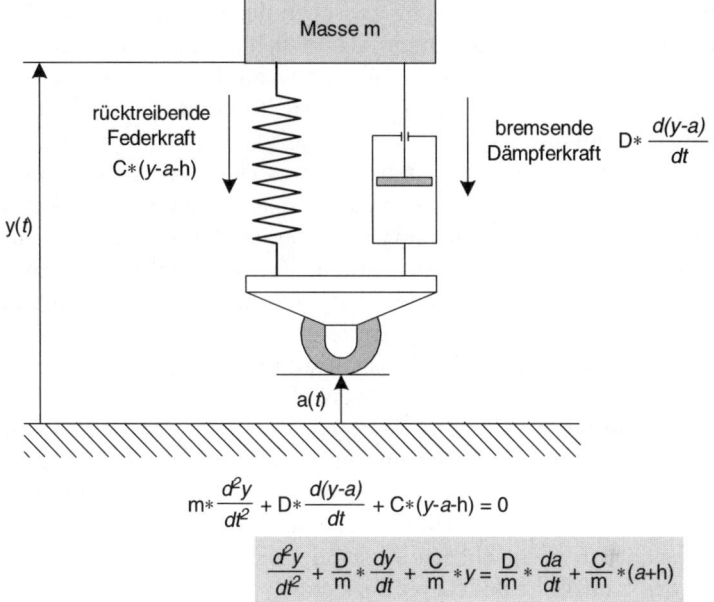

13.15 Mechanisches Beispiel zur Linearität.

eingeschränkten Bereich durch eine Gerade angenähert werden darf.

Solange es nur um eine lineare Abhängigkeit zwischen einem x und einem y geht, kommt der Sinus allerdings noch nicht ins Spiel. Der taucht erst auf, wenn in die Linearbeziehung neben dem Funktionswert y auch noch Ableitungen von y einbezogen sind. Erfreulicherweise kommt dies in technischen Systemen recht häufig vor. Ein kleines Beispiel hierzu sehen Sie in Abbildung 13.15. Einem System dieses Typs ist jedermann ausgesetzt, der in einem Auto über die Straße oder in einem Zug über die Schienen rollt. Bei all diesen Systemen gibt es unten die Räder, die in irgendeinem Gestell aufgehängt sein müssen, und darüber befindet sich der Rest des Fahrzeugs, der im Bild durch den Masseklotz dargestellt wird. Wenn dieser Klotz starr mit der Radaufhängung verbunden wäre, würde sich die geringste Unebenheit der Rollbahn als unangenehme Rüttelei bemerkbar machen. Seit langer Zeit weiß man aber, wie man die Verbindung zwischen der Radaufhängung und dem Masseklotz gestalten muss, damit sich die Unebenheiten der Rollbahn beim Masseklotz möglichst wenig bemerkbar machen. Vergessen Sie dabei nicht, dass auch Sie Teil dieses Masseklotzes sind. Das gewünschte Ziel erreicht man dadurch, dass man zwischen die Radaufhängung und den Masseklotz eine Feder und einen Dämpfer einbaut. Das Prinzip der Dämpferkonstruktion besteht üblicherweise darin, dass man einen Kolben in einen mit einer geeigneten Flüssigkeit gefüllten Zylinder einbringt. Damit sich dieser Kolben im Zylinder überhaupt bewegen kann, muss es im Kolben Öffnungen oder Ventile geben, die es der Flüssigkeit erlauben, von der einen Kolbenseite auf die andere zu gelangen.

Stellen Sie sich nun vor, der Masseklotz wolle sich nach oben, also in positiver y-Richtung bewegen. Dann zieht er die Feder in die Länge, sodass diese nun mit einer rücktreibenden Kraft dem Bewegungswunsch der Masse entgegenwirkt. Die Federkraft wird umso größer, je stärker man die Feder auseinander zieht. Mit dem Buchstaben h habe ich den Abstand zwischen dem Masseklotz und der Lauffläche des Rades bezeichnet, der sich einstellt, wenn das System in Ruhe ist. Somit ist die Federkraft proportional der Differenz zwischen der absoluten Höhe y und der Summe aus der Unebenheit der Rollbahn a und der Ruhehöhe h. Obwohl die Unebenheit der Rollbahn ja eigentlich keine zeitabhängige, sondern eine ortsabhängige Abweichung von der Horizontalen ist, muss man hier doch ihre relative zeitliche Abhängigkeit betrachten, die entsteht, weil das Fahrzeug ja mit einer bestimmten Geschwindigkeit über die Fahrbahn rollt.

Während die Federkraft linear von y abhängt, gilt dies für die Dämpferkraft nicht. Die den Masseklotz bremsende Dämpferkraft hängt überhaupt nicht von der absoluten Lage des Kolbens im Zylinder ab, sondern nur von der Geschwindigkeit, mit der sich der Kolben durch die Flüssigkeit bewegt. Diese Geschwindigkeit ist die zeitliche Ableitung des Abstandes zwischen dem Masseklotz und der Lauffläche des Rades. Die Federkraft und die Dämpfungskraft zusammengenommen müssen gerade so groß sein, dass sie die Trägheitskraft, die der Masseklotz seiner Beschleunigung entgegensetzt, kompensieren. Deshalb kann man eine Differenzialgleichung hinschreiben, indem man die Summe der drei Kräfte gleich Null setzt. Für den methodischen Umgang mit solchen Differenzialgleichungen formt man sie noch so um, dass auf der linken Seite nur noch eine Summe auftritt, deren Glieder die Funktion y und ihre Ableitungen sind, jeweils multipliziert mit zugehörigen Konstanten, wobei die Ableitung der höchsten Ordnung mit dem Faktor eins auftritt. Auf der rechten Seite steht dann die sogenannte Anregungsfunktion, welche den Einfluss der Umgebung auf die Systemgröße y beschreibt. In unserem Beispiel ergibt sich die Anregungsfunktion a(t) aus den Unebenheiten der Fahrbahn und der Geschwindigkeit, mit der das Fahrzeug über diese fährt.

Auch in der Elektrotechnik müssen sich die Ingenieure immer wieder mit solchen linearen Differenzialgleichungen befassen, denn bei ihren Spulen hängt die Spannung über einen Faktor L von der Geschwindigkeit der Stromänderung ab, und bei ihren Kondensatoren hängt die Stromstärke über einen Faktor C von der Geschwindigkeit der Spannungsänderung ab. In Abbildung 13.16 sehen Sie eine elektrische Schaltung, die eine Spule, einen Kondensator und einen ohmschen Widerstand enthält, und daneben steht die zugehörige Differenzialgleichung. Wenn Sie diese Differenzialgleichung mit der in Abbildung 13.15 vergleichen, werden Sie erkennen, dass die beiden Gleichungen auf ihrer linken Seite vollkommen die gleiche Struktur haben.

Obwohl die Ingenieure keine Angst vor der Mathematik haben, ist es ihnen doch lieber, wenn sie nicht dauernd Differenzialgleichungen lösen müssen. Nun sah es aber in der Anfangszeit der

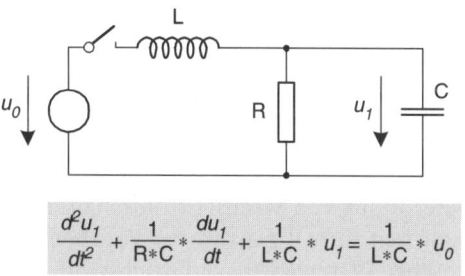

$$\frac{d^2 u_1}{dt^2} + \frac{1}{R*C} * \frac{du_1}{dt} + \frac{1}{L*C} * u_1 = \frac{1}{L*C} * u_0$$

13.16 Elektrische Schaltung mit strukturgleicher Differentialgleichung wie das mechanische System in Abbildung 13.15.

Elektrotechnik tatsächlich so aus, als könne man die Wechsel-
stromtechnik nur einführen, wenn die Ingenieure in Kauf nehmen, einen Großteil ihrer Zeit mit dem Lösen von Differenzialgleichungen zu verbringen. Denn in den Schaltungen der Elektrotechnik kommen Spulen und Kondensatoren in großer Zahl vor,
und deshalb sind die Formeln, die den Zusammenhang zwischen
den Strömen und den Spannungen beschreiben, in jedem Falle
Differenzialgleichungen. Wieso war man denn überhaupt so sehr
daran interessiert, die Energieversorgung auf der Grundlage sinusförmiger Spannungen und Ströme zu realisieren? Dafür gab es tatsächlich ganz handfeste Gründe: Die Generatoren in den Kraftwerken erzeugen aufgrund rotierender Magnetfelder Spannungen
und Ströme mit sinusförmigem Verlauf, und die Transformatoren,
die man zur Minimierung der Energieverluste auf den Übertra-
gungsstrecken braucht, funktionieren nur mit sinusförmigen
Spannungen.

   Glücklicherweise sind die Differenzialgleichungen linear, und
das hilft unglaublich viel, denn man verfügt ja auch noch über eine
interessante Zusatzinformation: Die Anregungsfunktion, die auf
der rechten Seite steht, beschreibt einen Sinusverlauf, weil die
Energieversorgung ja mit Wechselstrom und -spannung erfolgen
soll. Aus der Linearität der Differenzialgleichungen und dem
garantierten Sinusverlauf der Anregung folgt nun zwingend der
Sachverhalt, dass dann auch alle Ströme und Spannungen innerhalb der Schaltungen einen Sinusverlauf mit der gleichen Frequenz
haben wie die Anregung. Die Ingenieure sahen aber immer noch
nicht – und ich hätte es vermutlich damals auch nicht gesehen –
wie dieses Wissen helfen könnte, das mühsame Lösen der Differenzialgleichungen zu vermeiden.

   Beim Spielen mit den Differenzialgleichungen kam der Mathematiker und Ingenieur Karl Steinmetz (1865–1923) schließlich auf
die Idee, dass die komplexen Zahlen eine zentrale Rolle bei der
Lösung des Problems spielen müssten. Er suchte eine Methode,
die es erlaubte, bei der Berechnung von Wechselstromschaltungen
mit Spulen und Kondensatoren formal genauso vorzugehen wie
bei der Behandlung ohmscher Netzwerke mit Gleichstrom. Bei
seiner Suche wurde er tatsächlich fündig, und seine Methode
gehört heute zu den Grundlagen jedes Elektrotechnikstudiums.

Damals aber, als Herr Steinmetz seine Methode entwickelt hatte, hat in Deutschland zunächst einmal niemand die weitreichenden Konsequenzen seiner Entdeckung erkannt. Die Einzigen, die sich für ihn interessierten, saßen in der Regierung und bei der Polizei, denn man verfolgte ihn wegen sozialistischer Umtriebe. Er floh zuerst in die Schweiz und wanderte anschließend nach Amerika aus, wo er sich Charles P. Steinmetz nannte. Dort hat er wesentlich zu den Erfolgen des Unternehmens General Electric beigetragen.

Anhand von Abbildung 13.17 will ich Ihnen seine Methode vorführen, und ich vermute, dass auch Sie ähnlich wie ich, als ich diese Methode damals kennen lernte, überrascht sein werden, wie einfach man mit Wechselstromschaltungen umgehen kann. Oben links im Bild sehen Sie eine Schaltung aus einer Spannungsquelle und drei Bauelementen, die jeweils zwei Anschlüsse haben. Der Zusammenhang zwischen Strom und Spannung bezüglich dieser Bauelemente soll linear sein, das heißt, aus dem Strom soll man durch Multiplikation mit einer Konstanten zur Spannung kommen. Da die Spannung u_0 vorgegeben ist, bleiben die vier unbekannten Größen i_1, i_2, u_1 und u_2 übrig, die man berechnen will. Rechts neben der Schaltung finden Sie die vier Gleichungen, welche den Sachverhalt der Schaltung und die Funktion der Bauelemente wiedergeben. Durch Lösung dieser Gleichungen findet man die Werte für die vier Unbekannten. So konnte man immer schon rechnen, wenn die Spannungsquelle eine Gleichspannung lieferte und die Bauelemente ohmsche Widerstände waren, sodass die Werte von Z_a, Z_b und Z_c in der Einheit Ohm (Volt pro Ampere) angegeben werden konnten.

In der Mitte der Abbildung ist nun angenommen, dass die Spannungsquelle eine sinusförmige Spannung liefert und dass die Bauelemente diejenigen aus Abbildung 13.16 sind. Nach der Methode von Herrn Steinmetz kann man wie im rein ohmschen Falle auch allen Bauelementen ohmsche Werte zuordnen, nur dass nun die Widerstandswerte von Spulen und Kondensatoren imaginäre Werte sind. In der Elektrotechnik ist es üblich, imaginäre Zahlen nicht durch den Buchstaben i sondern durch j zu kennzeichnen, weil i bereits für Ströme belegt ist. Die imaginären Widerstandswerte sind den Bauelementen nicht als Konstrukti-

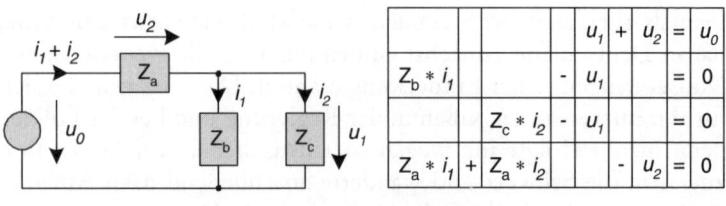

			u_1	+	u_2	=	u_0
$Z_b * i_1$			-	u_1		=	0
		$Z_c * i_2$	-	u_1		=	0
$Z_a * i_1$	+	$Z_a * i_2$		-	u_2	=	0

nur Ohmsche Widerstände: $Z_a = 50\ \Omega$; $Z_b = 60\ \Omega$; $Z_c = 300\ \Omega$
nur Gleichspannungen und -ströme: $u_0 = 60$ V

$i_1 = 0,5$ A	$i_2 = 0,1$ A	$u_1 = 30$ V	$u_2 = 30$ V

u_0 = Sinusspannung mit 60 V Amplitude und 50 Hz Frequenz

Z_b = Ohmscher Widerstand $= 60\ \Omega$

Z_a = "Spulenwiderstand" $= j * 2*\pi*f*L$

$$= j * 2*\pi*50\text{Hz}*0,159\ \frac{V*s}{A} = j * 50\ \Omega$$

Z_c = "Kondensatorwiderstand" $= \dfrac{1}{j * 2*\pi*f*C}$

$$= \frac{-j}{2*\pi*50\text{Hz}*10,6\ \frac{\mu A*s}{V}} = -j * 300\ \Omega$$

$i_1 = (\,0,6 - 0,6j\,)$ A	$i_2 = (\,0,12 + 0,12j\,)$ A	$u_1 = (\,36 - 36j\,)$ V	$u_2 = (\,24 + 36j\,)$ V

13.17 Beispiel zur Übertragung des Gleichstromrechenkonzepts auf Wechselstromsysteme.

onsgrößen zugeordnet, sondern sie sind abhängig von der aktuellen Frequenz. Die Steinmetzsche Methode funktioniert nämlich nur dann, wenn die Frequenz nicht variiert; nur dann kann man diesen Bauelementen konstante imaginäre Widerstandswerte zuordnen. Die zeitliche Konstanz der Frequenz ist nun aber gerade das Kennzeichen der Energieversorgung durch Wechselstrom. In Europa beträgt die Frequenz 50 Hertz, in den USA 60 Hertz, und auf den deutschen elektrifizierten Bahnstrecken beträgt sie 16 ²/₃ Hertz.

Für die Widerstandsberechnung einer Spule muss die sogenannte Induktivität L herangezogen werden; sie gibt das Verhältnis zwischen der Spannung und der Stromänderungsgeschwindigkeit an. In entsprechender Weise wird ein Kondensator durch seine Kapazität C charakterisiert, die das Verhältnis zwischen dem Strom und der Spannungsänderungsgeschwindigkeit angibt. Ich weiß natürlich, dass die Formeln, nach denen man bei bekannter Frequenz f aus den Werten L bzw. C die zugehörigen imaginären Widerstandswerte berechnet, für Sie höchst uninteressant sind; ich zeige Ihnen das Ganze ja nur, damit Sie erkennen können, welch vereinfachende Möglichkeiten in der Verwendung komplexer Zahlen bestehen.

Wenn man nun in den Gleichungen an die Stellen von Z_a, Z_b und Z_c die Wechselstromwiderstandswerte einsetzt, erhält man für die vier Unbekannten die Werte, die ganz unten im Abbildung 13.17 stehen. Man bezeichnet diese Werte als *komplexe Amplituden*, was natürlich sofort die Frage nach sich zieht, was man sich darunter vorstellen solle. Herr Steinmetz hat selbstverständlich auch hierfür die geeignete Methode geliefert. Der Gedanke ist eigentlich naheliegend, die komplexen Zahlen als Punkte in der komplexen Zahlenebene anzusehen, wie Sie es bereits in Abbildung 2.5 kennengelernt haben, und wie es in Abbildung 2.14 noch einmal vorkam. So finden Sie nun links in Abbildung 13.18 eine komplexe Zahlenebene, worin ich die drei „Amplituden" u_0, u_1 und u_2 eingetragen habe. Die rechts danebenstehenden Sinusverläufe ergeben sich auf die gleiche Weise wie der Sinusverlauf in Abbildung 2.14: Man stellt sich einfach vor, dass sich die gezeigten Spannungspfeile mit konstanter Winkelgeschwindigkeit im Gegenuhrzeigersinn drehen und dass man ihre jeweilige Spitze auf die vertikale Spannungsachse projiziert. Die Länge eines Pfeils entspricht also der Amplitude des zugehörigen Sinusverlaufs, und seine Winkellage entscheidet darüber, wie der Sinusverlauf relativ zur Zeitachse liegt.

Vielleicht ist Ihnen nicht aufgefallen, dass ich in der Schaltung in Abbildung 13.16 einen Schalter eingezeichnet habe. Solange dieser Schalter geöffnet ist, kann durch die Spule kein Strom fließen und der Kondensator, falls er anfangs noch eine elektrische Ladung trug, wird über den Widerstand entladen. Wir nehmen

nun an, dass der Schalter im Zeitpunkt $t = 0$ geschlossen wird, und
die Spule und der Kondensator in diesem Augenblick energiefrei
sind. Da die Spannung u_0 nach Abbildung 13.18 in diesem Zeitpunkt auch den Wert null hat, ist es unmöglich, dass beim Schließen des Schalters die Spannung u_1 auf einen negativen Wert und
die Spannung u_2 auf einen positiven Wert springen. Vielmehr müssen auch diese beiden Spannungen ebenso wie die Spannung u_0
von null an loslaufen. Sind denn die Verläufe in Abbildung 13.18
falsch? Weiter vorne habe ich gesagt, dass es wichtig ist, zwischen
stationären und instationären Zuständen eines Systems zu unterscheiden. Dort hatte ich das Beispiel der Anlage erwähnt, die der
Papierherstellung dient und die aus ihrem Ruhezustand in den stationären Zustand hochgefahren werden muss. In gleicher Weise
beginnt hier mit dem Schließen des Schalters das „Hochfahren"
des Betriebes; der stationäre Betrieb ist erreicht, wenn alle Spannungen und Ströme Sinusverläufe sind, die zueinander auf der
Zeitachse eine unveränderliche relative Position haben. Die Steinmetzsche Methode liefert also sehr schnell die Informationen über
den stationären Zustand, sie sagt aber überhaupt nichts aus über
das Hochfahren der Schaltung. Nun interessiert man sich aber bei

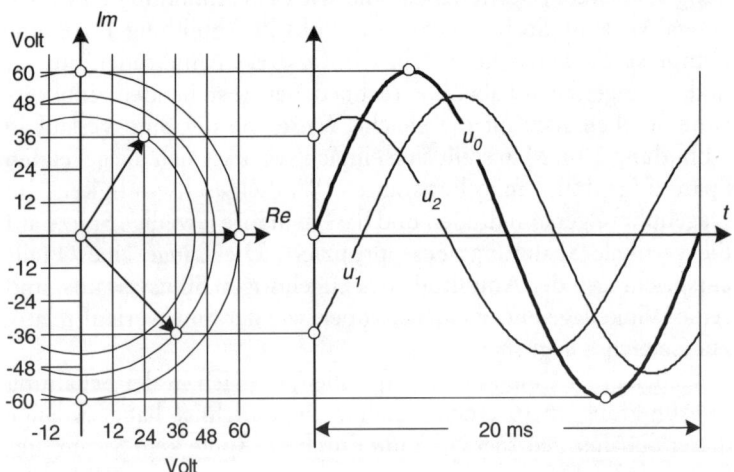

13.18 Interpretation der komplexen Amplituden aus Abbildung 13.17.

einer Wechselstromschaltung in über 99 Prozent der Fälle ohnehin nur für den stationären Zustand, sodass man den besonderen Aufwand zur Erfassung des Hochfahrens nur ganz selten betreiben muss.

Weiter oben habe ich schon erwähnt, dass die sinusförmigen Wechselspannungen und -ströme ihren Ursprung in den rotierenden Teilen der Generatoren in den Kraftwerken haben. Diese Generatoren müssen eine Relativrotation zwischen einem magnetischen Feld und einer Spule erzeugen, damit nach dem Induktionsgesetz, welches der Herr Faraday gefunden hat, und das ich Ihnen anhand von Abbildung 9.3 vorgestellt habe, eine elektrische Spannung entsteht. Allerdings wird in den Generatoren nicht die Spule gedreht, sondern das Magnetfeld, weil es schwierig oder gar unmöglich ist, die großen Mengen elektrischer Energie, die aus dem Generator abfließen müssen, dem rotierenden Generatorteil, dem sogenannten Rotor, zu entnehmen. Deshalb sind die Spulen feststehend um den Rotor herum angeordnet, und von dort fließt die elektrische Energie ins Netz. Die Dampfturbinen müssen genau so viel mechanische Energie in die Drehung des Rotors hineinstecken, wie nachher außen an elektrischer Energie abfließt. Zwar muss auch dem Rotor Strom zugeführt werden, aber dieser dient nur dazu, das erforderliche rotierende Magnetfeld zu erzeugen.

Die Generatorenbauer kamen verhältnismäßig bald auf die Idee, dass man ja nicht nur eine einzige, sondern mehrere versetzte Spule benutzen könnte. Auf diese Weise erfanden sie das Drehstromsystem, das in der Fachsprache auch als Dreiphasensystem bezeichnet wird. Dieses Drehstromsystem hat zu dem typischen Aussehen der Hochspannungsmasten geführt, an denen die Überlandleitungen hängen. Möglicherweise ist Ihnen noch gar nie aufgefallen, dass die Anzahl der Leitungen, die dort hängen, fast immer eine durch drei teilbare Zahl ist. Die elektrische Energie, die bei Ihnen zu Hause aus der Steckdose kommt, wird in Form eines einzigen Sinusverlaufs geliefert und deswegen benötigen Sie hierzu auch nur zwei Drähte. In Abbildung 13.19 sehen Sie links einen typischen Hochspannungsmast, der zwei Drehstromsysteme trägt. Die drei spannungtragenden Leitungen werden üblicherweise mit den Großbuchstaben R, S und T bezeichnet.

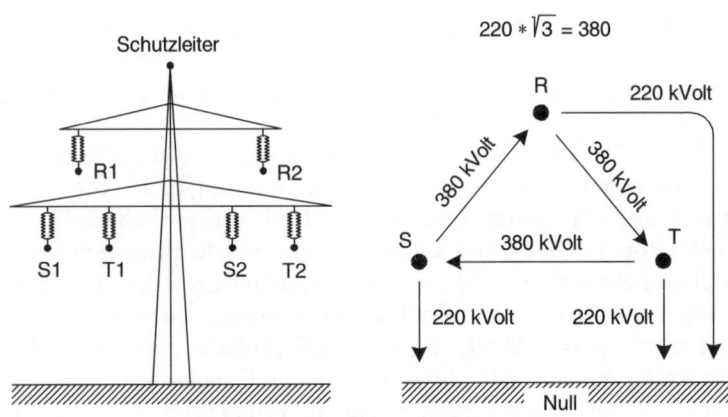

13.19 Hochspannungsübertragung von Drehstromsystemen.

Sowohl zwischen je zweien dieser Drähte als auch zwischen einem solchen Draht und der Erde liegt jeweils eine sinusförmige Spannung. Dabei ist die Amplitude der Spannung zwischen zwei Drehstromleitern um den Faktor $\sqrt{3}$ größer als die Spannung zwischen einem Leiter und der Erde. Woher kommt dieser Faktor? Er ergibt sich aus den geometrischen Zusammenhängen, die in Abbildung 13.20 dargestellt sind. Rechts im Bild sehen Sie im grau schattierten Band die drei Sinusverläufe, welche jeweils die Spannung zwischen einem Drehstromleiter und der Erde darstellen. Gemäß der Steinmetzschen Methodik gehören zu diesen drei Verläufen die drei Pfeile R, S und T, die links im Bild dargestellt sind. Zwischen zwei solchen Pfeilen liegt jeweils ein Winkel von 120°. Diese Pfeile symbolisieren sehr anschaulich die Lage der Spulen im Generator. Wenn man alle drei Sinusverläufe addiert, erhält man wegen der Symmetrie den Wert Null. In das Bild ist auch noch der Sinusverlauf der Spannung zwischen den beiden Drehstromleitern R und S eingetragen. Der zugehörige Pfeil ist länger als die einzelnen drei Pfeile R, S und T. Der Längenfaktor ergibt sich durch Anwendung des Satzes des Pythagoras auf das halbe grau schattierte gleichseitige Dreieck links im Bild.

Neben dem Faktor $\sqrt{3}$, der immer im Falle von Drehstromsystemen eine Rolle spielt, gibt es auch noch den Faktor $\sqrt{2}$, der eben-

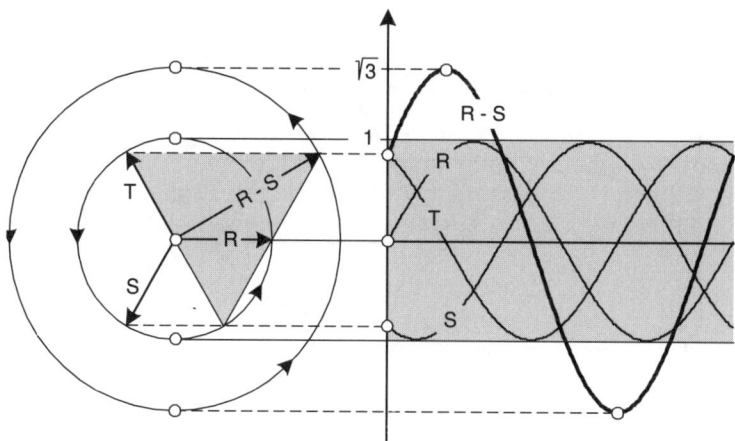

13.20 Das Drehstromkonzept.

falls in der Welt der Wechselspannungen eine große Bedeutung hat. Man interessiert sich nämlich eigentlich gar nicht für die Amplituden der Sinusverläufe, sondern dafür, wie viel Energie durch einen solchen Sinusverlauf angeliefert wird. Wenn über einem ohmschen Widerstand eine Wechselspannung liegt und deshalb durch diesen Widerstand ein Wechselstrom fließt, wird dieser Widerstand warm, das heißt, es fließt Energie in diesen Widerstand hinein. Man fragt nun, wie groß die Gleichspannung sein müsste, bei der pro Zeiteinheit die gleiche Energiemenge in diesen Widerstand hineinfließt wie beim aktuellen Wechselstrom. Dieser leistungsäquivalente Gleichspannungs- bzw. Gleichstromwert wird Effektivwert genannt.

In Abbildung 13.21 habe ich dargestellt, wie man zu diesem Effektivwert kommt, wenn man die Amplitude kennt. Da der Energiefluss ja durch das Produkt von Strom und Spannung bestimmt wird und zwischen diesen beiden im Falle des ohmschen Widerstandes nur ein Proportionalitätsfaktor liegt, muss man den Sinusverlauf quadrieren. Dieser quadrierte Sinusverlauf ist selbst wieder ein Sinusverlauf, der nun aber die doppelte Frequenz hat. Sein Mittelwert ist gegeben durch die horizontale Linie, die den Verlauf symmetrisch in eine obere und eine untere Hälfte teilt.

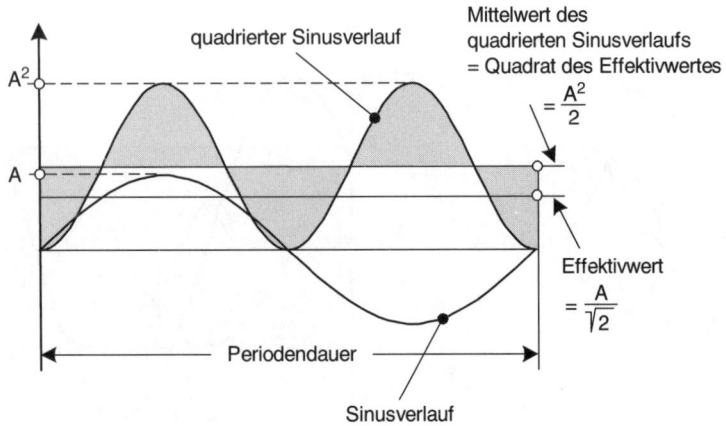

13.21 Bildung des Effektivwertes eines Sinusverlaufs.

Nun muss man die Quadrierung wieder rückgängig machen, das heißt, man muss aus diesem Mittelwert die Wurzel ziehen; so erhält man den Effektivwert durch Division der Amplitude durch √2. Wenn also nun durch den Widerstand ein Gleichstrom fließt, der die Stärke dieses Effektivwertes hat, dann fließt in diesen Widerstand genau so viel Energie pro Zeiteinheit hinein, wie wenn der Strom den ursprünglichen Sinusverlauf hätte.

Die in Abbildung 13.19 angegebenen Spannungswerte sind keine Amplituden- sondern Effektivwerte. Deshalb habe ich Ihnen in der Tabelle in Abbildung 13.22 alle vier Spannungswerte zusammengestellt, die im Falle des Drehstromsystems vorkommen.

Da nicht nur auf der Generatorseite, sondern auch auf der Seite, wo die elektrische Energie genutzt wird, Rotationen vorkommen, ist auch dort das Drehstromsystem sinnvoll. Elektrische Motoren hoher Leistung lassen sich sehr viel einfacher realisieren, wenn sie mit Drehstrom betrieben werden, als wenn die Energie nur über zwei Drähte angeliefert wird. Es wäre immer schon wünschenswert gewesen, den Elektrolokomotiven die Energie in Form von Drehstrom zuzuführen, aber da die Bahn nur eine Oberleitung haben kann, ist dies unmöglich. Deshalb war es lange Zeit nicht möglich, in den Lokomotiven die einfacheren Drehstrommotoren einzusetzen. Die moderne Halbleitertechnik, die ich bereits in

		Effektivwert	Amplitude (= Scheitelhöhe)
Spannung zwischen	Phase und Null	220 Volt	311 Volt
	zwei Phasen	380 Volt	539 Volt

Faktor $\sqrt{3}$

Faktor $\sqrt{2}$

13.22 Effektivwerte und Amplituden im Drehstromsystem.

Kapitel 11 charakterisiert habe, macht es aber inzwischen möglich, aus dem angelieferten Einphasenstrom innerhalb der Lokomotive ein Dreiphasensystem zu erzeugen. Deshalb arbeiten heute auch die Motoren in den modernen Elektrolokomotiven mit Drehstrom.

Alles wird digital – wirklich alles?

14

Wenn Frau Krause schimpft: „Bei uns wurde jetzt das Fernsehen auf digital umgestellt, und deshalb mussten wir ein Zusatzgerät, eine sogenannte Box kaufen", dann glaubt sie möglicherweise, dass die Digitaltechnik etwas ganz Neues sei, das es erst seit einigen Jahren gebe. Und wenn man sie fragen würde, was sie denn über die Digitaltechnik wisse, dann würde sie vielleicht antworten: „Das ist eine Art Elektronik mit lauter Nullen und Einsen." Obwohl diese Antwort tatsächlich auf über 99 Prozent aller heutigen digitaltechnischen Systeme zutrifft, ist sie doch keine korrekte Definition: Ein digitaltechnisches System muss nämlich weder elektronisch realisiert sein, noch muss es mit Nullen und Einsen operieren.

Was digitale Systeme mit Nullen und Einsen zu tun haben

Das Wort digital hat seinen Ursprung im lateinischen Wort *digitus*, welches sowohl für den Finger als auch für die Zehe verwendet wurde. Im Englischen bedeutet das Wort *digit* die Ziffer, die zum Schreiben von Zahlen benutzt wird. In der Technik verwendet man das Wort „digital" immer dann, wenn Information symbolisiert übertragen oder verarbeitet wird. Damit man Informationen symbolisieren kann, muss es sich jeweils um bekannte Mengen mit endlich vielen Elementen handeln. Beispiele für solche endlichen Mengen sind die Farben grün, gelb und rot der Verkehrsampeln, die Tasten einer Rechnertastatur, die 60 Minutenpo-

sitionen einer Bahnhofsuhr, die Menge der anwählbaren Telefon-
anschlüsse oder die Etagen, die von einem Fahrstuhl angefahren
werden.

Technische Systeme, die ausschließlich mit Informationen operieren, die aus endlichen Mengen stammen, gibt es schon sehr
lange. Bevor die Elektronik ihren Siegeszug antrat, gab es mechanische Tischrechenmaschinen, die aus über 10 000 feinmechani-
schen Bauteilen bestanden. Mit diesen Maschinen konnte man
zum Teil nicht nur die vier arithmetischen Grundoperationen
Addition, Subtraktion, Multiplikation und Division ausführen,
sondern manche dieser Maschinen konnten sogar Wurzeln ziehen.
Die einzugebenden Operanden waren Zahlen mit endlich vielen
Dezimalstellen und bildeten somit eine endliche Menge. Diese
mechanischen Rechenmaschinen findet man heute nur noch im
Museum.

Es gibt aber auch heute noch im normalen Alltag digitaltechnische Systeme auf ausschließlich mechanischer Grundlage: Jede
mechanische Pendeluhr ist ein digitaltechnisches System. Das
periodisch hin und her schwingende Pendel ist der Taktgeber, der
die Zeitpunkte festlegt, zu denen sich der Zustand der Uhr ändern
muss. Bei vielen mechanischen Uhren beträgt die Periodendauer
einer Pendelschwingung eine Sekunde, und zweimal in dieser
Periodendauer, nämlich jedes Mal, wenn das Pendel seine Richtung umkehrt, ändert sich der Zustand in der Uhr. Da die Uhr
nach zwölf Stunden wieder ihren Zustand erreicht, in dem sie
zwölf Stunden vorher war, muss sie nacheinander $12 \times 60 \times 60 \times 2 =$
86 400 unterschiedliche Zustände durchlaufen. Diese Zustände
äußern sich in den unterschiedlichen Stellungen der Zahnräder in
der Uhr. Die Zustandszahl wird allerdings noch größer, wenn wir
auch noch berücksichtigen, dass der Uhr ja auch noch Energie
zugeführt werden muss, was dadurch geschieht, dass die Schwerkraft die Uhrengewichte nach unten zieht. Diese Gewichte bewegen sich keineswegs kontinuierlich nach unten, sondern legen
jeweils getaktet sehr kleine Wegstrecken zurück. Das eine
Gewicht wandert nur, wenn die Uhr schlägt, wobei pro Schlag
eine bestimmte Wegstrecke zurückgelegt wird, das andere
Gewicht wandert jedes Mal ein kleines Stück nach unten, wenn
das Pendel seine Richtung umkehrt. Man muss also nur genau hin-

schauen, um zu erkennen, dass auch eine Uhr auf der Grundlage von Zahnrädern ein digitaltechnisches System ist, und solche Systeme wurden ja schon vor ungefähr 600 Jahren gebaut.

Das Gegenstück zur Digitaltechnik ist die sogenannte Analogtechnik, die dazu dient, kontinuierliche Verläufe zu übertragen oder zu neuen kontinuierlichen Verläufen zu kombinieren. Denken Sie an das Problem, Sprache per Telefon von einem Ort an einen anderen zu übertragen. Der Sprecher erzeugt vor dem Mikrofon Druckschwankungen, die sich kontinuierlich ändern. Dies wird durch das Mikrofon in einen gleich geformten kontinuierlichen Verlauf eines elektrischen Stromes gewandelt, den man über weite Strecken übertragen kann, und der am Zielort über die elektromagnetisch arbeitende Lautsprechermuschel wieder in einen kontinuierlichen Luftdruckverlauf zurückgewandelt wird. Die Bezeichnung *Analogtechnik* kommt genau daher, dass man die Beibehaltung der Form der Verläufe verlangen muss, wenn man auf eine andere physikalische Größe übergeht. Denn dann kann man beispielsweise sagen, der Strom verlaufe analog zum Luftdruck. Im vorliegenden Kapitel werde ich Ihnen unter anderem „die Tricks" zeigen, mit denen man kontinuierliche Sachverhalte auch digitaltechnisch übertragen kann.

Dem Begriffspaar Digitaltechnik/Analogtechnik entspricht in der Mathematik das Paar diskret/kontinuierlich. Das lateinische Wort *discretus* (getrennt) steht für etwas, was leicht von allem anderem unterschieden werden kann, und dies ist genau das Kennzeichen von allem, was man zählen kann. Das Gegenteil der zählbaren Welt ist die Welt von Sachverhalten, die sich kontinuierlich ändern können. In unseren Darstellungen äußern sich kontinuierliche Sachverhalte immer als gerade oder gekrümmte Linien, die wir in Koordinatensysteme einzeichnen. Die Anzahl der Punkte einer solchen Linie entzieht sich selbstverständlich jeglicher Zählbarkeit. Die Wörter diskret und kontinuierlich unterscheiden also zwischen dem Zählbaren und dem Nichtzählbaren. Wieso wird dann aber in Texten über informationstechnische Systeme das Begriffspaar digital/analog verwendet? Die Unterscheidung zwischen dem Zählbaren und dem Nichtzählbaren gehört primär nicht in die Technik, sondern in die Mathematik, wogegen die Frage, wie man Information über diskrete oder kontinuierliche

Sachverhalte informationstechnisch erfassen kann, in den Bereich der Technik gehört. Deshalb spricht man zwar von diskreten oder kontinuierlichen Erscheinungen, aber nicht von einer diskreten oder kontinuierlichen Technik.

Die Elemente einer diskreten Welt kann man informationstechnisch dadurch erfassen, dass man ihnen geeignete, leicht unterscheidbare technische Sachverhalte zuordnet, die man „technische Symbole" nennen kann. Die einfachsten technischen Symbole sind die sogenannten Binärzeichen, die eine Entscheidung zwischen zwei Möglichkeiten ausdrücken. Denken Sie an einen Lichtschalter, dessen Stellung darüber entscheidet, ob im Zimmer das Licht brennt oder nicht. In diesem Beispiel ist die Schalterposition das technische Symbol, welches die Aussage repräsentiert, ob das Licht brennen soll oder nicht. Wenn man über binäre Sachverhalte reden will, ohne sich aktuell für ihre technische Ausprägung zu interessieren, bezeichnet man die beiden Möglichkeiten mit Null und Eins. Als Frau Krause von „lauter Nullen und Einsen" sprach, meinte sie also Systeme, in denen alle Informationen durch binäre Sachverhalte erfasst sind. Derartige Systeme werden als *Binärsysteme* bezeichnet. Im Folgenden will ich Ihnen verständlich machen, weshalb in der heutigen Digitaltechnik fast nur noch Binärsysteme gebaut werden.

Typische Binärsysteme aus der Frühzeit der Technik sind die Systeme in den Stellwerken der Eisenbahn und in den Telefonvermittlungsämtern. Bei den Stellwerken geht es um die Einstellung von Weichen und Signalen, für die es jeweils nur zwei mögliche Stellungen gibt, sodass hier die binäre Technik natürlich ist. Im Falle der früheren Telefonvermittlungsämter wurde die Sprache zwar kontinuierlich übertragen, aber dafür musste eine elektrische Verbindung zwischen zwei Teilnehmern hergestellt werden, damit der Stromverlauf, der am einen Ende erzeugt wurde, möglichst in gleicher Form am anderen Ende ankommen konnte. Dazu mussten lediglich ganz bestimmte elektrische Kontakte geschlossen werden. Deshalb bestand ein Telefonvermittlungssystem früher im Grunde nur aus einer riesengroßen Menge elektromagnetischer Schalter, den sogenannten Relais, über deren Schalterstellungen die jeweils aktuell gewünschten Teilnehmerverbindungen hergestellt werden konnten.

Im Jahre 1963 besuchte ich eine Vorlesung, in der ich zum ersten Mal etwas über die damalige Telefonvermittlungstechnik lernen sollte. Diese Vorlesung wurde von einem lieben, aber didaktisch unbedarften Oberpostrat gehalten, dessen Lehrkonzept darin bestand, dass er den Saal verdunkelte, ein Dia auf die Leinwand projizierte und per Zeigestock von einem Relais oder Kontakt zum anderen fuhr, um uns zu begründen, weshalb nun welcher Kontakt als nächster geschlossen bzw. geöffnet wird. Die Anzahl der Relais auf dem gezeigten Schaltungsausschnitt lag zwischen 50 und 100, und da jedes Relais mindestens zwei Kontakte betätigte, lag die Zahl der gezeigten Kontakte deutlich über 100. Zwischen den Relais und den Kontakten liefen in völlig unübersichtlicher Weise elektrische Verbindungen, die mich dazu veranlassten, zu meinen Studienkollegen von der „Seegrasmatratze" zu reden. Es war kein Wunder, dass aus einer solchen Vorlesung niemand etwas lernte; ungefähr die Hälfte der anwesenden Studenten schaute bald gar nicht mehr auf die Leinwand, sondern machte ein kleines Nickerchen. Ich wusste zwar damals noch nicht, wie man diesen Lehrstoff angemessen präsentieren müsste, aber dass man es so nicht machen darf, wie es der Oberpostrat machte, das wusste ich von Anfang an.

Obwohl man heute die digitaltechnischen Systeme nicht mehr mit Relais und ihren Kontakten, sondern mit Halbleiterschaltern baut, sind die Prinzipien und Methoden des Entwurfs im Grunde gleich geblieben. Deshalb ist es heute immer noch sinnvoll, die Prinzipien der binären Digitaltechnik anhand von Beispielschaltungen mit Relais einzuführen, weil diese sehr viel anschaulicher sind als die Halbleiterschaltungen. Die Grundschaltungen für alle Binärsysteme sind die sogenannten logischen Verknüpfungsglieder, die in der Fachsprache auch als Gatter bezeichnet werden. Ein solches Gatter habe ich in Abbildung 14.1 dargestellt. Die physikalischen Größen, die uns interessieren, sind hier die Spannungen an den Punkten a, b und y, wobei als zweiter Punkt für die jeweilige Spannungsmessung der unten liegende horizontale Draht dient. Dass es für den Punkt y nur die zwei möglichen Spannungswerte U_0 oder null gibt, kann man leicht erkennen, denn entweder gibt es über die Schalter eine Verbindung zum oberen waagerechten Draht, sodass die Spannung U_0 nach y gelangen kann, oder

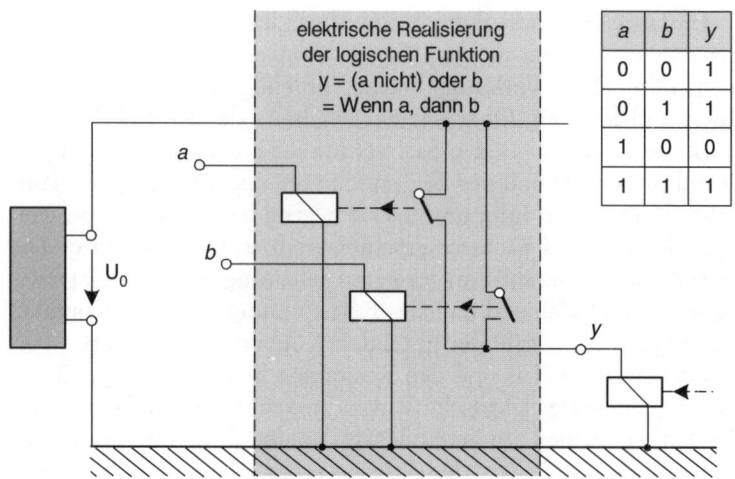

a	b	y
0	0	1
0	1	1
1	0	0
1	1	1

14.1 Realisierung der logischen „Wenn-dann-Beziehung" mit Relais-schaltern.

aber eine solche Verbindung gibt es nicht, dann kann y keine Spannung haben. Die drei Rechtecksymbole mit dem schräg nach unten laufenden Strich symbolisieren jeweils eine Relaisspule, die aus einem Eisenkern und einem isoliert darum gewickelten Kupferdraht besteht. Wenn durch die Spule ein Strom fließt, erzeugt dieser Strom ein Magnetfeld, welches eine Kraft in der gestrichelt eingetragenen Richtung bewirkt. Ein vorher geschlossener Kontakt wird dann geöffnet, und ein vorher geöffneter Kontakt wird geschlossen. In der Digitaltechnik wird immer angenommen, dass an den Eingängen der Schaltungen die gleichen Spannungs- oder Stromverhältnisse vorliegen wie an den Ausgängen; wenn also bei y nur zwei mögliche Spannungen vorkommen können, muss dies auch für die Punkte a und b gelten. Das auf y folgende Relais gehört nicht mehr zum betrachteten Gatter, sondern zeigt nur, dass y wieder Eingang eines nachgeschalteten Gatters sein darf. Die Spannungssituation, die sich bei y einstellt, wird eindeutig durch die Spannungssituationen bei a und b festgelegt. Wie diese Abhängigkeit ist, zeigt die rechts in der Abbildung stehende Tabelle. Darin sind die jeweils möglichen beiden Spannungszustände durch die Symbole 0 und 1 repräsentiert; die 0 bedeutet, dass an dem entsprechenden Punkt keine Spannung herrscht. Überall dort, wo bei y eine 1 steht, muss die Eingangskombination von a und b derart sein, dass mindestens ein Kontakt eine Verbindung zwischen y und der oberen waagerechten Leitung herstellt. Man sieht, dass y nur bei einer einzigen Situation spannungslos werden kann: Dazu muss das Relais von a seinen Schalter öffnen, während das Relais von b keinen Strom erhalten darf, damit es seinen geöffneten Schalter nicht schließt. Wenn Sie jetzt noch einmal zurückblättern zur Abbildung 4.7, werden Sie dort das Muster der Tabelle aus Abbildung 14.1 wiederfinden. Unter Verwendung von zwei Relais und einer geeigneten Kontaktschaltung lassen sich alle in Abbildung 4.7 gezeigten Funktionsmuster elektrisch realisieren. Dieser einfache Zusammenhang zwischen Logik und Elektrotechnik bildet die Grundlage aller modernen technischen Informationsverarbeitungssysteme.

In Abbildung 14.1 habe ich schon dadurch, dass ich an den Ausgang y ein weiteres Relais angeschlossen habe, angedeutet, dass man die Gatter kaskadieren kann, das heißt, dass man die Ausgänge einer ersten Gatterschicht mit den Eingängen einer zweiten Gatterschicht verbinden kann. So kann man fortfahrend zu vielschichtigen Netzwerken kommen. Solche Systeme ordnen jeder Belegung ihrer Eingänge eindeutig eine bestimmte Belegung ihrer Ausgänge zu. Hierfür brauchen sie kein Gedächtnis; man nennt solche Schaltungen „Schaltnetze". Für umfangreichere informationsverarbeitende Aufgaben reichen Schaltnetze aber nicht aus; man braucht auch technische Realisierungen von Gedächtniszellen. Ich zeige Ihnen nun, dass man auch solche Gedächtniszellen realisieren kann, indem man nichts weiter als Relais und geeignet verschaltete Kontakte verwendet.

In Abbildung 14.2 habe ich die gewünschte Funktionsweise einer Gedächtniszelle dargestellt, wobei die Zelle nur einen einzigen Binärwert speichern kann. Der Speicherinhalt ist also entweder Null oder Eins. Er wird außen über die Leitung Q angezeigt. Die ansteigende Flanke des Taktsignals c (von dem englischen Wort *clock* für Uhr) soll jeweils den Zeitpunkt angeben, zu dem ein neuer Binärwert eingespeichert werden soll. Dieser einzuspeichernde Binärwert wird über die Leitung D angeliefert. Das Bild

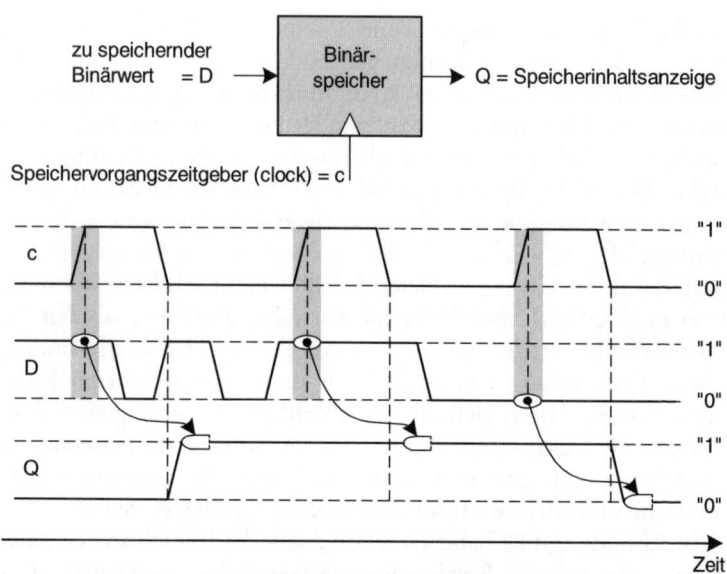

14.2 Funktionsweise eines getakteten Binärspeichers.

zeigt, dass der Verlauf des Signals D nur jeweils im Bereich der ansteigenden Flanke des Taktes vom Speichersystem angeschaut wird; wie dieses Signal D außerhalb dieser kurzen Beobachtungsintervalle aussieht, ist für das System völlig unerheblich. Was das Speicherglied im Intervall der ansteigenden Taktflanke am Eingang D gesehen hat, wird erst nach der abfallenden Taktflanke zum Ausgang Q weitergereicht. Die Speicherwirkung der Zelle äußert sich also darin, dass im Intervall zwischen zwei abfallenden Taktflanken der Wert am Ausgang Q konstant bleibt.

Was in Abbildung 14.2 in Form der Signalverläufe ausgedrückt wird, kann auch durch eine völlig andere Art von Diagramm erfasst werden. Sie sehen das zu Abbildung 14.2 passende Diagramm in Abbildung 14.3. Es handelt sich hier wieder um eine grafische Struktur aus Knoten mit runden und eckigen Rändern mit dazwischen liegenden Pfeilen, wie Sie sie bereits im Kapitel 13 kennengelernt haben (Abbildung 13.7 oder Abbildung 13.11). Die dortigen Graphen waren allerdings als Aufbaustrukturen zu inter-

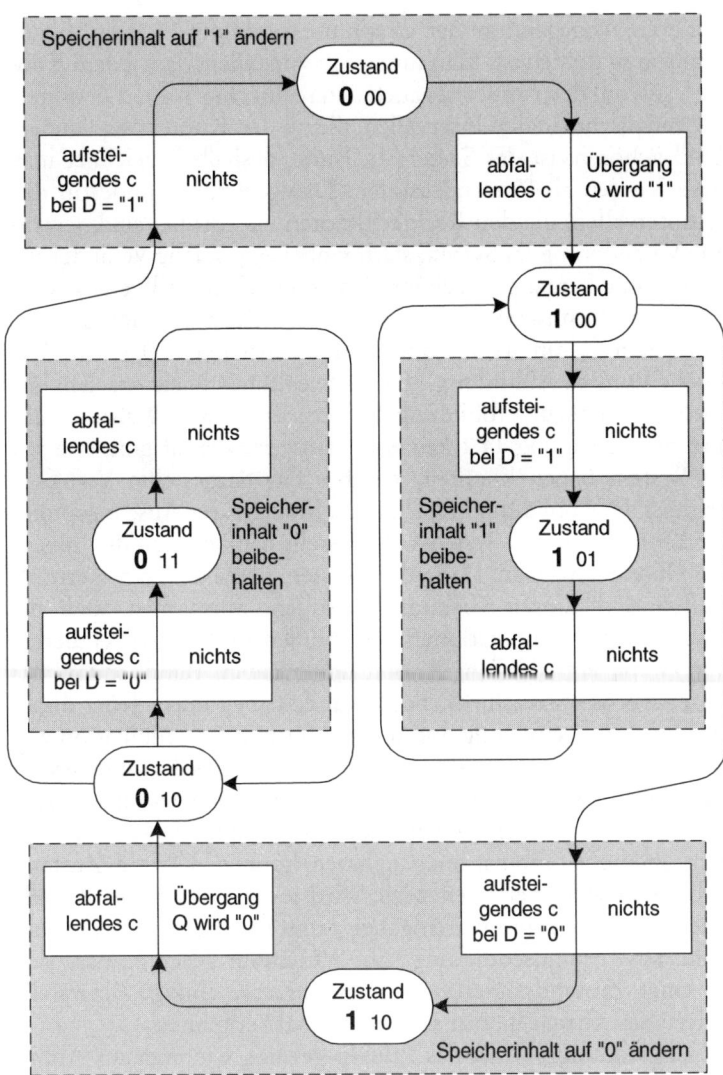

14.3 Aufgabengraph für einen getakteten Binärspeicher.

pretieren, wogegen nun der Graph in Abbildung 14.3 als Ablauf-
struktur zu deuten ist. Man muss sich vorstellen, dass jedem Knoten – sowohl den runden als auch den rechteckigen – ein Zeitintervall entspricht. In den Intervallen, die zu den Knoten mit rundem
Rand gehören, ist das System in Ruhe; deshalb bezeichnet man
diese Knoten als Zustandsknoten. Demgegenüber findet in den
Zeitintervallen, die den Rechteckknoten zugeordnet sind, jeweils
eine Veränderung im System statt, wobei eine solche Veränderung
immer ein Übergang von einem Zustand in einen anderen Zustand
sein muss. In unserem Falle sind die den Rechteckknoten zuzuordnenden Zeitintervalle durch die Taktflanken gegeben. Die
Beschriftung in Abbildung 14.3 sollte es Ihnen leicht machen, die
Entsprechung zur Abbildung 14.2 zu erkennen. Während uns
aber die Abbildung 14.2 keinerlei Hinweise darauf gibt, wie wir
ein System bauen könnten, welches das dargestellte Verhalten
zeigt, ist die Abbildung 14.3 ein recht brauchbarer Ausgangspunkt
zur Realisierung des Systems. Man stellt nämlich nun die folgenden Überlegungen an: Da in dem System keine anderen Werte als
Nullen und Einsen vorkommen sollen, muss man auch die
Zustände als Kombinationen von Nullen und Einsen codieren.
Der Graph enthält sechs Knoten mit rundem Rand, sodass das
System sechs unterschiedliche Zustände haben muss. Jeder dieser
Zustände muss eindeutig durch eine bestimmte Kombination von
Nullen und Einsen charakterisiert sein; dies erfordert mindestens
drei Binärstellen. Sie sehen, welche Kombinationen aus drei Binär-
werten ich den einzelnen Zuständen zugeordnet habe – ich hätte
auch andere Kombinationen nehmen können. Ob ein Zustand
beibehalten oder verlassen wird, wird jeweils durch die aktuelle
Belegung der beiden Binäreingänge c und D bestimmt. Bei meiner
Wahl der Zustandscodierung habe ich darauf geachtet, dass sich
bei einer Zustandsänderung immer nur eine einzige Binärstelle
ändert; den Grund hierfür werden Sie bald erkennen.

In Abbildung 14.4 ist das Prinzip gezeigt, wie man aus Abbildung 14.3 zu einer Schaltung kommt. Die unterschiedlichen Situationen in Abbildung 14.3 sind jeweils durch die Belegung von insgesamt fünf Binärvariablen definiert, nämlich durch die beiden
Eingangsvariablen c und D und die drei Binärwerte, die den
Zustand kennzeichnen. Durch das Schaltnetz in Abbildung 14.4

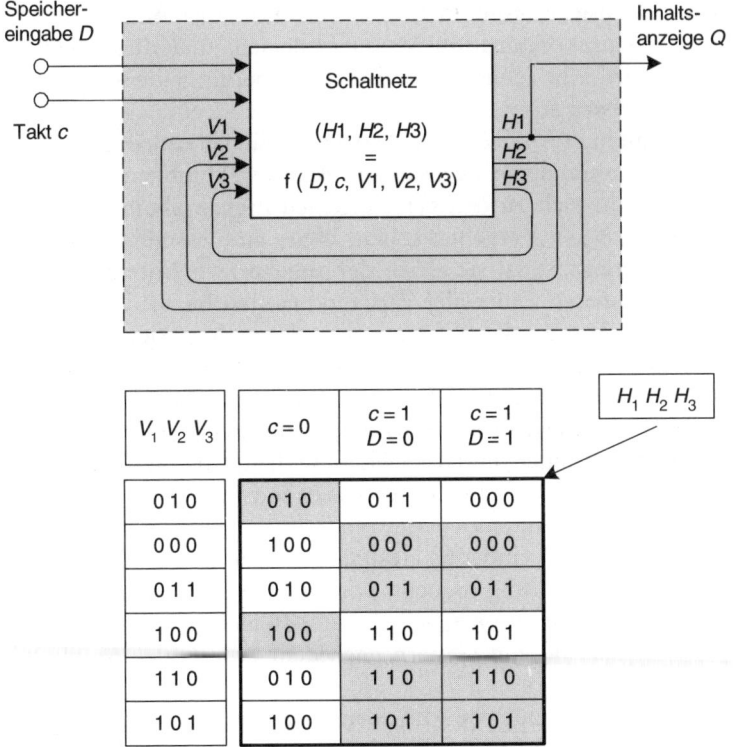

14.4 Aufbauprinzip und Funktionstabelle des Binärspeichers aus Abbildung 14.3.

wird einer aktuellen Belegung dieser fünf Binärvariablen am Ausgang nur eine dreistellige Belegung zugeordnet, weil die Eingangskombination ja immer nur darüber entscheiden muss, ob der aktuelle Zustand beibehalten wird, oder ob sich ein neuer Zustand einstellen muss. Die Buchstaben H und V habe ich gewählt, um zwischen hinten und vorne bezüglich des Schaltnetzes zu unterscheiden. Die Beibehaltung des Zustands äußert sich darin, dass der fünfstelligen Eingangskombination eine Ausgangskombination H zugeordnet wird, die wertegleich mit dem Abschnitt V in der Eingangskombination ist. Wenn dies nicht der Fall ist, wird sich die Ausgangskombination H genau in einer Binärstelle von der Eingangskombination V unterscheiden, und dieser Unterschied wird sehr schnell über den unten herum laufenden Rückkopplungsweg ausgeglichen.

Die unten in Abbildung 14.4 stehende Tabelle enthält im Innern des dick umrandeten Bereichs die Ausgangskombinationen (H_1, H_2, H_3), die sich zu den verschiedenen Eingangskombinationen (c, D, V_1, V_2, V_3) ergeben sollen. Wenn eine Kombinationen H grau unterlegt ist, ist sie gleich der zugehörigen Kombination V, sodass in diesen Fällen der Zustand erhalten bleibt. Die weißen Felder gehören zu den Zustandsübergängen. Man sieht, dass sich in diesen Fällen die H-Kombination jeweils in einer Binärstelle von der vorliegenden V-Kombination unterscheidet. Wenn es einen Unterschied in mehr als einer Binärstelle gäbe, würde ein Wettlauf stattfinden, und das weitere Verhalten des Systems würde davon abhängen, welche der Änderungen früher bei V ankommt. Weil ich jeweils nur eine einzige Änderung zugelassen habe, ist das Systemverhalten eindeutig festgelegt, unabhängig davon, wie lange diese Änderung braucht, von H nach V zu laufen. Ausgehend von der Funktionstabelle kann man methodisch das Schaltnetz als Kaskade von Gattern nach dem Prinzip der Abbildung 14.1 entwerfen.

Bei der Festlegung der Aufgabenstellung für das Binärspeicherglied in Abbildung 14.2 habe ich darauf geachtet, dass ein Signal am Ausgang Q problemlos als Eingang D eines anderen oder desselben Speicherglieds verwendet werden kann. Denn es ist ja sichergestellt, dass das Signal Q im Bereich der ansteigenden Taktflanke nie seinen Wert ändert und deshalb zur Vorgabe des nächsten einzuspeichernden Wertes verwendet werden kann. Die einfachste Art der Verschaltung solcher Speicherglieder sehen Sie in Abbildung 14.5, wo der Ausgang eines Speicherglieds jeweils mit dem Eingang seines rechten Nachbarn verbunden ist, sofern es einen solchen Nachbarn gibt. Die Funktion eines solchen Systems besteht einfach darin, die am Eingang angelieferten Binärwerte taktweise nach rechts zu schieben, wie es die oben im Bild stehende Tabelle zeigt.

Das System in Abbildung 14.5 ist der einfachste Sonderfall für die in Abbildung 14.6 gezeigte allgemeine Aufbaustruktur eines

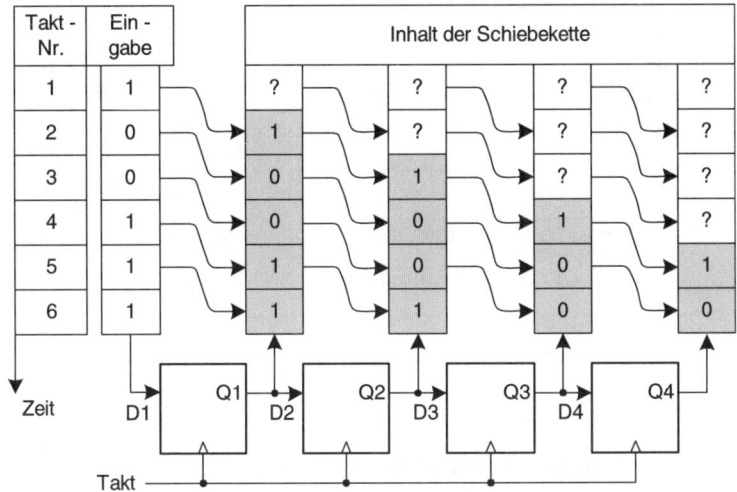

14.5 Schiebekette aus getakteten Binärspeichern.

getakteten Schaltwerks. Die für jede ansteigende Taktflanke benötigten Binärwerte für die Eingänge der Speicherglieder werden über ein Schaltnetz aus den externen Eingängen x_i und den aktuellen Inhalten der Speicherglieder funktional bestimmt. Ebenso liefert das Schaltnetz die Binärwerte für die Ausgangsleitungen y_j. Da das Schaltnetz endlich viele Eingänge und auch nur endlich viele Ausgänge hat, kann die Aufgabenstellung für den Schaltnetzentwurf in Form einer Tabelle angegeben werden, und es gibt Verfahren, wie man von einer solchen Aufgabetabelle zu einer Schaltung kommt, die nichts anderes als eine Kaskadierung von logischen Gattern ist. Auch die kompliziertesten informationsverarbeitenden Binärsysteme bestehen im Grunde ausschließlich aus Komponenten mit einer Struktur, wie sie in Abbildung 14.6 dargestellt ist. Allerdings übersteigt in vielen der heutigen Systemen die Anzahl der binären Speicherglieder und der logischen Gatter die Millionengrenze, sodass hier besondere Methoden der Komplexitätsbeherrschung erforderlich sind.

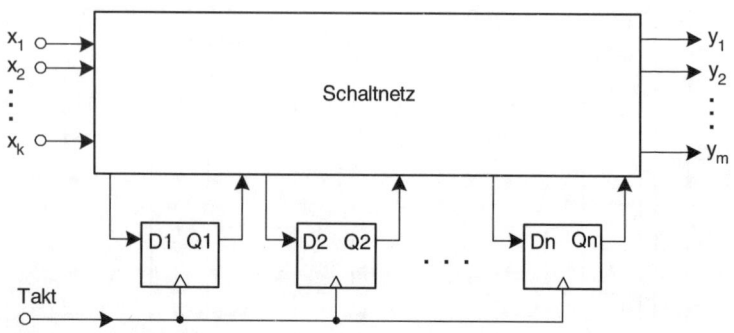

14.6   Allgemeine Aufbaustruktur eines getakteten Schaltwerks.

Weshalb Ingenieure möglichst vieles digitalisieren wollen

Wenn es um die Verarbeitung von Informationen aus der diskreten Welt geht, ist es keine Frage, ob die Ingenieure die Systeme digital realisieren wollen oder nicht, denn eine Alternative zum Digitalsystem gibt es in diesen Fällen gar nicht. Die Digitaltechnik kann nur dort eine Alternative sein, wo es um die Verarbeitung von Informationen aus dem Kontinuum geht. Ein typisches Beispiel hierfür ist die Übertragung von Sprache durch das Telefon oder durch den Rundfunk; hier schien die Analogtechnik lange Zeit die einzige Möglichkeit zu sein. Diese Analogtechnik hat aber einen grundsätzlichen Mangel, der die Ingenieure schon immer gestört hat: Analoge Darstellungen kontinuierlicher Sachverhalte lassen sich praktisch nicht gegen Störungen schützen, weil es keine Möglichkeit gibt, die eingegebene Information analytisch eindeutig von der Störinformation zu unterscheiden. Wenn Sie angerufen werden und den Eindruck haben, der Sprecher am anderen Ende habe Schnupfen, weil das, was er sagt, etwas ungewohnt klingt, können Sie nicht wissen, ob dieser Schnupfeneffekt tatsächlich schon vom Sprecher in das System eingebracht wurde oder erst durch die Übertragung der Sprache hinzukam.

Im Unterschied hierzu gibt es in der Digitaltechnik zwei verhältnismäßig einfache Möglichkeiten, Störungen als solche zu erkennen und die eingegebene Information wieder in ihrer ursprünglichen Form zu regenerieren. Zum einen kann man längs der Übertragungsstrecke den sich auf natürliche Weise verringernden sogenannten Binärabstand immer wieder auf den ursprünglichen Wert vergrößern, und zum anderen kann man die gesendeten Binärfolgen so mit Überwachungsinformationen anreichern, dass man aus der empfangenen Binärfolge mit extrem hoher Wahrscheinlichkeit auf die gesendete Binärfolge schließen kann. Der angesprochene Binärabstand ist der physikalische Unterschied zwischen dem Signalwert, der eine 0 repräsentieren soll, und dem Signalwert, der eine 1 repräsentieren soll. Falls beispielsweise die „0" als null Volt und die „1" als fünf Volt am Eingang eingegeben werden, wird der ursprüngliche Abstand von fünf Volt zwischen der 0 und der 1 längs der Leitung allein schon auf Grund der Energieverluste abnehmen. Wenn dieser Abstand beispielsweise auf zwei Volt abgenommen hat, kann man den Unterschied zwischen 0 und 1 immer noch gut erkennen. Durch Einsatz eines Verstärkers kann man nun den ursprünglichen Binärabstand von fünf Volt wieder herstellen und dem Signalverlauf wieder die Form geben, die er am Eingang hatte. Im Falle von Analogsignalen kann man diese zwar auch verstärken, aber dabei werden die auf dem Übertragungsweg entstandenen Formverzerrungen mitverstärkt.

Die zweite Methode, die es ermöglicht, die eingegebene Binärfolge trotz der unvermeidlichen Störungen immer wieder zu regenerieren, besteht darin, dass man die ursprüngliche Binärfolge, die man für die Nutzinformation benötigt, durch zusätzliche Binärzeichen erweitert, damit man am Streckenausgang noch auf die ursprüngliche Eingangsfolge rückschließen kann. Wieso dies überhaupt möglich ist, erkennen Sie anhand von Abbildung 14.7. Nehmen Sie an, die zu übertragende Information bestehe in der Mitteilung, welcher von vier bekannten möglichen Fällen eingetreten ist. Zur Darstellung der vier möglichen Fälle durch Binärzeichen benötigt man zwei Stellen. Diese sind in Abbildung 14.7 die fett gedruckten Kombinationen. Diesen beiden Binärstellen werden nun drei weitere Binärstellen so hinzugefügt, dass die Unterscheidbarkeit der vier fünfstelligen Binärfolgen maximiert wird. Die Zahlen 3 oder 4, die jeweils zwischen zwei der vier beim Sender zugelassenen Binärfolgen eingetragen sind, geben die Zahl der Binärstellen an, in denen sich diese beiden Binärfolgen unter-

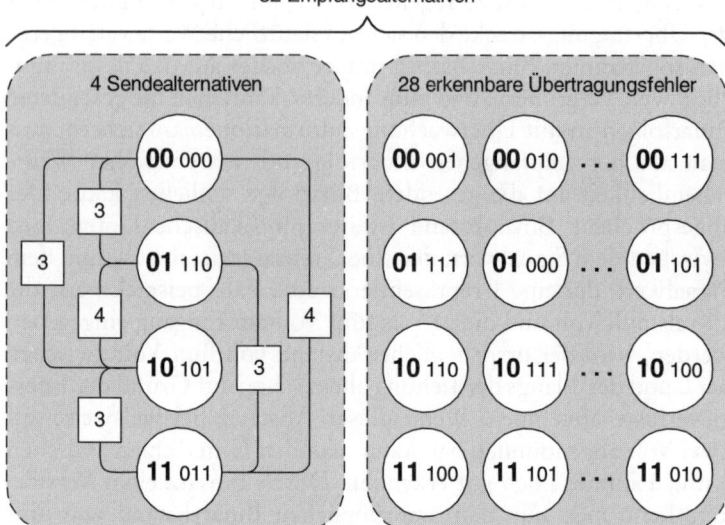

14.7   Redundanz als Grundlage der Fehlererkennung.

scheiden. So besteht beispielsweise die Binärfolge ganz oben aus
fünf Nullen, wogegen die ganz unten stehende Binärfolge nur
noch eine Null enthält. Somit unterscheiden sich diese beiden
Binärfolgen in vier Positionen. Die Zahl, die angibt, in wie vielen
Binärpositionen sich zwei gegebene gleichlange Binärfolgen
unterscheiden, wird in der Fachsprache als *Hammingdistanz*
bezeichnet, zu Ehren des amerikanischen Mathematikers Richard
W. Hamming (1915–1998), der sich schon recht früh mit der Darstellung von Information durch Binärfolgen befasst hat. Wir nehmen nun an, der Sender gebe eine der vier fünfstelligen Binärfolgen aus Abbildung 14.7 am Eingang der Übertragungsstrecke ein.
Wegen der möglichen Störungen auf der Übertragungsstrecke
kann beim Empfänger jedoch jede der möglichen 32 Folgen
ankommen. Der Empfänger weiß, dass es insgesamt $2^5 = 32$ unterschiedliche fünfstellige Binärfolgen gibt, und er weiß auch, dass
von diesen 32 nur eine der vier in Abbildung 14.7 links gezeigten
Folgen am Eingang vorgekommen sein kann. Wenn die ankom-

mende Folge genau so aussieht wie eine der vier in Abbildung 14.7, kann er selbstverständlich nicht feststellen, ob diese ankommende Folge aus einer der anderen drei möglichen Eingangsfolgen durch Störung entstanden ist, oder ob sie tatsächlich ungestört vom Eingang zu ihm kam. Die Wahrscheinlichkeit, dass die empfangene Binärfolge ungestört vom Eingang zu ihm gelangte, ist in diesem Falle allerdings viel höher als dass sie zufällig durch geeignete Störung einer anderen gesendeten Binärfolge entstanden ist. Schwieriger werden die Wahrscheinlichkeitsverhältnisse, wenn eine Folge empfangen wird, die keiner der vier möglichen Eingangsfolgen entspricht. Das einzige, was man in einem solchen Falle mit Sicherheit weiß, ist, dass durch die Übertragung mindestens eine Binärstelle verfälscht worden sein muss. Man hat in einem solchen Falle zwei Verhaltensalternativen: Entweder bittet man die Sendeseite, sie möge die aktuelle Binärfolge noch einmal wiederholen, oder aber man nimmt an, dass diejenige Eingangsfolge gesendet wurde, die sich von der empfangenen Folge am wenigsten unterscheidet. Beide Alternativen kennen wir auch schon aus unseren normalen Kommunikationsvorgängen, denn wenn wir bei einem Telefongespräch feststellen, dass ein gesprochener Satz vom Sender nur unvollständig zu uns gelangt ist, können wir entweder raten, wie der gestörte Satzteil gelautet haben mag, oder aber wir bitten die Gegenseite, den Satz noch einmal zu wiederholen.

In Abbildung 14.7 wurden den zwei Nutzbits jeweils drei Ergänzungsbits hinzugefügt. Man sagt, dass in diesem Falle die sogenannte Redundanzrate 60 Prozent betrage, weil nur 40 Prozent des übertragenen Bit-Stroms die eigentliche Nutzinformation darstellt. Es gibt etliche, teilweise sehr trickreiche Verfahren, eine ursprüngliche Folge von Binärzeichen mit einem bestimmten Prozentsatz an redundanten Zeichen anzureichern. Die Entscheidung, um welchen Prozentsatz und nach welcher Methode man den Binärstrom redundant erweitert, hängt sehr stark von den Eigenschaften des aktuellen Übertragungskanals ab. Wenn eine Raumsonde auf ihrem Weg zum Mars oder gar zum Jupiter ihre aufgenommenen Bilder zur Erde funkt, muss mit extremen Störungen gerechnet werden, weshalb man für diese Übertragung mit sehr hohen Redundanzraten arbeitet. Demgegenüber sind im Falle der Kabelkanäle auf der Erde die Störungsverhältnisse bei weitem nicht so schlecht, sodass man hier durchaus mit Redundanzraten von 20 bis 30 Prozent gut zurechtkommt. Die Möglichkeit, gesendete Signale wieder zu regenerieren und damit die Störeinflüsse der Übertragungskanäle weitgehend zu eliminieren, ist verständlicherweise ein wesentlicher Grund dafür, dass die Ingenieure nach Möglichkeiten suchten, die Aufgaben, die ursprünglich mit analoger Technik gelöst wurden, nun mit digitaler zu lösen. Es gibt aber noch zwei weitere wichtige Gründe, die Digitaltechnik zu bevorzugen. Wenn nämlich die ursprünglich kontinuierlichen Sachverhalte als Ströme von Nullen und Einsen übertragen werden können, ist es leicht möglich, in diese Ströme auch Informationen hineinzumischen, die ursprünglich schon diskret sind. So empfinden wir es heute schon fast als selbstverständlich, dass wir schon, wenn unser Telefon klingelt, auf einem kleinen Anzeigefeld die Nummer des Anrufers lesen können. Die Übertragung solcher Nummern war selbstverständlich schon immer eine rein digitaltechnische Angelegenheit. Nun aber kann sie über den gleichen Kanal übertragen werden, über den auch die Sprache zu uns kommt. Wenn der Sprachkanal analog realisiert wird, ist es sehr aufwendig, die Anrufernummer über diesen Kanal zu übertragen. Wenn aber auch die Sprache eine Folge von Nullen und Einsen ist, lässt es sich verhältnismäßig leicht einrichten, dass man der ankommenden Folge von Binärzeichen ansehen kann, ob es sich um codierte Sprache oder um die anzuzeigende Ziffernfolge handelt.

Der dritte Grund für die Vorliebe der Ingenieure für die Digitaltechnik besteht darin, dass man die vorhandenen Informationsübertragungskanäle, also die Funkstrecken, die Kabelverbindungen oder die Glasfaserverbindungen sehr viel besser ausnutzen kann als mit der Analogtechnik. So wie man durch ein gegebenes Rohr nicht eine beliebig große Flüssigkeitsmenge pro Zeiteinheit hindurchdrücken kann, stößt man auch bei der Nutzung von Informationsübertragungskanälen auf physikalisch unüberwindliche Grenzen. Die sogenannte Kanalkapazität wird angegeben in Bit/Sekunde, und sie sagt uns, wie viele Binärzeichen wir pro Sekunde in den Eingang des Übertragungskanals hineinstopfen können, damit der Empfänger am anderen Ende auch wirklich wieder die gleiche Folge von Binärzeichen erhält. Dass das Übertragungssystem die zu übertragende Binärzeichenfolge nicht in der von uns angelieferten Form auf die Reise schickt, sondern zuerst noch eine recht komplizierte Wandlung durchführt, kann sowohl dem Sender als auch dem Empfänger egal sein, solange auch am Kanalende wieder eine entsprechende Rückwandlung erfolgt. Man hat inzwischen sehr geschickte Wandlungsmethoden gefunden, mit denen man die physikalisch gegebene Kanalkapazität ausnutzen kann. Diese Verfahren setzen allerdings voraus, dass die Information, die übertragen werden soll, tatsächlich als Folge von Nullen und Einsen dargestellt ist.

Die Vorliebe der Ingenieure für die Digitaltechnik sollte Ihnen nun verständlich geworden sein. Der gut begründete Wunsch, möglichst vieles zu digitalisieren, kann aber nur erfüllt werden, wenn bestimmte Voraussetzungen erfüllt sind. Die eine Voraussetzung besteht selbstverständlich darin, dass es gelingt, kontinuierliche Erscheinungen als Folgen von Nullen und Einsen darzustellen. Die andere Voraussetzung besteht darin, dass die Digitaltechnik nicht teurer wird als die Analogtechnik, die sie ersetzen soll. Mit den Abbildungen 14.1 und 14.4 habe ich Ihnen gezeigt, worin die digitaltechnischen Mittel bestehen, nämlich ausschließlich in logischen Gattern, die auf geeignete Weise zusammengeschaltet werden. Bei der Ablösung der Analogtechnik durch die Digitaltechnik müssen extrem komplexe Aufgaben mit digitaltechnischen Mitteln gelöst werden. Die Anzahl der hierfür benötigten logischen Gatter übersteigt schnell die Millionengrenze, und die Aufgaben sind auch noch derart, dass die Zeit, die man einem Gatter für das Umschalten zugestehen kann, im Bereich von wenigen Milliardstel Sekunden liegt. Hierfür kommen die Relaisschalter aus Abbildung 14.1 nicht infrage, denn zum einen benötigen diese zum Umschalten einige Tausendstel Sekunden, und zum anderen ist das einzelne Relais so groß, dass ein System aus einer Million solcher Relais mehrere große Schränke füllen würde. So viel Platz hat man aber nicht, denn so ein System soll unter anderem in einen Telefonapparat oder in ein Fernsehgerät hineinpassen. Deshalb konnte man die Ablösung der Analogtechnik durch die Digitaltechnik erst in Angriff nehmen, als die Entwicklung der sogenannten Mikroelektronik weit genug fortgeschritten war. Die Entwicklung der Mikroelektronik war schon recht früh von den Computerbauern vorangetrieben worden, denn auch sie brauchten immer mehr logische Gatter, um ihre Computer leistungsfähiger zu machen.

Der Bauingenieur Konrad Zuse (1910–1995) begann wenige Jahre vor dem zweiten Weltkrieg mit dem Bau des ersten Computers. Für sein erstes funktionsfähiges System verwendete er Relais, die er sich aus ausgemusterten vermittlungstechnischen Anlagen besorgte. Da es bei den Gattern immer nur darauf ankommt, einen Stromkreis zu öffnen oder zu schließen, kommen hierfür nicht nur mechanische Kontakte in Betracht, sondern man kann auch andere elektronische Bauelemente hierfür verwenden. So wurden die Relais sehr bald durch Elektronenröhren abgelöst, bei denen ein Elektronenstrom von der einen Elektrode durch das Vakuum zur anderen Elektrode fließt. Diesen Strom kann man dadurch unterbrechen, dass man an eine gitterförmige dritte Elektrode, die zwischen den beiden anderen liegt, eine negative Spannung anlegt, welche die Elektronen zum Umkehren zwingt, bevor sie ihre Zielelektrode erreicht haben. Die Röhren brachten zwar keine Verkleinerung der Gatter, aber sehr viel kürzere Schaltzeiten, sodass nun die Computer sehr viel schneller arbeiten konnten als vorher. Im Jahre 1947 wurde der Transistor erfunden, der später die Elektronenröhren aus der Technik fast überall verdrängt hat. In Kapitel 11 habe ich Ihnen bereits erzählt, dass ein Transistor ein Sandwich aus drei Halbleiterscheiben ist und als Stromverstärker wirkt. Bei der Verwendung von Transistoren in Gattern wird der Strom wie beim Relais nur ein- oder ausgeschaltet.

Das heute übliche Halbleitermaterial ist Silizium. Wenn man einen Transistor als einzelnes Bauelement haben will, muss man das Siliziumstückchen, welches den eigentlichen Transistorkern enthält, in ein kleines Gehäuse packen und über drei Anschlussdrähte von außen zugänglich machen. Man hat aber auch die Möglichkeit, in einem Stück Silizium mehrere Transistoren zu realisieren und ihre Anschlüsse gar nicht nach außen zu führen, sondern gleich innerhalb des Siliziums zu einer Schaltung zu verbinden. Dies ist die Grundidee der sogenannten integrierten Schaltungen oder Chips. Heute kann man integrierte Schaltungen realisieren, die viele Millionen Transistoren enthalten, wobei das dafür nötige

Siliziumstück nur ungefähr die Größe einer Euromünze hat – man verwendet allerdings keine runden, sondern rechteckige Stückchen. Seit solche integrierten Schaltungen zur Verfügung stehen, ist die Ablösung der Analogtechnik durch die Digitaltechnik möglich.

Auch die zweite Voraussetzung ist erfüllt, d.h., man kann kontinuierliche Sachverhalte umkehrbar eindeutig in endliche Binärfolgen umwandeln. Schon im Jahre 1933 hatte der russische Mathematiker Wladimir Kotelnikow (1908–2005) einen Zusammenhang hergeleitet, der später unter der Bezeichnung *Abtasttheorem* bekannt wurde. 15 Jahre nach dem Russen, also im Jahre 1948 wurde das Abtasttheorem von dem Amerikaner Claude Shannon (1916–2001), der von seinem Vorgänger nichts wusste, ein zweites Mal gefunden. Die Tatsache, dass der Russe der erste war, blieb in der Fachwelt lange Zeit unbekannt, sodass das Abtasttheorem sogar unter der Bezeichnung *Abtasttheorem von Shannon* verbreitet wurde. Da es sich um eine unglaublich weitreichende Erkenntnis handelt, will ich Ihnen hier nicht einfach das Ergebnis darstellen, sondern Sie schrittweise zu diesem Ergebnis führen.

Wir beginnen unsere Überlegungen mit der Annahme, es läge ein sinusförmiger Verlauf einer physikalischen Größe vor, wobei wir zwar die Frequenz und damit auch die Periodendauer des Verlaufs kennen, aber nicht seine Amplitude und nicht die Punkte, wo der Verlauf den Wert null hat. Wir sollen uns nun durch möglichst wenige Messungen die fehlenden Informationen beschaffen. Dass eine einzige Messung bestimmt nicht ausreicht, ist leicht einzusehen, denn wenn wir die physikalische Größe zu irgendeinem beliebigen Zeitpunkt messen, wissen wir ja nicht, wie dieser Zeitpunkt innerhalb der Periodendauer liegt. Wenn wir einen Wert messen, der nicht null ist, könnte es zufällig die Amplitude sein, es könnte aber auch ein Wert sein, der dicht neben einem Null-Durchgang des Verlaufs liegt, sodass in diesem Fall die Amplitude sehr viel größer sein muss. Wenn ein einziger Messwert nicht ausreicht, könnte es aber sein, dass zwei Messwerte genügen. Da wir die Frequenz des Verlaufes kennen, werden wir diese beiden zeitlichen Messpunkte nicht so legen, dass ihr zeitlicher Abstand ein ganzzahliges Vielfaches einer halben Periodendauer ist. Sonst könnten wir nämlich den zweiten Messwert schon auf Grund des ersten Messwertes vorhersagen: Wenn eine ganze Anzahl von Wellenlängen zwischen den Messzeitpunkten liegt, müssen die beiden Werte gleich sein; wenn dagegen eine ungerade Zahl von halben Wellenlängen dazwischen liegt, muss der eine Wert das umgekehrte Vorzeichen des anderen haben. Also werden wir nun die beiden Messzeitpunkte so legen, dass ihr Abstand kleiner als eine halbe Wellenlänge ist. Den Vorgang der Messung bezeichnet man in diesem Fall als Abtastung des interessierenden Funktionsverlaufs.

Abbildung 14.8 zeigt hierfür ein Beispiel. Um anschauliche Verhältnisse zu bekommen, habe ich hier die Wellenlänge auf eins normiert. Als Abstand der beiden Abtastpunkte habe ich 0,3 gewählt, das sind 60 Prozent einer halben Wellenlänge. Damit man den Sinusverlauf als mathematische Funktion erfassen kann, muss man den Nullpunkt der x-Achse willkürlich festlegen. Damit Sie erkennen, dass man hier tatsächlich die Freiheit der Wahl hat, habe ich in Abbildung 14.8 zwei unterschiedliche Festlegungen des Nullpunktes gezeigt. Der abgetastete Sinusverlauf muss dabei in beiden Fällen selbstverständlich der gleiche sein, nur seine mathematische Formulierung wird sich unterscheiden. Die jeweilige Wahl des Nullpunktes entscheidet selbstverständlich auch darüber, welche x-Werte zu unseren beiden Abtastpunkten gehören; im oberen Fall liegen die beiden Abtastpunkte bei null und 0,3, wogegen sie unten bei 0,397 und 0,697 liegen. Was selbstverständlich oben und unten gleich sein muss, ist die Differenz der beiden x-Werte, die in beiden Fällen 0,3 beträgt.

Für die mathematische Formulierung eines Sinusverlaufs gibt es stets zwei unterschiedliche Formulierungen: $A * \sin(x + x_0)$ oder $[S * \sin(x) + C * \cos(x)]$. In beiden Fällen braucht man also zwei Zahlen zur vollständigen Charakterisierung des Verlaufs; im ersten Fall braucht man das Wertepaar (A, x_0), im zweiten Fall das Wertepaar (S, C). Die Amplitude A und die beiden Komponentenamplituden S und C hängen über den Satz des Pythagoras zusammen. Aus den beiden zu unterschiedlichen Zeitpunkten gemessenen Abtastwerten kann man auf einfache Weise das jeweils gesuchte Zahlenpaar berechnen. Ich habe Ihnen das jeweilige Paar (S, C) in die Abbildung 14.8 eingetragen. Sie sehen, dass

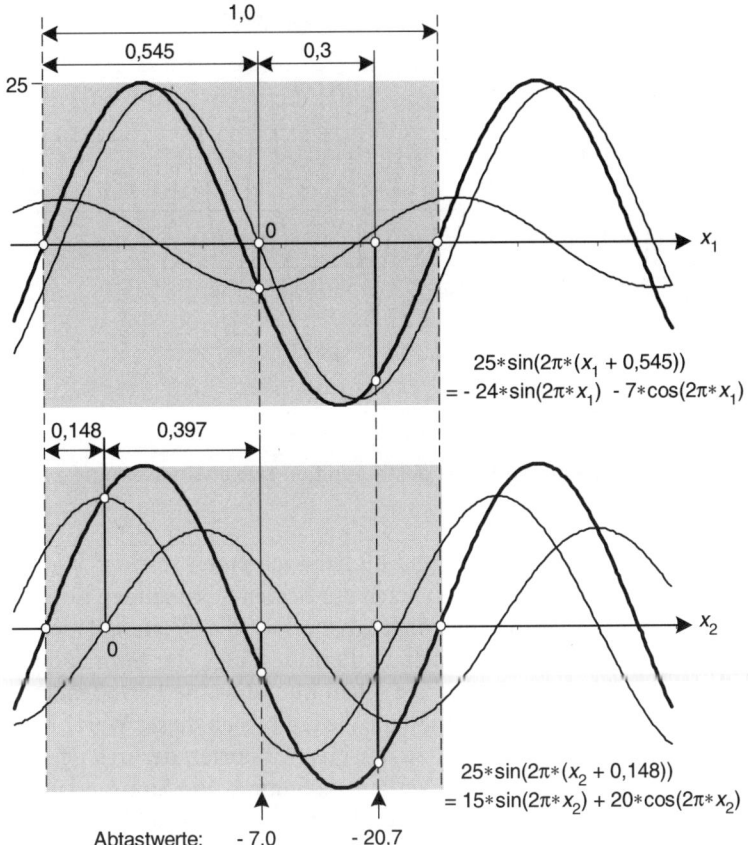

14.8 Abtastung eines Sinusverlaufs.

die Werte von der jeweiligen Wahl des Nullpunktes abhängen; für die obere Wahl ergibt sich (S, C) zu (–24, –7), für die untere Wahl ergibt sich (15, 20). In beiden Fällen ergibt sich für A der Wert 25, denn $A^2 = S^2 + C^2 = 24^2 + 7^2 = 15^2 + 20^2 = 25^2$.

Nachdem wir nun erkannt haben, dass zur mathematischen Erfassung eines einzigen Sinusverlaufs zwei Abtastwerte genügen, wollen wir nun wissen, wie viele Abtastwerte erforderlich sind, um einen Verlauf zu erfassen, der als Summe zweier Sinusverläufe

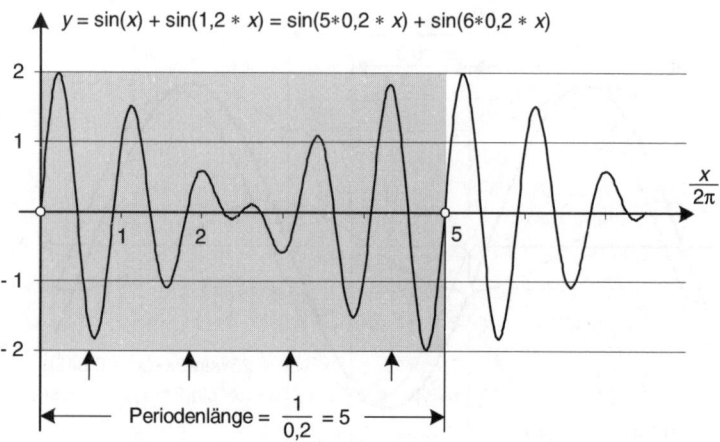

14.9 Bildung eines Verlaufes durch Addition zweier Sinusverläufe.

gebildet wird. In Abbildung 14.9 habe ich einen solchen Verlauf dargestellt, wobei die Frequenzen der beiden Summanden im Verhältnis fünf zu sechs stehen. Ich habe hier die Werte auf der x-Achse so normiert, dass sich als Periodenlänge des Summanden sin(x) der Wert eins ergibt. Sie sehen nun, dass die Periodenlänge des Verlaufs y den Wert fünf hat. Wie ergibt sich dieser Wert? Man benutzt hier die Erkenntnisse des Herrn Fourier, der uns gezeigt hat, dass jeder periodische Verlauf als Summe von Sinusverläufen beschrieben werden kann, deren Frequenzen ganzzahlige Vielfache einer Grundfrequenz sind. In unserem Falle hat die Grundfrequenz den Wert 0,2, denn unsere beiden Frequenzen 1 und 1,2 sind ganzzahlige Vielfache von 0,2. Der Kehrwert dieser Grundfrequenz ist die Periodendauer. Ich habe absichtlich die Frequenzen der beiden Summanden so gewählt, dass ihre Differenz genau der Grundfrequenz entspricht. Denn dann kann zum gegebenen periodischen Verlauf kein dritter Summand beigetragen haben, und wir dürfen schließen, dass wir für jeden der beiden Summanden zwei Abtastwerte brauchen. Wie sollte man nun die vier Abtastzeitpunkte innerhalb der Periodenlänge verteilen? Bei der Betrachtung eines einzigen Sinusverlaufs hatten wir erkannt, dass die beiden Abtastwerte einen Abstand haben sollen, der kleiner als

die halbe Periodendauer ist. Eine sinnvolle Anpassung dieser Forderung auf den Fall von zwei addierten Sinusverläufen lautet, dass
nun der Abstand der Abtastwerte kleiner sein soll als ein Viertel
der Periodendauer. Unten in Abbildung 14.9 habe ich vier Abtast-
positionen gemäß dieser Forderung platziert.

Von den Ergebnissen unserer bisherigen Betrachtung ist es nun
kein großer Schritt mehr zur allgemeinen Formulierung des
Abtasttheorems. Die Aussagen in Abbildung 14.10 sind nämlich
nichts anderes als Verallgemeinerungen meines Kommentars zu

Die Periodenlänge des abzutastenden Verlaufs sei $\dfrac{1}{\Delta f}$

Die Spektralfrequenzen $f = k * \Delta f$ seien beschränkt auf das Intervall

$$k_{min} * \Delta f = f_{min} \le f \le f_{max} = k_{max} * \Delta f \, .$$

Die Länge des Frequenzintervalls wird als "Bandbreite" bezeichnet.

$$\text{Bandbreite} = f_{max} - f_{min} = (k_{max} - k_{min}) * \Delta f$$

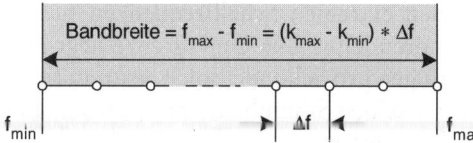

f_{min} $\qquad \Delta f$ $\qquad f_{max}$

In die Bandbreite (inklusive der beiden Grenzfrequenzen)
passen $(k_{max} - k_{min} + 1)$ Frequenzen im Abstand Δf.

Pro Frequenz $k * \Delta f$ müssen die beiden Amplitudenwerte S_k und C_k
für die Sinus- und die Kosinuskomponente bestimmt werden.
Dafür benötigt man zwei Abtastwerte. Also benötigt man insgesamt

$$2 * (k_{max} - k_{min} + 1) \text{ Abtastwerte.}$$

Wenn die zugehörigen Abtastorte in gleichem Abstand zueinander
innerhalb der Periodenlänge liegen, beträgt ihr Abstand

$$\frac{1}{\Delta f * [\, 2 * (k_{max} - k_{min} + 1)\,]} = \frac{1}{2 * (\text{Bandbreite} + \Delta f)}$$

Das sogenannte "Abtasttheorem" lautet:

Der Abstand zweier Abtastpunkte muss kleiner sein als der
Kehrwert der doppelten Bandbreite des abzutastenden Verlaufs.

14.10 Herleitung des Abtasttheorems.

Abbildung 14.9. Die in Abbildung 14.10 vorkommenden fünf Größen Δf, f_{min}, f_{max}, k_{min} und k_{max} haben in Abbildung 14.9 die Werte 0,2; 1,0; 1,2; 5 und 6. Im Falle der Abbildung 14.9 hat die Bandbreite den gleichen Wert wie die Grundfrequenz Δf. In der Realität kommt so etwas aber nicht vor. Vielmehr sind die Signale, die wir digital erfassen wollen, gar nicht periodisch. Da der Kehrwert von Δf die Periodenlänge ist, muss bei nicht periodischen Signalen Δf den Wert Null haben, denn ein nichtperiodisches Signal ist gleichbedeutend mit einem periodischen Signal, dessen Periodenlänge unendlich ist. In der allgemeinen Formulierung des Abtasttheorems kommt deshalb kein Δf mehr vor; der erforderliche Mindestabstand zweier Abtastpunkte wird eindeutig durch die Bandbreite bestimmt.

Damit man ein kontinuierliches Signal in eine Folge von Abtastwerten übersetzen darf, muss also seine Bandbreite endlich sein. Dies ist bei allen technisch interessanten Signalen garantiert. So wird beispielsweise die Bandbreite eines akustischen Signals durch die beiden extremen Schallfrequenzen bestimmt, die ein Mensch noch hören kann. Die Untergrenze liegt ungefähr bei 20 Schallschwingungen pro Sekunde; solche extrem tiefen Töne kann kein Mensch mit seinen Stimmbändern erzeugen, aber wenn man Orgelpfeifen lang genug macht, lassen sich solche tiefen Töne erzeugen. Die andere Grenze liegt bei ungefähr bei 20 000 Hz, wobei so hohe Töne allerdings nur von jungen Menschen gehört werden können; mit dem Älterwerden sinkt die Grenze der Frequenzen, die ein Mensch noch wahrnehmen kann. Wenn man nun also ein akustisches Signal in seiner vollen Bandbreite durch Abtastwerte erfassen will, muss man das Signal mindestens 40 000 Mal pro Sekunde abtasten. Allerdings ist eine derart hohe Abtastfrequenz nur für die Übertragung von Musik in höchster Qualität notwendig, aber nicht für den Fall der Übertragung von Sprache. Man hat experimentell festgestellt, dass man durchaus noch eine sehr gute Sprachqualität erhält, wenn man als obere Grenzfrequenz nicht 20 000, sondern nur 4 000 Hertz nimmt. Dann braucht man nur noch 8 000 Abtastwerte pro Sekunde. Bezüglich aller Signalarten, die für die Übertragung infrage kommen, hat man entsprechende Überlegungen angestellt, um die zugehörigen Bandbreiten herauszufinden. So benötigt man beispielsweise für die Übertragung von Fernsehbildern verglichen mit der Sprachbandbreite eine sehr viel größere Bandbreite.

Möglicherweise haben Sie schon erraten, wie man von den Abtastwerten zu Folgen aus Nullen und Einsen kommt. Denn jeder Abtastwert ist ja eine Zahl, und solche Zahlen müssen nur so genau erfasst werden, dass man dem daraus zurückgewonnenen kontinuierlichen Signal nicht anmerkt, dass es ein klein wenig vom ursprünglichen Signal abweicht. Dass man endlich lange Zahlen als Folgen von Nullen und Einsen darstellen kann, habe ich Ihnen schon in Abbildung 4.4 gezeigt. Wenn wir beispielsweise annehmen, dass jeder Abtastwert eines Sprachsignals mit 8 Binärzeichen codiert wird, und 8 000 Abtastwerte pro Sekunde übertragen werden, muss man also 64 000 Binärzeichen pro Sekunde übertragen, damit aus dem, was am Ende des Übertragungskanals ankommt, wieder ein Sprachsignal erzeugt werden kann, welches sich nicht erkennbar vom ursprünglich eingespeisten Sprachsignal unterscheidet.

Weil man unnötigen Aufwand vermeiden will, werden selbstverständlich alle möglichen Tricks angewandt, um die Anzahl der Binärzeichen zu minimieren, die man pro Sekunde übertragen muss. Es ist tatsächlich möglich, den Binärzeichenstrom, der unmittelbar den binär codierten Abtastwerten entspricht, noch weiter zu reduzieren. So entstehen während des Sprechens immer wieder kurze Pausen zwischen den Wörtern oder Sätzen. Solche Pausen muss man selbstverständlich nicht auch mit 64 000 Binärzeichen pro Sekunde übertragen; das Vorkommen einer Pause und ihre Länge kann durch eine viel kürzere Binärfolge mitgeteilt werden. Neben diesem einfachen Fall gibt es noch viele andere Möglichkeiten, den durch die Abtastung entstandenen Binärzeichenstrom nachträglich stark zu komprimieren. In der Fachsprache heißt dies, dass im Abtaststrom noch ein großer Anteil an Redundanz enthalten ist, den man entfernen kann, bevor man die Binärzeichenfolge überträgt.

Die Zusammenfassung all dessen, was ich Ihnen nun über die Möglichkeit, kontinuierliche Sachverhalte digital zu übertragen, erzählt habe, führt zu der Abbildung 14.11. Hier sind alle Komponenten eines Systems gezeigt, welches die von einer Quelle erzeugten Informationen digitaltechnisch zu einer Senke über-

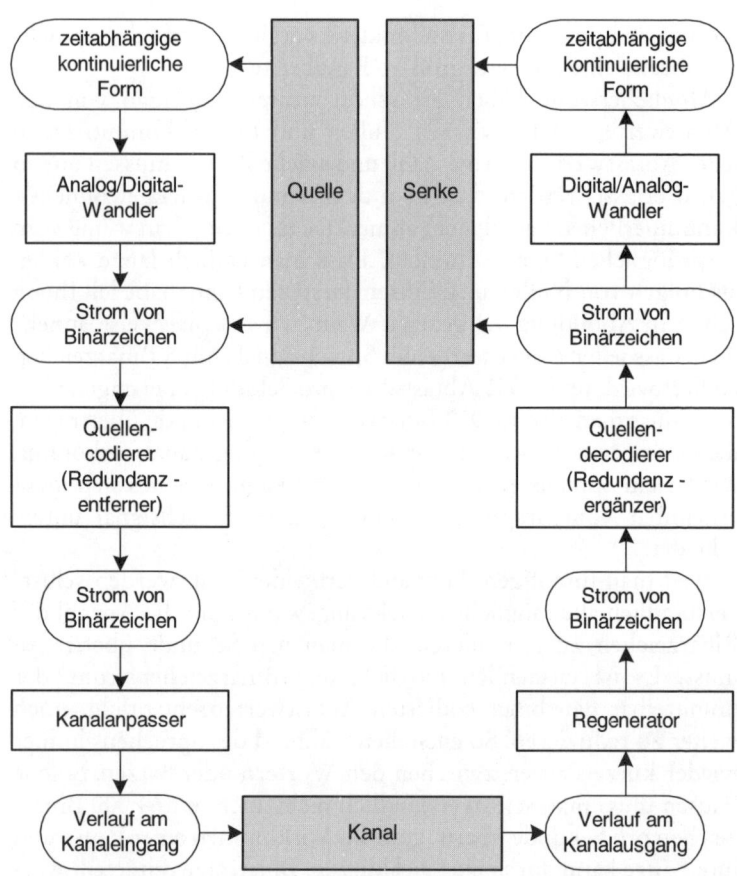

14.11   Aufbau eines Systems zur digitalen Übertragung kontinuierlicher und diskreter Informationen.

trägt. Wenn die Quelle ihre Informationen in Form kontinuierlicher Verläufe abgibt, werden diese Verläufe abgetastet, und die Abtastwerte werden durch Binärzeichen codiert. Diese Aufgabe erfüllt der sogenannte Analog-Digitalwandler. Die Quelle hat selbstverständlich auch noch die Möglichkeit, Informationen unmittelbar in diskreter Form abzugeben; denken Sie an die Telefonnummer des Anrufers, die zum Angerufenen übertragen werden soll. Der nun vorliegende Strom von Binärzeichen kann noch recht viel Redundanz enthalten; deshalb folgt nun ein Redundanzentferner, der in der Fachsprache als Quellencodierer bezeichnet wird, und der die Anzahl der pro Zeiteinheit zu übertragenden Binärzeichen möglichst stark reduziert. Da der Kanal ein physikalisches Gebilde ist – denken Sie an ein langes Kabel oder an die Funkübertragungsstrecke von einer Sende- zu einer Empfangsantenne – sind das Niveau der Störanfälligkeit und die Art der möglichen Störungen für unterschiedliche Kanaltypen sehr verschieden. Deshalb braucht man einen Kanalanpasser, der den zu übertragenden Binärzeichenstrom so in einen Verlauf am Kanaleingang überführt, dass trotz der durch den Kanal bewirkten Verlaufsänderungen die Wahrscheinlichkeit möglichst hoch ist, aus dem Verlauf am Kanalausgang wieder den ursprünglichen Binärzeichenstrom regenerieren zu können. Da dieser regenerierte Binärzeichenstrom noch nicht mit dem von der Quelle und ihrem Analog-Digitalwandler erzeugten Binärzeichenstrom identisch ist, muss nun noch die auf der Quellenseite entfernte Redundanz wieder hinzugefügt werden. Erst dann liegt ein Binärzeichenstrom vor, den die Senke teilweise direkt oder über den Weg des sogenannten Digital-Analogwandlers wieder als die von der Quelle gesendete Information interpretieren kann. Da über den Telefonapparat Sprache sowohl gesendet als auch empfangen wird, ist ein Telefon sowohl Quelle als auch Senke, und deshalb müssen alle in Abbildung 14.11 gezeigten Komponenten außer dem Kanal selbst im Telefonapparat vorhanden sein. Wenn es die Mikroelektronik nicht geschafft hätte, eine Million Transistoren oder mehr auf einem Siliziumplättchen unterzubringen, das nicht viel größer ist als eine Euromünze, wäre die digitaltechnische Realisierung von Telefonsystemen ein Wunschtraum geblieben.

Die rechte Hälfte des Systems in Abbildung 14.11 ist auch in jedem CD-Player zu finden. Dagegen muss die linke Systemhälfte nur beim Hersteller der CD vorhanden sein. Der Systemteil, der die Information auf die Disk schreibt, entspricht dem Kanalanpasser und der linken Hälfte des Kanals. Der Systemteil, der im CD-Player die Disk liest und einen Strom von Binärzeichen abliefert, entspricht der rechten Hälfte des Kanals und dem Regenerator. In dem um die Redundanz ergänzten Binärzeichenstrom befinden sich nicht nur die Abtastwerte des auf der CD gespeicherten akustischen Signals, sondern auch die diskreten Informationen, die Ihnen auf dem Display des CD-Players angezeigt werden, beispielsweise die Anzahl der unterschiedlichen Musikstücke und ihre jeweilige Spieldauer.

Während der in Abbildung 14.11 gezeigte Systemaufbau alles enthält, was zum grundsätzlichen Verständnis eines CD-Players, der digitalen Telefonsysteme im Festnetz und des digitalen Rundfunks und Fernsehens erforderlich ist, reicht dieser Systemaufbau zum Verständnis des Mobilfunks noch keineswegs aus. Beim Rundfunk und Fernsehen kann selbstverständlich jeder die gesendeten Informationen empfangen; er braucht hierzu nur sein Empfangsgerät so einzustellen, dass es mit der Sendefrequenz in Resonanz ist. Beim Telefonnetz dagegen soll die gesendete Information nur beim jeweils Angerufenen ankommen; dies ist im Festnetz dadurch gewährleistet, dass die Information nur über einen ganz bestimmten Kabelweg geschickt wird, der genau beim Telefonapparat des Angerufenen endet. In den Systemen der Mobiltelefonie wird nun auch die Information über Antennen abgestrahlt, es muss aber garantiert werden, dass nur der jeweils Angerufene die Information empfangen kann. Wie macht man das?

Das Gebiet, in dem Mobiltelefonie möglich sein soll, wird in sogenannte Zellen eingeteilt, deren Größe von der Teilnehmerdichte abhängt. Der Zellendurchmesser variiert zwischen wenigen hundert Metern in Großstädten und etlichen Kilometern auf dem Land. Die von den fest installierten Antennen einer Zelle abgestrahlten Wellen müssen einerseits so viel Energie enthalten, dass sie auch noch am Rand der Zelle gut empfangen werden können, andererseits sollen sie sich in den weiter entfernten Zellen nicht mehr bemerkbar machen. In den unmittelbar aneinander grenzenden Zellen wird man allerdings sowohl das, was aus der eigenen Zelle kommt, als auch das, was aus der Nachbarzelle stammt, empfangen können. Damit man auch in diesem Fall die jeweiligen Absender spezifisch trennen kann, werden in benachbarten Zellen immer unterschiedliche Sendefrequenzen verwendet. Dann kann sich der Empfänger auf die jeweils gewünschte Sendefrequenz einstellen. Sicher sind Sie schon einmal mit dem Auto eine größere Strecke durchs Land gefahren und haben Ihr Autoradio in Betrieb gehabt. Dann haben Sie erlebt, dass irgendwann der Empfang des eingestellten Senders so schlecht wurde, dass Sie nach einer anderen Sendefrequenz suchen mussten, auf der das bisherige Programm nun besser empfangen werden konnte. In diesem Falle wurde also dasselbe Rundfunkprogramm in unterschiedlichen Regionen mit unterschiedlichen Frequenzen ausgestrahlt. Beim Rundfunk wird das Programm selbstverständlich unabhängig davon ausgestrahlt, ob es aktuell einen Hörer gibt, der es empfangen will, oder nicht. Bei der Mobiltelefonie dagegen soll eine Abstrahlung nur erfolgen, wenn ein Teilnehmer aktuell ein Telefongespräch führt. Deshalb muss bei den fest installierten Sende- und Empfangseinrichtungen jeweils registriert werden, wer aktuell ein Telefongespräch führt, und in welcher Zelle sich dieser Teilnehmer gerade befindet.

Weil meist eine große Zahl an Gesprächen gleichzeitig stattfindet, ist es nicht möglich, jedem Teilnehmer eine exklusive Frequenz zuzuordnen; man teilt vielmehr mehreren Teilnehmern gleichzeitig die gleiche Frequenz zu, sendet aber in sogenannten Zeitfenstern zyklisch nacheinander jeweils die individuellen Informationen. Eine zurzeit gängige Norm fasst jeweils acht Teilnehmer unter der gleichen Frequenz zusammen und legt fest, dass jeder Teilnehmer 250 Mal pro Sekunde jeweils für die Dauer einer halben Millisekunde eine für ihn bestimmte Information empfangen kann. Da der Mobilfunkteilnehmer nicht nur empfangen, sondern auch senden muss, legt die Norm auch fest, dass die jeweilige Sendefrequenz im Abstand von 45 Megahertz zur Empfangsfrequenz liegen muss, und dass der Teilnehmer jeweils eine Millisekunde nach dem Ende seines Empfangszeitfensters eine halbe Millisekunde lang senden darf.

Die beschriebene Aufteilung von Frequenzen und Zeitfenstern sorgt zwar dafür, dass sich die verschiedenen Sendungen nicht gegenseitig stören, aber damit ist noch nicht sichergestellt, dass niemand die Gespräche mithören kann. Grundsätzlich kann sich ja jeder einen Empfänger bauen, der beliebige Frequenzen in beliebigen Zeitfenstern empfangen kann. Mit der alten Analogtechnik wäre es tatsächlich recht schwierig, Gespräche gegen Abhören zu sichern, aber wir befinden uns ja nun im Bereich der Digitaltechnik, wo nur noch Folgen von Nullen und Einsen gesendet und empfangen werden. Da ist es mit durchaus akzeptablem Aufwand möglich, die Null- und Einsfolgen jeweils teilnehmerspezifisch so durcheinander zu wirbeln, dass nur der berechtigte Empfänger in der Lage ist, den ankommenden Binärzeichenstrom wieder zu entwirbeln. Die hierfür geeigneten Methoden fallen unter den Begriff *Kryptografie*. Zur Individualisierung der Verschlüsselung müssen Informationen herangezogen werden, die nur dem Sender und dem Empfänger bekannt sind. In jedem Mobiltelefon steckt ein kleiner Speicherchip, worin individuelle Informationen gespeichert sind, die aber nur genutzt werden können, wenn der Teilnehmer zuvor seine korrekte Geheimnummer eingegeben hat.

Computer-Hardware: Wie man Digitalsysteme baut, die Programme ausführen können

Es ist müßig darüber zu grübeln, was Sokrates, wenn er in unsere Zeit käme, als größere Zauberei ansehen würde, die Mobiltelefone oder die Computer. Die heutigen Menschen jedoch scheinen vor dem Computer „mehr Achtung" zu haben als vor dem Mobiltelefon – zumindest solange es nur um das bloße Telefonieren geht. Solange man ein Mobiltelefon tatsächlich nur zum Telefonieren benutzt, unterscheidet es sich ja kaum von einem Telefonapparat für das Festnetz, wie er schon vor vielen Jahren auf unserem Schreibtisch stand. Um ihn zu benutzen, muss man nicht viel lernen. Ganz anders sieht es aus, wenn man einen Computer benutzt. Wie viel man dazu lernen muss, hängt auch davon ab, ob man ihn als Programmierer oder als Anwender eines Programms benutzen will. Vor Jahrzehnten habe ich einmal die treffende Charakterisierung gelesen: „Ein Computer ist eine schwachsinnige Dienstmagd mit hoher Arbeitsleistung." Die hohe Arbeitsleistung besteht dabei nicht nur darin, dass die Dienstmagd unglaublich schnell arbeiten kann, sondern auch darin, dass sie nichts vergisst, was man ihr einmal gesagt hat, es sei denn, man hat ihr später gesagt, sie solle es wieder vergessen. Wenn die Dienstmagd frisch in den Dienst gestellt wird, hat ihr noch niemand etwas gesagt und deshalb ist zuzuhören, was man ihr sagen wird, das Einzige, was sie in diesem Zustand kann. Das „Zuhören" ist im Falle des Computers allerdings zurzeit noch kein wirkliches Hören, sondern das Entgegennehmen von Text in geschriebener Form. Deshalb verfügen alle diese Computer über eine Tastatur. Da es für die Computer heute auch noch etwas aufwendig ist, uns ihre Mitteilungen in Form gesprochener Sprache zukommen zu lassen, verfügen sie über einen Anzeigeschirm, auf dem sie vorwiegend Texte, und Bilder erzeugen können. Solche Bilder erzeugen sie aber erst, nachdem ihnen jemand gesagt hat, wie sie das machen sollen.

In den voranstehenden Kapiteln sind schon fast alle Erkenntnisse aufgeführt, die man als Voraussetzung zur Konstruktion von Computern braucht. Abgesehen von den Zusatzgeräten, die man anschließen muss, wenn man mit dem Computer über die gesprochene Sprache kommunizieren will, ist der Computer ein rein digitaltechnisches Gerät. Deshalb ist er ausschließlich unter Verwendung der in den Abbildungen 14.1 bis 14.6 beschriebenen Mittel realisierbar. Bevor man aber mit dem Entwurf eines Computers beginnen kann, muss man sich zuerst einmal überlegen, was ein solcher Apparat denn eigentlich können soll. Es ist klar, dass man von ihm nicht verlangen wird, das Wohnzimmer zu tapezieren oder das Abendessen zu kochen. Seine Aufgaben sollen rein informationeller Art sein, das heißt, er soll uns bei Aufgaben der Informationsverarbeitung helfen. Dabei waren die Aufgaben, die den Erfindern des Computers vor Augen standen, ausschließlich mathematische Berechnungen. Aus gegebenen Zahlen sollten neue Zahlen gewonnen werden. Dass kurz vor dem zweiten Weltkrieg die Zeit für die Erfindung des Computers reif war, zeigt sich darin, dass das Computerprinzip tatsächlich unabhängig voneinander an zwei weit auseinander liegenden Orten der Erde erfunden und realisiert wurde. In Deutschland war es der Bauingenieur Konrad Zuse – ich habe ihn weiter oben schon erwähnt – dem hier der Bau des ersten funktionsfähigen Computers gelang. In Amerika war es Howard Aiken (1900–1973), der an der Universität Harvard auch kurz vor dem zweiten Weltkrieg mit dem Bau eines Computers begann. Auch an der Universität Princeton gab es Aktivitäten auf diesem Gebiet; dort war es der emigrierte Ungar John von Neumann (1903–1957), der sehr weitreichende Überlegungen zur Theorie der programmgesteuerten Automaten anstellte. Die

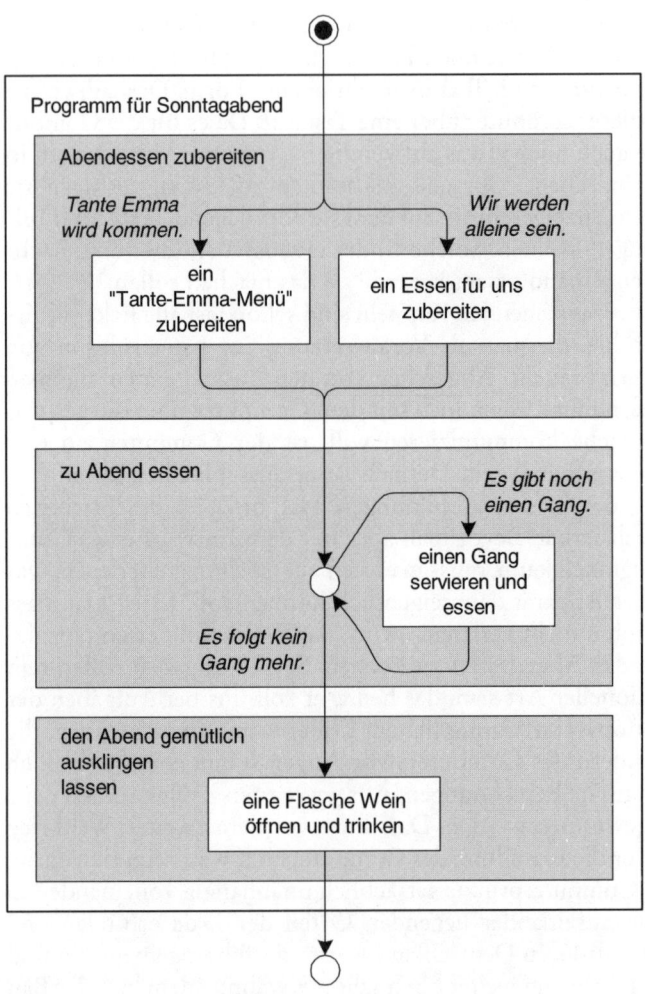

14.12 Beispiel eines imperativen Programms.

Akteure in Deutschland und USA wussten tatsächlich nichts von ihren parallelen Bemühungen.

Gerade eben habe ich den Computer als programmgesteuerten Automaten bezeichnet, was die Assoziation zum Modell des Steuerkreises in Abbildung 13.11 nahelegt. Tatsächlich ist ein Computer nichts anderes als ein Steuerkreis, bei dem der Steuerakteur in einer ganz bestimmten Weise strukturiert ist. Um Sie zu dieser Strukturierung hinzuführen, benutze ich das in Abbildung 14.12 dargestellte Beispiel eines Programms, obwohl es garantiert nicht von einem Computer ausgeführt werden kann. Für die Darstellung dieses Programms habe ich die gleiche Symbolik verwendet, die Sie schon mit Abbildung 6.5 kennengelernt haben, wo das Protokoll für die Nutzung eines Telefonsystems gezeigt wurde. Das Programm in Abbildung 14.12 ist so einfach, dass Sie keine Mühe haben werden, es zu verstehen. Worauf ich aber Ihr Augenmerk lenken will, ist die Struktur dieses Programms. Die grauen Rechtecke stellen drei unterschiedliche Aktivitäten dar, die nacheinander auszuführen sind. Bezüglich jeder dieser drei Aktivitäten kann man fragen, ob die Aktivität elementar ist, oder ob sie eine innere Struktur hat. Sie sehen, dass die ersten beiden Aktivitäten strukturiert sind, die dritte hingegen nicht. Die beiden vorkommenden inneren Strukturen sind recht unterschiedlich. Oben gibt es eine sogenannte Fallunterscheidung, was bedeutet, dass nicht alle in der Struktur stehenden Aktivitäten stattfinden werden, sondern nur eine, in Abhängigkeit davon, welche der alternativen Bedingungen erfüllt ist. Die zweite Struktur ist eine Wiederholung, wobei die in der Schleife liegende Aktivität so oft zu wiederholen ist, bis die Bedingung zu ihrer Ausführung nicht mehr erfüllt ist.

Das in Abbildung 14.12 dargestellte Programm ist ein „imperatives Programm", also ein Programm in Befehlsform, denn alles, was in Abbildung 14.12 in einem nicht weiter strukturierten Rechteck steht, kann als Befehl betrachtet werden. In diesem Sinne stehen in dem Programm vier Befehle, was aber nicht dazu führt, dass bei der Ausführung des Programms genau vier Befehle ausgeführt werden. Von den beiden oben stehenden Befehlen wird nur einer ausgeführt, während der in der Schleife stehende Befehl mehrfach ausgeführt werden muss. Nur von dem ganz unten stehenden Befehl wissen wir, dass er genau einmal ausgeführt wird.

Die Beschränkung auf die drei grundlegenden Strukturmuster, die in Abbildung 14.12 vorkommen, nämlich die festgelegte Reihenfolge, die Fallunterscheidung und die bedingte Wiederholung, macht es einfach, die grafische Form eines solchen Programms in eine Textform zu überführen. Vorläufig wollen wir aber noch

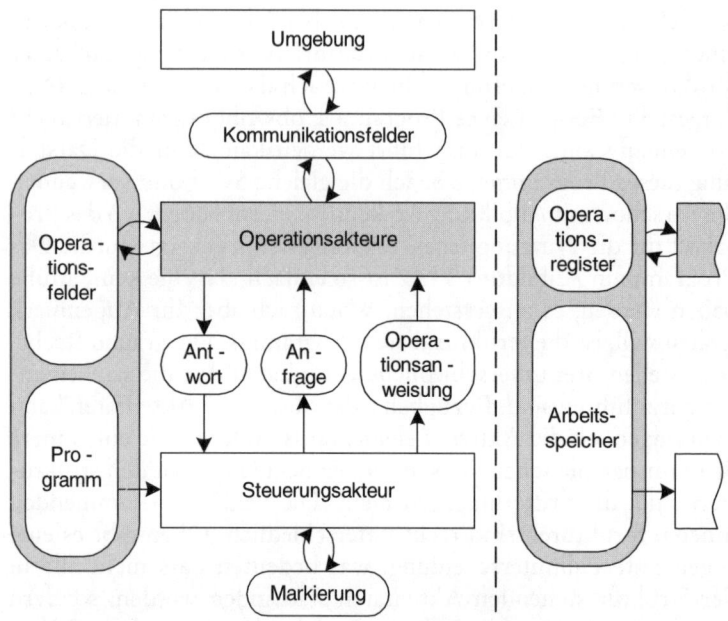

14.13 System zur Ausführung imperativer Programme.

annehmen, dass das Programm in einer grafischen Form vorliegt und nun ausgeführt werden soll. Abbildung 14.13 zeigt den Aufbau des Systems, das für die Programmausführung geeignet ist; dabei betrachten wir zuerst nur den Teil links der gestrichelten Linie. Unten links finden Sie den Behälter, in dem das Programm liegt. Sie können sich also vorstellen, dass dort eine beschriftete Zeichnung liegt, wie sie in Abbildung 14.12 gegeben ist. Der unter dem Steuerungsakteur liegende Behälter mit der Bezeichnung „Markierung" soll die Information darüber enthalten, wie weit das Programm schon abgewickelt wurde. Diese Information ist nichts anderes als die Angabe, auf welcher runden Stelle die durch das Programm zu schiebende Marke aktuell liegt. Im Beispiel von Abbildung 14.12 liegt die Marke anfangs ganz oben, nach der Ausführung des ersten Befehls liegt sie in der Schleife, und nach der Ausführung des letzten Befehls liegt sie ganz unten. Wenn man das Programm als Partitur betrachtet, bedeutet die Markierung die

Information, bis zu welchem Takt der Dirigent bereits gekommen ist; man könnte sich vorstellen, dass er mit dem Finger durch die Partitur wandert.

Dadurch, dass das Programm und die Markierung in Abbildung 14.13 an zwei getrennten Orten liegen, wird der wichtige Sachverhalt zum Ausdruck gebracht, dass man das Programm nur lesen, aber nicht verändern soll, wogegen sich die Position der Markierung laufend ändern muss. Der Steuerungsakteur, der das Programm abwickelt, muss nicht nur Operationsanweisungen nach oben geben können, sondern auch nach bestimmten Sachverhalten fragen dürfen. Denn er braucht die Antworten, um entscheiden zu können, in welche Richtung er die Marke an Verzweigungsstellen des Programms weiter schieben soll.

Im linken Teil des Aufbauschemas in Abbildung 14.13 sind die Operationsfelder, auf die sich die Operationsanweisungen beziehen können, streng vom Programm getrennt. Bei diesem Aufbau gibt es keine Möglichkeit, im Programm irgendwelche Änderungen des Programms zu verlangen. Man sah anfangs auch gar keinen Sinn darin, so etwas zu ermöglichen. Insbesondere aber John von Neumann war von Anfang an davon überzeugt, dass es eine viel zu große Einschränkung darstelle, wenn man den Programmabwickler so baue, wie links in Abbildung 14.13 gezeigt. Er plädierte für die Struktur, die rechts der gestrichelten Linie dargestellt ist. Hier ist die Menge der Operationsfelder zweigeteilt: Auf die Operationsregister haben nach wie vor nur die Operationsakteure Zugriff, wogegen der sogenannte Arbeitsspeicher sowohl im Zugriff der Operationsakteure als auch des Steuerungsakteurs liegt. Allerdings kann der Steuerungsakteur in diesen Arbeitsspeicher nicht hineinschreiben, sondern nur daraus lesen. Der separate Behälter für das Programm ist nun verschwunden, denn das Programm muss nun innerhalb des Arbeitsspeichers liegen. Ich habe es aber nicht in den Arbeitsspeicher eingetragen, um nicht den falschen Eindruck zu erwecken, es gäbe innerhalb des Arbeitsspeichers einen wohl definierten Bereich, der dem Programm vorbehalten sei. Solch einen Bereich gibt es nicht; vielmehr können die Operationsakteure in beliebige Bereiche des Arbeitsspeichers schreiben und von dort lesen, und auch der Steuerungsakteur kann von allen Stellen des

Arbeitsspeichers lesen. Wo er jeweils lesen soll, sagt ihm die aktuelle Markierung.

Sämtliche Knoten in Abbildung 14.13 mit rundem Rand sind Orte für binär codierte Informationen, wobei die Informationen entweder über einen solchen Ort fließen – dann ist der Ort ein Kanal – oder an einem solchen Ort liegen – dann ist der Ort ein Speicher. Wie die jeweiligen Null- und Einsfolgen zu interpretieren sind, kann man diesen Folgen nicht ansehen. Die Interpretationsvorschrift ergibt sich erst aus dem Wissen, an welchem Ort und zu welcher Zeit eine Binärfolge auftritt. Wenn man also in den Arbeitsspeicher hineinschaut und dort Millionen von Nullen und Einsen sieht, kann man damit gar nichts anfangen. Wenn aber der Steuerungsakteur unter Nutzung einer bestimmten Markierung in den Arbeitsspeicher hineinschaut und dort etwas liest, kann es sich nur um eine Anweisung oder um eine Anfrage handeln, und ob es das eine oder das andere ist, kann man dann tatsächlich der Binärfolge selbst ansehen.

Was war denn nun aber der Grund, weshalb sich John von Neumann so hartnäckig für die Aufhebung der Trennung zwischen dem Programmspeicher und den Operationsfeldern einsetzte? Er sah einfach früher als alle anderen die Möglichkeit, dass aus Daten Programminformationen werden können. Die binär codierte Form, in der das Programm vorliegen muss, damit es von einem technischen Steuerkreis abgewickelt werden kann, ist keineswegs geeignet für menschliche Leser. Nur in der Anfangszeit der Computer mussten die Programmierer ihre Anweisungen noch als Folgen von Nullen und Einsen auf Lochbänder stanzen, was sie nur konnten, wenn sie sich vorher mit der digitaltechnischen Realisierung des Systems vertraut gemacht hatten. Deshalb war es verständlich, dass man sehr intensiv nach Möglichkeiten suchte, diese enge Kopplung zwischen Digitaltechnik und Programmierung aufzulösen.

Wäre es nicht schön, wenn man Programmanweisungen in einer Form schreiben könnte, wie sie die Beispiele in Abbildung 14.14 zeigen? Solche Anweisungen sind lesbare Ausdrücke, die man mit Hilfe einer Tastatur in das technische System eingeben kann. Für das System ist jeder Buchstabe und jedes andere Schriftzeichen nichts anderes als eine Folge von einigen Binärzeichen. So benö-

Anweisungsform in natürlicher Sprache	Belege die Speicherzelle y mit dem Ergebnis der Funktion f, wobei die Argumente in den Zellen x_1 bis x_k zu finden sind.
Anweisungsform in formaler Sprache	$y := f(x_1, x_2, x_3, \ldots x_k)$
Beispiel	in der Programmiersprache P_A : `ADD y, x1, x2`
	in der Programmiersprache P_B : `y := x1 + x2`

14.14 Das Konzept der Verknüpfungs- und Zuweisungsanweisung in lesbarer Form.

tigt man beispielsweise zur Erfassung aller Zeichen, die man mit einer Schreibmaschinentastatur eingeben kann, inklusive der Unterscheidung zwischen Klein- und Großbuchstaben, pro Tastaturzeichen nur sieben Binärzeichen, denn $2^7 = 128$. Die in einer solchen Codierung in die Maschine eingegebenen Anweisungen nach Abbildung 14.14 können jedoch innerhalb des Computers weder vom Steuerungsakteur noch von den Operationsakteuren im Sinne des Schreibers der Texte als Anweisungen interpretiert werden. Nun stört es aber gar nicht, dass der Computer diese Texte nicht gleich als Programme interpretieren und ausführen kann; denn er kann sie als Daten für ein bereits vorhandenes Programm ansehen, das daraus dann die Binärfolgen erzeugt, welche die Maschine als Programm akzeptieren kann. Ein Programm, das dem Computer sagt, wie er die für Menschen lesbaren Programmtexte in Binärfolgen übersetzen soll, die anschließend vom Computer als Programme interpretiert werden können, heißt in der Fachsprache *Compiler* (engl. Übersetzer). Aus der Sicht des Compilers ist das, was er als Ergebnis produziert, immer noch eine Menge von Daten. Damit diese von der Maschine erzeugten Daten anschließend von der gleichen Maschine als Programm interpretiert werden können, müssen sie in den gleichen Speicher geschrieben worden sein, auf den auch der Steuerungsakteur bei der Programmabwicklung zugreift.

Wie sehen nun diese Binärfolgen aus, die von der Maschine als Programme interpretiert werden können? Sie bestehen aus einer

Folge von Abschnitten, von denen jeder als eine einzelne Anweisung interpretiert werden kann. Dabei gibt es zwei grundsätzlich verschiedene Arten von Anweisungen, nämlich die Zuweisungsanweisungen und die Sprunganweisungen. Das Konzept der Zuweisungsanweisungen habe ich Ihnen bereits in Abbildung 14.14 vorgestellt. In einer solchen Anweisung wird stets ein Ort im Speicher angegeben, der mit einer ebenfalls in der Anweisung beschriebenen Binärfolge belegt werden soll. Diese Binärfolge steht entweder bereits explizit in der Anweisung, oder aber die Anweisung gibt an, wie diese Binärfolge durch Anwendung einer bestimmten Funktion auf bestimmte Argumentwerte zu ermitteln ist. Dabei können die einzelnen Argumentwerte entweder explizit in der Anweisung stehen oder aber durch Angabe eines Speicherortes festgelegt sein, an dem sie aktuell zu finden sind. Im Beispiel in Abbildung 14.14 sind vier Informationen enthalten, nämlich die Angabe des Ergebnisortes y, die Angabe der Funktion „Addition" und die Angabe der beiden Orte x1 und x2, an dem die Summanden zu finden sind. Während der Programmierer die Möglichkeit hat, beim Schreiben seines Programms die Orte durch Namen wie y, x1, *Winkel* oder *Abstand* zu bezeichnen, müssen die Ortsangaben für die Maschine selbstverständlich auch wieder Binärfolgen sein. Dazu wird der Arbeitsspeicher als sehr lange Folge kleiner Speicherzellen betrachtet, die fortlaufend nummeriert sind. Heutzutage hat eine solche Zelle die Größe eines Bytes, sie kann also acht Bit fassen. Während die Arbeitsspeicher der frühen Computer nur wenige Tausend solcher bytegroßen Zellen umfassten, haben die heutigen Arbeitsspeicher Kapazitäten, die bis zu einer Milliarde Bytes reichen.

Wenn in einer Zuweisungsanweisung eine Funktion angegeben wird, die berechnet werden soll, kann dies selbstverständlich auch wieder nur in Form einer Binärzeichenfolge geschehen. In dem dafür zuständigen Operationsakteur wird dann eine solche Funktion berechnet. Die einfachen Funktionen können als Schaltnetze realisiert werden, die komplexeren Funktionen werden durch Steuerkreise realisiert, die aus Gattern und Binärspeichergliedern nach Abbildung 14.6 aufgebaut werden. Da ein Computer nur endlich viele Operationsakteure enthalten kann, muss man sich beim Entwurf eines Computers auf eine endliche Menge von

Funktionen festlegen, die in den Zuweisungsanweisungen angesprochen werden können. Zum einen sind dies die vier arithmetischen Grundfunktionen Addition, Subtraktion, Multiplikation
und Division, zum anderen sind es bestimmte Funktionen, die aus
gegebenen Binärzeichenmustern neue Muster erzeugen. So kann
beispielsweise in einer Zuweisungsanweisung verlangt werden,
dass die als Argument angegebene Binärzeichenfolge um eine Stelle nach rechts oder links verschoben an den Ergebnisort geschrieben werden soll.

Neben den Zuweisungsanweisungen gibt es, wie schon erwähnt, die sogenannten Sprunganweisungen. Eine Sprunganweisung verlangt nicht, dass irgendwelche Operationsfelder mit
neuen Inhalten belegt werden sollen, sondern sie verlangt, dass die
Markierung auf eine bestimmte Weise verändert werden soll. Ich
sagte schon, dass ein Programm stets eine Folge von Anweisungen
ist; diese kann man fortlaufend nummerieren, und auf diese Nummerierung kann sich die Markierung in Abbildung 14.13 beziehen.
Da hintereinander stehende Zuweisungsanweisungen auch nacheinander ausgeführt werden, muss in einer Zuweisungsanweisung
nicht die Information stehen, wo die nächste Anweisung zu finden
ist, vielmehr kann man die laufende Nummer einfach weiterzäh-
len. Auf diese Weise kann man jedoch keine Verzweigungen im
Programm realisieren, und genau deshalb müssen an den Verzweigungsstellen die bedingten Sprunganweisungen stehen. In einer
solchen Anweisung gibt es immer zwei Informationen, nämlich
zum einen die Angabe eines Ortes, an dem die binäre Bedingungs-
antwort nachgesehen werden soll, und die Angabe der Anwei-
sungsnummer, die in die Markierung übernommen werden soll
für den Fall, dass das Antwortbinärzeichen eine Eins ist. Andernfalls soll zu der Anweisung weitergegangen werden, die unmittelbar hinter der Sprunganweisung steht. Die Anfrage, die in einer
Sprunganweisung steht, hat also immer die Form: „Steht an dem
Ort x eine Eins?".

Nun benötigt man aber innerhalb eines Programms durchaus
Anfragen anderer Art, beispielsweise die Anfrage: „Ist der Inhalt
der Zelle y größer als 15?" Solche Anfragen darf der Programmierer selbstverständlich in den Klartext seines Programms schreiben,
aber in der Form, in der das Programm von der Maschine ausge-

führt wird, kann die Anfrage nicht mehr so erscheinen. Stattdessen findet man im Maschinenprogramm zuerst die Zuweisungsanweisung a:=15-y und unmittelbar dahinter die bedingte Sprunganweisung „Falls das Vorzeichen von a negativ ist, springe zur Anweisung mit der Nummer m." Die Vorzeichenstelle in der Zelle a ist in dieser Sprunganweisung also der Ort, wo das Binärzeichen steht, welches darüber entscheidet, ob der Sprung ausgeführt werden muss oder nicht.

Neben den bedingten Sprunganweisungen gibt es selbstverständlich auch noch die unbedingte Sprunganweisung, damit von jeder Stelle im Programm bedingungslos an eine beliebige andere Stelle gesprungen werden kann. Man benötigt beide Arten von Sprunganweisungen, um die in Abbildung 14.12 exemplarisch gezeigten beiden Ablaufstrukturen, also die Fallunterscheidung und die Wiederholung als lineare Folge von Anweisungen formulieren zu können.

Wie ich Ihnen schon sagte, hatten die Erfinder des Computers nicht von vornherein daran gedacht, mit dem von ihnen gebauten System beliebige Informationen zu verarbeiten; sie dachten ausschließlich an die Ausführung von Rechnungen mit Zahlen. Erst später setzte sich die Erkenntnis durch, dass man ja jede beliebige Information in Form von Nullen und Einsen darstellen kann, und dass der Computer durchaus so programmiert werden kann, dass er beliebige Binärfolgen in beliebige andere Binärfolgen überführt. Heute ist es selbstverständlich, dass der Computer ein universelles informationsverarbeitendes System ist. Wie gut oder schlecht er funktioniert, hängt dabei verständlicherweise sehr stark von der Frage ab, wie man die jeweils zu verarbeitenden Informationen durch Nullen und Einsen ausdrückt. Diese Abhängigkeit von der Codierungsentscheidung zeigte sich schon in den Anfangsjahren der Computernutzung, als es nur um die Verarbeitung von Zahlen ging. Hier hat der deutsche Erfinder Konrad Zuse gleich zu Beginn seiner Entwicklungsarbeit ein Problem der Zahlencodierung erkannt und optimal gelöst, dem die Amerikaner anfänglich gar keine Beachtung schenkten. Zuse erkannte, dass es zwei völlig unterschiedliche Zahlentypen gibt, zwischen denen man sich in Abhängigkeit vom jeweiligen Anwendungsfall entscheiden muss. Es gibt Anwendungsbereiche, wo die verwendeten Zahlen unbedingt exakt festgehalten werden müssen; das typische Beispiel für einen solchen Anwendungsbereich ist das Finanzwesen, wo man die Geldbeträge immer auf die kleinste Geldeinheit genau angeben muss . In diesen Fällen kann man immer genau sagen, wie viele Stellen man rechts und links vom Komma benötigt, um alle potentiell vorkommenden Zahlenwerte darstellen zu können. In der Fachsprache bezeichnet man diese Zahlendarstellung als Festkommadarstellung.

Ganz anders liegen die Verhältnisse, wenn Naturwissenschaftler oder Ingenieure mit Zahlen rechnen. Ihre Zahlen gehören immer zu physikalischen Größen, und diese sind nie mit einer absoluten Genauigkeit gegeben. Deshalb ist es in diesen Bereichen üblich, die Genauigkeit der Zahlen durch die Anzahl der gültigen höchstgewichtigen Stellen anzugeben. Wenn beispielsweise gesagt wird, ein Messwert sei auf drei gültige Dezimalstellen genau angegeben, ist damit gemeint, dass in der Dezimaldarstellung von links her gesehen die ersten drei Ziffern als gültig zu betrachten sind, die anderen nach rechts folgenden Ziffern aber nicht mehr ernst zu nehmen sind. In einer Ingenieursrechnung können nun nebeneinander sehr große und sehr kleine Zahlen vorkommen, beispielsweise die beiden Zahlen 372?????,? und 0,0000372??. Durch meine Schreibweise habe ich zum Ausdruck gebracht, dass beide Zahlen auf drei Dezimalstellen genau sein sollten. Da man zu Beginn einer Ingenieursrechnung nicht vorhersehen kann, an welcher Stelle große und an welcher anderen Stelle kleine Zahlen herauskommen werden, steht man vor dem Problem, eine Zahlencodierung zu finden, deren Umfang nur von der Anzahl der gültigen Stellen, nicht aber von der aktuellen Lage des Kommas abhängt.

Herr Zuse kam nun auf die grandiose Idee, die Zahlencodierung aus zwei Abschnitten zusammenzusetzen, wobei in dem einen Abschnitt die gültigen Stellen codiert sind und im anderen Abschnitt die Lage des Kommas. Die beiden von mir als Beispiele genannten Zahlen lassen sich nämlich schreiben als $372*10^5$ bzw. $372*10^{-7}$. In dem einen Codierungsabschnitt müsste man in diesem Falle die ganze Zahl 372 unterbringen und im anderen Codierungsabschnitt die Zahl 5 bzw. die Zahl –7. Den Abschnitt, der die gültigen Stellen enthält, nennt man die *Mantisse*, und den Abschnitt, der die Lage des Kommas angibt, nennt man den *Expo-*

nenten. In der Fachsprache bezeichnet man die so codierten Zahlen als Gleitkommazahlen. In den Computern wird allerdings nicht das Dezimalsystem zur Zahlendarstellung verwendet, sondern das Dualsystem, bei dem die Stellengewichte keine Zehnerpotenzen, sondern Zweierpotenzen sind.

In Abbildung 14.15 habe ich das Prinzip der Gleitkommacodierung dargestellt, wobei ich hier selbstverständlich sehr viel weniger Stellen für die Mantisse und den Exponenten verwendet habe, als man in den Computern findet. Typische Längen aus der Praxis sind beispielsweise 24 Stellen für die Mantisse und acht Stellen für den Exponenten. In unserem Beispiel geht es um eine Genauigkeit von drei gültigen Dualstellen; die Stelle ganz links in der Mantisse wird für das Vorzeichen benötigt. In der Tabelle habe ich die Zahlen eingetragen, die zu einem jeweiligen Zahlenpaar (m, e) gehören. Wenn beispielsweise m den Wert sechs und e den Wert −3 hat, ergibt sich der Zahlenwert 0,75, der in dem eingekreisten Feld steht. Sie werden feststellen, dass in unterschiedlichen Feldern der Tabelle teilweise die gleichen Zahlen vorkommen. Das bedeutet, dass man die Information über eine solche Zahl auf unterschiedliche Arten auf die beiden Abschnitte m und e aufteilen kann. Da es für die technisch Realisierung der arithmetischen Verknüpfungsschaltnetze zweckmäßig ist, eindeutige Codierungen zu haben, schließt man so viele Tabellenfelder von der Verwendung aus, dass jede Zahl nur noch einmal in den übrig gebliebenen Feldern vorkommt. Die ausgeschlossenen Felder habe ich in Abbildung 14.15 grau hinterlegt.

Wie sich das Konzept der festgelegten gültigen Stellenzahl im Abstand benachbarter Zahlen äußert, sehen Sie oben in Abbildung 14.15. Solange die Zahlen sehr klein sind, liegen benachbarte Zahlen sehr dicht beieinander; die größeren Zahlen dagegen liegen weiter auseinander. Weil nicht alle durch diese Codierung darstellbaren Zahlen im gleichen Abstand voneinander auf der Zahlenachse liegen, kommen bei arithmetischen Verknüpfungen teilweise Ergebnisse heraus, die sich nicht mehr exakt mit dem gegebenen Codierungsschema erfassen lassen. Ich meine dabei gar nicht die Ergebnisse, die größer sind als die größte der darstellbaren Zahlen; solange der Zahlenbereich beschränkt ist, lässt es sich gar nicht vermeiden, dass bei der Multiplikation zweier großer Zahlen ein

14.15 Das Konzept der Gleitkommazahlen.

Produkt auftritt, das größer ist als die größte noch darzustellende Zahl. In unserem Falle ist die größte positive Zahl 56; wenn man nun 56 beispielsweise mit 24 multipliziert, ergibt sich die Zahl 1 344, die innerhalb unseres Codierungsschemas nicht mehr erfassbar ist. Nun betrachten wir aber einmal das Produkt der beiden Zahlen 3,5 und 0,75, welches den Wert 2,625 hat. Auch dieser Zahlenwert ist nicht exakt durch das gegebene Codierungsschema erfassbar, aber nicht, weil er zu groß wäre, sondern weil er zwischen zwei darstellbaren Zahlen liegt. Der Wert 2,625 liegt im Intervall zwischen den beiden Grenzen 2,5 und 3,0. Da man ihn nicht exakt erfassen kann, wird man ihm eine solche Codierung zuordnen, dass der dabei gemachte Fehler möglichst klein ist; in unserem Falle heißt das, dass man anstelle der Zahl 2,625 die Zahl 2,5 nehmen wird.

Wenn der Herr Zuse nicht damals schon das Gleitkommaprinzip erfunden hätte, wäre es in der Zwischenzeit garantiert von jemand anderem erfunden worden, denn die Berechnungen von Ingenieuren ließen sich sonst gar nicht mit vertretbarem Aufwand durchführen.

Computer-Software: Wie Programmierer ihrem Computer „schreiben" können, was sie von ihm erwarten

Was ich Ihnen bisher über den Computer erzählt habe, betraf ausschließlich die sogenannte Hardware. Das englische Wort *Hardware* ist ein sehr altes Wort und wurde nicht erst mit der Erfindung des Computers geschaffen. In England oder USA steht über jedem Geschäft, wo man Spaten, Beißzangen, Kochtöpfe oder Bratpfannen kaufen kann, die Bezeichnung „Hardware Store". Wenn man von der Computerhardware spricht, meint man alles, woraus der Computer materiell zusammengesetzt ist, also alles, was ein Gewicht auf die Waage bringt, sei es Metall, Kunststoff oder Glas. Demgegenüber meint man mit dem Begriff Software die Null-Eins-Folgen, mit denen man die Speicherzellen des Computers belegt, um ihn zu programmieren. Das Wort *Software* wurde im anschaulichen Kontrast zum Wort Hardware geschaffen, nachdem die Computer erfunden wurden. Wenn man über die

Fähigkeiten von Computern redet, sollte man immer explizit betonen, ob man gerade über die Eigenschaften der Hardware spricht oder über die Eigenschaften, die sich erst auf Grund der Programmierung zeigen. Es ist mir schon ab und zu passiert, dass mich jemand in der Erwartung angesprochen hat, ich könnte ihm irgendwelche nützlichen Tipps hinsichtlich der Nutzung seines Computers geben, dessen Verhalten durch ein spezifisches Programm bestimmt wurde: „Sie kennen sich doch mit Computern aus, denn Sie halten sogar Vorlesungen darüber. Da müssten Sie doch eigentlich wissen, was ich machen muss, wenn ich mit meinem Fotobearbeitungsprogramm die leider etwas unscharf geratenen Urlaubsbilder schärfer machen will." Diejenigen, die so ihre Hoffnungen in mich gesetzt hatten, waren dann immer sehr enttäuscht, wenn ich ihnen sagen musste, dass ich ihnen leider nicht helfen könne, weil mir das Programm völlig unbekannt sei. Es liegt an der universellen Programmierbarkeit der Computer, dass man für sie eine unbegrenzte Zahl von Programmen schreiben kann, wodurch der Computer jeweils zu einem ganz speziellen Gerät mit ganz speziellen Verhaltensweisen wird. Wenn man die Hardware des Computers verstehen will, braucht man nur zu wissen, was sich die Ingenieure, welche diese Hardware entworfen haben, gedacht haben. Wenn man dagegen das Computerverhalten verstehen will, welches durch ein ganz bestimmtes Programm erzeugt wird, muss man sich in die Gedanken der Softwareentwickler hineinversetzen, die dieses Programm entwickelt haben.

Bisher habe ich Ihnen noch kein Programm vorgestellt, das von einem Computer ausgeführt werden könnte, denn das Beispiel in Abbildung 14.12 enthält ja Operationsanweisungen, die nicht rein informationeller Natur sind, und die deshalb von einem Computer nicht ausgeführt werden können. Für das folgende Programmbeispiel habe ich eine Aufgabenstellung gewählt, die einerseits vielen Lesern schon bekannt sein wird, und die andererseits denjenigen Lesern, für die diese Aufgabestellung neu ist, keine großen Verständnisschwierigkeiten bereiten wird. Wir wollen den Computer dazu bringen, an unserer Stelle die Lösung einer SUDOKU-Aufgabe zu finden. Eine solche Aufgabe ist eine Art Kreuzworträtsel, wobei es hier aber nicht um das Eintragen von Wörtern in Zeilen oder Spalten geht, sondern um das Eintragen von Ziffern in ein quadratisches Schema. Eine SUDOKU-Aufgabe besteht immer in der Vorgabe eines Quadrats mit 9×9 Feldern, von denen etliche leer sind, und wo die nichtleeren Felder jeweils mit einer Ziffer aus dem Repertoire Eins bis Neun belegt sind. Eine solche Aufgabenstellung könnte so aussehen, wie es in Abbildung 14.16 gezeigt ist: Sie müssen sich nur alles, was um das große 9×9-Quadrat herumsteht, wegdenken, und Sie müssen annehmen, dass die in die nichtleeren Felder eingetragenen Zahlen keine Minuszeichen haben. Unsere Aufgabe, die wir nun dem Computer übertragen wollen, besteht darin, die leeren Felder so mit Ziffern aus dem

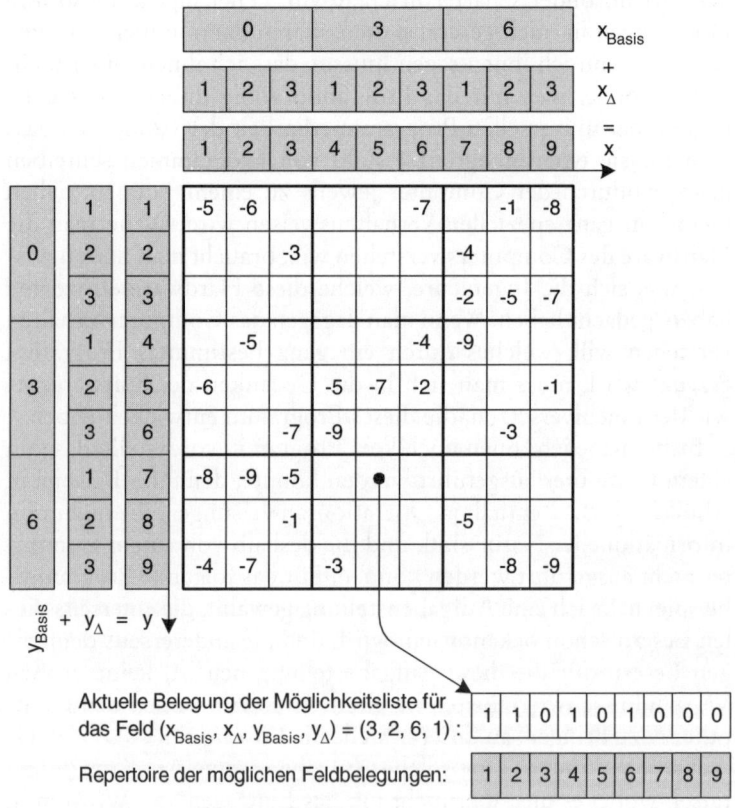

14.16 Datenstrukturierung für das SUDOKU-Spiel.

Repertoire Eins bis Neun zu belegen, dass sowohl in jeder Zeile als auch in jeder Spalte als auch in jedem der kleinen 3x3-Quadrate alle Ziffern Eins bis Neun vorkommen.

Weshalb hier die eingetragenen Ziffern ein Minuszeichen haben, werden Sie erst verstehen, nachdem ich Ihnen mein Programm gezeigt habe, nach dem der Computer arbeiten soll. Damit wir jedes einzelne Feld im großen Quadrat eindeutig identifizieren können, brauchen wir die Koordinaten x und y. Um auch die kleinen 3×3-Karrees jeweils auf einfache Weise identifizieren zu können, habe ich auch für diese Karrees Koordinatenwerte eingeführt, die ich x_{Basis} bzw. y_{Basis} genannt habe. Die Zahlen für die Koordinaten habe ich so gewählt, dass jeweils gilt $x = x_{Basis} + x_\Delta$ und $y = y_{Basis} + y_\Delta$. Damit kann man nun jedes Karree, jede Zeile und jede Spalte jeweils durch Angabe von zwei Zahlen eindeutig identifizieren: ein Karree durch (x_{Basis}, y_{Basis}), eine Zeile durch (y_{Basis}, y_Δ) und eine Spalte durch (x_{Basis}, x_Δ).

Da wir dem Computer die Lösungssuche übertragen wollen, müssen wir versuchen, das, was wir bei unserer eigenen Lösungssuche möglicherweise intuitiv machen, als expliziten Formalismus auszudrücken. Für jedes leere Feld stellen wir jeweils fest, welche der anfänglich neun möglichen Ziffern noch für dieses Feld infrage kommen, nachdem wir diejenigen Ziffern, die bereits im Karree oder in der Zeile oder in der Spalte vorkommen, ausgeschlossen haben. Wir stellen also für jedes Feld eine sogenannte Möglichkeitsliste auf, die neun Binärwerte enthält, einen für jede Ziffer von Eins bis Neun. Eine solche Möglichkeitsliste habe ich in Abbildung 14.16 für ein willkürlich ausgewähltes leeres Ziffernfeld dargestellt. Diese Liste sagt, dass für die Belegung dieses Feldes nur noch die vier Ziffern Eins, Zwei, Vier und Sechs in Frage kommen. Die Drei ist ausgeschlossen, weil sie schon im zugehörigen Karree vorkommt; die Fünf, Acht und Neun sind ausgeschlossen, weil sie bereits in der zugehörigen Zeile vorkommen, und die Sieben ist ausgeschlossen, weil sie bereits in der zugehörigen Spalte steht.

Unter Verwendung der in Abbildung 14.16 eingeführten Bezeichner kann nun ein Programm formuliert werden. Bevor man ein Programm in einer formalen Sprache schreibt, die man dem Computer zur Übersetzung geben kann, formuliert man es zweckmäßigerweise zuerst einmal in natürlicher Sprache, sodass es leicht verstanden und auf logische Fehler überprüft werden kann. Meinen Programmentwurf finden Sie in Abbildung 14.17. Da es im Computer sinnvoll ist, die leeren Felder nicht mit dem Wort „leer" zu belegen, sondern auch mit einer Zahl, habe ich ent-

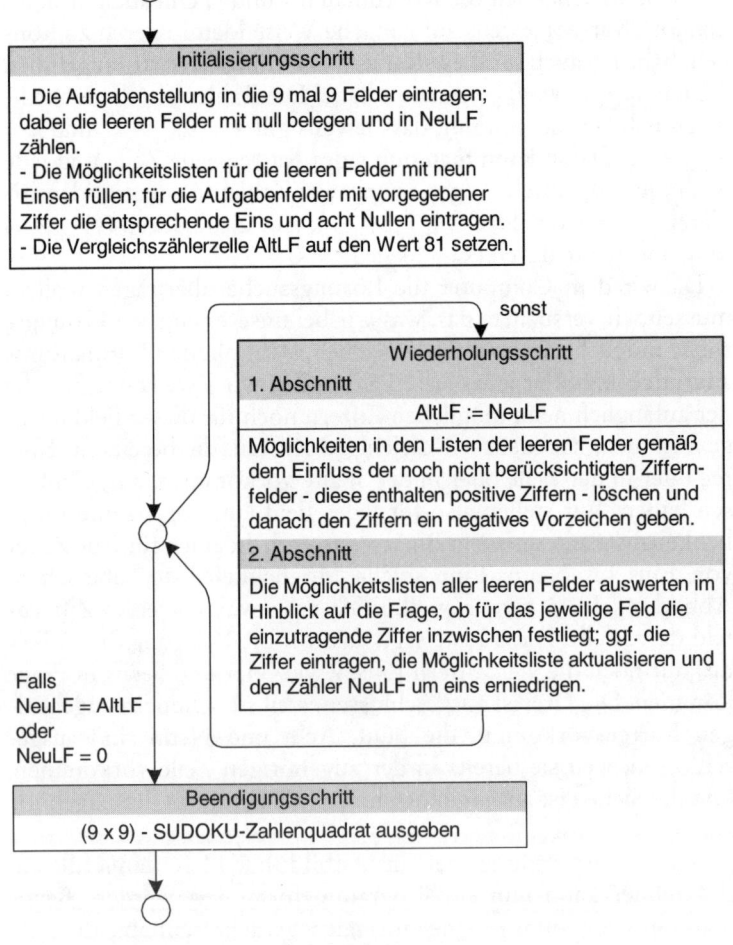

14.17 Programm zur direkten SUDOKU-Lösungssuche.

schieden, dass ein leeres Feld durch eine Null gekennzeichnet wird. Zusätzlich zu den Speicherzellen, die bereits in Abbildung 14.16 vorkommen, musste ich noch zwei Zellen für Zahlen einführen, die sich auf die leeren Felder beziehen. Im Laufe der Abwicklung des Programms sollte die Anzahl der leeren Felder abnehmen, weil man hoffentlich immer wieder für bestimmte leere Felder die zugehörige Ziffer findet. Damit man feststellen kann, wann es sinnvoll ist, aus der Wiederholungsschleife auszusteigen, muss man feststellen können, ob sich beim einmaligen Durchlauf durch den Schleifenblock die Anzahl der leeren Felder verkleinert hat. Die Anzahl der leeren Felder bei Eintritt in den Schleifenblock habe ich mit AltLF für „alte Anzahl der leeren Felder" bezeichnet; entsprechend bekam die Zelle, worin die Anzahl der leeren Felder beim Austritt aus dem Schleifenblock steht, die Bezeichnung NeuLF. Wenn NeuLF den Wert null hat, gibt es keine leeren Felder mehr, und wir haben die Lösung gefunden. Wenn NeuLF gleich AltLF ist, liegt entweder eine Anfangssituation vor, bei der alle 81 Felder leer sind, und es keinen Sinn hat, nach einer Lösung zu suchen, oder aber es liegt der Fall vor, dass der Schleifenblock durchlaufen wurde, ohne dass sich dabei die Anzahl der leeren Felder verringert hat. In diesem zweiten Fallen hat es keinen Sinn, noch ein weiteres Mal durch den Schleifenblock zu laufen, weil sich ja nichts mehr ändern würde.

Wenn in der extern vorgegebenen Aufgabenstellung mindestens ein Feld mit einer Ziffer belegt ist, wird nach der Herstellung der Anfangsbelegung der Schleifenblock ein erstes Mal ausgeführt. Im ersten Abschnitt dieses Schleifenblocks werden die Möglichkeitslisten aller leeren Felder aktualisiert. In der Anfangsbelegung enthalten diese Listen ja noch jeweils 9 Einsen, und nun werden diejenigen Einsen durch Nullen ersetzt, deren Positionsziffer bereits im zugehörigen Karree oder der Zeile oder der Spalte vorkommt. Damit der Einfluss der bereits eingetragenen Ziffern auf die jeweiligen Möglichkeitslisten nur einmal und nicht unnötigerweise mehrfach überprüft wird, werden die jeweils erledigten Ziffern mit einem Minuszeichen versehen, an dem man später ihre bereits erfolgte Auswertung erkennt. Die in Abbildung 14.16 gezeigte Belegung des großen Quadrats mit negativen Ziffern und die Belegung der gezeigten Möglichkeitsliste können sich ergeben haben,

nachdem der erste Abschnitt des Schleifenblocks erstmalig ausgeführt wurde. Im zweiten Abschnitt des Schleifenblocks werden
nun die Möglichkeitslisten der leeren Felder daraufhin überprüft,
ob sie nicht schon eindeutig auf die Ziffer hinweisen, die in das
zugehörige leere Feld einzutragen ist. Wenn eine Möglichkeitsliste nur noch eine einzige Eins enthält, ist ihre Positionsziffer als
einzige Möglichkeit übrig geblieben, und deshalb kann man sie in
das leere Feld eintragen. Es genügt aber nicht, nur die Möglichkeitslisten zu suchen, die nur eine einzige Eins enthalten. Jede
Möglichkeitsliste, die mehr als eine Eins enthält, muss mit allen
Möglichkeitslisten des Karrees, der Zeile und der Spalte verglichen
werden. Es kann nämlich sein, dass in der aktuell untersuchten
Möglichkeitsliste eine Eins an einer Position steht, wo es in keiner
der anderen Möglichkeitslisten des Karrees oder der Zeile oder der
Spalte auch noch eine Eins gibt. In diesem Fall muss diese Positionsnummer in das zugehörige leere Feld eingetragen werden.
Die neu in ein leeres Feld einzutragende Ziffer erhält jetzt noch
kein Minuszeichen, damit sie beim nächsten Eintritt in den
Schleifenblock als eine Ziffer erkannt werden kann, deren Einfluss
auf die leeren Felder in ihrer Umgebung noch nicht überprüft
wurde.

Nachdem ich mein Programm in der Form, wie sie in Abbildung 14.17 gezeigt ist, formuliert hatte, konnte ich dazu übergehen, dieses Programm in einer Programmiersprache zu formulieren. Es gibt viele Programmiersprachen zur Formulierung imperativer Programme; ich wählte die Sprache FORTRAN. Es ergab
sich ein Programmtext mit einer Länge von drei DIN-A4-Seiten.
Damit Sie einmal einen Eindruck davon erhalten, wie so etwas
aussehen kann, habe ich Ihnen in Abbildung 14.18 einen Ausschnitt aus meinem Programm dargestellt. Wer solche Programme
schreibt, versieht sie üblicherweise mit sogenannten Kommenta-
ren, die nur für den menschlichen Leser und nicht zur Interpretation durch die Maschine vorgesehen sind. In Abbildung 14.18
erkennen Sie die Kommentare an ihrer Einrahmung durch Ausru-
fezeichen. Am Anfang solcher Programme findet man üblicherweise einen sogenannten Vereinbarungsteil, worin der Maschine
mitgeteilt wird, wie viele Speicherzellen als Operationsfelder
benutzt werden, welche Namen der Programmierer ihnen gibt

```
! ************ Vereinbarungsteil ************ !

INTEGER, DIMENSION (1:9, 1:9)      :: wert
LOGICAL, DIMENSION (1:9, 1:9, 1:9) :: moeglichkeit

INTEGER neulf, altlf
INTEGER moeglzaehler
INTEGER xbasis, ybasis, x1, y1, x2, y2, z

! ********* Anfangszustand herstellen ********* !

    .
    .
    .

! *** Bedingtes Loeschen der Moeglichkeiten *** !

DO ybasis 0, 6, 3
  DO y1 ybasis+1, ybasis+3
    DO xbasis 0, 6, 3
      DO x1 xbasis+1, xbasis+3
        IF (wert(x1, y1) > 0) THEN
                . . .
```

14.18 Ausschnitt aus dem SUDOKU-Programmtext.

und mit welcher Art von Daten diese Speicherzellen im Laufe der Programmabwicklung belegt werden. Als erstes wird das große Quadrat aus Abbildung 14.16 mit seinen 9×9 Feldern vereinbart. Alle diese Felder sollen die Bezeichnung „Wert" haben, wobei zur Identifikation eines einzelnen Feldes zusätzlich noch zwei Koordinaten angegeben werden müssen, die aus dem Bereich Eins bis Neun stammen. Durch das Wort INTEGER wird der Maschine mitgeteilt, dass jede der so identifizierten Speicherzellen zur Speicherung einer ganzen Zahl vorgesehen ist. Diesen Hinweis auf die Belegbarkeit mit ganzen Zahlen finden Sie im Vereinbarungsteil auch noch bezüglich der einzuführenden Zähler und der benötigten Koordinaten, mit denen im Programm die verschiedenen Zellen identifiziert werden. In der zweiten Zeile des Vereinbarungsteils werden die Möglichkeitslisten vereinbart. Es gibt 9∗9 solche

Möglichkeitslisten, und jede enthält neun Felder für Binärwerte. Durch die Datentypangabe LOGICAL wird zum Ausdruck gebracht, dass es sich hier um Speicherzellen für Binärwerte handelt.

Im unteren Teil von Abbildung 14.18 sind die ersten Programmzeilen gezeigt, die zum ersten Abschnitt des Schleifenblocks gehören. Sie sind die unmittelbare Übersetzung des im Klartext formulierten Ausdrucks „für jedes mit einer positiven Ziffer belegte Feld". Vielleicht können Sie erraten, wie die einzelnen Zeilen vom Compiler interpretiert werden; es stört aber überhaupt nicht, wenn Ihnen dies nicht gelingt.

Nachdem ich dieses Programm über die Tastatur in den Computer eingegeben hatte, ließ ich es vom Compiler übersetzen und gab anschließend der Maschine die Anweisung, dieses Programm auszuführen. Die SUDOKU-Aufgabenstellungen entnahm ich jeweils unserer Tageszeitung. Nachdem mein Programm erfreulicherweise bei den ersten Aufgabenstellungen die Lösung schnell gefunden hatte, festigte sich bei mir die Überzeugung, dass das Programm in jedem Falle eine Lösung finden würde. Umso größer war meine Überraschung, als das Programm eines Tages mit einer Ausgabe endete, bei der noch einige Felder leer geblieben waren. Offensichtlich führte mein Programm nur bei einfachen Aufgabenstellungen direkt zu einer Lösung, wogegen es bei schwierigeren Aufgabenstellungen in eine Situation gelangte, bei der die Ausführung des Schleifenblocks nicht mehr zu einer Verringerung der Anzahl der leeren Felder führte, sodass das Programm beendet wurde, obwohl noch leere Felder vorhanden waren. Daraus musste ich schließen, dass meine schöne Idee mit den Möglichkeitslisten zwar hilfreich war, aber nicht das Finden einer Lösung garantierte.

Ich erweiterte daraufhin mein Programm dahingehend, dass am Ende nicht nur das zahlenbelegte große Quadrat ausgegeben wurde, sondern dass darüber hinaus auch die Möglichkeitslisten der noch leeren Felder in der Ausgabe erschienen. Da ich keinen anderen Weg sah, ging ich nun wie folgt vor: Ich wählte eine Möglichkeitsliste mit möglichst wenigen Einsen – im konkreten Fall waren es nur zwei. Ich wählte willkürlich eine der zugehörigen Positionsziffern aus und trug sie in das leere Feld ein. Die ausgegebene Teillösung, ergänzt um diese eine zusätzliche Ziffer, bildete nun eine neue Aufgabenstellung, auf die ich wieder mein Programm nach Abbildung 14.17 ansetzte. Es musste ja nun eines von drei möglichen Ergebnissen herauskommen: Entweder konnten nun alle noch ursprünglich leeren Felder belegt werden, sodass eine Gesamtlösung gefunden war; oder es ergab sich wieder nur eine Teillösung mit leer gebliebenen Feldern, deren Möglichkeitslisten jeweils mehrere Einsen enthielten; oder es ergab sich der dritte Fall, bei dem zwar wieder eine Zahlenmatrix mit leer gebliebenen Feldern ausgegeben wurde, wobei nun aber für mindestens ein Feld die Möglichkeitsliste leer war. Dieser dritte Fall bedeutete, dass zu der gegebenen Aufgabenstellung keine Lösung existierte.

Während ich anfänglich nur das Programm aus Abbildung 14.17 im Rechner ausführen ließ und die manchmal notwendige Auswahl von Alternativen und die entsprechende Ergänzung der Aufgabenstellung selbst ausführte, wollte ich natürlich den gesamten Prozess in den Rechner verlegen. Während das Programm in Abbildung 14.17 keine willkürlichen Auswahlschritte enthält, bei denen auch eine falsche Entscheidung gefällt werden kann, mussten nun ins neue Programm solche Wahlentscheidungen eingebaut werden. Nach jeder solchen Wahl musste das Programm in Abbildung 14.17 ausgeführt werden, und je nachdem, welches Ergebnis sich dabei ergab, konnte man die gefällte Entscheidung als brauchbar oder als unbrauchbar klassifizieren. Im Falle einer unbrauchbaren Entscheidung musste man wieder einen Schritt zurückgehen und prüfen, ob es noch eine Entscheidungsalternative gab, die man anschließend nutzen konnte. Das Prinzip, eine Lösung durch Versuch und Irrtum zu finden, ist selbstverständlich ein allgemein bekanntes Prinzip und gilt nicht nur für unser SUDOKU-Beispiel. Deshalb will ich mich jetzt von der SUDOKU-Aufgabenstellung lösen und das Konzept der Programmierung von Versuch- und Irrtumsprozessen allgemeiner darstellen.

Da es sich hier um eine recht grundsätzliche Aufgabenstellung handelt, hat man schon in der Anfangszeit der Informatik nach einer Lösung dafür gesucht, und sie auch bald gefunden. Dies war auch nicht allzu schwer. Man muss sich hierzu nur einmal ein konkretes Beispiel vornehmen und die nacheinander auszuführenden Schritte grafisch protokollieren. Die Grafik erlaubt es nämlich, den Unterschied zwischen vorwärtsgerichteten Schritten und zurückführenden Schritten deutlich sichtbar zu machen. Ein solches grafisches Protokoll finden Sie in Abbildung 14.19. Der Prozess beginnt oben links mit der ursprünglich gegebenen Aufgabenstellung, auf die ein Programm angesetzt wird, welches versucht, auf direktem Wege eine Lösung zu finden. Im SUDOKU-Falle wäre dies das Programm in Abbildung 14.17. Ich habe nun angenommen, dass zur Aufgabenstellung A keine vollständige Lösung, sondern nur eine Teillösung (TL) gefunden wird, bei der noch drei Alternativen offen sind. Diese Alternativen äußern sich in Abbildung 14.19 in den drei mit W beschrifteten Quadraten in der Zeile unterhalb des Knotens TL. Der entlang der dick durchgezogenen Pfeile laufende Weg führt zur ersten Alternative, deren Wahl die neue Aufgabenstellung A1 ergibt. Auch diese Aufgabenstellung führt nun wieder zu einer Teillösung (TL1), für die es nun zwei Alternativen gibt. Die Wahl der ersten Alternative führt zur Aufgabenstellung A1.1, die sich als unlösbar erweist. Deshalb führt der Weg nun zurück zur zweiten Alternative von TL1, deren Wahl zur neuen Aufgabenstellung A1.2 führt. Da sich auch diese Aufgabenstellung als unlösbar erweist, muss man nun wieder zurückgehen, wobei man feststellt, dass es zur Teillösung TL1 keine Alternative mehr gibt, sodass man nun zur zweiten Alternative von TL kommt. Nun wird versucht, die Aufgabenstellung A2 zu lösen, und ich habe angenommen, dass dies tatsächlich gelingt, und man die Lösung L2 erhält.

Da die Alternative, die zu L2 führte, nicht die letzte war, die man in TL wählen konnte, ist es durchaus sinnvoll, auch noch die verbliebene dritte Alternative auszuprobieren. Es ist ja nicht von vornherein auszuschließen, dass es zur ursprünglich vorgegebenen Aufgabenstellung A mehr als eine Lösung gibt. Ich habe nun aber angenommen, dass sich die Aufgabenstellung A3 als unlösbar erweist. Dass von dieser erkannten Unlösbarkeit wieder ein Weg zurückführt, hat seinen Grund darin, dass nachgeschaut werden muss, ob es zu TL nicht noch weitere Alternativen gibt. Da es diese nicht gibt, führt der Weg noch einen weiteren Schritt nach oben, denn erst, wenn es keine weitere Möglichkeit, nach oben zu gehen gibt, ist sichergestellt, dass man bei der allerletzten Alternative gewesen war.

Man bezeichnet die Lösungssuche in Abbildung 14.19 als „baumstrukturiert". Der Baum wird sichtbar, wenn man alle zurückführenden Wege aus der Grafik herausnimmt und dann noch das gesamte Bild um 180 Grad dreht. Dann liegt der Knoten

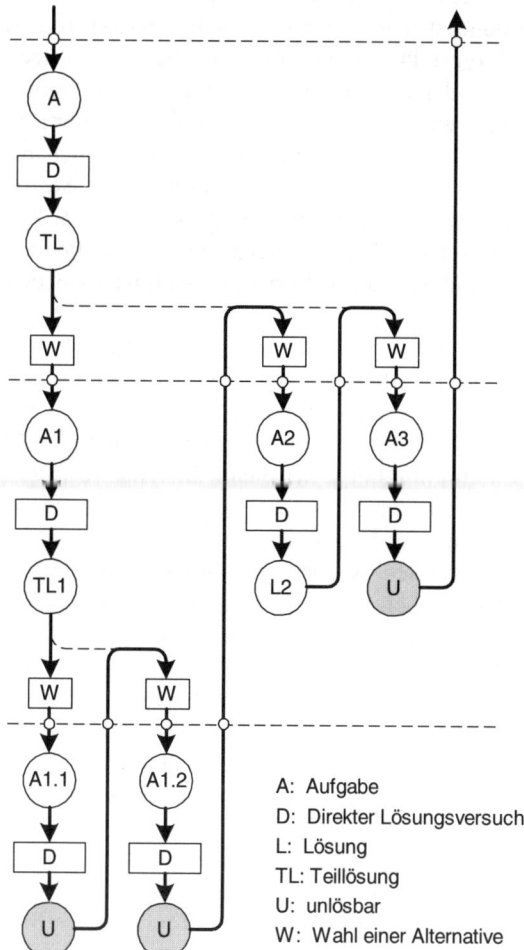

A: Aufgabe
D: Direkter Lösungsversuch
L: Lösung
TL: Teillösung
U: unlösbar
W: Wahl einer Alternative

14.19 Beispiel einer baumstrukturierten Lösungssuche durch Ausprobieren von Alternativen.

A wie die Wurzel eines Baumes ganz unten, und das darüber liegende mit D beschriftete Rechteck bildet den Stamm. Dieser Stamm verzweigt sich bei TL in drei weiterführende Äste, wobei vom einen Ast ausgehend eine weitere Astgabel bei TL1 folgt. Die Knoten, von denen kein Weg mehr weiterführt, also die drei U-Knoten und der Knoten L2 werden als Blätter des Baumes bezeichnet. Je nachdem, welche informationellen Strukturen in Form von Bäumen dargestellt werden, legt man die Wurzel nach unten oder nach links oder nach oben. Die Wurzel wird immer dann nach oben gelegt, wenn durch den Baum eine Hierarchiestruktur dargestellt werden soll. Denken Sie an eine Firma mit einem Chef, welcher der Vorgesetzte der Abteilungsleiter ist, die wiederum die Vorgesetzten der einfachen Angestellten sind. Die Angestellten werden durch die Blätter des Baumes erfasst, die man nach unten zeichnet, und verständlicherweise zeichnet man den Chef ganz nach oben.

Der fett durchgezogene Weg in Abbildung 14.19 zerstört zwar die Anschauung des Baumes, aber man braucht diesen Weg, wenn man an allen Knoten des Baumes vorbeikommen will. Die rechteckigen Knoten unseres Baumes stellen Aktionen dar, denn bei D wird eine Lösung gesucht, und bei W wird eine Alternative ausgewählt. Die runden Knoten stellen vorgegebene oder gefundene Informationen dar. Solange der Weg weiter nach unten läuft, müssen die auf dem Weg liegenden Teillösungen aufbewahrt werden, weil man ja beim Zurückgehen diese Teillösungen wieder benutzen muss. Erst wenn der durchgezogene Weg eine der gestrichelten horizontalen Linien in Abbildung 14.19 nach oben laufend überquert, werden alle weiter unten liegenden Informationen überflüssig, und man darf sie wegwerfen. Jedes Mal, wenn solch eine gestrichelte horizontale Linie nach unten überquert wird, kommt also eine Information hinzu, und auf dem Rückweg wird wieder eine Information gelöscht.

Wenn wir uns nun vorstellen, wir würden einen solchen Prozess nicht programmiert im Computer ablaufen lassen, sondern selbst am Schreibtisch sitzend durchführen, drängt sich schnell das Bild eines Stapels von Unterlagen auf, der die Informationen enthält, auf die wir später noch einmal zurückgreifen müssen. Da solche Baumabwicklungen nach Abbildung 14.19 bei sehr vielen infor-

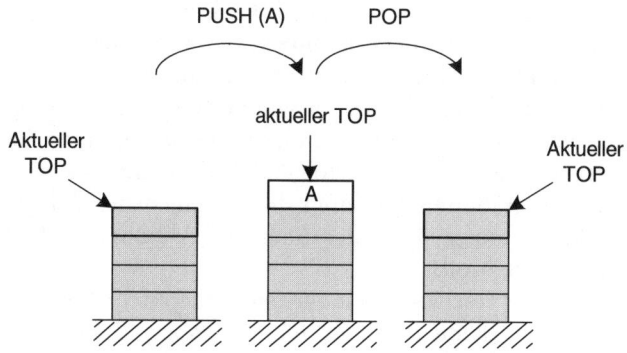

14.20 Die beiden elementaren Stack-Operationen

mationsverarbeitenden Prozessen vorkommen, findet man auch das Prinzip des Stapels an sehr vielen Stellen innerhalb der Computer. In der Fachsprache benutzt man für den Stapel das entsprechende englische Wort *stack*, und die beiden elementaren Operationen des Darauflegens und des Herunternehmens werden mit den englischen Wörtern push und pop bezeichnet, wie in Abbildung 14.20 gezeigt. Die jeweils oben liegende Information wird als TOP bezeichnet; durch eine PUSH-Operation wird ein neuer TOP geschaffen, und durch die POP-Operation wird zu einem früheren TOP zurückgekehrt. Der jeweilige TOP enthält die einzige Information des Stapels, die aktuell gelesen und verändert werden kann. Man stellt sich einfach vor, der Stapel bestehe aus aufeinander liegenden Papierblättern; dann ist das oben liegende Blatt, welches den aktuellen TOP bildet, das einzige, das man lesen und auf dem man schreiben kann. Die Aktionen D aus Abbildung 14.19 finden jeweils auf dem aktuellen TOP statt, der vor der Aktion D eine Aufgabenstellung zeigt, die durch die Aktion D in ein Ergebnis überführt wird. Dieses ist entweder eine Lösung oder eine Teillösung oder der Hinweis auf die Unlösbarkeit.

Die ursprünglich vorgegebene Aufgabenstellung A, welche die Wurzel des jeweiligen Lösungsbaums bildet, entscheidet darüber, wie viele Äste dieser Baum haben wird und wo diese Äste liegen. Nachdem man einmal die grundsätzlichen Bildungsmechanismen solcher Bäume verstanden hat und auch weiß, wie man bei der Lösungssuche nacheinander über die einzelnen Baumknoten wandern muss, kann man das allgemeine Programm für eine derartige Lösungssuche formulieren. Dieses Programm ist in Abbildung 14.21 dargestellt. Um sich damit vertraut zu machen, können Sie versuchen, einmal den Weg zu verfolgen, den die anfangs ganz oben liegende Programmmarke durch die verschiedenen Schleifenblöcke nehmen muss, wenn der Baum in Abbildung 14.19 durchwandert werden soll.

Nachdem Sie nun gesehen haben, wie ein Computer programmiert werden kann, damit er SUDOKU-Aufgaben lösen kann, werden Sie vermutlich keine Mühe haben, die dargestellten Konzepte auf eine Fülle anderer Aufgaben zu übertragen. Durch Programmierung lassen sich heute aber noch ganz andere Verhaltensweisen von Computern realisieren, die nicht als einfache Übertragung der mit dem SUDOKU-Beispiel eingeführten Konzepte auf andere Aufgaben erklärt werden können. Das SUDOKU-Beispiel gehört zu einer Klasse von Aufgaben, die ein Mensch mit den gleichen Methoden lösen würde, die man auch in der Programmformulierung für den Computer wiederfindet. Aufgabenstellungen, die nicht zu dieser Klasse gehören, sind zum einen solche, die ein Mensch löst, ohne ein bestimmtes Verfahren anzuwenden, und zum anderen solche, die gar keine Aufgaben für einen einzelnen Menschen sind.

Wenn man einem Computer die Lösung von Aufgaben überträgt, bei deren Lösung ein Mensch gar kein bestimmtes Verfahren anwendet, spricht man von „künstlicher Intelligenz". Künstliche Intelligenz heißt also nicht, dass ein Computer Aufgaben löst, zu deren Lösung ein Mensch seinen Verstand einsetzen müsste, sondern man spricht genau dann von künstlicher Intelligenz, wenn der Computer Aufgaben erledigt, für die ein Mensch überhaupt nicht nachzudenken braucht. Im Kern solcher Aufgaben geht es immer um das Problem der Erkennung irgendwelcher Muster in Informationsstrukturen. Viele solcher Muster gehören in den Bereich der wahrnehmbaren Erscheinungen – denken Sie an die akustische oder visuelle Wahrnehmung. Schon in frühester Kindheit lernt der Mensch viele akustische und visuelle Muster kennen, die er danach mühelos intuitiv wiedererkennen kann. Typische Beispiele für sol-

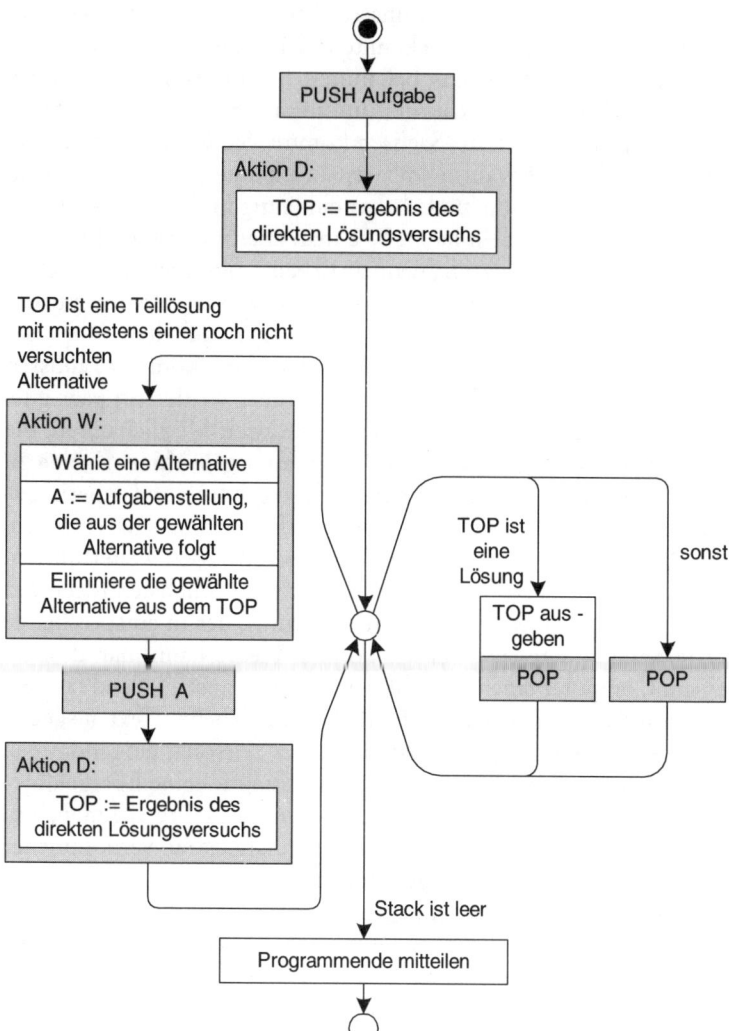

14.21 Allgemeiner Ablauf für die Lösungssuche mit einem Aufgabenstack.

che Muster sind die Formen unserer Schriftzeichen, die Gesichter unserer Verwandten und Bekannten, der Klang der Sprache, den wir einer bestimmten, uns bekannten Person zuordnen können oder der Klang der Sprache, der uns vermuten lässt, dass der Sprecher aus Bayern oder aus Sachsen kommt. Sie wissen inzwischen, dass man alle diese wahrnehmbaren Erscheinungen, in denen man Muster erkennen kann, umkehrbar eindeutig in Folgen aus Nullen und Einsen umwandeln kann. Wie man aber von diesen Binärfolgen zu den jeweils zuzuordnenden Erkennungsergebnissen gelangen könnte, dafür liefern uns die bisher vorgestellten Konzepte der Programmierung keinerlei Hinweise. Um auf dem Weg zur Lösung der Musterkennungsprobleme voranzukommen, müssen die Forscher, die sich damit befassen, immer wieder ein paar gute Einfälle haben. Insbesondere suchen sie nach Möglichkeiten, die ursprüngliche Binärfolge in eine Menge aussagekräftiger Zahlen zu überführen. Hier wurden sehr viele Ideen geboren und experimentell verfolgt, wobei sich die meisten als unbrauchbar erwiesen, manche aber die weltweite Forschergemeinde doch weiterführten. Das jahrzehntelange Ausprobieren unterschiedlichster Ideen hat inzwischen zu einem Wissensschatz geführt, der in entsprechende Programme umgesetzt werden konnte. Heute kann man deshalb einem Computer einen Text diktieren, den er anschließend fast wie früher die menschliche Sekretärin als geschriebenen Text ausgeben kann. Und wenn die Kriminalpolizei ein Telefonat aufgenommen hat, worin ein Erpresser mit verstellter Stimme seine Lösegeldforderung erhob, kann sie den Computer zur Hilfe nehmen, um herauszufinden, mit welcher Wahrscheinlichkeit ein vernommener Verdächtiger als Täter infrage kommt.

Es ist mir ein großes Anliegen, Sie davon zu überzeugen, dass Computer keine Leistungen erbringen können, von denen die Programmierer nicht sagen könnten, wie der Computer dazu gekommen ist. Je weniger jemand über die Funktionsweisen eines Computers weiß, desto eher ist er bereit, ihm übermenschliche Fähigkeiten zuzuschreiben. Um Sie für dieses Thema zu sensibilisieren, möchte ich Ihnen eine kleine Geschichte erzählen, die ich vor rund 40 Jahren erlebte. Ich war damals Assistent am Institut für Nachrichtenverarbeitung der Technischen Hochschule Karlsruhe. Eines Tages kam ein Mann zu mir und erzählte mir, er sei

Astrologe und könne aus der Stellung der Planeten meist mit nur minimalen Fehlern die jeweiligen Lottozahlen des kommenden Wochenendes vorherbestimmen. Die Geringfügigkeit der jeweiligen Fehler äußerten sich beispielsweise darin, dass eine vorhergesagte Zahl nur um die Differenz eins größer oder kleiner als die tatsächlich eingetretene Zahl war oder dass die vorhergesagte Zahl das Doppelte oder die Hälfte der tatsächlich eingetretenen Zahl war. Wir hätten doch nun an unserem Institut einen großen Computer, und da könnte es doch sein, dass man diesem Computer die astrologisch gefundenen Ergebnisse übergeben könne, damit er die letzten kleinen Fehler eliminiert. Mir war sofort klar, dass dieser gute Mann überhaupt keine Vorstellung davon hatte, wie ein Computer funktioniert; bei seinem Bildungsstand sah ich aber auch keine Möglichkeit, in Form einer kurzen freundlichen Lehrstunde sein Wissensdefizit abzubauen. Da fiel mir glücklicherweise eine Lösung ein, die es mir ermöglichte, dem Mann meine Mithilfe zu versagen, ohne dass es für ihn peinlich würde. Ich wies ihn nämlich darauf hin, dass ich zur Lösung seines Problems sehr viel Zeit in die Programmierung des Computers investieren müsse und dass er diese Zeit bezahlen müsse. Ja, ja, sagte er, das sei ihm selbstverständlich klar, dass er meinen Aufwand bezahlen müsse, es sei lediglich eine Frage der Höhe des Betrags, ob er sich diesen leisten könne. Daraufhin nannte ich ihm den Betrag von 10 000 DM, weil ich mir ziemlich sicher war, dass er diesen nicht einsetzen würde. Wie richtig diese Vermutung war, zeigte sich schnell daran, dass der Mann sagte: „Oh je, das ist leider viel zu viel, ich hatte an die Größenordnung von 200 DM gedacht." Dies nun wieder zeigte mir, dass der Mann von seinem Verfahren doch nicht so tief überzeugt sein konnte, denn sonst hätte er ja nur auf den nächsten Lottogewinn ich Höhe von einer Million DM warten müssen, um mir spielend meine Rechnung bezahlen zu können.

Die Aufgaben, bei denen der Computer anstelle eines Menschen eine gegebene Aufgabe löst, können immer in der Form einer mathematischen Funktion

$$\textit{Lösung} = \text{Abwicklung } \textit{(Daten, Programm)}$$

gedacht werden. Hier bezeichnet das Wort Abwicklung eine Funktion, deren Argumente die beiden in der Klammer stehenden

Informationen sind. Es liegt hier eine direkte Entsprechung zum arithmetischen Beispiel

Produkt = Multiplikation *(erster Faktor, zweiter Faktor)*

vor. Im Falle unseres SUDOKU-Beispiels bestehen die Daten in einem teilweise mit Ziffern belegten 9×9-Zahlenfeld, und das zugehörige Programm ist die Kombination aus den beiden Abläufen in den Abbildungen 14.17 und 14.21. Damit ein Computer in dieser Weise eingesetzt werden kann, muss die jeweilige Aufgabe als vollständig formulierte Information vorliegen, bevor die Abwicklungsfunktion darauf angewandt werden kann – so wie die Faktoren vorgegeben sein müssen, damit die Multiplikationsfunktion ausgeführt werden kann. Obwohl die Programme auch bei dieser Art Aufgaben recht trickreich sein können, ist ihre Komplexität doch noch nicht so groß, dass man die Programmerstellung als eine Ingenieursaufgabe einstufen müsste. Es findet nämlich in diesen Fällen so gut wie nie eine Arbeitsteilung statt, das heißt, die jeweiligen Programme können von einem einzigen Softwareentwickler erstellt werden. In der Anfangszeit der Computertechnik waren alle Aufgaben, für die der Computer eingesetzt wurde, von dieser Art, und hierfür genügte der Systemaufbau, der rechts in Abbildung 14.13 gezeigt ist.

Um das Jahr 1960 herum wurde dieser Systemaufbau in einer ganz bestimmten Weise erweitert, die es möglich machte, den Computer in völlig neuer Art zu nutzen. Durch neue zusätzliche Hardware wurde die Möglichkeit geschaffen, die Abwicklung des aktuellen Programms zu stoppen, seine Fortsetzung auf später zu verschieben und stattdessen mit der Abwicklung eines ganz anderen Programms zu beginnen. Wir Menschen haben diese Fähigkeit, uns bei einer laufenden Arbeit unterbrechen zu lassen, immer schon gehabt. Wenn Sie beispielsweise gerade frühstücken, und das Telefon klingelt, verschieben Sie das Frühstücken auf einen späteren Zeitpunkt und beginnen das Telefongespräch. Damit Sie Ihr Frühstück später fortsetzen können, muss der Zustand des Frühstückstisches, wie er zum Zeitpunkt der Unterbrechung war, erhalten bleiben. Wenn dementsprechend die Abwicklung eines Computerprogramms unterbrochen wird, müssen die Belegungen der zugehörigen Operationsfelder und die aktuelle Markierung für die spätere Fortsetzung der Programmabwicklung erhalten bleiben. Da nun aber anstelle der Abwicklung des bisherigen Programms mit der Abwicklung eines neuen Programms begonnen wird, müssen der Markierungsspeicher und einige Operationsfelder für das neue Programm frei gemacht werden. Das bedeutet, dass die bisherigen Inhalte dieser Speicherzellen in dafür vorgesehene Zellen des Arbeitsspeichers „gerettet" werden müssen, von wo man sie wieder hervorholen kann, wenn das unterbrochene Programms fortgesetzt wird. Da auch das anstelle des unterbrochenen Programms laufende Programm wieder unterbrochen werden kann, müssen die geretteten Informationen der unterbrochenen Programme nach dem Stack-Prinzip aufbewahrt werden. Oben auf dem Stack liegen immer die Informationen des zuletzt unterbrochenen Programms, und dieses ist auch dasjenige, dessen Abwicklung wieder fortgesetzt wird, nachdem die dringlicheren Programme fertig abgewickelt sind.

Die Möglichkeit, sich unterbrechen zu lassen, macht natürlich nur dann einen Sinn, wenn es Ereignisse gibt, die eine solche Unterbrechung verlangen. Bei dem am Frühstückstisch sitzenden Menschen ist es beispielsweise das Klingeln des Telefons, das die Unterbrechung verlangt. Die Ereignisse, die zu einer Unterbrechung führen können, lassen sich grundsätzlich in zwei unterschiedliche Klassen einteilen, nämlich die externen Ereignisse und die abwicklungsbedingten Ereignisse. Das Klingeln des Telefons hängt überhaupt nicht mit dem Frühstücken zusammen und ist deshalb ein externes Ereignis. Nun könnte es aber im Laufe des Frühstückens auch passieren, dass der Frühstückende aus Versehen seine Kaffeetasse umwirft, sodass sich der Kaffee über seine Hose ergießt. In diesem Fall hat es keinen Sinn so zu tun, als wäre nichts gewesen, und einfach mit dem Frühstücken fortzufahren. Die zweckmäßige Reaktion besteht darin, seine Hose zu wechseln und die Pfütze aufzuwischen. Im Unterschied hierzu ist es beim Klingeln des Telefons tatsächlich möglich, dieses Klingeln zu ignorieren und sich beim Frühstücken nicht unterbrechen zu lassen. Die gleichen beiden unterschiedlichen Klassen von Unterbrechungsereignissen gibt es auch bei den Computern. Wenn im Laufe der Programmabwicklung die Anweisung erteilt wird, eine gegebene Zahl durch null zu dividieren, ist es nicht mehr möglich, das Programm fortzusetzen; es handelt sich ja bei diesem Ereignis um die Folge eines Programmierfehlers. Anstelle des Programms, in dem die unzulässige Divisionsanweisung auftrat, wird nun ein anderes Programm abgewickelt, welches dazu dient, den Computerbenutzer über den Grund des Abbruchs zu informieren. Im Unterschied zu den abwicklungsbedingten Unterbrechungsereignissen treten externe Unterbrechungsereignisse immer dann auf, wenn die Umgebung des Programmabwicklers (Abbildung 14.13) die Aufmerksamkeit auf sich ziehen will. Wenn beispielsweise ein Computerbenutzer auf eine bestimmte Taste der Tastatur drückt, sollte der Computer dies zur Kenntnis nehmen. Dazu muss sich der Programmabwickler dieser Tastatur zuwenden, was bedeutet, dass er die Abwicklung des aktuellen Programms unterbricht und die Abwicklung eines speziellen Programms beginnt, welches dafür geschrieben wurde, bestimmte Kommunikationsfelder anzuschauen, die den Abwickler mit der Umgebung verbinden. Fast jedes Gerät, das an den Computer angeschlossen ist, kann solche externen Unterbrechungsereignisse abschicken. So kann beispielsweise ein Drucker die Situation melden wollen, dass sein Papierbehälter leer geworden ist. Als Teil der Umgebung gibt es immer auch eine elektronische Uhr. Diese kann einerseits in Analogie zu Kuckucksuhren oder Uhren mit Schlagwerk in regelmäßigen Abständen Unterbrechungsereignisse produzieren; sie kann aber auch per Programm auf bestimmte Weckzeiten eingestellt werden, zu denen sie wie ein Wecker den Programmabwickler aus seiner aktuellen Tätigkeit „reißen" soll. Während die Unterbrechung auf Grund der Anweisung, durch null zu dividieren, unbedingt erfolgen muss, muss der Abwickler nicht in jedem Falle auf jedes externe Unterbrechungsereignis reagieren. Deshalb gehört zu den Hardwareergänzungen, welche die Unterbrechungstechnik in den Computer einbrachten, auch eine Speicherzelle, worin die Information abgelegt werden kann, durch welche externen Ereignisse sich der Abwickler aktuell unterbrechen lässt und durch welche nicht. Es liegt hier die entsprechende Situation vor wie bei einem Professor, der seiner Sekretärin gesagt hat: „Wenn der Universitätspräsident oder meine Frau kommen, dürfen Sie mich unterbrechen, sonst aber will ich durch nichts gestört werden."

Die Unterbrechungstechnik ist auch eine Voraussetzung dafür, dass man die Computer über Kommunikationsnetze miteinander verbinden kann. Das Internet wäre sonst gar nicht möglich, denn ohne sie könnte der Rechner nicht bestimmte Programme starten, wenn eine Meldung aus dem Internet kommt.

Da ein heutiger Computer so schnell arbeitet, dass er pro Sekunde mehrere Millionen Anweisungen ausführen kann, ist es möglich, ihn pro Sekunde viele Male zu unterbrechen. Das bedeutet, dass der Computer mehrfach pro Sekunde seine Rolle wechseln kann, wodurch nach außen hin der Eindruck entsteht, er spiele gleichzeitig mehrere unterschiedliche Rollen. Damit kann der Computer wie ein Unternehmen mit vielen Mitarbeitern betrachtet werden, die gleichzeitig nebeneinander arbeiten und miteinander kommunizieren können. Während in der Anfangszeit immer nur ein Programm im Computer lief und der außen stehende Benutzer immer genau wusste, welches Programm ihm jetzt ein Ergebnis liefern wird, können heute viele unterschiedliche Programme gleichzeitig laufen, sodass der heutige Computerbenutzer wie ein Manager ist, auf dessen Schreibtisch mehrere Telefonapparate stehen, über die er gleichzeitig mit unterschiedlichen Gesprächspartnern reden kann. Die auf den Bildschirmen der Computer sichtbaren Fenster können jeweils als solche Telefonapparate angesehen werden, hinter denen jeweils ein anderer Kommunikationspartner steht.

Die Anzahl der in heutigen Computern gleichzeitig wirkenden programmierten Akteure geht in die Hunderte, und diese können selbstverständlich nicht alle von einem einzigen Softwareentwickler programmiert worden sein. Vielmehr laufen heute zum Teil Programmsysteme, an deren Entwicklung mehrere Tausend Entwickler beteiligt waren, und deren Umfang die Schwelle von hundert Millionen Programmzeilen längst überschritten hat. Denken Sie beispielsweise an die verschiedenen Betriebssysteme für Computer oder an die Systeme zur Unterstützung aller betriebswirtschaftlichen Vorgänge in großen Konzernen. Um so große Programmsysteme zu erstellen, reicht ein Entwicklungsaufwand von 10 000 Entwicklerjahren nicht mehr aus. Um sich eine anschauliche Vorstellung davon zu machen, wie umfangreich die Software ist, die sich in einem heutigen Computer befindet, kann man die folgende einfache Überlegung anstellen: Auf ein einseitig beschriebenes DIN-A4-Blatt passen ungefähr 60 Programmzeilen. Ein Papierstapel von 500 Blättern hat eine Höhe von fünf Zentimetern. Ein Softwareumfang von 200 Millionen Zeilen ergibt dann einen Papierstapel von 333 Metern Höhe, der den Eiffelturm in Paris überragen würde

Eine Ingenieursaufgabe, die noch nicht angemessen erledigt wird

Es folgt nun ein Plädoyer für die Schaffung eines eigenständigen Softwareingenieurwesens. Dies ist die einzige Stelle im ganzen Buch, wo ich eine fachpolitische Meinung äußere. Wer mich kennt, weiß, dass ich schon seit 30 Jahren wie ein Missionar durch die Lande ziehe und bei jeder sich bietenden Gelegenheit darauf hinweise, dass es unbedingt erforderlich ist, die Zuständigkeit für das Softwareingenieurwesen aus der Informatik heraus zu lösen.

In der Welt der Software gibt es zwei Problembereiche, die praktisch nichts miteinander zu tun haben: Auf der einen Seite gibt es immer das Problem, zu einer gegebenen Aufgabenstellung das lösungsliefernde Programm zu finden – denken Sie an unser SUDOKU-Beispiel oder an ein Programm, das zu einem gesprochenen Wort das geschriebene Wort liefert. Auf der anderen Seite gibt es das Problem, die Komplexität eines Systems aus vielen komplizierten wechselwirkenden Komponenten zu beherrschen, wobei die einzelnen Komponenten von unterschiedlichen Entwicklern gestaltet werden, die sich nie in ihrem Leben begegnen, und wo dennoch sichergestellt sein muss, dass immer der Überblick über das große Ganze erhalten bleibt und alle Teile in wohl geplantem Sinne zusammenarbeiten. Der erste Problembereich hat von Anfang an im Zentrum des Interesses der akademischen Disziplin Informatik gestanden, der es gelungen ist, die anfängliche wilde Programmbastelei in eine solide professionelle Tätigkeit auf wissenschaftlicher Grundlage, die der Mathematik nahe steht, zu überführen.

Die Methoden der Informatik sind aber überhaupt nicht dazu geeignet, wesentlich dazu beizutragen, die Komplexität der riesigen Softwaresysteme zu beherrschen. Wenn es darum geht, zu einer bestimmten Aufgabenstellung ein lösungslieferndes Programm zu gestalten, wird immer nach einer angemessenen Überführung der menschlichen Vorstellungen in die Formalwelt des Computers gesucht. Demgegenüber geht es bei den Problemen der Komplexitätsbeherrschung der riesigen Softwaresysteme im Kern immer um die angemessene Darstellung und Weitergabe von Informationen von einem Menschen an andere Menschen. Deshalb ist in diesem Problembereich die Suche nach hilfreichen Formalismen völlig fehl am Platze. Die Komplexitätsbeherrschung der großen Softwaresysteme ist eine typische Ingenieursaufgabe, der die bisherige Informatikausbildung nicht gerecht wird. Meine jahrzehntelange Erfahrung mit den sogenannten Softwareingenieuren innerhalb der Informatikfachbereiche hat mir gezeigt, dass sich diese – bis auf wenige Ausnahmefälle – bei ihrer Arbeit von den gleichen Kriterien der Wissenschaftlichkeit leiten lassen wie ihre Fachbereichskollegen, aber diese Kriterien sind nicht die von Ingenieuren, sondern von Mathematikern. Und deshalb gingen die von dort kommenden Lösungsvorschläge fast immer völlig am Problem der Komplexitätsbeherrschung vorbei. Ich musste sogar erleben, dass ein Informatikprofessor, der für die Ausbildung von Softwareingenieuren verpflichtet worden war, vor seinen Mitarbeitern betonte, er sei stolz darauf, kein Ingenieur zu sein, sondern Wissenschaftler. Er durfte dies ungestraft sagen, denn er war ja schließlich ein deutscher Professor!

Man kann nicht innerhalb ein und desselben Fachkollegiums nach zwei völlig unterschiedlichen Kriterien der Wissenschaftlichkeit arbeiten. Mein Vorbild ist das vernünftige Nebeneinander von Physik und den Ingenieurdisziplinen Maschinenbau und Elektrotechnik. Die Weltbilder von Physikern und Ingenieuren, insbesondere hinsichtlich der Gewichtung von Problemen, sind grundverschieden, und deshalb liegt die Zuständigkeit für die Ausbildung von Physikern und Ingenieuren nicht bei ein und demselben Fachkollegium. Die Physiker betrachten ihre Beiträge zur Ausbildung der Ingenieure als selbstverständliche Dienstleistung für eine andere Disziplin. Entsprechendes sollte bezüglich des Verhältnisses zwischen Informatikern und Softwareingenieuren erreicht werden.

Die meisten Informatiker vertreten verständlicherweise die Meinung – und zwar recht kämpferisch –, dass die Zuständigkeit für das Softwareingenieurwesen (englisch *software engineering*) bei den bisherigen Informatikfachbereichen bleiben sollte. Wer gibt schon gerne etwas her? Es ist doch prima, wenn man in dem Ruf steht, für alles zuständig zu sein, was mit Computern zu tun hat. Die Folgen aber sind unübersehbare Effizienzmängel: In keiner anderen Ingenieurdisziplin ist das Verhältnis zwischen Aufwand an Zeit und Geld einerseits und Ergebnis in Form von Qualität und beherrschter Komplexität so schlecht wie bei der Software.

Weil man Software nicht sieht, ist es bisher noch nicht ins Bewusstsein der breiten Öffentlichkeit gelangt, dass Software schon längst als eine zivilisationstragende Technologie gleichgewichtig neben Stahl und Strom getreten ist. Während es allen bewusst ist, dass sie auf Schritt und Tritt auf die Verfügbarkeit von Stahl und elektrischer Energie angewiesen sind, meinen die meisten immer noch, dass sie mit Software nicht in Berührung kämen, solange sie keine Computer benutzen. Es ist vielen gar nicht klar, dass fast gar nichts mehr in ihrem Alltag funktionieren würde, nicht einmal der Mikrowellenherd oder das Auto, wenn die in diesen Systemen verborgenen Computer nicht korrekt funktionierten. Die Computer, die wir in unserem Alltag unmittelbar erleben, bilden nur einen sehr geringen Bruchteil von unter zwei Prozent aller im Betrieb befindlichen Computer. Das Vermittlungssystem im Telefonnetz, die Abfüllmaschine in der Molkerei, die Steuerung von Signalen und Weichen bei der Bahn, der kraftstoffsparende Motor im Auto oder die Navigation der Flugzeuge in der Luft beruhen heute alle auf Software. Die Durchdringung aller technischen Bereiche mit Software macht es in Zukunft unmöglich, noch in irgendeiner Ingenieurdisziplin souverän zu bleiben, wenn die Souveränität im Softwareingenieurwesen fehlt. Diese zu erlangen muss ein strategisches Ziel der Wirtschaft und der Politik werden.

Epilog: Wenn Sokrates nun aber doch nicht kommt?

15

Meine Annahme, Sokrates werde zu mir kommen und mich um eine Erklärung der heutigen technischen Welt bitten, hat sowohl die Auswahl der Themen für dieses Buch als auch ihre didaktische Aufbereitung geprägt. Wenn Sokrates nun aber doch nicht kommt – war dann all meine Mühe vergebens? Nein! Denn falls ich seinen hohen Ansprüchen gerecht geworden bin, werden sich auch meine anderen Leser über das Ergebnis meiner Bemühungen freuen. Und im anderen Falle müsste ich froh sein, dass mir eine peinliche Begegnung mit Sokrates erspart bleibt.

Viele seiner Zeitgenossen haben erlebt, dass eine Begegnung mit Sokrates recht häufig peinlich endete. Dies war eine Folge seiner besonderen Begabung, die nur wenige Menschen haben. Menschen mit dieser Begabung erleben den Übergang vom Nichtwissen zum Wissen als zweifelsfreies Ereignis, d. h. sie hören ein deutliches „Klick", wenn bei ihnen der Groschen fällt. Sie würden nie sagen, eine Sache „einigermaßen verstanden" zu haben. Verstanden haben ist für sie ein Zustand des Typs „ganz oder gar nicht". Der viel zitierte Satz des Sokrates „Ich weiß, dass ich nichts weiß." scheint widersprüchlich zu sein, denn wenn jemand weiß, dass er nichts weiß, dann weiß er doch etwas. Deshalb habe ich den Satz schon früh durch eine recht freie Übersetzung ergänzt: „Ich hätte gehört, wenn bei mir der Groschen gefallen wäre, er ist aber noch nicht gefallen."

Vielleicht war es früher anders, aber in unserer Zeit werfen viele Zeitgenossen recht großzügig mit Begriffen um sich, die sie nicht

erklären können. Um meine Studenten vor dieser Untugend zu warnen, erfand ich die folgende Geschichte:
Sokrates hatte in letzter Zeit immer wieder den Ausdruck XYZ gehört, wusste aber nicht, was er bedeutet. (An die Stelle von XYZ setzte ich jeweils einen aktuellen Ausdruck aus der Politik oder der Wissenschaft – beispielsweise „mündiger Bürger" oder „Quantencomputing".) Deshalb ging Sokrates zu seinem Bekannten Polimaikes, der den Ausdruck XYZ sehr häufig benutzte, und sagte zu ihm: „Mein lieber Freund, alle Welt spricht von Dir als einem weisen und verständigen Manne. Insbesondere seiest Du ein Experte auf dem Gebiet des XYZ. Ich würde auch gerne wissen, was XYZ ist, habe aber bisher leider keine Ahnung. Deshalb wäre ich Dir sehr dankbar, wenn ich von Dir lernen dürfte, was XYZ ist." Polimaikes fühlte sich durch diese Bitte sehr geschmeichelt, und erklärte sich sofort bereit, sie zu erfüllen. Er bot Sokrates an, für ein paar Wochen sein Gast zu sein, damit sie jeden Tag über XYZ reden könnten, bis er alles verstanden habe. Dankbar nahm Sokrates diese Einladung an. Nach sechs Wochen sagte er zu Polimaikes: „Mein lieber Freund, Du kannst Dir gar nicht vorstellen, wie dankbar ich Dir bin für alles, was Du in den letzten Wochen für mich getan hast. Ich durfte fürstlich bei Dir wohnen; die besten Speisen hast Du mir vorgesetzt und den edelsten Wein kredenzt. Geduldig hast Du Dir meine Fragen angehört und ausführlich darauf geantwortet. Umso mehr tut es mir leid, Dir sagen zu müssen, dass ich immer noch nicht weiß, was XYZ ist. Aber eines weiß ich inzwischen ganz genau – dass Du es auch nicht weißt."

Wer wundert sich da noch, dass Sokrates vergiftet wurde? Wenn wir nicht aufpassen, können auch wir manchmal in die Rolle des Polimaikes geraten. Doch die Erinnerung an Sokrates hilft uns, diese Rolle zu vermeiden. Und wenn Sie beim Lesen des Buches an manchen Stellen ein besonders wohlklingendes „Klick" gehört haben, dann war dies die vermutlich beste Art, an Sokrates erinnert zu werden.

Danksagung

Ohne die engagierte Mithilfe vieler wohlwollender und kompetenter Menschen hätte das Buch nicht so werden können, wie Sie es nun in der Hand halten. Bei meinem Versuch, allen Helfern einzeln zu danken, muss ich sie zwangsläufig in eine Reihenfolge bringen, obwohl sie in meiner Wertschätzung alle nebeneinander stehen. Außerdem kann ich nicht ausschließen, dass ich noch andere hätte nennen sollen, die mir aber jetzt nicht eingefallen sind. Ich hoffe auf ihre großzügige Vergebung. Keine der hier aufgeführten Personen kann etwas für die Schwachstellen oder Fehler in diesem Buch – hierfür trage nur ich ganz alleine die Verantwortung.

Kerstin Miers hat den diktierten Text geschrieben. Frank Wigger und Stefanie Adam vom Spektrum-Verlag haben dafür gesorgt, dass aus meinem Manuskript ein schönes Buch wurde. Bernhard Gerl hat als externer Lektor viel zur Verbesserung der Qualität beigetragen. Schwester Gabriela Kopp, Schwester Wiltrud Maag, Verena Wilke, Christian Czychowski, Dietrich Klugmann und Bruno Wendt haben als erste Prüfleser motivierende und verbessernde Kommentare gegeben. Jürgen Strauss hat mich in Fragen des Verlagswesens gut beraten. Thomas Pichler von Doppelmayr Seilbahnen GmbH hat mir detaillierte Informationen über die Pordoj-Bahn zukommen lassen. Arthur Hebecker vom Institut für Theoretische Physik der Universität Heidelberg hat mir auf dem Gebiet der Relativitätstheorie weitergeholfen.

Die folgenden ehemaligen Professorenkollegen von der Technischen Universität Kaiserslautern haben mir Nachhilfestunden zu

Themen gegeben, die außerhalb meines eigenen Fachgebiets liegen: Walter Baier (Hochfrequenztechnik), John A. Cullum (Genetik), Wolfgang Demtröder (Experimentalphysik), Michael Fleischhauer (Quantenphysik), Werner Freise (Elektrische Energietechnik), Hartmut Hotop (Experimentalphysik), Wilfried Meyer (Theoretische Chemie), Volkhard Müller (Theoretische Physik), Wolfgang Neuser (Philosophie), Madhukar Pandit (Regelungstechnik), Knut Radbruch (Mathematik), Werner Rupprecht (Nachrichtentechnik), Otto Scherer (Anorganische Chemie), Wolfgang E. Trommer (Biochemie), Antonin Vancura (Theoretische Physik), Heinrich Zankl (Humangenetik), Remigius Zengerle (Theoretische Elektrotechnik).

Ihnen allen sage ich hiermit ein ganz herzliches Dankeschön.

Literaturverzeichnis

Die folgende Liste enthält nur die Quellen, die ich während der Arbeit an dem vorliegenden Buch benutzt habe. Auf die Angabe weiterführender Literatur habe ich verzichtet, weil die Leser keine Mühe haben werden, sich geeignete Hinweise zu beschaffen.

Bohr, Niels (1985) Atomphysik und menschliche Erkenntnis. Vieweg
Born, Max und Jordan, Pascual (1930) Elementare Quantenmechanik. Springer
Born, Max (1966) Physik im Wandel meiner Zeit. Vieweg
Born, Max (1969) Die Relativitätstheorie Einsteins. Springer
Brock, William H. (1997) Viewegs Geschichte der Chemie. Vieweg
Bruß, Dagmar (2003) Quanteninformation. Fischer Taschenbuch
Chargaff, Erwin (1979) Das Feuer des Heraklit. Klett-Cotta
Chargaff, Erwin (1988) Unbegreifliches Geheimnis. Klett-Cotta
Chargaff, Erwin (1993) Über das Lebendige. Klett-Cotta
Demtröder, Wolfgang (2004) Experimentalphysik (1–4). Springer
Descartes, René (1668) Discours de la Methode. Bobin & Le Gras, Paris
Einstein, Albert (1988) Über die spezielle und die allgemeine Relativitätstheorie. 23. Auflage. Springer
Euler, Leonhard (1797) Vollständige Anleitung zur niedern und höhern Algebra. G. E. Nauk, Berlin
Faraday, Michael (1839) Electricity. Taylor, London
Fischer, Ernst Peter (2001) Die andere Bildung – Was man von den Naturwissenschaften wissen sollte. Ullstein
Fischer, Ernst Peter (2003) Am Anfang war die Doppelhelix. Ullstein
Fourier, Jean Baptiste Joseph (1822) Théorie Analytique de la Chaleur. Didot, Paris.
Fraser et al. (1999) Auf der Suche nach dem Unendlichen. Springer

Fritzsch, Harald (2004)   Elementarteilchen. C. H. Beck

Fuld, Werner (2004)   Die Bildungslüge. Argon

Hawking, Stephen W. (1988)   Eine kurze Geschichte der Zeit. Rowohlt

Hegel, Georg Wilhelm Friedrich (1970)   Enzyklopädie der philosophischen Wissenschaften. ZweiterTeil: Die Naturphilosophie. § 323 (Zusatz) S. 278. Suhrkamp Werkausgabe

Heisenberg, Werner (1969)   Der Teil und das Ganze. Piper

Hilbert, David (1922)   Grundlagen der Geometrie. Teubner

Hund, Friedrich (1975)   Geschichte der Quantentheorie. 2. Auflage. Bibliographisches Institut

Hütte (2004)   Hütte – Das Ingenieurwissen. 32. Auflage. Springer

Ingold, Gert-Ludwig (2003)   Quantentheorie. C. H. Beck

Jacob, Francois (2002)   Die Logik des Lebenden. Fischer Taschenbuch

Liessmann, Konrad Paul (2007)   Forschung & Lehre Heft 1, S. 28 f.

Lorenz, Johann Friedrich (1825) Euklid's Elemente. Halle, in der Buchhandlung des Waisenhauses

Maxwell, James Clerk (1873)   A Treatise on Electricity and Magnetism (I und II). Clarendon Press, Oxford

Meyers Enzyklopädisches Lexikon (1974) Bibliographisches Institut

Ortega y Gasset, José (1949)   Betrachtungen über die Technik. Deutsche Verlags-Anstalt

Ortega y Gasset, José (1952)   Schuld und Schuldigkeit der Universität. Oldenbourg

Renneberg, Reinhard (2006)   Biotechnologie für Einsteiger. Elsevier Spektrum Akademischer Verlag

Ridley, Matt (2000)   Genome. HarperCollins, New York

Schwanitz, Dietrich (1999)   Bildung – Alles, was man wissen muss. Eichborn

Smirnow, W. I. (1961)   Lehrgang der höheren Mathematik (I–III). VEB Verlag der Wissenschaften

Spektrum der Wissenschaft: Biografie (1999) Newton, Lavoisier. (2000) Maxwell. (2001) Descartes, Heisenberg

Spoerl, Alexander (1973)   Pachmayr – Lebenslauf einer Leiche. Ullstein

Vogel, Helmut (1995)   Gerthsen Physik. 18. Auflage. Springer

Wikipedia (2007)   Internet-Enzyklopädie

Zankl, Heinrich (1998)   Genetik. C. H. Beck

Zeilinger, Anton (2003)   Einsteins Schleier. C. H. Beck

Sachregister

Namensregister